灌区工程设计与实例

(上册)

戴菊英　尹飞翔　主编

黄河水利出版社
·郑州·

内 容 提 要

本书以现行出版的灌溉与排水工程设计标准、灌溉与排水渠系建筑物设计规范、水工设计手册等为依据,系统阐述了灌区工程设计的基本要素,从灌区工程布置、水力学计算、主要建筑物设计及灌区工程设计需要注意的问题等方面进行阐述,同时通过工程实例,便于读者理解和掌握。本书内容涉及绪论、灌区工程布置、线路水力学设计、取水工程、渠道、隧洞、渡槽、倒虹吸、水闸、排洪建筑物、田间工程、排水工程、三维 BIM 应用、灌区工程设计注意事项等共 14 章。

本书主要作为灌区工程设计及施工人员参考用书,也可作为高等院校农田水利工程专业高年级学生选修用书。

图书在版编目(CIP)数据

灌区工程设计与实例:上、下册/戴菊英,尹飞翔主编.—郑州:黄河水利出版社,2021.10

ISBN 978-7-5509-3130-5

Ⅰ.①灌… Ⅱ.①戴… ②尹… Ⅲ.①灌区-水利工程-工程设计 Ⅳ.①TV63

中国版本图书馆 CIP 数据核字(2021)第 205273 号

出 版 社:黄河水利出版社　　网址:www.yrcp.com

地址:河南省郑州市顺河路黄委会综合楼 14 层　　邮政编码:450003

发行单位:黄河水利出版社

发行部电话:0371-66026940、66020550、66028024、66022620(传真)

E-mail:hhslcbs@126.com

承印单位:广东虎彩云印刷有限公司

开本:787 mm×1 092 mm　1/16

印张:25.5

字数:620 千字　　印数:1—1 000

版次:2021 年 10 月第 1 版　　印次:2021 年 10 月第 1 次印刷

定价:98.00 元(上、下册)

《灌区工程设计与实例》
编著人员名单

上册(1~7章)

戴菊英　王爱国　戴　雪
曹静怡　郝枫楠

下册(8~14章)

尹飞翔　李晓梦　蒋爱辞
杨巧玲　柏　杨　明广辉

前　言

根据《全国大型灌区续建配套与节水改造规划报告》、《中华人民共和国国民经济和社会发展第十三个五年规划纲要》、《水利改革发展“十三五”规划》、《全国大中型灌区续建配套节水改造实施方案》(2016—2020 年)等重要文件,截至 2017 年 5 月,我国共有设计灌溉面积 30 万亩及以上的灌区 456 处,有效灌溉面积 2.8 亿亩,占全国耕地面积的 15%,灌区内生产的粮食产量、农业总产值均超过全国总量的 1/4,是我国粮食安全的重要保障和农业农村经济社会发展的重要支撑。

中国为农业大国,粮食安全问题是自古以来的国家战略。从目前形势来看,在今后相当长的一段时间内,对大中型灌区进行配套设施建设和节水改造,仍是我国在农田水利工程建设方面的主要任务。

灌区工程属水利工程中的农田水利范畴,工程涉及范围广、线路长,包含渠道、隧洞、渡槽、倒虹吸、水闸、泵站等多种类型的建筑物。因此,灌区工程设计相对于其他水利工程设计,渠(管)道及建筑物类型均比较常见,但数量多、类型多,设计工作比较繁杂。

本书编写以灌区工程设计需要为指导,有基本理论、基本概念和基本方法的阐述,也有工程实例,与新颁布的《灌溉与排水工程设计标准》《灌溉与排水渠系建筑物设计规范》等紧密结合,注重在工程设计方面的实际指导和解决工程设计中的实际问题。结合近年来 BIM 的发展,增加了灌区工程 BIM 设计相关内容,根据编者工程设计中遇到的问题,总结性地提出在类似工程设计中应注意的问题。

本书由从事多个大中型灌区工程设计的主要负责人及设计人员共同编写,分上、下两册,上册由戴菊英、王爱国、戴雪、曹静怡、郝枫楠编著,下册由尹飞翔、李晓梦、蒋爱辞、杨巧玲、柏杨、明广辉编著。邓刚和庞瑞同志参加了本书编著的部分工作,王大川正高参与了本书的指导和策划工作。全书由戴菊英和尹飞翔统稿。

本书编写过程中,参阅引用了许多文献资料,特向有关作者致谢!

编者在编写过程中做了很多努力,以减少书中的错误和疏漏,唯恐难以避免,敬请读者批评指正。

编　者

2021 年 10 月

目 录

第 1 章　绪　论

1.1　灌区工程概述

灌区一般是指有可靠水源和引、输、配水渠道系统及相应排水沟道的灌溉面积，是人类经济活动的产物，随着社会经济的发展而发展。灌区是一个半人工的生态系统，它是依靠自然环境提供的光、热、土壤资源，加上人为选择的作物和安排的作物种植比例等人工调控手段而组成的一个具有很强社会性质的开放式生态系统。

根据国际灌排委员会 2016 年最新公布的统计数据，中国的灌溉总面积和微灌面积均位列世界首位。全球总灌溉面积约为 3 亿 hm^2，大部分集中在发展中国家和新兴经济体（78%）。其中亚洲和大洋洲占 72%，美洲占 15%，欧洲占 8%，非洲占 5%；就单个国家来说，中国以 6 587 万 hm^2 的灌溉面积排名第一，印度（6 200 万 hm^2）、美国（2 474 万 hm^2）、巴基斯坦（1 908 万 hm^2）、伊朗（899 万 hm^2）分列二、三、四、五位。在微灌领域，全球排名前五的国家分别是中国（527 万 hm^2）、印度（189 万 hm^2）、西班牙（179 万 hm^2）、美国（164 万 hm^2）、巴西（61 万 hm^2）。另外，中国的喷灌面积为 373 万 hm^2，位列世界第三，排名前两位的分别是美国（1 235 万 hm^2）和巴西（386 万 hm^2）。

灌区的分级标准为：30 万亩[1]及 30 万亩以上的为大型灌区，30 万亩以下 1 万亩以上的为中型灌区，1 万亩以下的为小型灌区。我国有大型灌区 456 处、中型灌区 5 200 多处、小型灌区 1 000 多万处。

根据《全国大型灌区续建配套与节水改造规划报告》《中华人民共和国国民经济和社会发展第十三个五年规划纲要》《水利改革发展“十三五”规划》《全国大中型灌区续建配套节水改造实施方案（2016—2020 年）》等重要文件，截至 2017 年 5 月，我国共有设计灌溉面积 30 万亩及以上的灌区 456 处，有效灌溉面积 2.8 亿亩，占全国耕地面积的 15%，灌区内生产的粮食产量、农业总产值均超过全国总量的 1/4，是我国粮食安全的重要保障和农业农村经济社会发展的重要支撑。

456 处大型灌区中，434 处灌区列入《全国大型灌区续建配套节水改造规划》，总规划灌溉面积为 3.00 亿亩，截至 2005 年底，有效灌溉面积 2.46 亿亩，灌溉用水量约 1 500 亿 m^3。大型灌区灌溉面积在 2 000 万亩以上的有新疆（含兵团）、山东、河南、湖北四省（区）；灌溉面积在 1 000 万～2 000 万亩的有四川、内蒙古、安徽、江苏、河北、陕西六省（区）。大型灌区灌溉面积占所在省（区、市）耕地面积的比例最大的是新疆（含兵团），为 69%；大型灌区灌溉面积占所在省（区、市）耕地面积的比例为 20%～33%的是宁夏、山东、湖北、北京、上海。

在全国 434 处大型灌区中，规划灌溉面积 30 万～50 万亩的灌区有 258 处，总灌溉面积为 9 062 万亩，占全国大型灌区灌溉面积的 31%，现状灌溉面积 7 078 万亩，占全国大型灌区

---

[1] 1 亩 = 1/15 hm^2 ≈ 666.67 m^2，下同。

灌溉面积的30%；规划灌溉面积50万~150万亩的大(2)型灌区有114处，总灌溉面积为9 383万亩，占全国大型灌区灌溉面积的33%，现状灌溉面积7 306万亩，占全国大型灌区灌溉面积的31%；规划灌溉面积150万亩以上的大(1)型灌区有30处，总灌溉面积为10 352万亩，占全国大型灌区灌溉面积的36%，现状灌溉面积为9 325万亩，占全国大型灌区灌溉面积的39%。其中规划灌溉面积大于500万亩的特大型灌区有6处，分别为四川都江堰灌区(1 134万亩)、安徽淠史杭灌区(1 000万亩)、内蒙古河套灌区(860万亩)、新疆叶尔羌河灌区(558万亩)、山东位山灌区(508万亩)和宁夏青铜峡灌区(506万亩)。

灌区工程则是为农田灌溉而兴建的水利工程。包括以下几大类：

(1)蓄水工程，拦蓄河槽径流或地面径流的水库、塘坝。

(2)引水工程，从河流或湖泊引水的渠首工程(如引水坝、进水闸等)或指从区外引(调)水的渠道及附属建筑物。

(3)提水工程，从低处向高处送水的抽水站。

(4)输、配水工程，灌区内各级渠道及其构筑物(如隧洞、渡槽、倒虹吸、跌水、涵洞、节制闸、分水闸等)。

(5)退泄水工程，退泄渠道多余水量的泄水闸、泄水道、退水闸、退水渠等。

(6)田间工程。

1.2 工程等别及建筑物级别

1.1节中所说的灌区分级标准与灌区工程设计中的工程规模和等别是不一致的。各设计单位进行灌区工程设计和改造时，需按照《水利水电工程等级划分及洪水标准》和《灌溉与排水工程设计标准》最新版本的相关规定，根据工程项目具体实际情况，合理确定工程等别和建筑物级别。

1.3 灌区工程特点

灌区不是以营利为目的的农业基础设施，属于公共工程。大中型灌区规模较大，工程建设投资大，一般情况下，骨干工程由国家资金和地方配套资金进行建设。灌区的服务对象是农业，主要任务是生产粮食，直接经济回报率较低，效益主要体现在社会效益，即促进粮食高产稳产、农民增产增收，保持社会稳定，为国民经济健康快速发展奠定坚实的基础。

我国是农业大国，大中型灌区数量较多，部分灌区水源工程已经建设好，但是配套骨干工程尚未完成，部分灌区骨干工程建设于20世纪六七十年代，存在工程老化、管理水平低、信息化程度低，不满足现代社会农业管理水平的要求。因此，我国大型灌区工程的配套建设和灌区工程改造建设情况较多。通过灌区工程配套设施的完善和改造建设的完成，将提高我国灌区工程建设和管理水平，对增加农民收入水平及响应国家脱贫攻坚号召具有重要的意义。

灌区工程属水利工程中的农田水利范畴，工程涉及范围广、线路长，包含渠道、隧洞、渡槽、倒虹吸、水闸、泵站等多种类型的建筑物。与跨流域引调水工程相比，灌区工程虽然线路长，但流量小。与水库工程相比，灌区工程为线形工程，建筑物数量多、除水源工程外，灌区线路上的建筑物级别均不高。因此,灌区工程设计相对于其他水利工程设计,渠道及建筑物类型均比较常见,但是数量多、类型多,设计工作比较繁杂。

1.4 灌区工程设计基本资料

1.4.1 灌区概况

灌区概况包括灌区地理位置、范围、面积,隶属省(自治区、直辖市)、市、县、乡(镇),地形、地貌(山区、丘陵、平原和高地、坡地、洼地、湖区)情况,地面坡降,河流、湖泊水系等。

1.4.2 水文气象

水文气象资料包括气象站、水文站的位置、高程及对应高程系统、分布图、拥有的资料系列;年、月平均气温,最高、最低气温(年、月);无霜期及始终日期、冰冻期;历年旱期及持续干旱天数;主风向和风速;历年逐日(候)降雨量;历年逐日蒸发量;历年逐日平均流量等。有条件的地区应收集历年逐日气象资料(平均气温,最高、最低气温,气压,湿度,风速,日照,水面蒸发,降雨量等),或者设计典型年的逐日气象资料和逐日流量资料。

灌区内及周边河流、湖泊的水位、流量、泥沙含量。感潮地区还应包括受潮汐影响河段的潮流界、潮区界、潮流挟沙量,最高、最低潮位及潮型特性。有条件的地区应尽量收集历年逐日的观测记录资料。

1.4.3 土壤

土壤资料包括土壤类型及分布,土壤质地和层次,土壤理化性质(容重、比重、饱和含水率、田间持水率、给水度、饱和水力传导度、pH、主要离子含量、有机质组成等),耕作层厚度及养分状况等,土壤冻结深度、冻结和融化时间,土壤改良所采取的水利和农业措施。在已进行过土壤普查的地区,还应取得土壤图、土壤盐碱(渍)化分布图;在未进行土壤普查的地区,应通过调查、实测取得必要的资料。

1.4.4 勘测

1.4.4.1 测量

测区内及周边的灌区所在省C级及C级以上GPS控制点,国家三角点成果和点之记。测区附近的国家一、二等水准线路的水准点成果及点之记。

具体到各渠(管)道线路及建筑物设计,根据各阶段需要,按《水利水电工程测量规范》最新版本要求对线路和建筑物进行更高精度的地形测量。

1.4.4.2 地质

地质资料包括灌区的区域地质构造、岩性、建筑材料分布、地震分区;水库库区、坝址、渠道沿线主要建筑物的地质条件和地质参数(缺乏资料的地区应进行地质调查和勘探);含水层分布及厚度、地下水埋深及其理化性质、地下水储存量、补给源、给水度等。

区域1:5万及1:20万区域地质调查报告,区域1:5万及1:20万区域地质图,灌区已有水源点(中型、小型水库)、在建水源点(4个小型水库)、原有线路及现有建筑物的地质资料,地质灾害区划报告等。

1.4.5　水源及利用状况

水源及利用状况应包含以下内容:

(1)水库(湖泊)、塘坝蓄水。水库(湖泊)数量、集雨面积,水库(湖泊)水位—库(湖)容曲线。流域的降雨径流情况,水库历年逐月(旬)来水、蓄水、各种用途的供水量记录,水库调度规则。塘堰分布及其数量、容积。

(2)江、河、溪、沟水。可分闸坝引水与无坝引水。河流年内水位、流量变化情况,历年洪、枯水位及最大、最小流量出现的时期和持续时间,以及河流含沙量。闸坝引水时,水坝拦蓄水量、壅高水位和可引用的水量;无坝引水时可引用的水量。

(3)地下水与泉水。年内最高、最低埋深及出现时间,含水层厚度、分布和储量;各种机电井分布、出水量、水质和可开发利用的水量。大型灌区可做专门地下水调查,提出可开发利用的地下水资源,包括丰、枯水期地下水埋深图,浅层淡水底板和顶板图,砂层厚度与出水量图,地下水矿化度和地下水开发利用规划图,泉水的分布、出水量及历史变化情况。

(4)其他水源。灌区回归水和城市工业与生活废水是灌区可利用水源之一。应查清水量、水质及其来源,做出水质鉴定后,根据《农田灌溉水质标准》有效版本判断是否可用于灌溉。

(5)各种水源的水。灌溉水源现状和污染源,在明显存在污染的条件下,应参照《农田灌溉水质标准》有效版本进行化验分析,论证水源的可行性并进行备选水源的资料收集。

(6)相关水利部门(省水利厅)关于水资源管理“红线”控制指标。

(7)灌区所在县、市水利普查数据。

1.4.6　规划

规划资料应包括以下内容:

(1)相关规划。国民经济发展规划、土地利用规划、城镇(乡村)规划、流域规划、水利规划、作物种植规划、农业综合区划一级其他相关规划等。上述规划应包括对水资源利用、村镇供水、农田水利等方面的要求。

(2)最新土地调查数据库,农业生产统计年报,包括耕地面积,种植作物种类,各种作物的播种面积、产量,主要作物单产等。

(3)灌区所在县、市统计年鉴(近3年)、农业生产统计年报(近3年)。

1.4.7　工程现状

工程现状应包括下列内容:

(1)引水工程。引水方式,建筑物类别、名称、位置、尺寸,闸底板高程,闸的上、下游水位,引水流量和各年引水量,灌溉面积、灌溉保证程度,以及运用中存在的问题。对多泥沙河流还需了解沉沙池的位置、面积、容量与效果等。

(2)水库及运行情况。水库类别,工程等别及建筑物级别,水库设计与校核洪水标准,各种特征水位及相应库容,大坝、溢洪道、输水洞的尺寸,最大泄洪能力,输水洞的水位及流量,供水保证率,对本地区防洪、发电、灌溉所起的作用。

(3)灌区配套情况。各级渠、沟配套情况,渠、沟主要建筑物的位置、数量、尺寸、规模、过流能力等。

(4)灌区机井建设。建成和配套机井数量,功率、井深、出水量等基本情况,历年灌溉面积和效益,当前存在的主要问题。

(5)灌排泵站。装机容量,水泵型号、台数、扬程、流量,控制灌溉、排水面积。

1.4.8　生态环境

生态环境资料包括灌区范围内的森林、湿地分布及面积,主要动植物物种分布及数量,人工防护林、城市绿地等的分布,植物类别、面积等。相关保护区、风景区等范围。

1.4.9　自然灾害

自然灾害资料包括历年受旱、涝、渍、碱等灾害的情况,受灾、成灾面积,减产情况及对工农业生产和居民生活的影响等。

1.4.10　社会经济

社会经济资料应包括下列内容:

(1)灌区所涉及的县及乡(镇)、村数量及人口、劳动力等。

(2)土地利用情况。灌区土地面积包括总土地面积,以及耕地(水、旱田)、林地、牧草地、荒地、湖泊、坑塘、河流、道路、住宅等面积及其所占比例。

(3)产业机构情况。灌区内生产总值,各次产业产值及比重,产业构成等。

(4)农业生产情况。灌区农林牧业构成情况,包括主要作物种类、种植面积、生育期起止时间,作物历年总产和单产、轮作制度、复种指数等。灌区设计灌溉面积、有效灌溉面积及历年实灌面积。

(5)交通与建筑材料。灌区内的道路、铁路、航运水路分布情况,运输情况及各种运输价格;当地建筑材料的类别、质量、产量和价格。

(6)电力供应及通信设施情况。35 kV 以下线路电网规划图、灌区内运营商 4G/5G 网络覆盖情况、灌区现有管理体系和机构设置,日常工作内容、水利信息化相关顶层设计文件。

1.4.11　灌区管理

灌区管理包括管理组织机构、职责、人员编制和任务;水费征收标准与办法;历年各类用水的供水情况、灌溉水利用系数;管理运行费用来源与使用情况;农民用水户协会建设与运行情况;工程完好程度,功能与效益发挥情况;工程管理中出现的主要问题。

1.4.12　图纸

图纸资料应包括下列内容(但不限于以下所列):①灌区 1:1万地形图;②灌区土地利用规划图;③灌区灌排工程现状布置图;④田间工程布置图;⑤主要建筑物布置图;⑥现有骨干灌排沟渠纵横断面图。

第2章 灌区工程布置

2.1 灌溉系统组成及布置原则

灌溉系统由水源控制工程、灌溉渠道系统、排水渠道系统三部分组成。

灌溉渠道系统是指从水源取水,通过渠道及其附属建筑物向农田供水,经由田间工程进行农田灌水的工程系统,包括渠首工程、输配水工程和田间工程三大部分。

排水沟道系统一般由排水区内的排水沟系和蓄水设施(如湖泊、河沟、坑塘等)、排水区外的承泄区及排水枢纽(如排水闸、抽排站等)三大部分所组成。

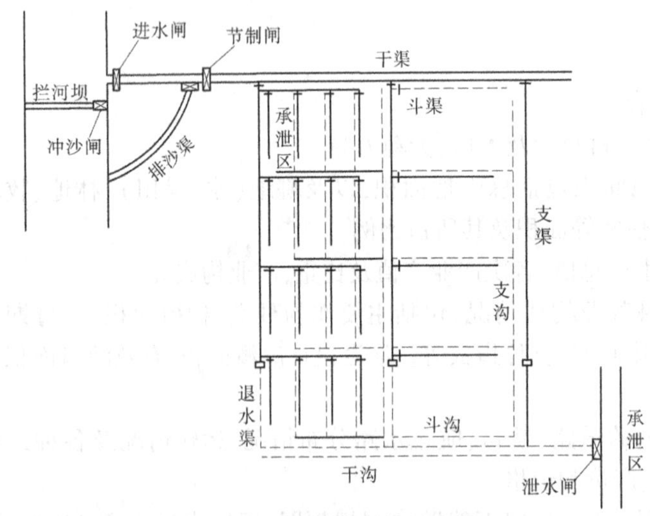

图2-1 灌溉排水系统示意图

在现代灌区建设中,灌溉渠道系统排水沟道系统是并存的,两者互相配合,协调运行,共同构成完整的灌区水利工程系统,如图2-1所示。

灌溉系统总体布置原则如下:

(1)应根据旱、涝、洪、渍、碱综合治理,山、水、田、林、路、村统一规划,以及水土资源合理利用的原则,对水源工程、灌排渠系、灌排建筑物、承泄区、道路、林带、居民点、输电线路、通信线路、管理设施等进行合理布局绘制总体布置图。

(2)应按照蓄泄兼筹的原则,选定防洪标准,做好防洪工程设计,并将防洪工程纳入灌区总体布置。

(3)灌溉系统和排水系统的布置应协调一致,满足灌溉和排涝要求,有效地控制地下水位,防止土壤盐碱化或沼泽化。

(4)自然条件有较大差异的灌区,应区别情况,结合社会经济条件,确定灌排分区,并分区进行工程布局。

(5)土壤盐碱化或可能产生土壤盐碱化的地区,应根据水文气象、土壤、水文地质条件及地下水运动变化规律和盐分积累机制等,进行灌区土壤改良分区,分别提出防治措施。

(6)提水灌区应根据地形、水源、电源和行政区划等条件,按照总功率最小和便于运行管理的原则进行分区、分级。

(7)山区、丘陵区灌区应遵循高水高用、低水低用的原则,采用长藤结瓜式的灌溉系统,并宜利用天然河道与沟溪布置排水系统。

(8)平原灌区宜分开布置灌溉系统和排水系统;骨干灌排渠沟经论证可结合使用,但必须严格控制渠沟蓄水位和蓄水时间。

(9)沿江、滨湖圩垸灌区应采取联圩并垸、整治河道、修筑堤防涵闸、分洪蓄涝等工程措施,在确保圩垸防洪安全的前提下,按照以排为主、排蓄结合、内外水分开、高低水分排、自排提排结合和灌排分开的原则,设置灌排系统和必要的截渗工程。

(10)滨海感潮灌区应在布置灌排渠系的同时,经技术经济论证设置必要的挡潮、防洪海塘、涵闸及引蓄淡水工程,做到挡咸蓄淡,适时灌排。

(11)排水承泄区充分利用江河湖淀,并应与灌区内排水分区及排水系统的布置相协调。排水干沟与承泄河道的交角宜为 30°~60°。

(12)灌区田间工程应根据各分区特点选择若干典型区,分别进行设计。

(13)灌区道路、桥涵的布置,应与灌排系统及田间工程的布置相协调。灌区公路和简易公路应参照国家现行有关规范的规定,确定其设计等级和技术标准。

(14)灌区防风林、经济林等专用林带及防沙草障等,可按国家现行有关规范要求进行布置,并充分利用渠、沟、路旁空地种植树木。

(15)灌区居民点布置应服从灌区总体设计要求,并应少占耕地,选择在地基坚实、地势较高、水源条件较好和交通方便的地点。居民点宜按原有的自然村进行改建。

(16)灌区的输电线路和通信线路应根据灌区总体布局的需要,在征求电力部门和邮电部门意见的基础上进行选线布置,并提出专项设计。

2.2 灌溉系统布置

灌溉系统由各级灌溉渠道和退水泄水渠道组成。灌溉渠道按使用寿命分为固定渠道和临时渠道两种,多年使用的永久渠道为固定渠道,使用寿命小于一年的季节性渠道为临时渠道。按控制面积大小和水量分配层次又可把灌溉渠道分为若干等级,大中型灌区的固定渠道一般分为干渠、支渠、斗渠、农渠四级。在地形复杂的大型灌区,固定渠道的级数往往多于四级,干渠可分为总干渠和分干渠,支渠可下设分支渠,甚至斗渠也可下设分斗渠;在灌溉面积较小的灌区,固定渠道的级数较少;如灌区呈狭长的带状地形,固定渠道的级数也就较少,干渠的下一级渠道很短,可称为斗渠,这种灌区的固定渠道就分为干、斗、农三级。农渠以下的小渠道一般为季节性的临时渠道。

退、泄水渠道包括渠首排沙渠、中途泄水渠和渠尾退水渠,其主要作用是定期冲沙和排放渠首段的淤沙、排泄入渠洪水、退泄渠道剩余水量及下游出现事故时断流排水等,达到调节渠道流量、保证渠道及建筑物安全运行的目的。中间退水设施一般布置在重要建筑物和渠段的上游,干、支渠末端应设退水渠道。

2.2.1 灌溉渠系的布置原则

(1)干渠应布置在较高地带,以便自流控制较大的灌溉面积。其他各级渠道也应布置在各自控制范围内的较高地带。对面积很小的局部高地宜采用提水灌溉的方式,不必据此抬高渠道高程。

(2)工程量和工程投资最小。一般来说,渠线应尽可能短而直,以减少工程量和占地,但在山区和丘陵区,岗、溪、谷等地形障碍较多,地质条件比较复杂,若渠道沿等高线绕岗穿谷,可减少建筑物的数量或减小建筑物的规模,但渠线较长,工程量较大,占地较多;如果渠线直穿岗、谷,则渠线短直,工程量和占地较少,但建筑物投资大,需要通过经济比较确定方案。

(3)灌溉渠道的位置应参照行政区划确定,尽可能使各用水单位都有独立的用水渠道,以便管理。

(4)斗、农渠的布置要满足机耕要求。渠道线路要顺直,上、下级渠道尽可能垂直,斗、农渠的间距要有利于机械耕作。

(5)要考虑综合利用。山区、丘陵区的渠道应集中落差,以便利用发电和进行农副业加工。

(6)灌溉渠系布置应与排水系统结合布置。在多数地区,必须有灌有排,以便有效地调节农田水分状况。通常以天然河沟作为骨干排水沟道,布置排水系统,在此基础上,布置灌排渠系。应避免沟渠交叉,以减少交叉建筑物。

(7)灌溉渠系布置应与土地利用规划(如耕作区、道路、林带、居民点等规划)相配合,以提高土地利用率,方便生产和生活。

2.2.2 灌溉渠道系统的布置

灌溉渠道系统的布置可分为以下五类。

2.2.2.1 单一系统

这种布置的特点是:全系统由一个水源、一条干渠、几条支渠和斗渠、田间渠组成,渠道与灌区地表径流隔绝,运用时,水经过各级渠道一直输送到田间。单一系统的优点是:容易设计,便于在渠首控制放水量,管养维护容易。它的缺点是:没有控制利用灌区的地表径流,干、支渠工程量大。

2.2.2.2 “长藤结瓜”系统

这是根据单一系统缺点创造出来的渠系布置方法。它是由一个主要水源和许多分散小水源结合起来的。从主要水源引水的干支渠道上联系着许多补给水库、反调节水库、蓄水库,像“瓜藤”上结着许多“瓜”。“长藤结瓜”系统有以下5个优点:

(1)能充分控制运用主要水源和灌区地表径流,扩大灌溉面积。

(2)在河川引水灌区内,起调节作用,提高灌溉保证率。

(3)干支渠利用系数可达到最高限度,长年引水。渠道断面可比担任相同任务的单一系统的渠道断面面积小50%~70%以上,大大节省工程量,并可充分发挥灌区原有塘堰和小水库的作用。

(4)统一了灌溉季节性和水能利用经常性之间的矛盾,扩大渠道综合利用效益。

(5)干支渠配水以“瓜”为对象,头绪少,管理便利。

“长藤结瓜”系统也有以下4个缺点:

(1)干支渠要高于配水点,大平原上不便采用。

(2)渠道长年放水,容易引起渠道附近土地盐碱化。

(3)在补给水源特少的地区,从水库引水的渠系,水量损失可能大于补给。

(4)勘察设计比较麻烦。

单一系统和“长藤结瓜”系统是渠系布置的两个基本类型,其余两种类型都是由以上几种类型综合而成的。

2.2.2.3　单水源复系统

此类型有以下两种布置:

(1)等高引水,分片灌田。在一个水库设置两个以上高程相同的进水闸,各闸建立一个渠系。被大河或山岭分成几片的灌区采用这种布置,可节省干渠工程量和管理养护费用。

(2)高低引水,分级灌田。在一个水库设置两个以上高程不同的进水闸,各闸建立一个渠系。高渠灌高田,低渠灌低田。

2.2.2.4　多水源联合系统

这种布置与长藤结瓜不同,有两个以上的主要水源,各有独立渠系,水源或渠系之间用渠道联系起来,使水量互相调剂。

2.2.2.5　排灌合一系统

平原湖沼地区可采用这类布置,排灌方式可分如下四种:

(1)等高截流,上排下灌。可布置干渠拦截接近边缘地区的地表径流,向低处排泄,减少渍水,并用拦截的水灌溉农田。

(2)节制水位,变排为灌。在排水渠道可设置节制闸,必要时关闸使上游干支渠水位壅高,自流灌溉。这种方式,必须上游有充分来水,渠水壅高较快,才能及时灌溉。

(3)排水入湖,引湖提灌。在平原和沿江滨湖地区有很多围垸,垸内都有蓄渍区,在江河涨水季节容易渍水。可把部分排水渠挖到一般低渍水位以下,在渠边适当地点建抽水站,提水灌溉。

(4)利用排水闸调节灌溉。江河水位高于排水区地面的季节,必要时可以开闸引水灌田。在江河枯水季节可以关闸截留部分渍水灌溉。

2.2.3　干、支渠的布置

干、支渠的布置形式取决于地形条件,大致可以分为以下三种类型:

(1)山区、丘陵区灌区的干、支渠布置。山区、丘陵区地形比较复杂,岗冲交错,起伏剧烈,坡度较陡,河床切割较深,比降较大,耕地分散,位置较高。一般需要从河流上游引水灌溉,输水距离较长。所以,这类灌区干渠、支渠渠道的特点是:渠道高程较高,比降平缓,渠线较长而且弯曲较多,深挖高填渠段较多,沿渠交叉建筑物较多。渠道常与沿途的塘坝、水库相连,形成长藤结瓜式水利系统,以求增强水资源的调蓄利用能力,提高灌溉工程的利用率。

山区、丘陵区的干渠一般沿灌区上部边缘布置,大体上与等高线平行,支渠沿两溪间的分水岭布置,如图2-2所示。在丘陵地区,如果灌区内有主要岗岭横贯中部,干渠可布置在岗脊上,大体与等高线垂直,干渠比降视地面坡度而定,支渠自干渠两侧分出,控制岗岭两侧的坡地。

(2)平原区灌区的干渠、支渠布置。平原区灌区大多位于河流中下游地区的冲积平原,地形平坦开阔,耕地集中连片。山前洪积冲积扇,除地面坡度较大外,也具有平原地区的其他特征。河谷阶地位于河流两侧,呈狭长地带,地面坡度倾向河流,高处地面坡度较大,河流附近坡度平缓,水文地质条件和土地利用等情况与平原地区相似。这些地区的渠系规划具有类似的特点,可归为一类。干渠多沿等高线布置,支渠垂直等高线布置,如图 2-3 所示。

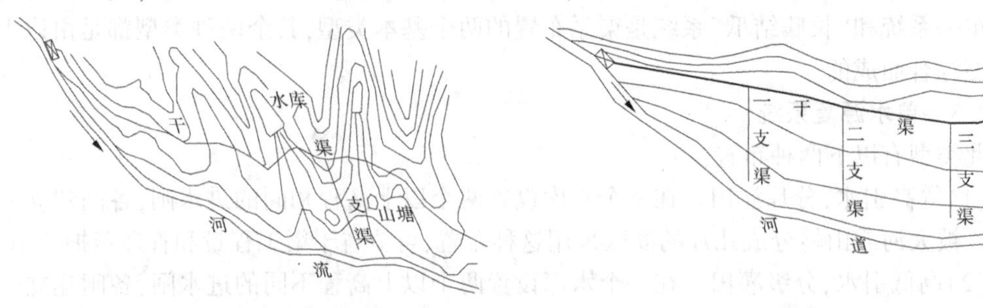

图 2-2　山区、丘陵区干渠、支渠布置　　　图 2-3　平原区干渠、支渠布置

(3)圩垸区灌区的干渠、支渠布置。分布在沿江、滨湖低洼地区的圩垸区,地势平坦低洼,河湖港汊密布,洪水位高于地面,必须依靠筑堤圈圩才能保证正常的生产和生活,一般没有常年灌排自流的条件,普遍采用机电灌排站进行提灌、提排。面积较大的圩垸,往往一圩多站,分区灌溉或排涝。圩内地形一般是周围高、中间低。灌溉干渠多沿圩堤布置,灌溉渠系通常只有干、支两级,如图 2-4 所示。

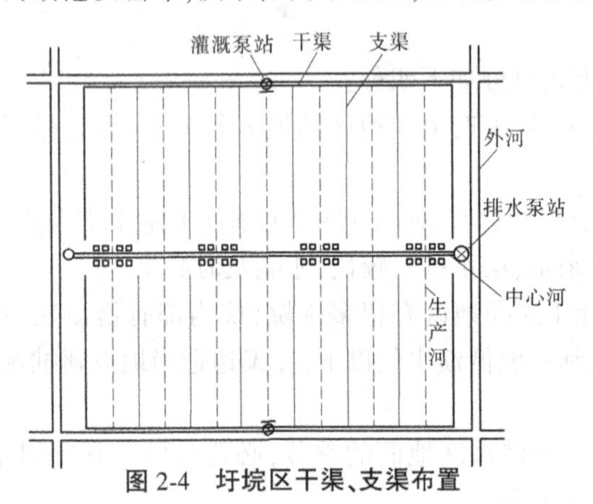

图 2-4　圩垸区干渠、支渠布置

2.2.4　斗、农渠的布置

2.2.4.1　斗、农渠的规划要求

斗、农渠的规划与农业生产要求关系密切,除遵守一般灌溉渠道规划原则外,还应满足下列要求:①适应农业生产管理和机械耕作要求;②便于配水和灌水,有利于提高灌水工作效率;③有利于灌水和耕作的密切配合;④土地平整工程量较少。

2.2.4.2　斗渠的规划布置

斗渠的长度和控制面积随地形变化很大。山区、丘陵地区的斗渠长度较短,控制面积较小。平原地区的斗渠较长,控制面积较大。我国北方平原地区一些大型自流灌区的斗渠长度一般为 3~5 km,控制面积为 3 000~5 000 亩。

斗渠的间距主要根据机耕要求确定,与农渠的长度相适应。

2.2.4.3　农渠的规划布置

农渠是末级固定渠道,控制范围为一个耕作单元。农渠长度根据机耕要求确定,在平原地区通常为 500~1 000 m,间距为 200~400 m,控制面积为 200~600 亩。丘陵地区农渠的长度和控制面积较小。在有控制地下水位要求的地区,农渠间距根据农沟间距确定。

2.2.4.4　灌溉渠道和排水沟道的配合

灌溉系统和排水系统的规划要互相参照、互相配合、统筹考虑。斗、农渠和斗、农沟的关系则更为密切,它们的配合方式取决于地形条件,有以下两种基本形式:

(1)灌排相间布置。在地形平坦或有微型起伏的地区,宜把灌溉渠道和排水沟道交错布置,沟、渠都是两侧控制,工程量较省。这种布置形式称为灌排相间布置。

(2)灌排相邻布置。在地面向一侧倾斜的地区,渠道只能向一侧灌溉,排水沟也只能接纳一侧的径流,灌溉渠道和排水沟道只能并行,上灌下排,互相配合。这种布置形式称为灌排相邻布置。

2.2.5　渠线规划步骤

选定渠线是在灌区的面积上选择干支渠道应该经过的地带,再在各条地带上通过测量定出渠道中心线,作为设计的线路。为了在广阔的面积上逐步缩小调查研究的范围,最后得出效益最大、工程最省的渠线,整个定线工作过程应该分为以下五个步骤:①初步查勘;②复勘;③初步测量和图上定线;④定线测量和技术设计;⑤施工阶段局部改线。

在初步查勘之前应做好以下几项准备工作:①研究灌区所在流域或地区的水利规划,了解规划意图,并研究本灌区在流域中的地位和与相邻灌区的联系;②如果有较详细的地形图,则应画出灌区的大致界线和干支渠线的大致位置;③收集灌区的耕地面积、人口分布、交通情况、物产等社会经济资料和水文、地质、气象等自然资料,并进行研究。

初步查勘和复勘是做好渠系布置的重要工序,同时也是选定干支渠线的重要工序,决不可忽视。

2.2.5.1　初步查勘

初步查勘要求用简单仪器测出干渠线路上控制点(渠首、沿线山垭、跨河点、村镇等)的相对位置和高程;测定支渠渠首和大致方向;调查各支渠的大致长度和所能灌到的耕地;水旱田地面积的比例和复种面积,记录沿线地形地质特征;估计建筑物的类型和尺寸。同时调查灌区的社会经济状况,如人口分布、交通条件、建筑材料情况等。随着查勘画出草图,干渠各比较线路查勘完毕,可能得出原拟各线以外的比较线路,在此基础上选择一条或两条线路作为复勘的依据。

2.2.5.2　复勘

复勘包括干渠线路的复勘和主要支渠的初勘。干渠比较线路之间的工程难易、工程量大小有显著差别,一般经过复勘就能决定取舍;如果差别不显著,则还须经过下一步的比较。各支渠初勘,可以只查勘每条支渠与干渠较难相接的一段,以下的情况可待测量支渠时再去查勘。

通过干渠线路复勘,渠道布置方案大体可以定下来。这时,干渠可以进行初测了。除干渠线路应进行复勘外,工程较难的支渠也要经过复勘再测量。

2.2.5.3　初步测量和图上定线

复勘阶段找出了渠道应该经过的地带,这个地带可能很宽。初步测量就是要在这个较宽的地带里找出一条渠线必然经过的狭窄地带,并把这个地带的地形图测绘出来(比例尺1:1 000或1:2 000,等高距1 m),并把导线的转折点和水准点保留下来,作为将来定渠道中心线和渠底高程的依据。选择导线转折点的时候,要在复勘决定的控制点之间反复查勘,使导线尽可能接近将来出现的渠道中线。在初测过程中,必须把沿线的土壤、地质、水文及下一级渠道的渠首和其他建筑物的位置、对外交通情况等设计所需的资料大体收集起来,并提出渠道建筑物类型和主要尺寸的意见。这些资料都要在测量记录本上记录下来,写入初测报告中。

图上定线包括渠底中心线平面和纵断面的确定。先确定中心线平面。画中心线之前,要做以下准备工作:①计算从渠首到灌区的平均比降;②根据各渠段的流量、土壤、岩石的不冲流速和不淤流速大致定出各段的比降;③根据各段流量、比降和土壤、岩石的最陡稳定边坡设计各段渠道标准横断面;④取各段标准横断面正常流量水面宽的5倍,作为各段的最小转弯半径。

有了以上数据,我们可以在初测地形图上定出渠道底的中心线了。这条中心线的高程虽是按渠道的上口高程定出来的,但其坡降即是渠底的比降。这条线的平面形状和高程,应在合于渠道线路规则性的条件下,大体与地形图上等高线高程相符合。在平原或横向坡度不大的丘陵地带,也可以定出半挖半填的渠道,使渠道水面高出地面,并使挖方与填方大致平衡。

2.2.6　灌溉管道系统的规划布置

2.2.6.1　管道系统的组成

灌溉管道系统是从水源取水经处理后,用有压或无压管网输送到田间进行灌溉的全套工程,一般由首部枢纽、输配水管网、灌水器等部分组成。

1. 首部枢纽

首部枢纽的作用是从水源取水,并进行处理,以符合管道系统与灌溉的要求,这些要求包括水量、水压、水质三方面。首部枢纽包括泵站(或水泵机组)、沉沙、过滤设备、肥料和化学药剂注入设备、控制器、压力或流量调节器、阀门和量测设备等。其作用是从水源取水并将其处理成符合灌溉要求的水流送到系统中去。不同的灌水方法与灌水器对水质的要求及水压和水量的控制是不同的,因此相应的首部枢纽组成也就各异。

2. 输配水管网

根据灌区的大小及地形条件,管网一般分成干管、支管、毛管等几级,有时分成总干管、干管、分干管、支管、毛管五级。对于滴灌和微喷灌系统,末级管道一般为毛管,而对于喷灌系统,末级管道则为支管。管网由直管、管件和控制部件组成。管网的基本形状有树枝状和环状两种:

(1)环状管网。管网有某一部分(某一级)形成环状,这样可以使管网压力分布均匀,保证率较高,在环状管道有部分损坏时,管网大部分仍可正常供水,但是在多数情况下会增加管道的总长度而增加投资,适用于随机用水或泡田等用水量较大的情况。

(2)树枝状管网。管网是逐级向下分支配水,呈树枝的形状。如果上一级管道损坏,以下管网就只好停止供水。这种管网的总长度一般较短,因此现在大多数灌溉系统都采用这种管网。除上述两种基本形式外,有时还采用两种结合的混合形式。

3. 灌水器

灌水器是直接将水均匀地分布到田间和湿润土壤的设备或装置。对于不同的灌水方法采用不同的灌水器。

2.2.6.2　管道系统的分类

灌溉管道系统形式很多,特点各异,一般可按照以下几个特点来进行分类。

1. 按结构形式分类

(1)开敞式。在管道上下游高差不太大,可在一些重要位置设置有自由水面调节井的管道系统形式。调节井除具有调压作用外,一般还兼有分水功能。适用于低压管道输水的地面灌溉系统。

(2)封闭式。水流在封闭的管道内连续流动。管内可以保持一定的压力,只有打开给水栓才能向外供水。适用于喷灌、滴灌等需要较高压力的灌水方法。

(3)半封闭式。在输水过程中使用浮球阀等来控制阀门启闭的一种输水形式。这样可以避免无效放水,适用于水田灌溉系统。

2. 按工作压力分类

工作压力是在正常工作状态下系统内水流的压力。不同的灌水方法要求在管网中保持不同的压力范围,而不同的工作压力对系统的结构与所用的管材有很大的影响。因此,按工作压力对灌溉管道系统进行分类便于设计与管理。

(1)无压灌溉管道系统。管道内水流有自由表面,其管材主要承受外面的土压力。由于管道是埋在地表之下,如在管内为无压流,则无法自流灌溉地表,要灌溉就要另加动力和水泵提水或临时提高水位,常用来为移动式喷灌机组供水或进行地下渗灌,其他情况用得比较少。

(2)低压灌溉管道系统。其工作压力一般为 200 kPa 以下。管内水流为有压流,所以水能从出流口自流溢出,进行地面灌、滴灌,或在地下进行渗灌。

(3)中压灌溉管道系统。工作压力一般为 200~400 kPa。可以用于滴灌、微喷灌和中、低压喷灌。

(4)高压灌溉管道系统。工作压力在 400 kPa 以上。由于压力较高,所以对管道的强度要求较高,主要用于中、高压喷灌。

3. 按照各部分在灌溉季节中可移动程度分类

(1)固定式灌溉管道系统。除个别外,所有各组成部分在整个灌溉季节中,甚至常年都是不动的。管道多是埋在地下。这种系统的全部设备在一个灌溉季节中只能在一块地上使用,所以需要大量管材,单位面积投资较高。

(2)移动式灌溉管道系统。整个灌溉管道系统是可移动的,灌溉季节中轮流在不同地块上使用,非灌溉季节集中收藏保管。这样提高了设备利用率,降低了单位面积的投资,只用移动的劳动强度大。而且如管理不善,设备极易损坏。

(3)半固定式灌溉管道系统,又称半移动式灌溉管道系统。其组成部分有些是固定的,有些是移动的。最常见的是首部枢纽和干管是固定的,而末级配水管(支管和毛管)和灌水器则是可以移动的。由于首部枢纽和干管最笨重,固定下来就可以大大减少移动的劳动量。而末级配水管一般较轻,而且所占投资的比例又大,所以使之移动的劳动强度相对较小,而又可以节约较多的投资。这样系统综合了固定式和移动式灌溉管道系统的优点,又在一定程度上克服了两者的缺点,因此使用最为广泛。至于哪些部分固定、哪些部分移动,则可在设计时根据具体情况经过具体经济分析、技术比较加以确定。

4. 按灌水方法分类

不同灌水方法的灌溉系统,其主要区别在于采用不同的灌水器,所以按灌水方法分类,实际上也就是按灌水器分类。由于灌水器不同,压力也就不同,对水质的要求也不同,所以管道规格、布置与首部枢纽的组成也都不相同,因此有一种灌水器就有一种灌水方法,就有一种灌溉系统,常见的有以下几种:

(1)喷灌系统。采用喷头作为灌水器,一般要求工作压力较高,所以常采用的是高压或中压灌溉管道系统。

(2)滴灌系统。采用的灌水器是滴头或滴灌带,要有中压灌溉管道系统与之配合,主要由塑料管构成输配水管网。

(3)微喷灌系统。以微喷头作为灌水器,采用中压灌溉管道系统,与滴灌系统相似,各级管道均采用塑料管。

(4)低压管道输水地面灌溉系统。用低管道将水一直送到田间,而在田间仍为畦灌或沟灌,有时还采用闸门孔灌在各灌水沟之间配水。

5.按压力的来源分类

灌溉管道系统多数都是有压的,按其压力来源的不同可以分为自压和机压两大类。

(1)自压灌溉管道系统。一般是水源的水面高程高于灌区的地面高程,用压力管道引到灌区就具有一定的压力,如这压力已能满足灌区内输水水头损失与灌水器工作压力的要求,就可不另外加压而构成自压灌溉管道系统。

(2)机压灌溉管道系统。在水源的水面高程低于灌区的地面高程,或虽然略高一些,但不足以形成灌区所需要的压力。这时就要利用水泵加压,以形成足够的压力。

以上是仅按某一种特点来分类,而在生产实际工作中有时也有按三个或两个特点来分类的,例如固定式喷灌系统、半固定式滴灌系统、移动式微喷灌系统、自压喷灌系统等。

2.2.6.3　管道系统的布置

灌溉管道系统的规划布置和灌溉渠道系统的规划布置有很多相似之处,但也有许多特点(例如由于一般是有压管道输水,所以在确定灌区范围时,对地形的适应性比较强,管道布置受地形的影响较小)。采用不同的灌水方法的灌溉管道系统,其组成与田间末级管道对规划布置方法是不相同的,而输配水管道系统的布置基本上是相同的。管道系统规划布置主要包括水源工程的布置、首部枢纽位置的选择、灌溉面积的分区、管道系统布置等。布置方案的好坏不仅影响到管道总长度、各级管道尺寸、管件用量及总投资,而且影响到系统建成后的运行管理是否方便、灌溉质量、安全与运行费用。

影响灌溉管道系统布置的因素有水源与灌区的相对位置、灌区的面积大小、形状和地形、作物的分布、耕作方向、灌溉季节的风速方向等。

1.水源工程的布置

水源工程包括取水、蓄水和供水建筑物设施等。水源工程的布置首先要研究有多少个可能被采用的水源,根据其水量、水位和水质情况,取水的难易程度与灌区的相对位置等因素选定其中技术可行、工程简单而且投资较少的作为灌区的水源。

2.首部枢纽的布置

首部枢纽位置的确定,要考虑水源的位置和管网布局方便。如果以井作为水源,而且井位可以任意选择时,最好把井和首部枢纽一起布置在地块的中心,这样到灌区最远处的水头损失最小,运行费用低,便于管理。当水源在灌区之外,一般是先把水用输水管(渠)送到最近的灌溉地块的边界,在边界设首部枢纽。一般不把首部枢纽放在远离灌溉地块的水源附近,因为这样管理不方便,而且经过处理的水,经远距离输送后有可能再被污染。

3.灌溉面积的分区

对于较大的灌溉系统,一般不是整个灌溉系统同时灌溉,而是分成若干个区进行轮灌,在划分轮灌区时应考虑以下几个因素:

(1)在区内作物要一样。

(2)各区需要的流量要相近,便于轮灌。离水泵远或地面高程高的地块,其流量可以小一点;反之,其流量可以大一些。这样可以使灌区的运行符合离心式水泵的工作特点。

(3)尽量考虑与农业管理体制的范围相一致,以便于管理。

(4)一个系统中应有一定数目的轮灌区,便于充分利用每天可灌溉的时间安排轮灌。

4. 灌溉管道系统形式的选择

灌溉管道的形式很多,首先要确定采用哪一种灌水方法,其次要确定各级管道是移动的还是固定的,这要根据当地地形、作物、经济及设备条件,考虑各种形式的优缺点来选定。灌水次数多、地形坡度陡、经济价值高的作物种植区,可采用固定式灌溉管道系统,在地形平坦、灌溉次数少的大田作物区宜采用移动式或半移动式系统,以提高设备利用率。在有10~20 m自然水头的地方,尽量选用自压系统,以降低动力设备运行费用。

5. 管道系统的布置

灌溉管道系统中的输配水渠道,一般是指支管(或毛管)以上的管网。在布置时既要考虑路径的因素,又要考虑管网内压力的分布,以使支管(毛管)的出口压力一致,从而达到整个灌区灌水均匀的目的。当在支管进口安装压力调节器调节系统上的压力分布时,管道布置就可少受管内压力分布因素的影响。

1)小型管网的布置

小型管网是指千亩以下灌溉管道系统的整个管网或千亩以上灌溉管道系统中的第二、三级管道以下的管网。这种管网的布置应当适应田块灌溉的要求。在平原地区,管道一般为直线,上下级管道多为互相垂直布置,上级管道多布置在地块中间,向两边分水,形状比较规则,末级管道一般与耕作方向一致。

在地面坡度较大的山丘地区,末级管道(支管或毛管)一般沿等高线布置,尽量避免走逆坡。这样可以使渠道上的灌水器工作压力和出水量较均匀。有时地形较为复杂,不可能做到这一点时,就要考虑采用不对称的布置形式,把取水口布置在上坡方向,以补偿由于地形高差造成的压力值。例如图2-5即为一个微灌系统的典型例子。该轮灌区两个方向都有坡度,由分干管供水,分干管的取水口偏向高处,这样可以使得逆坡的毛管较短,而顺坡的毛管较长。每根支管入口处装上压力调节器以减少由于分干管上压力变化造成的灌水不均匀。而且在支管上坡方向的毛管数比下坡方向的毛管数要少,以补偿支管走逆坡所造成的压力变化,就使各个微喷头上的压力相对来说比较均匀一致。

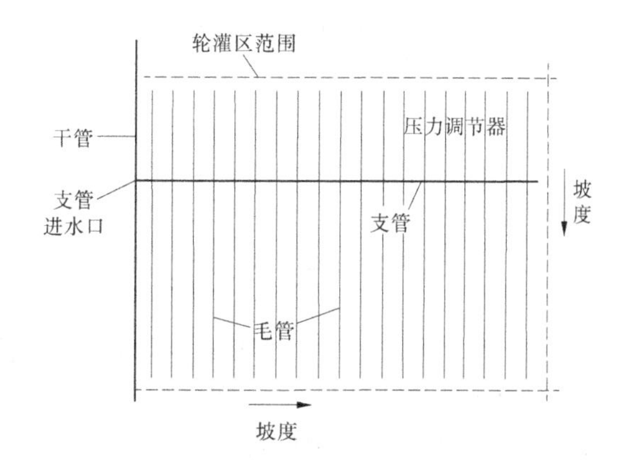

图2-5　在有双向坡度的地形条件下管道的典型布置形式

管网应根据实际地形、地貌、地物和灌溉要求来分段布置。一般应注意以下几个方面:

(1)在控制整个灌区的前提下,应使管道的总用量最小;不仅使管道总长度短,还应使管径最小,例如固定支管最好顺坡由上向下布置,这样就可以减小支管的管径。而在梯田地区的移动支管最好布置在同一级梯田上,以便于移动与摆放。

(2)应使管网内的压力尽量均匀,一方面不应造成压力很高的点(例如,干管最好不布置在深谷中),另一方面又应使每个灌水器处的压力尽可能相同。一根支管首末端压力差不能超过工作压力的20%。

(3)应满足各用水单位的需要,便于管理。

(4)管道的纵横断面应力求平顺,减少折点,有较大起伏时应避免产生负压。

(5)在平坦地区支管应尽量与作物种植和耕作方向一致,以减少竖管对机耕的影响。

(6)要尽量减少输水的水头损失,以减少总能量消耗。

(7)应根据轮灌的要求设有适当的控制设备,一般每根支管应装有闸阀。

(8)在管道起伏的高处应设排气装置,低处应设泄水装置。

(9)当管线需要穿过道路与河流时,应尽可能与之垂直。

(10)为了便于施工与管理,管线应尽量沿道路和耕地边界布置。

管线布置应尽可能避开软弱地基和承压水分布区。

虽然管道的布置不会像渠道的布置那样受到地形那么大的限制,但是也同样存在某种程度上受到地形的影响。现以图2-6中几种情况为例来说明之。对于地形变化小的情况,可以将供水点(或泵站)布置在地块的中间,向两边布置干管,然后再在干管两侧分出支管,如图2-6(a)所示,这样就与平底布置方法相似了,不过支管略有小的向下坡降,对于增加支管的灌水均匀度比较有利。如有可能,最好是将分干管布置在坡地的上侧,基本与等高线平行,如图2-6(b)所示,这样就可使支管垂直等高线,以充分利用地面落差来抵消支管的水头损失,并可使支管上每个灌水器的压力近似相等。但也有一种情况是干管在田块下坡侧通过,如图2-6(c)所示,分干管不得不逆坡布置,使得分干管内有较大的压力差。为此也可以考虑在分干管中段加设加压泵,使得分干管压力趋于合理。支管仍可与等高线成一定交角,向下坡方向布置。对于岗谷交错的地形,如图2-6(d)所示,一般可以考虑沿着岗地布置分干管,支管由两侧向下坡布置。对于大冲田的系统,最好将分干管布置在两侧山坡上,如图2-6(e)所示,从两侧向冲里布置支管,以达到使支管压力尽量均匀的目的。

对于由机井供水的低压管道输水灌溉系统,其管网布置常见有如图2-7所示的几种形式:

(1)"工"字形布置。机井位于地块中间,设干、支两级固定管道,每隔40~50 m设一给水栓,接软管两侧供水。

(2)"土"字形布置。机井位于地块短边一侧的中部,可采用两级固定管道布置成土字形或王字形。

(3)梳子形布置。机井位于狭长地块长边一侧的中部,由干、支两级固定管道组成。

(4)一字形布置。地块窄长,机井位于地块中间或短边一侧的中部,只要在地块中间沿窄长方向布置一级固定渠道即可。

2)大型管网的布置

万亩以上灌溉管道系统的骨干管网,由给水栓向二级管网供水,每个给水栓相当于一个用户,给水栓的位置由用户的需要来确定。骨干管网的作用是将这些给水栓与首部枢纽连接起来。一般是按最短路径的原则布置,各管段的管径应为经济管径,其设计要采用优化设计的方法。每个用户用水一般是随机的,所以要按用水概率来确定管网流量。

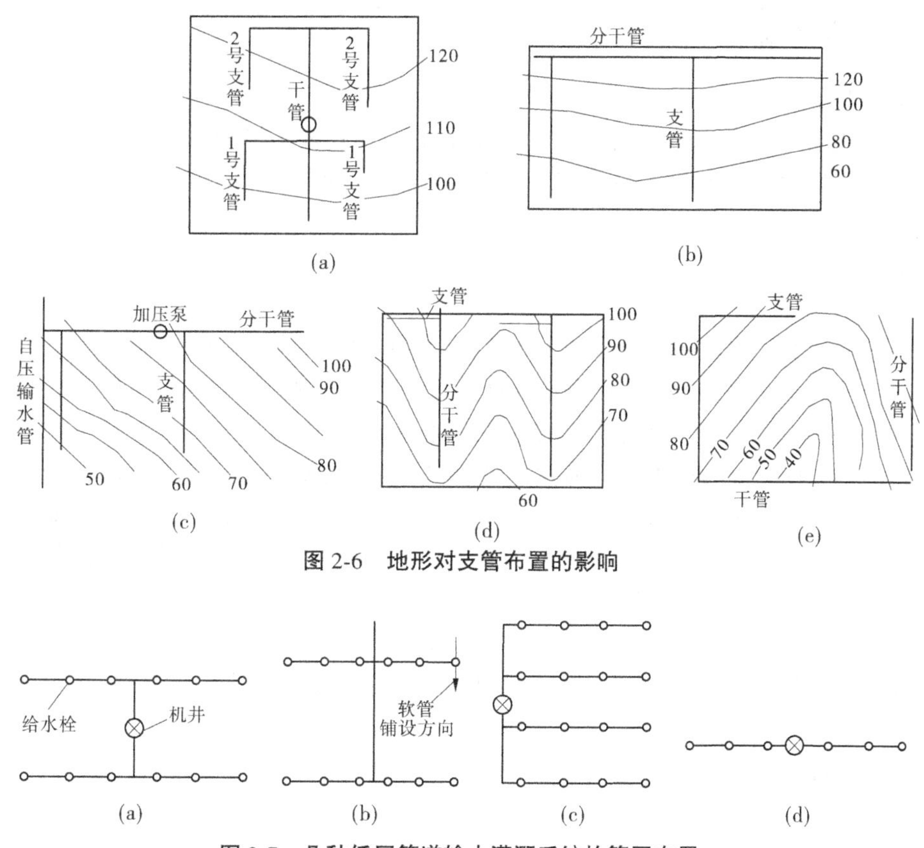

图 2-6　地形对支管布置的影响

图 2-7　几种低压管道输水灌溉系统的管网布置

2.3　排水系统布置

排水系统一般包括排水区内的排水沟系和蓄水设施(如湖泊、河沟、坑塘等)、排水区外的承泄区及排水枢纽(如排水闸、抽排站等)三大部分所组成。

排水渠系与灌溉渠系相似,一般可分为干、支、斗、农四级固定渠道。但当排水面积较大或地形较复杂时,固定排水沟可以多于四级;反之,也可以少于四级。干、支、斗三级沟道组成输水沟网,农沟及农沟以下的田间沟道组成田间排水网,农田中由降雨产生的多余地面水和地下水通过田间排水网汇集,然后经输水网和排水枢纽排泄到容泄区。田间排水沟可分为明沟、暗管和竖井排水三种排水方式,属田间工程。

地区或灌区内排水系统的规划,一般是在流域防洪除涝规划基础上进行的。流域防洪、除涝规划的目的是确定流域范围内骨干防洪除涝工程的布局和规模,同时也为流域内局部地区或灌区的排水系统规划提供必要的依据。

由于我国排水地区的情况各不相同,因此规划排水系统时,必须从实际出发,由调查研究入手,收集和分析有关资料,摸清涝、渍和盐碱化的情况及原因;然后据以制定规划原则,确定规划标准和主要措施,合理拟订各种方案;最后通过技术经济论证,选定采用方案并拟出分期实施计划。

2.3.1 排水区划

2.3.1.1 圩区

圩区主要分布在我国南方各主要河流中下游的江湖冲积平原地区,其特点是:地势低平,汛期外河水位常高出地面,依靠圈圩筑堤防御洪水;圩内以涝渍为主要威胁,治理上以排为主,蓄泄兼顾。

1.防洪措施

1)圩堤整修

(1)防洪标准。根据防护对象的重要性、历次洪水灾害情况及社会经济影响,结合防护对象和工程的具体条件,并征求有关方面的意见,按照《防洪标准》(GB 50201—2014)确定。海堤防潮标准,各地不一,可参照当地制定的标准确定。

(2)堤距和堤顶高程的确定。河道两侧圩区的堤距,要能通过设计洪峰流量。若采用的堤距较窄,则设计洪水位较高,河道水流较急,修堤土方量较大,但圈为河滩地的土地较少;若采用的堤距较宽,则相反。选择什么样的堤距和堤顶高程,应根据当地条件,经方案比较后确定。堤顶高程可用式(2-1)计算:

$$H_{堤顶} = H_{洪} + a + \Delta \tag{2-1}$$

式中:$H_{堤顶}$为设计堤顶高程,m;$H_{洪}$为设计洪水位,m;Δ为安全超高,一般取0.5~1 m;a为波浪爬高,m。

波浪爬高在$\alpha=14°\sim45°$的范围内采用式(2-2)计算:

$$a = 3.2Kh_b\tan\alpha \tag{2-2}$$

式中:K为堤坡护面粗糙系数,混凝土为1,土坡、草皮为0.9,干砌块石为0.8,抛石为0.75;α为堤的迎水坡与水平面夹角;h_b为波高,m。

波高采用式(2-3)或式(2-4)计算:

$$h_b = 0.76 + 0.34\sqrt{L} - 0.26\sqrt[4]{L}(适用于 L < 60) \tag{2-3}$$

$$h_b = 0.208v^{1.25}L^{\frac{1}{3}}(适用于 3 < L < 30) \tag{2-4}$$

式中:L为最大水面宽或吹程,km;v为最大风速,m/s。

(3)堤防断面。一般采用梯形断面,堤顶宽与边坡常根据经验确定。堤顶宽根据主要防洪与交通的要求,可参考表2-1、表2-2选用。

表2-1 堤顶宽度

堤高(m)	< 3	3~5	5~7	7~10	> 10
堤顶宽(m)	2~3	3~5	5~6	6~8	8~10

表2-2 有公路的堤顶宽

公路等级	路面宽(m)	堤顶宽(m)
二	7或9	10或12
三	7	8.5
四	3.5	4.5~6.5

注:6.5 m为错车段的堤顶宽。

边坡的大小取决于土壤的性质、堤身高度、高水位的持续时间和风浪大小，参考表2-3采用。当堤身较高时，在背水坡可加设戗台。

表2-3　圩堤边坡

堤身土质	迎水坡			背水坡		
	堤高3 m以下	3~6 m	6~10 m	堤高3 m以下	3~6 m	6~10 m
壤土	1:2	1:2.5	1:3	1:2	1:2.5	1:3
沙土	1:2.5	1:3	1:3.5	1:3	1:3.5	1:4

2)联圩并垸

有的地区历史上遗留下来的圩区面积较小，防洪任务大，宜采取联圩并圩措施，把影响泄洪流量不大的支流叉河，筑堤或建涵闸堵塞，使相邻分散的小圩合并成一个大圩。

有的地区在骨干河道之间建立大联圩，大联圩中有小联圩，大联圩的圩堤防洪标准高，平水年不封闭。小联圩抗御一般洪水或排涝防渍。两级联圩分级控制，使洪涝水分开，提高防洪治涝标准，减少圩堤工程量。

联圩并垸的主要作用是：缩短堤线，减轻防洪负担；减少圩堤的入渗量；增加圩内治涝容积，提高治涝能力，大圩内水系可统一规划，便于综合利用；无分片分级控制要求的各小圩间的圩堤，可拆除，以增加农田面积。

联圩规划布置，应注意以下几点：

(1)联圩并垸是防洪措施，也是圩区布置问题，涉及圩区的适宜大小、圩内外水系的调整和改选，需统一规划。

(2)不堵断主要河道，以免影响泄洪和通航。

(3)注意圩内外水面积的适当安排，较大的湖泊原则上不要并入圩内。圩内水面积的大小与所在地区的河网密度有关，一般以圩内面积的10%左右为宜。

(4)联圩的大小要考虑圩内地形与外河水位的变幅。圩内地面高差大的，联圩应小些，以减小圩内分级控制建筑物。汛期外水位较高，从防洪考虑，联圩应大些。

(5)要考虑原有排灌站的位置，尽可能使排灌站仍位于圩边，以便运用。

(6)适当照顾行政区划，以便管理。

3)改道撇洪

有的滨湖圩区，地势低洼，河湖相通，上有山洪汇注，下受江水倒灌，对此，可采取河流改道分洪入江的措施。其作用是：减少湖区的汇水面积，减轻洪涝威胁，降低湖泊的蓄水位；减少机电排水设备。

对于傍山沿江圩区，可开挖截流沟进行等高截流，以便洪涝分家。

4)蓄洪与分洪

蓄洪与分洪包括上游水库蓄洪，中下游利用湖泊分洪，以及蓄洪垦殖等措施。

2. 圩外水系布置要点

(1)以流域(区域)的主要行水河道为骨干河道，并按照行洪、排涝、灌溉、航运和圩区面积大小的要求，进行各级河道的规划。

(2)涉及两个县上下游关系的河道，不要轻易切断或废除，要上下游统一布置，确定布局。

(3)要充分利用与改造现有骨干河道。现有骨干河道如较弯曲,水流迂回不畅,可适当截弯取直,但不强求笔直。河道交叉也不强求正交。

(4)开辟新河,增加排涝出路,要有方案比较与论证。新河的路线应根据地形、水系等条件,使流程短、工程量小,并尽可能避免穿过湖泊、沼泽地及地质不良的地段。

(5)水网地区的老河网,要考虑综合利用的要求,改造成以骨干河道为纲、分布均匀、运用方便的新河网,在新河网的布置中,不要片面追求填河造田,以致减少水面面积,削弱调蓄能力。

(6)结合土地利用规划,照顾行政区划。

3. 圩内除涝灌溉布置

1)治理经验

(1)等高截流,分片排涝。为了解决高低之间的排涝矛盾,应使高水高排,并争取自排。若高排区不能全部自排,则可在高排闸处建排水站进行抽排;或把高排区不能自排的涝水,由沟引至低排区湖泊滞蓄,或用低排水站外排,沟内建闸控制,做到先排田、后排湖,先排低、后排高,顺序排涝。

(2)留湖蓄涝,内河预降。应充分发挥圩内湖、塘、沟港对滞涝暴雨的滞蓄作用,以减少排涝流量,节省工程投资。根据湖南、江西等省的经验,内湖蓄涝面积以占圩区总面积的10%~15%或内蓄水窖以每平方公里圩内面积为10万~15万 m^2 为宜。

(3)尽量利用和创造自流排水的条件。例如,排水站联建排水自流涵闸;适当地抬高内湖蓄涝水位,以争取内湖有更多的自流外排条件;尽量利用河湖汛期蓄涝,汛后自排等。

(4)排灌分开。这样可消除在同一时刻有的作物要排、有的作物要灌的矛盾,以利充分发挥排水沟的排涝和控制地下水位的作用。

2)留湖蓄涝布置

在地形有一定高差或有内湖的圩区,应留部分面积或内湖作为调蓄(滞涝)区,并围湖堤。调蓄区设计蓄水位以上的高地,涝水通过截流沟自排入调蓄区,称自排区。截流沟以下的低田,涝水向外河抽排(排田),称抢排区。暴雨时,外河水位高于内河(湖)水位,抢排区的涝水必须抽排;自排区的涝水入湖调蓄后分两种情况:一是入湖涝水量大于调蓄容积,对超过调蓄容积的那部分涝水需向外河抽排(排湖);二是涝水量小于或等于调蓄容积,或在两次暴雨间歇内排除(用此校核排田的装机容量),或留待外河水位下降后自流排出。留湖面积及蓄水容积的确定,将影响到圩区土地的开发利用及抽水站的装机容量,因此必须进行比较,选定经济合理的方案。

设计蓄水位按照只排田不排湖的要求,采用下列步骤计算:第一步,绘制湖泊水位 $H_{湖}$ 与有效容积 V 的关系曲线。有效容积时湖泊设计低水位(死水位)以上的容积。设计低水位根据水生养殖、交通、灌溉用水及卫生等要求确定。第二步,绘制圩田高程 $H_{圩}$ 与面积的关系曲线,绘制时由高至低计算不同高程的面积。第三步,计算不同高程的控制面积的产水量 W(计入湖泊本身产水量),得 $H_{圩}\sim W$ 关系曲线。第四步,把 $H_{湖}\sim V$ 曲线与 $H_{圩}\sim W$ 曲线绘在一张图上,两条曲线交点处的高程作为湖泊设计蓄水位 $H_{设}$,其有效容积与该高程以上的圩田排水量相等。

若内湖蓄涝容积不能满足只排田不排湖的要求,则根据实际条件,拟定不同留湖面积、蓄水位,计算得相应的排湖水量及装机容量。经比较,选定留湖面积与设计蓄水位。

3)排灌系统的布置

排灌系统的布置,要根据圩区的地形、形状、规模、排灌站、内湖的布置和现有河道及涵闸的位置来拟定。其布置原则、形式与明沟排灌系统相同。中小型圩内,目前常用的布置形式有下列几种:

(1)圩区地形四周稍高、中间低洼。对此,排水干沟(干河)布置在圩区的中心位置或接近中心位置(利用旧河)。干沟的方向,随圩区形状宜为南北向或东西向。布置支沟时,若旧河道迂回曲折,除根据条件利用一部分外,多数是采取开新河、填老河,结合平田整地进行,使支沟、斗沟、农沟相互垂直,形成矩形网格,以满足机耕和园田化的要求。村、组的界线,可按河网布置进行调整,以便于管理。灌溉干渠沿圩堤布置,灌溉支渠与排水支渠有相间和相邻的布置形式。有的在圩区内需多处通航和排涝时,可以选择一条或数条支沟扩大开挖标准,并在圩口建闸建站,进行调度,以满足排涝和农航的要求。

(2)圩内地形平坦。对此,可把排水干沟环堤河,灌溉干渠布置在圩中心。其优点是具有截渗作用,缺点是干沟土方量大。

(3)圩内地形向一边倾斜。对此,灌溉渠道一般为相邻布置,单向排灌,等高截流。

2.3.1.2 平原河网

河网是排水、滞蓄、引水、灌溉、通航与水产养殖等综合利用的工程。其特点是:河道深度大,骨干河网的深度一般在4~5 m以上;河底纵坡平缓;河河相通,建闸控制。

河网的主要作用是:具有较大的调蓄能力,提高了治涝标准;增加灌溉水源,有利于抗旱;河网建闸控制,便于高、低地分开排水,可适当解决高低地、上下游的排水矛盾;发展航运与水产事业。

但是,河网也存在着土方量大、建筑物多,管理运用不当会产生治涝与蓄水的矛盾,盐碱地区排咸与蓄水的矛盾。

1.分级名称和规格

河网的分级名称各地不同,有的称干、支河为骨干河网,大、中、小沟为基本河网,毛沟、墒沟等为田间调节网。有的称干、支河为一、二级河,大、中沟为三、四级河,小沟为生产河等。江苏省的基本河网规格见表2-4。

表2-4 江苏省基本河网规格

尺寸		徐淮平原	南通地区和太湖平原
大沟	间距(m)	3 000~5 000	1 000~3 000
	沟深(m)	4~5	4.5~6.5
	底宽(m)	4~6	3~6
中沟	间距(m)	500~1 000	600~1 000
	沟深(m)	3~4	3.5~6
	底宽(m)	3~4	2~4
小沟	间距(m)	100~200	100~200
	沟深(m)	2	2
	底宽(m)	1~2	1

2. 河网布置

1)骨干河网

一般是利用现有的干、支流河道,根据要求予以浚深和拓宽。如果河道上下游的高差较大,为了高低分开,高水高蓄,可在河道内分段修建节制闸,形成梯级河道。

在梯级布置中,级差是根据蓄水要求、河道深度与纵坡拟定的,一般为2~4 m。上下两级节制闸的间距,应使上级节制闸的闸下水深满足灌溉、航运的要求,灌溉要求水深为1 m,航运要求水深见表2-5。闸前蓄水位的确定,要满足附近地区农田的防渍和治碱的要求。闸位应结合交通桥梁,考虑行政区划与管理要求来拟定。

表2-5 枯水期最小航道尺度

通航等级	通航驳船吨级	天然区划河流		人工运河		弯曲半径
		浅滩水深(m)	底宽(m)	水深(m)	底宽(m)	(m)
一	3 000	3	75~100	5	60	900~1 200
二	2 000	2.5~3	75~100	4	60	850~1 100
三	1 000	1.8~2.3	60~80	3	50	700~900
四	500	1.5~1.8	45~60	2.5	30	600~750
五	300	1.2~1.5	35~50	2.5	30	200~500
六	100	1~1.2	20~30	2	15	150~400
七	24~50	0.8~1	20~30	1.6	10	100~300

2)基本河网

大、中沟是排、滞、蓄、航等综合利用的河道。小沟的作用是排涝和降低地下水位,在水网地区兼顾农船通航。

布置时,先确定大沟的位置,大沟与骨干河网的衔接,其间距大小,要尽量利用现有河沟与公路沟;在大沟上的控制建筑物,要照顾行政区划,以便于管理。中沟一般垂直于大沟,其间距为小沟的长度。小沟为末级固定沟,根据现有农机运行效率灌溉配水的要求,其长度为400~1 000 m,间距为100~200 m,其深度按防渍与治碱的要求确定。

3)联结沟

为了调节水量和通航,在骨干河道或大沟之间设联结沟,把河道组成网状,联合运用,以提高排蓄能力。联结沟要尽量与大沟相结合,并按运用的要求建造节制闸。

4)灌溉渠系布置

多数为提水灌溉,在布置上,一种是集中扬水,即建造扬水站,从骨干河网或大沟抽水,并修建斗、农级灌溉渠系;另一种是分散提水,即由扬水点直接提水至灌溉农渠。

5)排水站

在需机排的河网地区,其排水站的位置,应选在地势低洼、进出流顺畅、外河河段顺直、河岸稳定、河床冲淤变化不大的地点。若采用分散排水的方式,要通过联结沟使站站相连,统一调水,联合运用,以提高排水标准或减少装机容量。

2.3.2 骨干沟道系统的布置

2.3.2.1 排水类别

骨干沟道系统的布置,往往取决于灌区或地区的排水方式。我国各地区和各灌区的排水类别基本上可以归纳为下列几种：

(1)汛期排水和日常排水。汛期排水是为了防止耕地受涝水淹没和江河泛滥。日常排水是为了控制地区的地下水位和农田水分。两者排水任务虽然不同，但目的都是保障农、林、牧业的生产，所以在布置排水沟系时，应能同时满足这两方面的要求。

(2)自流排水和抽水排水。当承泄区水位低于排水干沟出口水位时，一般进行自流排水，否则需要抽水排水，或抽排与蓄滞相结合的除涝排水方式。

(3)水平(或沟道)排水和垂直(或竖井)排水。对于主要由降雨灌溉渗水成涝的地区，常采用水平排水方式。如果由于地下深层承压水补给潜水而致，则应考虑采用竖井排水方式；对于旱涝碱兼治地区，如地下水质和含水层出水条件较好，宜进行井灌井排，配合田间排涝明沟，形成垂直与水平相结合的排水系统。

(4)地面截流沟。地面截流沟(有些地区称撇洪沟)和地下截流沟排水，对于由外区流入排水区的地面水或地下水及其他特殊地形条件下形成的涝渍，可分别采用地面或地下截流沟排水的方式。

2.3.2.2　排水系统布置

排水系统的布置，主要包括承泄区和排水出口的选择及各级排水沟道的布置两部分。它们之间存在着互为条件、紧密联系的关系。骨干排水沟的布置，应尽快使排水地区内多余的水量泄向排水口。选择排水沟线路，通常要根据排水区或灌区内外的地形和水文条件、排水目的和方式、排水习惯、工程投资和维修管理费用等因素，编制若干方案，进行比较，从中选用最优方案。

2.3.2.3　骨干排水沟布置原则

骨干排水沟布置一般遵循下列原则：

(1)骨干排水沟要布置在各自控制范围的最低处，以便能排除整个排水地区的多余水量。

(2)尽量做到高水高排、低水低排，自排为主，抽排为辅；即使排水区全部实行抽排，也应根据地形将其划分为高、中、低等片，以便分片分级抽排，节约排水费用和能源。

(3)干沟出口应选在承泄区水位较低和河床比较稳定的地方。

(4)下级沟道的布置应为上级沟道创造良好的排水条件，使之不发生壅水。

(5)骨干沟道要与骨干渠系的布置、土地利用规划、道路网、林带和行政区划等协调。

(6)工程费用小，排水安全及时，便于管理。例如，干沟一般布置成直线，但当利用天然河流作为干沟时，就不能要求过于直线化。

(7)在有外水入侵的排水区或灌区，应布置截流沟或撇洪沟，将外来地面水和地下水引入排水沟或直接排入承泄区。

(8)为防止过度排水，减轻上游排水对下游地区的排水压力和对下游水体的污染，必要时可在排水沟道出口处设置控制排水设施。

2.3.3　承泄区的布置

承泄区按形状可分为河川式、湖泊式、感潮式和地下式四种。地下式承泄区一般为地表以下排水条件良好的未饱和透水层、多孔岩层、岩溶溶洞或裂隙。

2.3.3.1　承泄区的基本要求

承泄区应满足下列要求:①保证排水系统有良好的出流条件。承泄区水位,不致在排水系统内造成有害的壅水、浸没和淤积。②具有足够的输水能力或调蓄容积,以确保宣泄排水区的设计流量,或调蓄其涝水。③要有稳定的河槽和安全的堤防。

天然条件下的承泄区,有时难以满足上述要求。承泄区作用不良的原因主要有:①河道弯曲,坡降过小,流速缓慢,水位壅高。②河槽横断面过小。③河槽断面形状急剧变化,水流紊乱,水位壅高,过流能力降低。④河槽被泥沙等阻塞,过水断面减小,河床糙率加大。⑤各种人工建筑物,如闸、坝、桥、涵、鱼栅等造成壅水。⑥河、湖串通,洪水倒灌,抬高湖泊水位。⑦山丘区或坡地洪水进入承泄区。⑧感潮河道潮水顶托和河口淤积。⑨承泄区位置较高。

针对承泄区作用不良的原因,应采取适当的整治措施(如裁弯、河道整治、分洪减流、建闸等)。

选择承泄区位置时,应注意以下各点:①承泄区应选在治涝区最低处,使水位较低,以争取自排。②要有适宜的排水出口。③应考虑排水系统的布置的要求。

2.3.3.2　承泄区与排水系统的的连接方式

当承泄区水位满足排水系统出口要求水位时,连接处应根据引水、蓄水航运等要求及河底落差的大小,确定是否修建闸、涵、跌水等建筑物。

当承泄区水位高于排水出口要求水位时,则排水受顶托,此时其连接方式有以下几种:

(1)修回水堤。当洪水顶托的回水距离不长时,可在排水口两侧修回水堤。回水堤与承泄区防洪堤相连,堤顶高程为设计回水高程加超高。回水范围以上的涝水要使其能自排;对于回水范围以内部分面积的涝水,可在支流口建涵闸抢排。

(2)修建涵闸。顶托时间较短时,可利用闸涵抢排。

(3)修建泵站抽排。当外水位长期高于内水位、无自流排水条件时,可利用泵站抽排。

(4)争取落差自排。当承泄河道纵坡陡于排水干沟的纵坡较多时,可考虑下延排水沟,从下游水位较低处排入承泄河道。

2.4　灌排建筑物布置

2.4.1　建筑物布置及选型的一般要求

(1)建筑物的位置。要根据渠系平面布置图和纵横断面图相互结合研究确定建筑物的位置,如跌水应布置在地形变化较大的地带,桥梁应尽量与沟渠正交,节制闸应考虑渠道的轮灌及渠道水位的降低情况等。

(2)尽量考虑采用联合枢纽的布置形式,以便综合利用,节约工程量,如进(分)水闸与节制闸联合修建、闸与桥联合修建等。

(3)建筑物的布置。在能满足水位、流量、安全及管理方便的前提下,建筑物的数量应尽可能少些,以节省投资和减少管理工作量。

(4)建筑物的型式。应根据就低取材、降低造价和安全适用的原则选用建筑物的型式。有条件的情况下,尽量考虑美观,并与周边景观协调一致。

2.4.2　建筑物布置的具体要求

(1)桥梁。布置时尽量利用渠道上的节制闸和进水闸。桥梁的位置和数量应该考虑群众生产方便。

(2)节制闸。一般布置在轮灌组分界、渠道分出流量较多、断面变化较大及下级渠道水位要求较高的地方,也常布置在泄水闸的下游,以便联合运用。

(3)渡槽与倒虹吸管。当渠道与沟、河、路交叉时,通常选用渡槽,具有水头损失小、泥沙淤积容易处理的优点。当为下述情况下,以选用倒虹吸管为宜:①渠道流量较小,水头充裕,含沙量小,穿越较大河谷。②河谷深度很大,采用渡槽时槽架太高(如架高大于25~30 m)。③河道宽浅,洪水位较高,如修建渡槽,槽下净空不能满足泄洪要求。④渠路相交,而净空较小。

(4)尾水闸与泄水闸。尾水闸布置在斗渠尾端,而一般支渠不设尾水闸,可通过斗渠尾水闸退水;当斗渠较小,不设尾水闸时,则支渠应设置尾水闸。

为保证建筑物的安全,在干渠大型建筑物(如渡槽、倒虹吸管、跌水等)上游的一侧,应布置泄水闸。当干渠较长时,泄水闸的布置还应照顾到干渠分段的长度,一般每10~15 km应结合适当建筑物布置一座泄水闸。环山渠的泄水闸还有排泄入渠坡水、防止满溢渠堤的作用,故应根据坡水入渠的情况分段设置。有时为了便于管理,也可考虑采用溢洪堰。

(5)跌水与陡坡。选用时应作经济比较,通常多选用跌水,但在下述情况时可选用陡坡:①由环山干渠直接分出支渠、斗渠,在渠道附近无灌溉任务时,一般可顺地面坡度建陡坡工程,引水到要求灌溉的地方。②当布置跌水处的地质为岩石,可顺岩石坡向修建陡坡代替跌水,以减少石方开挖。

(6)隧洞。隧洞具有输水距离短、水位下降少、渗漏损失小、坡水与泥沙不易入渠等优点,其进、出口应选在岩石较好的地方,以防塌方,影响施工。

(7)建筑物尺寸。如果灌区范围可能发展,考虑到今后扩建的需要,对有关重要建筑物尺寸应适当留有余地。

2.4.3　渠系建筑物的规划布置

2.4.3.1　引水建筑物

从河流无坝引水灌溉时的引水建筑物就是渠首进水闸,其作用是调节引入干渠的流量;有坝引水时的引水建筑物是由拦河坝、冲沙闸、进水闸等组成的灌溉引水枢纽,其作用是壅高水位,冲刷进水闸前的淤沙,调节干渠的进水流量,满足灌溉对水位、流量的要求。需要提水灌溉时修筑在渠首的泵站和需要调节河道流量满足灌溉要求时修建的水库,也均属于引水建筑物。

2.4.3.2　配水建筑物

配水建筑物主要包括分水闸和节制闸。

1.分水闸

建在上级渠道向下级渠道分水的地方,上级渠道的分水闸就是下级渠道的进水闸。斗、农渠的进水闸惯称为斗门、农门。分水闸的作用是控制和调节向下级渠道的配水流量,其结构形式有开敞式和涵洞式两种。

2. 节制闸

节制闸垂直渠道中心线布置,其作用是根据需要抬高上游渠道的水位或阻止渠水继续流向下游。在下列情况下需要设置节制闸:

(1)在下级渠道中,个别渠道进水口处的设计水位渠底高程较高,当上级渠道的工作流量小于设计流量时,就进水困难,为了保证该渠道能正常引水灌溉,就要在分水口的下游设一节制闸,壅高上游水位,满足下级渠道的引水要求。

(2)下级渠道实行轮灌时,需在轮灌组的分界处设置节制闸,在上游渠道轮灌供水期间,用节制闸拦断水流,把全部水量分配给上游轮灌组中的各条下级渠道。

(3)为了保护渠道上的重要建筑物或险工渠段,退泄降雨期间汇入上游渠段的降雨径流,通常在它们的上游设泄水闸,在泄水闸与被保护建筑物之间设节制闸,使多余水量从泄水闸流向天然河道或排水沟道。

2.4.3.3　**交叉建筑物**

渠道穿越山岗、河沟、道路时,需要修建交叉建筑物。常见的交叉建筑物有隧洞、渡槽、倒虹吸、涵洞、桥梁等。

(1)隧洞。当渠道遇到山岗时,或因石质坚硬,或因开挖工程量过大,往往不能采用深挖方渠道,如沿等高线绕行,渠道线路又过长,工程量仍然较大,而且增加了水头损失。在这种情况下,可选择山岗单薄的地方凿洞而过。

(2)渡槽。渠道穿过河沟、道路时,如果渠底高于河沟最高洪水位或渠底高于路面的净空大于行驶车辆要求的安全高度,可架设渡槽,让渠道从河沟、道路的上空通过。渠道穿越洼地时,如采取高填方渠道工程量太大,也可采用渡槽。

(3)倒虹吸。渠道穿过河沟、道路时,如果渠道水位高出路面或河沟洪水位,但渠底高程却低于路面或河沟洪水位;或渠底高程虽高于路面,但净空不能满足交通要求,就要用压力管道代替渠道,从河沟、道路下面通过,压力管道的轴线向下弯曲,形似倒虹。

(4)涵洞。渠道与道路相交,渠道水位低于路面,而且流量较小时,常在路下面埋设平直的管道,叫作涵洞。当渠道与河沟相交时,河沟洪水位低于渠底高程,而且河沟洪水流量小于渠道流量时,可用填方渠道跨越河沟,在填方渠道下面建造排洪涵洞。

(5)桥梁。渠道与道路相交,渠道水位低于路面,而且流量较大、水面较宽时,要在渠道上修建桥梁,满足交通要求。

2.4.3.4　**衔接建筑物**

当渠道通过坡度较大的地段时,为了防止渠道冲刷,保持渠道的设计比降,就把渠道分为上、下两段,中间用衔接建筑物连接,这种建筑物常见的有跌水和陡坡。一般当渠道通过跌差较小的陡坎时,可采用跌水;跌差较大、地形变化均匀时,多采用陡坡。

2.4.3.5　**泄水建筑物**

为了防止由于沿渠坡面径流汇入渠道或因下级(游)渠道事故停水而使渠道水位突然升高,威胁渠道的安全运行,必须在重要建筑物和大填方段的上游及山洪入渠处的下游修建泄水建筑物,泄放多余的水量。通常是在渠岸修建溢流堰或泄水闸,当渠道水位超过加大水位时,多余水量即自动溢出或通过泄水闸宣泄出去,确保渠道的安全运行。泄水建筑物具体位置的确定,还要考虑地形条件,应选在能利用天然河沟、洼地等作为泄水出路的地方,以减少开挖泄水沟道的工程量。从多泥沙河流引水的干渠,常在进水闸后选择有利泄水的地形,开挖泄水渠，设置泄水闸，根据需要开闸泄水，冲刷淤积在渠首段的泥沙。为了退泄灌溉余水，干、支、斗渠的末端应设退水闸和退水渠。

2.4.3.6　量水建筑物

灌溉工程的正常运行需要控制和量测水量，以便实施科学的用水管理。在各级渠道的进水口需要测入渠水量，在末级渠道上需要量测渠道退泄的水量。可以利用水闸等建筑物的水位—流量关系进行量水，但建筑物的变形及流态不够稳定等因素会影响量水的精度。在现代化灌区建设中，要求在各级渠道进水闸下游安装专用的量水建筑物或量水设备。量水堰是常用的量水建筑物，三角形薄壁堰、矩形薄壁堰和梯形薄壁堰在灌区量水中广为使用。巴歇尔量水槽也是广泛使用的一种量水建筑物，虽然结构比较复杂，造价较高，但壅水较小，行进流速对量水精度的影响较小，进口和喉道处的流速很大，泥沙不易沉积，能保证量水精度。

2.5　田间工程布置

田间工程通常指最末一级固定渠道（农渠）和固定沟道（农沟）之间的条田范围内的临时渠道、排水小沟、田间道路、稻田的格田和田埂、旱地的灌水畦和灌水沟、小型建筑物及土地平整等农田建设工程。

2.5.1　田间工程的规划要求

田间工程要有利于调节农田水分状况，培育土壤肥力和实现农业现代化。为此，田间工程规划应满足下列基本要求：

（1）有完善的田间灌排系统，旱地有沟、畦，种稻有格田，配置必要的建筑物，灌水能控制，排水有出路，避免旱地漫灌和稻田串灌串排，并能控制地下水位，防止土壤过湿和产生土壤次生盐碱化现象。

（2）田面平整，灌水时土壤湿润均匀，排水时天面不留积水。

（3）田块的形状和大小要适应农业现代化需要，有利于农业机械作业和提高土地利用率。

2.5.2　田间工程的规划原则

（1）因地制宜，经济合理。结合地形条件，渠道尽可能布置在高处，避免过大的填方、挖方，并减少建筑物数量和渠道长度。

（2）要便于机耕和整地。渠道布置要互相平行，上下级渠道互相垂直，避免出现三角地。力求田块整齐、大小相等，便于轮作和机耕。

（3）沿乡镇边界布渠，使用水单位尽可能有独立的引水口，便于用水和管理养护。

（4）田间工程规划要以治水改土为中心，实行山、水、田、林、路综合治理，创造良好的生态环境，促进农、林、牧、副、渔全面发展。

2.5.3　条田规划

末级固定灌溉渠道（农渠）和末级固定沟道（农沟）之间的田块称为条田，有的地方称为

耕作区。它是进行机械耕作和田间工程建设的基本单元,也是组织田间灌水的基本单元。条田的基本尺寸要满足下列要求:

(1)排水要求。为了排除地面积水和控制地下水位,排水沟应有一定的深度和密度。排水沟太深时容易坍塌,管理维修困难。因此,农沟作为末级固定沟道,间距不能太大,一般为100~200 m。

(2)机耕要求。根据实际测定,拖拉机开行长度小于300~400 m时,生产效率显著降低。但当开行长度大于800~1 200 m时,用于转弯的时间损失所占比重很小,提高生产效率的作用已不明显。因此,从有利于机械耕作这一因素考虑,条田长度以400~800 m为宜。

(3)田间用水管理要求。在旱作地区,特别是机械化程度较高的大型农场,为了在灌水后能及时中耕松土,减少土壤水分蒸发,防止深层土壤中的盐分向表层聚积,一般要求一块条田能在1~2天内灌水完毕。从便于组织灌水考虑,条田长度以不超过500~600 m为宜。

综上所述,条田大小既要考虑除涝防渍、防止盐碱化和机械化耕作的要求,又要考虑田间用水管理要求,宽度一般为100~200 m,长度以400~800 m为宜。见表2-6。

表2-6　我国部分地区旱作区条田规格

地区	长度(m)	宽度(m)
陕西关中	300~400	100~300
安徽淮北	400~600	200~300
山东	200~300	100~200
新疆军垦农场	500~600	200~350
内蒙古机耕农场	600~800	200

2.5.4　稻田区的格田规划

水稻田一般都采用淹灌方法,需要在田间保持一定深度的水层。因此,在种稻地区,田间工程的一项主要内容就是修筑田埂,用田埂把平原地区的条田或山区地区的梯田分隔成许多矩形或方形田块,称为格田。格田是平整土地、田间耕作和用水管理的独立单元。

田埂的高度要满足田间蓄水要求,一般为20~30 m。埂顶兼作田间管理道路,宽30~40 cm。

格田的长边通常沿等高线方向布置,其长度一般为农渠到农沟之间的距离。沟、渠相间布置时,格田长度一般为100~150 m;沟、渠相邻布置时,格田长度为200~300 m。格田宽度根据田间管理要求而定,一般为15~20 m。在山丘地区的坡地上,农渠垂直等高线布置,可灌排两用,格田长度根据机耕要求确定。格田宽度视地形坡度而定,坡度大的地方应选较小的格田宽度,以减少修筑梯田和平整土地的工程量。

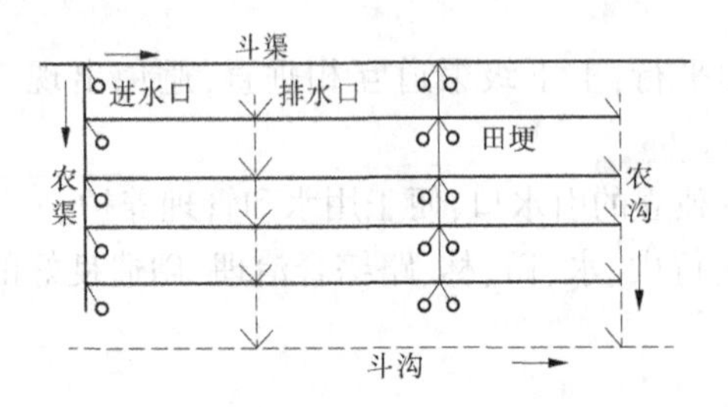

图2-8　稻田区田间灌排工程布置

稻田区不需要修建田间临时渠网。在平原地区,农渠直接向格田供水,农沟接纳格田排出的水量,每块格田都应有独立的进、出水口,如图2-8所示。

2.5.5 田间渠系布置

田间渠系指条田内部的灌溉网,包括毛渠、输水垄沟和灌水沟、畦等。田间渠系布置有下列两种基本形式:

(1)纵向布置。灌溉水流从毛渠流入与其垂直的输水垄沟,然后进入灌水沟、畦。毛渠一般沿地面最大坡度方向布置,使灌水方向与地面最大坡向一致,为灌水创造有利条件。在有微地形起伏的地区,毛渠可以双向控制,向两侧输水,以减少土地平整工程量。地面坡度大于1%时,为了避免田面土壤冲刷,毛渠可与等高线斜交,以减小毛渠和灌水沟、畦的坡度。田间渠系纵向布置如图2-9所示。

(2)横向布置。灌水方向和农渠平行,毛渠与灌水沟、畦垂直,灌溉水流从毛渠直接进入灌水沟、畦,如图2-10所示。这种布置方式省去了输水垄沟,减少了田间渠系长度,可节省土地和减少田间水量损失。毛渠一般沿等高线方向布置或与等高线有一个较小的夹角,使灌水沟、畦与地面坡度方向大体一致,有利于灌水。

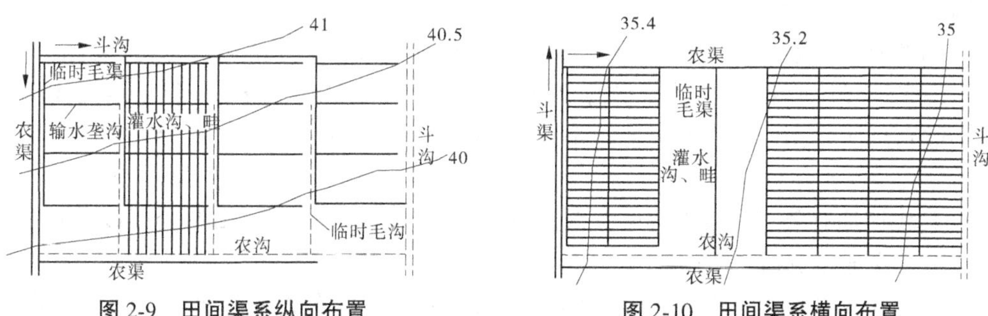

图2-9 田间渠系纵向布置

图2-10 田间渠系横向布置

在以上两种布置形式中,纵向布置适用于地形变化较复杂、土地平整较差的条田;横向布置适用于地面坡向一致、坡度较小的条田。但是,在具体应用时,田间渠系布置方式的选择要综合考虑地形、灌水方向及农渠和灌水方向的相对位置等因素。

2.6 附属工程布置

2.6.1 道路

2.6.1.1 道路种类

(1)灌区内乡(镇)、厂、矿、县城间和对外联络的公路。

(2)灌区内乡(镇)、厂、矿、各村庄间的交通道路。

(3)各生产单位通往田间的生产道路。

(4)沿渠布置的渠系管理道路。

2.6.1.2 道路标准

道路标准根据不同的道路等级和交通工具确定。

(1)公路。四级以上公路按照《公路工程技术标准》(JTG B01—2014)的要求设计。

(2)农村公路。应根据中华人民共和国交通部2004年发布的《农村公路建设标准指导意见》设计。表 2-7 可供参考。

表 2-7　农村公路规格

交通道路	主要联系范围	行车情况	路面宽(m)	路面高于地面(m)
干渠	县与乡(镇)之间,乡(镇)与村之间	双车道	6~8	0.7~1
支渠		单车道加错车道	3~5	0.5~0.7
田间道		单车道	3~5	0.3~0.5
生产道		不通行机动车	1~2	0.3

2.6.1.3　交通道路的布置原则

(1)道路要联结成网,以满足交通运输、农机行驶和田间管理的要求。

(2)线路要短直,对于平原、坡地和浅丘地区的主要交通道路,应力求走直线,互相正交,以利于渠系布局;对于丘陵地区,应结合地形条件采取"分段取直"的形式;对于田间生产道路,要考虑便于农机下地和农民出工。

(3)线路要与渠系密切结合,统一规划,合理安排,对于平原地区宜采用"先路后渠"的办法,即先定好骨干渠系,再依渠傍沟布设道路;对于田间生产道路,要与田间渠系和田块布置形式结合,使渠、沟、路总的工程量小,占地少,交叉建筑物少,又能充分发挥渠、沟、路的效能。

(4)灌区原有公路一般不宜改变线路,渠道和排水沟应尽可能沿原公路或平行公路布置,以减少交通建筑物,并有利于田块方整。

(5)在干渠及较大支渠上,一般应结合交通道路沿堤脚布置通行机动车的管理道路;在支渠、斗渠上应利用一侧堤顶来布置通行人力车和自行车的管理道路。

2.6.1.4　沟、渠、路的布置形式

沟、渠、路的布置形式,应有利于排灌、机耕和田间管理,不影响田间作物光照条件,并能节约占地,使平整土地和修建渠系建筑物的工程量少,常见的布置形式有下列几种:

(1)沟—渠—路—田块(见图 2-11)。道路布置在田块上端,位于灌溉渠道一侧。有扩展余地,可兼作管理道路,农业机具可直接进入田间。道路穿过下级渠道,可结合分水闸或斗门修建桥梁。这种布置形式的优点是比较经济,缺点是路面起伏较大。

(2)田块—路—沟—渠(见图 2-12)。道路布置在田块下端,位于排水沟一侧。这种布置形式的优点是路面较平坦,便于交通和进入田间,缺点是与下级排水沟相交,需修建桥涵。

(3)田块—沟—路—渠(见图 2-13)。道路布置在排水沟与渠道之间,便于维修管理沟、渠。但农业机具进入田间必须跨越排水沟或渠道,需要修建较大的桥涵。另外,今后扩宽道路也有困难。一般多用于以交通为主的道路。

图 2-11　沟—渠—路—田块　　图 2-12　田块—路—沟—渠　　图 2-13　田块—沟—路—渠

以上三种布置形式,应根据具体情况选用,田间机耕路以第(1)、第(2)种形式较好。

2.6.2　林带

沟、渠、路旁要因地制宜布设林带。通常在干渠、支渠和主要交通道路的两侧植树，每侧1~2行；在斗渠、农渠及田间生产道路两侧或一侧植树1~2行。在田间生产道路两侧植树时，应对每个田块留8~10 cm的缺口，以便农机下地。若在一侧植树，当林带为南北向时在西边植树，当林带为东西向时在南边植树，这样可减少对作物的影响。在人均土地较少的地区，可在不增加占地的前提下，于堤脚、沟边植树。堤内植树以不影响水流为原则。在风沙灾害严重的地区，应按防护农田的要求布置林带。

防护林带一般要求主林带垂直于当地风害方向，偏角不宜大于30°，副林带垂直于主林带。林带间距应按林带的防风范围来确定。一般林带的有效防风范围为树高的20~25倍，在具体确定林带间距时，还要考虑风害的程度。林带宽度需要根据风害大小、林带结构及土地利用情况来确定。林带结构通常有透风结构和稀疏结构两种形式。透风结构林带，由单层或两层林冠组成，林冠部分适当透风，树干部分大量透风，在风沙灾害较轻的地区适宜采用。稀疏结构林带的透风能力大，防风效果好，风沙灾害严重的地区适宜采用。

要根据当地自然条件和林带性质选择适宜的树种。在灌区内堤脚、路旁植树，一般以速生、端直、不给作物传染病虫害的乔木为主，而在堤坡、岸边，多以紫穗槐、柠条等灌木为主。为便于选择树种，将一些主要树种的习性、种植规格列入表2-8，供参考。

表2-8　主要树种

树种	植树规格		主要特性
	株行距(尺)	每亩株数	
马尾松	5×5，4×4	240~375	适应性强，耐干旱、瘠薄，系荒山造林先锋树种
金钱松	5×6	150~200	喜阳光、湿润气候，抗风，耐寒，畏热，在土壤深厚、疏松、肥沃的高山地生长迅速
杉木	6×5，4×5	200~240	系优良用水、速生树种。喜温暖、土层深厚、肥沃。适于山腰、山脚、阴坡种植
黑松	5×5，4×4	240~375	耐盐碱，抗风力强，适于海岛和沿海山地种植
水杉	6~8	200左右	喜湿润，土壤要肥沃，适于低湿地、平原“四旁”种植
柏树	5~6	200~240	较耐干旱、瘠薄，适于石灰岩山地，钙质土壤、缓风山坳种植
樟树	6×5，5×6	167~200	喜阳光、肥沃湿润土壤，适于平原、丘陵“四旁”种植
楠木	5×5，5×6	200~240	喜温暖、湿润、略有蔽荫的环境，适于山下坡、山洼、山谷或河岸种植
檫树	6×9，6×6	111~167	适于土层深厚、湿润、排水良好的缓风山坳、山脚种植
桉树	6×6，6×5	167~200	喜阳光、温暖，要求土层深厚、水分充足，适于平原“四旁”种植

续表 2-8

树种	植树规格		主要特性
	株行距(尺)	每亩株数	
苦楝	6×6		喜光,不耐蔽荫,耐干旱、水湿、轻微盐碱,适于“四旁”和沿海砂地、盐碱地种植
泡桐	8×9	90	适应性较强,适于低山、丘陵、平原和“四旁”种植
香椿	6~7	160~200	喜阳光和深厚沙质土壤,适于平原和“四旁”种植
板栗	15~20		耐寒、旱,不择土壤,适于丘陵山区种植
榆树		200~400	喜光,根深,适应性强,耐旱、瘠、寒、碱
臭椿	5~6	150~200	喜湿润深厚的水质土壤,适于平原、山谷和“四旁”种植
枫杨	6~8		喜光,耐水湿,适于平原、圩区、河滩、公路两旁种植
喜树	零星种植		要求疏松湿润土壤,不耐干旱、瘠薄,适于“四旁”种植
相思树	3×5,3×3	400~667	喜温暖,不耐蔽荫,畏寒,适于用作南方沿海防护林和荒山造林
木麻黄	3×3	667	喜潮湿海洋型气候,耐瘠、旱、盐碱,防风固沙,适作丘陵、山地、沿海防护林
紫穗槐	3×3,3×4	500~667	适应性很强,耐风沙、盐碱、干旱、瘠薄,适于水土保持和“四旁”种植
杞柳	每穴 4~5 株	600 穴	适应性强,喜湿润,耐盐碱,适作水土保持林
柠条	每穴 4~5 株	600 穴	适应性强,耐瘠薄、干旱、寒冷,适作干旱地区水土保持林
刺槐		240~300	适应性强,耐瘠、旱,适于丘陵、平原种植
白榆	5~6		适于平原和“四旁”种植
油茶	8×10,7×8	80~120	根深,喜光,喜温暖和湿润气候
油桐	8~10		适应性较广,山区、丘陵(土层较深厚)均可种植
乌桕	10×10	60	喜温暖、雨量充沛,耐水湿,在水边、堤岸、平原丘陵均可种植
梧桐	6×8		喜光,喜肥沃黏壤土,根深,适于平原、“四旁”、丘陵种植
毛竹		20~30	怕寒、怕旱、怕风,适于避风偏阴的山坳种植

2.6.3 居民点

2.6.3.1 居民点布局的规划原则

(1)居民点规划必须在农田基本建设统一规划的基础上进行,一般以原有自然村为基础进行改建,过分零乱分散时,可适当合并,布局不合理的要另选居民点。

(2)居民点规划要便利生产、生活。

(3)布置居民点要全面安排居民住房和自留地、乡(镇)的集体用房和用地。

(4)居民点建设应本着长远规划、分期实施的精神一次规划,分期分批实施。

2.6.3.2　居民点的规模和布置形式

农村居民点可分为中心居民点和一般居民点。中心居民点是所辖范围内的政治、经济、文化中心,其规模较大;一般居民点主要为方便农业生产和田间管理而设立,其规模和布局应与生产作业区的范围和大小相适应。居民点的布置形式分集中与分散两种。中心居民点布置在骨干渠道及主要交通道路一侧,并居于一般居民点的中心位置。一般居民点通常以一个自然村或几个自然村为单位,有规则地集中或分散布置在渠道(排水沟)一侧,以便耕种附近的田块。在低洼圩区和滨湖区,可结合安全台的建设,沿大堤布置居民点。

2.6.3.3　居民点的位置

选择居民点时,应尽可能少占或不占好耕地,并应满足下列要求:

(1)位置适中,便于生产劳动。

(2)交通方便,有利于内外联系。

(3)地势较高,干燥、向阳,有利于排水。

(4)有良好的水源条件,防止水质污染。

(5)地下水位低,无盐碱化危害,不受山洪、河流泛滥和风害的威胁。

(6)离铁路(公路)应有一定距离(100~200 m),也不宜位于水坝脚下,以利人、畜和机具的安全。

第3章 线路水力学设计

3.1 计算理论及设计原则

3.1.1 水力学研究方法

水力学从早期研究开始,就是一个复杂却有自己独特分析方法的学科。水利工程中的水力学计算主要是研究在各种水工建筑物中的水流现象和伴随着水体流动发生的物质输运。江、河、湖、海及地下的水体昼夜不息地运动,挟带着热量、泥沙、盐分和各类污染物质。为了选择更优的农田灌溉设计方案,必须探明渠系建筑物上下游水流运动的规律和伴随水流发生的物质输运规律。

水流运动规律的研究常常是在给定的物理条件下,求出控制着物理过程的若干变量在空间分布和随时间的演变。对于水流和输运现象,比较重要的变量有流速、压力、温度、浓度等。研究的方法基本上分为现场观测、实验室模拟、理论分析、数值计算四个方面。

现场观测是对自然界固有的流动现象或已有工程的全尺寸流动现象,利用各种仪器进行系统观测,从而总结出流体运动的规律,并借以预测流动现象的演变。过去对天气的观测和预报,基本上就是这样进行的。不过现场流动现象的发生往往不能控制,发生条件几乎不可能完全重复出现,影响到对流动现象和规律的研究;现场观测还要花费大量物力、财力和人力。

实验室模拟是在原型和全比尺模型中实地量测,得到有关物理过程的最可靠、最准确的信息。但在大多数情况下,原型或是全比例尺的实验是十分昂贵或难以实现的,甚至有的是必须禁止的。替代的方法则是将原型按一定比例缩小,在小比尺上进行实验,再将小比尺的模型量测结果按模型比例扩展。但是模型实验往往碰到一些难以克服的困难,例如泥沙的输运、高速水流的脉动和掺气、实验器械局部改变流场和温度场等。

理论分析是根据流体运动的普遍规律如质量守恒、动量守恒、能量守恒等,利用数学分析的手段,研究流体的运动,解释已知的现象,预测可能发生的结果。理论分析简单来说是一种采用数学模型预测所需要的结果。通常是建立“力学模型”,即针对实际流体的力学问题,分析其中的各种矛盾并抓住主要方面,对问题进行简化而建立反映问题本质的“力学模型”。最常用的基本模型有连续介质、牛顿流体、不可压缩流体、理想流体、平面流动等。针对流体运动的特点,用数学语言将质量守恒、动量守恒、能量守恒等定律表达出来,从而得到连续性方程、动量方程和能量方程,求出各种方程的解后,结合具体水流运动,解释这些解的物理含义和流动机制。

流体力学的基本方程组非常复杂,在考虑黏性作用时更是如此,如果不靠计算机,就只能对比较简单的情形或简化后的方程组进行计算。数值方法是在计算机应用的基础上,采用各种离散化方法(有限差分法、有限元法等),建立各种数值模型,通过计算机进行数值计算和数值实验，得到在时间和空间上许多数字组成的集合体，最终获得定量描述流场的数值解。

解决流体力学问题时，现场观测、实验室模拟、理论分析和数值计算几方面是相辅相成的。实验需要理论指导，才能从分散的、表面上无联系的现象和实验数据中得出规律性的结论；反之，理论分析和数值计算也要依靠现场观测和实验室模拟给出物理图案或数据，以建立流动的力学模型和数学模式；最后，还须依靠实验来检验这些模型和模式的完善程度。此外，实际流动往往异常复杂（例如湍流），理论分析和数值计算会遇到巨大的数学和计算方面的困难，得不到具体结果，只能通过现场观测和实验室模拟进行研究。

3.1.2　水力学基本流态

3.1.2.1　一元流、二元流和三元流

描述水流流动的一般方法有拉格朗日法和欧拉法。

1. 拉格朗日（Lagrange）法

拉格朗日法以研究个别流体质点的运动为基础，通过对每个流体质点运动规律的研究来获得整个流体的运动规律。这种方法又称为质点系法。拉格朗日法的基本特点是追踪单个质点的运动。

某一质点 $t=t_0$ 起始时刻坐标(a,b,c)，运动后任意时刻 t 的坐标：

空间坐标
$$\left.\begin{aligned} x &= f_1(a,b,c,t) \\ y &= f_2(a,b,c,t) \\ z &= f_3(a,b,c,t) \end{aligned}\right\} \tag{3-1}$$

a、b、c 和 t 称为拉格朗日变数。

任何质点在空间的位置(x,y,z)都可看作是(a,b,c)和时间 t 的函数：

(1) $(a,b,c)=\text{const}$，t 为变数，可以得出某个指定质点在任意时刻所处的位置。

(2) (a,b,c)为变数，$t=\text{const}$，可以得出某一瞬间不同质点在空间的分布情况。

由于位置是时间 t 的函数，x、y、z 分别对 t 求导，可求得该质点的速度及加速度投影：

速度
$$\left.\begin{aligned} u_x &= \frac{\partial x}{\partial t} \\ u_y &= \frac{\partial y}{\partial t} \\ u_z &= \frac{\partial z}{\partial t} \end{aligned}\right\} \tag{3-2}$$

加速度
$$\left.\begin{aligned} a_x &= \frac{\partial u_x}{\partial t} = \frac{\partial^2 x}{\partial t^2} \\ a_y &= \frac{\partial u_y}{\partial t} = \frac{\partial^2 y}{\partial t^2} \\ a_z &= \frac{\partial u_z}{\partial t} = \frac{\partial^2 z}{\partial t^2} \end{aligned}\right\} \tag{3-3}$$

流体的压强、密度也可表示为：$p=f_4(a,b,c,t)$，$\rho=f_5(a,b,c,t)$

式中：p 为流体流经某点时的压强，$p=(p_x+p_y+p_z)/3$。

由于流体质点的运动轨迹非常复杂，而实用上也无须知道个别质点的运动情况，所以除少数情况（如波浪运动）外，在工程流体力学中很少采用。

2. 欧拉（Euler）法

欧拉法是以考察不同流体质点通过固定的空间点的运动情况来了解整个流动空间内的流动情况，即着眼于研究各种运动要素的分布场。这种方法又叫作流场法。欧拉法中，流场中任何一个运动要素可以表示为空间坐标和时间的函数。例如，在直角坐标系中，流速 v 是随空间坐标 (x,y,z) 和时间 t 而变化的，称为流速场。欧拉法在实际工程中被广泛使用。

用欧拉法描述流体运动时，质点加速度等于时变加速度和位变加速度之和，表达式为：

$$\left.\begin{aligned} a_x &= \frac{\mathrm{d}u_x}{\mathrm{d}t} = \frac{\partial u_x}{\partial t} + u_x\frac{\partial u_x}{\partial x} + u_y\frac{\partial u_x}{\partial y} + u_z\frac{\partial u_x}{\partial z} \\ a_y &= \frac{\mathrm{d}u_y}{\mathrm{d}t} = \frac{\partial u_y}{\partial t} + u_x\frac{\partial u_y}{\partial x} + u_y\frac{\partial u_y}{\partial y} + u_z\frac{\partial u_y}{\partial z} \\ a_y &= \frac{\mathrm{d}u_z}{\mathrm{d}t} = \frac{\partial u_z}{\partial t} + u_x\frac{\partial u_z}{\partial x} + u_y\frac{\partial u_z}{\partial y} + u_z\frac{\partial u_z}{\partial z} \end{aligned}\right\} \tag{3-4}$$

采用欧拉法描述流动时，流场中的任何要素可表示为空间坐标和时间的函数。例如，在直角坐标系中，流速是空间坐标 x,y,z 和时间 t 的函数。按运动要素随空间坐标变化的关系，可把流动分为一元流、二元流和三元流（亦称一维流动、二维流动和三维流动）。

流体的运动要素仅随空间一个坐标（包括曲线坐标流程 s）而变化的流动称为一元流。运动要素随空间二个坐标而变化的流动称为二元流（平面流动）。运动要素随空间三个坐标而变化的流动称为三元流（空间流动）。实际灌区工程渠系建筑物的水力学推算，研究的是流体仅随空间的一个坐标而变化，即一元流。

3.1.2.2 恒定流与非恒定流

1. 恒定流

如果在流场中任何空间点上所有的运动要素都不随时间改变，这种流动称为恒定流。各质点的运动要素与时间无关，仅仅是空间坐标的连续函数。例如对流速而言：

$$\left.\begin{aligned} u_x &= u_x(x,y,z) \\ u_y &= u_y(x,y,z) \\ u_z &= u_z(x,y,z) \end{aligned}\right\} \tag{3-5}$$

因此，流速对时间的偏导数应等于零。所以，对恒定流来说，在式（3-4）的加速度公式中时变加速度（当地加速度）等于零。

2. 非恒定流

如果流场中任何空间点上有任何一个运动要素是随时间而变化的，这种流动称为非恒定流。

恒定流与非恒定流的区分是看运动要素，如速度、压强等，是否随时间变化。

3.1.2.3 均匀流与非均匀流

1. 均匀流

如果流动过程中运动要素不随坐标位置（流程）而变化，这种流动称为均匀流。均匀流具有以下特性：

(1)均匀流的流线彼此是平行的直线，其过流断面为平面，且过流断面的形状和尺寸沿程不变。

(2)均匀流中，同一流线上不同点的流速应相等，从而各过流断面上的流速分布相同，断面平均流速相等，即流速沿程不变。在式(3-3)加速度公式中位移加速度等于零。

(3)均匀流过流断面上的动水压强分布规律与静水压强分布规律相同，即在同一过流断面上各点测压管水头为一常数。但应注意，不同断面上的测压管水头并非一定为常数。

2. 非均匀流

如果流动过程中运动要素随坐标位置(流程)而变化，这种流动称为非均匀流。非均匀流的流线不是互相平行的直线。对非均匀流，按照流线不平行和弯曲的程度，可分为渐变流和急变流。

(1)渐变流。流线虽然不是互相平行的直线，但近似于平行直线时的流动称为渐变流(或缓变流)。渐变流过流断面上动水压强的分布规律，可近似地看作与静水压强分布规律相同。

(2)急变流。若流线之间夹角很大或者流线的曲率半径很小，这种流动称为急变流。急变流时动水压强分布规律，与静水压强分布规律不同。

恒定流与非恒定流、均匀流与非均匀流、渐变流与急变流是不同的概念，恒定流与非恒定流是以运动要素是否随时间的变化来区分的。均匀流与非均匀流是以流动过程中运动要素是否随坐标位置(流程)而变化来区分的，亦可根据流线簇是否彼此平行的直线来判断。非均匀流按流线不平行和弯曲程度分为渐变流和急变流。

3.1.2.4　有压流与无压流

过流断面的全部周界与固体边壁接触、无自由表面的流动，称为有压流或者有压管流。具有自由表面的流动称为无压流或明渠流。

3.1.2.5　层流与紊流

流体质点不相互混杂，流体做有序的成层流动称为层流。其特点为：①有序性。水流呈层状流动，各层的质点互不混掺，质点做有序的直线运动。②黏性。黏性占主要作用，遵循牛顿内摩擦定律。

局部速度、压力等力学量在时间和空间中发生不规则脉动的流体运动称为紊流。其特点为：①无序性、随机性、有旋性、混掺性。流体质点不再成层流动，而是呈现不规则紊动，流层间质点相互混掺，为无序的随机运动。②黏性。紊流受黏性和紊动的共同作用。

1. 雷诺实验

英国物理学家雷诺在 1883 年发表的论著中，通过观察流体不同位置的质点的流动状况的实验确定了层流和紊流两种流动状态，而且测定了流动损失与这两种流动状态的关系。

雷诺实验：打开玻璃管的调节阀，玻璃管中水开始流动。再打开颜色液的小阀，颜色水将进入玻璃管，与水一起流动。当管中平均流速比较小时，颜色液呈一直线状，与周围清水互不掺混，这种有规则的分层流动被称为层流。随着流速的增大，颜色液将产生波动，直到某一数值，颜色液扩散到清水中，与清水混合在一起。这时，两者已互相掺混，每个流体质点的轨迹是十分混乱的，这种流态被称作紊流。此时若再将流速减小，必须减小到比层流转成紊流时流速临界值更小的数值时，流态才会转变为层流。层流和紊流由于两者内部结构不同,能量损失的规律也不同。

由雷诺实验得到:流速较低时,流体作层流运动;当流速增高到一定值时,流体作紊流运动,如果想将紊流运动再变为层流运动,流速需要更小才能转化状态。水流流态从层流变为紊流,或是紊流状态变为层流,流态的转变会存在一个临界流速。我们将层流状态改变为紊流状态时的临界流速称为上临界流速,用字母 v'_{cr} 表示;将紊流状态改变为层流状态时的临界流速称为下临界流速,用字母 v_{cr} 表示。根据流体状态转变特点,可知道下临界流速 v_{cr}<上临界流速 v'_{cr}。

2. 流动状态判别

由于层流和紊流水流运动的规律不同,因此在进行水力学推算时,需要先判别水流流态。层流和紊流水流运动流态的确定除与水流流速的大小有关外,还与管径和流体的黏性有关。因此,采用综合性的雷诺数 Re 作为判别流态的无量纲数。

$$Re = \frac{vd}{\nu} \tag{3-6}$$

式中:v 为管内断面平均流速,m/s;ν 为流体的运动黏性系数(运动黏度);d 为圆管内径,m。

临界雷诺数:

$$Re_{cr} = \frac{v_{cr}d}{\nu} \tag{3-7}$$

圆管流的临界雷诺数 Re_{cr} =2 320,则:

Re<2 320　层流

Re>2 320　紊流

实际工程中取 Re_{cr} =2 000,则:

Re<2 000　层流

Re>2 000　紊流

流体绕过球体流动的临界雷诺数 Re_{cr} =1,则

Re<1　层流绕流(物体后面无旋涡)

Re>1　紊流绕流(物体后面形成旋涡)

当过水断面为非圆断面时,用水力半径 R 作为特征长度。明渠均匀流的临界雷诺数 Re_{cr} =300,则

Re<300　层流

Re>300　紊流

3.1.3　水力学计算理论

3.1.3.1　水力学基本方程及运动分析

1. 流体运动的连续性方程

利用质量守恒定律,可推出流体运动的连续性方程。取微元六面体,边长分别为 dx、dy、dz,中心点流速为 u_x、u_y、u_z,密度为 ρ(见图 3-1)。

可压缩流体非恒定流的连续性微分方程表述如下:

$$\frac{\partial \rho}{\partial t} + \left[\frac{\partial(pu_x)}{\partial x} + \frac{\partial(pu_y)}{\partial y} + \frac{\partial(pu_z)}{\partial z}\right] = 0 \tag{3-8}$$

对不可压缩均质流体 ρ=常数,上式简化为

$$\frac{\partial u_x}{\partial x}+\frac{\partial u_y}{\partial y}+\frac{\partial u_z}{\partial z}=0 \tag{3-9}$$

对于不可压缩的流体，单位时间流经单位体积空间，流出和流入的流体体积之差等于零，即流体体积守恒。

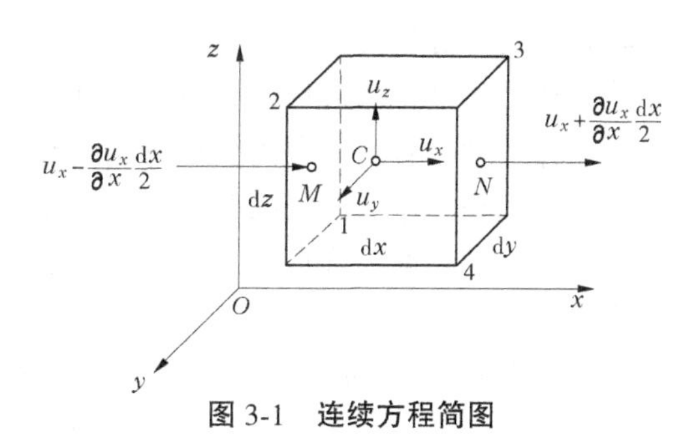

图3-1　连续方程简图

对不可压缩流体二元流，连续性微分方程可写为

$$\frac{\partial u_x}{\partial x}+\frac{\partial u_y}{\partial y}=0 \tag{3-10}$$

利用式(3-9)和式(3-10)，对于给定的流场，可以判定流动是否符合连续条件，或者说流动是否存在。

2. 总流的连续性方程

不可压缩均质流体的总流连续性方程，可由式(3-9)导出。表述如下：

$$v_1A_1=v_2A_2=Q \tag{3-11}$$

式(3-11)就是不可压缩流体总流的连续性方程。式中 v_1 及 v_2 分别为总流过流断面 A_1 及 A_2 的断面平均流速。该式说明，在不可压缩流体总流中，任意两个过流断面所通过的流量相等。也就是说，上游断面流进多少流量，下游任何断面也必然流出多少流量。

3. 流体微团运动分析

流体微团的运动由下列四种形式组成：平移、线变形、角变形和旋转。线变形和角变形统称变形。实际上，最简单的流体微团的运动形式可能只是这四种中的某一种，而较复杂的运动形式则总是这几种形式的合成。

平移速度：u_x, u_y, u_z

线变形率：$\frac{\partial u_x}{\partial x},\frac{\partial u_y}{\partial y},\frac{\partial u_z}{\partial z}$　(3-12)

角变形率：

$$\left.\begin{aligned}\theta_z&=\frac{1}{2}\left(\frac{\partial u_y}{\partial x}+\frac{\partial u_x}{\partial y}\right)\\\theta_y&=\frac{1}{2}\left(\frac{\partial u_x}{\partial z}+\frac{\partial u_z}{\partial x}\right)\\\theta_x&=\frac{1}{2}\left(\frac{\partial u_z}{\partial y}+\frac{\partial u_y}{\partial z}\right)\end{aligned}\right\} \tag{3-13}$$

旋转角速度：

$$\left.\begin{aligned}\omega_z&=\frac{1}{2}\left(\frac{\partial u_y}{\partial x}-\frac{\partial u_x}{\partial y}\right)\\\omega_y&=\frac{1}{2}\left(\frac{\partial u_x}{\partial z}-\frac{\partial u_z}{\partial x}\right)\\\omega_x&=\frac{1}{2}\left(\frac{\partial u_z}{\partial y}-\frac{\partial u_y}{\partial z}\right)\end{aligned}\right\} \tag{3-14}$$

4. 无涡流与有涡流

按流体微团是否绕自身轴旋转,将流体运动分为有涡流(有旋流)和无涡流(无旋流)。

若流体运动时有流体微团绕自身轴旋转,即旋转角速度 ω_x、ω_y、ω_z 中有不等于零的,则这样的流体运动叫作有涡流或有旋流。自然界中的实际流体几乎都是有涡流动。若流体运动时每个流体微团都不绕自身轴旋转,即旋转角速度 $\omega_x=\omega_y=\omega_z=0$,则称此种运动为无涡流或无旋流。

无涡流时 $\omega_x=\omega_y=\omega_z=0$,即应满足下述条件:

$$\left.\begin{aligned}\frac{\partial u_z}{\partial y}&=\frac{\partial u_y}{\partial z}\\\frac{\partial u_x}{\partial y}&=\frac{\partial u_z}{\partial x}\\\frac{\partial u_y}{\partial y}&=\frac{\partial u_x}{\partial y}\end{aligned}\right\}\tag{3-15}$$

无涡流,则必有流速势函数 $\varphi(x,y,z)$ 存在,所以无涡流又称为势流。势函数 $\varphi(x,y,z)$ 是一标量。

5. 恒定平面势流

1)流速势与流函数

势流必有流速势函数 $\varphi(x,y,z)$ 存在,对于平面势流,流速势 $\varphi(x,y)$ 与流速的关系为

$$\left.\begin{aligned}u_x&=\frac{\partial\varphi}{\partial x}\\u_y&=\frac{\partial\varphi}{\partial y}\end{aligned}\right\}\tag{3-16}$$

满足连续性方程的任何不可压缩均质流体的平面运动,必然存在流函数。流函数 $\psi(x,y)$ 与流速的关系:

$$\left.\begin{aligned}u_x&=\frac{\partial\psi}{\partial y}\\u_y&=-\frac{\partial\psi}{\partial x}\end{aligned}\right\}\tag{3-17}$$

因此,在研究平面流动时,如能求出流函数,即可求得任一点的两个速度分量,这样就简化了分析的过程。所以,流函数是研究平面流动的一个很重要、很有用的概念。

2)流函数与流速势的关系

(1)流函数与流速势为共轭函数。

$$\left.\begin{aligned}u_x&=\frac{\partial\varphi}{\partial x}=\frac{\partial\psi}{\partial y}\\u_y&=\frac{\partial\varphi}{\partial y}=-\frac{\partial\psi}{\partial x}\end{aligned}\right\}\tag{3-18}$$

在平面势流中流函数 ψ 与流速势 φ 是共轭函数。利用式(3-18),已知 u_x、u_y 可推求 ψ 及 φ;或已知其中一个函数就可推求另一个函数。

(2)流线与等势线相正交。等流函数线就是流线,等流速势线就是等势线。流线与等

势线正交。

(3)求解平面势流的方法。平面势流的求解问题,关键在于根据给定的边界条件,求解拉普拉斯方程的势函数或流函数。其求解方法有流网法、势流叠加法、复变函数法、数值计算法及试验法(水电比拟法)等,在此不作详细解释。

3.1.3.2 有压流管流的水力计算

液体充满整个管道断面,管壁处处受到液流的压强作用,此压强一般不等于大气压强,这种流动称有压管流。当管流中各运动要素均不随时间变化,则称为有压管道恒定流。其中也包括了不考虑压缩性的气体在管道中的恒定流动。有压管道恒定流的水力计算的主要任务是:①确定管道系统满足输水流量的总水头或管道系统中水泵的扬程;②确定管道内的输水能力,即管道内流量;③确定管道管径;④确定管道内某一断面的压强或压强沿管线的变化。

根据布置不同,可分为简单管道和复杂管道。管道内径和沿程阻力系数不变的单线管道,称为简单管道;由两根以上管道组成的管道系统,称为复杂管道,例如,由内径不同的两根以上串联组成的串联管道,以及并联管道、枝状和环状管网等,都是复杂管道。在管道系统中,局部水头损失只占沿程水头损失的5%~10%以下,或管道长度大于1 000倍管径时,在水力计算中可忽略局部水头损失和出口流速水头,称为长管;否则,被称为短管。在短管水力计算中应计算局部水头损失和管道流速水头。

1. 简单管道的水力计算

1)管道流量的计算

管道出口的出流方式分为自由出流和淹没出流。管道出口水流流入大气的,称之为自由出流(见图3-2);管道出口淹没于水面之下的,称之为淹没出流(见图3-3)。计算管道流量时,作用水头取值不同。

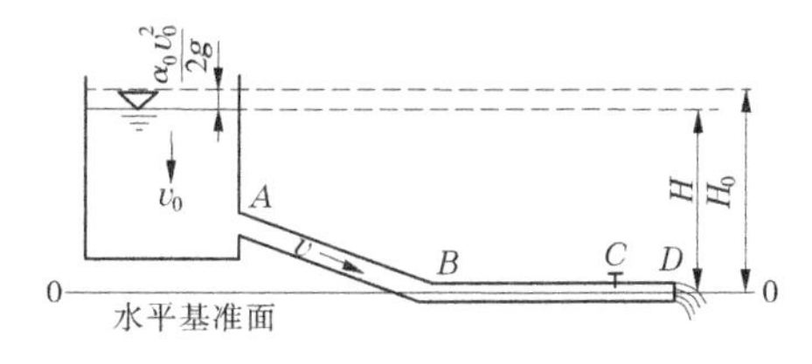

图3-2 自由出流示意图

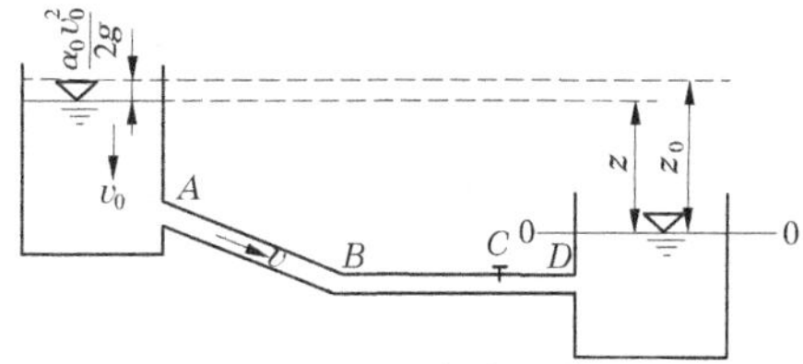

图3-3 淹没出流示意图

自由出流管流流量计算公式:

$$Q = \frac{1}{\sqrt{1 + \lambda \frac{l}{d} + \sum \zeta}} A \sqrt{2gH_0} = \mu_c A \sqrt{2gH_0} \tag{3-19}$$

$$H_0 = H + \frac{\alpha v_0^2}{2g} \tag{3-20}$$

$$\mu_c = \frac{1}{\sqrt{1 + \lambda \frac{l}{d} + \sum \zeta}} \tag{3-21}$$

式中:μ_c为管道系统流量系数;A为管道断面面积,m^2;d为管道内径,m;l为管道计算段长度,m;H_0、H 分别为包括行进流速水头和不包括行近流速水头的作用水头,m;λ 为沿程水头损失系数;$\sum\zeta$ 为管道计算段中各局部水头损失系数之和。

淹没出流管流流量计算公式:

$$Q = \frac{1}{\sqrt{1+\lambda\frac{l}{d}+\sum\zeta}}A\sqrt{2gz_0} = \mu_c A\sqrt{2gz_0} \tag{3-22}$$

$$\mu_c = \frac{1}{\sqrt{1+\lambda\frac{l}{d}+\sum\zeta}} \tag{3-33}$$

式中:$\sum\zeta$ 为包括管道出口水头损失系数的计算段各局部水头损失系数之和;z_0、z 分别为包括行进流速水头和不包括行近流速的上下游水面高程差,m;其他符号意义同前。

2)测压管水头线的绘制

通过测压管水头线的绘制(见图3-4),可得到管道系统各断面上的压强和压强沿程的变化。测压管水头线的绘制步骤如下:

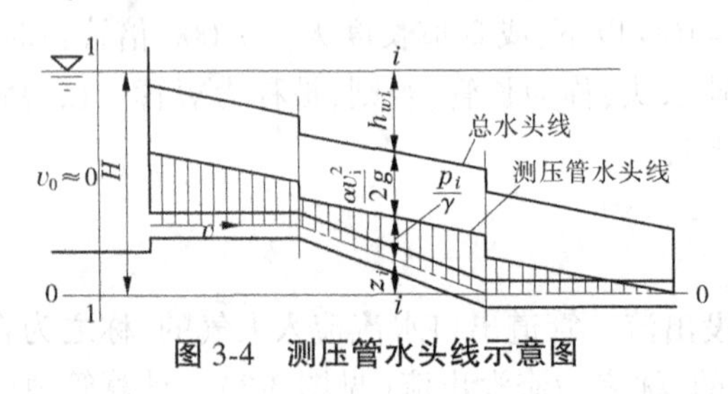

图3-4　测压管水头线示意图

(1)选定基准线0—0。

(2)由计算得到的管道流量 Q,求出各管段的流速和流速水头 $\frac{v_i^2}{2g}$。

(3)由流速水头计算出各管段的沿程水头损失 h_{fi} 和各个局部水头损失 h_{ji}。

(4)计算各个过水断面的总水头值:

$$H_i = H_0 - h_{fi} - h_{ji} \tag{3-24}$$

式中:$H_0 = H + \frac{\alpha v_0^2}{2g}$,可由基准线向上按一定比尺画出管道的总水头线。

(5)由相应的总水头减去流速水头,即为测压管水头:

$$z_i + \frac{p_i}{\gamma} = H_i - \frac{\alpha v_i^2}{2g} \tag{3-25}$$

其连线即为测压管水头线,总水头损失为:

$$h_{wi} = h_{fi} + h_{ji} \tag{3-26}$$

3)管道直径 d 的选定

在管道系统的布置(包括管道长度)和所需输水流量 Q 已定的情况下,要选定管道的直径和所需的作用水头 H。

管径的选定是需要通过技术经济的综合比较,一般经济管径可由下式计算:

$$d = \sqrt{\frac{4Q}{\pi v_e}} \tag{3-27}$$

式中:v_e 为管道经济流速,可由表3-1中选择。

表 3-1　管道的经济流速

管道类型	经济流速(m/s)	管道类型	经济流速(m/s)
水泵吸水管	0.8~1.25	钢筋混凝土管	2~4
水泵压水管	1.5~2.5	水电站引水管	5~6
露天钢管	4~6	自来水管 $d=10\sim20$ cm	0.6~1.0
地下钢管	3~4.5	自来水管 $d=20\sim40$ cm	1.0~1.4

由管道产品规格选用接近经济管径又满足输水流量要求的管道,然后由此管径计算管道系统的作用水头。

2. 复杂管道

由两根以上管道组成的管道系统,称为复杂管道,例如,由内径不同的两根以上串联组成的串联管道,以及并联管道、枝状和环状管网等,都是复杂管道。串联管道、并联管道及管网,一般都按长管计算,即不计局部水头损失和流速水头。

1) 串联管道(见图 3-5)流量计算公式

$$Q=\sqrt{\frac{H}{\sum\frac{l_i}{K_i^2}}} \tag{3-28}$$

$$K_i=\frac{\pi C_i d_i^{5/2}}{8} \tag{3-29}$$

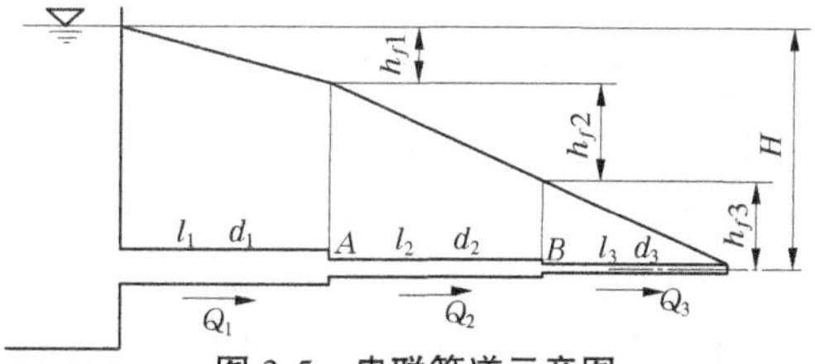

图 3-5　串联管道示意图

式中:l_i 为各串联管段的长度;K_i 为各串联管段的流量模数;d_i 为各串联管段的内径;C_i 为各串联管段的谢才系数。

2) 并联管道(见图 3-6,以三个并联管为例)总流量计算式

$$Q=\left(\frac{K_1}{\sqrt{l_1}}+\frac{K_2}{\sqrt{l_2}}+\frac{K_3}{\sqrt{l_3}}\right)\sqrt{h_f} \tag{3-30}$$

两节点 A—B 间的水头损失

$$h_f=\frac{Q_1^2}{K_1^2}l_1=\frac{Q_2^2}{K_2^2}l_2=\frac{Q_3^2}{K_3^2}l_3 \tag{3-31}$$

式中:K_i、l_i 分别为各并联管段的流量模数和长度。

由上述四个方程联立求解,可得出节点间水头损失和通过各管段的流量。

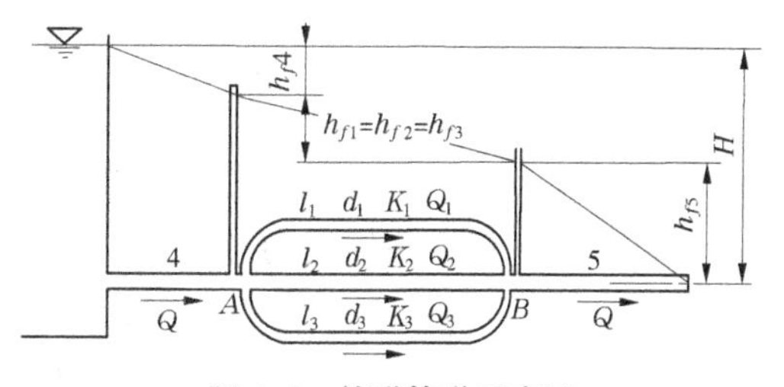

图 3-6　并联管道示意图

3) 枝状管网

由输水管道逐段分支构成的枝状管网系统,各末梢管路末端保持一定的各自所需的水头和流量,进行水力计算时,应根据已布置的枝状管网系统,选定一设计管线(见图 3-7)。一般是选择从水源到最远的、最高的、通过流量最大的管线为设计管线。也就是以最不利的管线为设计管线。从水源至末梢沿设计管线各管段的序号记为 i,则水源的供水所需水头为

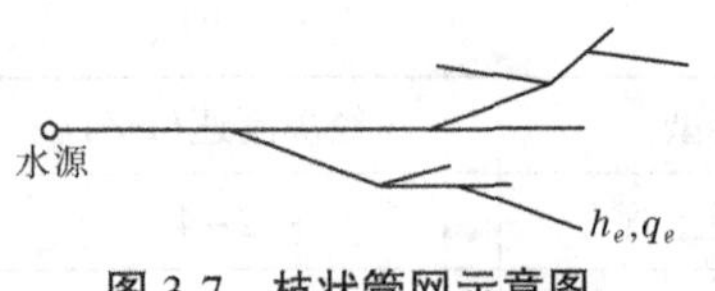

图 3-7　枝状管网示意图

$$H = \sum_{i=1}^{n} \frac{Q_i^2}{K_i^2} l_i + h_e \tag{3-32}$$

式中：Q_i、K_i、l_i 分别为通过 i 管段的流量、流量模数和管段长度；h_e 为末梢管段末端水头。

4) 环状管网

环状管网是由若干闭合的管环组成的，环状管网的水流必须满足下列两个条件：

(1) 任一节点处流入的流量应等于流出的流量（包括节点供水流量）。记流入的流量为负，流出的流量为正，则有

$$\sum Q_i + q_e = 0 \tag{3-33}$$

(2) 任一闭合的管环，从某一节点到另一节点，沿顺时针流动的水头损失应等于沿逆时针流动的水头损失。记顺时针方向为 C，逆时针方向为 CC，则有

$$\sum_{C} \frac{Q_i^2}{K_i^2} l_i = \sum_{CC} \frac{Q_i^2}{K_i^2} l_i \tag{3-34}$$

环状管网的计算步骤为：

(1) 计算时根据各节点供水流量，假设各管段的水流方向，并对各管的流量进行初步分配，使其满足上述的条件式(3-33)。

(2) 按初步分配的流量 Q_i，选定各管段的直径，并按假设的水流方向计算水头损失。若满足上述条件式(3-34)，则所假设的水流方向、分配的流量和所选的管径即为环状管网所求的结果；若不满足上述条件式(3-34)，则需要进行流量的修正。

(3) 若有

$$\sum_{C} \frac{Q_i^2}{K_i^2} l_i > \sum_{CC} \frac{Q_i^2}{K_i^2} l_i \tag{3-35}$$

则沿顺时针方向分配的流量应减少 ΔQ，逆时针方向应增加 ΔQ，反之亦然。校正流量 ΔQ 可按下式计算：

$$\Delta Q = \frac{\sum_{C} \frac{Q_i^2}{K_i^2} l_i - \sum_{CC} \frac{Q_i^2}{K_i^2} l_i}{2\left(\sum_{C} \frac{Q_i^2}{K_i^2} l_i + \sum_{CC} \frac{Q_i^2}{K_i^2} l_i\right)} \tag{3-36}$$

(4) 再进行下列水头损失的计算

$$X = \sum_{C} \frac{l_i}{K_i^2} (Q_i - \Delta Q)^2 \tag{3-37}$$

$$Y = \sum_{CC} \frac{l_i}{K_i^2} (Q_i + \Delta Q)^2 \tag{3-38}$$

当计算出来的 X 和 Y 值相等，或是两者相差 0.2~0.5 m 时，结果即为所求。

3.1.3.3　无压流的水力计算

天然河道和输水渠、排水沟、无压涵洞等人工渠道及不满流管道中的水流称为明渠水流。它们都具有自由表面，表面上各点压强一般都等于大气压强，相对压强为零。所以明渠水流又称为无压流动，与有压管流是不同的。明渠水流的运动要素不随时间变化的称为明

渠恒定流,沿流线不变化的称为明渠均匀流,反之则称为明渠非恒定流和非均匀流。

明渠水流在渠道中流动,受到渠道横断面和渠道底坡的制约。渠道横断面的形状、尺寸沿程不变的称为棱柱形渠道,棱柱形渠道中水流的过水断面的大小只随水深变化。横断面的形状或尺寸沿程有改变的则称为非棱柱形渠道。渠道底部高程沿水流方向的变化用底坡 i 表示。

明渠均匀流水力计算适用连续性方程和谢才公式,在明渠均匀流中, $J = i$,所以

$$v = C\sqrt{Ri} \tag{3-39}$$

$$Q = AC\sqrt{Ri} \tag{3-40}$$

上式为明渠均匀流基本公式。明渠水流多属紊流粗糙区,所以式中谢才系数 C 通常按曼宁公式或巴甫洛夫斯基公式来确定。公式详细介绍见3.3.1节沿程水头损失计算内容。

无压圆管指不满流的圆管。对于长直的圆管, $i > 0$ 且不变,粗糙系数保持沿程不变时,管中水流可以认为是明渠均匀流。

$$A = \frac{d^2}{8}|\theta - \sin\theta| \tag{3-41}$$

$$x = \frac{\theta d}{2} \tag{3-42}$$

$$R = \frac{d}{4}\left(1 - \frac{\sin\theta}{\theta}\right) \tag{3-43}$$

无压圆管均匀流水力计算的基本公式与明渠均匀流一致。

3.1.4　水力学设计原则

由于灌区工程通常为线性工程,存在线路长、分支多、交叉建筑物复杂等特点,线路的水力学设计不能仅仅考虑单一、局部的水力学计算,需要系统地将渠系各种建筑物水力学推算结果合理地联系起来,使之构成完整的灌区体系。所以,线路水力学计算理论是以一元流为基础,无压流的恒定流计算为轴线,局部产生的有压流恒定流、非恒定流或是无压流的非恒定流水力学计算为补充,构成完整的线路水力学计算理论。

为了系统全面合理地进行灌区总体布置,有效地解决农田灌溉过程中不经济、不实用及运水困难之类问题,最佳的水力学设计方案显得尤为重要。如何做到水力学设计方案的最优,以下几点在线路水力学设计时需要注意:

(1)本着节约灌溉用水、提高灌溉质量和灌溉效率的原则,合理地对灌区引水、输水、配水和用水进行规划,完善灌区总体布局。

(2)根据当地社会、经济情况和输水线路的土壤、气候、地貌、地形、地质及灌片规划等相关资料,充分考虑水位沿程变化,合理地选择灌溉线路,尽可能地利用水自身势能进行水流运输,在水势能低于灌片需求时,则需要借助外力提水灌溉。

(3)水力学设计时,应充分考虑渠道水面蒸发损失、渠床渗漏损失、建筑物连接局部损失等因素,使计算结果尽量与工程应用情况相符。

(4)结合工程功能的需求,合理地选择渠系建筑物衔接方式,使建筑物之间尽可能平顺连接,减少阻水作用。

3.2　线路水力学的流量计算

3.2.1　特征流量

根据灌区灌溉的运行条件不同,起控制性作用的工作流量也不相同,在线路水力学推算时通常采用设计流量、最小流量和加大流量三种特征流量进行计算。

(1)设计流量。在灌溉设计标准条件下,为满足灌溉用水要求,需要渠道输送的最大流量称为灌溉设计流量。设计流量是保证正常运行情况下灌溉输水用水的流量。设计流量通常是根据设计灌水模数(设计灌水率)和灌溉面积进行计算的。在计算渠道设计断面和渠系建筑物尺寸时一般采用设计流量。

(2)最小流量。在灌溉设计标准条件下,渠道在工作过程中输送的最小流量称为灌溉最小流量。最小流量通常是根据修正灌水模数图上的最小灌水模数值和灌溉面积进行计算的。最小流量一般应用于校核对下一级渠道的水位控制条件和确定修建节制闸的位置等。

(3)加大流量。在灌溉工程运行过程中可能出现一些难以准确估计的附加流量,如扩大灌溉面积、改变作物种植计划等,要求增加供水量;或在工程事故排除之后,需要增加引水量来弥补因事故影响而少引的水量;或在暴雨期间因降雨而增大力量的输水能力。这些情况都要求在设计渠系建筑物时留有余地,因此加大流量通常为设计流量适当放大后所得到的安全流量。也就是说,加大流量是渠系运行过程中可能出现的最大流量,常常作为设计顶高程的依据。

3.2.2　线路水量损失

在灌溉输水用水的过程中,常伴有一些水量损失,如水面蒸发、渠床渗漏、闸门漏水、渠尾退水等,这些损失的水量称为损失流量(Q_l)。渠系工程需要提供的灌溉流量称为净流量(Q_n),计入水量损失后的流量称为毛流量(Q_g)。渠系建筑物的设计流量是需要考虑灌溉输水用水过程中水量损失的,因此为毛流量。损失流量、净流量及毛流量三种流量既有联系,又有区别,他们之间的关系是:

$$Q_g = Q_n + Q_l \tag{3-44}$$

损失流量在考虑时,主要是由渠床渗漏引起的水量损失。水面蒸发损失一般不足渗漏损失水量的5%,在渠道流量计算中常忽略不计;闸门漏水和渠道退水取决于工程质量和用水管理水平,可以通过加强灌区管理工作等一些措施予以限制,在计算渠道流量时可以不考虑。因此,把渠床渗漏损失水量近似地看作总输水损失流量。渠床的渗漏损失水量通常与渠床的土壤性质、地下水埋藏深度和出流条件、渠道输水长度和时间等因素有关。在渠道开始输水时,渠床的渗漏强度较大,随着输水时间的延长,渗漏强度逐渐减小,最后趋于稳定。在已建成灌区的管理运用中,渠床的渗漏损失水量应通过实测确定;在灌溉工程规划设计中,也可以采用经验公式或经验系数进行输水损失流量的估算。

3.2.2.1　经验公式法估算

常用经验公式是:

$$\sigma = \frac{A}{100Q_n^m} \tag{3-45}$$

式中：σ 为每千米渠道输水损失系数；A 为渠床土壤透水系数；m 为渠床土壤透水指数；Q_n 为渠道净流量，m^3/s。

土壤透水性参数 A 和 m 应根据实测资料分析确定，在缺乏实测资料的情况下，可采用表 3-2 中的数值。

表 3-2　土壤透水参数表

渠床土壤	透水性	A	m	渠床土壤	透水性	A	m
重黏土及黏土	弱	0.7	0.3	轻黏壤土	中上	2.65	0.45
重黏壤土	中下	1.3	0.35	沙壤土及轻沙壤土	强	3.4	0.5
中黏壤土	中等	1.9	0.4				

渠道输水损失流量计算公式：

$$Q_l = \sigma L Q_n \tag{3-46}$$

式中：Q_l 为渠道输水损失流量，m^3/s；σ 为每千米渠道输水损失系数，以小数表示；L 为渠道长度，km；Q_n 为渠道净流量，m^3/s。

渠道输水损失流量计算公式的计算结果是在不受地下水顶托影响条件下的损失水量。如果灌区的地下水位较高，渠道渗漏受地下水壅阻影响，实际渗漏水量比计算结果要小。在这种情况下，就要对以上计算结果进行修正，即

$$Q_l' = \gamma Q_l \tag{3-47}$$

式中：Q_l' 为有地下水顶托影响的渠道损失流量，m^3/s；γ 为地下水顶托修正系数，按表 3-3 取值；Q_l 为自由渗流条件下的渠道损失流量，m^3/s。

表 3-3　地下水顶托修正系数 γ

渠道流量	地下水埋深(m)					
(m^3/s)	<3	3	5	7.5	10	15
0.3	0.82	—		—	—	
1.0	0.63	0.79	—	—	—	
3.0	0.5	0.63	0.82	—	—	
10.0	0.41	0.5	0.65	0.79	0.91	
20.0	0.36	0.45	0.57	0.71	0.82	
30.0	0.35	0.42	0.54	0.66	0.77	0.94
50.0	0.32	0.37	0.49	0.60	0.69	0.84
100.0	0.28	0.33	0.42	0.52	0.58	0.73

上述自由渗流或顶托渗流条件下的损失水量都是根据渠床天然土壤透水性计算出来的。如拟采取渠道衬砌护面防渗措施，则应观测研究不同防渗措施的防渗效果，以采取防渗措施后的渗漏损失水量作为确定设计流量的依据。如无试验资料，可根据经验折减系数进行折减，即

$$Q_l'' = \beta Q_l \tag{3-48}$$

或
$$Q_1'' = \gamma Q_1' \tag{3-49}$$

式中：Q_1''为采取防渗措施后的渗漏损失流量，m^3/s；β为采用防渗措施后渠床渗漏水量的折减系数，参照表3-4中取值；其他符号的意义同前。

表3-4　渗水量折减系数β

防渗措施	β	防渗措施	β
渠槽翻松夯实(厚度大于0.5 m)	0.3~0.2	黏土护面	0.4~0.2
渠槽原状土夯实(影响厚度0.4 m)	0.7~0.5	人工夯填	0.7~0.5
灰土夯实、三合土夯实	0.15~0.1	浆砌石	0.2~0.1
混凝土护面	0.15~0.05	塑料薄膜	0.1~0.05

注：透水性很强的土壤，挂淤和夯实能使渗水量显著减少，可采取较小的β值。

3.2.2.2　经验系数法估算

除用经验公式进行估算外，通常也采用渠道水利用系数、渠系水利用系数、田间水利用系数、灌溉水利用系数等经验系数来反映水量损失情况。

1. 渠道水利用系数

该系数是指某渠道的净流量与毛流量的比值，用符号η_c表示。

$$\eta_c = \frac{Q_n}{Q_g} \tag{3-50}$$

对任一渠道而言，从水源或上级渠道引入的流量就是它的毛流量，分配给下级各条渠道流量的总和就是它的净流量。

渠道水利用系数反映一条渠道的水量损失情况，或反映同一级渠道水量损失的平均情况。

例题：某灌溉渠道干渠设计流量为10 m^3/s，干渠渠床渗漏损失量为0.5 m^3/s，其他损失量忽略不计，求该灌溉渠道的渠道水利用系数。

该灌溉渠道的干渠净流量为：

$$Q_n = Q_g - Q_1 = 10 - 0.5 = 9.5(m^3/s)$$

该灌溉渠道的渠道水利用系数为：

$$\eta_c = \frac{Q_n}{Q_g} = \frac{9.5}{10} = 0.95$$

2. 渠系水利用系数

该系数是指灌溉渠系的净流量与毛流量的比值，用符号η_s表示。农渠向田间供水的流量就是灌溉渠系的净流量，干渠或总干渠从水源引水的流量就是渠系的毛流量。渠系水利用系数的数值等于各级渠道水利用系数的乘积，即

$$\eta_s = \eta_{干}\eta_{支}\eta_{斗}\eta_{农} \tag{3-51}$$

渠系水利用系数反映整个渠系的水量损失情况。它不仅反映出灌区的自然条件和工程技术状况，还反映出灌区的管理工作水平。我国自流灌区的渠系水利用系数见表3-5。提水灌区的渠系水利用系数稍高于自流灌区。

表 3-5　我国自流灌区的渠系水利用系数

灌溉面积(万亩)	<1.0	1.0~10	10~30	30~100	>100
渠系水利用系数 η_s	0.85~0.75	0.75~0.70	0.70~0.65	0.60	0.55

3. 田间水利用系数

该系数是指实际灌入田间的有效水量和末级固定渠道（农渠）放出水量的比值，用符号 η_f 表示。对于旱作农田，实际灌入田间的有效水量指蓄存在计划湿润层中的灌溉水量；对于水稻田，实际灌入田间的有效水量指蓄存在格田内的灌溉水量。

$$\eta_f = \frac{A_{农} m_n}{W_{农净}} \tag{3-52}$$

式中：$A_{农}$ 为农渠的灌溉面积，亩；m_n 为净灌水定额，m^3/亩；$W_{农净}$ 为农渠供给田间的水量，m^3。

田间水利用系数是衡量田间工程状况和灌水技术水平的重要指标。在田间工程完善、灌水技术良好的条件下，旱作农田的田间水利用系数可以达到 0.9 以上，水稻田的田间水利用系数可以达到 0.95 以上。

4. 灌溉水利用系数

该系数是实际灌入农田的有效水量和渠首引入水量的比值，用符号 η_0 表示。它是评价渠系工作状况、灌水技术水平和灌区管理水平的综合指标，可以采用下式计算：

$$\eta_0 = \frac{A m_n}{W_g} \tag{3-53}$$

式中：A 为某次灌水全灌区的灌溉面积，亩；m_n 为净灌水定额，m^3/亩；W_g 为某次灌水渠首引入的总水量，m^3。

以上这些经验系数的数值与灌区大小、渠床土质和防渗措施、渠道长度、田间工程状况、灌水技术水平及管理工作水平等因素有关。因此，在灌区工程设计时需参考别的灌区工程经验数据时，需注意这些工程条件的相近性。在选定合适的经验系数之后，就可根据末端的净流量倒推渠系工程相应首端的毛流量，从而得到各级渠系建筑物的设计流量。

3.2.3　灌区的设计流量推算

灌区工程在实际运用中采取不同的渠道输水方式，渠道的设计流量推算方法也不相同。通常情况下，渠道的输水工作方式可分为续灌和轮灌两种。

3.2.3.1　续灌

在一次灌水延续时间内，自始至终连续输水的工作方式称为续灌。为了各用水单位受益均衡，避免因水量过分集中而造成灌水组织和生产安排的困难，一般灌溉面积较大的灌区，干、支渠多采用续灌。由于渠道流量较大，上、下游流量相差悬殊，因此要求分段推算设计流量，各渠段采用不同的断面。另外，各级续灌渠道的输水时间都等于灌区灌水延续时间，可以直接由下级渠道的毛流量推算上级渠道的毛流量。所以，续灌渠道设计流量的推算方法是自下而上逐级、逐段进行推算。

渠道水利用系数的经验值是根据渠道全部长度的输水损失情况统计出来的，所以它反映出不同流量在不同渠段上运行时输水损失的综合情况，而不能代表某个具体渠段的水量损失情况。因此，在分段推算续灌渠道设计流量时，一般不用经验系数估算输水损失水量，而用经验公式估算。具体推算过程如下：

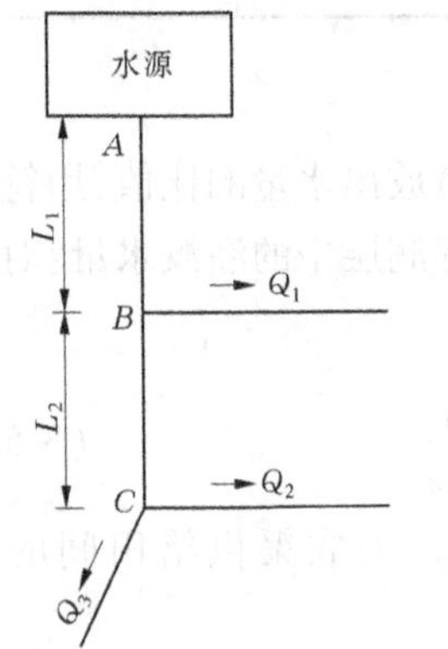

图 3-8　干渠设计流量推算图

从水源处引水，渠系工程布置一条干渠和三条支渠，各支渠的毛流量分别为 Q_1、Q_2、Q_3，各支渠把干渠分成两段，各段长度分别为 L_1、L_2，各段的设计流量分别为 Q_{AB}、Q_{BC}，具体布置见图 3-8。

设计流量公式：$Q_{BC} = (Q_2 + Q_3)(1 + \sigma_2 L_2)$

$$Q_{AB} = (Q_1 + Q_{BC})(1 + \sigma_1 L_1)$$
$$= (Q_1 + Q_2 + Q_3 + Q_2\sigma_2 L_2 + Q_3\sigma_2 L_2)(1 + \sigma_1 L_1)$$

3.2.3.2　轮灌

同一级渠道在一次灌水延续时间内轮流输水的工作方式叫作轮灌。实行轮灌时，缩短了各条渠道的输水时间，加大了输水流量，同时工作的渠道长度较短，从而减少了输水损失水量，有利于农业耕作和灌水工作的配合，有利于提高灌水工作效率。但是，因为轮灌加大了渠道的设计流量，也就增加了渠道的土方量和渠道建筑物的工程量。如果流量过分集中，还会造成劳力紧张，在干旱季节还会影响各用水单位的均衡受益。所以，一般较大的灌区，只在斗渠以下实行轮灌。

1. 渠道分组方式

实行轮灌时，渠道分组轮流输水，分组方式可归纳为以下两种：

（1）集中编组。将邻近的几条渠道编为一组，上级渠道按组轮流供水，见图 3-9(a)。采用这种编组方式，上级渠道的工作长度较短，输水损失水量较小。但相邻几条渠道可能同属一个生产单位，会引起灌水工作紧张。

（2）插花编组。将同级渠道按编号的奇数或偶数分别编组，上级渠道按组轮流供水，见图 3-9(b)。这种编组方式可以避免渠道同属一个生产单位而引起灌水工作紧张，但是上级渠道的工作长度会加长，输水损失量比集中编组方式的要大。

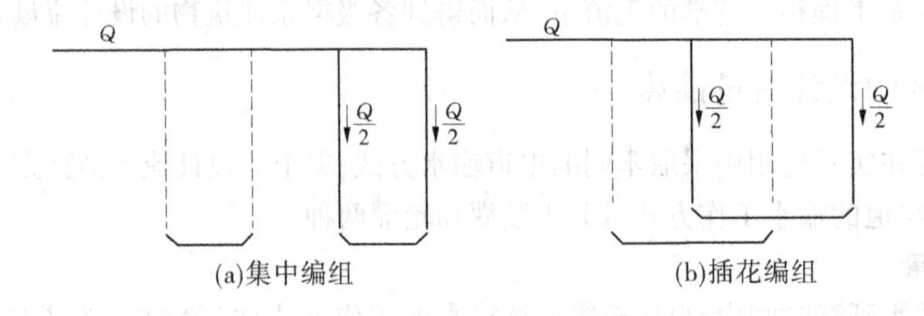

图 3-9　轮灌组划分方式

实行轮灌时，无论采取哪种编组方式，轮灌组的数目都不宜太多，以免造成劳动力紧张，一般以 2~3 组为宜。划分轮灌组时，应使各组灌溉面积相近，以利配水。

2. 推算渠道设计流量

因为轮灌渠道的输水时间小于灌水延续时间，所以，不能直接根据设计灌水模数和灌溉面积自下而上地推算渠道设计流量，常用的方法是：根据轮灌组划分情况自上而下逐级分配末级续灌渠道(一般为支渠)的田间净流量,再自下而上逐级计入输水损失水量,推算各级渠道的设计流量。

1)自上而下分配末级续灌渠道的田间净流量为:

以图 3-10 为例,支渠为末级续灌渠道,斗、农渠的轮灌组划分方式为集中编组,同时工作的斗渠有 2 条,农渠有 4 条。为了使讨论具有普遍性,设同时工作的斗渠为 n 条,每条斗渠里同时工作的农渠为 k 条。

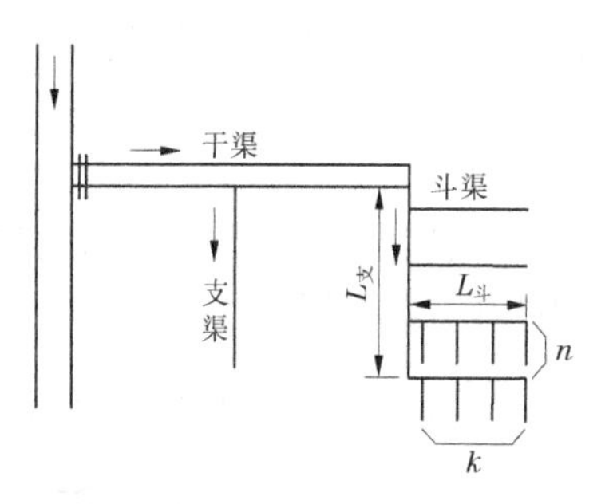

图 3-10　自上而下分配续灌方式

(1)计算支渠的设计的田间净流量。在支渠范围内,不考虑损失水量的设计田间净流量为:

$$Q_{支田净}=A_{支}q_{设} \tag{3-54}$$

式中:$Q_{支田净}$为支渠的田间净流量,m^3/s;$A_{支}$为支渠的灌溉面积,万亩;$q_{设}$为设计灌水模数,$m^3/(s·万亩)$。

(2)由支渠分配到每条农渠的田间净流量为:

$$Q_{农田净}=\frac{Q_{支田净}}{nk} \tag{3-55}$$

式中:$Q_{农田净}$为农渠的田间净流量,m^3/s。

在丘陵地区,受地形限制,同一级渠道中各条渠道的控制面积可能不等,在这种情况下,斗、农渠的田间净流量应按各条渠道的灌溉面积占轮灌组灌溉面积的比例进行分配。

2)自下而上推算各级渠道的设计流量

(1)计算农渠的净流量。先由农渠的田间净流量计入田间损失水量,求得田间毛流量,即农渠的净流量。按下列公式进行计算:

$$Q_{农净}=\frac{Q_{农田净}}{\eta_f} \tag{3-56}$$

式中符号意义同前。

(2)推算各级渠道的设计流量(毛流量)。根据农渠的净流量自下而上逐级计入渠道输水损失,得到各级渠道的毛流量,即设计流量。由于有两种估算渠道输水损失水量的方法,由净流量推算毛流量也就有两种方法。

①用经验公式估算输水损失的计算方法。根据渠道净流量、渠床土质和渠道长度的计算公式:

$$Q_g=Q_n(1+\sigma L) \tag{3-57}$$

式中:Q_g为渠道的毛流量,m^3/s;Q_n:渠道的净流量,m^3/s;σ为每千米渠道损失水量与净流量比值;L为最下游一个轮灌组灌水时,渠道的平均工作长度,km,计算农渠毛流量时,可取农渠长度的一半进行估算。

②用经验系数估算输水损失的计算方法。根据渠道的净流量和渠道水利用系数计算渠道的毛流量公式:

$$Q_g=\frac{Q_n}{\eta_c} \tag{3-58}$$

在大中型灌区,支渠数量较多,支渠以下的各级渠道实行轮灌。如果都按上述步骤逐条推算各条渠道的设计流量,工作量很大。为了简化计算,通常选择一条有代表性的典型支渠

(作物种植、土壤性质、灌溉面积等影响渠道流量的主要因素具有代表性),按上述方法推算支、斗、农渠的设计流量,计算支渠范围内的灌溉水利用系数 $\eta_{支水}$,以此作为扩大指标,用下式计算其余支渠的设计流量:

$$Q_{支}=\frac{qA_{支}}{\eta_{支水}} \tag{3-59}$$

同样,以典型支渠范围内各级渠道水利用系数作为扩大指标,可计算出其他支渠控制范围内的斗、农渠的设计流量。

3.2.4 加大流量和最小流量的计算

3.2.4.1 渠道最小流量的计算

以修正灌水模数图上的最小灌水模数的值作为计算渠道最小流量的依据,计算的方法步骤和设计流量的计算方法相同,在此不再赘述。

对于同一条渠道,其设计流量($Q_{支}$)与最小流量($Q_{最小}$)相差不要过大,否则在用水过程中,有可能因水位不够而造成引水困难。为了保证对下级渠道正常供水,目前有些灌区规定渠道最小流量以不低于渠道设计流量的40%为宜;也有的灌区规定渠道最低水位等于或大于70%的设计水位。在实际灌水中,若某次灌水定额过小,可适当缩短供水时间,集中供水,使流量大于最小流量。

3.2.4.2 渠道加大流量的计算

渠道加大流量的计算是以设计流量为基础的,在设计流量基础上考虑安全富裕,即设计流量乘以“加大系数”。按计算公式如下:

$$Q_J=JQ_{\mathrm{d}} \tag{3-60}$$

式中: Q_J 为渠道加大流量,m^3/s; J 为渠道流量加大系数,见表3-6; Q_{d} 为渠道设计流量,m^3/s。

表3-6 渠道流量加大系数

设计流量(m^3/s)	<1	1~5	5~10	10~30	>30
加大系数 J	1.35~1.30	1.30~1.25	1.25~1.20	1.20~1.15	1.15~1.10

渠道流量加大系数计算加大流量一般用于续灌工程中。轮灌渠道控制面积较小,轮灌组内各条渠道的输水时间和输水流量可以适当调整。因此,在轮灌渠道中一般不考虑加大流量。在提水灌溉中,渠首泵站设有备用机组时,干渠的加大流量按备用机组的抽水能力而定。

3.3 线路总水头损失的计算

渠系工程在灌溉输水用水过程中,由于水流的流体运动接触到的边壁形状不同,边壁对水流的阻碍作用不同,水流流动受到的阻力也不同,在水流流动过程中能量有损失,同时伴随着水头损失。为保证灌区工程的灌溉需求,在长距离输水用水后渠系工程末端仍有充足的水头,在推算线路水位高程时,需要计算和确定水头损失。

过水断面上,影响水流阻力的主要因素就是水力半径,即过水断面的面积与润湿周长(湿周)的比值。根据过水断面的变化情况,过水断面的大小、形状和方位沿流程都不改变,流线为平行直线,称之为均匀流。过水断面的大小、形状或方位沿流程发生了急剧的变化,流线不是平行直线,称之为非均匀流。均匀流动中,流体所承受的阻力只有沿程不变的切应力(或摩擦阻力),该阻力称为沿程阻力,由沿程阻力做功而引起的能量损失或水头损失称为沿程水头损失。非均匀流动中,总水头线沿流程急剧倾斜向下,坡度沿流程变化,测压管水头线不一定与之平行。水流因固体边界急剧改变而引起速度分布的变化,从而产生的阻力称为局部阻力,由局部阻力做功而引起的水头损失称为局部水头损失。

某流段中总水头损失为沿程水头损失和局部水头损失之和,即

$$h_w = + \sum h_f + \sum h_j \tag{3-61}$$

式中:h_w 为某流段的总水头损失值;Σh_f 为该流段中各分段的沿程水头损失之和;Σh_j 为该流段中各种局部水头损失之和。

渠系工程中水流若为均匀流,无局部水头损失,只考虑沿程水头损失;水流若为非均匀渐变流,由于局部水头损失很小,可忽略不计,仅考虑沿程水头损失;水流若是非均匀急变流,局部水头损失和沿程水头损失这两种水头损失都需要考虑。

3.3.1　沿程水头损失计算

水流在均匀流动,沿程水头损失是由于水流与固体壁之间发生摩擦,以及水流之间的内摩擦而损失的能量,以 h_f 表示。

3.3.1.1　沿程阻力系数 λ 值的确定

沿程水头损失的基本计算公式为达西(Darcy)公式,即

$$h_f = \lambda \frac{l}{4R} \frac{v^2}{2g} \tag{3-62}$$

式中:λ 为沿程阻力系数;l 为水流流段的长度,m;R 为水力半径,$R = A/\chi$(A 为过水断面面积,m^2;χ 为湿周,m);v 为相应流段的平均流速,m/s。

沿程阻力系数是表征沿程阻力大小的一个量纲的系数,此系数与水流形态有关。尼古拉兹通过人工粗糙管流实验,确定出沿程阻力系数与雷诺数、相对粗糙度之间的关系,实验曲线被划分为5个区域:①层流区;②临界过渡区;③紊流光滑区;④紊流过渡区;⑤紊流粗糙区(阻力平方区)。莫迪采用工业管道实际粗糙进行了相应的管流实验。将实验成果代入紊流流速分布积分式可以确定各区域的紊流流速分布公式中的待定系数和紊流沿程阻力系数公式,并给出了紊流各区的沿程阻力系数的经验公式(见图3-11)。

第1区——层流区,$\lambda = f(Re)$,$\lambda = 64/Re$。

第2区——层流转变为紊流的过渡区,$2\ 320<Re<4\ 000$($3.37<\lg Re<3.60$),$\lambda = f(Re)$。范围很小,意义不大。

第3区——水力光滑管区,紊流状态,$4\ 000<Re<26.98(d/\Delta)^{8/7}$,$\lambda = f(Re)$。

$4\ 000<Re<10^5$ 时,用布拉休斯公式

$$\lambda = \frac{0.316\ 4}{\sqrt[4]{Re}} \tag{3-63}$$

$10^5<Re<10^6$ 时,可用尼古拉茨公式 $\lambda = 0.003\ 2+0.221Re^{-0.237}$;也可按卡门—普朗特公式计算:

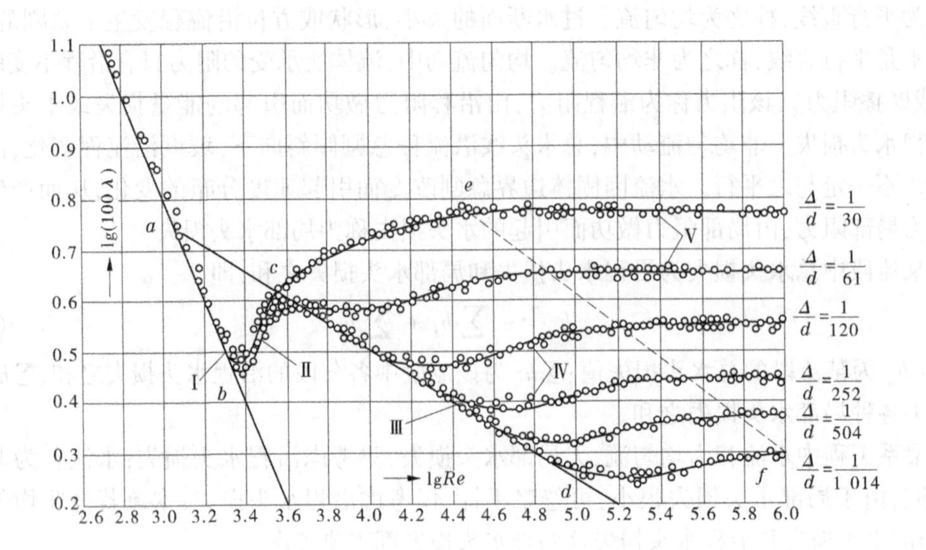

图 3-11　尼古拉兹实验曲线

$$\frac{1}{\lambda} = 2\lg\left(Re\sqrt{\lambda}\right) - 0.8 \tag{3-64}$$

第 4 区——由“光滑管区”转向“粗糙管区”的紊流过渡区，$26.98\left(\frac{d}{\Delta}\right)^{\frac{8}{7}} < Re < \frac{191.2}{\sqrt{\lambda}}\left(\frac{d}{\Delta}\right)$。阔尔布鲁克-怀特半经验公式：

$$\frac{1}{\sqrt{\lambda}} = 1.14 - 2\lg\left(\frac{\Delta}{d} + \frac{9.35}{Re\sqrt{\lambda}}\right) \tag{3-65}$$

第 5 区——水力粗糙管区，$\lambda = f(\Delta/d)$。水流处于发展完全的紊流状态，水流阻力与流速的平方成正比，故又称阻力平方区。按阔尔布鲁克-怀特公式：

$$\lambda = \frac{1}{\left[1.14 - 2\lg\left(\frac{\Delta}{d}\right)\right]^2} \tag{3-66}$$

尼古拉兹采用的是管流实验，对于非圆管道的沿程损失也可以采用圆管道流动理论计算，首先选取非圆管的当量直径，然后按圆形管道公式计算。当量直径是在水力半径相等的条件下得到的，明渠流中的谢才公式、曼宁公式和巴氏公式均与水力半径相关。

谢才系数 C 进行求解，计算公式如下：

$$\lambda = \frac{8g}{C^2} \tag{3-67}$$

达西公式也可以写为：

$$h_f = \frac{v^2}{C^2 R} l \tag{3-68}$$

式中，谢才系数 C 常用曼宁（Manning，1890）公式或巴甫洛夫斯基（Павловский，1925）公式求解，求解公式仅适用于阻力平方区的紊流情况。

曼宁公式

$$C = \frac{1}{n} R^{1/6} \tag{3-69}$$

式中的 n 为粗糙系数，简称糙率，取值可参考表 3-7。

表 3-7　粗糙系数 n 值

壁面种类及状况	n	$\frac{1}{n}$
特别光滑的黄铜管、玻璃管、涂有珐琅质或其他釉料的表面精致水泥浆抹面，安装及连接良好的新制的清洁铸铁管及钢管，精刨木板	0.011	90.9
很好地安装的未刨木板，正常情况下无显著水锈的给水管，非常清洁的排水管，最光滑的混凝土面	0.012	83.3
良好的砖砌体，正常情况的排水管，略有积污的给水管	0.013	76.9
积污的给水管和排水管，中等情况下渠道的混凝土砌面	0.014	71.4
良好的块石圬工，旧的砖砌体，比较粗制的混凝土砌面，特别光滑，仔细开挖的岩石面	0.017	58.8
坚实黏土的渠道，不密实淤泥层（有的地方是中断的）覆盖的黄土、砾石及泥土的渠道，良好养护情况下的大土渠	0.022 5	44.4
良好的干砌圬工，中等养护情况的土渠，情况极良好的天然河流（河床清洁、顺直、水流畅通、无塌岸及深渊）	0.025	40
养护情况在中等标准以下的土渠	0.027 5	36.4
情况比较不良的土渠（如部分渠底有水草、卵石或砾石，部分边坡崩塌等），水流条件良好的天然河流	0.030	33.3
情况特别坏的渠道（有不少深渊及塌岸，芦苇丛生，渠底有大石及密生的树根等），过水条件差、石子及水草数量增加、有深潭及浅滩等的弯曲河道	0.040	25

巴甫洛夫斯基公式

$$C = \frac{1}{n} R^{y} \tag{3-70}$$

$$y = 2.5\sqrt{n} - 0.13 - 0.75\sqrt{R}(\sqrt{n} - 0.1) \tag{3-71}$$

作近似计算时，y 值可用下列简式：

当 $R < 1.0$ m 时　$$y = 1.5\sqrt{n} \tag{3-72}$$

当 $R > 1.0$ m 时　$$y = 1.3\sqrt{n} \tag{3-73}$$

巴甫洛夫斯基公式适用范围为

$$0.1\ \text{m} \leqslant R \leqslant 3.0\ \text{m},\ 0.011 \leqslant n \leqslant 0.04 \tag{3-74}$$

3.3.1.2 均匀流的沿程水头损失

渠系建筑物中，像明渠渠道中这种水流具有自由液面，液面上的压强为大气压强，或者像无压输水隧洞、无压涵洞、渡槽和其他非满流管道的水流流动都属于明槽流（又称明渠流）。在实际工程进行线路水力学推算时，常常将大部分的明渠、无压输水隧洞、无压涵洞及渡槽等渠系建筑物中的水流判定为均匀流，即沿水流长度方向上各过水断面的水力要素及断面平均流速都是保持不变的。水深、过水断面的形状和大小沿流程不变，过水断面上的流速分布和断面平均流速沿流程也不变，水流保持匀速直线运动，水力坡度、水面坡度及底坡相等。根据均匀流的特点，沿程水头损失是与水体经过的流段长度和底坡有关的函数，计算公式如下：

$$h_f = Li \tag{3-75}$$

式中：i 为流段的底坡。

从以上计算公式可以看出，流段的底坡选取直接影响到沿程水头损失值的大小，因此底坡的选取不仅仅是一个水力学的问题，影响到建筑物断面的大小，关系到建筑物的工程量，影响工程造价，同时还影响到灌溉所控制的农田面积和动力渠道上水电站的发电水头。因此，底坡的选择在考虑地形因素下，还需要满足设计输水能力的要求、渠道的允许流速要求，及渠系建筑物各段之间、各级渠道之间上下游水面的平顺衔接等因素。具体的底坡选取详见渠道工程章节。

3.3.2 局部水头损失计算

当水流在输水过程中遇到固体壁沿流程急剧改变时，水体内部流速需要重新分布，质点间进行剧烈动量交换而产生一定阻力，为克服这种阻力而做功引起的水头损失称为局部水头损失。局部水头损失一般是局部区域内由于水流边界条件发生变化所产生的能量损失。

水力学设计时需要充分考虑局部水头损失，大型灌区渠道的弯道、穿越建筑物、交叉建筑物等数量很多，局部阻力较大；经过长期的通水运行，部分未衬砌渠道被渠水浸泡冲刷，部分地区夏季暴雨洪水直接冲入渠道，渠道边坡受到部分破坏，造成渠道断面尺寸不规整、变化大，表面不平整，形成许多较小的局部水力阻力。这些局部水头损失在水力学设计时常常被忽略，导致灌区系统在实际运行中，大量局部损失累加，影响过流能力，无法满足灌溉要求。

对于局部水头损失值的计算，《水力计算手册》中给出了基本计算公式：

$$h_j = \zeta \frac{v^2}{2g} \tag{3-76}$$

式中：h_j 为局部水头损失值，m；ζ 为局部水头损失系数，其数值主要取决于水流局部变化、边界的几何形状和尺寸，可由手册中表 1-1-3 查得（表中 A 表示过水断面面积）；v 为相应断面平均流速，m/s（见手册中表 1-1-3 简图中所示）。

在实际工程中，常见的局部水头损失区域是由于边界的形状或大小发生改变而引起的，例如倒虹吸管道的弯折段、渠道轴线的转弯段、不同断面渠道形式之间转变衔接、渠道与其他建筑物的衔接渐变段、过闸时水流与闸墩墩头、拦污栅和闸门等局部发生碰撞、隧洞或明渠分岔部分局部急变流区段，这些改变使得水体内部结构要急剧调整，流速分布进行改组，流线发生弯曲并产生旋涡，为克服这些局部阻力而导致水头损失。针对以上这几种常见的局部损失情况，为方便在实际工程中工程师对局部水头损失的计算，局部水头损失系数计算方法可归纳为以下几种类型。

3.3.2.1　弯道处局部水头损失系数计算

渠系建筑物中水流流经弯道时,水头损失比同等长度的直线线路要大一些,因为在流经弯道时水流会产生螺旋流动,在弯道顶点下游靠凸岸这边,可能会出现水流分离的现象,致使有涡流的产生,增大能量的损失。根据实际工程经验,当转弯角度小的时候,弯道局部损失很小,可以忽略不计。当转弯角度产生较大局部损失时,可以采用下列公式进行计算:

(1)管道缓弯道(见图3-12)

$$\zeta = \left[0.131 + 0.1632\left(\frac{d}{r}\right)^{\frac{1}{2}}\right]\left(\frac{\theta}{90°}\right)^{1/2} \tag{3-77}$$

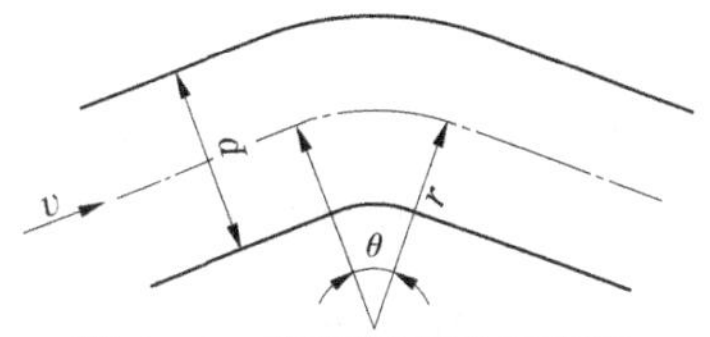

图3-12　管道缓弯道示意图

式中:ζ为局部水头损失系数;d为管道直径,m;r为管弯轴线的弯曲半径,m;θ为管弯轴线的转弯夹角,(°)。

由式(3-77)可以看出,管道转弯处的局部水头损失与管弯轴线的弯曲半径的平方根成反比,与管弯轴线的转弯夹角的平方根成正比。

(2)管道急弯道(见图3-13)

$$\zeta = 0.946\sin^2\frac{\theta}{2} + 2.05\sin^4\frac{\theta}{2} \tag{3-78}$$

式中:θ为管道折角,(°)。

(3)渠道转弯(见图3-14)

$$\zeta = \frac{19.62s}{C^2R}\left[1 + \frac{3}{4}(b/r)^{1/2}\right] \tag{3-79}$$

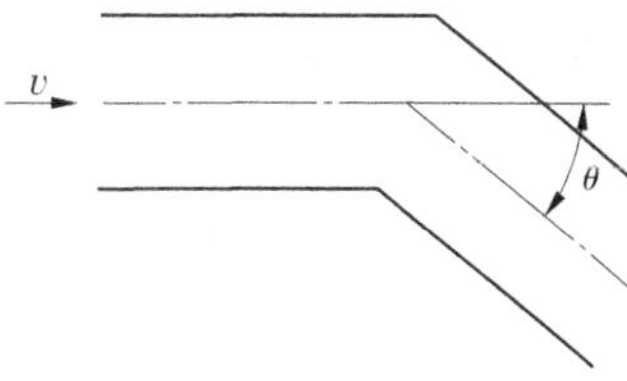

图3-13　管道急弯道示意图

式中:s为渠弯轴线长度,$s = r\theta/360°$;C为谢才系数,计算方法见上一节(第3.3.1节);R为水力半径,m;b为水面宽度,m;r为渠弯轴线的弯曲半径,m;θ为渠弯轴线的转弯夹角,(°)。

由上式可以看出,渠道转弯处的局部水头损失与渠弯轴线的弯曲半径平方根成反比,与渠道糙率及弯道长度、转弯夹角、弯曲半径成正比。

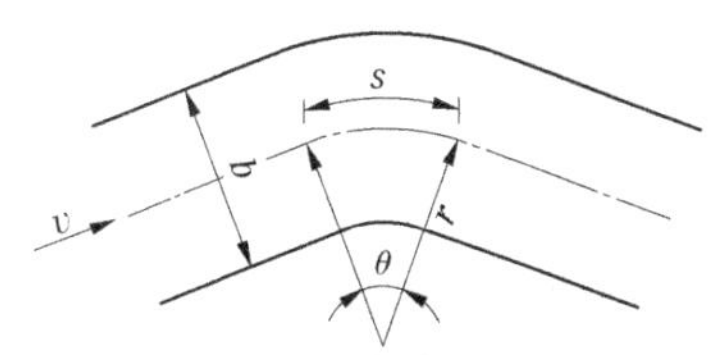

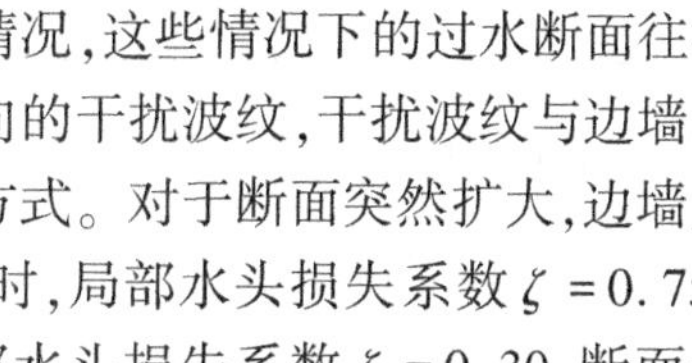

图3-14　渠道转弯示意图

3.3.2.2　扩散段局部水头损失系数计算

1. 渠道扩大

在灌区工程设计中,常常遇到矩形渠道向梯形渠道过渡、城门洞形隧洞与梯形渠道衔接或是扩大型渐变段的情况,这些情况下的过水断面往往会由小断面向大断面过渡,水流由于断面的扩大而产生斜向的干扰波纹,干扰波纹与边墙的夹角和干扰波纹的波高取决于边墙的形状、扩散角和过渡方式。对于断面突然扩大,边墙为圆弧形时,局部水头损失系数$\zeta=0.50$,边墙未修圆为直角时,局部水头损失系数$\zeta=0.75$;对于断面逐渐扩大(扩大型渐变段),断面为扭曲面时,局部水头损失系数$\zeta=0.30$,断面为八字墙时,局部水头损失系数$\zeta=0.50$。

2. 倒虹吸管出口

倒虹吸管出口流入水池或水库时,局部水头损失系数$\zeta=1$;管出口流入明渠时,局部水头损失系数ζ与倒虹吸管和明渠断面面积有关,局部水头损失系数ζ取值可参考表3-8。

表 3-8　局部水头损失取值(管出口流入明渠)

A_1/A_2	0.1	0.2	0.3	0.4	0.5	0.6	0.7	0.8	0.9
ζ	0.81	0.64	0.49	0.36	0.25	0.16	0.09	0.04	0.01

注:A_1 为倒虹吸管断面面积,m^2;A_2 为明渠断面面积,m^2。

3.3.2.3　收缩段局部水头损失系数计算

1. 渠道收缩

灌区工程设计中常常遇到过水断面的扩大,同样也会遇到过水断面的缩小。对于断面突然缩小,边墙为圆弧形时,局部水头损失系数 $\zeta=0.20$,边墙未修圆为直角时,局部水头损失系数 $\zeta=0.40$;对于断面逐渐缩小(缩小型渐变段),断面为扭曲面时,局部水头损失系数 $\zeta=0.10$,断面为八字墙时,局部水头损失系数 $\zeta=0.20$。莫斯特柯夫在《水力学手册》中提到,当水流按曲线形收缩时,局部水头损失系数 $\zeta=0.12$;按楔形收缩时,局部水头损失系数 $\zeta=0.15$。

从渠道扩大和缩小的局部水头损失系数对比发现,同种边界条件下,扩散段局部水头损失系数大于收缩段局部水头损失系数。从过水断面水头损失过程的分析来看,扩散段与收缩段能量损耗的区域不同,水面变化的表现形式也不同。扩散段在过水断面变化后出现明显的旋涡区,会产生脱壁、洄流等现象,局部水头损失主要发生在这段区域;收缩段在过水断面变化前后均出现旋涡区,过水断面变化前的死角区产生小旋涡,强度较小,过水断面变化后产生紊动度较大的旋涡环区,局部水头损失区域主要发生在断面变化区间。

2. 倒虹吸管进口

倒虹吸管进口的局部水头损失系数与进口连接方式有关,工程设计中常用的是直角进口形式,局部水头损失系数 $\zeta=0.50$,其他进口连接方式的局部水头损失系数可参考表 3-9。

表 3-9　管道进口的局部水头损失系数

进口连接方式	局部水头损失系数 ζ	示意简图
内插进口	1.0	
切角进口	0.25	
圆角进口	0.1	
直角进口	0.5	
喇叭口进口	0.01~0.05	
斜角进口	$0.5+0.3\cos\alpha+0.2\cos^2\alpha$	α

3.3.2.4　水闸局部水头损失系数计算

水流在水闸处发生的局部水头损失主要考虑两个方面：①分水闸、排水闸等引起渠道流量变化的水闸，从渠道中分岔出来时产生的局部水头损失；②水流流经闸室与拦污栅、闸门等摩擦产生的局部水头损失。

1. 分岔处局部水头损失系数

渠道分岔处的局部水头损失系数需要注意它的取值与计算局部水头损失时的断面平均流速是相对应的。局部水头损失系数的取值见表3-10。

表3-10　分岔处局部水头损失系数

分岔形式	局部水头损失系数 ζ	示意简图
斜分岔	0.05	
	0.15	
	1.0	
	0.5	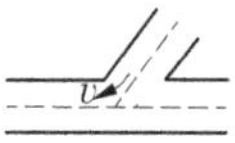
	3.0	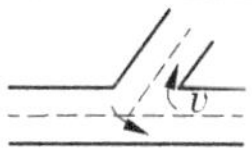
直角分岔	0.1	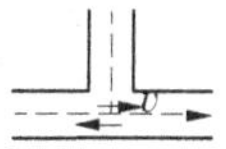
	1.5	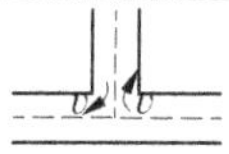
直角分流	$\zeta_{1-2}=2,h_{j1-2}=2\frac{v_2^2}{2g};h_{j1-3}=\frac{v_1^2-v_2^2}{2g}$	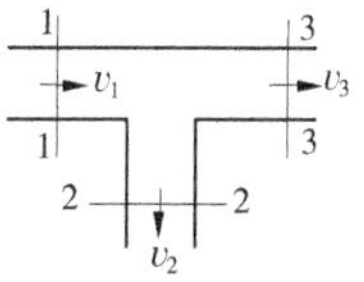

2. 闸室段局部水头损失系数

水流经过闸室段时发生局部水头损失，其局部水头损失系数与闸室布置、有无隔墩及数目、墩头形状、拦污栅栅条形状和闸门形式有关。设计中应尽可能合理布置，以降低此参数的影响。对于闸墩的局部水头损失系数，因没有详尽的研究及文献参考，因此实际工程设计中闸墩的局部水头损失系数，取值常按照拦污栅的取值方法。闸室段局部水头损失系数的取值见表3-11。

《水工设计手册》第九卷中给出的渠道建筑物水头损失最小数值，在缺乏设计资料时，可参考表3-12进行局部水头损失估算。

表 3-11　闸室段局部水头损失系数

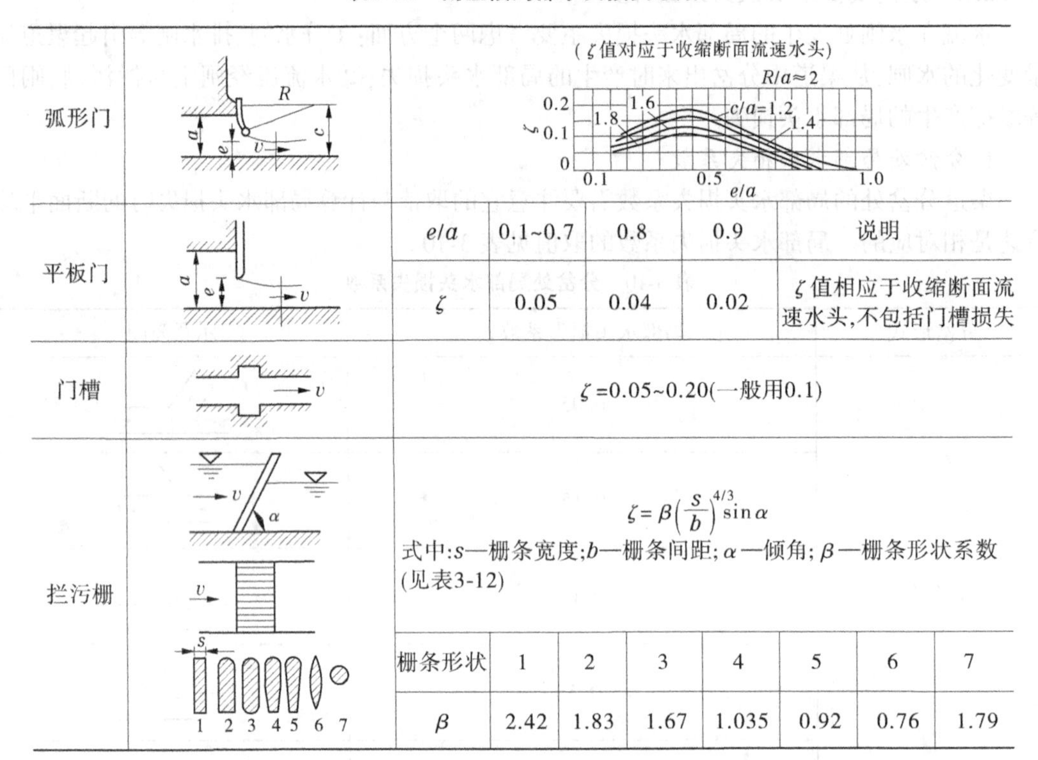

弧形门

平板门

e/a	0.1~0.7	0.8	0.9	说明
ζ	0.05	0.04	0.02	ζ值相应于收缩断面流速水头,不包括门槽损失

门槽

$\zeta=0.05\sim0.20$(一般用0.1)

拦污栅

$$\zeta=\beta\left(\frac{s}{b}\right)^{4/3}\sin\alpha$$

式中:s—栅条宽度;b—栅条间距;α—倾角;β—栅条形状系数(见表3-12)

栅条形状	1	2	3	4	5	6	7
β	2.42	1.83	1.67	1.035	0.92	0.76	1.79

表 3-12　渠系建筑物水头损失最小数值

渠道类别	控制面积(万亩)	进水闸	节制闸	渡槽	倒虹吸	公路桥
干渠	10~40	0.1~0.2	0.10	0.15	0.4	0.05
支渠	1~6	0.1~0.2	0.07	0.07	0.3	0.03
斗渠	0.3~0.4	0.05~0.15	0.05	0.05	0.2	0
农渠	—	0.05	—	—	—	—

3.4　水力学计算中糙率的取值

糙率又称为粗糙系数,常用字母 n 表示,它是反映渠床、管壁粗糙情况对水流影响的一个综合系数。该值的选取在实际工程中直接影响到渠道的过流能力、过水断面的设计及工程投资。如果糙率 n 值选得太大,设计的渠道断面就偏大,增加了工程量,从而使工程投资偏高,也会因实际水位低于设计水位而影响下级渠道的进水。如果糙率 n 值取得太小,设计的渠道断面就偏小,输水能力不足,影响灌溉用水,导致灌区功能无法满足。因此,合理地选取糙率 n 值的意义非同一般。

3.4.1　糙率选取的影响因素

糙率 n 的取值是一个常规的水力计算问题。为保证灌区各渠系工程的安全,在明槽流(如明渠、无压输水隧洞、无压涵洞及渡槽)的设计时,一般要考虑渠床土质、衬砌方式、壁面粗糙度、渠道淤积物、施工质量、使用年限及建成后的管理养护情况。对于管道类渠系建筑物，管材的种类、管道制作工艺、施工质量及长期运行的输水水质、水温、结垢或挂藻程度等因素有关。

当明槽为土质槽体时，在同一流量下，槽床平整、槽线顺直、养护越好的糙率值越低。当明槽为岩质槽体时，修整的越良好、凸出部分越少的糙率值越低。除采用砌石衬砌的明槽，水泥土、灰土、膨润混合土及混凝土衬砌明槽糙率比未衬砌土渠的糙率小。这点不难理解，越是平顺光滑的明槽对槽内水流的阻碍作用越小，能量损失越小，对水流影响就越小，因此糙率 n 取值越小。

管道类建筑物的管材种类繁多，如预应力钢筒、混凝土管、钢管、球墨铸铁管、玻璃钢管、预应力混凝土管、塑料管等，糙率变化很大。对于同一种材质管道，管道制作工艺先进，施工质量高，则糙率较小，否则会较大。输水水质钙离子含量大、水温高，在长期运行后糙率会变大。

在糙率选取的影响因素中，值得特别注意的是建成后运行期的影响因子，这是在设计中最容易忽略的因素。

3.4.2　糙率的选取方法

明渠及建筑物糙率选取的方法一般可分为两类：①根据选用的衬砌材料，在参考资料或规范中，按一个单一定值选取糙率；②根据计算公式确定糙率。第一类选取方法对于短距离灌区工程来说，由选取糙率 n 引起的水头损失误差不是很大，对于长距离大流量的输水渠道来说，糙率 n 的大小对水头损失计算结果差异就很大了。因此，对于长距离大流量输水渠道的糙率选取尽量采用第二类选取方法进行验算复核。

3.4.2.1　经验糙率值的选取

结合不同的参考资料及规范，土渠、石渠和不同护面的渠槽糙率选取可参考表3-13～表3-15。

表3-13　土渠糙率值(n)

流量范围(m^3/s)	渠槽特征	糙率系数 n	
		灌溉渠道	退泄水渠道
>25	平整顺直，养护良好	0.020	0.022 5
	平整顺直，养护一般	0.022 5	0.025
	渠床多石，杂草丛生，养护较差	0.025	0.027 5
25～1	平整顺直，养护良好	0.022 5	0.025
	平整顺直，养护一般	0.025	0.027 5
	渠床多石，杂草丛生，养护较差	0.027 5	0.030
<1	渠床弯曲，养护一般	0.025	0.027 5
	支渠以下的固定渠道	0.027 5	
	渠床多石，杂草丛生，养护较差	0.030	

表 3-14 岩石渠道糙率值(n)

渠槽表面的特征	糙率系数 n	渠槽表面的特征	糙率系数 n
经过良好修整	0.025	经过中等修整,有凸出部分	0.033
经过中等修整,无凸出部分	0.030	未经修整,有凸出部分	0.035~0.045

表 3-15 不同护面渠道糙率值(n)

护面类型	糙率系数 n	护面类型	糙率系数 n
抹光的水泥抹面	0.012	不平整的喷浆护面	0.018
修理得极好的混凝土直渠段	0.013	修整养护较差的混凝土护面	0.018
不抹光的水泥抹面	0.014	波状断面的喷浆面	0.018 0~0.025 0
光滑的混凝土护面	0.015	预制板砌筑	0.016 0~0.018 0
机械浇筑表面光滑的沥青混凝土护面	0.014	浆砌块石护面	0.025
修整良好的水泥土护面	0.015	干砌块石护面	0.033
刨光木模板浇筑,表面一般	0.015	浆砌卵石	0.023 0~0.027 5
平整的喷浆护面	0.015	干砌卵石护面,砌工良好	0.025~0.032 5
料石砌护	0.015	干砌卵石护面,砌工一般	0.027 5~0.037 5
砌砖护面	0.015	干砌卵石护面,砌工粗糙	0.032 5~0.042 5
修整粗糙的水泥土护面	0.016	平整顺直,养护良好的黏土、黏沙混合土、膨润混合土	0.022 5
粗糙的混凝土护面	0.017	平整顺直,养护一般的黏土、黏沙混合土、膨润混合土	0.025
混凝土衬砌较差或弯曲渠段	0.017	平整顺直,养护较差的黏土、黏沙混合土、膨润混合土	0.027 5
沥青混凝土、表面粗糙	0.017	平整,表面光滑的灰土、三合土、四合土	0.015 0~0.017 0
一般喷浆护面	0.017	平整,表面较粗糙的灰土、三合土、四合土	0.018 0~0.020 0

3.4.2.2 糙率计算方法

1. 谢才-曼宁公式

谢才公式:

$$v = C\sqrt{RJ} \tag{3-80}$$

曼宁公式:

$$C = \frac{1}{n}R^{1/6} \tag{3-81}$$

谢才-曼宁公式是将谢才公式和曼宁公式进行合并,即

$$v = \frac{1}{n}R^{\frac{2}{3}}J^{\frac{1}{2}} \tag{3-82}$$

整理后可得:

$$n = \frac{1}{v}R^{\frac{2}{3}}J^{\frac{1}{2}} \tag{3-83}$$

式中：n为糙率；v为过水断面平均流速，m/s；R为水力半径，m；J为水力坡降。

2. 杨开林推算公式

杨开林提出了渠道沿程糙率的系统辨识模型，以南水北调中线京石段应急供水工程实测资料为依据，假设每座阻水桥的局部阻力系数为0.12，综合考虑渠道断面形状、底坡、渠长变化的影响，应用最小二乘法得到的渠道沿程糙率计算公式：

$$n = \frac{R^{1/6}}{22.9\lg(1\,020R)} \tag{3-84}$$

式中符号意义同前。

3. 美国垦务局推荐公式

美国垦务局根据已建渠道的实测资料和室内实验分析，推荐以下计算方法来确定糙率取值：

当$R \leqslant 1.2$ m时，n取值为0.014；当$R > 1.2$ m时，按下式确定n值：

$$n = \frac{0.056\,5}{\lg(9\,711R)}R^{\frac{1}{6}} \tag{3-85}$$

式中符号意义同前。

4. 美国陆军工程兵团公式

美国陆军工程兵团水力设计准则给出以下渠道沿程糙率计算公式：

$$n = \frac{1}{19.55 + 18\lg(R/K_s)}R^{\frac{1}{6}} \tag{3-86}$$

式中：K_s为等效粗糙度，它反映渠道表面凸起高度和渠道总体平整情况。它是一个随时间变化的量，因此在渠道的不同运行期，K_s选取不同。在工程运行初期可取0.000 61 m。

3.5　线路水力学水面衔接方式

灌区线路的渠系建筑物种类繁多，主要包括明渠、渡槽、倒虹吸、隧洞、水闸、溢流堰等。由于灌溉引水线路长，渠系建筑物的数量也很多。为了保证灌区工程能够发挥最大效益，使行水通畅，合理的渠系建筑物设计及彼此间的连接显得尤为重要。不同类型的建筑物由于考虑结构受力条件、经济性等因素，设计过水断面往往不同，在灌区渠系线路设计中如何将不同断面的渠系建筑物连接起来常常是灌区渠系总体设计的重点之一。如果考虑得不够充分，可能影响渠系的输水能力，甚至危及渠系建筑物运行的安全。

渠系建筑物的衔接方式在工程应用中一般采用以下两种方式：一是水面线平顺衔接，二是底板平顺衔接。

(1)水面线平顺衔接。水面线平顺衔接是指不同渠系建筑物之间水面高程保持平顺衔接，无论不同渠系建筑物中水深如何变化，水面都是平顺的。这种衔接方式可以使水头尽可能充分利用，在线路水力学推算时，常常是上一级渠系建筑物末端的水位与下一级渠系建筑物起端水位保持一致；上一级渠系建筑物末端的水位高程为上一级渠系建筑物末端的底板高程与上一级渠系建筑物的水深之和；下一级渠系建筑物起端底板高程为下一级渠系建筑物起端的水位高程与下一级渠系建筑物的水深之差。即

$$Z_{w1末} = Z_{w2起}$$

$$Z_{w1末} = Z_{1末} + h_1$$

$$Z_{2起} = Z_{w2起} - h_2$$

式中：$Z_{w1末}$为上一级渠系建筑物末端的水位，m；$Z_{w2起}$为下一级渠系建筑物起端的水位，m；$Z_{1末}$为上一级渠系建筑物末端的底板高程，m；$Z_{2起}$为下一级渠系建筑物起端的底板高程，m；h_1 为上一级渠系建筑物的水深，m；h_2 为下一级渠系建筑物的水深，m。

由于不同渠系建筑物在同一流量下，过水断面尺寸不同，水深不同，为保持衔接处水位一致，渠底高程难免会出现台阶，为减少不利影响，下一级底板高程高于上一级底板高程不应大于 15~20 cm。若底板高差太大或是渠系建筑物过水断面形状不便于直接衔接，建议使用过渡段将渠系建筑物衔接起来，这样不仅使水流平顺连接，还会减少水头损失。

(2)底板平顺衔接。底板平顺衔接是指不同渠系建筑物之间底板高程保持平顺衔接。这种衔接方式不会像水面线平顺衔接那样，底板存在台阶现象，但是会使水面局部产生跌水、壅水等现象，水流形态不如水面线平顺衔接方式的好。在线路水力学推算时，上一级渠系建筑物末端的底板高程与下一级渠系建筑物起端的底板高程保持一致；上一级渠系建筑物末端的底板高程为上一级渠系建筑物末端的水位高程与上一级渠系建筑物的水深之差，下一级渠系建筑物起端水位高程为下一级渠系建筑物起端的底板高程与下一级渠系建筑物的水深之和。即

$$Z_{1末} = Z_{2起}$$

$$Z_{1末} = Z_{w1末} - h_1$$

$$Z_{w2起} = Z_{2起} + h_2$$

式中符号意义同前。

通过以上两种衔接方式的介绍，不同渠系建筑物间的衔接方式各有利弊，在灌溉工程设计时设计水头不充足，在保证水头得到充分利用的情况下，建议采用水面线平顺衔接方式；在设计水头充裕的情况下，为方便建筑物间衔接，施工便利，可采用底板平顺衔接方式。在实际工程设计中，如何选择这两种衔接方式，使设计更加优化，水资源利用更充分，工程造价更经济，后期运行过程中的清淤工作、管理工程更便捷，最优的衔接方式仍是一个值得进一步研究的问题。

根据以往类似实际工程的设计，建议在出现下一级的设计水深大于上一级的设计水深时，采用水面线平顺衔接的方法，下一级底板高程低于上一级底板高程，如渠道与隧洞衔接位置；在下一级的设计水深小于上一级的设计水深时，采用底板平顺衔接的方法，衔接处水面会产生跌落，如渠道与渡槽衔接位置。这样主要是能够很好地解决渠道内淤积、壅水等问题，保证渠道在最小流量工况下也能快速输水，同时避免渠道沿线壅水带来的能量损失，对水量充分利用也有一定的作用。

3.6 线路水力学推算

3.6.1 水力学推算思路

灌区系统内水流流动规律是个复杂的问题，尤其在长距离输水用水过程中，为满足（维持）灌溉渠系的平衡运行，水力学推算需要反复斟酌，调整修改。实际灌区工程中的骨干线

路水力学推算常采用均匀流公式计算,推算步骤如下:

(1)根据灌区工程总体布局,初拟灌溉线路,明确渠系建筑物的类型及数量。这一步是推算线路水力学的基础,只有确定灌溉线路,根据工程需要及地形地质情况,明确线路上渠系建筑物的布置、种类、位置、长度,才能对各个建筑物进行合理设计。

(2)确定各个渠系建筑物的特征流量(加大流量、最小流量、设计流量)。特征流量的计算是水力学推算最重要的计算要素,它直接影响到各个渠系建筑物的水力学计算结果,对各个渠系建筑物是否满足灌溉功能需求起到至关重要的作用。

(3)通过各个渠系建筑物水力学计算,确定各渠系建筑物的特征水深(最大水深、最小水深、设计水深)、局部损失、底坡等水力要素。这一步是对各个渠系建筑物的水力学单独进行计算,以满足单体渠系建筑物的功能及结构需求,确定各个水力要素,为线路水力学推算做准备。

(4)确定各个渠系建筑物水面衔接方式,从而确定线路水力学的推算方法。根据本章第 3.5 节介绍,渠系建筑物不同的水面衔接方式,水力学推算的方法不同,因此确定合适的推算方法,从而进行线路水力学推算。

水力学推算方法按推算顺序可以分为两种:①从上游向下游推算;②从下游向上游推算。起始水位是根据水位—流量关系的相关资料确定的,当最下游断面的起始水位无法确定时,可用该断面附近的正常水深对应的水位作为起始水位,从上游向下游推算;当最上游断面的起始水位无法确定时,可用该断面的临界水深或略小于临界水深对应的水位作为起始水位,从下游向上游推算。一般情况下,常以下游水力要素作为控制进行推算。

(5)将各个渠系建筑物按输水水流流向从起点到终点顺序列表,推算各个渠系建筑物的水位高程、底板高程、顶板高程等特征高程。在第(4)步时,推算线路水力学的准备工作就基本完成,下面就是将各个渠系建筑物单独计算的水力学结果联系起来,构成完整系统的线路水力学结果。

(6)对线路水力学推算的结果进行分析,分析是否满足末端水头要求及灌溉功能需求,对不满足要求的灌溉线路及渠系建筑物进行局部优化调整,然后复核调整后的水力学推算结果,循环推算过程,直到推算结果满足工程需求。

值得注意的是,在线路水力学推算时,确定各个渠系建筑物的类型、水力要素还应考虑最小水位衔接的复核问题。若最小水位衔接复核不满足要求,可能会出现以下情况:①上、下游渠系建筑物按设计流量设计断面,上游段通过最小流量时,下游段得不到对应的最小流量,这时可以布置壅水建筑物,如节制闸,用抬高水位的方法来解决;②上、下游渠系建筑物按设计流量设计断面,当通过最小流量时上、下游水头差在 0.5 m 以上时,可采用工程措施设置分水闸来降低水位。一般仅在上、下游渠系建筑物之间有流量变化(汇入或分流)的分水口处最小水位不能满足要求。

3.6.2　算例

以某大型灌区工程为例,通过对干渠 4#明渠至 1#渡槽(桩号 X3+702.38~X11+049.11)之间线路水力学推算,使设计工程师能够充分理解水力学推算过程,为以后类似工程提供参考。

(1)根据灌区工程总体布局,初拟灌溉线路,明确渠系建筑物的类型及数量。

本段渠系建筑物根据工程需要主要布置明渠 3 条、倒虹吸 3 座、隧洞 1 条、分水闸 4 座、节制闸 1 座及泄水闸 1 座。渠系建筑物具体布置见图 3-15。

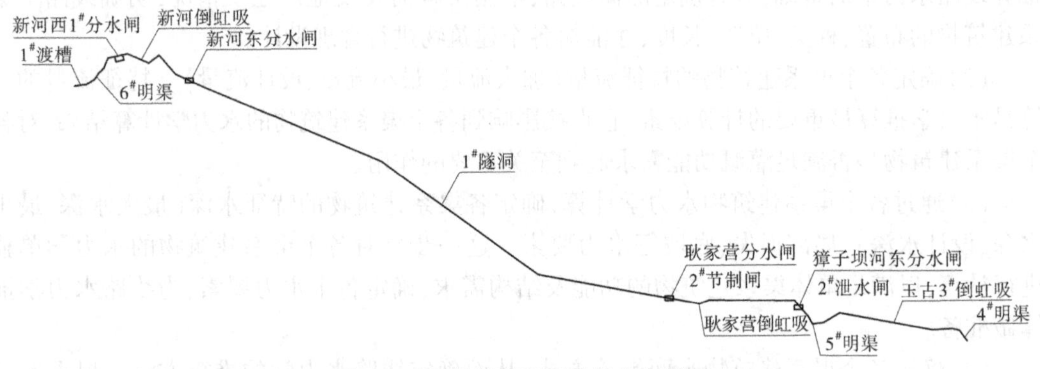

图 3-15　干渠局部渠系建筑物布置图

(2)确定各个渠系建筑物的特征流量。

①设计流量。根据各灌片的设计灌水率和渠系布置的干、支渠长度,控制的灌溉面积、土壤性质、防渗衬砌形式,采用规范推荐的渠道流量推求算法计算渠道灌溉流量。经分析,干渠从水库取水的设计流量为 13.02 m^3/s,本段 4#明渠至獐子坝河东分水闸前段设计流量为 5.89 m^3/s,獐子坝河东分水闸分水流量为 0.22 m^3/s,獐子坝河东分水闸后至耿家营分水闸前段设计流量为 5.62 m^3/s,耿家营分水闸分水流量为 0.64 m^3/s,耿家营分水闸后至新河东分水闸前段设计流量为 4.97 m^3/s,新河东分水闸分水流量为 0.61 m^3/s,新河东分水闸后至新河西 1#分水闸前段设计流量为 4.31 m^3/s,新河西 1#分水闸分水流量为 0.13 m^3/s ,新河西 1#分水闸后至 1#渡槽段设计流量为 4.16 m^3/s。

②加大流量。本工程渠道采用续灌灌溉方式,根据《灌溉与排水工程设计标准》(GB 5088—2018)6.3.4 条,渠道加大流量的加大百分数可按表 3-16 取值,湿润地区可取小值,干旱地区可取大值。

表 3-16　渠道加大流量的加大百分数取值

设计流量(m^3/s)	<1	1~5	5~20	20~50	50~100	100~300	>300
加大百分数(%)	35~30	30~25	25~20	20~15	15~10	10~5	<5

本段工程设计流量范围在 5.89~4.16 m^3/s,设计流量在 5~20 m^3/s 范围内的加大流量百分数取 20%,设计流量在 1~5 m^3/s 范围内的加大流量百分数取 25%,设计流量小于 1 m^3/s 范围内的加大流量百分数取 30%。因此,本段 4#明渠至獐子坝河东分水闸前段加大流量为 7.07 m^3/s,獐子坝河东分水闸加大流量为 0.29 m^3/s,獐子坝河东分水闸后至耿家营分水闸前段加大流量为 6.74 m^3/s,耿家营分水闸加大流量为 0.83 m^3/s,耿家营分水闸后至新河东分水闸前段加大流量为 6.21 m^3/s,新河东分水闸加大流量为 0.79 m^3/s,新河东分水闸后至新河西 1#分水闸前段加大流量为 5.38 m^3/s,新河西 1#分水闸加大流量为 0.17 m^3/s,新河西 1#分水闸后至 1#渡槽段加大流量为 5.20 m^3/s。

③最小流量。根据《灌溉与排水工程设计标准》(GB 5088—2018)6.3.5 条,续灌渠道的最小流量不宜小于设计流量的 40%,相应的最小水深不宜小于设计水深的 60%。因此,

综合考虑本段4#明渠至獐子坝河东分水闸前段最小流量2.36 m³/s，獐子坝河东分水闸后至耿家营分水闸前段最小流量为2.25 m³/s，耿家营分水闸后至新河东分水闸前段最小流量为1.99 m³/s，新河东分水闸后至新河西1#分水闸前段最小流量为1.72 m³/s，新河西1#分水闸后至1#渡槽段最小流量为1.67 m³/s。

(3)通过各个渠系建筑物水力学计算，确定各渠系建筑物的特征水深、局部损失、底坡等水力要素。

各个渠系建筑物的水力要素参数值见表3-17(各个渠系建筑物水力要素计算方法见后面各章节水力计算部分)。

表3-17　渠系建筑物水力要素特性

序号	渠系建筑物形式	计算长度(m)	设计宽度(m)	设计净高(m)	设计水深(m)	加大水深(m)	安全超高	比降倒数	水头损失(m)
1	4#明渠(矩形断面)	165.80	2.80	2.90	1.84	2.12	0.73	2 500	
2	玉古3#倒虹吸	767.00	2.00						1.200
3	5#明渠(矩形断面)	370.00	2.80	2.90	1.84	2.12	0.73	2 500	
4	渐变段	5.00							0.005
5	5#明渠(梯形断面)	171.04	1.20	2.40	1.60	1.73	0.63	2 500	
6	渐变段	5.00							0.005
7	5#明渠(矩形断面)	35.00	2.80	2.90	1.84	2.12	0.73	2 500	
8	獐子坝河东分水闸及2#泄水闸								0.040
9	5#明渠(矩形断面)	35.00	2.70	2.90	1.84	2.13	0.73	2 500	
10	耿家庄倒虹吸	938.86	2.00						1.450
11	耿家营分水闸及2#节制闸								0.170
12	1#短明渠(矩形断面)	20.00	2.50	2.70	1.67	1.99	0.70	2 000	
13	1#隧洞	3 915.29	2.50	2.50	1.42	1.68		1 500	2.610
14	2#短明渠(矩形断面)	15.00	2.50	2.70	1.67	1.99	0.70	2 000	
15	新河东分水闸								0.020
16	3#短明渠(矩形断面)	16.43	2.40	2.60	1.56	1.86	0.66	2 000	
17	新河倒虹吸	476.21	1.60						1.300
18	6#明渠(矩形断面)	90.00	2.40	2.60	1.56	1.86	0.66	2 000	
19	新河西1#分水闸								0.020
20	6#明渠(矩形断面)	415.09	2.40	2.50	1.52	1.81	0.65	2 000	
21	1#渡槽	73.00	2.00		1.03	1.22		500	0.255

(4)确定各个渠系建筑物间水面衔接方式，从而确定线路水力学的推算方法。

该工程灌溉线路长,渠系分支多,建筑物种类多,明渠与建筑物之间的水头需要得到合理的分配,不同的分配方式直接影响着工程量和投资的大小。该工程的水头分配总原则是:将水头分配到明渠和建筑物上时,力求做到尽可能多地控制自流灌片面积,同时工程布置合理,工程量和投资最省。因此,为保证水头能够得到充分利用,干渠末端仍有充足的水头,采用水面线平顺衔接方式。由于该工程从水库取水,起始水位为水库正常水位,从上游向下游推算至4#明渠起端设计水位高程为1 598.92 m。

(5)将各个渠系建筑物按输水水流流向从起点到终点顺序列表,推算各个渠系建筑物的水位高程、底板高程、顶板高程等特征高程。

①4#明渠。

末端渠底高程=起端渠底高程-本段长度×比降

=1 597.09-165.80/2 500=1 597.02(m)

末端设计水位高程=末端渠底高程+设计水深

=1 597.02+1.84=1 598.86(m)

末端渠顶高程=末端渠底高程+渠道净高

=1 597.02+2.90=1 599.92(m)

②玉古3#倒虹吸。

起端设计水位高程=4#明渠末端设计水位高程

=1 598.86(m)

起端渠底高程=4#明渠末端渠底高程

=1 597.02(m)

末端设计水位高程=起端设计水位高程-水头损失

=1 598.86-1.20=1 597.66(m)

末端渠底高程=起端渠底高程-水头损失

=1 597.02-1.20=1 595.82(m)

③5#明渠。

矩形段:起端设计水位高程=玉古3#倒虹吸末端设计水位高程

=1 597.66(m)

起端渠底高程=起端设计水位高程-设计水深

=1 597.66-1.84=1 595.82(m)

起端渠顶高程=起端渠底高程+渠道净高

=1 595.82+2.90=1 598.72(m)

末端渠底高程=起端渠底高程-本段长度×比降

=1 595.82-370/2 500=1 595.67(m)

末端设计水位高程=末端渠底高程+设计水深

=1 595.67+1.84=1 597.51(m)

末端渠顶高程=末端渠底高程+渠道净高

=1 595.67+2.90=1 598.57(m)

梯形段:起端设计水位高程=矩形段末端设计水位高程-渐变段水头损失

=1 597.51-0.005=1 597.505(m)

起端渠底高程 = 起端设计水位高程 - 设计水深

= 1 597.505 - 1.595 = 1 595.91(m)

起端渠顶高程 = 起端渠底高程 + 渠道净高

= 1 595.91 + 2.40 = 1 598.31(m)

末端渠底高程 = 起端渠底高程 - 本段长度 × 比降

= 1 595.91 - 171.04/2 500 = 1 595.84(m)

末端设计水位高程 = 末端渠底高程 + 设计水深

= 1 595.84 + 1.595 = 1 597.435(m)

末端渠顶高程 = 末端渠底高程 + 渠道净高

= 1 595.84 + 2.40 = 1 598.24(m)

④分水闸和泄水闸。

由于分水闸和泄水闸都是从干渠上进行分流，闸底板高程应与所对应位置的干渠底板高程保持一致，分流后干渠的设计水位应为分流前干渠设计水位减去水头损失值。

⑤节制闸。

节制闸位于干渠上，与干渠流量保持一致，闸底板高程、闸前设计水位高程与闸前位置的干渠渠底高程及设计水位保持一致，闸后干渠渠底高程与闸前干渠渠底高程一致，闸后干渠设计水位为闸前设计水位减去水头损失值。

⑥1#隧洞。

起端设计水位高程 = 1#短明渠末端设计水位高程

= 1 595.73(m)

起端渠底高程 = 1#短明渠末端渠底高程

= 1 594.07(m)

末端设计水位高程 = 起端设计水位高程 - 水头损失

= 1 595.73 - 2.61 = 1 593.12(m)

末端渠底高程 = 起端渠底高程 - 水头损失

= 1 594.07 - 2.61 = 1 591.46(m)

⑦1#渡槽。

起端设计水位高程 = 6#明渠末端设计水位高程

= 1 591.515(m)

起端渠底高程 = 6#明渠末端渠底高程

= 1 589.995(m)

末端设计水位高程 = 起端设计水位高程 - 水头损失

= 1 591.515 - 0.255 = 1 591.26(m)

末端渠底高程 = 起端渠底高程 - 水头损失

= 1 589.995 - 0.255 = 1 589.74(m)

在线路水力学推算时，渠系建筑物的末端高程往往是起端高程减去该段产生的水头损失值，因此水头损失考虑的全面性和精确性对线路水力学的推算结果影响很大。本算例的水力学推算结果见表 3-18。

表 3-18 渠系建筑物线路水力学推算

序号	渠系建筑物型式	计算长度（m）	设计水深（m）	比降倒数	水头损失（m）	渠底高程（m）		设计水位（m）		渠顶高程（m）	
						起端	末端	起端	末端	起端	末端
1	4#明渠（矩形断面）	165.80	1.84	2 500		1 597.09	1 597.02	1 598.92	1 598.86	1 599.99	1 599.92
2	玉古3#倒虹吸	767.00			1.200	1 597.02	1 595.82	1 598.86	1 597.66		
3	5#明渠（矩形断面）	370.00	1.84	2 500		1 595.82	1 595.67	1 597.66	1 597.51	1 598.72	1 598.57
4	渐变段	5.00			0.005	1 595.67	1 595.67	1 597.51	1 597.50		
5	5#明渠（梯形断面）	171.04	1.60	2 500		1 595.91	1 595.84	1 597.50	1 597.44	1 598.31	1 598.24
6	渐变段	5.00			0.005	1 595.84	1 595.84	1 597.44	1 597.43		
7	5#明渠（矩形断面）	35.00	1.84	2 500		1 595.59	1 595.58	1 597.43	1 597.42	1 598.49	1 598.48
8	獐子坝河东分水闸及2#泄水闸				0.040			1 597.42	1 597.38		
9	5#明渠（矩形断面）	35.00	1.84	2 500		1 595.53	1 595.52	1 597.38	1 597.36	1 598.43	1 598.42
10	耿家庄倒虹吸	938.86			1.450	1 595.52	1 594.07	1 597.36	1 595.91		
11	耿家营分水闸及2#节制闸				0.170			1 595.91	1 595.74		
12	1#短明渠（矩形断面）	20.00	1.67	2 000		1 594.08	1 594.07	1 595.74	1 595.73	1 596.78	1 596.77
13	1#隧洞	3 915.29	1.42	1 500	2.610	1 594.07	1 591.46	1 595.73	1 593.12		
14	2#短明渠（矩形断面）	15.00	1.67	2 000		1 591.46	1 591.45	1 593.12	1 593.12	1 594.16	1 594.15
15	新河东分水闸				0.020			1 593.12	1 593.10		
16	3#短明渠（矩形断面）	16.43	1.56	2 000		1 591.54	1 591.53	1 593.10	1 593.09	1 594.14	1 594.13
17	新河倒虹吸	476.21			1.300	1 591.53	1 590.23	1 593.09	1 591.79		
18	6#明渠（矩形断面）	90.00	1.56	2 000		1 590.23	1 590.18	1 591.79	1 591.74	1 592.83	1 592.78
19	新河西1#分水闸				0.020			1 591.74	1 591.72		
20	6#明渠（矩形断面）	415.09	1.52	2 000		1 590.20	1 589.99	1 591.72	1 591.51	1 592.70	1 592.49
21	1#渡槽	73.00	1.03	500	0.255	1 589.99	1 589.74	1 591.51	1 591.26		

第 4 章　取水工程

我国是一个人均水资源紧缺的国家，同时水资源在时间和空间上分布不均，导致水资源供需矛盾十分突出。水资源俨然成为制约我国经济和社会发展的重要因素，实现水资源的优化配置，满足经济社会对水资源的迫切需求，支撑经济社会的可持续发展，是水利工程的根本任务。

在当前水资源短缺的实际情况下，实现水资源优化配置的手段之一就是工程手段。无论是资源性缺水还是工程性缺水，其最主要的工程手段都是修建取水工程，通过输水工程引水至用水地。为了实现水资源丰水区与缺水区的相互补充，往往还需要修建跨流域调水工程，对水资源空间地理上的优化配置。无论对水资源实现何种优化配置，修建不同类型的取水工程首当其冲。

4.1　取水工程类型

从取水水源来分，取水工程包括地下水取水工程和地表水取水工程。地下水类型包括潜水、承压水、裂隙水、岩溶水和泉水等，其埋藏方式与地层结构相关，可开采量有限，补给十分困难。过去传统取水方式对地下水的过度开采，造成地下水水位大幅度下降、水资源枯竭、地面沉降和水质恶化等现象。因此，国家从地下水水源涵养、水循环保障等方面实行严格的地下水开采取水许可制度。地下水取水工程这里不再赘述，本书主要介绍地表水取水工程。

为了从河流、湖泊、水库等众多水源地引水，以满足农田灌溉、水力发电、工农业生产生活的需要，在适当河段修建各类建筑物称为取水工程。修建取水工程既要满足不同生产部门对水量的要求，还要满足灌区地形对引水水位的要求。取水工程包括自流灌溉与提水灌溉，以及城市工业、生活用水，一般有以下几种类型。

4.1.1　无坝取水

在河道枯水时期的水位和流量都能够满足灌溉或者供水需求的条件下，可在河道岸边选择合适地点，建设取水建筑物，自流引水灌溉或者提水灌溉供水，这种取水方式称为无坝取水。通常来说，无坝取水工程简单，但是不能有效地控制河道水位和流量，因此在河流枯水季节引水保证率较低。同时，对于引水灌溉取水口来讲，往往与灌区距离较远，需要修建较长的干渠与渠系建筑物。

4.1.2　有坝取水

许多河流水量十分丰富，但是由于地理地形原因河流水位较低，不能实现自流灌溉或供水，需要在适当地点修建坝体或拦河闸，抬高河流水位，以满足用水需要，这种取水方式称为有坝取水。有坝取水与无坝取水相比较，增加了建设坝体建筑物的费用，但是可以选择合适的坝体位置,减少与灌区的距离,缩短了干渠长度,而且这种取水工程的引水保证率较高,工程可靠性强,还可以为水源的综合利用创造有利条件。

4.1.3　水库取水

当河流的年径流总量能够满足灌溉用水要求,但是河流的年径流过程与灌区灌溉季节所需要的灌溉水量不能匹配时,就需要修建拦河大坝,形成水库,从而能在不同灌溉季节保证灌溉水量。修建水库与有坝取水相比较,坝身高,库容较大,能够对河流进行流量调节。水库既能满足灌溉、工农业生产生活用水需求,同时也是河流水资源综合利用的有效措施。

4.1.4　泵站取水

在河道水量丰富,但水位较低,同时又没有修建拦河坝或水库的条件情况下,为了满足灌溉及供水需要,需要在合适位置修建提水泵站工程,由泵站进行高水位提水至灌溉渠道,形成自流灌溉条件。需要说明的是,根据灌区和河流水位的高差与距离、取水泵站的经济性等,可设置多级取水泵站取水。

4.2　取水工程设计需考虑因素

由于众多河流特性不同,所以在修建不同类型的取水工程时,从规划设计角度,要针对不同河流特性,考虑不同的制约因素,使取水工程最大限度地发挥作用。

取水工程设计时,需根据不同河流的特性,满足以下要求:①根据灌区规模情况对水量的要求,应保证有计划地进行灌溉供水,有一定的设计保证率。②在多泥沙河道上,采取有效的防沙措施,防止泥沙进入下游渠道,以免造成渠首的淤积。③在漂浮物比较大、比较多的河流,应采取拦截措施。④对于综合利用的取水工程,应保证各个建筑物之间正常运行,互不干扰,使工程发挥最大效益。⑤对于取水工程的上下游河段,应进行保护和治理,使河道河势保持稳定,确保引水工程长期有效。

4.3　无坝取水工程

河道的枯水季节的流量和水位都能够满足灌溉要求时,不需要在河道上修建拦河闸坝,只需要在河道稳定河岸的合适地点开挖渠道并修建取水建筑物,从河流一侧引水,称为无坝引水。无坝取水对河道的影响较小,并且具有工程简单、受制因素少、施工容易、工期较短及投资少等优点。在我国应用较为广泛,尤其在大江大河的下游平原地带灌区,大多采取这种方式。然而无坝取水工程的缺点就是引水的水位和流量受天然河道的水位和流量的影响无法控制,在河道枯水时期引水保证率不受控制,在有些多泥沙的河流上采取无坝引水时,因无法控制而引入大量泥沙,使下游灌区渠道发生淤积,严重时会导致灌溉系统失效。因此,在采取无坝取水工程时,应因地制宜,多因素权衡考虑。

4.3.1　无坝取水的特点

无坝取水工程因其引水方式的不同,受其所在引水河流的特性而异有不同的特点,大致如下：

(1)无坝取水受所在河道的水文泥沙特性、河床稳定性及引水比大小等因素的影响非常大。尤其当引水河段的河势不稳定，主流摆动不定时，对引水工程的影响更大，当河道主流远离取水口时，引水无法得到保证。河道主流偏离时必然导致取水口被淤泥淤积而无法正常使用。所以，在不稳定河流上引水，应该谨慎合理地选择取水口位置，根据河势的演变规律，保持取水口经常靠近主流，并根据取水工程运行时的情况，及时观测取水口上下游河势变化，有必要时修建河道整治工程，防止河道主流随意摆动。

(2)在冲淤河道上，伴随着洪峰流量的涨落，河床会形成一定的冲淤变化，这种变化会影响取水工程的渠首建筑物引水。河床由于淤积抬高，致使大量的淤积泥沙入渠；相反，由于河床冲刷，河道水位降低，致使无坝取水口引不上水。因此，在先分析渠首河段河床冲淤变化后，再确定合理的取水口引水方式。

(3)由于无坝取水不能控制河道内的水位，河道流量的变化使取水工程取水口的正常运行受河道水位起伏的影响较大。在丰水季节，由于河道水位高，高含沙河流取水时会超过设计流量允许的含沙量；在枯水季节，由于河道水位较低，河道流量小，通常不易满足灌溉的设计需水量。因此，取水工程取水口位置的选择及取水建筑物的结构布置应能够适应河水位高低变化的影响，并从结构上设置合理的防沙措施。

(4)在河道比较顺直的河段上，水流由于河道断面均匀，水深、流速及河水含沙量在河道横断面上也同样分布均匀，在此情况下，水流流速在河道横断面中心最大，由中心向两岸均匀减小。而河流弯道处却恰恰相反。当从顺直河段一侧引水时，由于水流由取水口转弯而产生横向环流，使取水口上口淤积、下口冲刷。倘若此处河岸不稳定，那么自然取水口将随着取水口上下口的淤积和冲刷不断下移，久而久之，取水口与渠道的水流夹角越来越大，最终导致无法引水。因此，取水工程取水口的位置应选在河岸坚固稳定的河段上。

(5)取水工程的运行管理工作对于渠道的淤积同样也有较大影响。一是取水建筑物的运行管理和清淤工作必须及时、完善；二是取水工程引水时期的选择很重要，在河道汛期时，水量多但含沙量同样也多，因此无坝取水工程引水时应选择水丰且错开沙峰的时期引水。

(6)当引水工程位置在天气寒冷的地区时，引水工程应考虑河流浮冰的影响，应设置排冰措施，同时对取水建筑物也应采取抗冰措施。

4.3.2　无坝取水工程位置选择

根据相关资料调查结果，在天然河道上，一般弯道部分占全河段长度的85%，而顺直河段仅占15%左右。所以，天然河道由于水流力学原因基本上都是弯曲的，要在弯曲河道上合理地布置取水工程，需要充分了解弯道河流的基本特点。

河流弯道段水流由于受水力学作用，表层水里流向凹岸，凹岸水面壅高，凸岸水面降低。河道水流流速的分布却是表层大、底层小。表层水流流向凹岸，底层水流流向凸岸，从而形成横向环流。横向环流常常引起凹岸及河底的冲刷，凸岸的不断淤积，形成水浅流速缓的浅滩。此种情况说明，在凹岸适当位置设置取水口，可以引取表层清澈的水流，而含有大量泥沙的底层水流则离开取水口，流向凸岸，这种布置对于取水口的顺利取水、减少泥沙入渠是十分有利的。

无坝取水工程取水口位置的合理选择，对于灌区引水保证率的提高和减少河道泥沙进入下游引水渠道起着至关重要的作用。因此,在确定取水口位置时,需详细了解河道岸坎的地质情况、河道洪水特性、河道含沙量及河势演变规律,选择不同的位置,拟订多个方案进行经济技术比较后择优选取。在拟订不同位置方案时,应遵循以下基本原则:

(1)根据河道横向环流理论,取水口宜选择在河流弯道的凹岸,并选择河岸稳定坚固的位置。弯道凹岸因含沙量小,并且河岸受冲刷水深较深,对于引水去沙均有保证。当由于灌区位置和地形原因受限而必须设取水口于凸岸时,则宜将渠首位置设置于凸岸中点偏上游侧,因为该处受环流影响较弱,泥沙也较少。必要时,在凸岸对岸设置河道整治工程,例如传统的丁坝等将河道主流导向凸岸,有利于保证引水。

(2)在有分汊的河道上,受河汊影响,河道主流摆动不定,主流常常会发生交替变化,导致引水困难,一般不宜设置取水口。若受具体条件限制,取水口必须设置于分汊河段上,必须选择在较为稳定的河汊上设置,且必须修建河道整治工程,利用工程作用将河道主流稳定在设置取水口的河汊分支上。

(3)无坝取水口选择在直线河段上,不仅会引入大量泥沙,而且只能引取岸边流速小的水流。在没有合适的弯道而必须从顺直河段引水时,取水口应选择在河岸稳定坚固、主流靠近取水口、河床河势稳定、河流水位高且流速大的河段。

(4)在游荡型河段的任何位置,不宜设置取水口,以免因河势变化导致河床发生变迁堵塞取水口,使整个取水口失效。

(5)取水口的位置选择应考虑保证整个灌区大多数的农田能够满足自流灌溉,因此取水口处的水位高程宜保证从干渠到支渠都有一定的纵坡。另外,应选择干渠线路较短,并避开陡坡、易塌方和峡谷地段,以减少整个灌区工程的投资额。

根据以上原则,取水口应选在弯道凹岸,以引表层清澈水流,但不宜设置在弯道的上部。因此。取水口一般设置在弯道顶点以下水深较深的地方。关于具体的弯道位置的确定,由于受多方面因素影响,需根据河流具体特性,利用相关经验公式计算,或者利用水工模型试验得到,在此不再详述。

4.3.3　无坝取水工程布置

从前述无坝取水工程的特点及受制因素等方面来考虑,无坝取水工程的布置较为简单,与引水河道的天然特性有很大关系,下面简单介绍几种类型无坝取水工程的布置,仅供参考。

4.3.3.1　弯道凹岸取水工程

前述提到,这种取水利用弯道水流特性,引取表层清澈水流,含沙量大的底流流向凸岸。一般情况下,选用的弯曲段不宜太急,弯曲半径不应小于水面宽度的3倍。此种取水工程一般由引水渠、进水闸及拦沙设施等建筑物组成。引水渠主要使水流平稳进入引水闸,进水闸是用来控制入渠的流量,拦沙设施是防止大粒的推移质泥沙进入下游渠道。当河流河床稳定、河岸地质条件较好时,也可将进水闸设置于靠近河岸的岸边。

1. 取水口的布置

引水渠的中心线与河道水流流向的夹角称为引水角(δ),引水角的大小对引水量和泥沙有一定的影响。根据试验研究,当$\delta>30°$时,推移质进入渠道的数量变化不大,一般认为最大不超过5%~15%,但对于入渠流量却有一定影响。通常为了保持引水水流平顺,加大引水量,减少入渠泥沙及减少对引水口上下游河段的影响,引水角一般选择30°~60°的锐角,引水口前沿宽度不宜小于进水口宽度的2倍。角度较大,会减小引水流量;角度较小,会使取水口结构布置较为复杂。对于主流变化较大的河流,引水角一般随着河势而变化。

取水口平面布置时,应使在各种水位下的水流均能平顺进入,为了避免水流在取水口处发生旋涡流,可将进水闸布置于引水渠内。在保证安全的前提下,引水渠长度尽可能缩短,以减少泥沙对引水渠的淤积,两侧渠堤与河堤平顺相连,宜布置为喇叭口形式。

2. 进水闸布置

为了使进闸水流比较平顺和尽量减少底沙进入渠道,进水闸应尽量布置在主流靠岸、河道冲淤变化幅度较小的弯道段凹岸,并且闸址最好位于弯道凹岸顶点稍偏下游。

进水闸布置的关键因素是水闸底板高程的确定,是控制入渠流量和控制泥沙,保证取水工程正常运行的关键问题。就目前大部分实例来讲,一般采用闸前设计水位下的河床平均高程。当然,底板高程的选取和河床的地质条件也有很大关系,如河床为岩石质,底板高程可低于河床平均高程;若为沙质河床,底板高程宜高于平均河床,具体应由设计水位、设计流量和设计引水保证率等多因素分析确定。

进水闸闸前设计水位确定可采用满足灌溉设计保证率要求的设计枯水年灌溉期河道的最枯日或旬平均水位,并应考虑大量引水后河道内水位下降、上游水库调节、下游湖库顶托、河道外用水、河道冲淤变化等因素对水位的影响。对引渠较长或引水流量较大的工程,应考虑引渠比降和引水时闸前水头损失。

3. 拦沙设施布置

选择取水口位置时,虽然可以选择弯道凹岸,防止泥沙入渠,但河床演变和水沙条件会不停发生变化,不可避免地会有泥沙进入渠道,必须设置拦沙措施,进一步减少泥沙入渠,延长引渠寿命,节省后期运行清淤费用。目前,国内比较常用的拦沙设施有拦沙坎、进水闸设置叠梁闸门、导沙坎、截沙槽、河道导流短丁坝、拦沙闸、沉沙池等。具体应根据取水工程的多方面条件因素确定。

4.3.3.2　引水渠式取水工程

当河岸地质条件较差,容易被水流冲刷变形时,往往将进水闸布置于远离河岸的位置,保证水闸不受河岸冲刷的影响。这时引水渠将比较长,可以将引水渠根据地形情况适当加宽加深。此时引水渠即可以作为沉沙池使用,同时在引水渠的末端建设进水闸,并在引水渠与河道一侧修建冲沙闸。形成引水渠引水沉沙、进水闸引水、冲沙闸排沙的引水体系。一般冲沙闸与引水渠轴线夹角呈30°~60°,冲沙闸底板高程比进水闸底板高程低1 m左右,同时在进水闸闸前设置导沙坎。

引水渠式取水工程利用河道引水水力冲沙,当河流比降较大时,引水渠与排沙渠长度之和必须小于河道取水口与排沙口之间的距离,以利于排沙水头;当河流比降较小时,就需要延长引水渠的长度,以利用水力冲沙。此种取水工程的缺点是,引水渠淤积后,水力冲沙效果不好,为了保证正常供水,需要在后期运行管理过程中进行清淤工作。

4.3.3.3　导流堤式取水工程

在坡降较大的山区河流及流势不稳定的平原河道上修建引水流量比较大的取水工程,为了能够控制河道流量,保证顺利引水,一般采用导流堤式取水工程。这种取水工程主要由导流堤、进水闸、泄水冲沙闸等建筑物组成。导流堤的作用是束窄水流,壅高水位,保证所需引水量,一般情况下导流堤与水流之间夹角宜取10°~20°。进水闸用来控制入渠的流量,泄水冲沙闸的作用为泄水兼冲沙。

进水闸与泄水闸的平面布置,一般是正面引水、侧面泄水排沙,进水闸与引水河段主流方向保持一致,泄水闸与水流多呈较大夹角,有利于泄水排沙。当河流水量大,而灌区需水量较小时,进水闸与泄水闸常布置为正面排沙、侧面引水的形式。这种布置可以减小洪水对进水闸的冲击,冲沙闸能够顺利排沙。

一般情况下,进水闸的底板高程高于河道河床高程,泄水闸底板高程低于或者与河床高程齐平,导流堤一般从泄水闸向河流上游方向延伸,并且接近河道主流,导流堤与河道主流的夹角不宜过大,防止洪水破坏,导流堤长度取决于引水量的大小,长度与引水量成正比。

4.3.3.4　多取水口取水工程

在河势演变剧烈、河床不稳定的河流或者山麓型河流上修建取水工程,当采用一个取水口时,经常会因为泥沙淤积或者河势变化造成引水流量不足,甚至取水口失效,这时可以采用多个取水口引水。

一般多取水口取水工程有两个以上引水渠,根据河道河势及山势地形布置引水渠。当河道发生高含沙洪水时仅从一个取水口引水,其他关闭,最大限度地控制泥沙入渠,当枯水季节时,河道水位低,可由多个取水口取水,保证引水量。这种取水工程的最大优点是,当一个取水口失效时,可由其他取水口引水;当某个取水口淤积后,可以轮流引水、轮流清淤,保证灌区不停引水。

4.4　有坝取水工程

当河道水量比较丰富,但水位较低,不能保证自流灌溉的情况下,或者引水量比较大,无坝取水不能满足要求时,则可以采取拦河筑坝方式,壅高水位,保证灌区所需引水流量,这种取水方式被称为有坝取水。有时河流水位虽然能够满足无坝引水要求,但是为了形成取水口上下游高水位差、减少入渠泥沙、达到节省工程费用的目的,通常也采用有坝取水工程。

4.4.1　有坝取水的特点

有坝取水工程通常由拦河坝、进水闸、泄洪冲沙闸及河道上下游河道整治工程等建筑物组成。拦河坝拦截河道,其作用是壅高水位;进水闸常常修建于壅水坝一端河岸上,用来控制引水流量;泄洪冲沙闸位于壅水坝的一端,用来冲排拦河坝库区泥沙,同时下泄汛期洪水;河道整治建筑物用来稳定拦河坝上下游河势,防止因修建拦河坝而形成的河道变化。如果取水河道有航运、发电等功能,需要在拦河坝上修建专门的水工建筑物,例如船闸、水电站等,与拦河坝、进水闸形成综合利用的枢纽工程。

有坝取水工程的建筑物相对无坝引水比较多,在工程方案设计时需要考虑各种建筑物形式及建筑物之间的合理位置,需要考虑灌区位置及地形条件,结合水文、地质、泥沙、施工、后期运行管理及其他制约因素进行综合研究,拟订多种方案进行经济、技术比较后选择合理的取水方案。

4.4.2　有坝取水工程位置选择

前述讲到有坝取水涉及的建筑物比较多,同时对河道影响也比较大,因此在取水工程位置的选择时,应该多位置比选,选择位置合理且对河道影响较小,同时又经济可行的取水位置。通常还需要遵循以下原则:①取水位置应能够满足能控制绝大部分灌区灌溉面积,有需要时还应满足河道防洪、发电、航运等综合要求。②在多泥沙河流上,有坝取水工程应选择在河道稳定的河段。在弯曲河道,应选择在弯道的凹岸;在顺直河道,应选在主流靠近河岸的河段。③取水工程应选在河岸稳定坚固、两岸高度适宜的河段,避免下游引水输水工程增加投资。④取水工程位置处河道的宽度要适宜,河道宽度大,工程施工方便,但会引起拦河坝坝体较长,工程量大;若河道较窄,虽然能够减小坝体长度,节省投资,但是会增加拦河坝库区上游回水的淹没范围,同时因为河道窄,各建筑物的布置比较紧凑,施工面也相对紧张。如果上游库区河岸较高,淹没范围小,在较窄的河道上布置取水工程,有利于节省投资,各建筑物的布置根据地形条件优化布置形式,也是理想的选择。⑤由于需要修建拦河坝抬高水位,拦河坝的坝址应选择地质条件较好的河段,最好是岩基,其次是砂砾石或者坚硬黏土,再次就是砂卵石或者沙基。在淤泥质基础或者流沙河段上不宜选取坝址。如条件无法满足,则需要对基础进行预先处理,以保证拦河坝安全稳定。⑥当河流有支流汇入时,取水工程宜布置于支流汇入口上游。如需要布置于支流汇入口下游,需要同时考虑支流泥沙及支流汇入后对干流河道河势的不利影响。⑦在寒冷地区修建取水工程时,应考虑冰冻对工程的影响。⑧在选择取水工程位置时,应考虑工程建成后对取水河道上下游原有工程的影响,应从河道整体考虑,尽可能减少原有工程效益的发挥。

根据以上原则,有坝取水工程位置选择时应从安全、技术可行、经济、效益最大化、各建筑物运行协调、后期管理方便等多种因素综合考虑,进行多方案比较之后确定。

4.4.3 有坝取水工程布置

从前述有坝取水工程的特点及受制因素等方面来考虑,有坝取水的工程布置通常需要修建各种建筑物组合,工程的布置较为复杂。下面简单介绍几种类型有坝取水工程的布置,仅供参考。

4.4.3.1 低坝取水工程

这种取水工程通常由溢流坝、进水闸、沉沙池、冲沙闸、导水墙及防洪堤等建筑物组成。

(1)溢流坝。溢流坝布置于河床内,与水流方向垂直,它的作用是为了壅高河道内水位,以满足灌区灌溉所需的水位,又称壅水坝。通常它的高度较低,无法进行蓄水调节,或者说只是在很小程度上调节有限的河道流量。壅水坝修建后,除灌溉引水外,河道多余水量和汛期洪水通过坝顶溢流至下游,一般在坝顶根据河道水量情况需要设置足够的溢流坝段长度。

(2)进水闸。进水闸布置于溢流坝端的河岸上,其作用是控制引水流量。灌溉工程进水闸的轴线与水流方向的夹角称为引水角,一般情况下引水角采用锐角布置。角度过大会引起泥沙淤积,一般在含沙量较小的河道上采用大角度布置,如为清水河道,进水闸的引水角可为90°。在多泥沙的河道上,进水闸的引水角多为锐角,以减少水头损失和入渠泥沙含量,根据经验,引水角 δ 为75°~80°时,进入渠道的沙量最少。

(3)冲沙闸。冲沙闸布置于溢流坝的坝段,并且进水闸靠近,它的作用是定期冲排进水闸闸前淤积泥沙,同时可以宣泄部分洪水,使河道主流趋向于进水闸侧,保证进水闸能够引取灌区所需水量。

(4)导水墙。导水墙位于冲沙闸与溢流坝的连接处,与进水闸的上游翼墙共同组成沉沙槽，其作用是引导水流顺利进入进水闸和冲沙闸。导水墙的长度一般为引水口宽度的2~3倍，导水墙上游端通常做成弧形，顶部高程与溢流坝坝前正常水位齐平或者略高，避免水流从侧面翻入槽内，同时还可以阻拦坝前淤积的泥沙。

(5)沉沙槽。沉沙槽布置于进水闸闸前位置，当冲沙闸关闭时，用来沉沙，起沉沙池的作用；当冲沙闸开启，需要冲沙时，沉沙槽使水流集中，有利于水力冲沙。沉沙槽一般设有一定的坡度，以利排沙。

(6)防洪堤。由于在自然河道内修建壅水坝，抬高水位，会影响坝上游两岸的防洪安全。因此，沿溢流坝上游河道两岸适当位置，修建防洪堤，用以保护上游两岸城镇、村庄、道路的安全。

低坝取水工程的优点是布置和建筑物结构简单、施工方便、造价经济。一般适用于稳定性较好的河道，对于多泥沙河道，采取适当的防沙措施和河道整治措施，仍然能够很好地引水。低坝取水工程在河道条件较好或者灌溉引水量不大的情况下，是一个简单、经济的较优方案。

4.4.3.2　拦河闸式取水工程

前述在河道上修建低溢流坝用来取水的工程，在多泥沙河流上容易导致坝前泥沙的淤积，运行时间长后，会使溢流坝失去拦河壅水的作用，灌区引水不能得到有效保证。如果用拦河闸来代替溢流坝，可以基本上不改变拦河工程上下游河道的形态，既可以壅水灌溉沉沙，又可以开闸泄洪冲沙，与溢流坝相比较，除上述解决泥沙淤积问题外，还可以灵活地调节水位和河道流量，又可以通过拦河闸段不同闸位的启闭，调整上游河道主流方向，使取水工程能够保持较好的引水条件。因此，采用拦河闸壅水，防沙效果好，既适用于砂卵石河床，也适用于砂砾石河床，尤其适用于沙质河床。

这种取水工程一般由拦河闸、进水闸、冲沙闸、冲沙槽、导沙坎及上下游河道整治工程等建筑物组成。

(1)拦河闸。拦河闸布置于河床内，用以拦河壅水。水闸轴线与水流方向正交，底板高程根据河道比降及引水比的大小而定。

(2)进水闸。进水闸布置于河岸上，同时还要求河岸高度适中，以减少渠道土石方的开挖量。河道比较宽阔时，进水闸可布置在拦河闸的上游；河道狭窄、河岸陡峻时，岸边不适于布置进水闸，可将进水闸和冲沙闸布置在拦河闸的下游开阔一些的地方，而用开凿隧洞或引渠的办法，将水引至渠首闸之前。进水闸引水角一般为锐角，底板高程高于拦河闸一般在1.5 m以上，以利防沙。通常在进水闸闸前设置导沙坎，将河道泥沙导向冲沙闸。

(3)冲沙闸。冲沙闸布置于进水闸旁边，通常是利用靠近进水闸的1孔或2孔拦河闸作为冲沙闸，并在上游利用导水墙将拦河闸与冲沙闸分开。导水墙与进水闸的翼墙形成冲沙槽，用来导水冲沙。

拦河闸式取水工程很好地解决了溢流坝的泥沙淤积问题，同时修建各种可以控制的涵闸，对取水工程后期运行管理提供方便，也能更好地保证引水率。在现代水利工程运用实践中，根据各种因素的变化，拦河式取水工程进行了不断的优化，衍生出了许多类型的取水工程。

4.4.3.3　人工弯道式取水工程

在一些山区河道上，常在河道出口附近，根据天然河湾的走势，将河道整治为弯曲的引水渠，并在弯道的末端，按照正面引水、侧面排水的原则，布置进水闸和冲沙闸，引取表层清水，排放含沙较大的底流。即通过人工修建河湾的方式创造有利的引水条件。

这种取水工程主要由上游人工引水弯道、进水闸、冲沙闸、泄洪闸、溢洪堰及下游排沙廊道等部分组成。

(1)引水弯道。引水弯道的作用就是造成人工弯曲河段，使天然水流在弯道内形成横向环流，以利于引水排沙。在进行人工弯道治理时，应尽可能地利用天然稳定的河湾，加以整治作为引水弯道。人工弯道宜布置在引水渠首段，其中心线宜与河道上泄洪闸中心线呈40°~45°夹角，弯道的曲率半径可取水面宽度的5~6倍，长度不宜小于弯道曲率半径的1.0~1.4倍，弯道底部坡降宜缓于河道底部平均坡降。在引水弯道的进口处，一般修建导流堤，并且向上游延伸与天然河道平顺连接，以便于束水导流，使河水平顺地流入引水弯道。导流堤的形状，可以布置成直线或曲线，主要根据地形条件、主流方向及取水工程布置形式而定。

(2)泄洪闸。泄洪闸布置于人工弯道进口旁，在平面布置上应使闸中心线与人工弯道中心线呈40°~50°夹角。泄洪闸主要用来宣泄河道汛期洪水，减少泥沙进入人工弯道，并使河道主流靠近弯道，保证弯道的良好进水条件。泄洪闸设计流量宜取每年汛期都能出现的洪水流量。如洪水流量较大时，可在闸旁再设置溢流堰。

(3)进水闸。进水闸设置在引水弯道末端，一般按正面引水、侧面排沙的原则布置。进水闸布置在凹岸，闸中心线与闸前水流方向一致，并沿人工引水弯道半径方向布置。进水闸底板高程一般高于冲沙闸底板高程1.0~1.5 m以上，可以减少入渠泥沙，并且闸前设置导沙坎。

(4)冲沙闸。冲沙闸同样布置于人工弯道末端，一般设在人工弯道靠凸岸一侧。闸轴线可以布置为与引水弯道半径成25°~30°夹角，进水闸与冲沙闸的中心线夹角不大于30°~35°为宜，否则各孔不能均匀排沙。冲沙闸的设计流量稍大于弯道设计流量，以便于集中冲沙，并利用洪水冲洗人工弯道。当泄洪闸操作不力时，或者停止引水时，人工弯道内的洪水可部分通过冲沙闸下泄，保证取水工程安全。

冲沙闸的底板高程，对于保证工程正常引水、防止泥沙淤积影响较大，如果过高，可以增加冲沙水头利于排沙，但是却减缓了引水弯道比降，形成弯道淤积；如果过低，引水弯道比降加大，增加弯道输沙能力，但减少了闸后输沙水头，又会引起输沙不畅。因此，冲沙闸的底板高程应根据河道比降及河道河床演变趋势而定。

(5)下游排沙廊道。在人工弯道式取水工程的泄洪闸、排沙闸等建筑物下游修建排沙廊道，形成排沙通道，以便于利用洪水将泥沙通过廊道输送至下游较远的位置，避免造成闸后淤积，影响取水工程正常运行。输沙廊道的修建长度一般不小于下游稳定河槽宽度的2倍，廊道与下游自然河道相衔接。

(6)沉沙池。人工弯道式取水工程布置形式根据河道特性，设置了较好的引水排沙条件，但是在河道高含沙及引水比较高的情况下，尤其是在中小水期间，灌区的用水量较大，引水比甚至可以达到100%，引水时很难避免泥沙入渠。因此，在进水闸的闸后合适位置需要设置沉沙池，以配合整个取水工程正常运行。后期运行过程中，对沉沙池泥沙进行清淤或者利用。

以上简单介绍了几种有坝取水工程布置，在工程实践中，有许多类型的取水布置形式，在拦河闸式取水工程原理基础上根据河流基本情况、引水需求、排沙方式等多因素条件优化而来，在不同位置、不同高程设置各类建筑物，以便于更加有效地取水。

4.5 泵站取水工程

在灌区地形高程较高、取水河流水位较低且没有条件修建拦河坝抬高水位的情况下，需要采取泵站取水方式利用泵站提升水位，达到自流灌溉的目的。泵站取水工程根据取水水源及取水位置一般可分为岸边式取水泵站、河床式取水泵站、水库和湖泊取水泵站等形式。

(1)岸边式取水泵站。直接从河流岸边取水的工程称为岸边式取水工程。一般由进水间和泵站组成，适用于河岸较陡、主流靠近河岸，并且水深能够满足引水需求，水位变幅不大，水质及地质条件较好的河道取水。

按照建筑物合建或者分开建设，岸边式取水工程分为合建式和分建式。合建式是进水间与泵站合建在一起，设在岸边，水流经过进水口进入进水间的进水室，然后由泵站提送至渠道或水厂。它的优点是布置紧凑，占地面积小，水泵管路较短，运行管理方便，应用较为广泛，但其因两建筑物合建，结构相对复杂，施工难度高；当岸边地质条件较差时，进水间与泵房分开建设，进水间设于岸边，泵房靠近岸内，两者之间可用引桥或者堤坝连接。分建式的优点是结构简单，施工方便，但是操作和运行管理不便，管路较长，水头损失大。

(2)河床式取水泵站。在河床较为稳定、河岸宽阔平坦、枯水季节主流远离河岸、岸边水深较浅的情况下，可采用河床式取水泵站形式。

河床式泵站取水建筑物与河岸式基本相同，只是利用深入河心的进水管代替岸边式进水口。它由取水头部进水管、集水间和泵房组成。河水由头部进水管进入集水间，然后由泵房提水送至渠道。河床式取水建筑物的进水管分为自流式和虹吸式两类，采用自流式需以一定的坡度流向集水间，虹吸式可以减小管道埋深，但需设置抽真空设备。

(3)水库取水泵站。河道上修建有水库工程，直接从水库库区取水，对于灌区引水的水量和水质均有较好的保证，同时由于水库本身就是一个大型的沉沙池，可引不含沙的清水。对灌区及泵站建筑物十分有利。

在水库取水可分为库区上游取水和下游取水。水库上游取水，受水库水位变幅的影响，可采用固定取水塔或者移动浮船取水；水库下游取水一般有明渠引水和有压水管引水两种方式。

4.5.1 泵站取水工程位置选择

泵站取水工程位置的选择直接影响取水的水量、水质、取水安全可靠性、工程施工、投资、后期运行管理维护及取水河段的综合利用。因此，合理正确地选定泵站位置是工程前期工作中十分重要的环节。位置选取应结合取水河道的水文、水资源、地形、地质等多种因素全面分析，综合考虑灌区用水需求、河段综合开发利用规划、不同方案经济技术比较，选择最优位置方案。通常泵站位置选取时应考虑以下基本要求：

(1)泵站位置尽可能选择在弯曲河道的凹岸，尽量减少泥沙及河道漂浮物对泵站建筑物的影响。

(2)在顺直河段上取水时，宜选在河道主流靠岸、河道较窄、流速较大、河岸稳定坚固的河段。

(3)在有支流汇入的河段上，由于干、支流洪水涨幅时期不同，容易形成壅水，导致泥沙大量淤积。因此,取水位置应与支流汇入口有足够的距离。

(4)河道有汊流的位置,根据河势演变分析,选择发展较为稳定的河汊。

(5)站址地形应尽量开阔,地形、地势应便于布置泵站枢纽建筑物,尽可能满足正面进水和正面出水的条件,以创造良好的水流条件,使进、出水流平稳,便于施工,并有利于今后可能需要的改建、扩建。

(6)需要考虑河道上天然障碍物及人工修建的建筑物对取水泵站的影响,例如常见的桥梁、码头、丁坝、拦河建筑物、排水建筑物、河道自然河心岛、突出的暗包等。河道上的各种建筑物会引起河道流速、流向、水深等变化,对取水工程产生不利影响。

(7)取水泵站位置宜选在河道地质条件较好的地段,如遇到流沙、淤泥层、湿陷性黄土、断层破碎带等不良地基,应做必要的地基处理,以免对建筑物的自身安全有影响。

(8)在高寒地区修建取水泵站,需要考虑河道冰凌对建筑物取水口的影响,需根据河道冰情水文分析,选取急流、支流上游、不易形成冰堆的河段,同时做好防冰措施。

(9)取水工程引水用于农业灌溉,因此取水口位置宜选择在远离城镇且污染较小的河道上游河段。

根据以上各种因素,泵站取水工程位置选择时应从安全、技术可行、经济、效益最大化、后期管理方便等多种因素综合考虑,进行多方案比较之后确定。

4.5.2　泵站取水枢纽工程布置

为了将低水位河水提送至高处,以达到灌溉、排水、供水的目的而建设的以泵站为主体的建筑物综合利用工程,称为泵站取水枢纽工程。这种综合枢纽的建筑物类型根据工程建设任务和建设条件不同而不同,以泵站和水闸建筑物居多。泵站取水枢纽的布置根据地形、地质、水文、施工及管理运行等各种条件和要求,确定建筑物类型,合理布置各建筑物相对位置关系,以满足泵站取水工程的功能要求。灌区泵站工程通常有灌溉泵站、排水泵站和灌排结合泵站等。下面对灌溉泵站做一简单介绍,以供参考。

4.5.2.1　灌溉泵站站址的选择

灌溉泵站站址选择,一般与灌区的划分同时进行,站址的选择是否合理,关系到整个泵站的布置及运行管理的安全。选择时应考虑多个因素,一般应考虑以下几方面:

(1)取水位置处地形。为了能够有效控制整个灌区的面积,泵站选址时应选在灌溉区域的上游河段,地形地势有利于泵站各类建筑物布置,并且不影响已有工程的正常运行。

(2)取水位置处地质。站址宜选在坚固稳定的地基上,应避开不利地层河段,以减少工程基础处理的费用。

(3)取水水源。从天然河道取水时,站址的选择与无坝取水工程位置的选择基本相同,应选在水量充沛、水质较好的河段;从水库取水时,应考虑选在库区泥沙淤积范围以外。

(4)施工条件。站址应选在交通、供电、材料等施工条件便利的位置,以减少工程临建费用。

4.5.2.2　灌区泵站的布置

灌溉泵站工程由取水建筑物、进水建筑物、泵房、出水建筑物及附属设施等组成。取水建筑物包括进水闸、引水渠或引水涵洞,当从泥沙较多的河流取水时,还应设置沉沙池或者排水设施建筑物;进水建筑物包括进水前池、进水池和进水流道;泵房包括主泵房和辅助设备;出水建筑物包括压力水管、出水池、涵管等;附属设施根据不同建筑物的需要而定,但一般包括变电站、管理房、仓库及维修间等。

根据引水方式、地形、地质条件,灌溉泵站有以下几种形式:

(1)有引水渠的泵站布置。当河岸较缓时,河水位变幅不大,而出水池距离河岸较远时,常常采取在泵房前修建引水渠的布置形式,尽可能地把泵房靠近出水池,减少压力管道的长度,便于工程运行及节省投资。工程布置时,进水闸靠近河岸引水至闸后引水渠,引水渠末端连接泵站进水池,泵房由进水池取水后由压力水管输水至出水池,出水池连接灌区干渠输水。这种布置形式按照进水方向又可分为正向进水、斜向进水及侧向进水三种。正向进水布置形式由于引水渠轴线与前池、进水池轴线一致,水流条件良好,应尽可能采用。当受地形等条件的限制而采用斜向或侧向进水时,水流条件差,但需要设置有效的导流设施。

有引水渠的布置形式随着工程的运行,需要对引水渠进行清淤维护,厂房靠近高岸出水池,需要进行厂房开挖建设,同时厂房的通风散热有一定影响。工程方案比选时,进行经济技术比较确定引水渠长度、泵房位置及压力管道长度等参数。

(2)无引水渠的泵站布置。当取水河段岸坡较陡,水位变化不大时,可以不修建引水渠,将泵站直接建在进水闸之后。工程布置时,进水闸靠近河岸修建,水流过闸后直接进入泵站前池与进水池,泵房由进水池取水后由压力水管输水至出水池,出水池后连接灌区输水干渠。这种布置方式,由于岸坡较陡,泵房紧靠进水闸,进水闸设计时必须考虑防洪安全,以保证泵房的安全。

(3)从水库中取水的泵站布置。从水库大坝上游取水的泵站布置形式与有引水渠和无引水渠的布置形式相同;从水库大坝下游取水一般有明渠引水和有压引水两种方式。明渠引水是将水库的水通过大坝放水洞放入下游明渠中,水泵直接从明渠中取水,这与从河流、湖泊中取水的泵站相同;有压取水是将水泵吸水管与坝后压力放水管直接连接,吸水管的水为压力流,这样可利用水库的压能减少泵站动力的功率。这种取水由于水库水质随水深及季节变化,通常采用分层取水方式,泵房不受水库水位变化影响。

(4)多沙河流灌溉泵站的布置。在多泥沙河流上取水修建泵站,为了避免渠道淤积及泥沙对泵站水轮机的磨损,常常采用一级泵站与二级泵站的布置形式。一级泵站为低扬程水泵,泥沙对其影响较小。过泵泥沙经过输水渠道沉淀,沉淀后再经过高扬程二级泵站,同时也可以在一级泵站与二级泵站之间修建沉沙池。工程布置时,进水闸靠近河岸修建,进水闸之后布置低扬程一级泵站,一级泵站之后布置引水渠,引水渠连接沉沙池,沉沙池之后再接引水渠引水至二级高扬程泵站,泵站之后通过压力管输送至出水池,之后进入灌区干渠。这种布置方式,结构比较复杂,对地形要求高,同时引水渠后期需要进行清淤,沉沙池一侧还需设置排沙渠。但本身多泥沙河流取水就需要考虑泥沙问题,在布置时需要根据地形情况合理布置引水渠方向和沉沙池位置,以便于排沙。

在一些平原灌区,当河道水位较高时,灌区由于内涝积水,必须通过泵站提水来排水,但当灌区需要灌溉时,又要引河道水进行自流灌溉。在此情况下,泵站的布置需要将灌溉和排水两者结合起来,修建灌排结合的泵站形式。对于灌排结合的形式,需考虑因素较多,与整个灌区的地形、地势、灌区现有建筑物的位置和形式及灌区的总体布局密切相关,在选取泵站的建筑物形式和位置时需要综合考虑。

4.6　水库取水工程

水库取水工程其实属于有坝取水工程的一种类型，所不同的是水库取水具有坝身高，库容较大，能够对河流进行流量调节等特点。水库取水既能满足灌溉、发电、工农业生产生活用水需求，同时也是河流水资源综合利用的有效措施。

4.6.1　水库取水工程的特点

水库取水工程的建设是由于河流的年径流过程与灌区灌溉季节所需要的灌溉水量不能匹配时，需要修建拦河坝，将河道丰富的水量进行拦蓄，形成较大库容。通常水库工程的修建不仅仅单纯是为了灌溉引水，而是通过拦蓄形成库容后，用于灌溉、发电、航运、防洪等多用途综合利用。因此，水库工程是一个庞大的枢纽工程，涉及建筑物众多、工程结构复杂、建筑物之间的联系紧密、工程投资大、施工周期长，对河道的影响较大。水库取水工程的最大优点是引水保证率较高、引水水质有保障，能够解决河道水资源时空上的分布不均。

4.6.2　水库取水工程建筑物组成

水库取水工程建筑物一般由以下几部分组成：

(1)挡水建筑物。挡水建筑物用以截断河流，形成一定容积的水库，通常是拦河坝或者拦河闸。

(2)泄水建筑物。泄水建筑物用来下泄多余洪水，或者放水以供水库下游使用，或者为了防洪需要放水以降低水库水位，进行洪峰调节。通常有溢洪道、泄洪隧洞及放水底孔等。

(3)进水建筑物。进水建筑物用来按照灌溉要求，将水库水引进下游输水建筑物。通常有有压、无压进水口等。

(4)输水建筑物。输水建筑物用来按照用水要求，将水库水输送至灌区引水干渠。通常有明渠、隧洞、管道等。

4.6.3　水库取水工程布置

如前述介绍，水库取水工程是一个复杂的枢纽工程，工程的布置十分复杂，尤其是各建筑物位置的选择和相互衔接，受具体工程所在河流地形、地势、库区淹没影响程度及灌区布局等多因素制约。水库挡水及泄水建筑物的布置参考大型枢纽工程布置相关资料，本书不再详述。在此主要简单介绍几种进水、输水建筑物的布置，以供参考。

4.6.3.1　进水建筑物

1.进水建筑物的功能和要求

进水建筑物位于引水系统的首部，其功能是按照灌溉要求将水引进输水建筑物，一般情况下，应满足以下要求：

(1)要有足够的进水能力。在任何工作水位下，进水口都能保证灌溉引水所需的流量。在布置进水口时，必须合理安排进水口的位置和高程。

(2)水质符合要求。为了防止泥沙或者水库漂浮物进入下游输水建筑物，进水口要设置拦污、拦沙、拦冰等设施。

(3)水头损失小。进水口要合理布置,进口平顺,流速小,尽可能减少水头损失。

(4)进水流量可控。进水口需设置流量控制设施,在控制引水流量的同时,也为下游输水建筑物检修创造条件。

(5)建筑物安全。进水口建筑物要有足够的强度和稳定性,结构造型简单且施工方便。

2. 进水建筑物布置

由于进水建筑物后连接的引水方式、水流形态和所处位置不同,进水口的形式也不同。一般情况下分为有压进水口和无压进水口。

1)有压进水口

有压进水口是设置于水库死水位以下,以引水库深层水为主,整个进水口处于有压状态,其后常常接有压隧洞或者压力管道。有压进水口在整个枢纽中的位置应尽量使水流平顺、对称,不发生回流和旋涡,拦河坝泄洪时仍能正常引水,选择地形、地质及水流条件较好的位置。进水口通常由进口段、闸门段和渐变段组成。

有压进水口有隧洞式进水口、墙式进水口和塔式进水口。

(1)隧洞式进水口布置于水库岸边山体中,闸门安装在从山体开挖的竖井中,竖井顶部布置启闭机和操作室,渐变段之后接引水隧洞。这种布置充分利用围岩的作用,结构简单,工程量小,安全可靠。缺点是竖井之前的隧洞段不便于检修,竖井开挖施工困难,要求岩体完整,山体坡度易于开挖平洞和竖井。

(2)墙式进水口进口段、闸门段和竖井均布置于山体之外,形成一个紧靠山体的单独墙式建筑物。适用于山体地质条件差的情况。山坡较陡,不宜开挖竖井。由于墙式建筑物承受水压力和岩体压力,要求有足够的稳定性和强度。

(3)塔式进水口的进口段和闸门段形成一个矩形塔式结构,独立于水库之中,塔顶设置操作室和启闭机室,用工作桥与岸边相连。适用于洞口附近地质条件差,或者地形平缓的情况。要求塔身能够承受水压力和浪压力,还有地震作用力,其抗滑、抗倾稳定,结构本身有足够的强度和稳定性。

2)无压进水口

无压进水口内水流为明流,以引水库表层水为主,进水口后一般接无压引水渠道。适用于水库库区水位变化不大的情况。进水口的位置宜选择水库岸边地形平缓且岸坡较为稳定的地段。进水口一般由引水渠道、引水闸和连接段组成。无压进水口的布置与有坝引水的布置方式基本相同。

4.6.3.2 输水建筑物

输水建筑物位于进水建筑物之后,其功能是按照灌溉要求将水输送至灌区。根据进水口布置的情况同样分为有压和无压两大类。

无压输水建筑物特点是自由水面,在结构形式上,无压输水建筑物中最为常见的是渠道,在特定条件下也使用无压隧洞。当水库水位变化很小,沿线地形平缓,水库岸边稳定时,适用于渠道。关于渠道及无压隧洞的内容,参见本书第5章和第6章隧洞章节,这里不再详述。

有压输水建筑物的特点是输水道内为压力流,承受较大水压力。有压隧洞是常用的结构形式,利用岩体承受水压力和防止渗漏,在特殊情况下,也可采用压力管道。埋藏于山体内的隧洞造价较高,但运行可靠,使用年限长,维护工作量小,不受地表其他因素的影响。有压隧洞的内容参见本书第6章隧洞相关内容。

4.7　取水工程河段整治

各种类型的取水工程布置时,为了防止因取水河段河势的变化而导致引水无法保证,或者取水工程布置形式需求,在取水河段取水口修建河段整治工程,以控导河势,便于引水排沙,提高引水保证率。

4.7.1　河段整治目的和原则

取水工程取水口上下游河道的演变,对取水口能否正常工作关系较为紧密,很多工程实践运行表明,在很多情况下必须对取水口河段进行整治,才能保质保量地向灌区供水和减少工程后期运行成本。

修建河段整治工程的主要目的是:①使河道主流靠近取水口,并且维持引水所需水位;②通过整治,使河道水流形态变化,形成取水口较好的取水防沙条件;③保护取水工程建筑物的防洪安全。

河道整治的原则首先是全面规划、综合治理。即在取水口河段修建河道整治工程时,在满足取水工程建设需要时,必须满足所在河段的各项规划,例如综合治理规划、防洪规划、水资源规划等。不仅是在河道现状条件下,还要考虑河道发展趋势情况下进行治理,不仅考虑取水工程,还要考虑其他水利工程的综合治理。其次是因势利导、重点整治、就地取材。当河势的发展对取水工程有利时,应采取措施使其稳定。当河势对取水工程虽然不利,但正向着有利的方向发展,应采取措施使其迅速向有利方向发展。当河势对取水不利时,同样采取措施限制其向不利的方向发展,并引导其向有利方向发展。

4.7.2　河道整治建筑物布置

河道整治措施应根据河流的具体情况而定,一般采取的措施有临时性、永久性和永临结合三种。河道整治建筑物的类型比较多,常用的有丁坝、顺坝、锁坝、浅坝、导流堤及护岸工程等,在具体工程布置中,根据不同建筑物的作用采取不同的建筑物形式。

无坝取水工程由于没有拦河措施,取水水源的保证主要是天然河道的自然水流。因此,布置取水工程时,除合理选择取水口位置外,在河道修建整治工程,对于保证引水就十分重要。有坝取水工程虽然修建拦河闸坝抬高水位取水,水源和水位均有保证,但因修建闸坝而引起的取水河段上下游河道变化,对河岸及河床泥沙淤积等产生破坏和影响,同样也需要固堤护岸,保证河道上下游两岸及取水建筑物安全。

根据不同的河流情况,河道整治有的采取导流措施,有的修建临时措施,疏通河流,有的修建永久建筑物固定河势,例如丁坝、顺坝等,束窄河床,调整水流等措施。

(1)河道主流线调整。当取水口的上游河岸,因受水流冲刷而坍塌后退,常常使河道的主流线方向发生改变,偏离取水口,出现取水口脱流现象。这时需要在上游河道受冲刷处采取措施,例如顺坝、护岸、丁坝等,控制河岸坍塌,保证主流方向靠近取水口。

(2)疏浚河道。当取水口位置处因河势变化或者其他原因形成河心岛、礁石或者较大漂浮物堆积等现象,就需要进行河道清淤,清除河道内障碍物,防止因此导致的主流偏离。

(3)河汊整治。若取水口处河道较宽,在枯水季节时形成多股汊流,在洪水过后,主河槽的位置经常变化,反复变化后会使枯水期取水困难。这时需要就地采用当地材料修建导流堤,堵塞各个汊流,将水流导向取水口。但导流堤的设置不宜过高,只起到调整枯水期主流,允许洪水期漫顶溢流,不会对取水口形成冲刷。

(4)弯道综合整治。为了使取水口上游河段具有稳定的弯曲河道,一般需要对河床、河滩及河岸采取综合整治措施。采取丁坝调整水流、低导流堤堵塞河汊、浅坝稳固河床及护岸加固河岸等综合措施保证取水。

第5章　渠　道

5.1　渠道布置

5.1.1　渠道系统组成

灌溉渠道在整个灌溉系统中也是一个系统,称为灌溉渠系。灌溉渠道系统由各级灌溉渠道及退(泄)水渠道组成。其主要作用是把从水源引取的灌溉水输送到田间,适时适量地满足作物需水要求。很多灌区既有灌溉任务也有排水要求,在修建灌溉渠系的同时,必须修建相应的排水系统,灌排统一规划。

灌溉渠道按其使用寿命分为固定渠道和临时渠道:多年使用的永久性渠道称为固定渠道,使用寿命少于一年的季节性渠道称为临时渠道。大、中型灌区的固定渠道一般分为干、支、斗、农四级。干、支渠主要起输水作用,称为输水渠道;斗、农渠主要起配水作用,称为配水渠道。渠道级数的多少主要根据灌区的地形条件、所控制灌溉面积的大小及水量分配情况确定。地形复杂的大型灌区,固定渠道级数一般多于四级,干渠可分为总干渠和分干渠,支渠可下设分支渠。灌溉面积较小、地形平坦的灌区,固定渠道级数较少,可只设干、支两级固定渠道,干渠将渠首引入水量输送至各灌溉地段,起输水作用;支渠将干渠所分水量按用水计划分配给各用水户,起配水作用。呈狭长的带状地形,干渠的下一级渠道很短,可称为斗渠,该类灌区可采用干、斗、农三级固定渠道,甚至干、农两级,农渠以下的小渠道一般为季节性的临时渠道。

5.1.2　渠道布置原则

从已建灌区工程的经验来看,灌溉渠道应适当满足大、快、便、省、固、综六方面的要求。“大”是指渠道所引水量大、控制的耕地面积大;“快”是指发挥效益快,即引水到田快;“便”是指用水便利、管理便利;“固”是指渠道不垮、不漏、不冲、不淤;“省”是指建设投资省、灌溉成本省、管养费用省;“综”是除灌溉效益外,还要满足水能、航运等综合效益。这六个方面是相互联系、相互制约的,过分强调任何一方面或某几个方面,都可能会影响其他方面,甚至得到与需求相反的结果。因此,渠系布置时应能满足输水、分水、排水、泄水等要求,保证运行安全,便于管理和维修,同时保障灌区的交通运输通畅,满足灌区群众的生活和生产需求。

渠道布置一般应遵循以下原则:①沿高地布置。干渠应布置在灌区的较高地带,力求自流控制较大的灌溉面积,其他各级灌溉渠道也应布置在各自控制范围内的较高地带,对范围内局部高地,不易实现自流灌溉或需要增加较多工程量时,宜考虑提水灌溉方式解决。②经济合理。一般渠线宜短直,上下级渠道尽可能垂直布置,以减少占地及工程量,尽量少占耕地,并避免穿越村庄及道路,少拆或不拆房屋及其他建筑物。但在山区、丘陵等地区,岗、冲、溪、谷等地形障碍较多,地质条件复杂,渠线短直,则渠道要直穿岗、谷,占地及工程量较小,但建筑物投资较大;渠道沿等高线绕岗穿谷,可减少交叉建筑物的数量或规模,但渠线较长,土方量较大,占地较多,因此应通过方案及经济比选,使工程量及工程费用最小。③保证工程安全。渠线应尽量避开险工险段和深挖、高填,以求渠床稳定、施工方便、输水安全。④便于工程管理和维护。渠道的位置应参照行政区划确定,尽可能使每个用水单位有独立的配水口或用水渠道,以便用水管理与工程维护。⑤考虑综合利用。在满足灌溉要求的前提下,尽量满足其他部门用水要求,做到一水多用,山区、丘陵区的渠道布置应集中落差,以便发展小型水力发电或进行农副业加工。⑥灌排应统一规划。一般应做到灌有渠、排有沟,灌排分开,自成体系。应尽量保持原有排水系统,先以天然河沟作为骨干排水沟道,应避免沟渠交叉,保证排水通畅。⑦灌溉渠道布置应与土地利用规划(如耕作区、道路、林带、居民点等规划)相结合,以提高土地利用率,方便生产和生活。

5.1.3　各级渠道布置

5.1.3.1　干、支渠布置要点

一般干、支渠道为整个灌区的骨干渠系,它承担着全灌区的灌溉任务,是影响整个灌区系统工程经济效益的主要因素。这些骨干渠道的规划,不仅是整个灌区系统规划的骨架,又是下一级工程规划布置的前提,带有全局性的意义。因此,干、支渠的规划布置,应达到合理控制、便于管理、保证安全、力求经济等要求。在进行具体规划时,要做好调查研究,摸清地形、地质、水源等条件及原有水利工程现状,主要遵循以下几点确定布置方案。

(1)合理确定渠线。灌溉水源和灌区范围确定后,干、支渠的走向主要取决于地形条件。根据地形条件合理选择渠线,既要尽可能控制最大的自流灌溉面积,又不应为灌溉局部高地而使渠道位置定得过高,以免加大工程量、增加工程投资、造成施工和管理困难。因此,在规划布置时,应正确划分适宜灌溉的范围,合理确定自灌区和提水灌区的界限,对于局部高地,可提水灌溉或弃而不灌,不能因此而抬高渠道高程,增加工程造价。

(2)合理穿越障碍。山区、丘陵地区渠道布置时,经常会遇到河、溪、沟、谷、冲、岗等天然地形障碍和不利的地质条件,通常的做法是:"浅沟环山行,深谷直线过,跨谷寻窄浅,穿岗求单薄"。渠道过河沟有绕行、填方、渡槽、倒虹吸四种方案。一般情况下,河沟开阔平缓,可随弯就弯,绕沟而行;河沟窄浅,可修渡槽;河沟宽深,宜修倒虹吸;河沟流量较小,可修填方渠道,渠下埋设涵管。

渠道遇到岗丘有环山绕行、深挖切岗和打隧洞等三种方案。若绕行和深挖工程量差不多,宜深挖直线通过,因为直线通过,渠线短,水头损失小,控制灌溉面积大;若挖方段岩层破碎,输水损失大,管理维修困难,宜绕行。渠道在行进中可能会遇到地质断层、破碎带和强风化带等不利地质条件,为减少输水损失,保证渠道安全,对这类地质障碍一般绕行,尽量避开,迫不得已时,需清基(针对破碎带或强风化带)或灌浆(针对断层)处理。

渠道环山沟绕行,渠线长,水头损失大,但减少了交叉建筑物,避免了深挖高填,施工比较方便。渠道直线穿行,渠线短,水头损失小,但增加了建筑物,施工比较复杂。因此,需根据具体情况,通过技术及经济比较,选取最优穿越方式。上述各种情况,应认真研究,在进行方案比较时,除考虑工程量大小外,还应考虑水头和水量损失、工程安全、施工和管理难易等因素,合理解决渠道穿越障碍的问题。

(3)渠道防洪措施。山丘型灌区的干渠多盘山修建,这些干渠的傍山侧有大片的坡面面积,遇有暴雨,大量的坡面径流和河沟中的洪水便会夺渠而入,冲毁渠道和建筑物,淹没大

片农田。因此,必须给暴雨洪水留出路,解决好渠道防洪问题。主要措施如下:①小水入渠。当山洪流量较小时,可让洪水入渠,用干渠作临时排洪渠,在干渠的适当位置设置泄洪闸或溢洪侧堰,将洪水就近泄入排水沟道。②开挖排洪沟。若山洪流量较大,可在干渠的傍山侧开挖排洪沟,用以拦截坡面径流,并输送至泄水闸处排入天然河沟。③修建立体交叉建筑物。渠道跨越天然河沟,应设置立体交叉排洪建筑物,确保洪水畅通。渠道与河沟相交,若河沟中洪水流量较小,且渠底高程高于河沟中最高洪水位时,可在河沟中修建填方渠道,用以输送渠水,其下埋设排洪涵洞,用以排除河沟中的洪水;若渠道的设计水面线低于河底的最大冲刷线,可在河沟底部修建输水涵洞,以输送渠水,而河沟中的洪水仍从原河沟排走。

(4)灌排统一布置。在规划布置干、支渠时,必须充分考虑灌区的排水要求及排水系统的合理布局,灌排统一规划布置。一般情况下,对于易涝、易渍、易碱的平原地区,首先应考虑和满足排水要求,要以天然河沟为基础先布置排水沟道,再以排水系统为基础布置灌溉渠道。在布置干、支渠渠道时,不应打乱灌区的原有排水系统和切断天然河沟的排水出路,尽量避免与排水沟道交叉。

(5)确保安全,力求经济。渠道布置应在确保安全的前提下力求经济。渠线宜短直,尽量少转弯,需要转弯时,土渠的弯道曲率半径应大于该弯道段水面宽度的5倍,受条件限制不能满足要求时,应采取防护措施,石渠或刚性衬砌渠道的弯道曲率半径可适当减小,但不应小于水面宽度的2.5倍。尽量避免自同一枢纽或分水口引出平行且距离很近的渠道;尽可能使渠道半挖半填或挖填方接近平衡,盘山渠道应布置在地基坚固、不易崩坍的地段;不要布置在坡度过陡、土质疏松、岩层破碎的山坡上,而且应使水面线以下为挖方;尽量避免和岗丘、洼地、山溪、河沟、道路、村庄等相交,力求建筑物最少。

5.1.3.2　干、支渠布置

由于地形、水文、土壤和地质等自然条件不同,国民经济发展对灌区所提出的要求不同,各灌溉区灌排系统的布置形式也是不同的。干、支渠的布置根据地形条件,一般可分为以下三种类型。

1.山区、丘陵地区

山区、丘陵地形复杂,河、溪、沟、谷、岗、冲纵横交错,地面起伏大,坡度较陡,耕地分散,地高水低。这类地区主要是水源不足或分配不均,干旱问题较为突出,一般需要从河流上游引水灌溉,输水距离较长。渠道常与沿途塘坝、水库相连,充分利用各种水源,建立以蓄为主,蓄、引、提结合,“长藤结瓜”式灌溉系统,以增强水资源的调蓄利用能力,提高灌溉工程的利用率。

这类灌区的干、支渠道特点是,渠道高程较高,比较平缓,渠线较长且弯曲较多,深挖方和高填方多,渠系上建筑物多,工程量大。暴雨季节,山洪入侵渠道,易发生坍塌决口,威胁附近的农田和村庄的安全。因此,山区、丘陵地区灌区渠系规划布置时,应充分利用有利的地形条件,恰当地选择渠线,合理地穿越障碍,并需做好渠道防洪,力求工程安全和经济合理。山区、丘陵地区灌区干、支渠的布置,主要有以下两种形式:

(1)干渠沿等高线布置。灌区多位于分水岭与山溪或河流之间,呈狭长形,等高线大致与河流平行,向一面倾斜,灌区上游地形较陡,地面狭窄,下游地势平坦,地面开阔,多呈扇形。干渠沿灌区的上部边缘布置,大致与地面等高线平行,支渠从干渠一侧引出。这种布置形式的特点是:干渠渠线长,渠底比降宜平缓,水头损失小,控制面积大,结合开挖山坡截水沟修筑渠堤,拦截坡面径流,防止水土流失。但在山坡上干渠不能布置得过高,以免跨越山沟多,交叉建筑物多,土石方量大,易受山洪威胁。

(2)干渠垂直于等高线布置。灌区地形中间高、两侧低,呈脊背形,耕地位于分水岭两侧。干渠沿岗脊线布置,大致与等高线垂直,支渠自干渠两侧分出,控制岗岭两侧坡地。这种布置形式的特点是:干渠沿岗脊线布置,渠底比降视地面坡度而定,可能较大,渠水流速快,渠道断面小,土石方量少,与河沟交叉少,建筑物少,但因渠道比降大,水头降落快,控制面积小,渠道易被冲刷,在干渠上仍需修建较多的衔接建筑物。

在山区、丘陵地区,一般利用灌区原有的天然溪沟和河流,或者经改造、整治后作为主要排水沟道。此外,为防止山洪对渠道的威胁,渠道上应设有泄洪建筑物或沿渠道一侧修建山坡截洪沟等。

2. 平原区

平原型灌区大多位于河流的中、下游地区,地形比较平坦开阔,耕地集中连片。由于灌区内自然条件和洪、涝、旱、渍、碱等灾害程度的不同,灌溉渠系的布置形式也有所不同。

(1)山前平原灌区。此类灌区一般靠近山麓,地势较高,排水条件较好,涝、渍威胁并不严重,干旱问题比较突出。如果地表水资源比较丰富、水质良好,而地下水资源相对较少,应着重利用地表水资源,发展渠灌;如果地下水资源丰富、水质良好,可实行井渠结合,以井补渠或井渠双灌。这类灌区干渠多沿山麓布置,方向大致与等高线平行,支渠与干渠垂直或斜交,具体布置形式视地形情况而定。这类灌区地形基本呈一面坡,在上部与山麓相接处有坡面径流汇入,需要考虑排洪沟排洪;在下部与河流相接处地下水位较高,需要考虑建立排水系统以控制地下水位,防止涝、渍灾害发生。

(2)冲积平原灌区。此类灌区一般位于河流中、下游,地面坡度较小,地下水位较高,涝、渍、碱威胁并存。因此,在建立灌溉系统的同时,应考虑排水系统的布置,实行灌、排分开,各成体系。干渠多沿河流岸旁高地布置,方向大致与河流平行,与等高线垂直或斜交,支渠与其成直角或锐角布置。

3. 圩垸区

圩垸区一般分布在沿江、滨湖低洼地区,地势平坦低洼,河湖港汊密布,洪水位高于地面,依靠筑堤围圩保证正常的生产生活,圩内地形一般周围高、中间低。灌溉渠系通常只有干、支两级,灌溉干渠多沿圩堤布置。

5.1.3.3 斗、农渠布置

斗、农渠的主要任务是向各用水单位分配水量,较之干、支渠数量多、分布广,且要深入田间,与农业生产要求关系密切。因此,斗、农渠的规则更要结合实际,因地制宜,合理布置,除应遵守前面所述渠道布置原则外,还应满足以下要求:①适应农业生产管理和机械耕作要求;②便于配水和灌水,有利于提高灌水工作效率;③有利于灌水和耕作的密切结合;④土地平整工程量少。

斗、农渠的规划是在干支渠规划布置的基础上进行的。斗渠宜垂直支渠布置,斗渠的长度和控制面积随地形变化而变化。山丘区的斗渠长度较短,控制面积较小;平原地区的斗渠较长,控制面积较大。斗渠的间距主要根据机耕要求确定,与农渠的长度相适应。斗渠长度宜为1 000~3 000 m,间距宜为400~800 m。

农渠是末级固定渠道,控制范围为一个耕作单元。农渠长度应根据机耕等要求确定,在平原地区宜为500~1 000 m,间距宜为200~400 m,斗、农渠宜相互垂直;山丘区农渠的长度和控制面积较小。

5.1.3.4　渠线的选定

灌溉渠道的选线一般分初步查勘、复勘、初测和纸上定线、定线测量和技术设计这四步进行。

1.初步查勘

首先在地形图上,按照上述渠道布置的原则做出渠线的大体布置,定出几条渠道比选线路,然后对所经地带做初步查勘。

初步查勘要用简单仪器测出干渠线上若干控制点(如渠首控制山垭、跨河点等)的相对位置和高程;大致确定支渠分水口位置和支渠渠线走向;调查各支渠的控制范围,记录沿线土壤地质特征;初步拟定大型建筑物的类型、尺寸。同时,调查灌区的社会经济状况,如人口分布、交通条件、当地建筑材料等。

2.复勘

复勘包括干渠线路的复勘和主要支渠的初勘,要将渠道上各控制点的相对位置和高程测出来。若比较线路之间的效益和工程大小、难易程度有显著差别,一般经过复勘就能决定取舍,否则还需经再一次深入比较才能决定。各支渠的初勘,可以只查勘与干渠较难衔接的一端,其他可留待测量支渠时再查勘。通过干渠线路复勘,渠系布置方案大致可以定下来,接着就可进行初测。对于工程较难的支渠也要经过复勘才能测量。

3.初测和纸上定线

对复勘所确定的渠线,要在其两侧宽一般为100 ~ 200 m的狭窄地带进行初测。初测时,应尽可能地使导线接近将来准备采用的渠道中线,同时还必须收集沿线的土壤、地质及下一级渠道的分水口和渠系建筑物位置、当地建筑材料开采地点和对外交通情况等设计资料,并提出渠系建筑物类型和主要尺寸的意见,以上内容均编写在初测报告中。纸上定线即根据初测所提供的资料结合地形图定出渠道中心线的平面位置和纵断面,在确定渠道中心线平面位置之前,要先做好以下准备工作:①计算渠首到灌区的干渠平均纵坡,以便确定各渠段的比降及灌区控制范围;②根据流量大小和渠道土质条件,大致确定各渠段的纵坡;③设计各渠道标准横断面;④确定各渠段弯道的最小曲率半径;⑤预估渠系建筑物的水头损失,初定干渠纵断面。

4.定线测量和技术设计

定线测量不仅要在实地上测设渠道中心线,还要按中心线各桩号测绘纵横断面图。在定线测量的过程中,还必须对沿渠地质情况进行勘探,对沟做必要的洪水调查。在地质勘查时,要查明沿渠土壤及地质条件、土石分界线、塌方及漏水可能产生的地段,为渠道开挖及渠系建筑物的设计提供地质材料。洪水调查主要为沟、溪的洪水计算提供资料,以确定泄洪建筑物的类型及尺寸。

5.2　渠道水力学计算

5.2.1　渠道流量

渠道的流量是在一定范围内变化的,进行渠道纵横断面设计时,要考虑流量变化对渠道的影响。通常以设计流量、加大流量、最小流量三种特征流量覆盖流量变化的范围,代表渠道在不同运行条件下的工作流量。

5.2.1.1　设计流量

设计流量是指在灌溉设计标准条件下,为满足灌溉用水要求,需要渠道输送的最大流量。一般根据设计灌水率和灌溉面积计算。

在渠道输水过程中,有水面蒸发、渠床渗漏、闸门漏水、渠尾退水等水量损失。需要渠道提供的灌溉流量称为渠道的净流量,计入水量损失的流量称为渠道的毛流量,设计流量为渠道的毛流量,是进行渠道断面设计和确定渠系建筑物尺寸的主要依据。

(1)未设分水口的渠道,不计渠道水面蒸发损失和管理损失时,其渠道起始断面流量应按下式计算:

$$Q_u = Q_d + q \tag{5-1}$$

式中:Q_u 为渠道起始断面流量,m^3/s;Q_d 为渠道末端断面流量,m^3/s;q 为渠道渗漏损失量,m^3/s,计算详见《渠道防渗工程技术规范》(GB/T 50600—2010)第5.3.1节。

(2)有多个分水口的渠道,已知各分水口的流量时,渠首流量应采用逆向递推法计算;已知渠首流量及各分水口分水流量比例时,各分水口的分水流量应采用正向递推法计算,应符合《渠道防渗工程技术规范》(GB/T 50600—2010)附录A的规定。

5.2.1.2　加大流量

加大流量是指渠道运行过程中可能出现的最大流量,是考虑到在灌溉工程运行过程中可能出现的一些难以准确估计的附加流量,把设计流量适当放大后得到的安全流量。加大流量是设计渠道渠顶高程及校核渠道输水能力的依据。

渠道加大流量的计算是以设计流量为基础,设计流量值乘以"加大系数"得到,按式(5-2)计算。

$$Q_J = JQ_d \tag{5-2}$$

式中:Q_J 为渠道加大流量,m^3/s;J 为渠道流量加大系数,见表5-1;Q_d 为渠道设计流量,m^3/s。

表5-1　渠道流量加大系数

设计流量(m^3/s)	<1	1~5	5~10	10~30	>30
加大系数 J	1.35~1.30	1.30~1.25	1.25~1.20	1.20~1.15	1.15~1.10

5.2.1.3　最小流量

最小流量是指在灌溉设计标准条件下,渠道在工作过程中输送的最小流量。一般根据修正灌水模数图上的最小灌水模数值和灌溉面积进行计算。最小流量用来校核对下一级渠道的水位控制条件和确定修建节制闸的位置等。

对于同一条渠道,其设计流量与最小流量相差不应过大,否则在用水过程中,有可能因水位不够而造成引水困难。为了保证对下级渠道正常供水,目前有些灌区规定渠道最小流量以不低于渠道设计流量的40%为宜,也有规定渠道最低水位等于或大于设计水位的70%。

5.2.2　渠道设计要素

渠道的设计流量、加大流量和最小流量确定之后,就可据此进行渠道纵横断面设计。设计流量是进行水力计算、确定渠道过水断面尺寸的主要依据,加大流量是确定渠道断面深度和渠顶高程的依据,最小流量主要是用来校核对下级渠道的水位控制条件。

进行渠道设计,其依据除输水流量外,还有渠底比降、渠床糙率、渠道边坡系数、渠道断面的宽深比及渠道的不冲、不淤流速等。

5.2.2.1　渠底比降 i

在坡度均一的渠段内,两端渠底高差和渠段长度的比值称为渠底比降。渠底比降应根据渠道沿线的地面坡度、下级渠道进水口的水位要求、渠床土质、水源含沙情况、渠道设计流量大小等因素,参考当地已有灌区管理运行经验,选择合适的渠底比降。

应尽可能选用与地面坡度相近的渠底比降,以减小工程量。一般随着设计流量的逐级减小,渠底比降应逐级增大。对于干渠及较大的支渠,上、下游流量相差较大时,可采用不同比降,上游平缓,下游较陡。抽水灌区的渠道应在满足不淤条件下尽量选择平缓的比降,以减小提水扬程和灌溉成本。清水渠道易产生冲刷,比降宜缓;浑水渠道容易淤积,比降宜陡。

进行渠道设计时,可首先参考地面坡度和下级渠道的水位要求初选一个比降,计算渠道的断面尺寸,然后按照渠道的不冲、不淤流速进行校核,如不满足,修改比降,重新计算。

5.2.2.2　渠床糙率系数 n

渠床糙率系数是反映渠床粗糙程度的技术参数。糙率系数值的选择不仅要考虑渠床土质和施工质量,还要考虑渠道建成后的管理和养护情况。糙率系数值如果选择太大,设计的渠道断面尺寸就偏大,不仅增加了工程量,还会因实际水位低于设计水位而影响下级渠道的引水;糙率系数值如果选择太小,设计的渠道断面尺寸就偏小,导致渠道输水能力不足,影响灌溉用水。糙率系数 n 值的选择可参考表5-2。

表5-2　渠床糙率系数 n

1. 土渠

流量范围(m^3/s)	渠槽特征	糙率系数 n	
		灌溉渠道	退泄水渠道
>25	平整顺直、养护良好	0.02	0.022 5
	平整顺直、养护一般	0.022 5	0.025
	渠床多石、杂草丛生、养护较差	0.025	0.027 5
25~1	平整顺直、养护良好	0.022 5	0.025
	平整顺直、养护一般	0.025	0.027 5
	渠床多石、杂草丛生、养护较差	0.027 5	0.03
<1	平整顺直、养护良好	0.025	0.027 5
	平整顺直、养护一般	0.027 5	
	渠床多石、杂草丛生、养护较差	0.03	

2. 岩石渠

渠槽表面的特征	糙率系数 n	渠槽表面的特征	糙率系数 n
经过良好修整	0.025	经中等修整,有凸出部分	0.033
经中等修整,无凸出部分	0.03	未经修整,有凸出部分	0.035~0.045

3. 护面渠

护面类型	糙率系数 n	护面类型	糙率系数 n
抹光的水泥抹面	0.012	粗糙的混凝土护面	0.017
修整极好的混凝土直渠段	0.013	混凝土衬砌较差或弯曲渠段	0.017

续表 5-2

3. 护面渠			
不抹光的水泥抹面	0.014	沥青混凝土,表面粗糙	0.017
光滑的混凝土护面	0.015	一般喷浆护面	0.017
机械浇筑表面光滑的沥青混凝土护面	0.014	不平整的喷浆护面	0.018
		修整养护较差的混凝土护面	0.018
修整良好的水泥土护面	0.015	浆砌块石护面	0.025
平整的喷浆护面	0.015	干砌块石护面	0.033
料石衬砌护面	0.015	干砌卵石护面,砌工良好	0.025~0.032 5
砖砌护面	0.015	干砌卵石护面,砌工一般	0.027 5~0.037 5
粗糙的水泥土护面	0.016	干砌卵石护面,砌工粗糙	0.032 5~0.042 5

防渗渠道的糙率应根据防渗结构类别、施工工艺、养护情况合理选用。不同衬砌结构渠道糙率可按表 5-3 选用。

表 5-3　不同材料衬砌渠道糙率

衬砌结构类别	衬砌渠道表面特征	糙率
砌石	浆砌料石、石板	0.015 0~0.023 0
	浆砌块石	0.020 0~0.025 0
	干砌块石	0.030 0~0.033 0
	浆砌卵石	0.025 0~0.027 5
	干砌卵石,砌工良好	0.027 5~0.032 5
	干砌卵石,砌工一般	0.032 5~0.037 5
	干砌卵右,砌工粗糙	0.037 5~0.042 5
混凝土	抹光的水泥砂浆面	0.012 0~0.013 0
	金属模板浇筑,平整顺直,表面光滑	0.012 0~0.014 0
	刨光木模板浇筑,表面一般	0.015
	表面粗糙,缝口不齐	0.017
	修整及养护较差	0.018
	预制板砌筑	0.016 0~0.018 0
	预制渠槽	0.012 0~0.016 0
	平整的喷浆面	0.015 0~0.016 0
	不平整的喷浆面	0.017 0~0.018 0
	波状断面的喷浆面	0.018 0~0.025 0
沥青混凝土	机械现场混筑,表面光滑	0.012 0~0.014 0
	机械现场混筑,表面粗糙	0.015 0~0.017 0
	预制板砌筑	0.016 0~0.018 0
膜料	土料保护层	0.022 5~0.027 5

渠道防渗层采用几种不同材料,当最大糙率与最小糙率的比值小于1.5时,其综合糙率可按湿周加权平均折算。

5.2.2.3 渠道边坡系数 m

渠道的边坡系数 m 是渠道边坡倾斜程度的指标,其值等于边坡在水平方向的投影长度与垂直方向投影长度的比值。m 值的大小关系到渠坡的稳定,要结合渠床土壤质地和渠道深度等条件来选择。大型渠道的边坡系数应通过土工试验和稳定分析确定,中、小型渠道的边坡系数可根据经验值选定,可参考表5-4~表5-6。

表5-4 挖方渠道最小边坡系数

渠床条件	各水深的最小边坡系数			渠床条件	各水深的最小边坡系数		
	h<1 m	h=1~2 m	h>2~3 m		h<1 m	h=1~2 m	h>2~3 m
稍胶结的卵石	1.00	1.00	1.00	中壤土	1.25	1.25	1.50
夹沙的卵石和砾石	1.25	1.50	1.50	轻壤土、沙壤土	1.50	1.50	1.75
黏土、重壤土	1.00	1.00	1.25	沙土	1.75	2.00	2.25

表5-5 填方渠道最小边坡系数(水深控制)

土质	各水深的最小边坡系数					
	h<1 m		h=1~2 m		h>2~3 m	
	内边坡	外边坡	内边坡	外边坡	内边坡	外边坡
黏土、重壤土	1.00	1.00	1.00	1.00	1.25	1.00
中壤土	1.25	1.00	1.25	1.00	1.50	1.25
轻壤土、沙壤土	1.50	1.25	1.50	1.25	1.75	1.50
沙土	1.75	1.50	2.00	1.75	2.25	2.00

表5-6 填方渠道最小边坡系数(流量控制)

土质	各水深的最小边坡系数							
	Q>10 m^3/s		Q=10~2 m^3/s		Q=2~0.5 m^3/s		Q< 0.5 m^3/s	
	内边坡	外边坡	内边坡	外边坡	内边坡	外边坡	内边坡	外边坡
黏土、重壤土、中壤土	1.25	1.00	1.00	1.00	1.00	1.00	1.00	1.00
轻壤土	1.50	1.25	1.00	1.00	1.00	1.00	1.00	1.00
沙壤土	1.75	1.50	1.50	1.25	1.50	1.25	1.25	1.25
沙土	2.25	2.00	2.00	1.75	1.75	1.50	1.50	1.50

5.2.2.4 断面宽深比

渠道断面的宽深比指的是渠道底宽 b 和水深 h 的比值。宽深比对渠道工程量和渠床稳定有较大影响,因此渠道宽深比的选择要考虑以下两点。

(1)工程量最小。在渠底比降和渠床糙率一定的条件下,通过设计流量所需要的最小过水断面称为水力最优断面,因此采用水力最优断面的宽深比可使渠道的工程量最小。梯形渠道水力最优断面的宽深比可按下式计算。

$$\alpha_0 = 2(\sqrt{1+m^2} - m) \tag{5-3}$$

式中:α_0 为梯形渠道水力最优断面的宽深比;m 为梯形渠道的边坡系数。

根据上述公式,可计算出不同边坡系数相应的水力最优断面的宽深比,见表 5-7。

表 5-7　$m \sim \alpha_0$ 关系表

边坡系数 m	0	0.25	0.50	0.75	1.00	1.25	1.50	1.75	2.00	3.00
α_0	2.00	1.56	1.24	1.00	0.83	0.70	0.61	0.53	0.47	0.32

水力最优断面具有工程量最小的优点,小型渠道和石方渠道均可采用。但水力最优断面尺寸比较窄深,开挖深度较大,可能受地下水影响,施工较困难,劳动效率低,并且渠道流速可能超过允许不冲流速,影响渠床稳定,因此大型渠道通常采用宽浅断面。

水力最优断面仅仅指输水能力最大的断面,虽然渠道断面工程量最小,但不一定是最经济的断面,渠道设计断面的最佳形式还要根据渠床稳定要求及施工难易等因素确定。

(2)断面稳定。渠道断面过于窄深,容易产生冲刷;过于宽浅,容易发生淤积,都会使渠床变形。稳定断面的宽深比应满足渠道的不冲、不淤要求,它与渠道流量、渠底比降、水流含沙情况等因素有关,应在总结当地已建成渠道运行经验的基础上研究确定。比降小的渠道应选择较小的宽深比,以增大水力半径,加快水流速度;比降大的渠道应选择较大的宽深比,以减小流速,防止渠床冲刷。

5.2.2.5　渠道不冲、不淤流速

在稳定渠道中,允许的最大平均流速称为临界不冲流速,简称不冲流速 v_{cs};允许的最小平均流速称为临界不淤流速,简称不淤流速 v_{cd}。为了维持渠床稳定,渠道通过设计流量时的平均流速即设计流速 v_d 应满足以下条件:

$$v_{cs} > v_d > v_{cd}$$

1. 不冲流速

渠道的不冲流速与渠床土壤性质、水流含沙情况、渠道断面水力要素等因素有关,具体数值要通过试验研究或总结已建成渠道的运用经验而定,一般土渠的不冲流速在 0.6~0.9 m/s。具体取值可参考表 5-8。

表 5-8　土质渠床的不冲流速

土质	不冲流速(m/s)	土质	不冲流速(m/s)
轻壤土	0.60~0.80	重壤土	0.70~1.00
中壤土	0.65~0.85	黏土	0.75~0.95

注:1. 干容重为 1.3 ~ 1.7 m^3/s。

2. 表中所列不冲流速值属于水力半径 $R=1$ 的情况,当 $R\neq 1$ 时,表中所列数值乘以 R^{ξ}。指数 R^{ξ} 值依据下列情况采用:①各种大小的砂、砾石和卵石及疏松的壤土、黏土,$R^{\xi}=1/4\sim 1/3$;②中等密实和密实的沙壤土、壤土及黏土 $R^{\xi}=1/5\sim 1/4$。

土质渠道的不冲流速也可用C.A.吉尔什坎公式计算：

$$v_{cs}=KQ^{0.1} \tag{5-4}$$

式中：v_{cs} 为渠道不冲流速，m/s；K 为根据渠床土壤性质而定的耐冲系数，见表5-9；Q 为渠道的设计流量，m^3/s。

表5-9　渠床土壤耐冲程度系数 K 值

非黏聚性土	K	黏聚性土	K
中沙土	0.45～0.50	大卵石	1.45～1.60
粗沙土	0.50～0.60	沙壤土	0.53
小砾石	0.60～0.75	轻黏壤土	0.57
中砾石	0.75～0.90	中黏壤土	0.62
大砾石	0.90～1.00	重黏壤土	0.68
小卵石	1.00～1.30	黏土	0.75
中卵石	1.30～1.45	重黏土	0.85

有衬砌护面渠道的不冲流速比土渠大得多，如混凝土护面的渠道容许最大流速可达12 m/s。但从渠床稳定考虑，仍应对衬砌渠道的允许最大流速限制在较小的数值，美国垦务局建议，无钢筋的混凝土衬砌渠道的流速不宜超过2.5 m/s。

防渗渠道的允许不冲流速可按表5-10选用。

表5-10　衬砌、防渗渠道的允许不冲流速

衬砌结构类别	衬砌材料名称及施工情况	允许不冲流速(m/s)	衬砌结构类别	衬砌材料名称及施工情况	允许不冲流速(m/s)
砌石	浆砌料石	4.00～6.00	沥青混凝土	现场浇筑施工	<3.00
	浆砌块石	3.00～5.00		预制铺砌施工	<2.00
	浆砌卵石	3.00～5.00	膜料（土料保护层）	沙壤土、轻壤土	<0.45
	干砌卵石挂淤	2.50～4.00		中壤土	<0.60
	浆砌石板	<2.50		重壤土	<0.65
混凝土	现场浇筑施工	3.00～5.00		黏土	<0.70
	预制铺砌施工	<2.50		砂砾料	<0.90

注：1. 表中膜料防渗土斜保护层的允许不冲流速为水力半径 R 为1 m时的情况，当 R 不为1 m时，表中的数值应乘以 R_{α}。

2. 沙砾料、卵石、疏松的沙壤土和黏土，α 取1/3～1/4，中等密实的沙壤土、壤土和黏土，α 取1/4～1/5。

2. 不淤流速

渠道的不淤流速和水流含沙情况、渠道断面水力要素等因素有关，具体数值要通过试验研究或总结实践经验而定。在缺乏实际研究成果时，可采用原黄河水利委员会科学研究所的不淤流速经验公式计算：

$$v_{cd}=C_0Q^{0.5} \tag{5-5}$$

式中：v_{cd} 为渠道不淤流速，m/s；C_0 为不淤流速系数，随渠道流量和宽深比而定，见表5-11；Q 为渠道的设计流量，m^3/s。

表 5-11　不淤流速系数 C_0 值

<table>
<tr><th colspan="2">渠道流量和宽深比</th><th>C_0</th></tr>
<tr><td colspan="2">$Q>10\ m^3/s$</td><td>0.2</td></tr>
<tr><td rowspan="2">$Q=5\sim10\ m^3/s$</td><td>$b/h>20$</td><td>0.2</td></tr>
<tr><td>$b/h<20$</td><td>0.4</td></tr>
<tr><td colspan="2">$Q<5\ m^3/s$</td><td>0.4</td></tr>
</table>

上述公式适用于黄河流域含沙量为 1.32~83.8 kg/m^3、加权平均泥沙沉降速度为 0.008 5~0.32 m/s 的渠道。

含沙量很小的清水渠道虽然无泥沙淤积问题，但为了防止渠道长草，影响输水能力，对渠道的最小流速仍有一定限制，通常大型渠道的平均流速不小于 0.5 m/s，小型渠道的平均流速不小于 0.3~0.4 m/s。

衬砌渠道的不淤流速可按适宜于当地条件的经验公式计算。黄土地区渠道的不淤流速可按现行国家标准《灌溉与排水工程设计规范》(GB 50288)的有关规定确定。

5.2.3　渠道水力学计算

灌溉渠道一般为正坡明渠，在渠首进水口与第一个分水口之间或在相邻两个分水口之间，如果忽略蒸发和渗漏损失，渠段内的流量是个常数。为了水流平顺和施工方便，一个渠段内通常采用同一种过水断面和渠底比降，渠床表面具有相同糙率。因此，该渠段内渠道水深、过水断面面积和平均流速沿程不变，这种水流状态称为明渠均匀流。在渠系建筑物附近，因阻力变化，水流无法保持均匀流状态，但其影响范围较小，可在局部水头损失中考虑。因此，灌溉渠道可按明渠均匀流公式设计。

$$v = C\sqrt{Ri} \tag{5-6}$$

$$C = \frac{1}{n}R^{\frac{1}{6}} \tag{5-7}$$

$$Q = AC\sqrt{Ri} \tag{5-8}$$

式中：v 为渠道平均流速，m/s；C 为谢才系数，$m^{0.5}/s$；R 为水力半径，m；i 为渠底比降；n 为渠床糙率系数；Q 为渠道设计流量，m^3/s；A 为渠道过水断面面积，m^2。

渠道水力计算的任务是根据上述渠道设计依据，通过计算，确定渠道过水断面的水深 h 和底宽 b。常用的计算方法有以下几种。

5.2.3.1　一般断面的水力计算

一般断面的水力计算是较广泛的计算方法，根据以下步骤进行水力计算，确定断面尺寸。

(1)假设 b、h 值。为便于施工，底宽 b 应取整数，或最多保留小数点后 1 位(单位为 m)。因此，一般先假设一个整数的 b 值，再选择适当的宽深比 α，用公式 $h=b/\alpha$ 计算相应的水深值。

(2)计算渠道过水断面的水力要素。根据假设的 b、h 值计算相应的过水断面面积 A、湿周 χ、水力半径 R 和谢才系数 C。

$$A = (b + mh)h \tag{5-9}$$

$$\chi = b + 2h\sqrt{1 + m^2} \tag{5-10}$$

$$R = A/\chi \tag{5-11}$$

式中：χ 为渠道过水断面湿周，m；m 为边坡系数；b 为渠道底宽，m；h 为渠道设计水深，m；其他符号意义同前。

(3)按照明渠均匀流公式，计算渠道流量 $Q_{计算}$。

(4)校核渠道输水能力。渠道输水能力是相应于假设的 b 、h 值的输水能力，一般不等于渠道的设计流量 Q，通过试算，反复修改 h 值，直至渠道计算流量等于或接近渠道设计流量为止，计算误差一般不超过5%。

$$\left|\frac{Q - Q_{计算}}{Q}\right| \leqslant 0.05 \tag{5-12}$$

试算过程中，为减少反复次数，若计算流量与设计流量相差不大，可只修改 h 值再进行计算；若二者相差较大，需要同时修改 b、h 值，再进行计算。

(5)校核渠道设计流速 v_d。

$$v_d = \frac{Q}{A} \tag{5-13}$$

渠道的设计流速应满足前面所述 $v_{cs} > v_d > v_{cd}$，如不满足流速校核条件，则需要改变渠道的底宽 b 值和渠道断面的宽深比 α，并重复以上计算步骤，直到既满足流量要求又满足流速校核条件。

5.2.3.2 水力最优梯形断面的水力计算

(1)计算渠道设计水深。由明渠均匀流流量计算公式和梯形渠道水力最优断面的宽深比公式，可推得梯形渠道水力最优梯形断面的设计水深为：

$$h_d = 1.189\left[\frac{nQ}{2\sqrt{i}\sqrt{(1 + m^2} + m)}\right]^{\frac{3}{8}} \tag{5-14}$$

式中：h_d 为渠道设计水深，m；其他符号意义同前。

(2)计算渠道设计底宽。渠道的设计底宽采用下式计算：

$$b_d = a_0 h_d \tag{5-15}$$

式中：b_d 为渠道设计底宽，m；a_0 为梯形渠道断面的最优宽深比。

(3)校核渠道流量。流速计算和校核方法与一般断面水力计算时相同。如设计流速不满足校核条件时，说明不宜采用水力最优梯形断面形式。

5.2.3.3 其他断面的水力计算

若采用圆底三角形断面、圆角梯形断面、U形断面，其详细水力学可参考《水力计算手册(第2版第九卷)》中第3.1.3.4节内容进行设计。

5.3 渠道纵横断面设计

渠道的纵断面、横断面设计是相互联系、互为条件的，设计时应统筹考虑，反复调整。合理的渠道纵、横断面除满足渠道的输水、配水要求外，还应满足渠床稳定条件，包括纵向稳定和平面稳定两个方面。纵向稳定要求，渠道在设计条件下工作时不发生冲刷和淤积，或在一定时期内冲淤平衡;平面稳定要求,渠道在设计条件下工作时水流不发生左右摇摆。

5.3.1　纵断面设计

输水渠道既要满足输送设计流量的要求,还要满足水位控制的要求。渠道横断面设计是通过水力计算确定设计流量下的渠道断面尺寸,而纵断面设计是根据灌溉水位要求实现确定渠道的空间位置,首先确定不同桩号处的设计水位高程,再根据设计水位确定渠底高程、渠顶高程、加大水位、最小水位等。

5.3.1.1　渠道纵比降

根据渠线所经过的地形、地质条件,在满足灌区范围内灌溉高程的前提下,选取合理的纵比降以降低工程投资,并满足工程布置的需要。

纵比降设计参照以下原则:①填方和浅挖方段一般采用较缓比降;②挖方较深段一般采用较陡比降;③比降变化不宜过于频繁。

灌区工程的纵比降设计不同于调水工程,调水工程线路起止点的水位一般为某一限定值,全线总水头也已固定,有限水头在渠道和建筑物之间分配,使工程投资经济合理。灌区工程一般没有限定起止点水位,有灌片高程的限制,应在工程投资合理的情况下,尽可能控制更多的自流灌片面积。

5.3.1.2　水位推算

为满足自流灌溉的要求,各级渠道入口处都应具有足够的水位。该水位是根据灌溉面积上控制点的高程加上各种水头损失,自下而上逐级推算各级渠道进口处的设计水位。

$$H_{进} = A_0 + \Delta h + \sum Li + \sum \psi \tag{5-16}$$

式中:$H_{进}$ 为渠道进口处的设计水位,m;A_0 为渠道灌溉范围内控制点的地面高程,m(控制点是指较难灌到水的地面,在地形均匀变化的地区,控制点选择的原则是:如沿渠地面坡度大于渠道比降,渠道进水口附近的地面最难控制,反之,渠尾地面最难控制);Δh 为控制点地面与附近末级固定渠道设计水位的高差,m(一般取 0.1~0.2 m);L 为渠道长度,m;i 为渠底比降;ψ 为水流通过渠系建筑物的水头损失,m(可参考表 5-12 数值选取)。

表 5-12　渠系建筑物水头损失最小值　　(单位:m)

渠道级别	控制面积(万亩)	进水闸	节制闸	渡槽	倒虹吸	公路桥
干渠	10~40	0.1~0.2	0.1	0.15	0.4	0.05
支渠	1~6	0.1~0.2	0.07	0.07	0.3	0.03
斗渠	0.3~0.4	0.05~0.15	0.05	0.05	0.2	0
农渠	—	0.05	—	—	—	—

推算不同渠道进水口设计水位时所用的控制点不一定相同,要在各条渠道控制的灌溉面积范围内选择相应的控制点。

5.3.1.3　渠道纵断面图

渠道纵断面图包括沿渠地面高程线、渠道设计水位线、渠道最低水位线(或最高水位线)、渠底高程线、堤顶高程线、分水口位置、渠道建筑物位置及其水头损失等(见图 5-1)。

渠底高程线与设计水位线平行,在设计水位线以下,间距为设计水深;最小水位线和加大水位线与渠底高程线平行，在渠底高程线以上，间距为最小水深和加大水深；渠顶高程线与渠底高程线平行，在渠底高程线以上，间距为加大水深与安全超高之和。

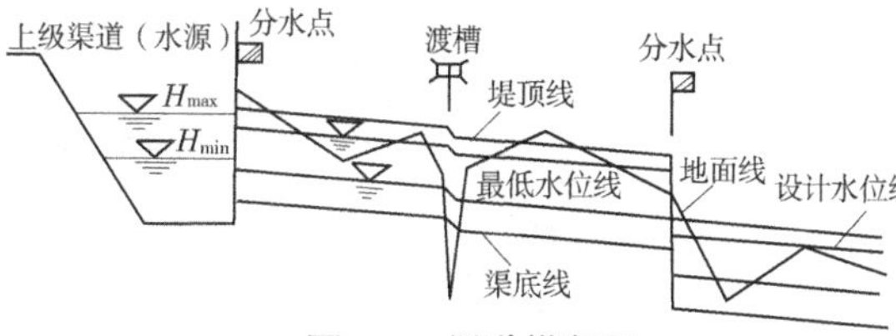

图 5-1　渠道纵断面

5.3.1.4　水位衔接

在渠道设计中，常遇到建筑物引起的局部水头损失和渠道分水处上、下级渠道水位要求不同，以及上、下游不同渠段间水位不一致等问题，应根据不同情况合理处理，尽量保证水位平顺衔接。

1. 不同渠段间的水位衔接

由于渠道沿程分水，渠道流量逐级减小，会出现相邻渠段间水深不同的情况，上游水深，下游水浅，给水位衔接带来困难，可根据以下情况处理：

(1) 当上、下段设计流量相差很小时，可调整渠道横断面的宽深比，在相邻两渠段间保持同一水深。

(2) 在水源水位较高的条件下，下游渠段按设计水位和设计水深确定渠底高程，并向上游延伸，推求出上游渠段新的渠底线，再根据上游渠段的设计水深和新的渠底线，确定上游渠段新的设计水位线。

(3) 在水源水位较低、灌区地势平缓的条件下，应升高下游渠底高程，以维持要求的设计水位。下游渠底升高的高度不应大于 15~20 cm。

2. 建筑物前后的水位衔接

渠道上的交叉建筑物，渡槽、隧洞、倒虹吸等一般都会产生水头损失。如建筑物较短，可将进、出口的局部水头损失和沿程水头损失累加起来（通常采用经验数值），在建筑物的中心位置集中扣除；如建筑物较长，则应按建筑物的位置和长度分别计算。

3. 上、下级渠道的水位衔接

在渠道分水口处，上、下级渠道的水位应有一定的落差，以满足分水闸的局部水头损失。设计时以设计水位为标准，上级渠道的设计水位高于下级渠道的设计水位，以此确定下级渠道的渠底高程。

当上级渠道输送最小流量时，相应的水位可能不满足下级渠道取用最小流量的要求。这时应在上级渠道该分水口的下游修建节制闸，把上级渠道的最低水位抬高，使上、下级渠道的水位差等于分水闸的水头损失，以满足下级渠道引取最小流量的要求。

当水源水位较高或上级渠道比降较大时，也可以最低水位为配合标准，抬高上级渠道的最低水位，使上、下级渠道的最低水位差等于分水闸的水头损失，以此确定上级渠道的渠底高程和设计水位。抬高分水闸上游水位可通过保持渠道比降不变，抬高渠首水位；或保持渠首水位不变，减缓上级渠道比降的方法来实现。

5.3.2　横断面设计

5.3.2.1　渠道横断面形式

渠道断面有梯形、矩形、复合形、弧形底梯形、弧形坡脚梯形、U 形等多种形式，无压防渗暗渠的断面形式可选用城门洞形、箱形、正反拱形和圆形（见图 5-2）。

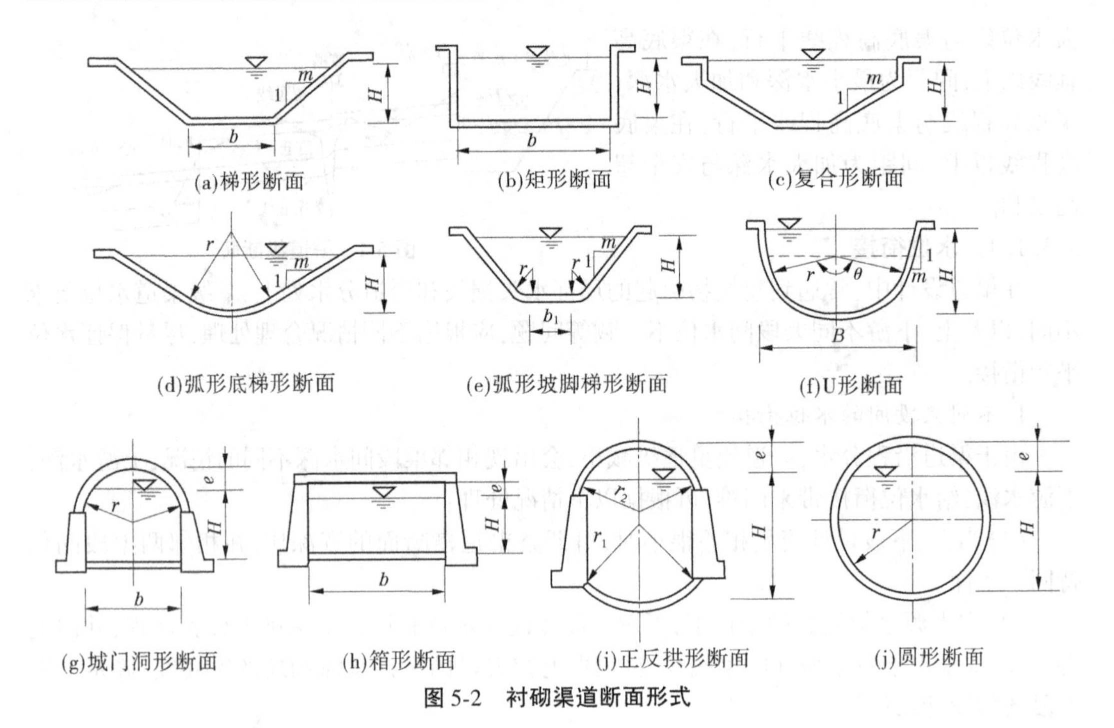

(a)梯形断面　(b)矩形断面　(c)复合形断面

(d)弧形底梯形断面　(e)弧形坡脚梯形断面　(f)U形断面

(g)城门洞形断面　(h)箱形断面　(j)正反拱形断面　(j)圆形断面

图 5-2　衬砌渠道断面形式

从水力学角度考虑,半圆形为水力最佳断面,但其不易施工,实际工程中应用较少;梯形断面施工简单,边坡稳定,广泛应用于大、中、小型渠道,在地形、地质无特殊问题的地区,普遍采用;矩形断面工程量小,适用于坚固石渠,如傍山或塬边渠道及宽深比受到限制的城镇地区,可以采用钢筋混凝土矩形断面或砌石矩形断面。这两种断面具有施工简单、便于应用各种衬砌材料等特点。弧形底梯形、弧形坡脚梯形、U 形渠道等,水力条件好、占地少、整体性好、适应冻胀变形能力强,在一定程度上减轻了冻胀变形的不均匀性,在北方地区特别是在小型渠道上得到了推广应用。多边形断面适用于在粉质沙土地区修建的渠道,渠床位于不同土质上的大型渠道也可采用。

渠道设计时应充分考虑地形情况、渠道纵坡、流速、地下水埋深、土壤腐蚀性、冻胀性、天然建筑物材料供应运距、工程施工、运行管理,并参照已建渠道衬砌形式等多方面的因素后,因地制宜地确定渠道设计横断面。

防渗衬砌渠道断面形式的选择应根据渠道等级或规模,并结合衬砌类型的选择确定,不同衬砌类型适用的断面形式可参考表 5-13 选择。寒冷地区,大、中型防渗衬砌渠道宜采用弧形坡脚梯形或弧形底梯形断面,小型渠道宜采用 U 形断面。

不同类型渠道衬砌结构的厚度可参考表 5-14 选择,渠道水流含推移质较多且粒径较大时,衬砌厚度宜按表中所列数值加大 10%~20%。

土料衬砌渠道或具有土料保护层的衬砌渠道的纵横断面设计方法和一般土质渠道的设计方法相同;材料质地坚硬、抗冲性能良好的衬砌渠道,渠床糙率较小、允许流速较大、工程投资较高,为了降低工程造价和节省渠道占地,常采用水力效率更高的断面形式。

衬砌护面应有一定的超高,以防风浪对渠床的淘刷。衬砌超高指加大水位到衬砌层顶端的垂直距离。小型渠道可采用 20~30 cm,大型渠道可采用 30~60 cm。

表5-13 衬砌渠道断面形式选择

防渗衬砌类型		明渠					暗渠				
		梯形	矩形	复合形	弧形底梯形	弧形坡脚梯形	U形	城门洞形	箱形	正反拱形	圆形
砌石	料石	√	√	√	√	√	√	√	√	√	√
	块石	√	√	√	√	√	√	√	√	√	√
	卵石	√		√	√	√	√	√		√	
	石板	√		√	√	√					
混凝土		√	√	√	√	√	√	√	√	√	√
沥青混凝土		√			√	√					
膜料	土料保护层	√			√	√					
	刚性保护层	√	√	√	√	√	√	√	√	√	√

衬砌层顶端到渠道的堤顶或岸边也应有一定的垂直距离,以防衬砌层外露于地面,易受交通车辆等机械破坏;也可防止地面径流直接进入衬砌层下而威胁渠床和衬砌层的稳定,这个安全高度一般为20~30 cm。

5.3.2.2 渠道横断面结构

由于渠道过水断面和渠道沿线地面的相对位置不同,渠道断面有挖方断面、填方断面和半挖半填断面三种形式,其结构各不相同。

表5-14 衬砌结构厚度

防渗结构类别		厚度(cm)
砌石	干砌卵石(挂淤)	10~30
	浆砌块石	20~30
	浆砌料石	15~25
	浆砌石板	>3
混凝土	现场浇筑(未配置钢筋)	6~12
	现场浇筑(配置钢筋)	6~10
	预制铺砌	4~10
	喷射法施工	4~8
沥青混凝土	现场浇筑	5~10
	预制铺砌	5~8
埋铺式膜料(土料保护层)	塑料薄膜	0.02~0.06
	膜料下垫层(黏土、砂、灰土)	3~5
	膜上土料保护层(夯实)	40~70

1. 挖方渠道断面结构

挖方渠道应根据地形地质条件,合理选择渠道边坡系数及开挖边坡,以有效防止坡面径流的侵蚀、渠坡坍塌,同时便于施工和管理。当渠道挖深大于5 m时,应每隔3~5 m设置一道平台(马道、戗台),第一级平台的高程和渠顶高程相同,平台宽 1~2 m,如平台兼作道路,则应按照道路标准确定平台宽度。在平台内侧应设置集水沟,汇集坡面径流(见图 5-3)。第一级平台以上的渠坡根据干土的抗剪强度通过计算确定,可尽量陡一些。当挖深大于 10 m 时,不仅施工困难,边坡也不易稳定,应适当调整渠道线路位置或结合工程地质情况对隧洞、箱涵等方案进行技术经济比较。

2. 填方渠道断面结构

填方渠道易于溃决和滑坡,要慎重选择内、外边坡系数。填方高度大于 3 m 时,应通过稳定分析确定边坡系数,必要时应在外坡脚处设置排水反滤体。填方高度很大时,需在外坡设置平台。位于不透水层上的填方渠道,当填方高度大于 5 m 或高于 2 倍设计水深时,一般应在渠堤内加设纵横排水槽。填方渠道施工时应预留沉陷高度,一般增加设计填高的 10%。在渠底高程处,堤宽应为 5~ 10 倍的设计水深,根据土壤的透水性能通过计算确定(见图 5-4)。

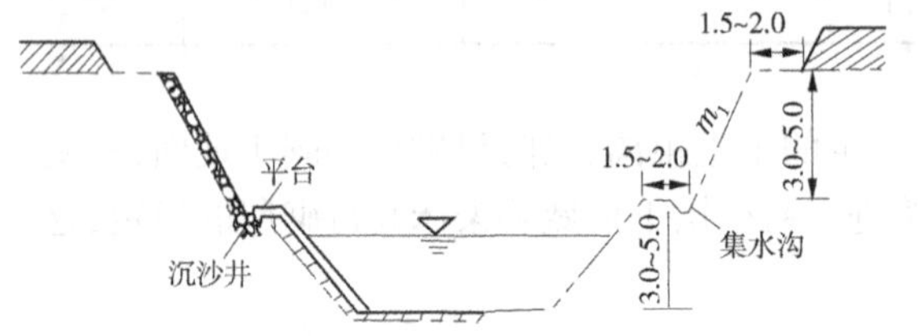

图 5-3　挖方渠道横断面　(单位:m)

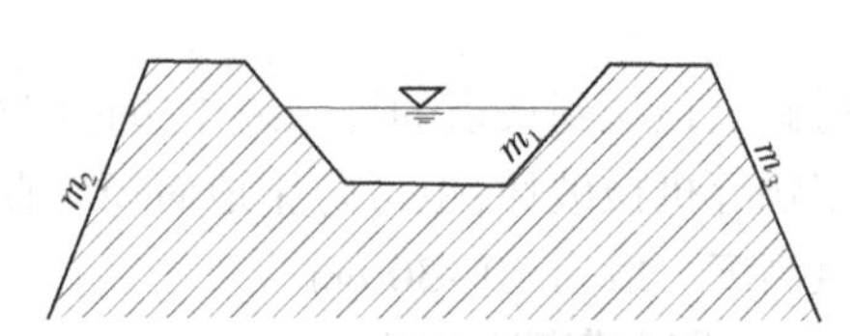

图 5-4　填方渠道横断面

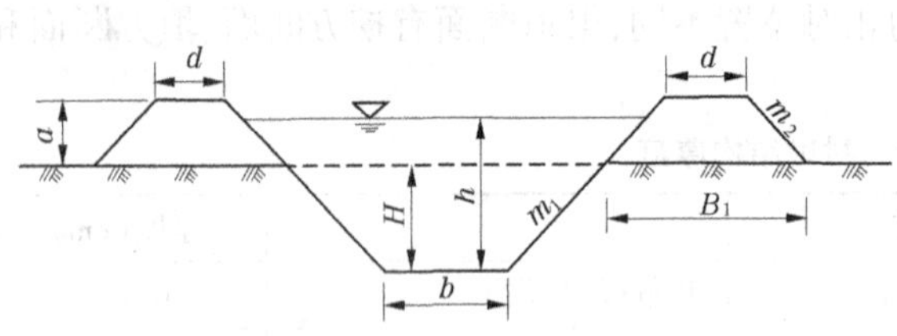

图 5-5　半挖半填渠道横断面

3. 半挖半填渠道断面结构

半挖半填渠道的挖方部分为填筑提供土料,填方部分为挖方弃土提供场地,当挖方量等于填方量(考虑沉陷影响,外加 10%~30%的土方量)时,工程费用最少。填土方相等时的挖方深度(见图 5-5)可按下式计算:

$$(b + mx)x = (1.1 \sim 1.3)2a\left(d + \frac{m_1 + m_2}{2}a\right) \tag{5-17}$$

系数 1.1~1.3 是考虑土体沉陷而增加的填方量,沙质土取 1.10,壤土取 1.15,黏土取 1.20,黄土取 1.30。为了保证渠道的安全稳定,半挖半填渠道堤底的宽度 B_1 应满足以下条件:

$$B_1 \geqslant (5 \sim 10)(h - x) \tag{5-18}$$

5.3.2.3　渠道过水断面以上尺寸设计

(1)加大水深。渠道通过加大流量时的水深为加大水深。可用上述水力学计算公式近似计算,将 h_d 和 Q 换为 h_j 和 Q_j。

(2)安全超高。为了防止风浪引起渠水漫溢,保证渠道安全运行,设计渠顶应高于渠道加大水位,高出的数值称为安全超高,通常按照以下经验公式计算:

$$\Delta h = \frac{1}{4}h_j + 0.2 \tag{5-19}$$

(3)渠岸宽度。为了保障渠道安全运行和便于管理,渠顶应有一定的宽度,以满足交通和渠道稳定的需要，渠岸宽度可按下式计算：

$$D = h_j + 0.3 \tag{5-20}$$

若渠岸与主要交通道路结合，渠岸宽度应根据交通要求确定。

(4)衬砌及防渗层超高。渠道的衬砌超高和渠堤超高应符合现行国家标准《灌溉与排水工程设计规范》(GB 50288)的有关规定。4、5级渠道渠堤超高的确定参照式(5-19)计算，1~3级渠道岸顶超高应按土石坝设计要求经论证确定。渠道的衬砌超高值在设计水位以上可采用0.3~0.8 cm，并满足加大水位运行要求，兼作行洪用的傍山渠道时，其衬砌超高宜选高值，5级渠道超高不应小于0.1 m。

埋铺式膜料防渗衬砌渠道可不设防渗层超高。

5.3.3 渠道边坡设计

5.3.3.1 边坡稳定分析

深挖方渠道边坡需进行边坡稳定分析。

1. 边坡级别、边坡运用条件划分、抗滑稳定安全系数标准

边坡的级别应根据相关水工建筑物的级别及边坡与水工建筑物的相互间关系，并对边坡破坏造成的影响进行论证后按表5-15确定。

表5-15 边坡的级别与水工建筑物级别的对照关系

建筑物级别	对水工建筑物的危害程度			
	严重	较严重	不严重	较轻
	边坡级别			
1	1	2	3	4、5
2	2	3	4	5
3	3	4	5	
4	4	5		

注：1. 严重：相关水工建筑物完全破坏或功能完全丧失。
2. 较严重：相关水工建筑物遭到较大的破坏或功能受到较大的影响，需进行专门的除险加固后才能投入正常运用。
3. 不严重：相关水工建筑物遭到一些破坏或功能受到一些影响，及时修复后仍能使用。
4. 较轻：相关水工建筑物仅受到很小的影响或间接的受到影响。

边坡的运用条件应根据其工作状况、作用力出现的概率和持续时间的长短，分为正常运用条件、非常运用条件Ⅰ和非常运用条件Ⅱ三种。

水利水电工程边坡的最小安全系数应综合考虑边坡的级别、运用条件、治理和加固费用等因素选定(见表5-16)。

表5-16 抗滑稳定安全系数标准

运用条件	边坡级别				
	1	2	3	4	5
正常运用条件	1.30~1.25	1.25~1.20	1.20~1.15	1.15~1.10	1.10~1.05
非常运用条件Ⅰ	1.25~1.20	1.20~1.15	1.15~1.10	1.10~1.05	
非常运用条件Ⅱ	1.15~1.10	1.10~1.05		1.05~1.00	

2. 荷载及工况组合

边坡稳定分析主要考虑的荷载有自重、地下水和地震荷载,其荷载组合如表 5-17 所示。

表 5-17　边坡稳定分析荷载组合

运用条件	工况
正常运用条件	自重+地下水
非常运用条件Ⅰ	自重+岩土饱和
非常运用条件Ⅱ	自重+地震荷载

3. 计算说明

边坡计算可采用 Slide 程序。Slide 是加拿大 ROCSCIENCE 公司开发的一款适用于土质边坡和岩质边坡稳定性的分析软件。它具备一系列全面广泛的分析特性,包括支护设计、完整的地下水(渗流)有限元分析及随机稳定性分析。

对于软岩质边坡,计算方法选用备受广泛应用的经典极限平衡法简化 BISHOP 方法、Janbu 法、Morgenstern-Price 法。简化 BISHOP 忽略了土条间的相互作用力,这样的计算结果稍偏于保守,局部失真。Janbu 法、Morgenstern-Price 法考虑土条之间的力,对任意曲线形状的滑裂面进行分析,推导出了既满足力平衡又满足力矩平衡条件的微分方程。因而还需结合 Janbu 法、Morgenstern-Price 法进行计算。

5.3.3.2　边坡防护设计

渠道坡面按工程地质条件可分为土质边坡和岩质边坡,对于不同情况的坡面,应分别采用不同的防护措施。

(1)土质边坡。对于挖方渠道内坡,设计渠顶高程以上的各级边坡均采用 C15 预制混凝土构件护砌(当边坡高度在 2 m 以下的不护砌),将预制混凝土构件拼装成六棱体框格,框格内填土并植草。对于局部石渠过水断面以上的土质边坡,也采用 C15 预制混凝土构件护砌。框格平面布置见图 5-6。对于填方渠道的外坡,采用草皮护坡。

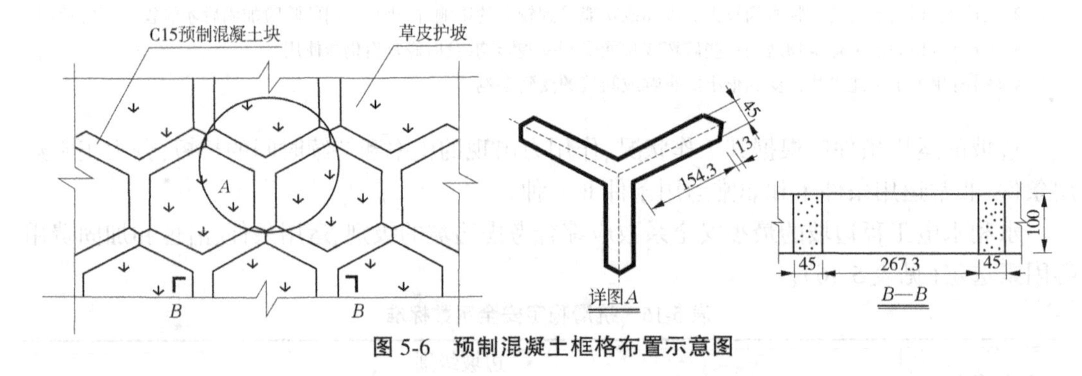

图 5-6　预制混凝土框格布置示意图

(2)岩质边坡。对于岩质边坡,采用喷混凝土固坡,厚度为 10 cm。

5.4　渠道衬砌与防渗设计

灌区工程建设是农业基础设施的重要内容,对于满足农业生产活动中的供水需求有着十分重要的意义。但在实际运行中,灌溉渠道中的水量很容易因蒸发、渗漏等原因而损失,其中渠道渗漏水量占渠系损失水量的绝大部分。渠系水量损失不仅降低了渠系水利用系数,减少灌溉面积,浪费水资源,还会引起地下水位上升,招致农田渍害,在有盐碱化威胁的地区,会引起土壤次生盐渍化。因此,为了减少渠道输水损失,不仅要加强渠系工程配套和维修养护,也要采取渠道防渗工程措施,减小渠道渗漏损失。

渠道衬砌技术就是避免渠道在输水期间出现渗漏的一种关键技术,渠道衬砌措施有许多重要作用:①能够有效保证水利工程所在区域地下水位的稳定性,减少渗漏对地下水的补给,有利于地下水位的控制和防止土壤盐碱化;②减少渠道渗漏损失,节省灌溉用水量,提高水资源利用率;③提高渠床抗冲能力,防止渠坡坍塌,增加渠床的稳定性;④减小渠床糙率系数,加大渠道流速,提高渠道输水能力;⑤防止渠道长草和泥沙淤积,有利于后期渠道维修和养护。

5.4.1 衬砌、防渗材料选择

衬砌、防渗材料应根据渠道的运行条件、地区气候特点等具体情况,并按因地制宜、就地取材的原则选择,应分别满足防渗、抗冻、强度等要求。渠道衬砌按衬砌材料可分为土料衬砌和质地坚硬、抗冲性能良好的材料衬砌。

5.4.1.1 土料衬砌防渗措施

土料衬砌防渗措施包括土料夯实、黏土护面、灰土护面、三合土护面等。

(1)土料夯实。土料夯实衬砌防渗措施是用人工夯实或机械碾压的方法提高土壤的密度,在渠床的表面建立透水性很小的防渗层,其防渗效果与夯实强度和影响深度有关。这种方法施工简便、投资少,但耐冲性差,一般仅适用于小型渠道。

(2)黏土护面。该衬砌防渗措施是在渠床表面铺设一层黏土,以减小强透水性土壤的渗漏损失。这种措施的优点是取材方便、施工简单、投资少、防渗效果好,主要缺点是抗冲能力弱,渠道断水时护面易干裂。为提高抗冲能力及防止干裂,可在黏土中掺砂,以及在黏土层上加设干砌片石等防护措施。

(3)灰土护面。灰土护面是采用石灰和黏土或黄土的拌合料夯实而成的防渗衬砌层。其抗冲能力较以上两种措施强,但抗冻性差,适用于气候温和地区。

(4)三合土护面。三合土护面是用砂、石灰和黏土经均匀拌和后,夯实成渠道的衬砌护面。性能和灰土护面相近,是我国南方常用的衬砌防渗措施。

5.4.1.2 砌石衬砌防渗

砌石衬砌防渗包括干砌卵石、干砌块石、浆砌卵石、浆砌块石、浆砌石板等多种形式,是我国应用最早、应用较为广泛的渠道防渗衬砌措施,具有就地取材、施工简单、抗冲、抗磨、耐久等优点,主要有以下几点:①就地取材,山丘及河滩地区多有丰富的石料;②抗冲流速大,浆砌石渠道抗冲流速可达到6.0~8.0 m/s,干砌石抗冲流速可达到2.0~5.0 m/s;③防渗效果好,施工质量有保证的浆砌石可减少渗漏损失80%,干砌石可减少渗漏损失50%左右;④抗冻害能力强,砌石防渗厚度较大,相当于采取了部分置换措施,且加大了抗力,从而减轻了冻害。

(1)干砌块石、干砌卵石衬砌防渗。块石衬砌的石料要求质地坚硬,没有裂纹,石料规格一般以长40~50 cm、宽30~40 cm、厚度不小于8~10 cm为宜,一面应比较平整。干砌勾缝的护面防渗效果较差,防渗要求较高时不宜采用;干砌卵石衬砌初期主要起防冲作用,使用一段时间后,卵石间的缝隙逐渐被泥沙充填,再经过水中矿物盐类的硬化和凝聚作用,形成稳定的防渗层。

(2)浆砌块石、浆砌卵石衬砌防渗。浆砌石衬砌是我国目前广泛采用的一种防渗措施,其防渗防冲效果均优于干砌石。衬砌渠道宜用水泥砂浆、水泥石灰混合砂浆或细石混凝土砌筑,用水泥砂浆勾缝。

浆砌石衬砌通常采用护坡式梯形断面和重力墙式断面(见图5-7),前者工程量小、投资少,应用较普遍;后者多用于容易坍塌的傍山渠段和石料比较丰富的地区,具有耐久、稳定和不易受冰冻影响等优点。

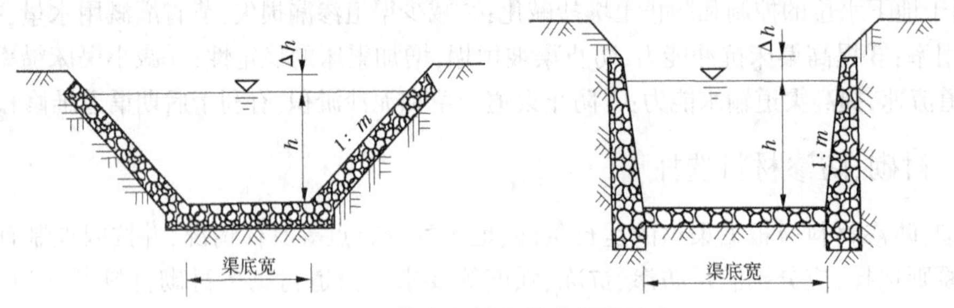

图5-7 浆砌石衬砌渠道断面形式

5.4.1.3 **混凝土衬砌防渗**

混凝土衬砌是目前应用最为广泛的一种渠道防渗措施,主要优点如下:①防渗效果好,一般能减少渗漏90%~95%。②输水能力大,混凝土护面糙率小,n=0.014~0.017,沿程水头损失小,抗冲流速大,一般为3~5 m/s,可提高渠道的输水能力,减小渠道的断面尺寸。③经久耐用,正常情况下,混凝土衬砌渠道可运行40~50年。④便于管理,混凝土衬砌不生杂草,减少了淤积。⑤适用范围广,混凝土具有良好的模塑性,可根据需要通过配合比调整、原材料选取,制成各种性能的混凝土,也可设计成不同形状和尺寸的结构。

混凝土衬砌适用于各种地形、气候和运行条件的大、中、小型渠道,虽然一次性投资较大,但维修费用低,管理方便,效益较高。渠道衬砌用混凝土强度等级应根据工程规模、水文气象和地质条件及防渗要求等因素确定,应具有不透水性、抗冻性和足够的强度,其设计等级及砂石料要求等参考《水工设计手册》(第2版)第九卷中相关内容。

5.4.1.4 **沥青混凝土衬砌防渗**

沥青材料衬砌具有防渗效果好、适应变形能力强、耐久、抗碱类腐蚀能力强、造价低、容易修补、便于运输和机械化施工等优点。适用于冻害地区,且附近有沥青料源的渠道衬砌。

常用的沥青材料衬砌防渗分为沥青薄膜类防渗(包括沥青薄膜、沥青席、沥青砂浆)和沥青混凝土衬砌。

(1)沥青混凝土是以沥青为胶结剂,与矿粉、矿物骨料(碎石和砂料)经加热、拌和、压实而成的具有一定强度的衬砌材料。具有较好的稳定性、耐久性和良好的防渗效果。

(2)沥青薄膜是将渠床平整、压实、清除杂草后,洒水少许,再将200 ℃的热沥青用机械喷洒两遍以上,形成一层不透水的薄膜,厚度4~5 mm。为了防止沥青老化和机械破坏,铺设素土保护层,小型渠道10~30 cm,大型渠道30~50 cm。

(3)沥青席指用玻璃丝布、石棉毡、油毡、苇席、麻布等材料涂以沥青层后制成的卷材,铺设时互相搭接,接缝用热沥青黏结。

(4)沥青砂浆是用乳化沥青与砂的拌和料制成,可明铺或暗藏,还可与混凝土衬砌结合,铺设在混凝土块下部,提高混凝土的防渗效果。

5.4.1.5　土工膜防渗

1. 土工膜防渗的优点

土工膜防渗是以塑料薄膜、沥青玻璃纤维布油毡或复合土工膜作防渗层,其上设保护层的防渗方法,保护层可用素土夯实,或加铺防冲材料。其主要有以下优点:①防渗性能好,土工膜防渗可减少渗漏损失90%~95%。②适应变形能力强。土工膜具有良好的塑性、低温柔性、延展变形和抗拉能力,故不仅适用于不同形状的渠道断面,而且适应于可能发生沉陷和冻胀变形的渠道。③质轻,量小,运输方便。④施工简便,易于推广。⑤造价低。土工膜防渗渠道,其造价仅为混凝土防渗的1/10~1/5、浆砌石防渗的1/10~1/5,即使采用混凝土板做保护层,由于混凝土板较做防渗层的混凝土板薄,其总造价仍低于混凝土防渗渠道。⑥具有足够的使用寿命。在设计合理、施工精良的情况下,埋藏式土工膜防渗工程可以达到经济使用年限(20~50年)。

防渗土工膜应具有良好的抗渗性、变形能力和强度,能够适应环境水温与气温的变化,具有较大的膜面摩擦系数和幅宽,从而节约投资、提高防渗效果、减小施工中的损坏率。

2. 土工膜种类

选用土工膜时,应结合工程实际,考虑土工膜的性能、价格、产品质量、已有的工程经验等。目前应用较多的土工膜主要有聚合物类土工膜、沥青类土工膜和复合土工膜三类。

(1)聚合物类土工膜。聚合物类土工膜是一种合成高分子材料。目前大量应用的是聚乙烯薄膜、聚氯乙烯薄膜和塑料薄膜。聚乙烯薄膜适用的低温范围大,故在寒冷地区应优先选用聚乙烯土工膜。但聚乙烯土工膜抗拉强度低于聚氯乙烯土工膜,故在芦苇等植物丛生的地区,宜优先选用聚氯乙烯土工膜。根据工程经验,塑膜厚度以0.18~0.22 mm较为经济;对于小型工程,也可选用厚度小于0.12 mm的塑料薄膜。

(2)沥青类土工膜。沥青类土工膜是将沥青玛琋脂均匀涂于玻璃纤维布上压制而成的,它克服了纸胎油毡抗拉强度低的缺点,提高了适应冻胀变形的能力,与塑膜相比,其抗老化、抗裂、抗穿透能力更强,但运输量大,造价稍高。

(3)复合土工膜。复合土工膜是由无纺布与膜料复合压制而成的,有一布一膜、二布一膜及不同厚度等系列产品。它充分利用塑膜防渗和土工织物导水、受力较好的优点,使其具有法向防渗和平面导水通气的综合功能,提高了强度和抗老化能力,是今后土工膜发展的方向;但造价较高,适用于标准较高的工程。

设计时,应根据上述各类衬砌材料的性能,根据渠道运行条件,结合当地气候、材料等具体情况,选取合适的防渗衬砌材料,各类材料性能、适用条件等简要总结如下,见表5-18。

5.4.2　衬砌结构设计

渠道防渗衬砌设计应在防渗规划的基础上,确定断面形式,选定断面参数,进行水力计算和防渗结构、伸缩缝、砌筑缝及堤顶等设计。

衬砌渠道断面形式、断面参数及水力计算详见本书5.2.3及5.3.2节相关内容。

表 5-18　渠道防渗结构的允许最大渗漏量、适用条件、使用年限

防渗衬砌结构类别		主要原材料	允许最大渗漏量 [$m^3/(m^2 \cdot d)$]	使用年限 (a)	适用条件
砌石	干砌卵石(挂淤)	卵石、块石、料石、石板、水泥、砂等	0.2~0.4	25~40	抗冻、抗冲、耐磨和耐久性好,施工简便,但防渗效果不易保证。可用于石料来源丰富,有抗冻、抗冲、耐磨要求的渠道衬砌
	浆砌块石		0.09~0.25		
	浆砌卵石				
	浆砌料石				
	浆砌石板				
混凝土	现场浇筑	砂、石、水泥、速凝剂等	0.04~0.14	30~50	防渗效果、抗冲和耐久性好。可用于各类地区和各种运用条件下的各级渠道衬砌,喷射法施工宜用于岩基及深挖方和高填方渠道衬砌
	预制铺砌		0.06~0.17	20~30	
	喷射法施工		0.05~0.16	25~35	
沥青混凝土	现场浇筑	沥青、砂、石、矿粉等	0.04~0.14	20~30	防渗效果好,适应地基变形能力较强,造价与混凝土防渗衬砌结构相近。可采用与有冻害地区且沥青料来源有保证的各级渠道衬砌
	预制铺砌				
埋铺式膜料	土料保护层、刚性保护层	膜料、土料、砂、石、水泥等	0.04~0.08	20~30	防渗效果好、重量轻、运输量小,当采用土料保护层时,造价较低,但占地多,允许流速小,可用于中、小型渠道衬砌。采用刚性保护层时,造价高,可用于各级渠道衬砌

5.4.2.1　衬砌形式与结构尺寸

1. *砌石衬砌*

1) *干砌卵石衬砌*

(1)衬砌形式。干砌卵石衬砌渠道多采用梯形和弧形底梯形形式(见图 5-8、图 5-9)。梯形断面宽深比不宜过大亦不宜过小,过大则湿周长,渗漏大,同时流速分布不均匀,容易引起砌体局部冲毁;过小则断面过于窄深,干砌石不够稳定。

(2)边坡系数。干砌卵石渠道边坡系数以 1.0~2.0 为宜,其中水深小于 0.5 m 时多采用 1.0;水深为 0.5~ 1.5 m 时多采用 1.25;水深大于 1.5 m 时宜采用 1.5~2.0。

(3)衬砌厚度。采用单层干砌卵石时,其厚度一般为 15~30 cm。其中渠底厚度常为 25~30 cm,渠坡衬砌厚度常为 20~25 cm。

(4)垫层。设置垫层的目的是防止水流淘刷基础,同时也具有防冻和排水作用。渠床为砂砾石,若流速小于 3. 5 m/s,可不设垫层;若流速超过 3.5 m/s,设粒径为 2~4 cm、厚度为 15 cm 的沙砾石垫层。渠床为土质(沙土、壤土、黏土)时,砂砾石垫层厚度应大于 25 cm。

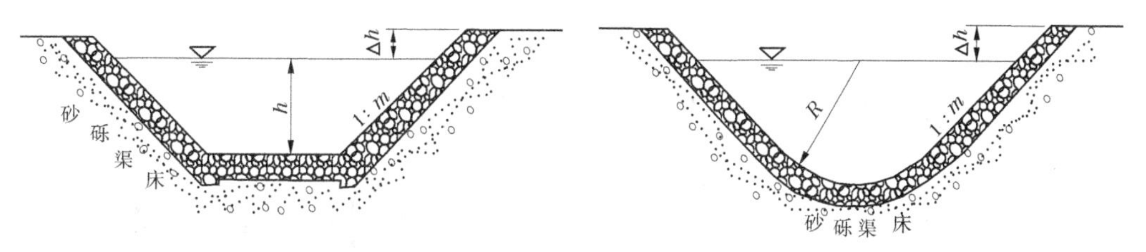

图 5-8　干砌卵石衬砌梯形断面　　图 5-9　干砌卵石衬砌弧形渠底断面

2）干砌块石衬砌

干砌块石衬砌的设计方法、防渗效果及施工技术要求与干砌卵石相同，不同之处主要是其边坡系数比干砌卵石稍小，但不应小于0.8。

3）浆砌石衬砌

（1）衬砌形式。浆砌石衬砌渠道通常采用梯形断面（见图5-10），有时亦采用渠坡为挡土墙式断面（见图5-11）。梯形断面较挡土墙式断面工程量小，造价低，是一种较普遍的形式。

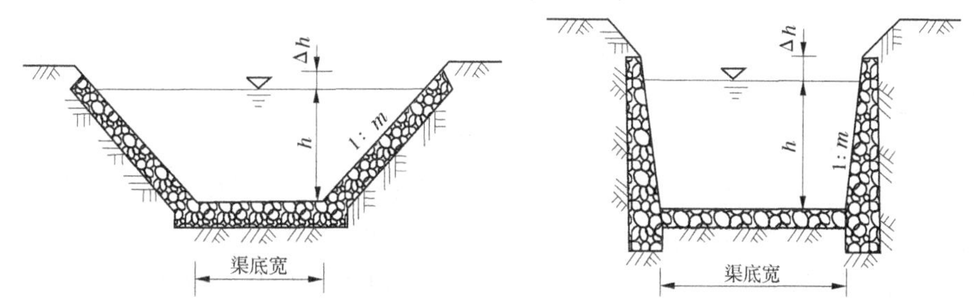

图 5-10　浆砌石衬砌梯形断面　　图 5-11　浆砌石衬砌渠坡为挡土墙式断面

（2）边坡系数。梯形断面的边坡系数视土质情况可取1.00～1.50。小型渠道边坡可以较陡，也有砌为矩形的。较大渠道挡土墙式断面的内边坡系数可取0.15～0.30。

（3）衬砌厚度。护面式防渗层厚度采用浆砌料石时为15～25 cm，采用浆砌块石时为20～30 cm，采用浆砌石板时不小于3 cm；挡墙式断面顶宽可为20～30 cm。

（4）衬砌超高。渠坡砌石的高度可低于堤顶，当渠道加大流量为20～30 m^3/s 时，超高为20～40 cm；一般小型渠道的超高为10～20 cm。

（5）垫层。浆砌石板渠道，应在砌石层下铺设厚度为2～3 cm的砂料，或低标号水泥砂浆作垫层。

（6）伸缩缝。护面式浆砌石防渗结构可不设伸缩缝，软基上挡土墙式浆砌石防渗结构宜设沉陷缝，沉降缝间距可采用10～15 m。砌石防渗层与建筑物连接处，应按伸缩缝结构要求处理。

（7）砌筑砂浆。防渗渠道宜用水泥砂浆、水泥石灰混合浆或细石混凝土砌筑，用水泥砂浆勾缝。详见第5.4.2.3节介绍。

2.混凝土衬砌

（1）衬砌形式。混凝土衬砌目前采用的结构形式有板形、槽形和管形等。广泛应用的是板形结构，其衬砌边坡截面有矩形等厚板、楔形板、肋梁板、中部加厚板、Π形板、空心板、U形渠等（见图5-12）。

目前，在我国南方地区，不论是现浇还是预制，均广泛采用等厚板；北方地区预制法施工

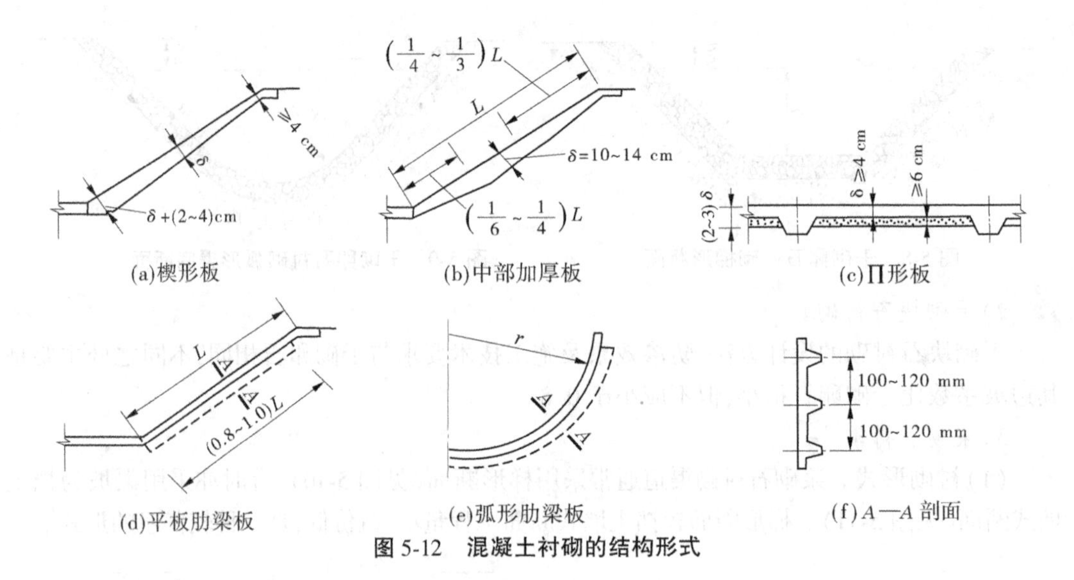

图 5-12 混凝土衬砌的结构形式

中,亦大部分采用等厚板。等厚板的主要缺点是适应冻胀变形能力差,故在冻胀地区的大、中型渠道现浇法施工已被淘汰。

楔形板和肋梁板的优点是抗冻胀破坏能力强,裂缝较少,适用于有冻胀要求的现浇法施工;缺点是混凝土量有所增加,肋梁板增加了挖梁槽的工序,肋梁浇筑中容易出现粗骨料集中。

中部加厚板是在裂缝经常发生的部位,加厚混凝土板,增加其抗冻胀破坏的能力。

Π形板利用板下空间的空气保温,减轻冻胀,使混凝土板与基土脱离接触,消除基土冻胀产生的变形;四周板肋又增加了抗冻胀破坏的能力,故适用于有冻胀破坏的渠道衬砌。

U形渠水力性能好、防渗效果好、抗冻胀能力强、省工省料、占地少、便于管理,目前在我国已得到广泛应用,这种槽形结构,既可预制安砌,也可现浇施工,既可埋于土中,也可置于地面,甚至可采用架空式结构。

(2)衬砌厚度及尺寸。防渗层的厚度及尺寸与基础、气温、施工条件、渠道大小及重要性有关,目前尚无合适的计算方法,一般根据经验选用。

等厚板的最小厚度,当渠道流速小于 3 m/s 时,应符合表 5-19 的规定,流速为 3~4 m/s 时,最小厚度宜为 10 cm;流速为 4~5 m/s 时,最小厚度宜为 12 cm。水流中含有砾石类推移质时,渠底板的最小厚度宜为 12 cm。超高部分的厚度可适当减小,但不应小于 4 cm。

表 5-19 混凝土衬砌的最小厚度

渠道设计流量 (m^3/s)	温和地区(cm)			寒冷地区(cm)		
	钢筋混凝土	素混凝土	喷射混凝土	钢筋混凝土	素混凝土	喷射混凝土
<2		4	4		6	5
2 ~ 20	7	6	5	8	8	7
>20	7	8	7	9	10	8

肋梁板和Π形板的厚度,相比等厚板可适当减小,但不应小于 4 cm。肋高宜为板厚的 2~3 倍。楔形板的坡脚处厚度,相比中部宜增加 2~4 cm。中部加厚板加厚部位的厚度宜为

10~14 cm。

当渠基土稳定且无外压力时,U形渠和矩形渠防渗层的最小厚度可按表5-19选用;当渠基土不稳定或存在较大外压力时,U形渠和矩形渠道一般也可按表5-20选用;渠基土不稳定或存在较大外压力时,U形渠道和矩形渠道一般宜采用钢筋混凝土结构,并根据外荷载进行结构强度、稳定性及裂缝宽度验算。

表5-20 混凝土U形槽壁厚参考值

半圆形直径 D(cm)	<50	50~75	75~100	100~125	125~150	<150
厚度 δ(cm)	4~5	5~6	6~7	7~8	8~9	9~10

预制混凝土板的尺寸,应根据安装、搬运条件确定。最小为50 cm×50 cm,最大为100 cm×100 cm。

(3)伸缩缝。为了适应温度变化、混凝土本身收缩、冻胀地基不均匀沉陷等原因引起的变形,混凝土衬砌渠道(包括其他刚性护面渠道)需布置适当间距的纵、横向伸缩缝。详见第5.4.2.3节介绍。

3.沥青混凝土衬砌

(1)衬砌结构形式。沥青混凝土防渗体分为有、无整平胶结层两种(见图5-13),一般岩石地基的渠道才考虑使用整平胶结层。为提高沥青混凝土的防渗效果,防止沥青老化,在沥青表面涂刷沥青玛琋脂封闭层。涂刷的沥青玛琋脂,必须满足高温下不流淌、低温下不脆裂的要求,具有较好的热稳定性和变形性能。

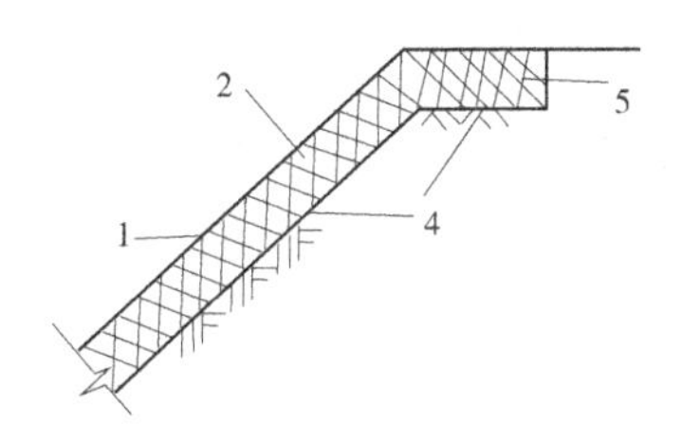

(a)无整平胶结层的防渗结构

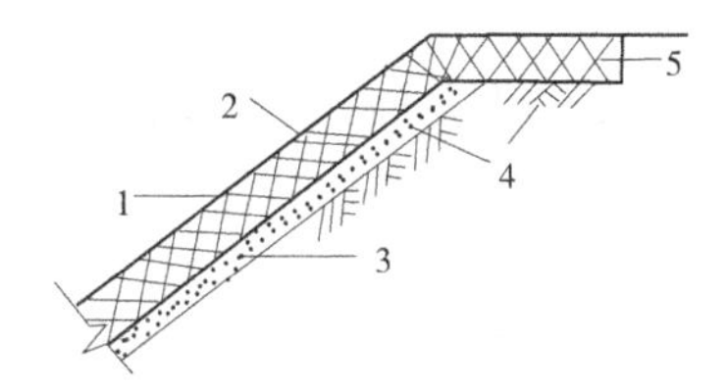

(b)有整平胶结层的防渗结构

1—封闭层;2—防渗层;3—整平胶结层;4—土(石)渠基;5—封顶板

图5-13 沥青混凝土衬砌结构形式

(2)衬砌厚度。封闭层用沥青玛琋脂涂刷,厚度为2~3 mm。

沥青混凝土防渗层一般为等厚断面,其厚度一般为5~6 cm。大型渠道可用8~10 cm。有抗冻要求的地区,渠坡防渗层也可采用上薄下厚的断面,一般坡顶厚度为5~6 cm,坡底厚度为8~10 cm。

整平胶结层采用等厚断面,其厚度宜按能填平岩石基面的原则确定。

沥青混凝土预制板的边长不宜大于1.0 m,厚度采用5~8 cm,密度应大于2.3 g/cm^3。预制板一般用沥青砂浆或沥青玛琋脂砌筑;在地基有较大变形时,也可采用焦油塑料胶泥填筑。

(3)伸缩缝。当防渗层沥青混凝土不能满足低温抗裂性能的要求时,可掺用高分子聚合物材料进行改性,其掺量应通过试验确定。改性沥青混凝土仍不能满足抗裂要求时,可按《渠道防渗工程技术规范》(GB/T 50600—2010)第5.8.1条的规定设置伸缩缝。详见第5.4.2.3节介绍。

4. 土工膜防渗

1) 衬砌结构形式

土工膜铺设有明铺式和埋铺式两种。为了延长土工膜使用寿命,保证其防渗效果,应采用埋铺式。埋铺式土工膜防渗体一般由土工膜防渗层、上下过渡层和保护层组成,其构造如图 5-14 所示。其中,下过渡层也称为下垫层,其作用是防止地基面不平整或有粗粒料时对土工膜层的破坏;土工膜层主要起防渗作用,上过渡层的作用是防止保护层材料对土工膜的破坏,保护层的主要作用是防止紫外线照射等引起土工膜老化,防止外力对土工膜的破坏,在寒冷地区兼作保温层,使土工膜免遭低温冻害。根据渠基和保护层材料的不同,可设过渡层,也可不设过渡层。无过渡层防渗体适用于土渠基和用素土、水泥土作保护层的防渗工程;有过渡层防渗体适用于岩石、砂砾石渠基,以及用石料、砂砾石、现浇碎石混凝土或预制混凝土作保护层的防渗工程。采用复合土工膜时,可不单独设过渡层。

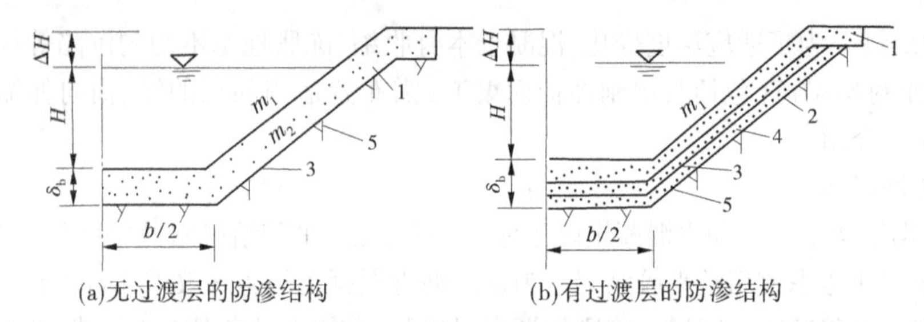

1—水泥土、素土或混凝土、石料、砂砾石和混凝土保护层; 2—过渡层;
3—土工膜防渗层;4—过渡层(土渠基时不设此层);5—土渠基或岩石、砂砾石渠基

图 5-14 埋铺式土工膜防渗体的构造

对于设置土工膜加强防渗的渠段,宜选用抗老化双面复合土工膜。规格为不小于 576 g/m³,其中,复合土工膜厚度不小于 0.3 mm,双面土工布为长纤维土工织物,规格为不小于 150 g/m³。

土工膜采用埋铺式。膜间连接应符合有关规范的规定。岩石、砂砾石和砂质土渠基段,塑膜与渠基间应设过渡层,细粒土渠基段塑膜可直接铺在渠基上。应对土工膜的稳定性进行复核。

膜料防渗层的铺设方式可采用全铺式、半铺式和底铺式。半铺式和底铺式可用于宽浅渠道,或渠坡有树木的渠道。

土渠基膜料防渗层铺膜基槽的断面形式,应根据土基稳定性、防渗、防冻要求与施工条件选定,渠基断面可采用梯形、弧底梯形、弧形坡脚梯形等。

2) 保护层

(1)保护层材料选择。素土、水泥土、砂砾、石料和混凝土均可作为土工膜防渗的保护层。素土作保护层时其性能应满足《水工设计手册》(第 2 版)第九卷中表 3.2-18 的要求。

保护层材料应根据渠道流速大小和当地材料来源加以选择,一般做成素土夯实保护层或刚性材料保护层。

素土保护层的抗冲刷性能差,容许流速应较土渠的不冲流速低 10%~20%。可按表 5-21 进行设计,适用于平原地区流速不大的渠道。在弯道和渠系建筑物(跌水、陡坡、桥、闸等)上、下游,由于渠水流态、流速变化对素土保护层冲刷破坏很大,需考虑加固措施,如改用混凝土、砌石等刚性材料保护层。

砌石等刚性材料保护层抗冲能力强,如干砌石直径为 10~15 cm 的容许流速为 2.0~2.5 m/s,直径 30~35 cm 的容许流速为 4.0~4.5 m/s,适用于流速较大的山区、前山区和大型渠道。

表 5-21 素土保护层土工膜防渗渠道的不冲流速

保护层土质	沙壤土	轻壤土	中壤土	重壤土	黏土
流速(m/s)	<0.45	<0.55	<0.60	<0.65	<0.70

(2)保护层厚度。保护层厚度可依照经验选定或通过公式计算确定。

保护层愈厚,渠坡愈稳定,愈有利于避免植物穿透土工膜,愈能减缓土工膜老化,但却增大了工程量,提高了造价。根据国内外工程实践资料,保护层厚度以不小于 30 cm 为宜,在寒冷地区可采用冻深的 1/3~1/2。这样既便于施工,又能防止一般牧畜践踏和机械性破坏。素土保护层的厚度可参照表 5-22 选择。

表 5-22 素土保护层的厚度

保护层土质	不同渠道设计流量(m^3/s)的厚度(cm)			
	<2	2 ~5	5 ~20	>20
沙壤土、轻壤土	45~50	50~60	60~70	70~75
中壤土	40~45	45~55	55~60	60~65
重壤土、黏土	35~40	40~ 50	50~55	55~60

当 $m_1=m_2$ 时(见图 5-14),边坡与渠底相同,素土保护层的厚度按表 5-22 选择,当 $m_1\neq m_2$ 时(见图 5-14),梯形和五边形渠底素土保护层的厚度按表 5-22 选择,渠坡膜层顶部素土保护层的最小厚度为,温和地区为 30 cm,寒冷地区和严寒地区为 35 cm。

素土保护层的厚度也可根据渠道水深按以下公式计算:

温暖地区
$$\delta_b=\frac{h}{12}+25.4 \tag{5-21}$$

寒冷或严寒地区
$$\delta_b=\frac{h}{10}+35.0 \tag{5-22}$$

式中:δ_b 为素土保护层厚度,cm;h 为渠道水深,cm。

素土保护层应按设计要求夯实,设计干容重应经过试验确定。无试验条件时,采用压实法施工,沙壤土和壤土的干容重不小于 1.5 g/cm³;沙壤土、轻壤土、中壤土采用浸水泡实法施工时,其干容重宜为 1.4~1.45 g/cm³。

水泥土、石料、砂砾石和混凝土等刚性材料的保护层厚度可按表 5-23 选用。也可在渠底、渠坡或不同渠段,采用具有不同抗冲能力、不同材料的组合式保护层。

保护层边坡稳定分析可通过计算或经验判定,详细参见《水工设计手册》(第 2 版)第九卷中第 3.2.4.4 节相关内容。

表 5-23　不同材料保护层的厚度

保护层材料	块石、卵石	砂砾石	石板	混凝土	
				现浇	预制
保护层厚度(cm)	20~30	25~40	≥3	4~10	4~8

3)防渗层

(1)铺膜范围及铺膜高度。土工膜防渗渠道的铺设方式有全铺式[见图 5-15(a)~(e)]、半铺式[见图 5-15(f)]和底铺式[见图 5-15(g)]三种。全铺式防渗效果最好,每昼夜平均渗漏率为 0.23%~0.67%,可减少渗漏损失 99.15%~99.71%;半铺式铺设高度为水深的 0.5 倍时,每昼夜平均渗漏率为 6.58%~9.6%,可减少渗漏损失 87%~91.7%,为全铺式防渗效果的 87.7%~90.0%,但可节约很多投资;底铺式可减少渗漏损失 50%左右。如有投资限制,可以采用半铺式或底铺式土工膜防渗。

全铺式铺设高度与水位齐平即可,可不设超高,半铺式铺设高度则以渠道水深的 1/2~2/3 为宜。

(2)铺设基槽形式。埋铺式土工膜防渗渠道设计的主要任务是在保证渠道断面稳定的条件下,最大限度地节约占地、材料或人力。渠道边坡系数、铺设基槽形式和保护层厚度三者之间互相影响、互相制约。

①矩形和梯形[见图 5-15(a)、(b)]。在不放缓表面边坡的条件下,加厚了坡脚保护层,提高了渠坡稳定性。这种形式土工膜用量省,但土方工程量大,适用于芦苇和杂草生长较多的塑膜防渗,也适用于油毡渠道。

②锯齿形[见图 5-15(d)]。将梯形基槽挖成锯齿,边坡稳定性好,无须减缓边坡,不增加占地,土方量小,但施工复杂。适用于断面大、无芦苇生长的塑膜防渗渠道。

③复式梯形[见图 5-15(c)、(e)]。将梯形基槽边坡挖成台阶形式。

(3)膜层厚度。土工膜层厚度,一般与过渡层土料粒径、土工膜种类和性能有关。规范规定时宜选用厚 0.18~0.22 mm 的深色塑膜,小型渠道塑膜厚度不得小于 0.12 mm;选用玻璃纤维机制油毡时,其厚度宜为 0.60~0.65 mm。

土工膜厚度计算经验公式可参考《水工设计手册》(第 2 版)第九卷中第 3.2.4.5 节相关内容。

(4)膜层与周边连接设计。①膜层顶部构造设计。为了固定膜层,防止水流进入膜层下边,土工膜层应与周边妥善连接。膜层顶部铺设形式如图 5-16 所示。②膜层与建筑物连接设计。土工膜防渗体应按图 5-17 用黏结剂与建筑物粘牢;素土保护层与跌水、闸、桥连接时,应在建筑物上下游改用石料、水泥土、混凝土保护层;水泥土、石料、混凝土保护层与建筑物连接,应按照规定设置伸缩缝。

4)过渡层

过渡层的作用主要是防止地基面的凹凸不平和粗粒料及保护层材料对土工膜层的破坏,土料、水泥土、砂浆和粉砂均可作为土工膜防渗工程的过渡层材料,其厚度要求见表 5-24。

灰土和水泥土抗冻性较差,适宜于温和地区;砂浆则可用作寒冷地区和严寒地区的过渡层,素土和砂层尽管造价低,但容易被水流淘刷,导致保护层和防渗层的破坏。因此,最好用

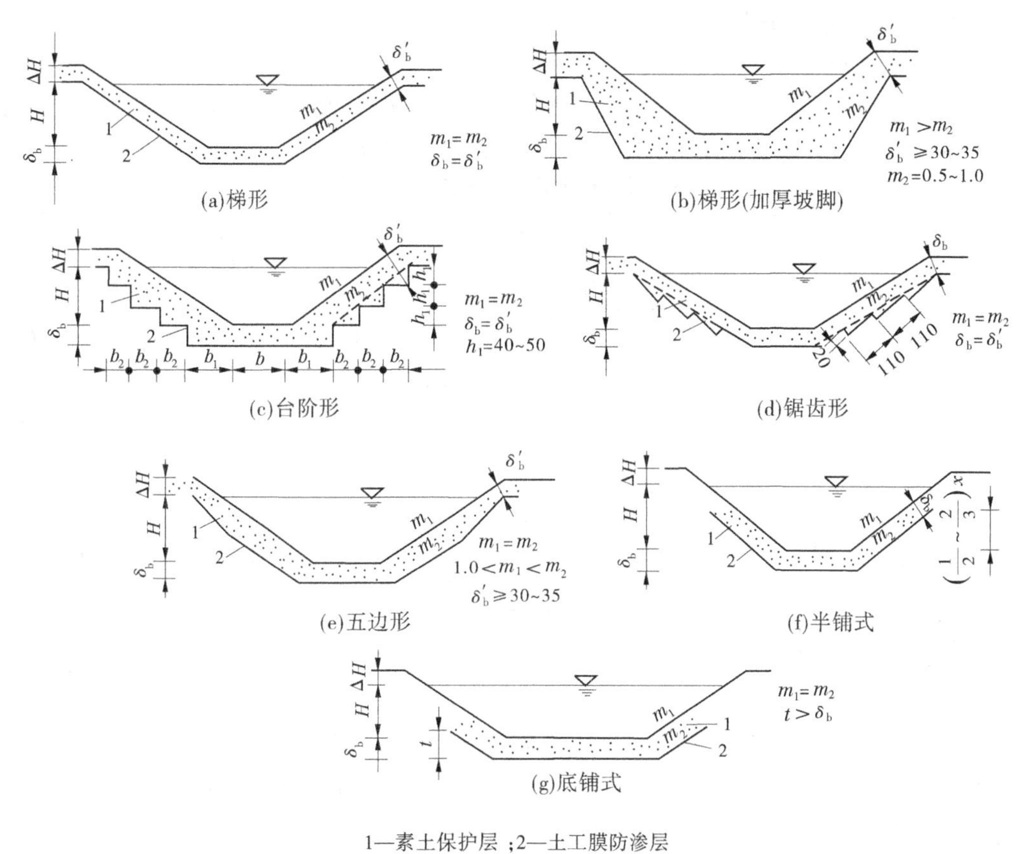

1—素土保护层 ;2—土工膜防渗层

图 5-15 铺膜基槽断面形式 （单位:cm）

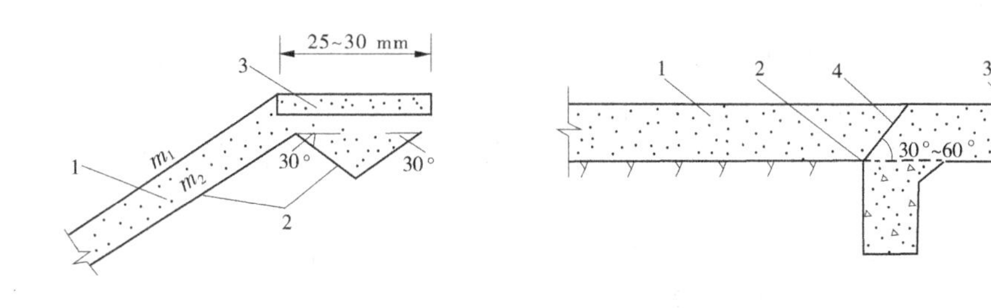

1—保护层;2—膜料防渗层;3—封顶板

图 5-16 膜料防渗层顶部铺设形式

1—保护层; 2—防渗膜层;3—建筑物;

4—土工膜与建筑物黏结

图 5-17 土工膜防渗体与建筑物的连接

低等级砂浆代替土料作上过渡层。

表 5-24 过渡层厚度

过渡层材料	灰土、塑性水泥土、砂浆	素土、砂
厚度(cm)	2~3	3~5

5.4.2.2 衬砌稳定与排水设计

1. 衬砌渠道稳定要求

应根据渠道的运行工况对衬砌、防渗体等进行稳定复核，稳定复核荷载组合与安全系数控制标准可参考表5-25。对有冰期输水要求的渠段，应考虑冰冻对衬砌稳定的影响。

表5-25　衬砌稳定计算工况、荷载及安全系数

工况		荷载			安全系数		说明
		自重	水重	扬压力	抗滑	抗浮	
正常情况		√	√	√	1.3	1.10	挖方渠段：设计水深、加大水深，地下水稳定渗流； 填方渠段：设计水深、加大水深，堤外无水渠道建成，渠内无水，施工期地下水位
非常情况	Ⅰ	√	√	√	1.2	1.05	正常情况下设计水位骤降0.3 m
	Ⅱ	√	√	√	1.2	1.05	填方渠段渠内闸前设计水位，堤外百年一遇洪水位

注：设计中，应根据具体情况考虑其他不利荷载组合。

2. 衬砌渠道排水设计

地下水位高于渠底的渠段，应在渠道衬砌下方设置可靠的排水措施。排水措施应根据沿线地形和水文地质条件、断面的挖填形式，以及渠道防渗结构进行设计。衬砌排水体系设计应遵循下列原则：

(1)当渠基未设砂砾石垫层，且附近又无洼地时，可采取排水沟(管)和逆止阀组合方式，即在渠底、渠坡分别设纵向排水沟，在排水沟上设带逆止阀的排水管。地下水质达不到Ⅲ类水标准不能排水入渠。

(2)当渠基设有砂砾石换垫层，且附近有低洼地的渠段时，可采用排水暗沟、集水井排水系统，排水暗沟将水汇入集水井，通过横向排水暗沟将水排入洼地。

(3)排水暗沟的尺寸及其布置、集水井的布置，须按排水流量、地下水位与渠底的高差和渠道断面尺寸等确定。

(4)地下水位较高或地下水位变化较大的渠段，必要时可设置水泵抽排地下水。

挖方渠道或排水沟如遇地下水位过高时，应进行排水减压设计，图5-18可作为参考。

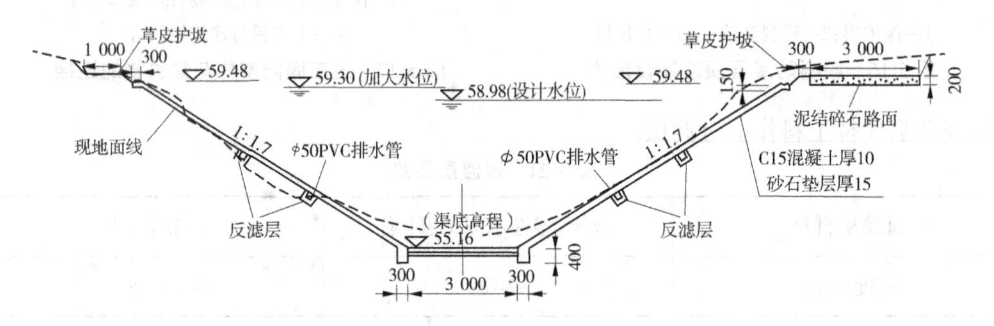

图5-18　渠道排水设计示例　(尺寸单位：mm；高程单位：m)

5.4.2.3　伸缩缝、砌筑缝及堤顶

为了适应温度变化、混凝土本身收缩、冻胀地基不均匀沉陷等原因引起的变形,刚性材料渠道防渗结构及膜料防渗的刚性保护层,均应设置适当间距的纵、横向伸缩缝。纵向伸缩缝一般设在边坡与渠底连接处;当渠底宽超过6~8 m时,可在渠底中部另加纵向伸缩缝;渠道边坡一般不设纵向伸缩缝,渠道较深、边坡较大、渠基土沉陷性差别较大时可适当分缝,并错缝砌筑。

伸缩缝应能适应衬砌结构的伸缩和地基的微量变形,在变形时不漏水,结构简单,便于施工和修理。图5-19为几种工程实践中应用较多的缝型,矩形缝结构简单,施工方便,但如填料和施工不良,当混凝土收缩或地基沉陷时容易漏水;梯形缝内填料与混凝土呈斜面接触,在水压力下更易贴紧,止水性能可靠,但这种缝型的填料容易被浮托力顶起,不宜用于有地下水浮托力的渠段。

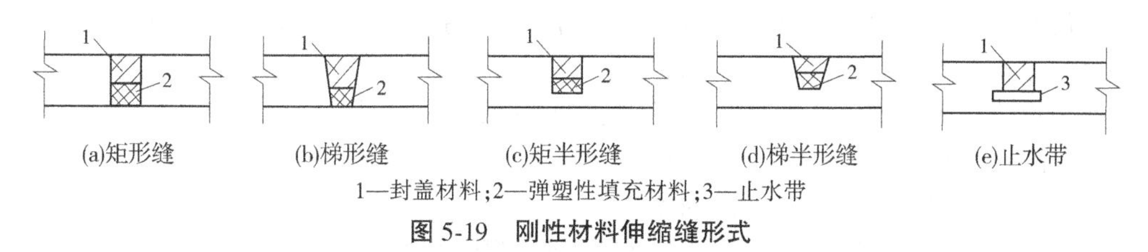

1—封盖材料;2—弹塑性填充材料;3—止水带

图5-19　刚性材料伸缩缝形式

上述几种缝型可结合具体条件和要求选用。当渠道容许漏水时,可选用施工方便、造价低的接缝形,如梯形缝、矩形缝;如不容许漏水,则应采取不透水的可靠缝型,如图5-19(e)所示止水带。

伸缩缝的间距应根据渠基情况、防渗材料和施工方式按表5-26选用,伸缩缝的宽度应根据缝的间距、气温变幅、填料性能和施工要求等因素确定,宜采用2~3 cm;当采用衬砌机械连续浇筑混凝土时,切割缝宽可采用1~2 cm。伸缩缝的填充材料选用应符合《渠道防渗工程技术规范》(GB/T 50600—2010)第4.1.12条的规定,封盖材料可采用沥青砂浆。伸缩缝填料的制作方法应符合《渠道防渗工程技术规范》(GB/T 50600—2010)附录F的规定。

表5-26　防渗渠道的伸缩缝间距

防渗结构	防渗材料和施工方式	纵缝间距	横缝间距
砌石	浆砌石	只设沉降缝	
混凝土	钢筋混凝土,现场浇筑	4~8	4~8
	混凝土,现场浇筑	3~5	3~5
	混凝土,预制铺砌	4~8	6~8

注:当渠道为软基,或地基承载力明显变化时,浆砌石防渗结构宜设置沉降缝。

混凝土预制板(槽)和浆砌石,应用水泥砂浆或水泥混合砂浆砌筑,并应用水泥砂浆勾缝;混凝土U形槽也可用高分子止水管及其专用胶砌筑,浆砌石可用细粒混凝土砌筑。砌筑和勾缝砂浆的强度等级可按表5-27选定;细粒混凝土强度等级不应低于C15,最大粒径不应大于10 mm。沥青混凝土预制板宜采用沥青砂浆、沥青玛瑺脂或改性乳胶沥青砌筑。砌筑缝宜采用矩形、梯形或企口缝,缝宽应为1.5~2.5 cm。

表 5-27　砂浆的强度等级

防渗结构		砌筑砂浆		勾缝砂浆	
		温和地区	严寒和寒冷地区	温和地区	严寒和寒冷地区
混凝土预制板		7.5 ~10	10~20	10~15	15~20
砌石	料石	7.5~10	10~15	10~15	15~20
	块石	5~7.5	7.5~10	7.5~10	10~15
	卵石	5~7.5	7.5~10	7.5~10	10~15
	石板	7.5~10	10~15	10~15	15~20

防渗渠道在边坡防渗结构顶部应设置水平封顶板，其宽度应为 15~30 cm。当防渗结构下有砂砾石置换层时，封顶板宽度应大于防渗结构与置换层的水平向厚度 10 cm；当防渗结构高度小于渠深时，应将封顶板嵌入渠堤。

防渗渠道堤顶宽度可按表 5-28 选用，渠堤兼作公路时，应按道路要求确定。U 形和矩形渠道，公路边缘宜距渠口边缘 0.5~1.0 m。堤顶应做成向外倾斜 1/100~2/100 的斜坡。高边坡堤岸的防渗渠道，应设置纵向排水沟。

表 5-28　防渗渠道的堤顶宽度

渠道设计流量(m^3/s)	<2	2~ 5	5~20	>20
堤顶宽度(m)	0.5~1	1.0~2.0	2.0~2.5	2.5~4.0

5.5　渠道防渗工程抗冻胀设计

我国北方地区渠道衬砌冻害特别是由于渠基土的冻胀而造成的衬砌破坏普遍存在。因此，适应、削减，以至完全消除基土冻胀已成为渠道衬砌实践中一个亟待解决的问题。

5.5.1　渠道衬砌冻胀破坏形式

渠道断面本身所具有的凹槽形式和坡面朝向的不同、断面上各点的位置和高度的差异，造成断面上各点的日照、风情、表面温度状况有很大差异，从而决定了各点的冻深和冻胀量很不均匀。然而，混凝土的抗拉强度很低、适应变形能力很差，在冻胀力的作用下很容易发生破坏。其主要破坏形式如下：①鼓胀及裂缝。这是最常见的破坏形式，裂缝一般发生在渠坡脚以上 1/4 ~ 3/4 坡长范围内和渠底中部。②隆起架空。在地下水位较高的渠段，临近坡脚处的混凝土衬砌板首先向外隆起，其高度可达 10~20 cm，然后冻胀变形逐渐向上发展，造成大幅度的隆起、架空，有时顺坡向上形成数个台阶。③滑塌。一种情况是冻结期混凝土衬砌隆起架空后，坡脚支承受到破坏，当基土融化时，上部板块顺坡向下滑移、错位；另一种情况则是渠坡基土融化时大面积滑坡，导致坡脚混凝土板被推开，上部衬砌板滑塌。④整体上抬。主要发生在衬砌刚度较大、断面较小的整体式 U 形渠道中。

5.5.2　冻害成因分析

渠道的冻胀破坏是由于基土在负气温的作用下产生冻结和不均匀冻胀，而渠道衬砌体本身自重较轻，不足以抵抗冻胀力。冬季零度以下气温固然是决定冻深和冻胀量的一个关键因素，但对于某一地区，其冻结指数是相对稳定的。因此，影响渠基土冻胀和衬砌冻害的主要因素就是土质、水分和衬砌结构等条件。

5.5.2.1　渠床的土质条件

当渠床为粗砂、砾石等粗颗粒土时，一般冻胀量很小。当衬砌适应不均匀冻胀变形能力稍好时，则表现不出冻害。建在砂质渠床的衬砌也有受冻害破坏的实例，说明当地下水较高时，砂也具有一定的冻胀性，同时也说明现场浇筑的刚性混凝土衬砌对冻胀敏感，其抗冻胀变形能力较低。

当渠床为细粒土，特别是粉质土时，在渠床土含水量较大，且有地下水补给时，便会产生很大的冻胀变形。如在渠床上采用混凝土或浆砌石等适应变形能力小的刚性衬砌时，往往会产生冻害破坏。据对吉林省榆树市松前灌区向阳泄洪渠和东干渠的现场观测，

在有地下水补给的条件下，渠床的最大冻胀量分别达43 cm和41 cm。在这样的强冻胀土地区，如不采用消除或削减冻胀措施，即使采用适应冻胀变形能力强的柔性衬砌也难免遭受冻害破坏。

5.5.2.2　渠床的水分条件

渠床水分条件是渠道衬砌发生冻害的决定性因素，而地下水补给条件是影响渠基土冻胀性的重要指标，地下水对冻胀的临界影响深度见表5-29。

表5-29　地下水对冻胀的临界影响深度 Z_0 值

土质	黏土	重、中壤土	轻、沙壤土	沙土
Z_0	2.0	1.5	1.0	0.5

当地下水位低于渠底时，渠坡下部和渠底土体含水量大，渠坡上部土体含水量小，如图5-20所示。上述渠床土体水分状况，决定了一般渠底和靠近渠坡下部的冻胀量大，向渠坡上部冻胀量逐渐减小，在渠坡和坡脚相接处由于相互约束，其冻胀量小于渠底中心和坡脚偏上部，其冻胀形式如图5-21所示。由此造成沿渠底中心线裂缝、隆起破坏和渠坡靠近坡脚处衬砌板折断，如图5-22所示。当地下水位高于渠底或冬季渠道行水时，渠底冻胀量较小或不出现冻胀，最大冻胀量在冰(水)面之上一定范围内。

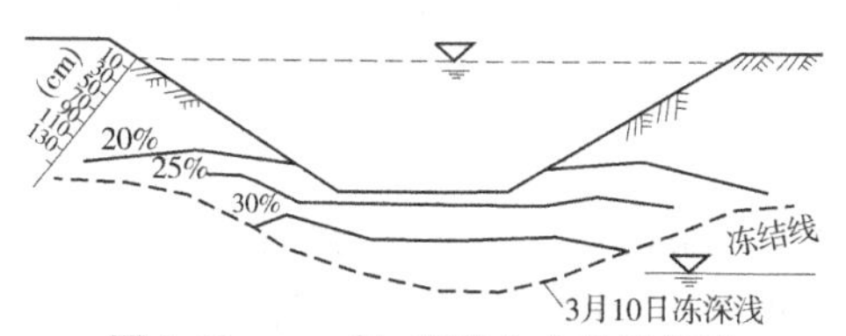

图5-20　×××年×渠床含水量等值线

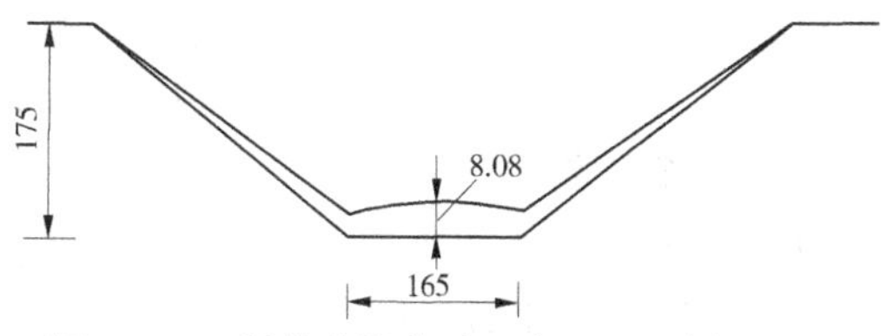

图5-21　×渠道冻胀变形示意图　(单位:cm)

由此可见，混凝土衬砌裂缝多发生在靠近坡脚和渠底处，主要是由渠床土体水分状况决定的。

5.5.2.3　渠道衬砌结构特点

目前我国采用较多的混凝土等刚性衬砌

壁薄体轻，适应不均匀变形能力较差，对冻胀敏感。因此，渠道的冻胀破坏除取决于外界负

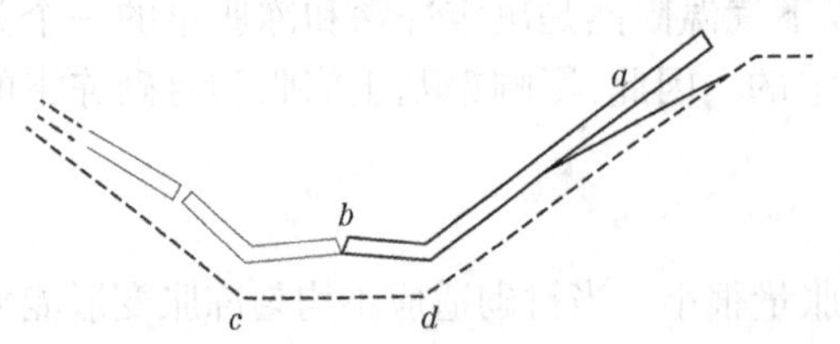

图 5-22　渠底衬砌板冻胀变形受边坡的约束情况

气温、渠床土质和水分条件外，渠道衬砌材料与结构形式的适应性也是发生冻害的主要原因之一。据辽宁省的观测，现浇混凝土板在冻胀量超过 20 mm 时，就会出现冻胀裂缝，冻胀量超过 100 mm 时，就会造成预制混凝土板冻融滑塌。据青海省的试验观测，在冻胀量达到 70~90 mm 时，玻璃丝布泊毡防渗体仍未见破坏。不同材料与结构形式允许的冻胀位移值见表 5-30。

表 5-30　渠道防渗结构容许位移值

断面形式	不同防渗材料的容许位移值(mm)		
	混凝土	砌石	沥青混凝土
梯形断面	5~10	10~30	30~50
弧形断面	10~20	20~40	40~60
弧形底梯形断面	10~30	20~50	40~60
弧形坡脚梯形断面	10~30	20~50	40~60
整体式 U 形或矩形槽	20~50	30~60	—
分离挡墙式矩形断面	40~50	50~60	70~80

注：1. 渠道断面深度大于 3.0 m，防渗板单块尺寸大于 5 m 或边坡陡于 1:1.5 时，取表中小值。

2. 渠道断面深度小于 1.5 m，防渗板单块尺寸小于 2.5 m 或边坡缓于 1:1.5 时，取表中大值。

3. 1~3 级工程取小值。

5.5.3　冻胀防治设计方法

渠道冻胀防治设计包括冻深计算、冻胀量估算和冻胀的工程分类。

5.5.3.1　冻深

(1)最大冻深。历年最大冻深系气象部门提供的平地上土为天然含水量，且不存在地下水影响条件下的冻深值，使用气象条件相近的邻近气象台(站)多年实测最大冻深的平均值。其资料系列不小于 20 年。

(2)设计冻深。指工程地点冻深的设计取用值。其详细计算公式及相关参数值选取参见《水力计算手册》(第 2 版)第九卷中第 3.2.6.3 节内容。

5.5.3.2　冻胀量

(1)天然状态的冻胀量 h。对于 1~3 级建筑物，其冻胀量宜通过现场观测资料，按照工程建成后的土质、水分、温度及运行条件等(原型模拟试验)进行修正后确定；对于 4~5 级建筑物，或没有现场试验观测条件的，其天然状态的冻胀量 h 可根据土质和冻结前地下水位埋深 Z_w 的情况由关系曲线查得(见图 5-23~图 5-25)。

(2)基础结构下的冻胀量 h_f。可按下式进行计算：

$$h_f = hZ_f/Z_d \tag{5-23}$$

式中：h_f 为基础结构下冻土层产生的冻胀量，cm；h 为工程地点天然冻土层产生的冻胀量，cm。

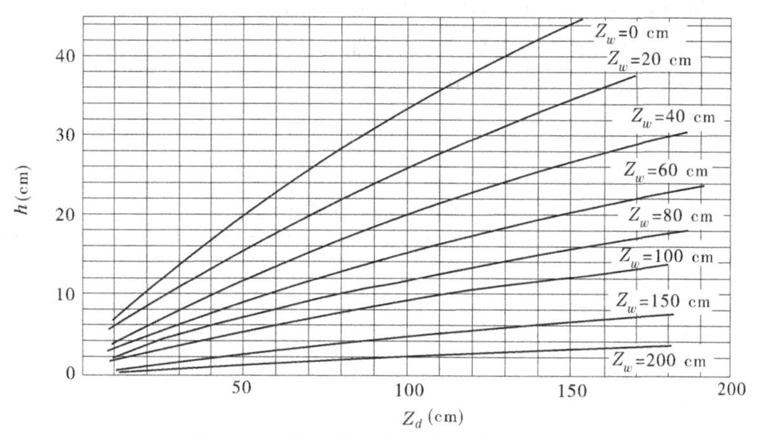

图5-23 黏土冻深与冻胀量的关系曲线

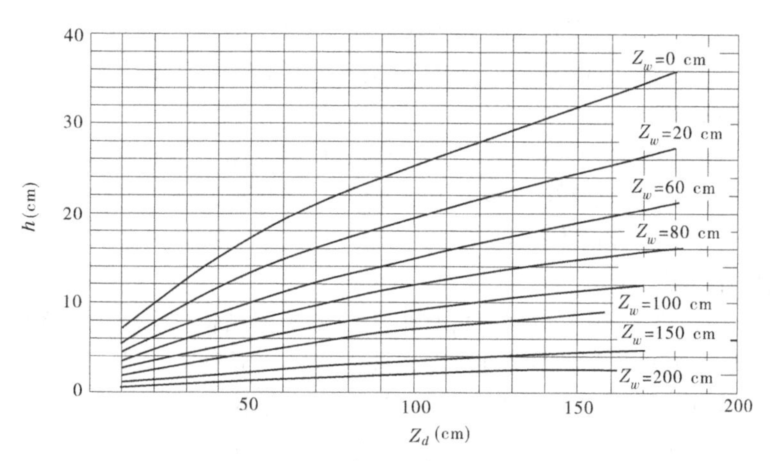

图5-24 粉土冻深与冻胀量的关系曲线

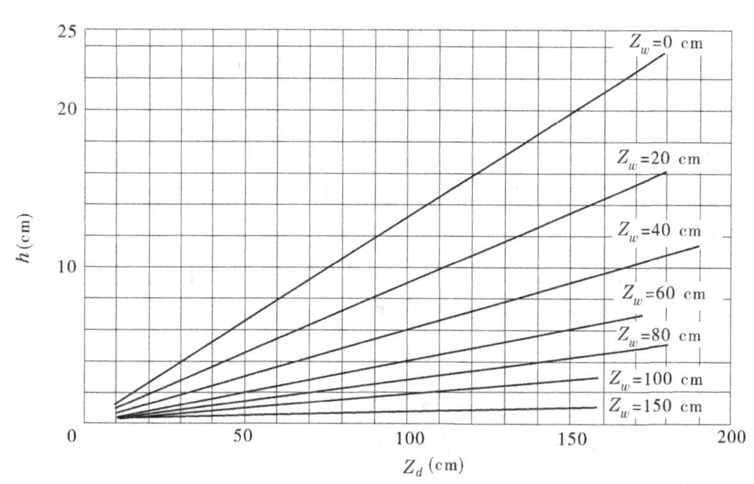

图5-25 细粒土质砂、含细粒土砂冻深与冻胀量的关系曲线

5.5.3.3 土的冻胀性分类

关于土的冻胀性分类方法，国内外研究成果很多，其中以粒径划分冻胀级别者占多数。

我国《水工建筑物抗冰冻设计规范》(GB/T 50662—2011)规定：细粒土及粒径小于0.05 mm的土料重量超过土样总重量6%的粗粒土，为冻胀性土；粗粒土中粒径小于0.05 mm的土粒重量占土样总重量6%及其以下时，为非冻胀性土。为了使土的冻胀性分类法能定量地直接应用于工程实践，规范以具体工程条件下可能产生的冻胀量大小将渠基土由弱到强划分为5个类别，如表5-31所示。

表5-31　地基土的冻胀性工程分类

冻胀性类别	Ⅰ	Ⅱ	Ⅲ	Ⅳ	Ⅴ
冻胀量h(mm)	$h \leqslant 20$	$20 < h \leqslant 50$	$50 < h \leqslant 120$	$120 < h \leqslant 220$	$h > 220$

5.5.4　冻害防治工程措施

土质、水分、负气温是引起渠基土冻胀的基本因素，渠基土的不均匀冻胀必然造成渠道衬砌发生破坏。因此，防治渠道衬砌冻害实际上就是设法削弱以至消除上述三个因素中的任何一个，以减少基土冻胀，或采取一定的结构措施使衬砌适应基土的冻胀变形。

5.5.4.1　渠系规划布置

选定渠线时，应使渠系避开较大冻胀的自然条件，满足下列要求：①尽可能避开冻胀性土和地下水埋深较浅的地段；②尽可能采用填方渠道；③尽量使渠线走在地形较高的脊梁地带；④渠堤外侧，应植喜水性树木护渠。

5.5.4.2　优化衬砌结构

(1)当渠床土的冻胀性属Ⅰ、Ⅱ类时，宜采用下列防渗结构：①采用弧形断面或弧形底梯形断面，宽浅式渠道，弧形坡脚梯形断面；②采用整体式混凝土U形槽，圆弧直径应小于2.0 m，圆弧上部直线段采用缓于1∶0.2的斜坡，斜坡长度不大于0.5 m；③梯形混凝土防渗渠道，可采用架空肋梁板式(预制Π形板)或预制空心板式结构。

(2)当渠床土冻胀性属Ⅲ、Ⅳ、Ⅴ类时，宜采用下列防渗结构：①渠深不超过1.5 m的宽浅渠道，宜采用矩形断面，渠岸用挡土墙式结构，渠底用平板结构，墙、板连接处设冻胀变形缝；②小型渠道，采用地表式整体混凝土U形槽或矩形槽，槽底按置换措施要求设置非冻胀性土置换层，槽侧回填土高度应小于槽深的1/3；③中、小型渠道，采用桩、墩等基础支撑输水槽体，使槽体与土基脱离，桩的容许冻拔量为零，也可采用暗渠或暗管输水，暗管(渠)顶面的埋深不宜小于设计冻深；④大、中型渠道，应结合冻胀性土基处理措施采用前述防渗结构。

5.5.4.3　土体置换法

置换法就是在冻结深度内用非冻胀性土(土中粒径小于0.05 mm的颗粒占土样总重不超过6%)置换冻胀性土的一种方法。渠床各部位换填深度Z，可按下式计算：

$$Z_t = \varepsilon Z_d - \delta_0 \tag{5-24}$$

式中：Z_t为换填深度，m；ε为置换比(%)，取值按《水力计算手册》(第2版)第九卷中表3.2-34选取；Z_d为设计冻深，m；δ_0为防渗层厚度，m。

5.5.4.4　保温法

保温法是在衬砌下铺设保温材料，以提高渠基土温度，改变水分迁移方向，从而削弱以至消除冻胀的方法。

渠基保温措施，可在衬砌及土工膜下铺设硬质泡沫塑料保温层，其厚度应通过热工计算确定。保温层铺设的部位为一级马道以下渠坡。

保温材料有水、空气、泡沫塑料及雪、草、锯末等。保温效果好且可靠的材料是聚苯乙烯泡沫塑料板。中、小型渠道,聚苯乙烯板的厚度可按设计冻深 H_d 的 1/10~1/15 取用;大型渠道,聚苯乙烯板的厚度确定参照《水力计算手册》(第2版)第九卷中第3.2.6.4节相关内容进行计算。

相关研究表明:在标准冻深小于50 cm的地区用约10 cm厚的陶粒混凝土代替普通混凝土,舍弃板下保温层,渠基土就不会产生危害性冻胀。这种集防渗抗冻保温于一体的陶粒混凝土虽然一次性投资稍大一些,但考虑普通混凝土因冻胀破坏而产生的维修费用,陶粒混凝土反而比普通混凝土节省40%以上,经济效益显著,是一项值得推广的技术。

5.5.4.5　排水隔水法

当渠道衬砌经常处于水中时,水分对渠道冻胀的作用特别突出。因此,防止地表水入渗、排除地下水补给是防治渠道衬砌冻害的又一有力措施。

(1)防止渠水入渗。防止渠水入渗有多种方法,关键是做好接缝止水。当地下水深埋而无旁渗水补给时,可在刚性衬砌下铺设土工膜,构成的复合型衬砌,其渗漏量仅为刚性衬砌的1/15,减少冻胀35%~55%。在新疆、甘肃等省(自治区)得到广泛应用。

(2)截断地下水补给。结合渠段的地形、水文地质条件,采用截、导、排的方法降低地下水位,排除渠道渗水,截断外水补给。

(3)防止渠堤地表水入渗。渠堤填土应注意夯实,并及时排除积水,必要时加设防渗层。

5.6　渠基处理

渠基处理方案,应根据工程要求、气象、工程地质和水文地质条件、环境情况等,通过综合分析和技术经济比较确定。

一般岩土地质条件,可采用适应基土变形的渠道断面和防渗结构或渠基处理措施,以及适应基土变形的渠道断面和防渗结构或渠基处理措施相结合的稳定渠基的方法,并应选择合理的安全坡比。

软土地基、膨胀土地基、湿陷性黄土地基、砂土地基、采空区地基,以及地下水位较高的防渗渠段,应采取确保渠基和渠坡稳定的工程措施或生物措施。

5.6.1　软土地基

软土地基是指以饱和的软弱黏性土沉积为主的软土和以泥炭沉积为主的泥沼。软土和泥沼沉积物都具有天然含水量大、孔隙比大、压缩性高和强度低的特点,在其上修建渠道,容易产生渠坡失稳或沉降过大等问题。

(1)渠堤沉陷。软土地基强度很低,地基承载力基值一般为50~80 kPa,填筑前若未经换土或压实,易造成地基下沉,亦可能引起渠堤下陷。

(2)渠坡开裂。由于软土的压缩性高,在荷载作用下渠道的沉降和不均匀沉降较大,这种不均匀沉降会引起地基产生裂缝,进而拉裂渠道的防渗层等,再进一步发展则可能出现渠坡局部破坏乃至整体滑动。

(3)渠堤稳定需要的时间长。由于软土渗透性小、固结速率慢,使渠道沉降达到稳定所需的时间很长,渠道在建成后的很多年间一直在缓慢变形,不仅渠道线型会变化,而且由于沉降不稳定,开裂、下沉的危险始终存在。

(4)易产生扰动破坏。由于软土具有比较高的灵敏度,若在渠道施工中产生振动、挤压和搅拌等作用,就可能引起软土结构的破坏,降低软土的强度,有时甚至会形成“橡皮土”,使工程施工无法继续进行。

(5)滑坡。渠道开挖后渠坡内部所产生的剪应力超过软土抗剪强度,边坡就会自动调整其形态而发生变形,从变形再发展到剪切破坏,产生沿破坏面的相对滑动。

软土地基渠道设计时,为了避免渠堤沉降使渠道等构筑物产生变形破坏,应考虑提前填筑,在地基充分沉降后再修筑渠道。为了避免渠道沿线不均匀沉降而引起破坏,应严格控制渠道在规定年限内的工后剩余沉降量。为保证渠道稳定或控制工后剩余沉降,均需采取相应的处理措施。在选择处理措施时,应考虑地基条件、渠道条件及施工条件,尤其要考虑处理措施的特点、对地基的适用性和效果,以确定符合目的要求的处理措施。

软土类地基处理方法,按处理目的可分为沉降处理与稳定处理两大类。

沉降处理作用如下:①加速团结沉降。加速地基沉降,减小有害的剩余沉降量。②减小总沉降量,减小地基的总沉降量。稳定处理作用如下:①控制剪切变形。抑制周围地基因渠堤荷载作用发生隆起或流动。②阻止强度降低。阻止因渠堤荷载作用而造成的软土强度降低,保证渠堤及渠道稳定。③促进强度增加。加速地基强度的增长,提高其稳定性。④增加抗滑阻力。改变渠坡的形状或者换填部分地基,增加抗滑阻力,增加稳定性。

常用的软土地基处理方法有以下几种。

5.6.1.1　开挖换填法

开挖换填法是全部或部分挖除软土或泥炭类土,换填以砂、砾、卵石、片石等渗水性材料或强度较高的黏结性土。对软土或泥炭层厚度小于 3 m 的情况,一般可采取全部挖除换填的方法;对厚度大于 3 m 的情况,通常只采取部分挖除换填的方法。全部挖除换填从根本上改善了地基,不留后患,效果最佳,是最为彻底的措施。渠道路线通过的软弱土层若位于地表、厚度很薄(小于 3 m)且呈局部分布的软土或泥沼地段时,常宜采用全部挖除换填法处理地基。

5.6.1.2　抛石挤淤法

抛石挤淤法是在渠堤底部抛投一定数量的片石,将淤泥挤出基底范围,以提高地基的强度。这种方法施工简单、迅速、方便。其适用范围为:①常年积水的洼地,排水困难,泥炭呈流态,厚度较薄,表层无硬壳,片石能沉达底部的泥沼或厚度为 3~4 m 的软土。②石料丰富,运距较近。

抛投的片石大小,随泥炭或淤泥的稠度而定,对于容易流动的泥炭或淤泥,片石可稍小些,但一般不宜小于 30 cm。抛投的顺序,应先从渠堤中部开始,中部向前突进后再渐次向两侧扩展,以使淤泥向两旁挤出。当软土或泥沼底面有较大的横坡时,抛石应从高的一侧向低的一侧扩展,并在低的一侧多抛填一些。

片石抛出水面后,宜用重型路碾或载重汽车反复碾压,以使填石压密,然后在其上铺设反滤层,再行填土。

5.6.1.3　爆破排淤法

爆破排淤法是将炸药放在软土或泥沼中爆炸,利用爆炸时产生的张力作用,把淤泥或泥炭扬弃,然后回填以强度较高的渗水性土。

爆破排淤法是一种换填施工方法,较一般方法换填深度大、工效高,软土、泥沼均可采用。当淤泥(或泥炭)层较厚、稠度大,渠堤较高和施工期紧迫时,可采用爆破排淤法换填。

爆破排淤法可根据爆破与换填的相对关系分为两种:一种是先在原地面上填筑低于极限高度的渠堤,再在基底下爆破。这种方法适用于稠度较大的软土或泥沼。但先填后爆要严格控制炸药用量。另一种是先爆后填,适用于稠度较小、回淤较慢的软土。采用这种方法应于爆破后立即回填,做到随爆随填, 填满再爆,爆后即填,以免回淤,造成浪费。

5.6.1.4 反压护道法

该法是在渠道两侧填筑一定宽度和高度的护道,使渠堤下的淤泥或泥炭两侧隆起的趋势得到平衡,从而保证渠堤的稳定性。采用反压护道,不需特殊的机具设备和材料,施工简易,但占地多,用土量大,后期沉降大,养护工作量大。其适用范围为:①非耕作区和取土不困难的地区;②渠堤高度不大的渠道;③处理软土地基,对泥沼地基有时也可以采用。

5.6.1.5 砂垫层法

在软土层顶面铺设排水砂垫层,以增加排水面,使软土地基在填土荷载的作用下加速排水固结,提高其强度,满足稳定性的要求。这种砂垫层对于基底应力的大小和分布以及沉降量的大小无显著影响,但可加速沉降的产生,缩短固结过程。砂垫层施工简单, 不需特殊机具设备,占地较少,但需砂料较多且填土时间较长,施工中需严格控制填筑速度。其适用条件如下:①渠堤高度不大、软土表面无透水性低的硬壳;②软土层不很厚,或虽稍厚,但具有双面排水条件;③当地有砂料,运距不太远;④施工期限不甚紧迫等情况。

砂垫层的厚度一般为 0.6~ 1.0 m,视渠堤高度、软土层的厚度及压缩性而定。砂垫层材料宜采用中砂及粗砂,不宜掺有细砂及粉砂,含泥量不得过多。

采用砂垫层时, 填筑的速度应合理安排, 使加荷的速率与地基承载力增加(排水固结)的速率相适应,以保证地基在渠堤填筑过程中不发生破坏。通常可利用埋设在渠堤中线处的沉降板及布置在渠堤坡脚处的位移边桩进行施工观测,随时掌握填筑过程中的变形情况和发展趋势, 借以判断地基是否稳定, 控制填土的速度。根据经验, 在一般情况下水平位移量控制在每天不超过 1.0 cm、垂直下沉量每天不超过 1.5 cm 时,地基便可保持稳定。

5.6.1.6 砂井排水法

在软土地基中,钻成一定直径的钻孔,灌以粗砂或中砂,利用上部荷载作用,加速软土的排水固结,这种方法称为砂井排水法。所有上部荷载称为堆载,也称堆载预压法。

砂井顶部要用砂沟或砂垫层连通,构成排水系统,在渠堤荷载的作用下加速排水固结,从而提高强度,保证渠堤的稳定性。

当软土层较厚、渠堤较高时,常采用砂井排水法,加速固结沉降。特别是当天然土层的水平排水性能较垂直向为大,或软土层中有薄层粉细砂夹层时,采用在砂井排水法的效果更好。一般软土均适合采用砂井排水法。但次固结占很大比例的土类,如泥炭类土、有机质黏土和高塑性黏土等,则不宜采用。

砂井地基的设计,首先应考虑砂井的直径、间距、布置形式与固结速率之间的关系。通常砂井直径、间距和长度的选择,应满足在预压过程中,在不太长的时间内,地基能达 80%以上的固结度。

5.6.1.7　石灰桩法

用生石灰在软土地基内形成桩柱,通过生石灰的消解和水化物的生成,降低土中含水量,提高地基强度,减小沉降量。

除单独使用生石灰外,也可采用生石灰和砂并用的石灰砂桩。

该方法的优点是不需要上置荷载,能在较短时间内发挥作用。适用于含砂量低、没有滞水砂层的软土地基。

5.6.1.8　深层搅拌桩法

搅拌桩分为粉喷桩、深层搅拌桩,是石灰桩的发展。该方法在钻进时利用压缩空气喷射生石灰、水泥干粉或水泥浆液,与软土强制搅拌,使粉料或浆液与软土产生物理、化学作用,以达到提高地基承载力、减少沉降的目的。

水泥适用于含砂量较大的软土,石灰适用于含砂量较小的软土。采用石灰时,掺入比以12%~15%为佳。

桩径一般为0.5 m。桩长,国内目前最大为12 m,一般为9 m。其适用范围为:①当渠道穿越区存在大范围软土时,需大面积地基加固,以防止边坡塌滑、渠底隆起和减少软土沉降等;②对软土进行加固以增加侧向承载能力,做地下防渗墙以阻止地下渗透水流。

5.6.1.9　高压喷射注浆法

高压喷射注浆法一般是用工程钻机钻孔至设计处理的深度后,用高压泥浆泵等高压发生装置,通过安装在钻杆杆端的特殊喷嘴,向周围土体喷射浆液,同时钻杆以一定速度边旋转边向上提升,高压射流使一定范围内的土体结构遭到破坏,并强制与浆液混合,胶结硬化后,即在地基中形成直径均匀的圆柱体。也可根据工程需要,调整提升速度,增减喷射压力,或更换喷嘴孔径以改变流量,使固结体成为设计所需要的各种形状。

高压喷射注浆法包括旋转喷射注浆法(简称为旋喷法)和定向喷射注浆法(简称为定喷法)。旋喷法施工时,喷嘴边喷射边旋转边提升,固结体呈圆柱状。主要用于加固地基,提高地基承载力,改善土的变形性能,截阻地下水流。

定喷法施工时,喷嘴一面喷射一面提升,喷射的方向固定不变,团结体形如壁状,通常用于基坑防渗、改善地基土的水流性质和稳定边坡等工程。

5.6.2　膨胀土地基

膨胀土具有胀缩性、崩解性、多裂隙性、超固结性、风化特性、强度衰减性等不良特性,容易对挖方渠道造成剥落、冲蚀、外胀、溜坍、泥流、坍滑、滑坡等影响,对填方渠道易造成沉陷、纵裂、坍肩、溜坍、坍滑、滑坡等影响。

如有可能,渠线应尽量绕避膨胀土地段;必须通过膨胀土地段时,渠线的位置应选择膨胀土分布范围最窄、膨胀性最弱及膨胀土层最薄的地段,同时尽可能减少深挖高填。

膨胀土地区渠道设计,应综合考虑膨胀土类型、土体结构与工程特性、环境地质条件与风化深度等因素。

膨胀土渠道的安全坡比,大型和特大型防渗渠道,应通过稳定分析计算确定;中、小型渠道可按工程类比法确定。

膨胀土渠基与渠坡的工程处理措施可按表5-32选择其中一种或多种相结合的方法。

表5-32　膨胀土渠基与渠坡处理方法

处理方法	方法说明和要求	适应范围
结构措施	采用适应基土变形的渠道断面和防渗结构	弱膨胀土
换土	将膨胀土部分挖除,用非膨胀黏性土或粗粒土置换。换土厚度应依据膨胀土膨胀等级选取,换土的最小厚度满足隔离层抵抗膨胀变形要求。一般中膨胀土用1.0~1.5 m,强膨胀土用2.0 m	中、强膨胀土
土件改良	膨胀土掺石灰。渠道内皮面和堤顶(或戗台),宜用石灰掺量4%~8%的灰土压实处理。其厚度20~30 cm,干密度不小于1.55 g/cm^3	中、强膨胀土
	水泥土。水泥含量一般为7%~10%,处理厚度20~30 cm	
坡面防护	渠道外坡及挖方渠道戗台以上内坡,当坡高小于4 m时,宜换上厚度20~30 cm的种植草皮;当坡高大于或等于4 m时,宜设置10 cm厚的混凝土格栅和土工格栅,种植草皮,并每隔10~20 m设置纵向、横向混凝土排水沟	弱、中、强膨胀土
坡体排水	渠坡滑坡段布置竖井结合水平孔排渗设施或辐射井排渗设施。竖井和辐射井位置和间距布置根据坡体渗流状况确定	中、强膨胀土
加筋土	采用土工格栅加筋补强渠坡。土工格栅选型根据工程需要确定,土工格栅自由段长度、锚固长度、分层填土厚度等依据渠坡稳定分析确定	中、强膨胀土

5.6.3　黄土地基

5.6.3.1　湿陷性黄土地基

湿陷性黄土地区的防渗渠道,渠基的工程处理措施宜根据湿陷性等级和渠道运行特点,按表5-33选择一种或多种相结合的处理方法。

表5-33　湿陷性黄土渠基处理方法

处理方法	适用范围和施工要求	适宜处理厚度(m)
垫层法	地下水位以上,局部或整体处理。单层铺设厚度不大于30 cm,灰土垫层的灰土比宜为2:8或3:7,垫层压实系数宜采用0.93~0.95	1~3
强夯法	地下水位以上,饱和度≤60%的湿陷性黄土,局部或整体处理。试夯点数应根据场地复杂程度、土质均匀性和渠道等级综合因素确定,夯点和夯击次数应根据试验结果确定,土的含水量宜低于塑限含水量1%~3%,夯击次数宜为2~3遍,地基处理质量要有检测记录	3~12
预浸水法	自重湿陷性黄土渠基,湿陷等级为Ⅲ级或Ⅳ级,可消除地面6 m以下湿陷性黄土层的湿陷性。浸水水深不宜小于30.0 cm,浸水变形稳定标准为最后5 d的平均湿陷量小于1 mm/d。对预浸水处理效果应进行检验,评价湿陷性的消除程度	>10
深翻回填法	适宜于大、中型渠道地基,翻夯深度不小于1.0~1.5 m	4

5.6.3.2　黄土高边坡地区

防渗渠道经过黄土高边坡地段,应通过分析计算确定边坡的稳定性,必要时可采取下列加固处理措施：

(1)黄土渠道高边坡，在平均坡比稳定条件下，宜在坡高1/2稍高处设6~12 m大平台，单级坡比宜采用1∶0.25~1∶0.6。

(2)塬边渠道渠堤以上边坡及渠道外边坡应设置排水系统。

(3)在边坡的坡脚可采用浆砌块石护坡，也可采用喷锚支护。

5.6.4　砂土地基

砂土是指粒径大于2 mm的颗粒含量不超过全重的50%，而粒径大于0.075 mm的颗粒含量超过全重的50%的土。砂土按粒组含量不同又细分为砾砂土、粗砂土、中砂土、细砂土和粉砂土五类。

砂土液化一般是指饱和砂土在振动荷载作用下，因抗剪强度完全丧失而失去稳定的现象。不同的液化等级对渠道产生的危害如表5-34所示。

地基的抗液化措施应根据建筑的重要性等级和地基的液化等级确定，可按表5-35选用。

表5-34　液化等级与其对渠道的危害情况

液化等级	液化指数 I_{LE}	地面喷水冒砂情况	对渠道的危害情况
轻微	<5	地面无喷水冒砂，或仅在洼地、河边有零星的喷水冒砂点	危害性小，一般不致引起明显的震害
中等	5~15	喷水冒砂可能性大，从轻微到严重均有，多数属中等	危害性较大，可造成不均匀沉陷和开裂，有时不均匀沉陷可能达到20 mrn
严重	>15	一般喷水冒砂都很严重，地面变形很明显	危害性大，不均匀沉陷可能大于20 mm，高重心结构可能产生不容许的倾斜

表5-35　地基抗液化措施的选取原则

建筑类别	不同地基液化等级的选取原则		
	轻微	中等	严重
甲类	全部消除液化沉陷	全部消除液化沉陷	全部消除液化沉陷
乙类	部分消除液化沉陷，或对基础和上部结构进行处理	全部消除液化沉陷，或部分消除液化沉陷且对基础和上部结构进行处理	全部消除液化沉陷
丙类	对基础和上部结构进行处理，亦可不采取措施	对基础和上部结构进行处理或采取更高要求的措施	全部消除液化沉陷，或部分消除液化沉陷且对基础和上部结构进行处理
丁类	可不采取措施	可不采取措施	对基础和上部结构进行处理，或采取其他简单、易行措施

5.6.4.1　全部消除地基液化沉陷的措施

全部消除地基液化沉陷的措施主要有换土法、加密法、桩基础、深基础等。各项处理措施的技术要求或适用范围如下：①换土法。挖除全部液化土层，适用于液化土层距地表较浅且厚度不大时。加密法。可采用挤密桩法、振冲桩法、强夯法等加固措施；特定条件下，还可采用其他振②动加密方法。处理深度应至液化土层下界面,且处理后土层的标准贯入锤击数的实测值,应大于相应的临界值,达到不液化的要求。③桩基础。采用桩基础时,桩端伸入液化层深度以下稳定土层中的长度(不包括桩尖部分),应按计算确定,且对碎石土、砾砂土、粗砂土、中砂土、坚硬液性土不应小于0.5 m,对其他非岩石土不应小于2 m。④深基础。采用深基础时,基础底面埋入液化层深度以下稳定土层中的深度不应小于0.5 m。

5.6.4.2　部分消除地基液化沉陷的措施

选取部分消除地基液化沉陷措施时,可采用挖除部分液化土层或进行浅层地基加密的方法。处理后的地基应符合下列要求:①处理深度应使处理后的地基液化指数减小。当判别深度为15 m时,地基液化指数不宜大于4;当判别深度为20 m时,地基液化指数不宜大于5;对独立基础与条形基础,处理深度不应小于基础底面下5 m和基础宽度两者的较大值;对渠道地基,处理深度不应小于渠道底面以下5~6 m。②处理深度范围内,应挖除液化土层或采用加密法加固,使处理后土层的标准贯入锤击数实测值大于相应的液化临界值。

5.6.5　采空区地基

在采空区修筑渠道时,应根据地表移动特征、地表移动所处阶段、地表变形值的大小和上覆岩层稳定性划分不宜修筑的场地和相对稳定可以修筑的场地。

(1)处理地表水和地下水在渠道建设范围内,做好地表水的截流、防渗、堵漏等工作,以杜绝地表水渗入地层内。这种措施对由地表水引起的采空区地表塌陷,可起到根治作用。对地下水,在地质条件许可时,可采用截流、改道的方法,阻止地表塌陷的发展。

(2)跨越。渠道经过采空区时,如跨越和施工条件较好,可采用跨越方式。采用这种方案时,应注意采空区两旁的承载力和稳定性,当采空区跨度大时,不宜采用该方法。

(3)加固。当采空区空间大、顶板具有一定厚度,但稳定条件较差时,为增加顶板岩体的稳定性,可用石砌柱或钢筋混凝土柱支撑。采用该方法,应着重查明底部的稳定性。

(4)堵塞。对埋深不是太大的巷道或采空区较浅的采空区,可用片石堵塞,分层振实。

(5)灌砂处理。灌砂运用于埋藏深但直径不大的巷道,施工时在巷道范围的顶板上钻两个或多个钻孔,其中直径小的作为排气孔,直径大的用于灌砂,灌砂的同时冲水,直到小孔冒砂。也可用压力灌注强度等级为C15的细石混凝土,还可灌注水泥或砾石。

第6章　隧　洞

6.1　概　述

水工隧洞作为一种特殊的引输水建筑物,20世纪以来在我国农业灌溉工程、城乡供水工程、发电引水工程、枢纽导流泄洪工程等水利水电工程建设中得到了广泛的应用，从高山峡谷到丘陵平原,从偏僻乡村到繁华都市,大量的水利水电工程都涉及水工隧洞,包含有水工隧洞的水利水电工程数不胜数。

水工隧洞是在山体中或地下开挖的、具有封闭断面的过水通道,是水工建筑物的一种主要结构形式,可用于灌溉、发电、供水、泄水、输水、施工导流和通航。本书主要针对灌溉、供水、输水工程中输水隧洞介绍洞身工程布置、水力学计算、结构设计及隧洞灌浆、防渗、排水的设计。特别是对于在山丘地区修建的输水及灌溉渠道工程,隧洞的长度及投资在整个工程中所占比例有时是相当大的,同时由于隧洞工程的工序多、技术比较复杂,而且工作面有限,施工比较困难,因此在某些输水工程及灌区的建设过程中,隧洞往往成为控制性工程。

20世纪以来,随着我国科学技术的不断发展和工程技术水平的不断提升,水工隧洞的设计、施工技术已经有了巨大的进步:

(1)随着施工技术、测控技术的进步,隧洞长度规模、埋深不断拓展,在不良地质等条件下的建设经验不断丰富。早期兴建的水工隧洞多为中浅埋深、岩质地层、人工钻爆开挖,工程布置中经常通过大范围选线以规避深埋洞段、超长隧洞及特殊不良地层。随着施工开挖及支护技术、测控技术的进步,工程建设者们勇于突破、直面挑战，创造了许多新的纪录。锦屏二级水电站引水隧洞一般埋深为1 500~2 000 m,最大埋深达到2 525 m;引汉济渭穿越秦岭隧洞最大埋深2 012 m;滇中引水工程香炉山隧洞最大埋深1 450 m,隧洞埋深连续大于600 m洞段长度40 km以上。新疆某引水工程单洞长度280 km以上,大伙房输水工程单洞长度85 km,引汉济渭秦岭隧洞越岭段长达81. 8 km,滇中引水香炉山隧洞全长62. 6 km。南水北调中线下穿黄河,洞线长4. 25 km;珠三角水资源配置工程下穿狮子洋段洞线长3. 5 km以上。滇中引水工程、牛栏江滇池补水工程、引洮供水工程等项目隧洞多次穿越活动性区域断裂,最大断裂带宽度达500 m。秦岭隧洞花岗岩最大饱和抗压强度为250 MPa以上,珠三角盾构隧洞大范围穿越饱和淤泥软土地层。从以上工程指标的简单对比分析可以看出,我国水工隧洞设计与施工已经在一定程度上突破地理地形和地质条件的限制,工程的设计和布局更加灵活。

(2)非爆破开挖的工程应用日益增多。受制于通风排烟距离、排水条件等,传统人孔钻爆施工独头掘进的工作面长度一般控制在3 km以内。从甘肃引大入秦工程开始,全断面掘进机TBM技术在国内水工隧洞中得到了广泛应用，如山西引黄、大伙房输水、吉林东部供水、新疆引水项目、陕西引汉济渭、甘肃引洮一期、滇中引水、西藏旁多灌溉输水洞、引绰济辽等已建和在建工程,国内使用的双护盾、单护盾、敞开式等TBM达数十台,开挖断面最大为

10 m、最小为4 m左右。在平原地区饱和淤泥软土等地层条件、穿江越海供水项目,以及一些城市既有设施密集地区的项目中,传统开挖及支护方式难以实现或面临巨大的风险,盾构技术的引进和使用为工程建设提供了解决方案,在南水北调中线穿黄工程、上海青草沙水库供水工程、北京南水北调配套工程、滇中引水穿越昆明城区段、珠三角水资源配置工程等已建、在建项目中,盾构技术在较短时间内得到了大量运用。受制于火工材料的价格变化、特殊原因导致的材料管控等因素,武都引水、引洮二期等项目在中小断面、中硬岩隧洞开挖中尝试采用悬臂式掘进机等设备,并取得了较好的效果。部分供水支线工程及短距离穿越公路铁路交叉的项目中,采用顶管法施工的水工隧洞也有了不少成功的实例。随着掘进机、盾构机、顶管机等设施设备技术的不断进步,非爆破开挖的水工隧洞建设正在成为新的潮流。

(3)隧洞工程线路占比不断增加。在早期规划建设的引水工程中,隧洞、渡槽等建筑物在纯经济指标方面的比较中并不占优势,尤其在一些灌区工程中,线路长度3∶1以上常作为明渠与隧洞方案比选的经验判别指标。随着占地补偿费用的不断增加,以及集约用地、环境保护、水质保护等方面的要求不断提高,加之傍山渠道工程管理和运行维护的不便,在综合比选中,隧洞的优势越来越明显,隧洞工程线路占比不断增加,如滇中引水总干渠隧洞线路长度占比92%,内蒙古引绰济辽总干渠山区段隧洞占比94%,甘肃引洮总干渠隧洞占比接近91%等。在一些城市供水工程如珠三角水资源配置、北京南水北调配套支线等项目中,由于对土地和空间利用有特殊要求,几乎全线采用隧洞输水。

(4)对隧洞建设引发的水环境问题日益重视,地质超前预报渐呈常态。隧洞工程的建设和运行影响一定范围的渗流场,或导致敏感对象地下水疏干的问题近年来发生较多,并引起了业界的普遍关注,采取的针对性措施包括工程布置中的合理规避,基于地质预报基础上的超前注浆封堵,衬砌外设置固结灌浆防渗圈,以及其他地表处理、补偿措施等。随着地质超前预报技术的发展和预报手段的多样化,在为施工安全管理提供支撑的同时,围绕地下水问题的地质超前预报也为采取工程措施、弱化地下水环境影响创造了条件。在滇中引水等项目设计中,对全线的地下水敏感区段进行了系统的勘查和调查,明确了分段分类开展地质超前预报的具体要求,工程投资中也计列了专门的地质预报、地下水影响处理专项费用,可为以后类似工程提供借鉴。

6.2　隧洞分类

6.2.1　按用途分类

水工隧洞按用途分为泄洪隧洞、排沙隧洞、发电引水隧洞、尾水隧洞、施工导流隧洞、输水及灌溉渠道上的隧洞等,本书主要介绍输水及灌溉渠道上的隧洞。

6.2.2　按洞内水流流态分类

水工隧洞按洞内水流流态分为有压隧洞、无压隧洞两种。有压隧洞指的是洞内充满水流、洞壁周边均承受水压力作用的水工隧洞。无压隧洞指的是洞内部分充水、水流具有自由表面的水工隧洞,灌溉、供水、输水隧洞多为无压隧洞。无压隧洞的主要特点是洞内流速较小,不承受内水压力,设计荷载以围岩压力为主,洞身一般较长,往往要穿越多种不同地质条件的岩层，而且经常会遇到极其复杂的不良地质条件；洞身断面形式及护砌结构形式多种多样。

6.3 隧洞布置及选线

6.3.1 洞线选择

隧洞线路的布置应综合考虑输水工程及灌区的整体规划、地形、地质、水力、施工及运用等各种因素，在广泛征求建设、施工、管理单位和当地群众意见的基础上，经过必要的技术比较，最后定出合理的实施方案。隧洞的线路宜选在地质构造简单、岩体完整稳定、岩层最小覆盖厚度满足设计规定、水文地质条件有利和施工、交通方便的地区，宜避开工程地质和水文条件对隧洞不利的区段。

采用掘进机开挖的隧洞，其底坡、转弯半径应满足掘进机的要求。掘进机单头独进可达20 km，为了保证单机掘进长度、方便施工及运行期的维护与管理，可在掘进机施工段设置1~2条中间施工支洞。掘进机要求较大的转弯半径，由于掘进机主机及其后配套系统比较长，一般长度为150~300 m，因此其转弯半径为600~1 000 m。

综上所述，影响隧洞工程选线的主要因素是地质、地形条件，分述如下。

6.3.1.1 地质条件

隧洞是在地层内开凿建造的建筑物。其周围地层的地质条件对隧洞的位置、构造、施工方法、工期、造价及管理养护等有着决定性的影响。因此，在选定洞线时，必须先进行地质勘测，查明隧洞通过地区的岩层性质和构造、水文地质情况和不良地质现象，以及进出口、洞脸边坡的稳定性等，作为确定洞线及工程方案的重要依据。

1. 地质构造与隧洞洞线的选择

(1)单斜构造对隧洞洞线的影响。如果岩层倾角处于0°~20°的水平或缓倾岩层，应特别注意薄而破碎的岩层，施工时顶拱易塌落，当有地下水活动时，会出现较大塌方，因此应选择坚硬且不透水的岩层作为顶拱；如果岩层倾角处于21°~70°的陡倾岩层，易产生顺层滑动、偏压和不均匀的山岩压力，应尽量将洞线设置在单一岩层内，避免设在软硬不同的岩层接触部位；如果岩层倾角处于71°~90°的直立岩层，宜垂直于岩层的走向穿过，或与岩层走向有较大的交角，当隧洞轴线与岩层走向平行时，应避开不同的岩层接触带；对于不同岩层的接触带或同类岩层的断裂构造，当岩体的倾斜方向为沟壑切割而处于凌空状态且有地下水活动时，山体易滑动，形成较大规模的滑坡，可能导致位于滑体内的隧洞工程严重破坏，其破坏主要基于软弱面的位置，影响程度不尽相同。

(2)褶曲构造对隧洞的影响。隧洞在岩层的褶曲构造中穿过时，背斜较向斜有利。因此，在选定隧洞轴线时，不应平行于褶曲构造的走向通过，特别是要尽量避开向斜构造，如无法避开，应使隧洞轴线与褶曲构造的交角大于30°。

(3)断裂构造对隧洞的影响。在岩层的断裂带中，由于构造运动，岩体被挤压错动，致使裂隙发育，岩体破碎成块状、颗粒状及断层泥状，其强度低，围岩压力大，同时，在断裂带中，常有地下水活动，往往会突然涌水，极易形成塌方。隧洞轴线宜避开断裂构造，特别是区域性大断裂构造更需要设法避开，当无法避开时，洞线与岩层、构造断裂面及主要软弱带应尽量具有较大夹角。在整体块状结构的岩体中，其夹角一般不宜小于30°，在层状岩体中，特别是层间结合疏松的高倾角薄岩层,其夹角一般不应小于45°。

2. 不良地质条件地区隧洞轴线的选择

(1)存在较大范围的软弱地层,如黏土、沙壤土、无胶结的砾石层等,施工中极易出现塌方,特别是有地下水活动时,塌方更为严重,在洞线选择时应慎重考虑,尽量避开,若无法避开,应采用相应的工程技术措施。

(2)选定隧洞轴线时,应避开大滑坡地段,或者将隧洞放在滑动面以下的稳定岩层里。

(3)由于崩塌的岩石变形现象所产生的破坏急剧而猛烈,对建筑物威胁较大,因此隧洞进出口的位置选择应避开崩塌地段。

(4)隧洞轴线的选择应避开泥石流区或者将隧洞设在泥石流下切面以下的基岩内,隧洞的进出口也应放在泥石流区域以外。

(5)溶洞多出现在石灰岩地区,大的溶洞会给隧洞的施工造成很大的困难,尤其是隧洞通过有地下暗河的地段时,更难处理,因此在隧洞轴线选择时应尽量避开岩溶发育地区,当无法避开时,隧洞轴线应与岩溶地区大角度相交通过。

3. 影响隧洞选线的其他地质因素

(1)隧洞施工中的地下水包含了潜水、裂隙水及溶洞水等几种,在隧洞选线时应了解地下水的性质、水量大小及补给来源,尽量避开涌水量大的地段,在水少或隔水的地层中通过。

(2)在隧洞轴线选择时,应了解通过地段的有害气体分布情况,尽量避开有害气体区段,当无法避开时,应采用大交角通过并按照相关规程规范做好通风等安全措施,保证施工安全。

(3)地震的破坏性自地表向地下迅速减弱,因此一般地震对深埋隧洞的影响较小,对浅埋隧洞的影响较大,在地震烈度大于Ⅶ度的地区,在选定隧洞时,应避开对抗震不利的地质区段,采取一定的抗震措施,减少地震对隧洞的破坏。

6.3.1.2　地形条件

隧洞工程的选线,常受地形条件限制和影响,根据不同情况,大致可分为河谷线傍山隧洞和穿岭隧洞。

1. 河谷线傍山隧洞

河谷地段地势陡峻,山坡洪水的冲刷影响较大,不良地质条件的地段较多,且岩石风化破碎,容易形成滑坡或崩塌,对渠道的使用管理极为不便,因此在轴线选择时,宜尽量裁弯取直,适当靠里,以较长的整段隧洞代替隧洞群和蜿蜒曲折的傍山渠道。

河谷线傍山隧洞的位置,还应考虑其埋置深度,适当安排。如洞线很靠外,则洞顶覆盖太薄,山体受外界影响易变形,引起偏压,危及洞身安全,若洞线太靠里,则需增加隧洞长度和工程投资,因此洞线选择应按照地形、地质条件及隧洞外侧的覆盖厚度综合考虑。傍山浅埋隧洞的最小覆盖厚度,应根据地质条件、隧洞断面形状及尺寸、施工成洞条件、衬砌形式、结构计算成果等因素,综合分析确定。

2. 穿岭隧洞

(1)较大流域的分水岭。当工程需要从相邻流域引水时,要穿过分水岭。这种分水岭的高差大、山体厚,往往是山峦起伏,延伸较远,没有条件采用绕线或深切方案,多选择线路较短的垭口,采用穿岭隧洞通过。

(2)与中小河流相间分布的山岭。丘陵山区的地形往往被河流、沟壑切割得比较破碎,河、沟和山岭相间分布的形式比较常见。这些山岭的高低、大小及平面分布千变万化,对于隧洞的布置都有影响。一般来讲,如绕线太长,相当于洞线长度的4~5倍时,绕线就不如洞线经济。

除上述地质、地形条件外,在隧洞线路选择时还应考虑料场供应情况、施工中可能遇到的不利条件及工程管理是否方便等,对于灌溉工程的输水隧洞,还要考虑水头损失对灌溉面积的影响。

6.3.2 进出口布置

6.3.2.1 进出口布置时应考虑的地质条件

(1)洞口宜布置在岩体新鲜、完整、出露完好,且有足够厚度的陡坡地段。

(2)岩体产状对洞口边坡稳定的影响较大,逆坡向的岩体对洞口稳定有利,可不考虑倾角大小,顺坡向岩体的洞口,若倾角为20°~75°,易产生向软弱结构面滑动。

(3)岩脉、破碎带、岩体软弱及风化破碎的地段,一般不宜布设洞口。

(4)洞口应避开不良地质现象地段,如滑坡、崩塌、危石、泥石流及岩溶段。

6.3.2.2 进出口布置时应考虑的地形条件

(1)洞口地段地形要陡,地面坡度较大。

(2)不宜在冲沟地段布置洞口,因该处常有地面径流汇集,且常为构造破碎的软弱地带。

(3)洞口段应尽量垂直等高线,交角不宜小于30°。

(4)洞口选在悬崖陡壁下,要特别注意风化、卸荷作用所造成的岩体塌方,以及坡面的危石处理。

(5)当地形较陡、坡面较高的地段布设洞口时,一般应尽量不削坡或者少削坡,贯彻“早进晚出”的原则,避免开挖高边坡,破坏原生坡度和地表植被。

6.3.2.3 进出口连接段布置

隧洞进出口应尽可能平顺的与上、下游渠道连接,以减少水头损失,为此需在进出口设置连接段。连接段的另一个作用是保护进出口发生回流及由于出口流速偏大造成对渠道的淘刷。

进出口连接段一般采用扭曲面或八字墙两种形式。连接段多采用混凝土或者浆砌石连接。进出口连接段的长度根据上、下游渠道水深确定,一般为渠道水深的3~5倍,下游连接段应比上游连接段稍长一些。

6.3.3 隧洞的岩体覆盖厚度

隧洞垂直及侧向岩体的最小覆盖厚度,应根据地形条件、岩体的抗抬能力、抗渗透特性、洞内水压力及支护形式等因素分析确定。

(1)有压隧洞的进口段,无压隧洞及其进出口洞段,在采取合理的施工程序和工程措施,保证施工期和运行期的安全时,对岩体的最小覆盖厚度不做具体要求。

(2)对于有压隧洞,洞身部位岩体最小覆盖厚度,按洞内静水压力小于洞顶以上岩体重量的要求确定。有压隧洞围岩覆盖厚度一般可按式(6-1)计算:

$$C_{\mathrm{RM}}=\frac{h_{\mathrm{s}}\gamma_{\mathrm{w}}F}{\gamma_{\mathrm{R}}\cos\alpha} \tag{6-1}$$

式中：C_{RM} 为岩体最小覆盖层厚度，m；h_{s} 为洞内静水压力水头，m；γ_{w} 为水的容重，N/m^3；γ_{R} 为岩体容重，N/m^3；α 为河谷岸边边坡倾角，(°)，$\alpha>60°$时取 $\alpha=60°$；F 为经验系数，一般取1.30~1.50。

(3)对于不衬砌的高压隧洞及高压岔洞，除满足上式规定外，尚应满足洞内最大内水压力小于围岩最小地应力的规定。

有压隧洞洞身部位岩体最小覆盖厚度不能满足上列规定，应采取工程措施，确保隧洞具有足够的强度及抗渗能力。

6.4 隧洞水力学计算

水工隧洞水力学计算应根据隧洞的用途和不同的设计阶段在下列项目中选择：①过流能力；②上、下游水流衔接；③水头损失；④水面线；⑤掺气、充放水方式及其他水力现象。

水工隧洞的水力学计算根据隧洞压力状态分为无压隧洞及有压隧洞两种。

无压隧洞宜采用圆拱直墙断面，当地质条件较差时，可选用圆形或马蹄形断面。有压隧洞宜采用圆形断面，在围岩稳定性较好，内、外水压力不大时，可采用便于施工的其他断面形状。

6.4.1 无压隧洞的水力计算

无压输水隧洞水力计算的目的是确定洞身过水断面尺寸、洞底纵坡、总水头损失及进出口洞底高程等。

从输水渠道的布置看，隧洞上、下游渠道及洞身均为明渠等流速，隧洞进出口水位均低于洞顶高程，一般情况是洞底纵坡大于上、下游渠道纵坡，流速大于渠道流速，过水断面则相应小于上、下游渠道过水断面。

无压输水隧洞水流的边界条件及流态与渡槽相近，因此其水力计算的方法也与渡槽基本相同。在隧洞进出口处，由于过水断面减小，流速加大，一部分位能转换为动能，因而造成相应的水面降落，即进口水头损失 z_1。无压输水隧洞的底部纵坡一般设计为缓坡，且洞身都较长，因此洞内水流为等流速，水面与洞底平行，水面纵坡与洞底纵坡相等，水深沿程保持不变，如洞身长度为 L，洞底纵坡为 i，则水流通过洞身段的水位降落值(沿程水头损失)为 iL。在隧洞出口后，由于断水断面变大，流速变小，一部分动能转变为位能，因而形成相应的水面回升，即恢复落差 z_2。洞内水深 h 可能小于上、下游渠道水深，也可能等于或者略大于上、下游渠道水深。如上所述，无压输水隧洞的水力计算主要包括洞身、进口及出口的水力计算。

6.4.1.1 洞身水力计算

洞身水力计算采用下列等速流式(6-2)~式(6-4)：

$$Q=\omega C\sqrt{Ri} \tag{6-2}$$

$$R=\frac{\omega}{\chi} \tag{6-3}$$

$$C = \frac{1}{n}R^{1/6} \tag{6-4}$$

式中：Q 为设计流量，m^3/s；ω 为洞身过水断面面积，m^2；R 为水力半径，m；χ 为湿周，m；i 为洞底纵坡；C 为谢才系数，$m^{0.5}/s$；n 为糙率。

在洞身水力学计算中，糙率 n 值的选用是一个较重要的问题，因为 n 值直接关系到洞身断面尺寸，n 值选用偏大，则设计过水断面相应偏大，造成不必要的浪费；n 值偏小，则设计过水断面相应偏小，会影响实际过水流量或造成上游渠道壅水。n 值不仅与衬砌材料有关，而且与施工质量、流量大小、流速大小及断面形式等有关。由于影响 n 值的因素较多，因此其值很难精确选定。一般工程则可参照《水工隧洞设计规范》（SL 279—2016）附录 A 中的相关内容选定 n 值。

6.4.1.2　**进口水力计算**

进口水力计算就是确定进口水头损失值，进口水面降落及出口水面回升均按能量方程进行计算，其公式为：

$$Z_1 = \frac{(1+\zeta_1)(v^2 - v_1^2)}{2g} \tag{6-5}$$

$$Z_2 = \frac{(1+\zeta_2)(v^2 - v_2^2)}{2g} \tag{6-6}$$

式中：Z_1 为进口水面降落值，m；Z_2 为出口水面回升值，m；v_1 为上游渠道流速，m/s；v_2 为下游渠道流速，m/s；v 为洞身流速，m/s；ζ_1 为进口水头损失系数；ζ_2 为出口水头损失系数。

其中局部水头损失系数的选取应参照《水工隧洞设计规范》（SL 279—2016）附录 A 中的相关内容选定。

6.4.1.3　**总水头损失值及各部位高程计算**

在洞身及进、出口水力计算完成后，即可得出上下游总水头损失值为：

$$Z = Z_1 + iL - Z_2 \tag{6-7}$$

式中：Z 为隧洞总水头损失，即为上下游总的水面降落，m；L 为洞身长度，m；i 为隧洞底部纵坡。

根据进口段首端处上下游渠底高程 ∇_1 或水位 ∇_2 可分别按下列关系式计算其余各部位高程及水位。

隧洞进口底部高程　　$\nabla_3 = \nabla_1 + h_1 - Z_1 - h$

隧洞出口底部高程　　$\nabla_4 = \nabla_3 - iL$

以上各式中：h_1 为上游渠道水深；h 为洞内水深。

6.4.2　有压隧洞的水力学计算

有压隧洞的水力计算应按照管流计算进行，有压隧洞泄流能力计算公式为：

$$Q = \mu\omega\sqrt{2g(T_0 - h_p)} \tag{6-8}$$

$$\mu = \frac{1}{\sqrt{1 + \sum \zeta_i \left(\frac{\omega}{\omega_i}\right)^2 + \sum \frac{2gl_i}{C_i^2 R_i}\left(\frac{\omega}{\omega_i}\right)^2}} \tag{6-9}$$

式中：μ 为流量系数；ω 为隧洞出口断面面积；T_0 为上游水面与隧洞出口底板高程差 T 及上游行进流速水头$\frac{v_0^2}{2g}$之和，一般可认为$T_0 = T$；h_p 为隧洞出口断面水流的平均单位势能，$h_p = 0.5a + \frac{\bar{p}}{\gamma}$；$a$ 为出口断面洞高；$\frac{\bar{p}}{\gamma}$ 为出口断面平均单位压能；ζ_i 为隧洞第 i 段上的局部能量损失系数；l_i 为隧洞第 i 段的长度。

有压隧洞不应出现明满流交替的流态，在最不利运行条件下，全线洞顶处最小压力水头不应小于 2.0 m。

6.4.3 隧洞的纵坡

隧洞纵坡的选定对隧洞工程造价影响较大，对灌区自流灌溉面积影响也较大。隧洞纵坡陡，其过水断面减小，开挖及衬砌减少，投资降低，但由于水头损失加大，导致自流灌溉面积减少，灌区效益降低；反之，投资增加，灌溉效益增加。

6.5 隧洞支护与衬砌设计

6.5.1 荷载设计

作用在隧洞上的荷载一般有山岩压力、衬砌自重、内水压力、外水压力、施工荷载、岩石弹性抗力及相应的摩擦力等。在输水隧洞的衬砌计算中，通常采用的设计荷载为山岩压力、衬砌自重、内水压力、外水压力、岩石弹性抗力、摩擦力及地震力。

6.5.1.1 无压隧洞荷载设计

1. 无压隧洞设计荷载的选择

衬砌计算中决定衬砌厚度、衬砌材料及衬砌形式等主要荷载为垂直山岩压力和侧向水平山岩压力。由于无压输水隧洞要求洞内水面以上应保留一定的净空，实际水深一般仅为断面净高的2/3左右，为了简化计算，在衬砌计算中大多不考虑内水压力，即相当于按建成未通水时的荷载情况作为设计控制条件，设计上这种情况也是无压输水隧洞在运用中的不利工况。无压输水隧洞在洞内水面以上均布置有排水孔，因此一般也可不考虑外水压力作用。

岩石弹性抗力是岩石抵抗衬砌向围岩方向变形的能力，它能分担衬砌所承受的部分荷载，使衬砌截面应力减小。当隧洞两侧有足够的围岩厚度，无不利的滑动面，且衬砌和围岩结合紧密时，即可考虑围岩抗力的作用。如果围岩岩石很破碎，或者衬砌和围岩结合不紧密，则不考虑围岩弹性抗力作用。预制装配式衬砌由于砌体与围岩间超挖部分一般多用块石、砂卵石或石渣回填，其密度往往难以保证。因此，也不考虑围岩弹性抗力作用。

在无压输水隧洞衬砌荷载设计时，侧向水平的山岩压力和围岩的弹性抗力一般不同时考虑，当考虑侧向水平的山岩压力时，计算不再考虑围岩的弹性抗力。当考虑围岩岩石的弹性抗力时，计算不再考虑侧向水平的山岩压力。这样的考虑一方面可以简化计算；另一方面，当有较大的侧向水平山岩压力作用时，衬砌发生的变形方向是远离围岩的方向，即不会产生弹性抗力。

根据以上情况,无压输水隧洞的衬砌设计一般采用的设计荷载组合为:①不考虑岩石的弹性抗力时,垂直山岩压力+侧向水平山岩压力+衬砌自重;②考虑岩石的弹性抗力时,垂直山岩压力+岩石弹性抗力+岩石弹性抗力产生的摩擦力+衬砌自重。

2. 山岩压力

在无压输水隧洞衬砌计算时,山岩压力是决定衬砌设计的重要荷载,因此山岩压力值的计算,对衬砌经济合理与否影响巨大。

影响山岩压力的因素主要是围岩岩石的物理力学性质、岩石强度、岩石的完整性及裂隙的发育情况、地下水的影响、洞身断面形状尺寸、施工开挖和支撑方式等。由于影响山岩压力的因素很多,因此实际上很难准确地计算出山岩压力值。到目前为止,虽然计算山岩压力的方法和经验公式不少,但都建立在某些假定的基础上,因此计算的结果往往与实际情况有较大出入。我国从1996年至今所颁布的三版《水工隧洞设计规范》中,关于围岩压力的计算方法和公式有较大差别,各计算公式中参数的选取变化幅度也较大,同一计算公式的计算成果也有较大灵活性。为此,设计中应充分考虑地质情况及施工工法,尽可能地使计算结果接近实际情况。

由于岩体工程地质、水文地质等条件较为复杂,不宜用简单公式予以概况,在确定山岩压力时,必须全面分析、综合考虑。从分析隧洞的具体条件出发,采用工程类比法确定山岩压力,可作为估算山岩压力的现实可行方法。以下主要介绍《水工隧洞设计规范》(SL 279—2016)中关于山岩压力的计算方法。

规范中描述,围岩作用在衬砌上的荷载,应根据围岩条件、横断面形状和尺寸、施工方法及支护效果确定,并应符合以下规定:

(1)自稳条件好,开挖后变形很快稳定的围岩,可不计围岩压力。

(2)洞室开挖过程中采取支护措施,使围岩处于基本稳定或已稳定的情况下,围岩压力取值可适当减小。

(3)不能形成稳定拱的浅埋隧洞,宜按洞室顶拱的上覆岩体重力作用计算围岩压力,再根据施工所采取的支护措施予以修正。

(4)块状、中厚层至厚层状结构的围岩,可根据围岩中不稳定块体的重力作用确定围岩压力。

(5)薄层状及碎裂散体结构的围岩,作用在衬砌上的围岩压力可按下式计算:

垂直方向
$$q_v = (0.2 \sim 0.3)\gamma_R b \tag{6-10}$$

水平方向
$$q_h = (0.05 \sim 0.1)\gamma_R h \tag{6-11}$$

式中:q_v 为垂直均布围岩压力,kN/m^2;q_h 为水平均布围岩压力,kN/m^2;γ_R 为岩体容重,kN/m^3;b 为隧洞开挖宽度,m;h 为隧洞开挖高度,m。

(6)采用掘进机开挖的洞室,根据围岩条件,围岩压力取值可适当减小。

(7)具有流变或膨胀等特殊性质的围岩,对衬砌结构可能产生压力变形时,应进行专门研究。

3. 围岩弹性抗力

弹性抗力是岩石抵抗衬砌向围岩方向变形的能力,也可以认为是围岩的一种反力。对于围岩弹性抗力的确定,一般是假设围岩为理想的弹性体,衬砌相当于作用在弹性地基上的板,根据弹性地基反力与变位成正比的假定,可得弹性抗力计算公式如下:

$$P = k\delta \tag{6-12}$$

式中：P 为岩石的弹性抗力，N/cm^2；δ 为岩石受力面的法向变位，cm；k 为岩石的抗力系数，N/cm^3，表示作用在 1 cm^2 面积岩石上，使该面积的岩层沿力方向位移 1 cm 所需的力。

岩石的变位 δ 值与隧洞的断面形式和尺寸、衬砌厚度、荷载大小等因素有关。

影响岩石弹性抗力系数的因素很多，其中主要有岩石的物理力学特性及其成层条件、隧洞的断面尺寸等。岩石越坚硬、整体性越好，弹性抗力系数越大。荷载平行于岩层层理时的抗力系数大于荷载垂直于岩层层理时的抗力系数。对于未被破坏的岩层，荷载大小对抗力系数的影响较小，而对于裂隙发育的岩层及非岩性地层，则抗力系数值随荷载的增加而减小。同时，理论分析及试验资料还表明，抗力系数值随着隧洞断面尺寸的加大而减小。

通常采用工程类比法或者现场试验来确定围岩的弹性抗力系数 k 值。过去在计算不同跨径的岩石弹性抗力系数时，一般采用下列关系式：

$$k = x = \frac{100k_0}{r} \tag{6-13}$$

$$k_0 = \frac{E}{100(1 + \mu)} \tag{6-14}$$

式中：k 为已知洞径的岩石实际抗力系数，N/cm^3；r 为圆形隧洞断面开挖半径，cm，对于非圆形隧洞，则 r 近似采用 $B/2$，B 为断面的开挖宽度；k_0 为单位岩石抗力系数，即半径等于 100 cm 时的圆形隧洞的岩石抗力系数，N/cm^3；E 为岩石弹性模量，N/cm^2；μ 为岩石的泊松比。

由于式(6-13)的关系仅对于圆形隧洞在受均布内水压力时才是合理的，而非圆形隧洞及其他荷载作用下的洞周围应力是很不均匀的，如果仍采用均匀内水压力作用下的圆形隧洞的换算方法，显然是不合理的。因此，有关资料建议对无压隧洞的岩石抗力系数采用单一的 k 值，如表 6-1 所示。表中所列 k 值适用于 5~10 m 跨径的无压隧洞，对于跨径较大的隧洞，k 值适当降低，而跨径较小的隧洞，则 k 值可相应提高。

表 6-1　岩石抗力系数 k 值

岩石坚硬程度	代表岩石的名称	风化程度	岩石抗力系数 k (N/cm^3)
坚硬岩石	石英岩、花岗岩、安山岩、玄武岩、厚层矽质灰岩	节理裂隙少，新鲜节理裂隙不太发育，微风化 节理裂隙发育，弱风化	2 000~5 000 1 200~2 000 500~1200
中等坚硬岩石	砂岩、石灰岩、白云岩、砾岩等	节理裂隙少，新鲜节理裂隙不太发育，微风化 节理裂隙发育，弱风化	1 200~2 000 800~1 200 200~800
较软岩石	砂页岩、黏土质岩石、致密的泥灰岩等	节理裂隙少，新鲜节理裂隙不太发育，微风化 节理裂隙发育，弱风化	500~1 200 200~500 <200
松软岩石	严重风化及十分破碎的岩石、断层、破碎带等		<100

由于弹性抗力与变位成正比，而在荷载作用下，衬砌个点的变位是不同的，因此弹性抗

力分布也是不均匀的。

对弹性固端拱座高脚拱(蛋形、圆拱直墙式及马蹄形断面衬砌均属高脚拱)的变形研究表明,在垂直山岩压力及内水压力的作用下,拱顶部分向下变位,有脱离岩层的趋势,因此这部分不产生弹性抗力。两侧向外变形,紧压岩层,因而产生弹性抗力。拱座(侧墙地面)与基岩间有较大摩擦力,可以认为没有水平位移。如图 6-1 所示。

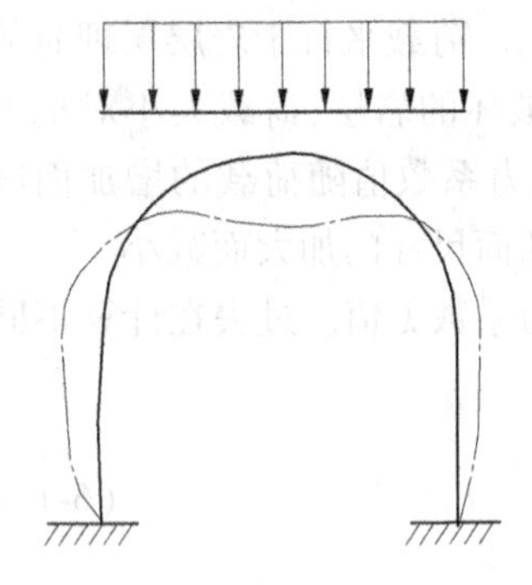

图 6-1　垂直荷载作用下拱轴线变形示意图

根据图 6-1 中的变形曲线,可以确定弹性抗力的分布图形。对于上部为半圆形或者接近半圆形的拱,一般认为弹性抗力的上部零点位置在倾角 $\varphi = 45°$ 的截面处(见图 6-2);对于上部为非半圆形的拱,则上部零点可认为在净跨为 0.7 倍最大净拱跨的截面处(见图 6-3)。因拱座没有水平位移,所以弹性抗力在拱座处为零。对于具有半圆形顶拱的圆拱直墙式断面,最大弹性抗力近似取在拱与墙相交处(见图 6-2),而对于上部为非半圆形的拱,则最大弹性抗力可取在距上部零点 $1/3H' \sim 2/5H'$ 处,矢跨比 $f/l>1$ 时采用 $1/3H'$,矢跨比 $f/l \leqslant 1$ 时采用 $2/5H'$,H' 为承受抗力的衬砌段垂直投影长度(见图 6-3)。

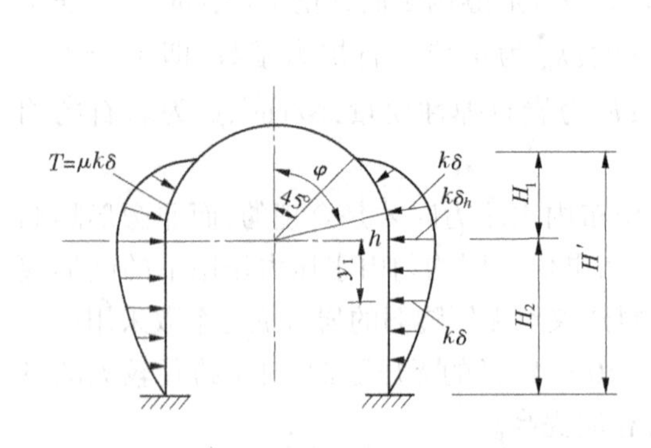

图 6-2　圆拱直墙式衬砌弹性抗力及摩擦力分布示意图

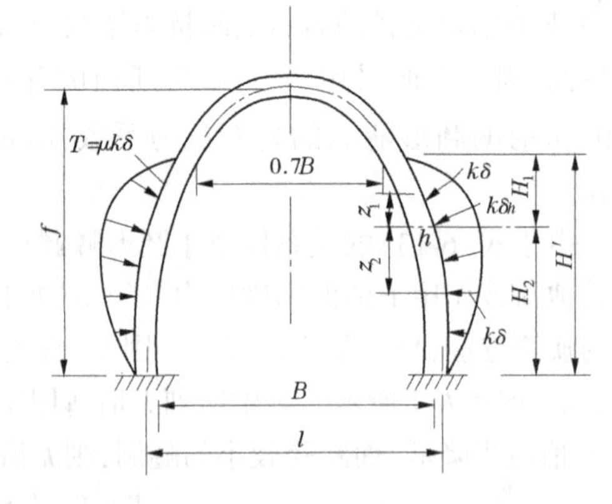

图 6-3　蛋形衬砌弹性抗力及摩擦力分布示意图

确定了弹性抗力的上下零点及最大抗力点以后,即可计算各点的弹性抗力并绘制弹性抗力分布图。

弹性抗力的方向与衬砌表面垂直。一般认为弹性抗力呈抛物线分布,即以最大抗力点作为坐标原点,上下两端各为一抛物线形。

对于圆拱直墙式断面,各点的弹性抗力值分别按下式计算:

最大抗力点以上
$$P = k\delta = k\delta_h(1 - 2\cos^2\alpha) \tag{6-15}$$

最大抗力点以下
$$P = k\delta = k\delta_h(1 - \frac{y_1^2}{H_2^2}) \tag{6-16}$$

式中:P 为所求点的弹性抗力值;δ_h 为最大抗力点 h 的变位值;δ 为所求抗力点的变位值;φ 为上段所求抗力点衬砌截面与垂直线的倾角;H_2 为直墙段高度,即抗力图下端的垂直投影长度;y_1 为下段所求抗力点至直墙顶点(最大抗力点 h)的距离。

对于蛋形断面,各点的弹性抗力值分别按下列公式计算:

最大抗力点以上
$$P = k\delta = k\delta_h(1 - \frac{H_1^2}{Z_1^2}) \tag{6-17}$$

最大抗力点以下
$$P = k\delta = k\delta_h(1 - \frac{H_2^2}{Z_2^2}) \tag{6-18}$$

式中：H_1 为抗力图上段的垂直投影长度，其值为 $1/3H' \sim 2/5H'$；H_2 为抗力图下段的垂直投影长度，其值为 $H_2 = H' - H_1$；Z_1 为上段所求抗力点从最大抗力点算起的纵坐标；Z_2 为下段所求最大抗力点算起的纵坐标；其余符号意义同前。

除弹性抗力外，在弹性抗力区，还有与之相应的摩擦力 T 作用在衬砌表面上与衬砌表面相切，方向向上，其值与弹性抗力成正比，即

$$T = \mu P = \mu k\delta \tag{6-19}$$

式中：μ 为衬砌与围岩的摩擦系数，与岩石的岩性及接触面形状有关，一般为0.3~0.6；其余符号意义同前。

以上介绍的关于弹性抗力分布图形及其各点的弹性抗力均为相对值。对于各点弹性抗力的实际值取决于所有荷载作用下的变位，而在变位值求得以前，弹性抗力尚为一未知值。

6.5.1.2 有压隧洞荷载设计

与无压隧洞不同，影响有压隧洞衬砌计算中决定衬砌厚度、衬砌材料及衬砌形式等的主要荷载为垂直围岩压力、水平围岩压力、外水压力、内水压力、衬砌自重、灌浆压力、弹性抗力等。

1. 围岩压力

有压隧洞围岩压力的确定方法与无压隧洞围岩压力的计算方法相同，在此不再赘述。

2. 外水压力

外水压力受围岩的渗透系数、岩层结构、地质构造、渗流类型、衬砌形式、补给水源、排水或出水点等因素影响，其值很难准确确定。目前，衬砌外水压力的确定方法主要有折减系数法、理论计算法和数值分析法。根据《水工隧洞设计规范》(SL 279—2016)按折减系数法对外水压力进行折减，可按下式进行估算：

$$P_e = \beta_e \gamma_w H_e \tag{6-20}$$

式中：P_e 为作用在衬砌结构外表面的地下水压力；β_e 为外水压力折减系数；γ_w 为水的重度；H_e 为地下水位线至隧洞中心的作用水头。

式(6-20)中外水压力折减系数可按表6-2确定。规范同时规定，对于设有排水设施的水工隧洞，可根据排水效果和排水设施的可靠性，对作用在衬砌结构上的外水压力作适当折减，其折减值可通过工程类比或渗流计算分析确定。

3. 内水压力

内水压力的计算公式如下：

$$q_n = \gamma_w h_w \tag{6-21}$$

式中：q_n 为内水压力，kN/m^2；γ_w 为水的容重，可取9.8，kN/m^3；h_w 为设计水深，m。

4. 衬砌自重

衬砌自重计算可按下式进行：

$$q_g = \gamma_1 h_1 \tag{6-22}$$

式中：q_g 为衬砌自重，kN/m^2；γ_1 为衬砌材料容重，kN/m^3；h_1 为衬砌厚度，m。

表 6-2　压力折减系数

级别	地下水活动状态	地下水对围岩稳定的影响	β_e 值
1	洞壁干燥或潮湿	无影响	0~0.20
2	沿结构面有渗水或者滴水	风化结构面充填物质,地下水降低结构面的抗剪强度,对软弱岩体有软化作用	0.10~0.40
3	沿裂隙或者软弱结构面有大量滴水、线状流水或喷水	泥化软弱结构面充填物质,地下水降低结构面的抗剪强度,对中硬岩体有软化作用	0.25~0.60
4	严重滴水,沿软弱结构面有小量涌水	地下水冲刷结构面中充填物质,加速岩体风化,对断层等软弱带软化泥化,并使其膨胀崩解,以及产生机械作用。有渗透压力,能鼓开较薄的软弱层	0.40~0.80
5	严重股状流水,断层软弱带有大量涌水	地下水冲刷携带结构面充填物质,分离岩体,有渗透压力,能鼓开一定厚度的断层等软弱带,能导致围岩崩塌	0.65~1.00

注:当有内水组合时,β_e 取值较小;当无内水组合时,β_e 取值较大。

5. 灌浆压力

根据《水工隧洞设计规范》(SL 279—2016),在确定灌浆压力时,混凝土衬砌的可采用 0.2~0.3 MPa,钢筋混凝土衬砌的可采用 0.3~0.5 MPa。

6. 弹性抗力

有压隧洞围岩弹性抗力的计算方法与无压隧洞围岩弹性抗力系数的计算方法相同。

作用在衬砌上的荷载种类见表 6-3。

表 6-3　荷载种类

荷载种类	荷载内容
永久荷载	衬砌自重、围岩压力
可变荷载	内水压力、外水压力、灌浆压力
偶然荷载	地震作用、校核洪水位时的内水压力和相应外水压力

基本组合应为永久荷载效应与可变荷载效应的组合。

偶然荷载组合应为永久荷载效应、可变荷载效应与一种偶然荷载荷载效应组合。

6.5.2　隧洞喷锚支护设计

6.5.2.1　支护设计基本原理

传统的隧洞工程是采用刚度大的厚壁衬砌结构来承受围岩压力的,开挖过程中采用木支撑或者钢支撑作为临时支护,从开挖到永久衬砌结束,需经较长的时间过程。

根据岩石力学理论,木支撑或钢支撑与围岩都只有几个接触点,在非接触处,支护与围岩间存在一定的空隙,随着时间的增长,不可避免地会发生围岩松动变形及支护接触点破坏,从而使岩体强度降低,产生较大的围岩压力,甚至发生塌方。因此,在开挖后,适时地采用喷射混凝土作为临时支护。喷射混凝土能与周围岩体紧密连接,将整个开挖面全部封闭,可以有效地防止围岩松动变形,保持围岩强度不降低,并使支护和围岩共同形成坚固的支撑圈,提高围岩自己支承自己的能力,从而可以大大减小衬砌厚度,与喷射混凝土同时使用的还有钢筋网、锚杆、钢拱架,共同组成喷锚支护。

结合以上情况,目前在进行水工隧洞设计时,经常采用一次支护和二次支护两层设计,一次支护为喷锚临时支护,二次支护为现浇混凝土衬砌的永久支护,临时支护也是永久支护的一部分。

根据岩石力学的理论,需要遵从以下原则才能顺利施工而不出问题:

(1)在隧洞的开挖过程中,应尽量避免过多的扰动和破坏围岩,防止围岩松动。开挖后应适时地进行支护,支护应全部与围岩紧密联结,而不是仅支撑几个点,为此应采用喷射混凝土。喷射混凝土可全部封闭开挖表面,有效防止围岩松动,保持岩体强度,使围岩产生自己支撑自己的能力。

(2)围岩在未开挖时处于三维应力状态,在三维应力状态下围岩是稳定的。开挖使围岩成为二维应力状态,而在二维应力状态下的围岩强度是很低的,因此应尽量避免出现这种不利的应力状态。开挖后适时采用喷射混凝土支护,可使开挖面受到侧向约束,恢复和保持围岩原来的三维应力状态,并在围岩内形成一个较小的支撑圈,支撑圈可以承受住圈外的围岩压力,而支撑圈与衬砌间的围岩压力则很小。

(3)喷射混凝土支护一定要适时,最佳时间是开挖后岩体产生了一定的变形时,这时支护承受的压力最小。支护过早,岩体尚未变形,支护会受到很大的压力;支护过晚,岩体将产生大的变形,使支护受到很大的压力。另外,支护的刚度也要适合,刚度太大,会因岩体变形产生较大的应力;刚度太小,则不能满足支护要求。

(4)不论是外层的喷锚临时支护还是内层的现浇混凝土永久衬砌,都要薄一点。如果薄的喷混凝土支护强度不够,可以加设钢筋网、锚杆、钢拱架,而不宜增加支护厚度。传统的厚壁衬砌结构是在受弯状态下工作,要承受很大的弯曲应力;而薄壁柔性结构是在受剪状态下工作,可以充分利用混凝土的抗剪强度,相应减少衬砌工程量。临时支护也是永久支护的一部分,永久支护应在临时支护基本稳定的情况下进行,其作用是增加稳定性。

(5)支护结构尺寸及适宜的支护时间需通过施工现场变形量测来确定。一般用多点伸长计量测不同部位的围岩变位,并观测混凝土内部及混凝土与围岩接触面的应力,以及锚杆所承受的拉力等。通过观测可以确定洞室是否趋于稳定。

(6)尽可能采用全断面开挖,如不可能则采用二次开挖,而不宜多次开挖。因前一次开挖时在围岩中形成的支撑圈会被下一次的开挖破坏,开挖次数多了就会降低围岩自己支撑自己的能力。

(7)如果围岩内有地下水,应设周密的排水系统释放渗透水压力。

1. 喷射混凝土衬砌的工作原理

喷射混凝土衬砌是在新开挖出来的岩面上立即喷上一层混凝土,高速喷射的混凝土不仅隔绝了岩石与空气和水的接触,防止围岩风化、松动和脱落,而且能渗入岩石裂隙,封闭节理,与围岩紧密黏结,从而使围岩仍保持未松动的原始稳定状态,并能与混凝土层共同工作。由于这种共同作用,使喷射混凝土层和与其紧密黏结的岩层构成一个承受自重及上部山岩压力的承重拱,而拱的有效厚度可超过喷混凝土厚度的许多倍。

2. 喷混凝土对原材料的要求

(1)水泥。喷混凝土所用的水泥,要求掺入速凝剂后凝结快,保水性好,早期强度增长快,收缩小。应优先选用标号不低于 425 号的新鲜普通硅酸盐水泥,也可采用标号不低于 525 的新鲜矿渣水泥。

(2)砂石料。应优先选用磨圆度较好的天然砂和卵石,也可以采用机制的砂石料。砂的细度模数宜大于 2.5,砂石料质量必须符合《水工混凝土施工规范》的有关规定。实践表明,骨料越大,回弹越多,因此最大粒径应控制在 15 mm 以内。某些含有活性二氧化硅的岩石,如流纹岩、安山岩等,不得作为喷射混凝土的骨料,以免与速凝剂中的碱相遇,引起碱—集料膨胀,而使混凝土破裂。

(3)水。一般能供饮用的自来水或者清洁的天然水都能使用。隧洞中的浑浊水和一切含有影响水泥正常凝结、硬化杂质的水不能使用。

(4)速凝剂。使用速凝剂是为了使喷混凝土速凝、早强,防止喷射时因重力作用所引起的脱落,提高它在潮湿岩面使用的适应性,以及可适当加大一次喷射厚度和缩短喷射层之间的间歇时间。速凝剂应防潮保存。

3. 喷混凝土的配料组成

(1)混合料的配合比。选择喷混凝土配合比,既要考虑混凝土强度和其他物理力学性能要求,又要考虑施工工艺的要求。在一般情况下,“干喷法”时水泥与骨料之比宜为 1∶4.0~1∶4.5,“湿喷法”时水泥与骨料之比宜为 1∶3.5~1∶4.0,原始配合比中的水泥用量为 450~500 kg/m^3,砂率为 50%~60%。

(2)水灰比。同普通混凝土一样,水灰比也是影响喷混凝土强度和其他物理力学性能的重要因素。在一定范围内(水灰比大于 0.35),喷混凝土强度随水灰比增大而减小。但当水灰比小于 0.35 时,料束分散,粉尘大,回弹多,喷射层上出现干斑,影响混凝土的密实性。实践表明,水灰比在 0.4~0.5 为好。

(3)速凝剂掺量。在普通硅酸盐水泥中掺入 2.5%~4.0%的速凝剂,凝结时间较快,可在 1~3 min 内初凝,2~10 min 内终凝,能满足喷射混凝土的速凝要求。如果掺量超过 4%,凝结时间反而会延长。

速凝剂会降低混凝土的后期强度,这是因为速凝剂阻止了水在水泥中的扩散,水泥水化率低。因此,在满足工艺要求的前提下,应尽量减少速凝剂掺量。一般喷拱部时掺量可用 3.0%,不超过 4%,喷边墙时不超过 2%;也有不掺速凝剂喷射的。

加入速凝剂后的混合料停放时间,对喷射混凝土的速凝效果和强度都有很大影响。掺入速凝剂的混凝料停放 30 min,凝结时间显著增加,初凝 10 min 以上,终凝 1 h 以上,混凝土强度降低 20%。因此,要求在速凝剂加入混合料后应随拌随喷。在不能保证连续作业情况下,速凝剂应在喷射前的最短时间内加入。

4. 混凝土的力学指标

混凝土的力学指标应符合下列要求:①设计强度等级不宜低于 C20。②与岩石的黏结力,Ⅰ、Ⅱ级围岩不应低于 0.8 MPa,Ⅲ级围岩不应低于 0.5 MPa。③抗渗强度不应小于 0.8 MPa。

5. 喷混凝土衬砌的一般布置原则

喷混凝土衬砌不仅适用于比较稳定的岩层,更适用于较破碎或松软的岩层,甚至在黄土层中开挖的隧洞,也可能采用喷混凝土衬砌。在一般情况下,混凝土衬砌的范围包括全部顶拱及侧壁,当岩石比较完整稳定时,也可只在顶拱喷射混凝土。喷射混凝土衬砌的设计主要是确定各部位喷混凝土的厚度。要求的喷混凝土厚度与岩石性质、岩块大小、节理裂隙的发育情况及洞身断面尺寸因素有关。目前主要还是根据经验数据按工程类比法确定喷混凝土衬砌的厚度。喷射混凝土衬砌厚度一般不应小于 5 cm，最大不宜超过 20 cm。顶拱一般采用 10 cm 左右，当岩层比较稳定完整时，厚度可为 5～8 cm，当岩层较破碎且跨度较大时，厚度可增大到 15 cm，侧墙厚度可略小于顶拱厚度。为了使衬砌厚度比较均匀，喷射混凝土衬砌的洞身开挖应采用光面爆破。

6. 喷混凝土与锚杆组合式衬砌

对于稳定性较差的岩石、喷混凝土与岩面不能很好黏结的岩石和开挖很不规则的岩石，单用喷混凝土衬砌可能起不到有效的衬砌作用。在这种情况下，常采用喷混凝土与锚杆组合式衬砌。根据地质条件的变化，可全部采用喷混凝土与锚杆组合衬砌，也可仅在拱部或局部岩石破碎部分加设锚杆。

关于喷射混凝土的设计布置原则如前所述，以下着重介绍有关锚杆的工作原理及布置原则。锚杆除与喷混凝土联合使用外，还可单独使用作为临时或永久支护。

1）锚杆支护的作用原理

锚杆支护是在岩层内安装金属锚杆，以改善围岩的应力状态，限制围岩变形，保持围岩稳定，使围岩起到加固补强的作用。对于顶部为圆弧形的开挖断面，其工作原理主要有以下两种：①悬吊作用。锚杆嵌入岩层，把可能塌落的岩块拴定在内部稳定的岩体上，起到悬吊作用，保证了洞顶围岩的稳定。②组合拱作用。锚杆将裂隙发育的岩体串联在一起，阻止了岩块沿裂隙转动或者滑移，保持了裂隙间的挤压结合，形成拱形的连续压缩带，构成一个承受山岩压力的岩石承重拱。

2）锚杆支护的结构形式

锚杆支护根据锚固方式分为集中锚固及全长锚固两种。集中锚固方式是依靠锚头与岩石的摩擦力和通过拧紧锚杆外端的螺帽及垫板使岩层受到挤压而起到锚固作用；全长锚固方式是锚杆与孔壁之间填充黏结剂，利用全锚杆与岩石的摩擦力或黏结力起锚固作用。

由于灌区工程中的隧洞大多跨径不大，为方便施工，现在多用全长锚杆。因此，接下来对全长锚杆做详细描述。

全长锚固锚杆的黏结锚固剂有水泥砂浆、环氧树脂、聚酯树脂三种，我国通常采用的锚固剂为砂浆锚杆。全长锚固锚杆一般常用普通砂浆锚杆，是靠锚杆与水泥砂浆及水泥砂浆与岩石的黏结力起到锚固作用的，普通砂浆锚杆的杆体主要采用光面钢筋加工，同时也广泛采用螺纹钢筋的锚杆。锚杆直径一般也采用 16～25 mm。杆体有直线形和波形两种，头部一般有直头、斜头、劈头三种。锚杆后端有螺纹加垫板及螺帽的，有带扣环形的，也有不加螺帽的。

水泥砂浆的强度等级不应低于 M20。水泥与砂的配合比一般为 1:1～1:1.5；水灰比一般为 0.38～0.45。直径为 25 mm，长度 1.5 m 的螺纹钢筋砂浆锚杆的锚固力约为 130 kN。普通砂浆锚杆主要用于较松软的岩层。其特点是加工简单、安装方便，可以防止钢筋锈蚀，并有足够的锚固力，可作为永久支护。

3）锚杆的一般布置原则

锚杆的安装方向，在有明显节理的岩层里，应尽可能地垂直于节理面。如节理面不明显，应垂直于洞壁表面。锚杆的长度及间距应根据围岩强度、节理裂隙间距、洞身断面尺寸等条件确定。

按照组合拱作用考虑,锚杆不一定要求达到不松动的围岩。锚杆长度可采用节理岩块厚度的3倍,使锚杆锚固到头两层之后的节理岩块上,将一组组岩块构成整体结构。按上述要求,通常采用的锚杆长度为1.5~2.5 m。考虑到靠近洞壁的岩层不能松动,锚杆的最小长度不宜小于1 m。

锚杆布置间距与围岩节理裂隙的间距及锚杆长度有关。为了保证锚固效果,锚杆间距应小于平均裂隙间距的3倍。同时认为,当岩层均匀受压时,锚杆的支护效果最好。试验表明,当锚杆的间距小于锚杆长度的1/2(锚杆长度和间距之比大于2)时,能在围岩中形成一个厚度不小于锚杆长度1/3的均匀压缩带。为此,锚杆的间距不宜大于其长度的1/2;Ⅳ、Ⅴ类围岩中的锚杆间距宜为0.5~1.0 m,并不得大于1.25 m,一般以每平方米一根锚杆为宜,呈梅花形均匀交错布置,横向(垂直于洞轴)间距可较纵向(顺洞轴)间距略密些。

7. 喷混凝土、锚杆与钢筋组合式衬砌

在喷混凝土与锚杆组合式衬砌中,如岩面与喷混凝土层间增加钢筋网,就称为喷混凝土、锚杆与钢筋网组合式衬砌,这种衬砌多在跨度较大或者围岩较破碎的情况下采用。钢筋网除可在喷射混凝土前防止锚杆间松动岩块的脱落外,还可以提高喷射混凝土的整体性,防止喷射混凝土产生收缩并提高抗震的能力。此外,加置钢筋网对衬砌断面按设计要求成型以保证喷射混凝土表面的平整可以起到有效的控制作用。

钢筋网的纵向钢筋直径一般为6~10 mm,环向钢筋直径一般为6~12 mm,不宜采用过粗的钢筋。钢筋网格间距一般为20~30 cm,最小不应小于10 cm。钢筋网的喷射混凝土保护层不应小于5 cm。

6.5.2.2 支护形式的选择

《岩土锚杆与喷射混凝土支护工程技术规范》中,对于锚杆与喷射混凝土支护的设计有较强的可操作性。下面对规范中的相关要求做详细描述,供大家设计时参考。

锚喷支护的工程类比法设计应根据围岩级别及隧洞开挖跨度确定锚喷支护类型和参数。局部地质或工程条件复杂区段的锚喷支护设计,还应符合下列规定:①隧洞洞口段、洞室交叉口洞段、断面变化处、洞室轴线变化洞段等特殊部位,均应加强支护结构;②围岩较差地段的支护,应向围岩较好地段适当延伸;③断层、破碎带或不稳定块体,应进行局部加固;④当遇岩溶时,应进行处理或局部加固;⑤当可能发生大体积围岩失稳或需对围岩提供较大支护力时,宜采用预应力锚杆加固。

对下列特殊地质条件的锚喷支护设计,应通过试验或专门研究后确定:①未胶结的松散岩体;②有严重湿陷性的黄土层;③大面积淋水地段;④能引起严重腐蚀的地段;⑤严寒地区的冻胀岩体。

步骤一,围岩分级判定,隧洞洞室的支护设计应首先确定围岩级别,围岩级别的划分可按照表6-4进行。其中的岩体完整性指标及岩体强度应力比参数可根据《岩土锚杆与喷射混凝土支护工程技术规范》中的相关公式进行计算。

对于Ⅱ、Ⅲ、Ⅳ级围岩,当地下水较发育时,应根据地下水类型、水量大小、软弱结构面多少及其危害程度,适当降级;当洞轴线与主要断层或软弱夹层走向的夹角小于30°时,应降一级。

步骤二,初步设计阶段,按照步骤一初步确定围岩级别和隧洞尺寸,按表6-5选定支护类型和参数。

表 6-4 围岩级别划分

围岩级别	主要工程地质特征							毛洞稳定情况
	岩体结构	构造影响程度，结构面发育情况和组合状态	岩石强度指标		岩体声波指标		岩体强度应力比	
			单轴饱和抗压强度(MPa)	点荷载强度	岩体纵波速度(km/s)	岩体完整性指标		
Ⅰ	整体状及层间结合良好的厚层状结构	构造影响轻微，偶有小断层。结构面不发育，仅有2~3组，平均间距大于0.8 m，以原生和构造节理为主，多数闭合，无泥质填充，不贯通。层间结合良好，一般不出现不稳定块体	>60	>2.50	>5	>0.75	>4	毛洞跨度
Ⅱ	同Ⅰ级围岩结构	同Ⅰ级围岩特征	30~60	1.25~2.50	3.7~5.2	>0.75	>2	毛洞跨度5~10 m时，围岩能较长时间(数月至数年)维持稳定，仅出现局部小块掉落
Ⅱ	块状结构和层间结合较好的中厚层或厚层状结构	构造影响较重，有少量断层。结构面较发育，一般为3组。平均间距为0.4~0.8 m，以原生和构造节理为主，多数闭合，偶有泥质填充，贯通性较差，有少量软弱结构面。层间结合较好，偶有层间错动和层面张开现象	>60	>2.50	3.7~5.2	>0.50	>2	
Ⅲ	同Ⅰ级围岩结构	同Ⅰ级围岩特征	20~30	0.85~1.25	3.0~4.5	>0.75	>2	毛洞跨度5~10 m时，围岩能维持一个月以上稳定，主要出现局部掉块塌落
Ⅲ	同Ⅱ级围岩块状结构和层间结合较好的中厚层或厚层状结构	同Ⅱ级围岩块状结构和层间结合较好的中厚层或厚层状结构特征	30~60	1.25~2.50	3.0~4.5	0.50~0.75	>2	

续表 6-4

围岩级别	主要工程地质特征							毛洞稳定情况
	岩体结构	构造影响程度，结构面发育情况和组合状态	岩石强度指标		岩体声波指标		岩体强度应力比	
			单轴饱和抗压强度(MPa)	点荷载强度	岩体纵波速度(km/s)	岩体完整性指标		
Ⅲ	层间结合良好的薄层和软硬岩互层结构	构造影响较重。结构面发育，一般为3组，平均间距0.2~0.4 m，以构造节理为主，节理面多数闭合，少有泥质填充。岩层为薄层或以硬岩为主的软硬岩互层，层间结合良好，少见软弱夹层、层间错动和层面张开现象	>60(软岩，>20)	>2.50	3.0~4.5	0.30~0.50	>2	毛洞跨度5~10 m时，围岩能维持一个月以上稳定，主要出现局部掉块塌落
Ⅲ	碎裂镶嵌结构	构造影响较重。结构面发育，一般为3组，平均间距0.2~0.4 m，以构造节理为主，节理面多数闭合，少有泥质填充。块体间牢固咬合	>60	>2.50	3.0~4.5	0.30~0.50	>2	
Ⅳ	同Ⅱ级围岩块状结构和层间结合较好的中厚层或厚层状结构	同Ⅱ级围岩块状结构和层间结合较好的中厚层或厚层状结构特征	10~30	0.42~1.25	2.0~3.5	0.50~0.75	>1	毛洞跨度5 m时，围岩能维持数日到一个月的稳定，主要失稳形式为冒落或片帮
Ⅳ	散块状结构	构造影响严重，一般为风化卸荷带。结构面发育，一般为3组，平均间距0.4~0.8 m，以构造节理、卸荷、风化裂隙为主，贯通性好，多数张开，夹泥，夹泥厚度一般大于结构面的起伏高度，咬合力弱，构成较多不稳定块体	>30	>1.25	>2	>0.15	>1	

续表 6-4

围岩级别	主要工程地质特征							毛洞稳定情况
	岩体结构	构造影响程度，结构面发育情况和组合状态	岩石强度指标		岩体声波指标		岩体强度应力比	
			单轴饱和抗压强度（MPa）	点荷载强度	岩体纵波速度（km/s）	岩体完整性指标		
Ⅳ	层间结合不良的薄层、中厚层和软硬岩互层结构	构造影响较重。结构面发育，一般为3组以上，平均间距0.2~0.4 m，大部分微张（0.5~1 mm），部分张开（>1.0 mm），有泥质填充，形成许多碎块体	>30（软岩，>10）	>1.25	2.0~3.5	0.20~0.40	>1	洞跨度5 m时，围岩能维持数日到一个月的稳定，主要失稳形式为冒落或片帮
Ⅳ	碎裂状结构	构造影响严重。多数为断层影响带或强风化带，一般为3组以上，平均间距0.2~0.4 m，大部分微张（0.5~1 mm），部分张开（>1.0 mm），有泥质填充，形成许多碎块体	>30	>1.25	2.0~3.5	0.20~0.40	>1	
Ⅴ	散体状结构	构造影响严重，多数为破碎带、强风化带、全强风化带、破碎带交会部位。构造及风化节理密集，节理面及其组合杂乱，形成大量碎块体。块体间多数为泥质填充，甚至呈石夹土或土夹石状	—	—	<2.0	—	—	毛洞跨度5 m时，围岩稳定时间很短，约数小时至数日

注：1. 围岩按定性分级与定量分级有差别时，应以低者为准。

2. 本表声波指标以孔测法测试值为准。当用其他方法测试时，可通过对比试验进行换算。

3. 层状岩体按单层厚度可划分为：厚层，大于0.5 m；中厚层，0.1~0.5 m；薄层，小于0.1 m。

4. 一般条件下，确定围岩级别时，应以岩石单轴湿饱和抗压强度为准；当洞跨小于5 m，服务年限小于10年的工程，确定围岩级别时，可采用点荷载强度指标代替岩块单轴饱和抗压强度指标，可不做岩体声波指标测试。

5. 测定岩石强度，做单轴抗压强度测定后，可不做点荷载强度测定。

表 6-5　支护类型和参数选定

围岩级别	开挖跨度 B(m)						
	$B\leqslant 5$	$5<B\leqslant 10$	$10<B\leqslant 15$	$15<B\leqslant 20$	$20<B\leqslant 25$	$25<B\leqslant 30$	$30<B\leqslant 35$
Ⅰ级围岩	不支护	喷混凝土 $\delta=50$	1. 喷混凝土 $\delta=50\sim 80$ 2. 喷混凝土 $\delta=50$，布置锚杆 $L=2.0\sim 2.5$ m，@1.0~1.5	喷混凝土 $\delta=100\sim 120$，布置锚杆 $L=2.5\sim 3.5$ m，@1.25~1.5，必要时设置钢筋网	钢筋网喷混凝土 $\delta=120\sim 150$，布置锚杆 $L=3\sim 4$ m，@1.5~2.0	钢筋网喷混凝土 $\delta=150$，相间布置 $L=4.0$ m 锚杆和 $L=5.0$ m 低预应力锚杆，@1.5~2.0	钢筋网喷混凝土 $\delta=150\sim 200$，相间布置 $L=5.0$ m 锚杆和 $L=6.0$ m 低预应力锚杆，@1.5~2.0
Ⅱ级围岩	喷混凝土 $\delta=50$	1. 喷混凝土 $\delta=80\sim 100$ 2. 喷混凝土 $\delta=50$，布置锚杆 $L=2.0\sim 2.5$ m，@1.0~1.25	1. 钢筋网喷混凝土 $\delta=100\sim 120$ 2. 喷混凝土 $\delta=80\sim 100$，布置锚杆 $L=2.5\sim 3.5$ m，@1.0~1.5，必要时设置钢筋网	钢筋网喷混凝土 $\delta=120\sim 150$，布置锚杆 $L=3.5\sim 4.5$ m，@1.5~2.0	钢筋网喷混凝土 $\delta=150\sim 200$，相间布置 $L=3.0$ m 锚杆和 $L=4.5$m 低预应力锚杆，@1.5~2.0	钢筋网喷混凝土 $\delta=150\sim 200$，相间布置 $L=5.0$ m 锚杆和 $L=7.0$ m 低预应力锚杆，@1.5~2.0，必要时布置 $L\geqslant 10.0$ m 的预应力锚杆	钢筋网喷混凝土 $\delta=180\sim 200$，相间布置 $L=6.0$ m 锚杆和 $L=8.0$ m 低预应力锚杆，@1.5~2.0，必要时布置 $L\geqslant 10.0$ m 的预应力锚杆
Ⅲ级围岩	1. 喷混凝土 $\delta=80\sim 100$ 2. 喷混凝土 $\delta=50$，布置锚杆 $L=1.5\sim 2.0$ m，@0.75~1.0	1. 钢筋网喷混凝土 $\delta=120$，局部锚杆； 2. 钢筋网喷混凝土 $\delta=80\sim 100$，布置锚杆 $L=2.5\sim 3.5$ m，@1.0~1.5	钢筋网喷混凝土 $\delta=100\sim 150$，布置锚杆 $L=3.5\sim 4.5$ m，@1.5~2.0，局部加强	钢筋网喷混凝土 $\delta=150\sim 200$，布置锚杆 $L=3.5\sim 5$ m，@1.5~2.0，局部加强	钢筋网喷混凝土 $\delta=150\sim 200$，相间布置 $L=4.0$ m 锚杆和 $L=6.0$ m 低预应力锚杆，@1.5，必要时布置 $L\geqslant 10.0$ m 的预应力锚杆	钢筋网喷混凝土 $\delta=180\sim 250$，相间布置 $L=6.0$ m 锚杆和 $L=8.0$ m 低预应力锚杆，@1.5，必要时布置 $L\geqslant 15.0$ m 的预应力锚杆	钢筋网喷混凝土 $\delta=200\sim 250$，相间布置 $L=6.0$ m 锚杆和 $L=9.0$ m 低预应力锚杆，@1.2~1.5，必要时布置 $L\geqslant 15.0$ m 的预应力锚杆

续表 6-5

围岩级别	开挖跨度 B(m)						
	$B\leqslant 5$	$5<B\leqslant 10$	$10<B\leqslant 15$	$15<B\leqslant 20$	$20<B\leqslant 25$	$25<B\leqslant 30$	$30<B\leqslant 35$
Ⅳ级围岩	钢筋网喷混凝土 δ = 80 ~ 100,布置锚杆 L = 1.5~2.5 m,@1.0~1.25	钢筋网喷混凝土 δ = 120 ~ 150,布置低预应力锚杆 L = 2.0~3.0 m,@1.0~1.25,必要时设置仰拱和实施二次支护	钢筋网喷混凝土 δ = 200,布置低预应力锚杆 L = 4~5 m,@1.0~1.25,局部钢拱架,必要时设置仰拱和实施二次支护				
Ⅴ级围岩	钢筋网喷混凝土 δ = 150,布置锚杆 L = 1.5~2.5 m,@0.75~1.25,设置仰拱和实施二次支护	钢筋网喷混凝土 δ = 200,布置低预应力锚杆 L = 2.5~3.5 m,@0.75~1.0,局部钢拱架,设置仰拱和实施二次支护					

注:1. 表中的支护类型和参数,是指隧洞和倾角小于30°的斜井的永久支护,包括初期支护和后期支护的类型与参数。
2. 二次支护可以是喷锚支护或现浇混凝土衬砌。
3. 本表仅适用于洞室跨高比 $H/B\leqslant 1.2$ 情况的喷锚支护设计。

步骤三,施工图阶段应根据开挖过程中揭示的洞室围岩地质条件,详细划分围岩级别,并应通过监控测量结果的综合分析修正初步设计。

隧洞的系统锚杆设计也应符合下列规定:①在岩面上,锚杆呈菱形或者矩形布置。锚杆的安设角度宜与洞室开挖避免垂直,当岩体主结构面产状对洞室稳定不利时,应将锚杆与结构面呈较大角度设置。②锚杆间距不宜大于锚杆长度的1/2。当围岩条件较差、地应力较高或隧洞开挖尺寸较大时,锚杆布置应该适当加密。对于Ⅳ、Ⅴ级围岩中锚杆间距宜为0.5~1.0 m,并不得大于1.25 m。③锚杆直径应随锚杆长度增加而增大,宜为18~32 mm。

6.5.3 隧洞衬砌设计

在隧洞的衬砌计算中,应根据衬砌结构特点、荷载作用形式、施工情况及围岩条件,选择合理的计算简图和相应的计算方法。

应该指出的是,不论哪一种计算方法,都做了一定的基本假定,加之山岩压力也建立在某些假定的基础上,因此即使计算数字很准确,内力计算结果也难免会与设计受力状态有出入。也就是说,隧洞衬砌计算的结果可作为确定衬砌结构尺寸的重要参考,但不应作为唯一的依据。必要时,还应结合实际情况,通过工程类比,经过分析比较来确定衬砌结构尺寸。

本节主要针对过去在实际工程中采用较多的现浇式素混凝土衬砌断面。对于钢筋混凝土衬砌断面,其结构内力计算与素混凝土衬砌断面相同,而在求出控制截面弯矩及轴向力后,按《水工混凝土结构设计规范》的偏心受压构件计算方法,进行承载能力极限状态计算及正常使用极限状态验算。浆砌石及预制混凝土块衬砌断面的内力计算,也与素混凝土衬砌断面基本相同,浆砌石衬砌断面按截面拉应力不超过允许拉应力值作为控制条件计算所需的衬砌厚度可能偏大,建议采用轻台拱桥计算圬工拱圈的方法确定其衬砌厚度。

在此尚需对无压隧洞结构内力及应力计算中采用的各项系数做如下说明:按《水工建筑物荷载设计规范》规定,普通混凝土结构自重的作用分项系数为1.05,地下工程混凝土衬砌结构自重的作用分项系数为1.1,山岩压力及静水压力的作用分项系数为1.0。对于按松散体理论计算山岩压力的软围岩无压隧洞,衬砌结构的内力主要取决于山岩压力,而由自重产生的内力所占比例较小,仅为山岩压力作用内力的30%左右,同时考虑到如前所述的由于山岩压力及衬砌结构的内力实际上难以准确计算,因此为简化计算,对于输水及灌溉渠系的无压隧洞,素混凝土衬砌结构及钢筋混凝土衬砌结构按承载能力极限状态计算时,衬砌自重的作用分项系数也可近似采用1.0;按《水利水电工程等级划分及洪水标准》,大中型输水及灌溉渠道上的无压输水隧洞一般为2、3级建筑物,按《水工建筑物荷载设计规范》及《水工混凝土结构设计规范》的规定,其结构安全级别一般为Ⅱ级,相应结构重要性系数γ_0可取1.0;山岩压力、衬砌结构自重及弹性抗力等均为永久作用,衬砌结构尺寸一般由持久设计状况控制,相应设计状况系数ψ可取1.0。综上所述,大中型输水及灌溉渠道上的无压隧洞结构内力及应力计算中的各项作用分项系数及系数γ_0、ψ等均可取1.0。

6.5.3.1 基本计算公式

按力法计算隧洞衬砌时,是将衬砌看作拱座弹性支承在底部地层上的高脚拱,拱座为弹性固端。由于洞身衬砌断面及作用荷载均为对称,故在拱顶沿对称轴切开设刚臂,得到基本结构如图6-4所示。多余位置力X_1及X_2作用于刚臂端点。由于荷载对称,故剪力$X_3=0$。

在结构及荷载对称时,弹性固端拱座的垂直位移对受力情况没有影响,但拱座的转角 β 及水平位移 Δ 影响拱座的受力情况。对于图 6-4 所示的基本结构,其变位方程为:

$$X_1\delta_{11}+X_2\delta_{12}+\Delta_{1P}+\Delta_{1\beta}+\Delta_{1\Delta}=0 \tag{6-23}$$

$$X_1\delta_{21}+X_2\delta_{22}+\Delta_{2P}+\Delta_{2\beta}+\Delta_{2\Delta}=0 \tag{6-24}$$

式中:$\Delta_{1\beta}$ 及 $\Delta_{2\beta}$ 分别为拱座转角 β 引起的刚臂端点的角变位及水平变位;$\Delta_{1\Delta}$ 及 $\Delta_{2\Delta}$ 分别为拱座水平位移 Δ 引起的刚臂端点的角变位及水平变位。

由图 6-5 及图 6-6 知:

$$\Delta_{1\Delta}=0 \tag{6-25}$$

$$\Delta_{2\Delta}=2\Delta \tag{6-26}$$

$$\Delta_{1\beta}=2\beta \tag{6-27}$$

$$\Delta_{2\beta}=2\beta y_c \tag{6-28}$$

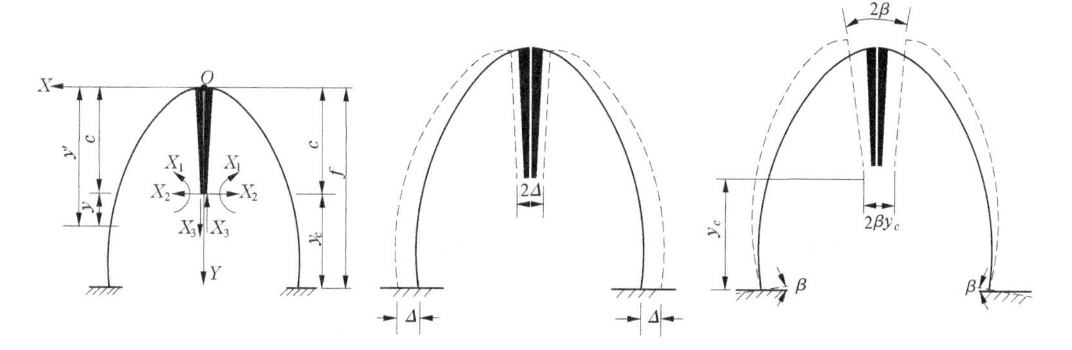

图 6-4　基本结构图　　图 6-5　弹性固端拱座的水平位移　　图 6-6　弹性固端拱座的转角

对于结构及荷载均对称,可取结构的一半计算,并将式(6-25)、式(6-26)代入式(6-23)及式(6-24),得变位方程为:

$$X_1\delta_{11}+X_2\delta_{12}+\Delta_{1P}+\beta=0 \tag{6-29}$$

$$X_1\delta_{21}+X_2\delta_{22}+\Delta_{2P}+\beta y_c+\Delta=0 \tag{6-30}$$

拱座转角 β 及水平位移 Δ 分别由下式计算:

$$\beta=\beta_P+X_1\beta_1+X_2\beta_2 \tag{6-31}$$

$$\Delta=\Delta_P+X_1\Delta_1+X_2\Delta_2 \tag{6-32}$$

式中:β_P 及 Δ_P 为外荷载作用产生的拱座转角及水平位移;β_1 为 $X_1=1$ 时的拱座转角;Δ_1 为 $X_1=1$ 时的拱座水平位移,其值为 $\Delta_1=0$;β_2 为 $X_2=1$ 时的拱座转角,其值为 $\beta_2=\beta_1 y_c$;Δ_2 为 $X_2=1$ 时的拱座水平位移。

将式(6-31)及式(6-32)代入式(6-29)及式(6-30),得变位方程为:

$$X_1(\delta_{11}+\beta_1)+X_2(\delta_{12}+\beta_1 y_c)+\Delta_{1P}+\beta_P=0 \tag{6-33}$$

$$X_1(\delta_{21}+\beta_1 y_c)+X_2(\delta_{22}+\beta_1 y_c^2)+\Delta_{2P}+\beta_P y_c=0 \tag{6-34}$$

合理地选择刚臂长度,可使上述方程式简化。如使每个方程式只含一个未知力,必须

$$\delta_{12}+\beta_1 y_c=\delta_{21}+\beta_1 y_c=0$$

因

$$\delta_{12}=\delta_{21}=\int_0^{s/2}\frac{y\mathrm{d}s}{EJ}$$

$$y = y' - c(\text{图 6-4})$$

$$y_c = f - c(\text{图 6-4})$$

即

$$\int_0^{s/2} \frac{y\mathrm{d}s}{EJ} + \beta_1 y_c = 0$$

$$\int_0^{s/2} \frac{(y' - c)\mathrm{d}s}{EJ} + \beta_1(f - c) = 0$$

$$\int_0^{s/2} \frac{y'\mathrm{d}s}{EJ} - c\int_0^{s/2} \frac{\mathrm{d}s}{EJ} + \beta_1(f - c) = 0$$

由上式可得刚臂长度计算公式：

$$c = \frac{\int_0^{s/2} \frac{y'\mathrm{d}s}{EJ} + \beta_1 f}{\int_0^{s/2} \frac{\mathrm{d}s}{EJ} + \beta_1} \tag{6-35}$$

按式(6-35)确定刚臂长度，式(6-33)及式(6-34)即简化为：

$$X_1(\delta_{11} + \beta_1) + \Delta_{1P} + \beta_P = 0 \tag{6-36}$$

$$X_2(\delta_{22} + \beta_1 y_c^2 + \Delta_2) + \Delta_{2P} + \beta_P y_c = 0 \tag{6-37}$$

由以上二式可得多余未知力的计算公式：

$$X_1 = -\frac{\Delta_{1P} + \beta_P}{\delta_{11} + \beta_1} \tag{6-38}$$

$$X_2 = -\frac{\Delta_{2P} + \beta_P y_c + \Delta_P}{\delta_{22} + \beta_1 y_c^2 + \Delta_2} \tag{6-39}$$

如认为拱座底部摩擦力相当大，不产生水平位移，即 $\Delta_P = 0$ 及 $\Delta_2 = 0$，则式(6-39)成为：

$$X_2 = -\frac{\Delta_{2P} + \beta_P y_c}{\delta_{22} + \beta_1 y_c^2} \tag{6-40}$$

对于变位方程式(6-33)及式(6-34)，如使 $\delta_{12} = \delta_{21} = 0$，即

$$\int_0^{s/2} \frac{y\mathrm{d}s}{EJ} = 0$$

$$\int_0^{s/2} \frac{(y' - c)\mathrm{d}s}{EJ} = 0$$

$$\int_0^{s/2} \frac{y'\mathrm{d}s}{EJ} - c\int_0^{s/2} \frac{\mathrm{d}s}{EJ} = 0$$

由上式可得刚臂长度计算公式：

$$c=\frac{\int_{0}^{s/2}\frac{y'\mathrm{d}s}{EJ}}{\int_{0}^{s/2}\frac{\mathrm{d}s}{EJ}} \tag{6-41}$$

按式(6-41)确定刚臂长度,并认为 $\Delta_P=0$ 及$\Delta_2=0$,式(6-33)及式(6-34)即简化为:

$$X_1(\delta_{11}+\beta_1)+X_2\beta_1 y_c+\Delta_{1P}+\beta_P=0 \tag{6-42}$$

$$X_1\beta_1 y_c+X_2(\delta_{22}+\beta_1 y_c^2)+\Delta_{2P}+\beta_P y_c=0 \tag{6-43}$$

解以上二式得多余未知力的计算公式:

$$X_1=\frac{(\Delta_{2P}+\beta_P y_c)\beta_1 y_{c-}(\Delta_{1P}+\beta_P)(\delta_{22}+\beta_1 y_c^2)}{(\delta_{22}+\beta_1 y_c^2)(\delta_{11}+\beta_1)-\beta_1^2 y_c^2} \tag{6-44}$$

$$X_1=\frac{(\Delta_{1P}+\beta_P)\beta_1 y_{c-}(\Delta_{2P}+\beta_{Py_c})(\delta_{11}+\beta_1)}{(\delta_{22}+\beta_1 y_c^2)(\delta_{11}+\beta_1)-\beta_1^2 y_c^2} \tag{6-45}$$

有时为了简化计算,不考虑拱座转角的影响,则多余未知力的计算公式为:

$$X_1=-\frac{\Delta_{1P}}{\delta_{11}} \tag{6-46}$$

$$X_2=-\frac{\Delta_{2P}}{\delta_{22}} \tag{6-47}$$

$$\delta_{11}=\int_{0}^{s/2}\frac{\mathrm{d}s}{EJ} \tag{6-48}$$

$$\delta_{22}=\int_{0}^{s/2}y^2\frac{\mathrm{d}s}{EJ} \tag{6-49}$$

$$\beta_1=\frac{1}{J_{nk}} \tag{6-50}$$

$$\beta_P=\beta'_P+\beta'_P \tag{6-51}$$

$$\beta'_P=\frac{M'P_n}{J_{nk}}=M'P_n\beta_1 \tag{6-52}$$

$$\beta''_P=\frac{M''P_n}{J_{nk}}=M''P_n\beta_1 \tag{6-53}$$

$$\Delta_{1P}=\Delta'_{1P}+\Delta''_{1P} \tag{6-54}$$

$$\Delta'_{1P}=\int_{0}^{s/2}\frac{M'_P\mathrm{d}s}{EJ} \tag{6-55}$$

$$\Delta''_{1P}=\int_{0}^{s/2}\frac{M''_P\mathrm{d}s}{EJ} \tag{6-56}$$

$$\Delta_{2P}=\Delta'_{2P}+\Delta''_{2P} \tag{6-57}$$

$$\Delta'_{2P}=\int_{0}^{s/2}\frac{M'_P y\mathrm{d}s}{EJ} \tag{6-58}$$

$$\Delta''_{2P} = \int_0^{s/2} \frac{M''_P y \mathrm{d}s}{EJ} \tag{6-59}$$

以上各式中：y_c 为刚臂端点至拱座底面的纵坐标；δ_{11} 为$X_1 = 1$ 时的刚臂端点角变位；δ_{22} 为 $X_1 = 1$ 时的刚臂端点水平位移；y 为各截面重心与刚臂端点的纵坐标差；β_1 为$X_1 = 1$ 时的拱座转角；J_n 为拱座截面的惯性矩；k 为抗力系数；β_P 为外荷载作用时的拱座转角，其值包括山岩压力及自重引起的转角β'_P 和弹性抗力及摩擦力引起的转角β''_P 两部分；$M'P_n$ 为山岩压力及自重对拱座截面作用的弯矩；$M''P_n$ 为弹性抗力及摩擦力对拱座截面作用的弯矩；Δ_{1P} 为外荷载作用下的刚臂端点角变位，其值包括山岩压力及自重作用的角变位Δ'_{1P} 和弹性抗力及摩擦力作用的角变位Δ''_{1P} 两部分；M'_P 为山岩压力及自重对各截面作用的弯矩；M''_P 为弹性抗力及摩擦力对各截面作用的弯矩。

求得多余未知力 X_1 及 X_2 后，即可按照静定结构计算在外荷载与多余未知力共同作用下，衬砌各截面的弯矩、轴力及相应的截面应力。

6.5.3.2　隧洞衬砌计算方法及实例

隧洞衬砌的计算方法包含力法、边值法、推压力线法(图解法)、电算法及有限元法的计算方法。

高压隧洞或者重要的水工隧洞宜采用有限元法计算；围岩相对均质的有压圆形隧洞可采用力法计算，计算时应考虑围岩的弹性抗力；无压圆形隧洞及其他断面形式的隧洞可采用力法、边值法、图解法计算。

为了对计算理论进行说明，下面采用力法计算蛋形衬砌断面(考虑岩石弹性抗力作用)的实例。

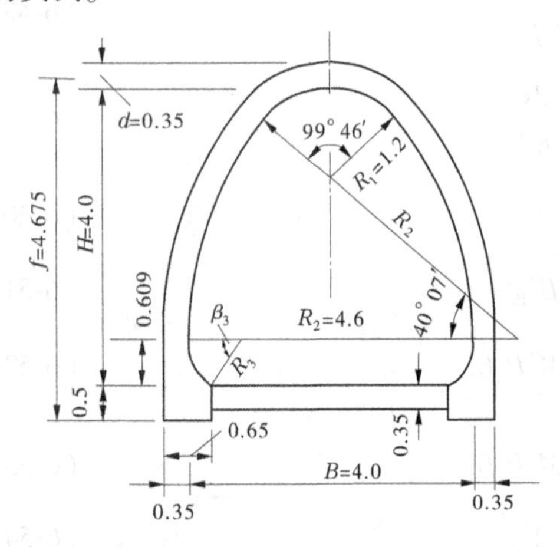

图 6-7　衬砌断面尺寸图　(单位：m)

1. 基本资料

(1)洞身衬砌截面形式及尺寸。洞身为净宽及净高均为 4 m 的蛋形衬砌断面，洞底采用分离式平底板。各部位尺寸(见图 6-7)$B = H = 4.0$ m，$R_1 = 1.2$ m，$R_2 = 4.6$ m，$R_3 = 0.768$ m，$\theta_1 = 99°46'$，$\theta_2 = 40°07'$，$\theta_3 = 52°27'$，$h = 0.609$ m，$a = 0.5$ m，$b = 0.65$ m。

衬砌厚度采用等厚 $d = 0.35$ m，底板厚度也采用 0.35 m。

(2)设计荷载。均布垂直山岩压力强度为 $q = 40$ kN/m²，不计侧向水平山岩压力及内水压力；考虑岩石弹性抗力作用，抗力系数在侧面及拱座采用 $k = 500$ N/cm³ $= 5\times10^5$ kN/m³。

(3)衬砌材料。采用 C15 混凝土衬砌，混凝土弹性模量 $E = 22\ 000$ N/mm² $= 220\times10^5$ kN/m²。

2. 计算

沿洞身轴向的计算宽度取单位宽度，即 $b = 1.0$ m。

1)矢高 f 计算

以衬砌中心线作为计算拱轴线。矢高为由拱底截面至拱顶截面中心的垂直高度(见图 6-7)，其值为：

$$f = 4 + \frac{0.35}{2} + 0.5 = 4.675(\text{m})$$

2)刚臂长度 c 计算

刚臂长度按式(6-35)计算,对于蛋形断面,式(6-35)积分有困难,因此采用分段求和法,将式(6-35)改写成分段求和式:

$$c = \frac{\int_0^{s/2} \frac{y' \mathrm{d}s}{EJ}}{\int_0^{s/2} \frac{\mathrm{d}s}{EJ}} = \frac{\sum y' \frac{\Delta s}{J} + E\beta_1 f}{\sum \frac{\Delta s}{J} + E\beta_1} \tag{6-60}$$

式中:Δs 为砌体各分块的轴线长度;y' 为各分块中心的纵坐标(见图6-4);J 为各分块重心所在的截面惯性矩,其值为 $J = bd^3/12$,d 为各分块重心所在截面的衬砌厚度,当取 $b = 1.0$ 时,$J = d^3/12$;f 为矢高;E 为弹性模量。

为了按式(6-60)计算 c 值,需将砌体分为若干小分块,为此,先计算断面左半部分衬砌段轴线总长 s,其值为:

$$s = \frac{\pi \frac{\theta_1}{2}}{180} \times \left(R_1 + \frac{d}{2}\right) + \frac{\pi\theta_2}{180} \times \left(R_2 + \frac{d}{2}\right) + h + a = 5.649(\text{m})$$

为了采用分段求和法计算,需将衬砌断面按 1 : 25 左右的比例绘制在方格纸上。

将衬砌段共分为 10 块,每块长度分别为:1 ~ 8 块,$\Delta s = 0.56$ m;9 块,$\Delta s = 0.669$ m;10 块,$\Delta s = 0.5$ m。

按上述分块,各块的 $\frac{\Delta s}{J}$ 及 $y' \frac{\Delta s}{J}$ 值及其总和计算列于表6-6。按式(6-50)计算 β_1 值:

$$\beta_1 = \frac{1}{J_n k} = 8.734 \times 10^{-5} (\text{kN} \cdot \text{m})^{-1}$$

其中,工作截面的惯性矩 J_n 值与第 10 块中心所在截面的惯性矩相同。

按式(6-60)计算刚臂长度:

$$c = \frac{\sum y' \frac{\Delta s}{J} + E\beta_1 f}{\sum \frac{\Delta s}{J} + E\beta_1} = 3.428(\text{m})$$

3)多余未知力 X_1 及 X_2 计算

X_1 及 X_2 按式(6-38)及式(6-40)计算,式中各变位值同样分别用分段求和法计算,式(6-48)、式(6-49)、式(6-55)、式(6-56)、式(6-58)、式(6-59)分别改写为分段求和式:

$$\delta_{11} = \int_0^{s/2} \frac{\mathrm{d}s}{EJ} = \frac{1}{E} \sum \frac{\Delta s}{J} \tag{6-61}$$

$$\delta_{22} = \int_0^{s/2} y^2 \frac{\mathrm{d}s}{EJ} = \frac{1}{E} \sum y^2 \frac{\Delta s}{J} \tag{6-62}$$

$$\Delta'_{1P} = \int_0^{s/2} \frac{M'_P \mathrm{d}s}{EJ} = \frac{1}{E} \sum M'_P \frac{\Delta s}{J} \tag{6-63}$$

表 6-6　$\frac{\Delta s}{J}$ 及 $y'\frac{\Delta s}{J}$ 计算表

分块编号	y'(m)	d(m)	d^3(m^3)	J(m^4)	Δs(m)	$\Delta s/J$(1/m^3)	$y'\cdot\Delta s/J$(1/m^4)
1	0.025	0.35	0.042 9	0.003 58	0.56	156.42	3.91
2	0.243	0.35	0.042 9	0.003 58	0.56	156.42	38.01
3	0.638	0.35	0.042 9	0.003 58	0.56	156.42	99.8
4	1.106	0.35	0.042 9	0.003 58	0.56	156.42	173
5	1.605	0.35	0.042 9	0.003 58	0.56	156.42	251.05
6	2.125	0.35	0.042 9	0.003 58	0.56	156.42	332.39
7	2.665	0.35	0.042 9	0.003 58	0.56	156.42	416.86
8	3.220	0.35	0.042 9	0.003 58	0.56	156.42	503.67
9	3.843	0.40	0.064 0	0.005 33	0.669	125.52	482.37
10	4.425	0.65	0.275 0	0.022 9	0.5	21.83	96.6
Σ						1 398.71	2 397.66

$$\Delta''_{1P}=\int_0^{s/2}\frac{M''_P\mathrm{d}s}{EJ}=\frac{1}{E}\sum M''_P\frac{\Delta s}{J}\tag{6-64}$$

$$\Delta'_{2P}=\int_0^{s/2}\frac{M'_Py\mathrm{d}s}{EJ}=\frac{1}{E}\sum M'_Py\frac{\Delta s}{J}\tag{6-65}$$

$$\Delta''_{2P}=\int_0^{s/2}\frac{M''_Py\mathrm{d}s}{EJ}=\frac{1}{E}\sum M''_Py\frac{\Delta s}{J}\tag{6-66}$$

弹性抗力图中各点的弹性抗力均为以 $k\delta_h$ 表示的相对值,$k\delta_h$ 为抗力图中最大抗力值,在开始计算 X_1 及 X_2 时,δ_h 暂时为未知数,即按式(6-38) 及式(6-40) 计算所得 X_1 及 X_2 中包含的未知数值δ_h,要求得 X_1 及 X_2 的实际值,还必须先求出所有荷载作用下最大抗力点 h 的位移δ_h ,其值为:

$$\delta_h=\Delta_{hP}+X_1\delta_{h1}+X_2\delta_{h2}+\Delta_{h\beta}\tag{6-67}$$

$$\Delta_{hP}=\Delta'_{hp}+\Delta''_{hp}\tag{6-68}$$

$$\Delta'_{hp}=\int_0^{s_1}\frac{M'_Py_1\mathrm{d}s}{EJ}=\frac{1}{E}\sum M'_Py_1\frac{\Delta s}{J}\tag{6-69}$$

$$\Delta''_{hp}=\int_0^{s_1}\frac{M''_Py_1\mathrm{d}s}{EJ}=\frac{1}{E}\sum M''_Py_1\frac{\Delta s}{J}\tag{6-70}$$

$$\delta_{h1}=\int_0^{s_1}\frac{y_1\mathrm{d}s}{EJ}=\frac{1}{E}\sum y_1\frac{\Delta s}{J}\tag{6-71}$$

$$\delta_{h2}=\int_0^{s_1}\frac{y_1y\mathrm{d}s}{EJ}=\frac{1}{E}\sum y_1y\frac{\Delta s}{J}\tag{6-72}$$

$$\Delta_{h\beta} = \beta \bar{h} a \sin\theta = \beta y_{1n} \tag{6-73}$$

以上各式中：Δ_{hP} 为在 h 点由垂直山岩压力及自重引起的变位Δ'_{hP}及由弹性抗力与摩擦力引起的变位Δ''_{hP}之和；y_1 为 h 点以下各块重心至 h 点所引法线的垂直距离(见图6-8)；δ_{h1} 为由$X_1 = 1$作用引起的 h 点位移；δ_{h2} 为由 $X_2 = 1$ 作用引起的 h 点位移(见图6-8)；y_{1n} 为拱座截面重心至 h 点所引法线的垂直距离。

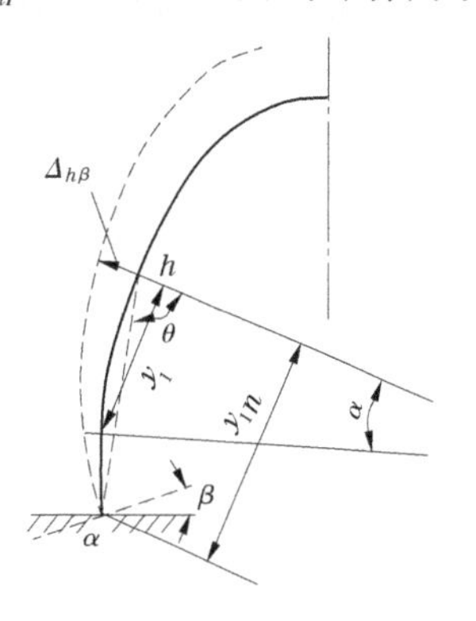

图6-8 拱座转角引起的基本结构变位

按式(6-67)计算 δ_h 时，先将包含δ_h 因子的 X_1 及 X_2 值代入，使式(6-67) 仅含一个未知数δ_h，即可求出δ_h 值的实际值。然后将δ_h 代入 X_1 及 X_2中，即可求得多余未知力的实际值。

上述变位值均按照分段求和法计算如下。

(1)变位 δ_{11}、δ_{22}、δ_{h1}、δ_{h2} 计算。各变位值计算列于表6-7。y 值根据表6-6中数据由 $y = y' - c = y' - 3.428$ 求得，$\dfrac{\Delta s}{J}$ 值亦取表6-6数据值。

表6-7 δ_{11}、δ_{22}、δ_{h1}、δ_{h2} 计算表

分块编号	y(m)	y^2(m^2)	y_1(m)	$\Delta s/J$ (1/m^3)	$y \cdot \Delta s/J$ (1/m^2)	$y^2 \cdot \Delta s/J$ (1/m)	$y_1 \cdot \Delta s/J$ (1/m^2)	$yy_1 \cdot \Delta s/J$ (1/m)
1	-3.403	11.58		156.42	-532.3	1 811.41		
2	-3.185	10.144		156.42	-498.2	1 586.76		
3	-2.79	7.784		156.42	-436.41	1 217.59		
4	-2.322	5.392		156.42	-363.21	843.37		
5	-1.823	3.323		156.42	-285.15	519.84		
6	-1.303	1.698		156.42	-203.82	265.57		
7	-0.763	0.582	0.1	156.42	-119.35	91.06	15.64	-11.93
8	-0.208	0.043	0.645	156.42	-32.54	6.77	100.89	-20.99
9	0.415	0.172	1.258	125.52	52.09	21.62	157.9	65.53
10	0.997	0.994	1.8	21.83	21.76	21.7	39.29	39.18
Σ				1 398.71	-2 397.13	6 385.69	313.72	71.79

根据表6-7计算数据，按式(6-61)、式(6-62)、式(6-71)、式(6-72)分别计算各变位值：

$$\delta_{11} = \frac{1}{E}\sum \frac{\Delta s}{J} = 6.358 \times 10^{-5}(\mathrm{kN \cdot m})^{-1}$$

$$\delta_{22} = \frac{1}{E}\sum y^2 \frac{\Delta s}{J} = 29.026 \times 10^{-5}(\mathrm{m/kN})$$

$$\delta_{h1} = \frac{1}{E}\sum y_1 \frac{\Delta s}{J} = 1.426 \times 10^{-5}(\mathrm{kN^{-1}})$$

$$\delta_{h2} = \frac{1}{E}\sum y_1 y \frac{\Delta s}{J} = 0.326 \times 10^{-5}(\mathrm{m/kN})$$

按下式校核刚臂长度 c 值的计算结果是否正确：

$$\int_0^{s/2} y \frac{ds}{J} + E\beta_1(f-c) = 0 \tag{6-74}$$

由表 6-7 中数据得：

$$\int_0^{s/2} y \frac{ds}{J} = \sum y \frac{ds}{J} = -2\ 397.13$$

$$E\beta_1(f-c) = 2\ 396.09$$

则式(6-74)左边两项之和为：

$$-2\ 397.13 + 2\ 396.09 = -1.04 \approx 0$$

误差为：

$$\frac{1.04}{2\ 397.13} = 0.04\%$$

(2)垂直山岩压力及自重引起的变位 Δ'_{1p}、Δ'_{2p}、β'_p、Δ'_{hp} 计算。

①垂直山岩压力作用的弯矩 M'_P 计算。垂直山岩压力对各分块重心所在截面作用的弯矩按下式计算：

$$M'_P = \frac{qx^2}{2}$$

式中：x 为各分块中心的横坐标(坐标原点为拱顶衬砌截面中心 O)。

弯矩计算列于表 6-8。表中截面编号表示各分块的重心所在截面(下同)。

表 6-8　垂直山岩压力作用的弯矩计算

截面编号	x(m)	x^2(m²)	$M'P$(kN/m)	截面编号	x(m)	x^2(m²)	$M'P$(kN/m)
1	0.275	0.076	-1.52	6	1.95	3.803	-76.06
2	0.788	0.621	-12.43	7	2.088	4.36	-87.2
3	1.175	1.381	-27.62	8	2.163	4.679	-93.58
4	1.494	2.232	-44.64	9	2.15	4.623	-92.46
5	1.755	3.08	-61.6	10	2.025	4.1	-82

弯矩符号以逆时针旋转(使衬砌内缘受拉)为正。因垂直山岩压力对各分块截面作用的弯矩均为顺时针旋转,故弯矩均为负号。

②自重作用的弯矩 M'_P 计算。各分块的自重 P'' 按下式计算：

$$P'' = \gamma \Delta s d$$

式中：Δs 及 d 值见表 6-6；混凝土单位重度 γ 采用 24 kN/m³。

则各分块自重分别为：1~8 块,4.7 kN;9 块,6.4 kN;10 块,7.8 kN。

在自重作用下,各分块重心所在的截面的弯矩为右侧每一分块砌体自重对该截面分别作用的弯矩总和,计算列于表 6-9。

表 6-9 自重作用的弯矩计算表

截面编号	a 及 M	$P''_1=4.7$	$P''_2=4.7$	$P''_3=4.7$	$P''_4=4.7$	$P''_5=4.7$	$P''_6=4.7$	$P''_7=4.7$	$P''_8=4.7$	$P''_9=6.4$	$P''_{10}=7.8$	M'_P (KN·m)
2	a	0.513										-2.41
	M	-2.41										
3	a	0.9	0.387									-6.05
	M	-4.23	-1.82									
4	a	1.219	0.706	0.319								-10.55
	M	-5.73	-3.32	-1.5								
5	a	1.48	0.967	0.58	0.261							-15.47
	M	-6.96	-4.55	-2.73	-1.23							
6	a	1.675	1.162	0.775	0.456	0.195						-20.03
	M	-7.87	-5.46	-3.64	-2.14	-0.92						
7	a	1.813	1.3	0.913	0.594	0.333	0.138					-23.93
	M	-8.52	-6.11	-4.29	-2.79	-1.57	-0.65					
8	a	1.888	1.375	-0.988	0.669	0.408	0.213	0.075				-26.38
	M	-8.87	-6.46	-4.64	-3.14	-1.92	-1	-0.35				
9	a	1.875	1.362	0.975	0.656	0.395	0.2	0.062	-0.013			-25.9
	M	-8.81	-6.4	-4.58	-3.08	-1.86	-0.94	-0.29	0.06			
10	a	1.75	1.237	0.85	0.531	0.27	0.075	-0.063	-0.138	-0.125		-20.41
	M	-8.23	-5.81	-4	-2.5	-1.27	-0.35	0.3	0.65	0.81		

弯矩符号以逆时针旋转为正,顺时针旋转为负。

表中 a 为计算力臂,其值为每一分块自重力对其左侧各分块重心的横坐标值,例如:

P''_1 对第二分块重心所在截面的计算力臂为:

$$a = x_2 - x_1 = 0.513(\mathrm{m})$$

P''_1 对第三分块重心所在截面的计算力臂为:

$$a = x_3 - x_1 = 0.90(\mathrm{m})$$

各 x 值由表 6-8 查得。

③变位计算。垂直山岩压力及自重引起的变位计算列于表 6-10。表中 M'_P 为垂直山岩压力及砌体自重作用的弯矩总和,由表 6-8 及表 6-9 计算的弯矩 M'_P 相加得出。

表 6-10　Δ'_{1P}、Δ'_{2P}、β'_P、Δ'_{hP} 计算表

分块编号	M'_P (kN·m)	$\Delta s/J$ (1/m³)	y (m)	y_1 (m)	$M'_P \cdot \Delta s/J$ (1/m²)	$M'_P y \cdot \Delta s/J$ (1/m)	$M'_P y_1 \cdot \Delta s/J$ (1/m)
1	-1.52	156.42	-3.403		-238	809	
2	-14.53	156.42	-3.185		-2 320	7 388	
3	-33.67	156.42	-2.79		-5 267	74 694	
4	-55.19	156.42	-2.322		-8 633	20 045	
5	-77.07	156.42	-1.823		-12 056	21 977	
6	-96.09	156.42	-1.303		-15 031	19 585	
7	-111.13	156.42	-0.763	0.1	-17 383	13 263	-1 738
8	-119.93	156.42	-0.208	0.645	-18 765	3 903	-12 103
9	-118.36	125.52	0.415	1.258	-14 857	-6 165	-18 690
10	-102.41	21.83	0.997	1.8	-2 236	-2 229	-4 024
Σ					-96 786	93 270	-36 555

根据表 6-10 计算结果按式(6-63)、式(6-65)、式(6-69)、式(6-52)分别计算各变位值:

$$\Delta'_{1P} = \frac{1}{E}\sum M'_P \frac{\Delta s}{J} = -439.94 \times 10^{-5}$$

$$\Delta'_{2P} = \frac{1}{E}\sum M'_P y \frac{\Delta s}{J} = 423.95 \times 10^{-5}(\mathrm{m})$$

$$\Delta'_{hP} = \frac{1}{E}\sum M'_P y_1 \frac{\Delta s}{J} = -166.16 \times 10^{-5}(\mathrm{m})$$

$$\beta'_P = M'_{Pn}\beta_1 = -894.45 \times 10^{-5}$$

式中拱座弯矩 M'_{Pn} 近似采用第 10 块重心所在截面的弯矩值。

(3)弹性抗力及摩擦力引起的变位 Δ''_{1P}、Δ''_{2P}、β''_P、Δ''_{hP} 计算。

①弹性抗力图计算(见图 6-3)。弹性抗力图上部零点位值按 0.7 倍最大净拱跨值确定,最大净拱跨为 B=4.0 m,则:

$$0.7B = 2.8(\mathrm{m})$$

承受抗力的衬砌段垂直投影长度为:H' =3.55 m。

抗力图上段的垂直投影长度(最大弹性抗力点至上部零点的纵坐标)采用

$$H_1 = \frac{2}{5}H' = 1.42(\text{m})$$

则抗力图下段的垂直投影长度为:

$$H_2 = H' - H_1 = 2.13(\text{m})$$

各点单位弹性抗力值按式(6-39)及式(6-40)计算。

最大抗力点以上: $P = k\delta = k\delta_h(1 - \frac{z_1^2}{H_1^2}) = k\delta_h(1 - \frac{z_1^2}{2.106})$

最大抗力点以下: $P = k\delta = k\delta_h(1 - \frac{z_2^2}{H_2^2}) = k\delta_h(1 - \frac{z_2^2}{4.54})$

为便于计算,各抗力点位置取在各分块两端分界截面处,计算结果列于表6-11。

表6-11 各点弹性抗力值 $k\delta$ 计算表

上段				下段			
Z_1(m)	z_1^2 (m²)	z_1^2/2.016	$k\delta$ (kN/m²)	Z_2 (m)	z_2^2 (m²)	z_2^2/4.54	$k\delta$ (kN/m²)
0.195	0.038	0.018 9	0.98 $k\delta_h$	0.375	0.141	0.031 1	0.97 $k\delta_h$
0.745	0.555	0.275	0.73 $k\delta_h$	0.961	0.924	0.204	0.796 $k\delta_h$
1.275	1.626	0.807	0.193 $k\delta_h$	1.63	2.657	0.585	0.415 $k\delta_h$

②弹性抗力及摩擦力作用的弯矩 M''_P 计算。作用于各分块上的总弹性抗力 Q 近似按该分块两端分界处单位弹性抗力的平均值乘以分块的轴线长度 Δs(第4块仅部分承受弹性抗力,作用长度为0.15 m),作用于各分块的总摩擦力 R 为弹性抗力 Q 乘以摩擦系数 μ,采用 μ 值为0.3。

例如,第5分块的总弹性抗力为:

$$Q_5 = \frac{(0.193 + 0.73)k\delta_h}{2} \times 0.56 = 0.259k\delta_h(\text{kN})$$

相应的摩擦力为:

$$R_5 = 0.259k\delta_h \times 0.3 = 0.078k\delta_h(\text{kN})$$

作用于各块上的 Q 及 R 值计算结果列于表6-12。

表6-12 作用于各分块的 Q 及 R 计算表

分块编号	单位弹性抗力平均值(kN/m²)	分块长 Δs (m)	Q(kN)	R(kN)
4	0.097 $k\delta_h$	0.15	0.015 $k\delta_h$	0.005 $k\delta_h$
5	0.462 $k\delta_h$	0.56	0.259 $k\delta_h$	0.078 $k\delta_h$
6	0.855 $k\delta_h$	0.56	0.479 $k\delta_h$	0.144 $k\delta_h$
7	0.975 $k\delta_h$	0.56	0.546 $k\delta_h$	0.164 $k\delta_h$
8	0.883 $k\delta_h$	0.56	0.494 $k\delta_h$	0.148 $k\delta_h$
9	0.606 $k\delta_h$	0.669	0.405 $k\delta_h$	0.122 $k\delta_h$
10	0.208 $k\delta_h$	0.5	0.104 $k\delta_h$	0.031 $k\delta_h$

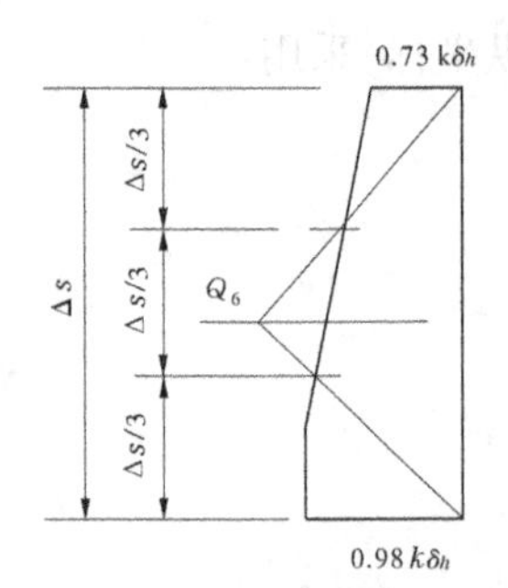

图 6-9　Q 力作用点图解示意

Q 力的作用点采用图解法求得(见图 6-9),其作用方向与衬砌外缘垂直;R 力的作用点与 Q 力相同,其作用方向向上,与衬砌外缘相切,垂直于 Q 力。

弹性抗力及摩擦力对各分块重心所在界面作用的弯矩计算结果列于表 6-13 及表 6-14。表中 a 为计算力臂,其值为每一分块重心分别至该分块以上各 Q 力及 R 力作用线的垂直距离。弯矩作用方向均为顺时针旋转,故均为负值。

表 6-13 及表 6-14 中各力作用的 M 值均省略了乘数 $k\delta_h$,仅在最后一栏各截面的总和中示出乘数 $k\delta_h$ 。

表 6-13　弹性抗力作用的弯矩计算表

截面编号	a 及 M	Q_4 = 0.015 $k\delta_h$	Q_5 = 0.259 $k\delta_h$	Q_6 = 0.479 $k\delta_h$	Q_7 = 0.546 $k\delta_h$	Q_8 = 0.494 $k\delta_h$	Q_9 = 0.405 $k\delta_h$	Q_{10} = 0.104 $k\delta_h$	M'_P (kN · m)
5	a	0.33							-0.005 $k\delta_h$
	M	-0.005							
6	a	0.88	0.52						-0.148 $k\delta_h$
	M	-0.013	-0.135						
7	a	1.42	1.07	0.54					-0.557 $k\delta_h$
	M	-0.021	-0.277	-0.259					
8	a	1.95	1.6	1.1	0.56	0.01			-1.281 $k\delta_h$
	M	-0.029	-0.414	-0.527	-0.306	-0.005			
9	a	2.49	2.17	1.68	1.17	0.63	0.03		-2.366 $k\delta_h$
	M	-0.037	-0.562	-0.805	-0.639	-0.311	-0.012		
10	a	2.95	2.65	2.2	1.71	1.2	0.61	0.08	-3.566 $k\delta_h$
	M	-0.044	-0.686	-1.054	-0.934	-0.593	-0.247	-0.008	

表 6-14　摩擦力作用的弯矩计算表

截面编号	a 及 M	R_4 = 0.005 $k\delta_h$	R_5 = 0.078 $k\delta_h$	R_6 = 0.144 $k\delta_h$	R_7 = 0.164 $k\delta_h$	R_8 = 0.148 $k\delta_h$	R_9 = 0.122 $k\delta_h$	R_10 = 0.031 $k\delta_h$	M'_P (kN · m)
5	a	0.2	0.175						-0.015 $k\delta_h$
	M	-0.001	-0.014						
6	a	0.28	0.22	0.175					-0.043 $k\delta_h$
	M	-0.001	-0.017	-0.025					
7	a	0.42	0.32	0.21	0.175				0.086 $k\delta_h$
	M	-0.002	-0.025	-0.03	-0.029				
8	a	0.63	0.49	0.31	0.21	0.175			-0.146 $k\delta_h$
	M	-0.003	-0.038	-0.045	-0.034	-0.026			
9	a	0.95	0.77	0.51	0.35	0.25	0.2		-0.256 $k\delta_h$
	M	-0.005	-0.06	-0.073	-0.057	-0.037	-0.024		
10	a	1.34	1.13	0.82	0.59	0.42	0.325	0.325	-0.422 $k\delta_h$
	M	-0.007	-0.088	-0.118	-0.097	-0.062	-0.04	-0.01	

③变位值计算。弹性抗力及摩擦力引起的变位计算列于表6-15,表中M''_P值为弹性抗力及摩擦力作用的弯矩总和,由表6-13及表6-14计算的弯矩值M''_P相加得出。

根据表6-15计算数据按式(6-64)、式(6-66)、式(6-70)、式(6-53)分别计算各变位值:

$$\Delta''_{1P}=\frac{1}{E}\sum M''_P\frac{\Delta s}{J}=-3.51\times10^{-5}k\delta_h$$

$$\Delta''_{2P}=\frac{1}{E}\sum M''_P y\frac{\Delta s}{J}=-0.253\times10^{-5}k\delta_h(\mathrm{m})$$

$$\Delta''_{hP}=\frac{1}{E}\sum M''_P y_1\frac{\Delta s}{J}=-3.294\times10^{-5}k\delta_h(\mathrm{m})$$

$$\beta''_P=M''_{Pn}\beta_1=-34.831\times10^{-5}k\delta_h$$

式中拱座弯矩M''_{Pn}近似采用第10块重心所在截面弯矩值。

(4)外荷载引起的变位值总和Δ_{1P}、Δ_{2P}、Δ_{hP}、β_P计算。

根据上述计算结果按式(6-54)、式(6-57)、式(6-68)、式(6-51)可得:

$$\Delta_{1P}=\Delta'_{1P}+\Delta''_{1P}=-(439.94+3.51k\delta_h)\times10^{-5}$$

$$\Delta_{2P}=\Delta'_{2P}+\Delta''_{2P}=(423.95-0.253k\delta_h)\times10^{-5}(\mathrm{m})$$

$$\Delta_{hP}=\Delta'_{hP}+\Delta''_{hP}=-(166.16+3.294k\delta_h)\times10^{-5}(\mathrm{m})$$

$$\beta_P=\beta'_P+\beta''_P=-(894.45+34.831k\delta_h)\times10^{-5}$$

表6-15　Δ''_{1P}、Δ''_{2P}、β''_P、Δ''_{hP}计算表

分块编号	M''_P (kN·m)	$\Delta s/J$ ($1/m^3$)	y (m)	y_1 (m)	$M''_P\cdot\Delta s/J$ ($1/m^2$)	$M''_P y\cdot\Delta s/J$ (1/m)	$M''_P y_1\cdot\Delta s/J$ (1/m)
5	$-0.02k\delta_h$	156.42	−1.823		$-3.13k\delta_h$	$5.7k\delta_h$	
6	$-0.191k\delta_h$	156.42	−1.303		$-29.88k\delta_h$	$38.93k\delta_h$	
7	$-0.643k\delta_h$	156.42	−0.763	0.10	$-100.58k\delta_h$	$76.74k\delta_h$	$-10.06k\delta_h$
8	$-1.427k\delta_h$	156.42	−0.208	0.645	$-223.22k\delta_h$	$46.43k\delta_h$	$-143.97k\delta_h$
9	$-2.622k\delta_h$	125.52	0.415	1.258	$-329.12k\delta_h$	$-136.58k\delta_h$	$-414.02k\delta_h$
10	$-3.988k\delta_h$	21.83	0.997	1.80	$-87.06k\delta_h$	$-86.80k\delta_h$	$-156.70k\delta_h$
Σ					$-772.99k\delta_h$	$-55.58k\delta_h$	$-724.75k\delta_h$

(5) X_1及X_2值计算。按式(6-38)及式(6-40)计算X_1及X_2值:

$$X_1=-\frac{\Delta_{1P}+\beta_P}{\delta_{11}+\beta_1}=88.42+2.54k\delta_h$$

$$X_2=-\frac{\Delta_{2P}+\beta_P y_c+\Delta_P}{\delta_{22}+\beta_1 y_c^2+\Delta_2}=16.23+1.025k\delta_h$$

式中:$y_c=f-c=1.247(\mathrm{m})$。

按式(6-31)计算拱座转角β值

$$\beta=\beta_P+X_1\beta_1+X_2\beta_2 y_c=(54.58-1.483k\delta_h)\times10^{-5}$$

按式(6-67)计算最大弹性抗力点的位移δ_h值

$$\delta_h=\Delta_{hP}+X_1\delta_{h1}+X_2\delta_{h2}+\Delta_{h\beta}=(76.56-2.363k\delta_h)\times10^{-5}(\mathrm{m})$$

式中:$\Delta_{h\beta}$值按式(6-73)计算,y_{1n}值由图6-8量得为2.04 m。

将 $k=5\times10^5\text{kN/m}^3$ 代入上式得：$\delta_h=5.97\times10^{-5}\text{m}$。

因此，弹性抗力图中最大抗力值为：

$$k\delta_h=29.85\text{kN/m}^2$$

将 $k\delta_h$ 值代入 X_1、X_2 及 β 中得：

$$X_1=164.24\ \text{kN}$$

$$X_2=46.83\ \text{kN}$$

$$\beta=10.31\times10^{-5}$$

4）各截面弯矩值的计算

各分块重心所在截面的弯矩按下式计算：

$$M=M'_P+M''_P+X_1+X_2y \tag{6-75}$$

式中：垂直山岩压力及自重作用的弯矩 M'_P 见表 6-10，弹性抗力及摩擦力作用的弯矩 M''_P 见表 6-15，并将 $k\delta_h$ 值代入，求得 M''_P 如表 6-16 所示。

表 6-16　M''_P 值

截面编号	5	6	7	8	9	10
M''_P（kN·m）	-0.579	-5.701	-19.194	-42.596	-78.267	-119.042

各截面弯矩值计算列于表 6-17。表中后两栏用于校核拱顶截面转角及校核 δ_h 值的计算是否正确。

上述各截面弯矩计算是否正确，可根据拱顶截面转角总和应为零的条件按下式验算：

$$\int_0^{s/2}\frac{M\text{d}s}{EJ}+\beta=0 \tag{6-76}$$

表 6-17　各衬砌截面弯矩 M 计算表

截面编号	$\Delta s/J$ (1/m³)	y (m)	y_1 (m)	M'_P (kN·m)	M''_P (kN·m)	X_2y (kN·m)	M (kN·m)	$M\cdot\Delta s/J$ (kN/m²)	$My_1\cdot\Delta s/J$ (kN/m²)
1	156.42	-3.403		-1.52		-159.36	3.36	525.6	
2	156.42	-3.185		-14.83		-149.15	0.26	40.7	
3	156.42	-2.79		-33.367		-130.66	-0.09	-14.1	
4	156.42	-2.322		-55.19		-108.74	0.31	48.5	
5	156.42	-1.823		-77.07	-0.597	-85.37	1.2	187.7	
6	156.42	-1.303		-96.09	-5.701	-61.02	1.43	223.7	
7	156.42	-0.763	0.1	-111.13	-19.194	-35.73	-1.81	-283.1	-28.3
8	156.42	-0.208	0.645	-119.96	-42.596	-9.74	-8.06	-1 260.7	-813.2
9	15.52	0.415	1.258	-118.36	-78.267	19.43	-12.96	-1 626.7	-2 046.4
10	21.83	0.997	1.8	-102.41	-119.042	46.69	-10.52	-229.7	-413.4
Σ								-2 388.1	-3 301.3

由表 6-17 得：

$$\int_0^{s/2} \frac{M\mathrm{d}s}{EJ} = \frac{1}{E} \sum M \frac{\Delta s}{J} = -10.85 \times 10^{-5}$$

而 $\beta = 10.31\times10^{-5}$，则式(6-76)左边两项的和为：$0.54\times10^{-5} \approx 0$。

误差为：

$$\frac{0.54}{10.85} = 5\%$$

按下式校核最大弹性抗力点的变位 δ_h 值是否正确：

$$\delta_h = \int_0^{s_1} \frac{My_1\mathrm{d}s}{EJ} + \beta y_{1n} \tag{6-77}$$

由表 6-17 得：

$$\int^{s_1} 0 \frac{My_1\mathrm{d}s}{EJ} = \frac{1}{E} \sum My_1 \frac{\Delta s}{J} = -15.006 \times 10^{-5}\mathrm{m}$$

$$\beta y_{1n} = 21.032 \times 10^{-5}\mathrm{m}$$

代入式(6-77)得：

$$\delta_h = 6.062 \times 10^{-5}\mathrm{m}$$

原计算的 δ_h 值为 5.97×10^{-5}m，二者基本相等，误差为 0.94%。

5）各截面轴向力计算

（1）垂直山岩压力及自重作用的轴向力计算。在垂直山岩压力及自重作用下，各分块重心所在截面的轴向力按下式计算：

$$N_1 = \sum P\sin\varphi \tag{6-78}$$

式中：ΣP 为截面右侧作用的垂直山岩压力及衬砌自重的总和；φ 为各截面与垂直线夹角。

先计算两个相邻分块所在截面承受的垂直山岩压力及衬砌自重，见表 6-18。表中 Δ_l 为相邻两截面间衬砌外缘的水平投影长度。

表 6-18　分段垂直山岩压力及自重计算表

截面段	垂直山岩压力(kN)		衬砌自重 P'' (kN)
	ΔL	$P' = q\Delta l$	
0~1	0.31	12.4	4.7/2
1~2	0.58	23.2	4.7
2~3	0.42	16.8	4.7
3~4	0.33	13.2	4.7
4~5	0.27	10.8	4.7
5~6	0.2	8	4.7
6~7	0.14	5.6	4.7
7~8	0.08	3.2	4.7
8~9	0.02	0.8	4.7/2+6.4/2
9~10	0	0	6.4/2+7.8/2

各截面轴向力计算列于表6-19。轴向力的符号以使截面受压为正,受拉为负。

表6-19　垂直山岩压力及自重作用的轴向力 N_1 计算表

截面编号	垂直山岩压力 P' (kN)	自重 P'' (kN)	累计荷载 ΣP (kN)	φ	$\sin\varphi$	$N_1=\Sigma P\sin\varphi$ (kN)
1	12.4	4.7/2	14.8	11°30′	0.199 37	2.95
2	23.2	4.7	42.7	35°	0.573 58	24.49
3	16.8	4.7	64.2	52°15′	0.790 69	50.76
4	13.2	4.7	82.1	59°	0.857 17	70.37
5	10.8	4.7	97.6	65°45′	0.911 76	88.99
6	8	4.7	110.3	72°30′	0.953 72	105.2
7	5.6	4.7	120.6	79°15′	0.982 45	118.48
8	3.2	4.7	128.5	86°	0.997 56	128.19
9	0.8	4.7/2+6.4/2	134.9	90°	1	134.9
10	0	6.4/2+7.8/2	142	90°	1	142

(2)弹性抗力作用的轴向力计算。在弹性抗力作用下,各分块重心所在截面的轴向力按下式计算:

$$N_2=\sum Q\sin(\varphi-\varphi') \tag{6-79}$$

式中:Q 为截面以上作用的各弹性抗力;φ 为各截面与垂直线的夹角;φ' 为各弹性抗力 Q 作用方向与垂直线夹角。

先将 $k\delta_h=29.85\text{kN/m}^2$ 代入表6-12得作用于各分块的弹性抗力 Q 及摩擦力 R 值列于表6-20。各截面轴向力计算列于表6-21。

表6-20　Q 及 R 值计算表

截面编号	4	5	6	7	8	9	10
$Q(kN)$	0.45	7.73	14.3	16.3	14.75	12.09	3.1
$R(kN)$	0.15	2.33	4.3	4.9	4.42	3.64	0.93

表6-21　弹性抗力作用的轴向力 N_2 计算表

截面编号	φ	项目	$Q_4=0.45$ (kN) $\varphi'=61°45'$	$Q_5=7.73$ (kN) $\varphi'=66°14'$	$Q_6=14.3$ (kN) $\varphi'=72°40'$	$Q_7=16.3$ (kN) $\varphi'=79°7'$	$Q_8=14.75$ (kN) $\varphi'=85°44'$	$Q_9=12.09$ (kN) $\varphi'=90°$	$Q_{10}=3.13$ (kN) $\varphi'=90°$	N_2 (kN)
5	65°45′	(1)	4°							0.03
		(2)	0.069 76							
		(3)	0.03							

续表 6-21

截面编号	φ	项目	$Q_4=0.45$ (kN)	$Q_5=7.73$ (kN)	$Q_6=14.3$ (kN)	$Q_7=16.3$ (kN)	$Q_8=14.75$ (kN)	$Q_9=12.09$ (kN)	$Q_{10}=3.13$ (kN)	N_2 (kN)
			$\varphi'=$ 61°45′	$\varphi'=$ 66°14′	$\varphi'=$ 72°40′	$\varphi'=$ 79°7′	$\varphi'=$ 85°44′	$\varphi'=$ 90°	$\varphi'=$ 90°	
6	72°30′	(1)	10°45′	6°16′						0.92
		(2)	0.186 52	0.109 16						
		(3)	0.08	0.84						
7	79°15′	(1)	17°30′	13°01′	6°35′	0°08′				3.56
		(2)	0.300 70	0.225 23	0.114 65	0.002 33				
		(3)	0.14	1.74	1.64	0.04				
8	86°	(1)	24°15′	19°46′	13°20′	6°53′	0°16′			8.11
		(2)	0.410 72	0.338 19	0.230 61	0.119 85	0.004 65			
		(3)	0.18	2.61	3.30	1.95	0.07			
9	90°	(1)	28°15′	23°46′	17°20′	10°53′	4°16′	0°		11.77
		(2)	0.473 32	0.403 01	0.297 93	0.188 81	0.074 40	0		
		(3)	0.21	3.12	4.26	3.08	1.10	0		
10	90°	(1)	28°15′	23°46′	17°20′	10°53′	4°16′	0°	0°	11.77
		(2)	0.473 32	0.403 01	0.297 93	0.188 81	0.074 40	0	0	
		(3)	0.21	3.12	4.26	3.08	1.10	0	0	

注:各截面的三项数字中,第(1)项为 $\varphi-\varphi'$ 值;第(2)项为 $\sin(\varphi-\varphi')$ 值;第(3)项为 $Q\sin(\varphi-\varphi')$ 值。

(3)摩擦力作用的轴向力。在摩擦力作用下,各分块重心所在截面的轴向力按下式计算:

$$N_3=-\sum R\cos(\varphi-\varphi') \tag{6-80}$$

式中:R 为截面以上作用的各摩擦力,见表 6-20;φ 及 φ' 意义同前。

各截面轴向力计算列于表 6-22。

表 6-22 摩擦力作用的轴向力 N_3 计算表

截面编号	φ	项目	$R_4=0.15$ (kN)	$R_5=2.33$ (kN)	$R_6=4.30$ (kN)	$R_7=4.90$ (kN)	$R_8=4.42$ (kN)	$R_9=3.64$ (kN)	$R_{10}=0.93$ (kN)	N_3 (kN)
			$\varphi'=$ 61°5′	$\varphi'=$ 66°14′	$\varphi'=$ 72°40′	$\varphi'=$ 79°07′	$\varphi'=$ 85°44′	$\varphi'=$ 90°	$\varphi'=$ 90°	
5	65°45′	(1)	4°							-0.15
		(2)	0.997 56							
		(3)	-0.15							

续表 6-22

截面编号	φ	项目	$R_4=0.15$ (kN) $\varphi'=61°5'$	$R_5=2.33$ (kN) $\varphi'=66°14'$	$R_6=4.30$ (kN) $\varphi'=72°40'$	$R_7=4.90$ (kN) $\varphi'=79°07'$	$R_8=4.42$ (kN) $\varphi'=85°44'$	$R_9=3.64$ (kN) $\varphi'=90°$	$R_{10}=0.93$ (kN) $\varphi'=90°$	N_3 (kN)
6	72°30′	(1)	10°45′	6°16′						
		(2)	0.982 45	0.994 02						-2.47
		(3)	-0.15	-2.32						
7	79°15′	(1)	17°30′	13°01′	6°35′	0°08′				
		(2)	0.953 72	0.974 30	0.993 41	1.00				-11.58
		(3)	-0.14	-2.27	-4.27	-4.90				
8	86°	(1)	24°15′	19°46′	13°20′	6°53′	0°16′			
		(2)	0.911 76	0.941 08	0.973 04	0.992 79	0.999 99			-15.79
		(3)	-0.14	-2.19	-4.18	-4.86	-4.42			
9	90°	(1)	28°15′	23°46′	17°20′	10°53′	4°16′	0°		
		(2)	0.880 89	0.915 19	0.954 59	0.982 01	0.997 23	1		-19.22
		(3)	-0.13	-2.13	-4.10	-4.81	-4.41	-3.64		
10	90°	(1)	28°15′	23°46′	17°20′	10°53′	4°16′	0°	0°	
		(2)	0.880 89	0.915 19	0.954 59	0.982 01	0.997 23	1	1	-20.15
		(3)	-0.13	-2.13	-4.10	-4.81	-4.41	-3.64	-0.93	

注：各截面的三项数字中，第(1)项为 $\varphi-\varphi'$ 值；第(2)项为 $\cos(\varphi-\varphi')$ 值；第(3)项为 $Q\cos(\varphi-\varphi')$ 值。

(4)各截面轴向力总和计算。各截面在各种外荷载及多余未知力 X_2 共同作用下的轴向力总和 N 值按下式计算：

$$N = N_1 + N_2 + N_3 + X_2\cos\varphi \tag{6-81}$$

式中：N_1、N_2及 N_3 值分别见表 6-19、表 6-21、表 6-22，φ 值见表 6-19。

各截面轴向力总和 N 值计算列于表 6-23。

表 6-23　各截面轴向力 N 值计算表

截面编号	φ	$\cos\varphi$	$X_2\cos\varphi$ (kN)	N_1(kN)	N_2(kN)	N_3(kN)	N(kN)
0	0°	1	46.83	0	0	0	46.83
1	11°30′	0.979 92	45.89	2.95	0	0	48.84
2	35°	0.819 15	38.36	24.49	0	0	62.85
3	52°15′	0.612 22	28.67	50.76	0	0	79.43
4	59°	0.515 04	24.12	70.37	0	0	94.49
5	65°45′	0.410 72	19.23	88.99	0.03	-0.15	108.1
6	72°30′	0.300 7	14.08	105.2	0.92	-2.47	117.73
7	79°15′	0.186 52	8.73	118.48	3.56	-11.58	119.19
8	86°	0.069 76	3.27	128.19	8.11	-15.79	123.78
9	90°	0	0	134.9	11.77	-19.22	127.45
10	90°	0	0	142	11.77	-20.15	133.62

6)各截面应力计算

衬砌截面边缘应力按下列公式计算:

衬砌外缘

$$\sigma_{外} = \frac{N}{F} + \frac{M}{W} \tag{6-82}$$

或

$$\sigma_{外} = \frac{N}{F}(1 + \frac{6e}{d}) \tag{6-83}$$

衬砌内缘

$$\sigma_{内} = \frac{N}{F} - \frac{M}{W} \tag{6-84}$$

或

$$\sigma_{内} = \frac{N}{F}(1 - \frac{6e}{d}) \tag{6-85}$$

式中:M 为截面弯矩,见表 6-17;N 为截面轴向力,见表 6-23;F 为衬砌截面面积,当沿洞身轴向的计算宽度取 $b=1$ 时,$F=bd=d$;d 为各分块重心所在截面的计算厚度;W 为截面边缘的弹性抵抗矩,其值为 $W= bd^2/6=d^2/6$;e 为轴向力对截面重心的偏心距,其值为 $e=M/N$。

各截面边缘应力计算列于表 6-24。

表 6-24 各衬砌截面边缘应力计算表

截面编号	衬砌厚度 d(m)	弯矩 M (kN·m)	轴向力 N(kN)	偏心距 e(m)	$6e/d$	N/F (kN·m^2)	外缘应力 (kN·m^2)	内缘应力 (kN·m^2)
0	0.35	3.71	46.83	0.079	1.345	133.8	315	-47.4
1	0.35	3.36	48.84	0.069	1.183	139.5	304.5	-25.5
2	0.35	0.26	62.85	0.004	0.069	179.6	192	167.2
3	0.35	-0.09	79.43	-0.001	-0.017	226.9	223	230.8
4	0.35	0.31	94.49	0.003	0.051	270	283.8	256.2
5	0.35	1.2	108.1	0.011	0.189	308.9	367.3	250.5
6	0.35	1.43	117.73	0.012	0.206	336.4	405.7	267.1
7	0.35	-1.81	119.19	-0.015	-0.257	340.5	253	428
8	0.35	-8.06	123.79	-0.065	-1.114	353.7	-40.3	747.1
9	0.4	-12.96	127.45	-0.102	-1.53	318.6	-168.9	806.1
10	0.65	-10.52	133.62	-0.079	-0.729	205.6	55.7	355.5

注:1. 弯矩符号以逆时针旋转为正,顺时针旋转为负。

2. 偏心距 e 为正时,表示轴向力偏向截面重心外侧,为负时偏向截面重心内侧。

3. 轴向力 N 及边缘应力 σ 均以压力为正,拉力为负。

4. 顶拱截面弯矩为 $M_0=X_1-X_{2C}=3.71$ kN·m。

7)应力验算

截面应力按《水工混凝土结构设计规范》计算。按该规范素混凝土结构偏心受压构件承载能力极限状态计算有关公式推导得应力验算式(6-86)及式(6-87)。式中分子项尚应有一个素混凝土构件的稳定系数 φ 值，考虑到围岩对衬砌有一定的约束作用，且素混凝土衬砌一般较厚，相应 φ 值约为 0.95 左右，对计算成果影响较小，过去在隧洞素混凝土衬砌的应力验算中多不考虑 φ 值，故式(6-86)及式(6-87)也未考虑。

拉应力

$$\sigma_{拉} \leqslant \frac{\gamma_m f_t}{\gamma_d} \tag{6-86}$$

压应力

$$\sigma_{压} \leqslant \frac{f_c}{\gamma_d} \tag{6-87}$$

式中：f_t 为混凝土轴心抗拉强度设计值，由表 6-25 查取；f_c 为混凝土轴心抗压强度设计值，由表 6-25 查取；γ_d 为素混凝土结构的结构系数，由表 6-26 查取；γ_m 为截面抵抗矩的塑性指数，有《水工混凝土结构设计规范》附录 C 查取计算，当衬砌厚度为 0.35 m 时，$\gamma_m = 1.705$。

表 6-25　混凝土强度标准值及强度设计值　（单位：N/mm^2）

强度种类		符号	混凝土强度等级				
			C10	C15	C20	C25	C30
标准值	轴心抗压	f_{ck}	6.7	10.0	13.5	17.0	20.0
	轴心抗拉	f_{tk}	0.9	1.2	1.5	1.75	2.00
设计值	轴心抗压	f_c	5.0	7.5	10.0	12.5	15.0
	轴心抗拉	f_t	0.65	0.90	1.10	1.30	1.50

表 6-26　承载力极限状态计算时的结构系数 γ_d 值

素混凝土结构		钢筋混凝土及预应力混凝土
受拉破坏	受压破坏	
2.00	1.30	1.2

对于 C15 混凝土，由表 6-25 查得：

轴心抗拉强度设计值　$f_t = 900\ kN/m^2$

轴心抗压强度设计值　$f_c = 7\ 500\ kN/m^2$

素混凝土结构的结构系数由表 6-26 查得：

受拉破坏时　$\gamma_d = 2.0$

受压破坏时　$\gamma_d = 1.3$

则衬砌截面边缘允许拉应力为：

$$\frac{\gamma_m f_t}{\gamma_d} = 767\ kN/m^2$$

衬砌截面边缘允许压应力为：

$$\frac{f_c}{\gamma_d} = 5\ 769\ kN/m^2$$

由表6-24各衬砌截面边缘应力计算结果知：

(1)在截面2~7范围内，均不出现拉应力。即压力曲线均在截面三分点以内，且压应力均远小于混凝土允许压应力值

(2)由拱顶至截面8的衬砌拱段内，最大拉应力发生在拱顶截面的内缘，其值为 $\sigma_{拉}$ = 47.4 kN/m²。远小于C15混凝土允许拉应力值767 kN/m²。

(3)在截面9衬砌外缘产生最大拉应力 $\sigma_{拉}$ = 168.9 kN/m²，衬砌内缘产生最大压应力 $\sigma_{压}$ = 806.1 kN/m²，此值也均分别小于允许拉应力767 kN/m²及允许压应力值5 769 kN/m²。

(4)根据应力验算成果，衬砌厚度可适当减薄。如将衬砌厚度减为 d=0.3 m，弯矩及轴力仍近似采用原计算值，则拱顶截面内缘拉应力计算为：

$$\sigma_{内} = \frac{N}{F} - \frac{M}{W} = -91.23\ \mathrm{kN/m^2}$$

上述拉应力值仍小于允许拉应力值，即衬砌厚度还可以减小。

8)底板

洞底为分离式底板，不承受山岩压力，在过水情况下，底板顶面及底面均为均匀受压，因此不需进行应力计算。

其余断面形式，按力法计算衬砌断面的原理及计算公式与上面所述的蛋形断面计算公式基本相同，不再详细描述。

6.6 隧洞灌浆、防渗及排水

6.6.1 隧洞灌浆

隧洞设计中经常使用的灌浆类型主要为回填灌浆、固结灌浆和接触灌浆。

6.6.1.1 回填灌浆

隧洞施工过程中，在进行开挖时，无论采取光面爆破等任何一种开挖措施，形成的隧洞总是会产生不规则的棱角。在隧洞衬砌之后，会在衬砌和岩面之间形成一定的缝隙甚至空腔，导致围岩和衬砌之间不能紧密结合，影响各种应力的传导，容易使围岩产生塌落、掉块，甚至压坏衬砌，导致隧洞变形破坏。因此，在隧洞衬砌完成后，要对隧洞衬砌和围岩之间的缝隙等进行回填灌浆处理。

在混凝土衬砌的背面或回填混凝土周边，对混凝土浇筑位能浇实留有空隙的部位的灌浆。灌浆可以使一、二次混凝土体结合为整体，还可以加固土体、回填空隙，共同抵御外力，防止渗漏，由此称为回填灌浆。

要求混凝土和钢筋混凝土衬砌结构的顶部需要做好回填灌浆的原因主要有以下几点：

(1)衬砌结构顶部施工中都存在缝隙或空腔，形成的主要原因有以下两个：①混凝土浇筑和凝结过程中由于自重作用和收缩，使混凝土和围岩之间形成缝隙；②开挖岩面不平整及局部超挖，形成凹凸不平的岩面，正常浇筑时，在衬砌结构顶部与颜面之间形成缝隙或空腔。

(2)考虑围岩承受内水压力的衬砌结构，只有通过回填灌浆充填顶部缝隙和空腔，才能保证围岩能够承担内水压力，否则将恶化衬砌结构的设计条件，对衬砌结构是危险的。

(3)洞顶变形空间在内外水的作用下,对围岩稳定是不利的,甚至造成新的坍塌失稳,回填灌浆以后可以消除这个隐患。

回填灌浆的目的是对隧洞混凝土衬砌或制动堵头顶部缝隙做灌浆填充。

回填灌浆需要确定的参数有灌浆的范围、孔距、排距、灌浆压力及浆液浓度等。

回填灌浆的范围宜为隧洞顶部或者顶拱中心角 90° ~ 120°,其他部位是否浇筑应该视衬砌的浇筑情况确定。关于孔距和排距应根据衬砌的结构形式、运行条件及施工方法等分析确定,《水工隧洞设计规范》中规定,孔距及排距宜为 3~6 m;在选择灌浆压力时,应结合所使用的衬砌材料,若为素混凝土衬砌,则回填灌浆压力选择 0.2~0.3 MPa;若为钢筋混凝土衬砌,则回填灌浆压力选择 0.3~0.5 MPa;灌浆孔应打入围岩 0.1 m 以上方可满足要求。土洞的回填灌浆宜采用低压灌浆,当支护与衬砌之间设有柔性止水时,衬砌浇筑应预埋灌浆管,但是灌浆管不能损坏柔性止水和穿透支护。

回填灌浆一般在衬砌混凝土达到设计强度的 70%后尽早进行。回填灌浆一般分二序进行。一序孔灌注水灰比为0.6:1或者0.5:1的水泥浆,二序孔为灌注1:1和0.6:1或者0.5:1两个级别的水泥浆,空隙大的部位灌注水泥砂浆,掺砂量不宜大于水泥重量的 2 倍。

在设计规定压力下,当注浆孔停止吸浆时,回填灌浆结束即可。灌浆结束后,排除孔内积水污物后封孔并抹平。

6.6.1.2　固结灌浆

固结灌浆是利用钻孔将高标号的水泥浆液或化学浆液压入岩体中,使之封闭裂隙,加强基岩的完整性,达到提高岩体强度和刚度的目的。

其主要作用如下:①提高岩体的整体性与均值性;②提高岩体抗压强度和弹性模量;③减少岩体变形与不均匀沉降。

在破碎的岩体中开挖隧洞时,为避免岩体坍塌或集中渗漏,可在开挖前进行一定范围内的斜孔或者水平孔的超前固结灌浆。

固结灌浆应根据隧洞工程地质和水文地质条件、衬砌形式、施工对围岩的影响程度及运行要求,通过技术经济比较确定。固结灌浆的灌浆孔的间排距宜采用 2~4 m,每排不宜少于 6 孔,孔位宜做对称布置,灌浆深度应根据围岩情况分析确定,不宜小于 0.5 倍隧洞直径(洞宽);灌浆压力可为 1~2 倍内水压力。

封堵段围岩宜进行固结灌浆、封堵体的周边应进行回填灌浆、接缝灌浆和接触灌浆,封堵体的灌浆布置、灌浆压力及灌浆参数应根据工程地质、水文地质条件、封堵体形式及施工方法等分析确定。

6.6.1.3　接触灌浆

接触灌浆是在浇筑混凝土二次衬砌时,混凝土干缩后,对混凝土和岩面之间形成的缝隙的灌浆。接触灌浆的主要作用是填充缝隙,增加锚着力和加强接触面间的密实性,防止漏水。

封堵段围岩宜进行接触灌浆,封堵体的灌浆布置、灌浆压力及灌浆参数应根据工程地质、水文地质条件、封堵体形式及施工方法等分析确定。

6.6.2　隧洞防渗和排水

在水工隧洞中,混凝土防渗是一个普遍的问题,水工隧洞在混凝土衬砌完成后,地下周围裂隙水被封闭于混凝土衬砌外,使其形成较高的水头压力,常常从衬砌混凝土的薄弱位置渗出而影响隧洞的安全使用,如何防渗也是隧洞工程中经常遇到的问题。

全断面混凝土衬砌埋藏式水工隧洞,在混凝土浇筑结束后,由于山体内地下水的渗流通道被封堵,形成较高的外水压力,使衬砌混凝土在施工缝、变形缝的薄弱位置产生渗漏。这是因为在混凝土浇筑时没有采取有效的排水措施(如设置排水廊道、打排水孔等)进行外水导排减压。在混凝土衬砌完成后,因各种原因回填和固结灌浆不可能立即进行时,当衬砌混凝土水化热完成后,衬砌与岩体之间实际存在一个较大的空隙。当围岩外水压力梯度尚不足以形成新的渗流通道时,外压力实际上是渗透水在围岩和衬砌中产生的体积力。此时的外水压力迅速升高,并直接作于衬砌混凝土上,导致混凝土薄弱面渗水,而影响衬砌结构的安全。

并非每条水工隧洞都有防渗和排水设计问题,需要根据施工、运行要求,实际的工程地质和水文地质条件确定是否进行防渗、排水设计。如无防渗要求的水工隧洞不用进行防渗设计,有严格防渗要求的水工隧洞需进行专门防渗设计。

无严格防渗要求的水工隧洞,内水外渗虽然压力不高,长期作用对围岩也有一定影响,所以排水孔不宜设在水面线以下。孔位孔深参数一般根据实际条件研究确定,通常可采用如下参数:排水孔的间距、排距可采用2~4 m,孔深可深入岩石2~4 m。当隧洞跨度较大或者侧墙较高,水面线以下是否设置排水孔和锚筋,可视具体抗浮稳定和其他要求确定。

为了阻止围岩中岩屑随水带出,恶化围岩,可在排水孔中设置软式透水管。当围岩中软弱面充填物质有被水溶解或带走的可能时,为保持围岩稳定,则需慎重研究是否设置排水设施。

针对水工隧洞的渗透稳定问题,根据多年来工程经验的总结,下列几种情况应研究内水外渗问题,采取有效的防渗措施:

(1)有压隧洞出口存在边坡渗流稳定问题,即当内水外渗抬高了地下水位,可能恶化边坡的稳定条件,如可能恶化有顺坡滑坡体稳定条件或由于浸水后岩石层面间的物理力学指标减低产生新的不稳定滑坡体。

(2)相邻高压隧洞段之间的岩体,由于受工程布置等因素的限制,其厚度可调整余地不大,因而水力梯度一般较大,当大于该岩体的临界水力梯度时,可能会发生渗透失稳。

(3)Ⅳ、Ⅴ类围岩多油地质构造或构造运动造成的,其特点是节理裂隙发育,由于构造面的切割,岩体本身自稳能力及渗透稳定性较差。因此,当内水外渗时,导致自然状态的渗流量或水力梯度增大,会恶化稳定条件。

(4)局部洞段不满足岩体覆盖厚度要求,导致山体在内水压力作用下易发生抬动。

同时隧洞的洞口边坡及周围应根据地形、地质条件设置排水沟及截水沟,形成可靠的排水系统。

第7章　渡　槽

渡槽是常见的渠系建筑物之一,主要用于跨越河流、道路、山谷等,除用于灌区引调水工程外,还可以供排洪和导流之用。

7.1　渡槽类型

渡槽一般由槽身、进出口连接段、进出口渐变段、支承结构、基础等部分组成。如图7-1所示。

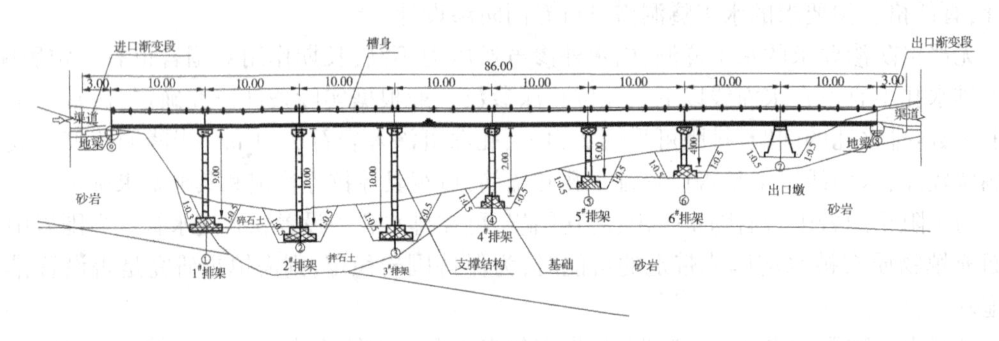

图7-1　渡槽典型纵断面

渡槽分类方式较多,可根据不同的槽身、支承结构、施工方法、所用材料进行分类。按槽身断面形式可分为矩形渡槽、U形渡槽、梯形渡槽、椭圆形渡槽及圆管形渡槽等。按支承结构形式可分为梁式、拱式、桁架式、涵洞式及斜拉式渡槽等。按照施工方法可分为现浇整体式、预制装配式及预应力渡槽。按所用材料可分为木渡槽、砖石渡槽、素混凝土渡槽及钢筋混凝土渡槽等。在所有的分类方式中,按支承结构分类最能反映出渡槽的结构特点、受力状态、荷载传递方式和结构计算方法,也是最为常见的分类方式。

(1)梁式渡槽。梁式渡槽的支承结构一般为重力墩或排架。槽身搁置于墩(架)顶部,这种结构既起输水作用,又可承受荷载而起纵梁作用。在竖向荷载作用下产生弯曲变形,支承点只产生竖向反力。按支承点数量及布置位置的不同,又可分为简支梁、双悬臂、单悬臂及连续梁4种形式。梁式渡槽的主要优点是设计简易、施工方便,是工程中最广泛采用的结构形式。

(2)拱式渡槽。该形式的不同之处是在槽身与墩台间增设了主拱圈和拱上结构。拱式渡槽区别于梁式渡槽的主要特点就是拱上结构将上部荷载传给主拱圈,主拱圈再将传来的拱上竖向荷载转变为轴向压力。墩台所受荷载为竖向荷载和水平推力。主拱圈是拱式渡槽的主要承重结构,以承受轴向压力为主,拱内弯矩较小,因此可以采用抗压强度较高的圬工材料建造,跨度最大可达百米。由于主拱圈将对支座产生强大的水平推力,对于跨度较大的拱式渡槽,一般要求建于岩石地基上。主拱圈有不同的结构形式,如板拱、肋拱、箱形拱和折线拱等。其轴线可以是圆弧形、悬链线、二次抛物线和折线等。可以设有不同的铰数,如双铰拱和三铰拱,但大多数做成无铰拱。拱上结构又有实腹与空腹之分。

(3)桁架式渡槽。桁架式渡槽根据结构不同又可分为桁架拱式、桁架梁式和梁形桁架式。前者是用横向联系(横系梁、横隔板及剪刀撑等)将数榀桁架拱片连接而成的整体结构。桁架拱片是主要承重结构,其下弦杆或上弦杆做成拱形,既是拱形结构,又具有桁架的特点。槽身底板和侧墙板可采用预制混凝土或钢丝网混凝土微弯板组装、填平的矩形断面,有的也采用预制的矩形、U形整体结构。按槽身在桁架拱上位置的不同,桁架拱式渡槽可分为上承式、中承式、下承式和复拱式4种形式,按复杆的布置形式则有斜杆式桁架拱和竖杆式桁架拱(只有竖杆无斜杆)。桁架拱渡槽一般用钢筋混凝土建造,整体结构刚性大,能充分发挥材料力学性能,结构轻巧,水平推力小,对墩台变位的适应性也较好,因而对地基的要求较拱式渡槽低。梁形桁架是指在竖向荷载作用下支承点只产生竖向反力的桁架,其作用与梁相同。梁形桁架有简支和双悬臂两种类型。按弦杆的外形分,有平行弦桁架、折线或曲线弦桁架、三角形弦桁架等。梁形桁架式渡槽的跨度较梁式渡槽为大,一般不小于20 m,宜在中等跨度条件下采用。桁架梁式与梁形桁架的不同之处在于桁架梁式以矩形截面槽身的侧墙和1/2槽底板(呈L形)取代梁形桁架的下弦杆或上弦杆,是不产生水平反力的梁形结构。取代下弦杆的称为下承式桁架梁渡槽,取代上弦杆的称为上承式桁架梁渡槽。

(4)涵洞式渡槽。当输水渠道与河道交叉时,交叉处渠底高程低于河道校核洪水位,不能满足梁式渡槽槽下净空的要求,不具备梁式渡槽跨越条件;渠道水位高于河道洪水位,不满足暗渠的要求。当输水渠道校核流量小于河道天然洪水流量,根据“小穿大”的原则,不宜采用河穿渠类交叉建筑物,如河道倒虹吸、排洪渡槽、排洪涵洞等形式。根据水位—流量关系,此种情况可采用涵洞式渡槽和渠道倒虹吸两种形式。一般而言,涵洞式渡槽与渠道倒虹吸相比,河道流态复杂,存在排漂问题,结构形式和受力条件较复杂,但主体结构工程量较小,投资较省。涵洞式渡槽的上部为输送渠水的钢筋混凝土矩形断面渡槽,下部为排泄河水的钢筋混凝土箱形涵洞,涵洞的顶板即为渡槽的底板,槽身总宽即为洞身的长度,多孔一联的洞身总宽度就是一节槽身的长度。

总体来说,梁式渡槽和拱式渡槽是工程中最常用的基本形式。在灌区工程中,梁式渡槽由于设计简易、施工方便,是应用最广泛的结构形式。

7.2　渡槽布置

7.2.1　渡槽布置要求

渡槽位置的选择在灌区工程中尤为关键。一般是选定渡槽的中心线及槽身起止点的位置。

渠系规划布置时,已从全局考虑决定了渡槽的位置。对于地形、地质条件简单且长度不大的渡槽,中心线和槽身起止点位置是比较容易确定的,一般无多大选择余地。对于地形和地质条件复杂、长度较长的大、中型渡槽,渠系规划布置所定的跨越溪谷、河流等的槽址位置常是不确定的,可在数十米、数百米乃至数千米的范围内变化,往往需要找出几个较好的槽址位置进行方案比选论证后再选定。

渡槽应根据所收集的资料,结合渠道线路布置,尽可能地修建在地形、地质条件较好的地方,对渡槽和前后渠段的综合比较,应根据不同设计方案进行综合比较,择优选定。另外,应控制和减少永久占地、植被破坏等环境污染问题。渡槽的布置位置选择一般应考虑以下因素:①槽址应尽量选在地质良好、便于施工的挖方渠道上。应使渡槽和引渠长度较短。②跨越河流的渡槽,槽址应位于河床稳定、水流顺直的河段,避免位于河流转弯处,以免凹岸及基础受冲。渡槽长度和跨度的选取应满足河流防洪规划的要求,减小渡槽对河势和上、下游已建工程的影响。③槽身轴线一般宜为直线,且宜与所跨河道或沟道正交。渡槽进、出口与上、下游渠道应平顺连接,避免急转弯。当受地形、地质条件限制槽身必须转弯时,弯道半径不宜小于6倍的槽身水面宽度,并考虑弯道水流的不利影响。大型渡槽宜通过模型试验确定。④便于在渡槽前布置安全泄空、防堵、排淤等附属建筑物。⑤尽量少占耕地和减少移民拆迁。

另外,渡槽的槽下净空应符合以下规定:①跨越通航河流、铁路、公路的渡槽,槽下净空应符合相关部门行业标准关于建筑限界的规定。②跨越非等级乡村道路的渡槽,槽下净空应根据当地通行的车辆或农业机械情况确定。其槽下最小净高对人行路为2.2 m、畜力车及拖拉机路为2.7 m、农用汽车路为3.2 m、汽车路为3.5 m。槽下净宽应不小于4.0 m。③非通航河流(渠道)的校核洪水位(加大水位)至梁式渡槽槽身底部的安全净高应不小于1.0 m(0.5 m),拱式渡槽的拱脚高程宜略高于河流校核或最高洪水位。双铰拱的拱脚允许校核洪水位淹没但不宜超过拱圈高度的2/3,且拱顶底面至校核水位的净高不应小于1.0 m。

7.2.2 渡槽布置

进出口建筑物包括进出口渐变段与连接段、槽跨结构与两岸渠道的衔接建筑物(槽台、挡土墙等),以及为满足运用、交通和泄水等要求而设置的节制闸、交通桥和泄水闸等建筑物。渡槽进出口建筑物的作用是:①使槽内水流与渠道水流平顺衔接并尽量减少水头损失和防止冲刷。②连接槽跨结构与两岸渠道,避免因连接不当而引起漏水,致使岸坡或填方渠道产生过大的沉陷和滑坡现象。③满足运用、交通和泄水等要求。

为使水流进出槽身时比较平顺,以利于减少水头损失和防止冲刷,渡槽进出口均需设置渐变段。渐变段的形式很多,其中直线形扭曲面水流条件好,为常用形式,一般用浆砌石建造,也可用混凝土建造。大型渡槽渐变段有的采用反弯扭曲面形式,这种形式局部水头损失系数小,但施工较为复杂。小型渡槽可采用八字形或圆弧直墙形渐变段,施工较方便,但水流条件较差。

渐变段与槽身间常因各种需要再设置一节连接段,其作用是:对于U形槽身,需设连接段与进出口渐变段末(始)端矩形断面连接;为交通需要,设连接段以便布置交通桥或人行桥;为了停水或轮流(多槽式)检修,或为了上游分水等目的,需要在进口布置节制闸或留检修门槽;为使槽身与进出口建筑物之间的伸缩变形缝便于检修,需设连接段伸入渠道填土边坡或岸坡范围内与渐变段连接。连接段与渐变段之间的接缝需要设置止水,以使渐变段起防渗作用。连接段的长度根据具体情况由布置决定。

槽跨段的结构布置是渡槽设计的关键。槽跨段结构布置的主要内容是选定槽跨段各组成部分(槽身、支承结构及基础等)的结构形式、材料和跨度,拟定各组成部分的尺寸和高程。简支梁式渡槽的常用跨度为8~15 m,双悬臂梁式槽身每节长度可为25~40 m。当槽高较大、地基较好或基础施工较困难时,宜选用较大的跨度;槽高不大或地基较差时,则以采用较小跨度为宜。

7.3　渡槽水力计算

7.3.1　渡槽过流能力计算

渡槽过流能力一般按槽身长度 L 与渡槽进口渐变段前上游渠道水深 h 的不同比值，当 $L>(15\sim20)h$ 时，采用明渠均匀流公式进行计算(见图 7-2)：

$$Q = AC\sqrt{Ri} \tag{7-1}$$

$$C = \frac{1}{n}R^{1/6} \tag{7-2}$$

式中：Q 为渡槽过流能力，m^3/s；A 为渡槽过水断面面积，m^2；R 为水力半径，m；C 为谢才系数；n 为糙率，对钢筋混凝土槽身取 0.013～0.016，砌石槽身取 $n\geqslant0.017$，视具体情况而定；i 为渡槽比降。

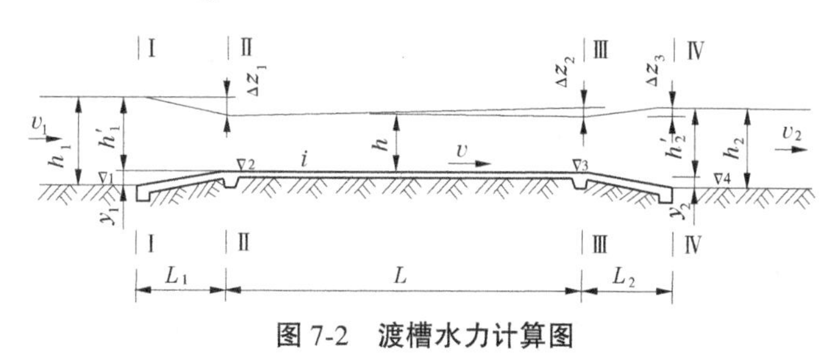

图 7-2　渡槽水力计算图

当 $L\leqslant(15\sim20)h$ 时，渡槽过水流量采用淹没宽顶堰流公式进行计算：

$$Q = \varepsilon\sigma_n mB\sqrt{2g}H_0^{3/2} \tag{7-3}$$

$$H_0 = h + \alpha\frac{v^2}{2g} \tag{7-4}$$

式中：ε 为侧收缩系数，常取 0.9～0.95；σ_n 为淹没系数，见表 7-1，表中 h_s 为下游水位超过堰顶的水深；m 为流量系数，进口较平顺时 $m=0.356\sim0.38$，进口不平顺时 $m=0.32\sim0.34$；H_0 为渡槽进口水头，m；B 为槽宽，m；g 为重力加速度，取 9.81 m/s^2。

表 7-1　σ_n 值(有侧收缩)

h_s/H_0	0.98	0.97	0.96	0.95	0.94	0.93	0.92	0.91	0.90	0.89
σ_n	0.500	0.59	0.66	0.735	0.775	0.825	0.85	0.875	0.90	0.925
h_s/H_0	0.88	0.87	0.86	0.85	0.84	0.83	0.82	0.81	0.80	
σ_n	0.945	0.96	0.97	0.98	0.985	0.99	0.995	0.997	1.00	

槽身为 U 形或梯形时的计算公式为：

$$Q = \varepsilon\varphi A\sqrt{2gz_0} \tag{7-5}$$

$$z_0 = \Delta z_1 + \frac{v_1^2}{2g} \tag{7-6}$$

式中：φ 为流速系数，常取 0.9～0.95；z_0 为进口水头损失，m；v_1 为上游渠道断面的平均流速，m/s；Δz_1 为进口段水面降落，m；A 为过水断面面积，m^2。

渡槽过水能力,应以加大流量进行验算。如水头不足或为了缩小槽宽,允许进口水位有适量的壅高,其值可取(1%~3%)h。

7.3.2　比降的确定

在满足渠系规划高程要求的条件下,渡槽尽可能选取较陡的比降,以达到降低渡槽造价的目的。槽内流速一般取1.0~2.5 m/s(最大流速有达3.0~4.0 m/s的)。对于通航的渡槽,过水断面平均流速不宜超过1.6 m/s。

7.3.3　渡槽水头损失计算

渡槽水头损失主要计算进口水面降落、槽身水面降落、出口水面回升。

(1)进口水面降落值计算。渡槽进口水头损失z_1按明渠均匀流计算,公式为:

$$\Delta z_1 = (1+\xi)\left(\frac{v_2^2 - v_1^2}{2g}\right) \tag{7-7}$$

式中:Δz_1为进口水面降落,m;ξ为水头损失系数;v_1、v_2分别为上游渠道、槽内平均流速,m/s。

(2)槽身水面降落计算。槽身水面降落值计算公式为:$\Delta z_2 = iL$,式中i为渡槽纵坡,L为槽身长度。

(3)出口水面回升计算。渡槽出口水面回升值z_3与进口水面降落值z_1有关,一般取$z_3 = \frac{1}{3}\Delta z_1$。

(4)渡槽总水头损失计算。渡槽总水头损失

$$\Delta z = \Delta z_1 + \Delta z_2 - \Delta z_3 \tag{7-8}$$

(5)渡槽进出口高程的确定。渡槽槽身进出口底板高程$\square_2$、$\square_3$及出口下游渠底高程$\square_4$的计算公式为:

$$\square_2 = \square_1 + h_1 - \Delta z_1 - h \tag{7-9}$$

$$\square_3 = \square_2 - \Delta z_2 \tag{7-10}$$

$$\square_4 = \square_3 + h + \Delta z_3 - h_2 \tag{7-11}$$

式中:$\square_1$为进口上游渠底高程,m;其他符号意义见图7-2。

7.3.4　渡槽进、出口连接形式

渡槽进、出口与上下游渠道连接均设渐变段。渐变段长度可按下式进行计算

$$L = C(B_1 - B_2) \tag{7-12}$$

式中:L为进口或出口渐变段长度,m;B_1为渠道水面宽度m;B_2为槽身水面宽度m;C为系数,进口取1.5~2.5,出口取2.5~3.5。

7.4　渡槽结构设计

梁式渡槽和拱式渡槽是工程中最常用的基本形式,下面以梁式渡槽和拱式渡槽为例,介绍渡槽结构设计。

7.4.1 梁式渡槽结构设计

渡槽结构设计主要包括槽身结构设计、槽墩和槽架结构设计。

7.4.1.1 上部结构设计

渡槽槽身横断面最常用的是矩形和U形。浆砌块石槽身为了砌筑方便，一般均采用矩形。钢筋混凝土槽身大流量时采用矩形较多，中、小流量既可采用矩形，也可采用U形。

槽身横断面主要尺寸是净宽(水面宽)B和净深(满槽水深)H，其值由水力计算决定，但在拟定尺寸时应注意选择合适的深宽比H/B值，从过水能力看，应按水力最佳断面的条件来选择深宽比(矩形槽身水力最佳断面的深宽比$H/B=0.5$)，但梁式槽身水力最佳断面的深宽比选得大些有利于加大槽身的纵向刚度，因此一般多采用深宽比大于0.5的窄深式断面，矩形槽常用的深宽比$H/B=0.6\sim0.8$，U形槽常用的深宽比(水面宽)$H/B=0.7\sim0.9$。对于跨度较大的槽身，深宽比可以取得再大一些，以减小槽身纵向应力，但需注意槽身高度增大将增加侧向所受风压力，对横向稳定不利。输送大流量或有通航要求而需要加大槽宽的矩形槽，其深宽比选择不受上述经验数据的限制。

1.矩形槽身

(1)悬臂侧墙式矩形槽。矩形槽身顶部一般多设拉杆(见图7-3(a))，间距一般为1.5~2.5 m，以改善侧墙和底板的受力状态。有通航要求时不设拉杆，侧墙做成变厚度的(见图7-3(b))，顶厚不小于10 cm，底厚常大于15 cm，矩形槽身底板底面可与侧墙底缘齐平(见图7-3(a))或适当高于侧墙底缘(见图7-3(b))，后者用于简支梁式槽身时可减小底板的拉应力。侧墙和底板的连接处常加设30°~60°的贴角，边长一般采用20~30 cm(大流量矩形槽可为50 cm)，以减小转角处的应力集中。为便于交通，常在槽顶设置人行道，人行道宽70~150 cm，对于设拉杆的矩形槽，可以再拉杆上直接铺板，也可在侧墙顶的外侧(见图7-3(b))或内、外两侧(见图7-3(c)、(e))做外伸悬臂板，板厚6~20 cm。

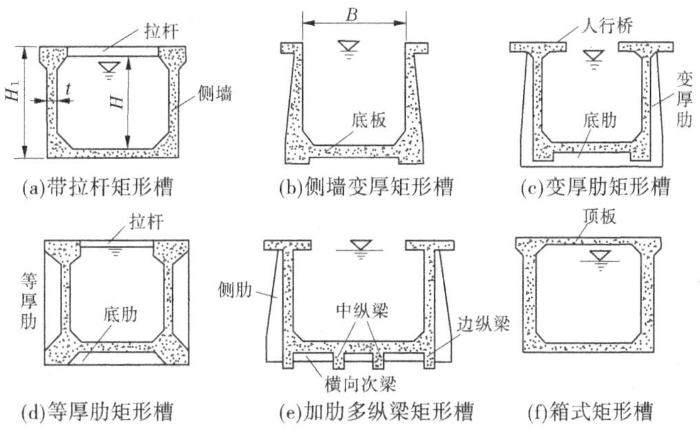

图7-3 矩形渡槽断面形式

矩形槽身的侧墙兼作纵梁用，但其薄而高，且需承受侧向水压力作用，因此设计时除考虑强度外，还应考虑侧向稳定要求。一般以侧墙厚度t与墙高H_1的比值t/H_1作为衡量指标，其经验数据为(对设拉杆的矩形槽)：$t/H_1=1/16\sim1/12$，常用的侧墙厚度$t=12\sim25$ cm。

(2)加肋矩形槽。当有通航要求槽身不允许设拉杆时，或虽无通航要求但通过槽身的流量较大时，为了减薄矩形槽身侧墙和底板的厚度，可沿槽身纵向每隔一定距离在两侧和底板下加设横肋，称为肋板式矩形槽（见图 7-3(c)、(d)、(e)）。在该种形式槽身中，侧墙厚度与高度之比常取t/H_1=1/21~1/18。如侧墙兼作纵梁，其厚度应先按纵向计算选定，然后再做横向校核。

侧墙顶部和底板常局部加厚，形成顶梁与底梁（上、下纵梁）。肋间距的确定应考虑在与顶梁和底梁的共同作用下，使侧墙和底板成为双向受力的四边支承板。槽身两侧的横肋（侧肋）可以采用等厚度（见图 7-3(d)），也可采用变厚度（见图 7-3(c)、(e)），即从顶到底逐渐加厚。

对于不通航的肋板式矩形槽，可在侧肋顶部加设拉杆（见图 7-3(d)），使肋与拉杆形成箍框，以加强槽身的整体性，并通过箍框将槽身荷载传给下部支承结构。

(3)多纵梁式矩形槽。大流量或有通航要求的矩形槽多做成宽浅式，为减小底板厚度，可根据不同槽身宽度在底板下加设一根或几根中纵梁，做成多纵梁式结构。纵梁间距一般为1.5~3.0 m。如槽身较宽，多纵梁式矩形槽其荷载主要由纵梁承担，侧墙和底板主要起挡水作用。

当多纵梁矩形槽的跨度与宽度之比较小时，渡槽槽身明显呈三维应力状态，不能将纵向承重构件简单地合并为倒T形受弯构件进行截面内力和配筋计算。计算机试验表明：多纵梁矩形面各主梁最大应力不相同，边纵梁由于与侧墙在一定程度上构成整体，其内力远小于中纵梁，愈靠近中部的中纵梁跨中应力愈大。亦即对于较宽的槽身，侧墙刚度对边纵梁应力有一定影响，对中间纵梁的影响则较小。因各纵梁垂直变位不一，导致纵梁产生扭转变位，对底板内力亦产生较大影响。为了加强纵向承重件的受力和变形协调，各纵梁间需设置横向次梁，还可在侧墙外侧加设竖肋，使槽身形成空间整体受力结构，有效地改善内力分布状况。

(4)箱式矩形槽。这种形式槽身是一闭合框架结构，顶板可用作交通桥，箱中按无压流设计，水面以上应留0.2~0.6 m净空，深宽比常用0.6~0.8或更大些。

箱形槽身截面刚度大，可提高纵向承载能力，侧墙和底板受拉区主要在槽身外侧，受力条件较悬臂侧墙式矩形槽为好。但箱形槽身为全封闭结构，内外温差大，温度应力较大。此种形式槽身适用于地基条件良好的连续梁式渡槽，亦可用于简支式或双悬臂梁式渡槽。根据分析，在相同条件下，双悬臂式比简支梁式少使用钢材20%~30%，因此箱形槽用于中小流量双悬臂梁式槽身可能比较经济。

(5)多厢互联式矩形槽。对于过水流量很大的特大型渡槽，由于荷载特别巨大，可在槽身中加设纵向隔墙，形成多厢互联矩形断面形式。该形式与多纵梁式矩形槽相比，犹如将设在底部的数个纵梁叠加在一起形成隔墙，将输水结构与承重结构相结合，其工程量变化不大，但承载力却大大增加，可提高渡槽的纵向跨越能力，减少下部支承结构工程量。如在侧墙和隔墙顶部设置拉杆，则槽身整体刚度更大，工作性能更好。

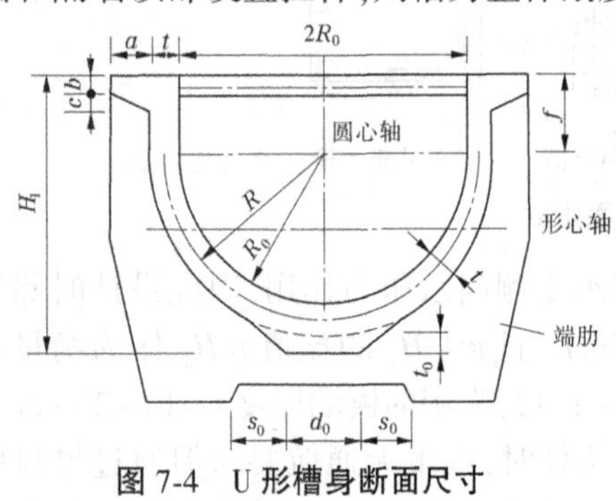

图 7-4　U 形槽身断面尺寸

2. U 形槽身

U形槽身横断面为半圆加直段，与矩形槽相比有水力条件好等优点。槽顶一般设置拉杆，拉杆间距1.0~2.0 m。U形槽身的槽壁顶端应加大形成顶梁，顶梁面积（不含槽壁厚）宜为槽身横断面的15%~18%。对于跨宽比大于3~4的梁式U形槽身，槽底弧形段局部常加厚（见图 7-4），用以加大槽身纵向刚度并便于布置纵向受力钢筋。槽顶设拉杆的钢筋混凝土U形槽，在初拟断面尺寸时刻参考下列经验数据：

槽壁厚度 $t=(1/10\sim1/15)R_0$ (7-13)

直段高度 $f=(0.4\sim0.6)R_0$ (7-14)

顶梁尺寸 $a=(1.5\sim2.5)t, b=(1\sim2)t, c=(1\sim2)t$ (7-15)

槽底弧段加厚 $d_0=(0.5\sim0.6)R_0, t_0=(1\sim1.5)t$ (7-16)

s_0 是从 d_0 的两端分别向槽壳外壁所作切线的水平投影长度。

为使U形槽身有足够的横向刚度，防止壳槽在水压力作用下产生过大的横向变形，一般要求槽身高度 H_1 与槽壁厚度 t 之比 $H_1/t\leqslant15\sim20$。

为了改善U形槽身纵向受力状态并便于支承于槽墩（架）上，在槽身两端的支座部位应设置端肋，端肋的外轮廓可做成梯形或折线形。

3. 槽身纵向的支承形式

梁式渡槽的槽身是直接搁置于槽墩或槽架上的，见图7-5。为适应温度变化及地基不均匀沉降等原因而引起的变形，必须设置横向伸缩缝将槽身分为独立工作的若干节，并将槽身与进出口建筑物分开。伸缩缝之间的每一节槽身沿纵向设有支点，既起输水作用又起纵向梁作用。根据支点数目及位置的不同，梁式渡槽有简支梁式（见图7-5(a)）、双悬臂梁式（见图7-5(b)）、单悬臂梁式（见图7-5(c)）及连续梁式（见图7-5(d)）四种形式。前三种形式一节槽身在纵向只有2个支点，是静定结构；连续梁式渡槽一节槽身在纵向的支点数目多于2个，是超静定结构。

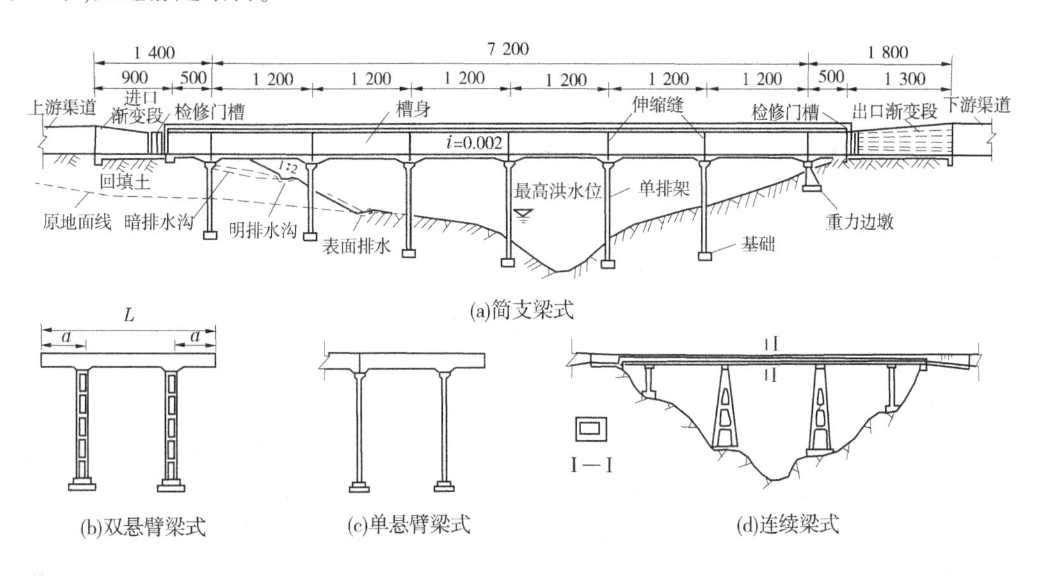

图7-5 梁式渡槽布置 （单位：cm）

简支梁式槽身施工吊装较方便，接缝止水构造简单，为常用形式，但跨中弯矩较大，底板受拉对抗裂防渗不利。

双悬臂梁式槽身又分为等跨双悬臂（槽墩或槽架中心线间距相等）和等弯矩双悬臂两种形式。设每节槽身的长度为 L，悬臂长度为 a，对于等跨双悬臂，$a=0.25L$；对于等弯矩双悬臂，$a=0.207L$。等弯矩双悬臂梁式槽身，在均布荷载作用下的跨中正弯矩等于支座负弯矩，弯矩的绝对值较小，但由于纵向上下层均需配置受力钢筋和一定数量的构造钢筋，总配筋量可能比等跨双悬臂梁式槽身要多，且墩架间距不等，因而采用较少。

双悬臂梁式槽身由于有悬臂的作用，跨度可以增大，跨度较小时则可节省钢材用量，但一节槽身的总长度长、重量大，施工吊装较困难。此外，当悬臂端部产生变形或地基产生不均匀沉降时，两节槽身间的接缝将产生错动而使止水容易被拉裂。根据对已建工程的观察，双悬臂梁式槽身在支座附近易产生横向裂缝，应予以注意。单悬臂梁式槽身一般只在双悬臂梁式向简支梁式过渡或与进出口建筑物连接时采用，悬臂的长度不能过大，以保证槽身在另一端支座处有一定的压力，而绝对不允许出现拉力。连续梁式槽身较简支梁式槽身受力条件好，在同样跨度和荷载条件下，跨中弯矩较简支梁式小，因而可以加大跨度。在实际工程中，连续梁式槽身常采用钢筋混凝土箱形结构，纵向按整体空心梁考虑，不仅结构轻、刚度大，还能充分发挥各部分材料的性能。

根据实践经验及资料统计，简支梁式渡槽的常用跨度为 8～15 m，双悬臂梁式槽身每节长度可为 25～40 m。当槽高较大、地基较好或基础施工较困难时宜选用较大的跨度，槽高不大或地基较差时则以采用较小跨度为宜。

4. 预应力混凝土槽身

在大中型渡槽工程中，槽身承受的水荷载很大，同时要求使用阶段结构变形小，水密性好，不产生渗漏。为了改善结构的力学性能，减轻槽身自重，加大跨度，预应力混凝土槽身已得到越来越多的应用。预应力筋的数量和布筋位置要根据槽身在使用阶段的受力状态确定，同时也要满足施工各阶段的受力需要。采用不同的施工方法，在施工阶段槽身的受力状态有很大差别，因此配筋必须考虑施工方法。

南水北调中线沙河渡槽工程渡槽总长 9.05 km，其槽身为 U 形双向预应力混凝土简支结构，单跨跨度 30 m，4 槽平行布置，槽高 8.3～9.2 m，槽宽 9.2 m。如此大断面的槽身采用半工厂化生产，整体模板预制，一次浇筑成型。梁式渡槽单片槽重达 1 200 t。用架槽机施工填补了国内大型预制渡槽施工装备的空白，开创了大型渡槽预制吊装架设的先例。

7.4.1.2　下部结构设计

1. 墩式

(1)重力墩。根据墩身结构形式的不同，重力式槽墩有实体墩和空心墩两种形式。重力式实体墩主要由墩帽、墩身和基础三部分组成(见图 7-6(a))。墩身材料结构强度必须满足有关标准要求。墩身的主要尺寸为墩高、墩顶和底面的平面尺寸及墩身侧坡。墩身顶部顺渡槽水流方向的宽度应稍大于槽身支承面所需宽度，一般不小于 80～100 cm，小型渡槽可以小些，但应满足有关规范要求。墩身顶部垂直渡槽水流方向的长度应稍大于槽身宽度(每边约宽出 20 cm)。为满足墩体和地基承载力的要求，墩身四侧可按 20∶1～40∶1(竖∶横)坡比向下扩大，基底面则根据地质条件适当再扩大。墩帽直接支承槽身结构，应力较集中，大型渡槽的墩帽厚度不小于 40 cm，中小型渡槽不小于 30 cm。墩帽周边一般比墩身顶部外伸 5～10 cm，做成檐口。墩帽采用 C25 以上强度等级混凝土浇筑，加配构造钢筋。小型渡槽墩帽混凝土强度等级可稍低，也可不设构造钢筋。在墩帽放置支座的部位，应布置一层或多层钢筋网，以防墩帽和墩身产生裂缝。支座边缘到墩顶边缘的距离视渡槽规模、墩台构造形式及安装上部结构的施工方法而定，其最小距离应不小于 15～20 cm。

梁式渡槽的边槽墩(也称槽台)常采用挡土墙式实体重力墩(见图 7-6(b))，除承受槽身传来的荷载外，还承受背面的填土压力，是挡土墙式结构，其高度一般不宜超过 5～6 m。

边槽墩背面坡的坡度系数一般为 $m=0.25\sim0.5$,顶部也需设置墩帽。墩下部设排水孔,孔径4~6 cm,可设1~2排,孔进口设反滤层,出口高出地面10~30 cm。

重力式实体墩的墩体强度及稳定易满足要求,但用料多,自重大,适用于盛产石料地区,墩高一般在8~15 m,不宜用于高槽墩和地基较差的情况。如墩高较大,则宜采用空心重力墩。

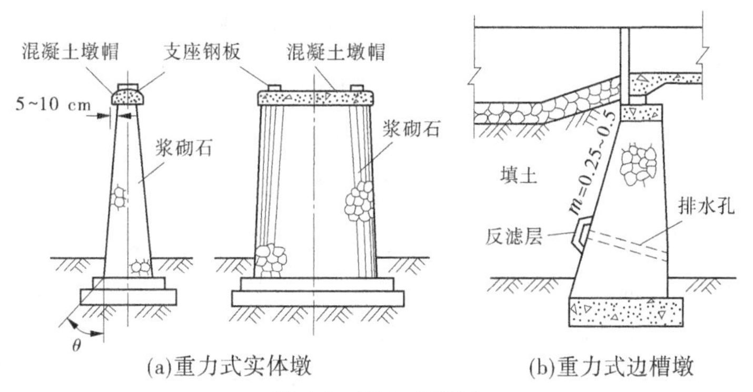

图7-6 重力式槽墩

空心重力墩可充分利用材料强度,自重轻,用料省,一般高度下可比实体墩节省圬工20%~30%,钢筋混凝土空心墩可节省圬工约50%。空心墩可采用钢滑动模板施工,施工速度快,质量好,也可采用混凝土预制块砌筑。空心墩的最小壁厚,对于钢筋混凝土墩不宜小于30 cm,对于混凝土墩不宜小于50 cm。空心墩内沿高度方向每隔2.5~4 m宜设置钢筋混凝土横梁,以加强空心墩的整体性,但设置横梁对滑模施工带来困难,目前趋势是尽量不设或少设,当壁厚与宽度(或半径)之比大于1/10时可不设横梁。空心墩的外形轮廓尺寸和墩帽的构造与实体墩基本相同,水平截面有圆矩形、双工字形及矩形三种基本形式(见图7-7)。圆矩形的水流条件好,外形较美观且便于使用滑膜施工,因而采用较多;双工字形施工较方便,对 y 轴(顺渡槽水流方向)的惯性矩大,边缘应力较小,但水流条件差,因此不宜用于河道中;矩形墩施工也方便,截面惯性矩也较大,水流条件处于两者之间,适用于河水不深的滩地和两岸无水的槽墩。空心墩的墩帽下面宜设实体过渡段,实体段高度为1~2 m,并增设补充钢筋。空心墩身与基础的连接处,应采用墩壁局部加厚或设置实体段措施,实体过渡段也需增设补充钢筋。有的工程采用空心墩下部为现浇混凝土,上部用预制块拼装,预制块大小取决于运输、起吊能力,砌筑时上下层竖缝必须错开,竖缝和水平缝都必须用水泥砂浆填塞密实。在墩身下部和墩帽中央可设置进人孔。

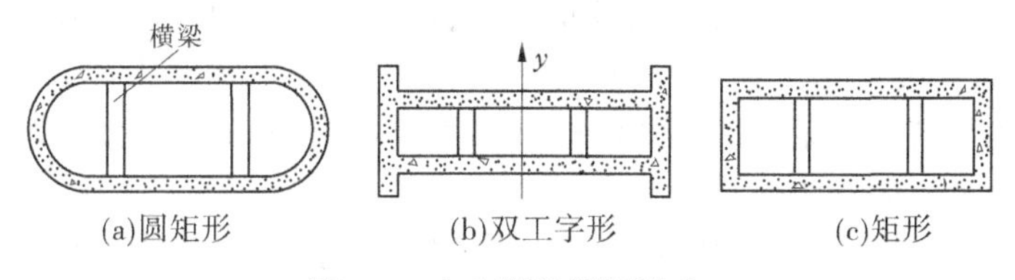

图7-7 空心墩的截面型式

(2)加强墩。多跨简支排架渡槽和多跨连拱渡槽,为防止因一跨失事而导致其余多跨相继破坏,须设置加强墩。简支式渡槽可每隔7~10跨设一加强墩(重力墩或双排架)。

2. 排架式

梁式渡槽的排架式钢筋混凝土结构,有单排架、双排架和A形排架等形式(见图7-8)。

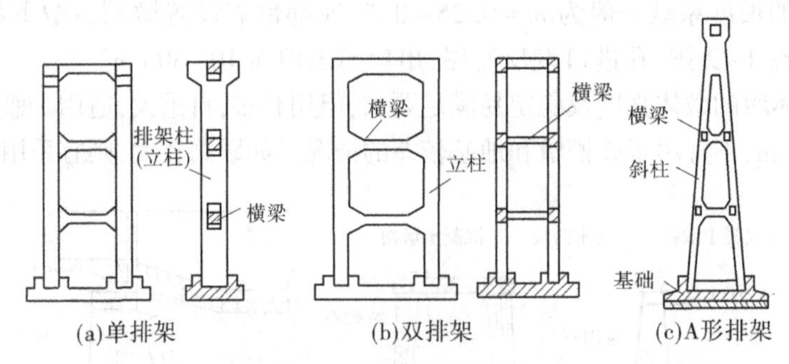

图 7-8 渡槽排架形式

(1)单排架。采用钢筋混凝土结构,可现场浇筑或预制吊装。常用的单排架高度为 10~20 m。排架柱的断面尺寸,可按下述关系拟定:立柱的纵向尺寸长边(顺槽向)b_1 为排架高 H 的 1/30~1/20,常用 $b_1=0.4\sim0.7$ m,横向尺寸 $h_1=(0.5\sim0.8)b_1$,常用 $h_1=0.3\sim0.5$ m。梁高 h_2 可为跨度(即立柱间距)的 1/8~1/6,梁宽 $b_2=(0.5\sim0.7)h_2$。横梁按等间距布置,为适应同一渡槽排架具有不同的高度,最下一层的间距可适当调整。排架横梁的间距一般为 3~4 m,最大不超过 5 m,横梁与立柱连接处常设承托,已改善交角处的受力状态,承托高 10~20 cm,其中布置斜筋。为支承槽身,排架顶部在顺水流方向设短悬臂梁式牛腿,悬臂长度 $c=b_1/2$,高度 $h\leqslant b_1$,倾角 $\theta=30°\sim45°$,详见图 7-9。

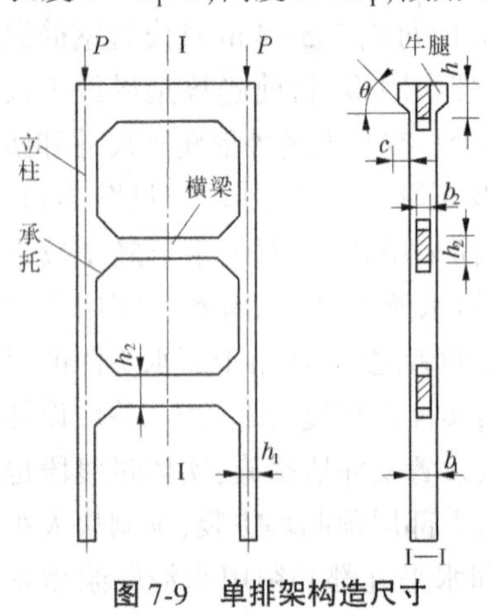

图 7-9 单排架构造尺寸

排架与基础(一般为板式基础)的连接可采用固接或铰接两种形式。现场浇筑时,排架与基础常整体结合,立柱竖向钢筋直接伸入基础内,按固接考虑。预制装配式排架,则根据排架吊装就位后的杯口处理方式而按固接或铰接考虑,见图 7-10。如设计为固接,应在基础混凝土终凝前拆除内模板并将杯口凿毛,立柱安装前将杯口清洗干净并于杯底浇灌不低于 C20 的细石混凝土,立柱插入就位后,于四周再浇筑细石混凝土,对于重要工程,也可采用预留铰接钢筋浇筑二期混凝土的方式。如设计为铰接,只在柱底 5 cm 厚范围内填以 C20 细石混凝土并抹平,立柱插入就位后于四周灌以 5 cm 的 C20 细石混凝土,再填沥青麻丝。由于预制装配式排架立柱边宽一般都在 100 cm 以内,故无论固接或铰接,立柱插入杯口内的深度 H_1 应满足下列要求:①$H_1\geqslant b_1$(立柱的长边宽度);②$H_1\geqslant 20d$(d 为立柱纵向受力钢筋直径);③如用吊装施工,$H_1\geqslant 0.05H$(H 为吊装时排架高度)。杯壁厚度 $t\geqslant 15\sim30$ cm(b_1 大时取大值);杯底厚度 $H_3\geqslant 15\sim40$ cm(b_1 大时取大值)。

(2)双排架。双排架是空间结构,在较大的竖向及水平向荷载作用下,其强度、稳定剂地基应力较单排架容易得到满足,使用高度一般为 15~35 m。

(3)A 形排架。A 形排架是由两片互相平行、铅直平面为 A 字形的刚架组成的。对于大流量渡槽,槽宽已较大,故将 A 字形架置于顺渡槽水流方向,以满足稳定和加大基础面积、减小基地压应力的要求;对于小流量的高渡槽,为了满足满槽水时槽架本身的稳定和空槽时在横向风荷载等作用下渡槽抗倾稳定的要求,则将 A 字形架置于垂直渡槽水流方向。

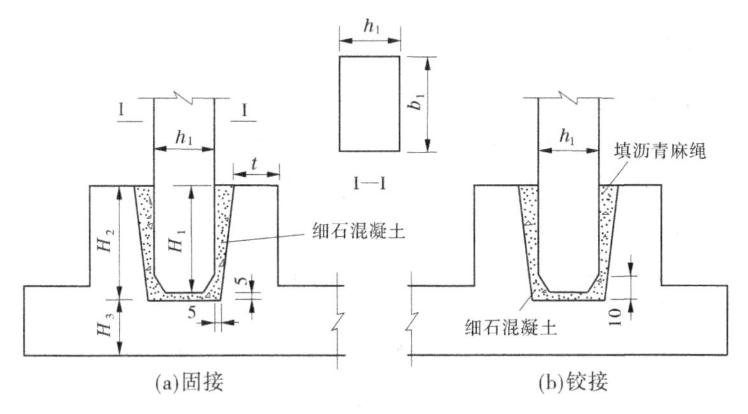

图 7-10　排架与基础的连接　(单位:cm)

A 字形槽架虽然适应高度大,但施工较复杂,造价较高。

3. 混合式墩架及桩柱式槽架

混合式墩架的上部是排架,下部是重力墩。单排架的立柱在顺渡槽水流方向仍然是单柱。跨越河流的渡槽,当槽身底部高程高于河道最高洪水位以上有较大距离时,宜采用混合式墩架,即最高洪水位以下是重力墩,以上为排架。当槽高较大,用加大立柱截面尺寸满足稳定要求不经济时,也可考虑采用混合式墩架,这时,重力墩以上的排架高度由柱的稳定(纵向弯曲)计算决定。重力墩以上如采用双排架,则可加大排架的高度。

地质条件差而采用桩式基础时,将基桩向上延伸便构成桩柱式槽架,桩柱在横槽向可以是单根、双根或多根。在柱顶浇筑盖梁,盖梁可以是矩形或 T 形、等截面或变截面。图 7-11(a)所示为等截面双柱式槽架,适用于跨度为 5~15 m 的渡槽。槽架高度大于 6 m 时,两柱间应设置横梁(见图 7-11(b))。在柱顶,钢筋布置成喇叭形锚固于盖梁内,盖梁做成双悬臂式,其上搁置槽身。当渡槽跨度达 15~20 m、地面以上的支承柱高大于 10 m 时,宜采用变截面柱(见图 7-11(c)),河道水位以下部分用较大的直径,以上部分柱径则减小,接头处设横梁。这样,不但节省工程量,而且便于对施工中发生的桩位偏差在变换截面处加以调整,保证上部桩位准确。

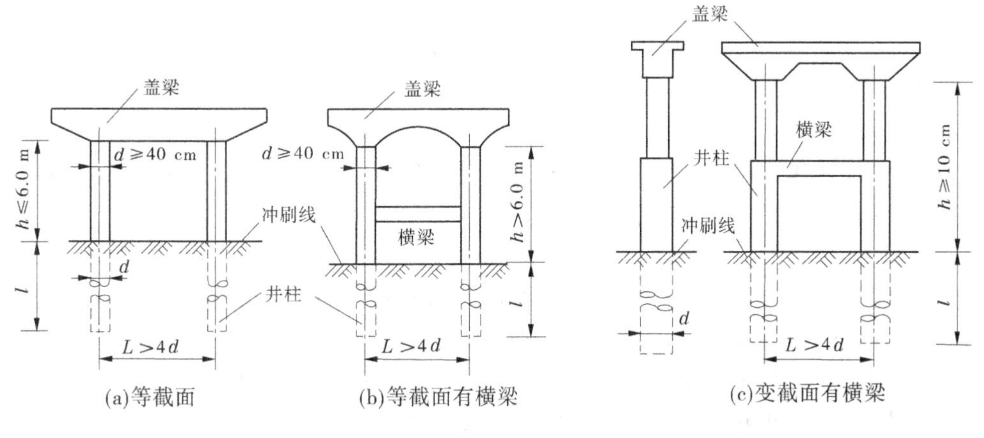

图 7-11　桩柱式槽架

7.4.2　拱式渡槽

7.4.2.1　槽身及拱上结构

拱式渡槽的支承结构由墩台(槽墩和槽台)、主拱圈及拱上结构三部分组成,拱上结构上面再搁置槽身。根据拱上结构形式的不同,拱式渡槽可分为实腹式和空腹式。空腹式拱式结构又有横墙(或立柱加顶横梁)腹拱式和排架式等各种形式。不同形式的拱上结构不仅影响槽身的受力条件、形式选择和构造,也对主拱圈有重要影响。

1. 实腹式拱式结构及槽身

实腹式拱上结构一般只用于中小跨度的拱式渡槽,其上的槽身多采用矩形,其下的主拱圈一般都采用板拱或双曲拱。实腹拱式渡槽的各个组成部分可用砖、石和混凝土等圬工材料建造。

按照构造的不同,实腹式拱上结构可分为砌背式和填背式两种形式。砌背式拱上结构是在槽身与主拱圈之间用浆砌石或埋石混凝土等筑成实体结构,用于渡槽宽度不大的情况。当槽宽较大时宜采用填背式。填背式是在拱背两侧砌筑挡土边墙,两边墙内拱腹填料可采用砂石料,还可采用其他轻质材料,如炉渣与黏土的混合物、陶粒混凝土等,以减轻拱上建筑重量,使其适用于地质条件较差的地区。挡土边墙的顶厚一般等于槽身挡水侧墙的底厚,向下按1∶0.3~1∶0.4的坡度逐渐增厚,用以承受填料土侧压力和槽身荷载作用下的土侧压力。

在拱上结构的上面修筑槽身的侧墙和底板。对于浆砌石挡水侧墙,顶厚不小于0.3 m,向下逐渐加厚,具体尺寸应由计算确定。槽身底板的作用主要是防渗和防冲,最好用沥青混凝土等材料铺筑,不宜太厚,以加大适应变形的能力,避免因裂缝而漏水。必要时可在底板内布置横向拉筋,以满足槽身侧墙和拱上结构挡土边墙的稳定要求,并减小其工程量。

为减小糙率和防止漏水对主拱圈产生侵蚀作用,槽身侧墙和底板的迎水面可抹2 cm厚的水泥砂浆,或浇筑5~10 cm厚的混凝土。填背式拱上结构还应在拱背及边墙的内坡用水泥砂浆或石灰三合土等铺筑防水层,将槽身渗水沿防水层引至埋设于拱圈内的排水管或槽台背面的排水暗沟排出。排水管应设在靠近拱脚的最低处,进口铺设2~3层用砂石料组成的反滤层。为适应主拱圈和拱上结构的变形,以及因温度变化槽身产生的纵向收缩,实腹拱应在侧墙与槽台间设伸缩缝分开,伸缩缝在横槽方向贯通全宽,竖直方向抵达槽身顶部;对于多孔拱式渡槽,还应在槽墩顶部设伸缩缝。槽身分缝处须设止水;至于填背式拱上结构的边墙缝,可在内侧铺设反滤层将渗水由缝排出,或填塞止水材料将渗漏水集中由排水管排出。

2. 空腹式拱上结构及槽身

实腹式拱上结构用材多、重量大,当拱式渡槽拱跨较大时,须将拱上结构筑成空腹式,以减小拱上结构的自重及工程量。

(1)横墙腹拱式拱上结构及槽身。将实腹式拱上结构对称地留出若干个城门洞形孔洞,便称为横墙腹拱式结构。这种孔洞叫腹孔,顶部设腹拱,腹拱背上的腹腔常筑成实腹式的。上面的槽身多采用矩形,沿纵向弹性支承于砌体上。腹拱支承于横墙顶部,横墙支承于主拱圈上,主拱圈将上部荷载传递给墩台。主拱圈常采用板拱和双曲拱。当拱跨较大时,为了减少主拱的荷载,可用立柱加顶横梁代替横墙作为腹拱的支承结构。横墙(或立柱加顶横梁)腹拱式拱上结构形式的拱上渡槽,各个部分均可采用圬工材料建造,跨度及流量较大时,各个部分则可根据结构形式和受力条件而采用不同的材料。

为了避免槽身和拱上结构因主拱圈的变形而产生严重裂缝和断裂，需要在构造上采取必要的措施。通常在相对变形（位移或转角）较大的位置（如槽墩和槽台顶部）设伸缩缝，而在相对变形较小处（如两铰或三铰腹拱的铰缝上部）设变形缝。伸缩缝宽 3~5 cm，其缝内填料可用锯末屑与沥青按 1∶1 的比例制成预压板，在施工时嵌入，并在上缘设置能活动而不透水的覆盖层。也可采用沥青砂等其他材料填塞伸缩缝。变形缝不留缝宽，其缝可干砌、用油毛毡隔开或用低标号砂浆砌筑。由于主拱圈的变形作用，槽身在全跨范围内如果不设缝，约 1/3 跨长的拱顶段将是下部受拉，其余部分是上部受拉，为避免这种变形产生的拉应力引起开裂，并适应温度变化而产生的胀缩，槽身除在墩台顶部需设伸缩缝外，还应根据拱跨大小在拱顶、三分点或拱顶和 1/4 拱跨处设伸缩缝，缝中设止水。除了以上位置，空腹与实腹交接处的边墙易产生裂缝，故在这里也宜设置变形缝。

（2）排架式拱上结构及槽身。该种渡槽拱上结构是排架式的，槽身搁置于排架顶部，排架固接于主拱圈上，主拱圈多采用肋拱。排架与肋拱的连接常采用杯口式连接，或预留插筋、型钢及钢板等连接。

排架对称布置于主拱上，间距视主拱跨度大小而定。间距小，则排架工程量增加，但可减小槽身跨度，传给主拱圈的荷载也比较均匀，可以改善主拱圈的受力条件。一般当主拱圈跨度较小时，排架间距为 1.5~3.0 m，拱跨较大时采用 3~6 m 或约为拱肋宽度的 15 倍。

搁置于排架顶的槽身为了适应主拱圈的变形和因温度变化而产生的胀缩，需要伸缩缝将一个拱跨上的槽身分为若干节，每一节支承于两个排架上，纵向支承形式可以是简支式或等跨双悬臂式，所以槽身也起纵向梁作用，但其跨宽比一般较小，槽身横断面形式可采用 U 形或矩形。

7.4.2.2 主拱结构的形式、布置和构造

1. 主拱圈及拱式渡槽的基本尺寸和特点

主拱圈是支承结构中的主要承重结构，拱上结构将槽身荷载传递给主拱圈，然后由主拱圈传递给槽墩和槽台。拱式渡槽的基本尺寸决定于主拱圈的基本尺寸，其中最主要的是主拱圈的跨度，所以，也可根据拱跨的大小将拱式渡槽分为小跨度（15 m 以下）、中跨度（20~50 m）和大跨度（大于 60 m）三类。

主拱圈在跨径中央处称为拱顶，两端与墩台连接处称为拱脚，各径向截面重心的连线称为拱轴线。两拱脚截面重心的水平距离 l 称为计算跨度（简称跨度），拱顶截面重心到拱脚截面重心的铅直距离 f 称为计算矢高（简称矢高），拱圈外边缘的距离 b 称为拱宽，矢高与跨度的比值 f/l 称为矢跨比，拱宽 b 与跨度 l 的比值 b/l 称为宽跨比。跨度 l、矢高 f、拱宽 b，再加上拱脚高程，是主拱圈及拱式渡槽的基本尺寸。对于一定形式的拱式渡槽，这些基本尺寸一经选定，则整个渡槽的布置、荷载及主拱圈的应力和稳定性等便基本定型。

拱式结构在竖向荷载作用下，两端支承处除有竖向反力外，还将产生水平推力，使拱内产生轴向压力，从而大大减小了拱圈的截面弯矩，使之成为偏心受压构件。由于主拱圈内的应力主要是压应力，可用抗拉强度小而抗压强度高的圬工材料建造，这是拱式渡槽区别于梁式渡槽的重要特点。拱式渡槽的另一特点是，拱脚的约束条件和拱脚变位对拱圈的内力及稳定性影响很大，如果支座不能承受拱脚的强大水平推力而产生过大变位或破坏，主拱圈便可能迅速破坏。对于多跨拱式渡槽，当某一跨的荷载产生变化或其他原因使结构产生变形，由于支座的变位使相邻跨也要受到影响，特别是当某一跨发生破坏时，相邻跨的拱脚水平推

力便完全由槽墩承担,如果槽墩被推倒,则相邻跨随之破坏。基于拱式渡槽的推力拱特点和连拱特点,跨度较大的拱式渡槽一般要求建在岩石地基上,以减小因为地基产生不均匀沉陷而引起过大的拱脚变位,并承受边跨拱脚的强大水平推力。地基条件较差时,可考虑设置拱铰以适应拱脚的变位(小变位),或采用桩基础和沉井基础以限制拱脚的变位。对于多跨拱式渡槽,每一槽墩两侧的拱跨布置应当相同,以使两侧拱脚的水平推力互相平衡,跨数很多时,应考虑设置加强墩或采取其他抗单向推力措施,单向推力墩宜每隔3~5孔设置一个。

主拱圈在铅直荷载等的作用下将产生强大的轴向压力而迫使拱圈变形,当铅直荷载达到一定数值时,便会失去稳定而迅速破坏。拱圈在拱轴平面内失稳叫纵向失稳,拱圈翘高拱轴平面失稳叫横向失稳。主拱圈的稳定性与拱圈结构的刚度和整体性相关。对于横向,板拱的刚度和整体性最高,双曲拱次之,肋拱最低。如果作用于拱圈的铅直荷载很集中且不对称,拱圈的稳定性就很低。因此,拱跨结构的布置应保证荷载分布满足对称、比较均匀且两侧较大而中部较小(不能相差过多)的要求,以提高拱圈的稳定性。拱跨结构的施工,也应按照这个原则设计加载程序,并注意推力拱特点和连拱特点,使相邻跨的加载程序互相配合,以保证安全。主拱圈的稳定性还随跨度的加大而越加突出,所以主拱圈的稳定性便成为大跨度拱式渡槽设计和施工的关键,必须给予足够的重视。

2. 主拱圈的拱轴线形及基本尺寸选择

主拱圈的弯矩随荷载压力线与拱轴线之间的偏离值大小而不同,偏离值越小则弯矩也越小,因而截面应力分布越均匀,不仅可以减小最大压应力,也可减小甚至避免产生拉应力。理论上最理想的拱轴线是与拱上荷载的压力线相吻合,这时拱圈各截面只有轴向压力而无弯矩和剪力作用,称为合理拱轴线。这样的拱轴线可以充分发挥材料的强度,利用圬工材料的抗压性能。但是,拱式渡槽承受的荷载很复杂,不能使拱轴线与荷载压力线在任何情况下均重合,对于超静定拱,弹性压缩、稳定变化和材料收缩等因素将在拱内产生弯矩,合理选择拱轴线的目标是尽量使主拱圈内力控制截面的弯矩减小。

跨度较大的实腹式和横墙腹拱式渡槽,主拱圈的主要荷载是拱圈重力、拱上结构重力、槽身和槽中水重力,单位长度上的荷载从拱顶向拱脚方向增加,荷载压力线是一条悬链线。因此,跨度较大的实腹式和横墙腹拱式拱上结构下面的主拱圈,一般宜采用悬链线作拱轴线。

均匀分布的铅直荷载的压力线是二次抛物线。对于跨度较大的肋拱渡槽,拱上结构为排架式,主拱圈的主要荷载是槽身重力、槽中水重力和拱圈自重,荷载接近均匀分布,所以,常采用二次抛物线作拱轴线。

一般情况下,圆弧形拱轴线与荷载压力线偏离较大,使拱圈各截面受力不够均匀。对于小跨度拱式渡槽的主拱圈,强度问题不大。所以,常从施工方便考虑,采用中心角在120°~130°的圆弧拱。也有采用半圆拱的,但半圆拱从1/4拱跨处到拱脚一带的外缘将产生较大的拉应力,为避免这段拱圈拉裂,可将实际拱脚设在与水平面成25°~30°的径向截面处。

对于槽高不大的拱式渡槽,一般选用小跨度。跨越深谷、槽高很大、基础施工很困难的拱式渡槽,可采用大跨度。在一般情况下,如无特殊要求,则以采用40 m左右的中等跨度较为经济合理。

3. 主拱圈的结构形式和构造

拱式渡槽主拱圈的常用结构形式,按径向截面形式分,有板拱、箱形拱、肋拱和双曲拱。采用的材料有砖、石、混凝土及钢筋混凝土等。按设铰数目不同,则可分为无铰拱、两铰拱和三铰拱。拱轴线的线形,一般采用圆弧线、悬链线和二次抛物线。

(1)板拱。板拱在径向的截面为矩形实体截面,除采用砌石外,也可用混凝土现浇或用混凝土预制块砌筑,小型渡槽可用砖砌筑。当用料石或混凝土预制块砌筑时,沿径向应布置成通缝。分层砌筑的较厚拱圈,各层间的切向缝应互相错开,错距不应小于10 cm,以保证拱圈的整体性。对于厚度较大的变截面拱,可用料石砌筑内圈,而用块石砌筑外圈,以便从拱顶到拱脚逐渐加大拱厚。拱圈与墩台、横墙等的接合处常采用特制的五角石砌筑,使倾斜的拱面转变为水平层次,以便逐渐扩散拱脚的压力或使横墙比较可靠地支承于具有水平层次的拱圈上。板拱构造简单、施工方便,多用于地基条件较好的中小跨径石拱渡槽。

(2)箱形拱。对于大跨度拱圈,可采用钢筋混凝土箱形拱,这种拱的外形与板拱相似,但截面挖空,挖空面积一般占全截面的50%~70%。箱形拱在纵向可分为两段、三段或四段预制,在横向由工字形、倒T形等截面形式的构件拼接而成。施工时,分段构件吊装就位后,处理好连接的接头,然后再现浇二期钢筋混凝土构件,如顶盖、横隔板等。横隔板设在横墙或排架与主拱圈的交接处及分段接头处等位置,间距不宜大于10 m,以加强拱圈结构的整体性和横向抗弯与抗扭刚度。箱形拱自重轻,整体性和纵横向刚度大,适合于无支架施工,是大跨度拱圈合理结构形式之一。

(3)肋拱。槽宽不大时多采用双肋。拱肋之间每隔一定距离在拱上排架下面等位置设置刚度较大的横系梁,以加强拱圈的整体性,保证几片拱肋共同受力和增大拱肋的横向稳定。肋拱式拱圈一般为钢筋混凝土结构,小跨度的也采用无筋或少筋混凝土结构。钢筋混凝土拱肋的混凝土强度等级不宜低于C20。无铰拱肋的纵向受力钢筋应伸入墩帽内,插入深度应不小于拱脚厚度的1.5倍。横系梁的钢筋应伸入拱肋内并与拱肋纵向受力钢筋连接,横系梁与拱肋的连接处需加做承托。拱肋横断面一般采用矩形,厚(径向)宽(水平向)比为1.5~2.5。初步拟定尺寸时,拱顶厚度可取为拱跨的1/40~1/60(小跨度取小值)。如拱跨较大,拱肋可采用变截面,即拱肋宽度保持不变,拱肋厚度从拱顶至拱脚逐渐加厚。大跨度的拱肋可采用工字形或箱形断面,以便减轻重量而又加大抗弯能力,使截面上的拉应力减小。

(4)双曲拱。该拱是由拱肋、拱波、拱板和横向联系构件组成的纵横两个方向均呈拱形的结构,其横截面形式可根据具体情况采用多波或单波,边部可设半悬波。中小跨度的双曲拱可用砌砖、砌石、无筋或少筋混凝土建造。钢筋混凝土双曲拱用于大跨度,施工时先分别预制拱肋、拱波和横向联系构件,然后吊装拱肋并与横向联系构件组成拱形框架,在拱肋间安装拱波,再在拱波上现浇混凝土拱板形成主拱圈。

拱肋是双曲拱的重要组成部分,必须具有足够的强度,并能保证纵横向的稳定性。拱肋截面面积不宜小于主拱圈面积的1/4。为加强拱肋与拱波的连接,边拱肋常采用L形,中拱肋常采用倒T形(凸字形)、槽形(凹字形)和I形。有支架施工时,拱肋高度可按主拱圈高度的0.3~0.5倍拟定;无支架施工时,拱肋高度应根据裸拱纵横向稳定计算确定。倒T形截面的拱肋高度不宜小于跨径的0.012倍。拱肋底宽不宜小于拱肋高度的0.6~1.0倍。

(5)折线拱。对于空腹拱式渡槽,由于主拱圈的荷载压力线是折线,故采用折线形拱轴线是合理的,其折点即为竖向集中荷载的作用位置。对于只有两个折点的对称折线拱,在对称竖向节点荷载作用下,当不计弹性压缩等影响时,拱内只产生轴向压力,不产生弯矩,即不论竖向节点荷载的大小如何,其压力线始终与拱轴线重合,而由拱肋自重产生的弯矩往往不大。因此,对于跨度不是很大的中小型渡槽,采用对称三段折线肋拱作渡槽的支承结构是比较理想的。拱肋的数目根据渡槽输送流量的大小选定,可以大于2片,并用横系梁将各片拱肋连接成整体。拱肋可以设计为无铰或双铰,其上的槽身可以采用三节简支梁式或两节单悬臂梁式结构,将槽身支承肋置于拱肋的折点上,使槽身的荷载成为拱肋的节点荷载。这种折线拱由于只有三段,其上的槽身是梁式结构,拱的跨度决定于槽身的跨度,故拱的跨度不能过大,设计时通过方案比较选定。

7.4.2.3　槽墩、槽台及拱座

1. 槽墩及拱座

(1)对称墩和不对称墩。拱式渡槽的槽墩,除承受拱脚传来的竖向力外,还需承受水平推力和力矩(拱脚设铰时力矩为零),这是与梁式渡槽槽墩的不同之处。多跨连拱渡槽的中间墩,因两侧拱跨结构的布置是对称的,其受力条件与梁式渡槽的重力墩相似,故形式和构造也基本相同。混凝土对称墩的墩顶宽度为拱跨的1/15~1/25,砌石墩为拱跨的1/10~1/20,这些比值随拱跨的增大而减小,但墩顶宽度不应小于0.8 m。墩帽采用C20或C25混凝土建造,并须布置构造钢筋,且在拱脚支承处铺设1~2层直径9~12 mm、间距10 cm左右的钢筋网,以加强混凝土的局部承压能力。重要的无铰拱墩,还应按设计要求预埋锚固钢筋。地基较差须扩大基础时,墩身两侧边坡可适当加大,或在靠近基础一定高度的范围内边坡。拱式渡槽的对称墩,因墩顶两侧受力是平衡的,所以除采用重力式实体墩或空心墩外,也可采用柱墩式或排架式结构,墩高较小、拱跨及流量较大时采用柱墩式,柱的根数根据拱宽及竖向荷载大小而定。柱墩式及排架式对称墩,在拱跨结构施工期间,可采用加设临时水平拉杆等措施,以保证安全施工。

大小拱跨交接处的槽墩是不对称的,虽然可以调整两侧拱跨结构的布置,但仍难做到两侧的拱脚水平推力完全相等。小跨一侧的拱脚水平推力小,因而拱脚高程应较高。但大跨拱的拱脚水平推力对基底面的力矩仍常大于小跨拱对基底面的力矩(特别是跨度相差悬殊时),为减小合力的偏心距,可将小跨一侧的边坡放缓,变坡点的选定应使墩体受力条件较好,其位置低于大跨一侧的拱脚高程,位于河槽中等槽墩,从外形美观考虑,多设在常水位以下。

(2)加强墩和拱座。各拱跨结构均采用相同布置形式和尺寸的多跨连拱渡槽,如果所有中间墩均采用对称墩,万一某个拱跨受到破坏,则因连拱作用将导致相邻跨的破坏,进而造成整个工程的破坏。为使多跨连拱渡槽某一跨的偶然破坏局限于一定的区间,可每隔一定跨度设置一个能承受单向推力(任一侧)的加强墩。

加强墩是单向推力墩,也叫制动墩,它须承受单侧拱圈的水平推力、竖向力和力矩。考虑到拱跨的破坏可能发生于任一侧,因此加强墩的构造也必须是对称的。加强墩的造价比较高,规划设计时,应尽量利用有利的地形、地质条件,选择高度较小的槽墩位置布置加强墩,以减小加强墩的工程量和降低工程造价。由于加强墩工程量较大、造价高,其间距应根据工程的重要性选定。级别高的多跨连拱渡槽,每隔3~5个槽墩设加强墩;有的小型多跨连拱渡槽,甚至一连十余跨才设一个加强墩。目前,常用的加强墩有重力式、柱墩式和桁架式等结构形式。

重力式加强墩靠本身重力及单向拱脚传来的竖向荷载来维持单向水平推力作用下的稳定,通常用浆砌石建造,其底角较大,墩身弯曲拉应力不大,因为越接近中心部位应力越小,故中间部位可用低标号浆砌石建造。柱墩式加强墩可用浆砌石或混凝土做成实体结构,也

可用钢筋混凝土做成空心结构。对于前者,当墩身拉应力不满足要求时,可在侧边局部配筋;对于后者,当稳定不满足要求时,可在空腹内填砂石料。桁架式加强墩是在一般墩柱上加设斜撑、水平拉杆和基础板而构成的。正常情况下不考虑斜撑作用,因而柱墩构造与普通墩相同。单侧受力时则由柱墩和另一侧的斜撑、水平拉杆及基础板所组成的桁架承受。这种加强墩的圬工材料用量较少,但钢筋用量较多,施工技术要求较高。

2. 槽台结构

拱式渡槽的槽台用于支承拱圈,并把槽身与渠道连接起来,所以它又是渡槽进出口建筑物的组成部分。槽台既支承拱圈和槽身,又与填方渠道连接而承受土压力。在这种工作条件下,槽台的布置形式和尺寸,不仅应保证槽台结构的稳定性,还应使荷载压力线尽量靠近槽台各水平截面的重心,以使各水平截面和基础底面所承受的压力接近于均匀分布。常用的形式有重力式槽台、U形槽台、箱形槽台、组合式槽台及轻型槽台等。

(1)实体重力式槽台。这种槽台是整体式结构,多用浆砌石或贫混凝土建造,适用于拱跨在20 m以内的渡槽。为使荷载压力线接近各水平截面的重心,这种槽台的基本形状多采用梯形断面,顶宽约为拱厚的3倍。支承拱圈部分做成斜面,台前直立,台背为1∶0.3~1∶0.4的斜面。底宽一般为台高的0.8~1.0倍,前后趾伸出长度为30~40 cm。基底面一般做成水平的,但有时为了增加抗滑稳定,也可做成倾斜度不大的斜面,或做抗滑齿墙等。为降低台背地下水压力,通常在槽台中设置排水孔,孔径在4~5 cm,进口设反滤层,出口离地面30 cm左右。

(2)U形槽台。填背式的U形槽台用于中等拱跨、槽台较宽、地基土质较好、台后填土高度4~10 m的情况,由前墙、侧墙和基础板三部分组成,前墙和两个侧墙构成U形水平截面。前墙顶部支承槽身,中下部设台帽以支承拱圈。除台帽用混凝土外,其余部分一般用浆砌石建造。前墙有直立式和前倾式两种,后者倾度可达5∶1,可削减拱脚水平推力所产生的一部分力矩,故比前者合理。前墙任一水平截面的宽度,不宜小于该截面至墙顶高度的0.4倍。侧墙的水平截面宽度,不宜小于该截面至墙顶高度的0.4倍(片石砌体)或不小于0.35倍(混凝土、块石或料石砌体),如槽台内填料为透水性良好的砂性土或砂砾,则可分别减为0.35倍或0.3倍。侧墙的长度(顺槽向)主要取决于护砌后的岸坡陡缓,应使侧墙后端伸入岸坡内不小于75 cm。前墙和侧墙的顶宽,对于片石砌体不小于50 cm,块石、料石砌体或混凝土不小于40 cm。按以上经验尺寸建造的前墙和侧墙,可按U形整体验算任一水平截面的强度,然后决定最后的布置尺寸。基础板常用C15片石混凝土建筑,长度可略小于侧墙顶长,平面形状可用U形,也可采用矩形。为扩大基底面积,基础板常采用台阶形,每阶高度40~50 cm,外伸长度应符合"刚性角"的要求,最底一层常为混凝土结构。U形槽台结构简单,基底承压面积大,应力较小,但用料较多,侧墙间的填土易积水,寒冷地区易受冻胀影响而使侧墙开裂,因此台中填料应采用透水性好的砂石料,并要求设置较完善的排水设施。

(3)箱式槽台。槽台为空腹,故重力小,适用于软土地基、水位变化小、河岸无冲刷或冲刷轻微的拱式渡槽。空腹L式槽台由前墙、台背、撑墙、底板及台座、腹拱等部分组成,前墙承受拱圈传来的荷载,台背支承台后的土压力。在前墙和台背之间设置撑墙3~4道作为传力构件,并对后墙和底板起到加劲作用。台背和底板应有足够的面积和强度,以充分发挥土的抗力和摩阻力作用。前墙和撑墙的厚度一般不小于50 cm,台背厚度60~70 cm,或按计算决定。齿槛式槽台的结构特点是:基底面积较大,可以支承一定的垂直压力;底板下设齿槛,增加槽台的抗滑能力;台背做成斜挡板式与老土紧贴,提高台背抵抗拱脚水平推力的能力;底板上设置撑墙,增加前墙和台背的刚度并传递拱脚荷载。齿槛的宽度和深度不宜小于50 cm。

(4)组合式槽台。这种槽台适用于覆盖层较深的情况,由台身和后座两部分组成,二者之间必须紧密贴合,并设置沉降隔离缝,以适应不均匀沉降。后座基底标高宜低于拱脚下缘高程。

组合式槽台的台身基础以承受铅直力为主,一般采用桩基或沉井,拱的水平推力则由后座基底摩阻力及台后侧向土压力来平衡,如果这两部分阻力仍不足以平衡拱的水平推力,则可考虑前台本身承受部分水平力的可能性。如前台埋深大于5 m,可考虑其在土中的固着作用;如前台支承于桩基上,则可按高桩承台考虑。地基土质较松时,应注意防止后座的不均匀沉降引起的后座向后倾斜,以免导致槽台变形而影响拱跨结构的正常工作,为此,常采用砂垫层或砾石垫层,以提高后座地基土层的承载能力。

(5)轻型槽台。这种槽台一般用于拱跨20 m左右的小型拱式渡槽,有一字式、前倾式和E字式等各种形式,渡槽工程中常用的是一字式和前倾式。一字式槽台的翼墙与台身可以分开砌筑,但砌成整体时可使二者共同受力以减少翼墙材料、增加翼墙的稳定性。前倾式槽台的特点是,前倾的台身可以抵消部分拱的水平推力所产生的力矩,因而可以减小台身体积。台身前倾度以台身在重力作用下能维持施工过程中的稳定为原则,目前已用到的前倾度达5∶1。各种形式的轻型槽台,既要使台后土体能发挥抗力作用来平衡拱的推力,又必须保证拱跨结构和填土的稳定。因此,台后填土必须严格按规定分层夯实,并切实做好防护设施,防止受到水流的冲刷和侵蚀。

7.5　渡槽结构计算

渡槽结构计算主要涉及上部结构和下部结构的结构计算。本节以梁式渡槽为主进行说明。

7.5.1　荷载计算

作用于渡槽上的荷载有结构重力、槽内水重、静水压力、土压力、风压力、动水压力、漂浮物的撞击力、温度应力、混凝土收缩及徐变影响力、预应力、人群荷载、地震荷载及施工吊装时的动力荷载等。

结构重力、水重、静水压力、土压力可采用一般方法计算,在地震区需计入地震荷载时,可按《水工建筑物抗震设计标准》(GB 51247—2018)计算。下面只介绍其余各项荷载的计算方法。

(1)风压力。横槽方向作用于渡槽表面的风压力,其值为风荷载强度W(kN/m²)乘以横向风力的受风面积。W的计算公式为:

$$W=\beta_z\mu_s\mu_z\mu_t W_0 \tag{7-17}$$

式中:W_0为基本风压值,kN/m²,当有可靠风速资料时,按$W_0=\frac{v_0^2}{1\,600}$计算,其中v_0为当地空旷平坦底面离地10 m高处统计所得的30年一遇10 min平均最大风速(m/s),如无风速资料，可参照《建筑结构荷载规范》(GB 50009—2012)中全国基本风压分布图上的等压线进行差值酌定，但不得小于 0.25 kN/m^2；μ_t 为地形、地理条件系数，由于基本风压是以平坦空旷地面为基础得到的，还应根据建槽地区的实际地形、地理情况乘以调整系数，如为与大风方向一致的谷口、山口，可取 μ_t = 1.2 ~ 1.5，如为山间盆地、谷地等闭塞地形，则取 μ_t = 0.75 ~ 085；μ_z 为风压高度变化系数，与地面粗糙度类别有关，建于田野、乡村、丛林、丘陵及房屋比较稀疏的中、小城镇和大城市郊区（地面粗糙度 B 类地区）的渡槽，按表 7-2 选用，表中离地面高度一栏，对于槽身，指风力在槽身上的着力点（迎风面形心）距地面的高度，对于槽墩、排架，指墩（架）顶距地面的高度，若槽墩、架很高，可沿高度方向分段，各段选用相应的风压高度变化系数；μ_s 为风载体型系数，可参考表 7-3 所列数值选用，对于重要的具有特殊结构形式的渡槽，风载体型系数可由风洞试验确定；β_z 为风振系数，高度较大的排架支承式渡槽，如其基本自振周期 $T_1 \geq 0.25$ s，基本风压 W_0 尚应乘风振系数 β_z 以考虑风压脉动的影响，β_z 可根据结构的基本自振周期按表 7-4 采用，对于高度不大的渡槽，其风振系数采用 1.0。

表 7-2 风压高度变化系数 μ_z

离地面高度(m)	5	10	15	20	30	40	50	60	70	80	90
μ_z	0.80	1.00	1.14	1.25	1.42	1.56	1.67	1.77	1.86	1.95	2.02

表 7-3 风载体型系数 μ_s

<table>
<tr><td rowspan="10">槽身</td><td rowspan="5"></td><td colspan="2">高宽比 H/B</td><td>0.6</td><td>0.9</td><td>1.2</td></tr>
<tr><td rowspan="2">空槽</td><td>均匀流场</td><td>1.61</td><td>1.88</td><td>2.07</td></tr>
<tr><td>湍流场</td><td>1.56</td><td>1.62</td><td>1.76</td></tr>
<tr><td rowspan="2">满槽</td><td>均匀流场</td><td>1.64</td><td>1.87</td><td>2.16</td></tr>
<tr><td>湍流场</td><td>1.47</td><td>1.50</td><td>1.78</td></tr>
<tr><td rowspan="5"></td><td colspan="2">高宽比 H/B</td><td>0.5</td><td>0.8</td><td>1.1</td></tr>
<tr><td rowspan="2">空槽</td><td>均匀流场</td><td>0.61</td><td>1.01</td><td>1.42</td></tr>
<tr><td>湍流场</td><td>0.68</td><td>0.92</td><td>1.06</td></tr>
<tr><td rowspan="2">满槽</td><td>均匀流场</td><td>0.64</td><td>1.05</td><td>1.39</td></tr>
<tr><td>湍流场</td><td>0.56</td><td>0.90</td><td>0.99</td></tr>
<tr><td rowspan="2">排架、拱圈</td><td>正方形截面</td><td colspan="2"></td><td colspan="3">μ_s = 1.4</td></tr>
<tr><td>圆形截面</td><td colspan="2"></td><td colspan="3">μ_s = 0.8</td></tr>
</table>

续表 7-2

排架、拱圈	矩形截面		$l/b \leqslant 1.5 \quad \mu_s = 1.4$ $l/b > 1.5 \quad \mu_s = 0.9$
	矩形截面		$l/b \leqslant 1.5 \quad \mu_s = 1.4$ $l/b > 1.5 \quad \mu_s = 1.3$
槽墩	圆端形截面		$l/b \geqslant 1.5 \quad \mu_s = 0.3$
	圆端形截面		$l/b \leqslant 1.5 \quad \mu_s = 0.8$ $l/b > 1.5 \quad \mu_s = 1.1$

桁架：

(a) 两榀平行桁架的整体体型系数 $\mu_s = 1.3\varphi(1+\eta)$

(b) n 榀平行桁架的整体体型系数 $\mu_s = 1.3\varphi \dfrac{1-\eta^n}{1-\eta}$

其中 $\varphi = A_n/A$

式中：φ 为桁架的挡风系数；A_n 为桁架杆件和节点挡风的净投影面积；A 为桁架的轮廓面积。η 与两桁架间距 b、桁架高度 h 及挡风系数 φ 有关，当 $b/h \leqslant 1$ 时，η 可按下表选用：

φ	≤0.1	0.2	0.3	0.4	0.5	≥0.6
η	1.00	0.85	0.66	0.50	0.33	0.15

表 7-4　风振系数 β_z

T_1(s)	0.25	0.50	1.00	1.50	2.00	3.50	5.00
β_z	1.25	1.40	1.45	1.48	1.50	1.55	1.60

较高排架支承的梁式渡槽，其基本自振周期 T_1 的近似计算公式为：

$$T_1 = 3.63\sqrt{\frac{H^3}{EJ}(M + 0.236\rho AH)} \tag{7-18}$$

式中：H 为槽身重心至地面的高度，m；M 为搁置于排架顶部的槽身质量（空槽情况）或槽身及槽中水体的总质量，kg；E 为排架材料的弹性模量，N/m^2；J 为排架横截面的惯性矩，m^4；A 为排架的横截面面积，m^2；ρ 为排架材料的密度，kg/m^3。

按式(7-17)求得的横向风压力 W 是作用在单位面积上的。如槽身迎风面投影面积为 ω_1(m^2)，计算得横向风荷载强度为 W_1，则作用于 ω_1 形心上的风压力 $P_1 = W_1\omega_1$(kN)，P_1 通过槽身与槽墩(架)接触面上的摩擦作用传给槽墩(架)。如槽墩(架)迎风面投影面积为ω_2(m^2),所受风荷载强度为W_2,直接作用于槽墩(架)的风压力$P_2 = W_2\omega_2$(kN)。

(2)动水压力。作用于一个槽墩(架)上的动水压力P_3(kN)的计算公式为:

$$P_3 = K_d \frac{\gamma v^2}{2g}\omega_3 \tag{7-19}$$

式中:γ为水的容重,kN/m³;v为水流的设计平均流速,m/s;g为重力加速度,m/s²;ω_3为槽墩(架)阻水面积,m²,即河道设计水位线以下至一般冲刷线处槽墩(架)在水流正交面上的投影面积;K_d为槽墩(架)形状系数,与迎水面形状有关,可按表7-5选用。

表7-5 槽墩(架)形状系数K_d

槽墩(架)迎水面形状	K_d	槽墩(架)迎水面形状	K_d
方形	1.5	矩形(长边与水流方向平行)	1.3
圆形	0.8	尖圆形	0.7
圆端形	0.6		

动水压力P_3的作用点可近似取在设计水位线以下水面1/3水深处。

(3)漂浮物或船只的撞击力。位于河流中的渡槽墩台,设计时应考虑漂浮物或船只的撞击力。撞击力P_4(kN)的计算公式为:

$$P_4 = \frac{vG}{gT} \tag{7-20}$$

式中:v为水流速度,m/s;G为漂浮物或船只重力,kN,应根据实际情况或通过调查确定;g为重力加速度,m/s²;T为撞击时间,s,如无实际资料时,可取T=1.0 s。

(4)温度应力。渡槽各部构件受温度变化影响产生变形,其变形值的计算公式为:

$$\Delta_L = \alpha \Delta t L \tag{7-21}$$

式中:Δ_L为温度变化引起的变形值(伸长或缩短),m;L为构件的计算长度,m;Δt为温度变化值,℃;α为材料的线膨胀系数,钢结构取α = 0.000 012,混凝土、钢筋混凝土和预应力混凝土结构取α=0.000 01,混凝土预制块砌体取α=0.000 009,石砌体取α=0.000 008,砖砌体取α=0.000 007。

对于中、小型渡槽,一般仅考虑在年温度变化(均匀的温度升高或降低)作用下引起的槽身整体变形(伸长或缩短),以及在拱形结构等超静定结构中引起的温度应力。温度变幅和拱的刚性越大,温度应力也越大。温度变幅的计算公式为:

温度上升
$$\Delta t = T_1 - T_2 \tag{7-22}$$

温度下降
$$\Delta t = T_3 - T_2 \tag{7-23}$$

式中:T_1、T_3为最高和最低月平均气温,℃;T_2为结构浇筑、安装或合拢时的气温,℃,拱圈封拱一般选在低于年平均气温时进行为宜。

对于重要的大型渡槽,必要时需考虑水温变化、日照温度变化和秋冬季骤然降温温度变化引起的温度应力。

(5)混凝土对收缩及徐变影响。对于刚架、拱等超静定的混凝土结构,应考虑混凝土的收缩及徐变影响。由于混凝土收缩而引起的附加应力,可以作为相应于温度降低来考虑。

整体浇筑的混凝土结构的收缩影响，一般地区相当于温降 20 ℃，干燥地区相当于温降 30 ℃；整体浇筑的钢筋混凝土结构的收缩影响，相当于温降 15~20 ℃；分段浇筑的混凝土及钢筋混凝土结构的收缩影响，相当于温降 10~15 ℃；装配式钢筋混凝土结构的收缩影响，相当于温降 5~15 ℃。对于砌石拱圈计算混凝土收缩附加应力时按温度降低作用考虑的取值，参考上述数值采用。对重要的 1、2 级渡槽，其混凝土收缩对拱圈内力的影响宜经试验或专门研究确定。

徐变引起应力松弛对拱圈应力的影响是有利的，应按对计算拱圈内力乘以影响系数的方式确定。计算温度内力时影响系数应采用 0.7，计算收缩内力时影响系数应采用 0.45。

(6) 人群荷载。当槽顶设有人行便桥时，人群荷载一般取 2~3.5 kN/m^2，也可根据实际情况或参考所在地区桥梁设计的规定加以确定。作用在人行便桥栏杆立柱顶上的水平推力一般采用 0.75 kN/m，作用在栏杆扶手上的竖向力一般采用 1.0 kN/m。

(7) 支座摩阻力。支座摩阻力 P_5(kN) 的方向与位移方向相反，其计算公式为：

$$P_5 = fV \tag{7-24}$$

式中：V 为作用于活动支座的竖向反力，kN；f 为支座的摩擦系数，可按表 7-6 选用。

表 7-6　支座摩擦系数

<table>
<tr><th colspan="2">支座种类</th><th>f_b</th></tr>
<tr><td colspan="2">滚动支座或摆动支座</td><td>0.05</td></tr>
<tr><td colspan="2">弧形钢板滑动支座</td><td>0.20</td></tr>
<tr><td colspan="2">平面钢板滑动支座</td><td>0.30</td></tr>
<tr><td colspan="2">油毛毡垫层(老化后)</td><td>0.60</td></tr>
<tr><td rowspan="6">盆式橡胶支座</td><td>(1)纯聚四氟乙烯滑板</td><td></td></tr>
<tr><td>常温型活动支座</td><td>0.04</td></tr>
<tr><td>耐寒型活动支座</td><td>0.06</td></tr>
<tr><td>(2)充填聚四氟乙烯滑板</td><td></td></tr>
<tr><td>常温型活动支座</td><td>0.08</td></tr>
<tr><td>耐寒型活动支座</td><td>0.12</td></tr>
</table>

(8) 施工荷载。在进行施工情况计算时，应考虑施工设备的重量级吊装时的动力荷载。如动力荷载数值不能直接决定，可将静荷载(如起吊构件的重力等)乘以动力系数，动力系数一般采用 1.1(手动)或 1.3(机动)。

7.5.2　荷载组合

渡槽设计时，应根据施工、运用及检修时的具体条件、计算对象及计算目的，采用不同的荷载进行组合。

(1) 采用单一安全系数表达式进行槽身和下部支承结构设计，以及进行渡槽整体稳定验算时，渡槽结构设计的荷载组合应按表 7-7 选用。

表 7-7 荷载组合

荷载组合	计算情况	荷载														
		自重	水重	静水压力	动水压力	飘浮物撞击力	风压力	土压力	土的冻胀力	冰压力	人群荷载	温度荷载	混凝土收缩和徐变影响力	预应力	地震荷载	其他
基本组合	设计水深、半槽水深	√	√	√	√	—	√	√	√	√	√	√	√	√	—	—
	空槽	√	—	√	√	—	√	√	√	√	√	√	√	√	—	—
偶然组合	设计水深、满槽水深	√	√	√	√	—	√	√	√	√	√	√	√	√	—	—
	施工情况	√	—	√	√	—	√	√	√	—	√	—	—	√	—	√
	漂浮物撞击	√	—	√	√	√	√	√	—	—	—	√	√	√	—	—
	地震情况	√	√	√	√	—	√	√	√	√	√	√	√	√	√	—

(2)按《水工混凝土结构设计规范》(SL/T 191—2008),槽身和下部支承结构采用以分项系数设计表达式进行设计时,应根据承载能力和正常使用极限状态设计要求分别采用不同的荷载组合。

按承载能力极限状态设计时,应考虑两种荷载组合:①基本组合(持久设计状况或短暂设计状况下永久荷载与可能出现的可变荷载的效应组合);②偶然组合(偶然设计状况下永久荷载、可变荷载与一种偶然荷载的效应组合)。各种荷载组合参见表 7-8,必要时还应考虑其他可能的不利组合。

表 7-8 渡槽按承载能力极限状态设计荷载组合

荷载组合			荷载
基本组合	持久状况		槽中为设计水深、有风工况下作用于槽身或支承结构的各种荷载
	短暂状况	Ⅰ	槽中无水、有风、检修工况下作用于槽身或支承结构的各种荷载
		Ⅱ	槽中为满槽水、无风工况下作用于槽身或支承结构的各种荷载
		Ⅲ	渡槽施工、有风工况下作用于槽身或支承结构的各种荷载
偶然组合	Ⅰ		槽中为设计水深、地震、有风工况下作用于槽身或支承结构的各种荷载
	Ⅱ		槽中为无水、有风、漂浮物撞击工况下作用于槽身或支承结构的各种荷载

进行正常使用极限状态验算时,应按荷载效应的短期组合及长期组合分别验算。①短期组合Ⅰ、Ⅱ、Ⅲ:分别采用表 7-8 所列基本组合中短暂设计状况Ⅰ、Ⅱ、Ⅲ三种对应的荷载组合。②长期组合:采用表 7-8 所列基本组合中持久设计状况相应的荷载组合。

7.5.3 渡槽槽身结构计算

矩形和 U 形断面槽身为空间薄壁结构,在实际工程中常近似地简化为横向及纵向两个平面问题进行计算。

在进行槽身纵向结构计算时,矩形槽身截面可概化为工字形。槽身侧墙为工字梁的腹板,侧墙厚度之和即为腹板厚度;侧墙顶端加大部分和人行道板构成工字梁的上翼缘,槽身底板构成工字梁的下翼缘,翼缘的计算宽度应按规范规定取用。对于箱形槽身,如顶盖与侧墙可靠连接且顶盖是连续的整体板,亦可概化为工字形截面进行计算(注意翼缘宽度的规定)。当槽身顶部人行道板厚度较小、宽度不大时,矩形槽身纵向则可按倒T形梁计算。

U形薄壳渡槽槽身计算方法,以有限单元法计算的成果有较好的计算精度,可适用于不同的流量、不同的跨度和宽度比。

梁式槽身(包括U形)跨宽比不小于4时,可按梁理论计算;跨宽比小于4时,应按空间问题采用弹性力学方法计算,4、5级渡槽槽身也可近似按梁理论计算。对于实腹式、横墙腹拱式及上承式桁架拱等拱上槽身,应按连续弹性支承梁进行计算。槽身跨高比不大于5.0时,应按深受弯构件设计。简支深受弯构件的内力可按一般简支梁计算。连续深受弯构件的内力,当跨高比小于2.5时,应按弹性理论的方法计算;当跨高比不小于2.5时,应按一般连续梁计算。

渡槽纵向结构计算时,如槽身支座摩擦系数大于0.1,则应考虑温降条件下支座摩阻力对槽身内力产生的不利影响。

渡槽槽身的最大挠度应按满槽水工况进行计算。简支梁式槽身计算跨度$L \leqslant 10$ m时,跨中最大挠度应小于$L/400$;计算跨度$L>10$ m时,跨中最大挠度应小于$L/500$。对于双悬臂或单悬臂梁式渡槽的槽身,跨中挠度的限值同简支梁跨中挠度的限值,悬臂端挠度限值为:当悬臂段计算长度$L' \leqslant 10$ m时为$L'/200$,当计算长度$L'>10$ m时为$L'/250$。

对于钢筋混凝土槽身,不论横向或纵向,除按内力计算成果配筋外,还须根据建筑物设计等级,进行抗裂或限裂验算。

7.5.4 预应力槽身计算

对于大中型渡槽,槽身结构的三维受力效应明显,设计中采用按平面问题与空间问题相结合的分析方法,即常规的结构力学方法和三维有限元计算,以便做到相互补充与验证,为正确判断结构的实际受力状态提供合理依据。

(1)平面问题分析方法。将槽身简化为平面问题分别按纵向和横向进行内力计算,例如,对于简支式带拉杆矩形或U形预应力槽身,纵向近似按简支梁计算,横向取1 m长槽身按平面框架结构计算,分析计算出控制截面的内力,以此初步确定预应力筋及普通钢筋数量并进行钢筋布置,然后分析结构在外荷载作用及预应力作用下的应力,进行初步的抗裂验算。

(2)空间问题分析方法。由于平面问题分析方法难以反映大型预应力槽身结构的应力分布,以及纵、横、竖向相互影响的空间效应,因此在结构及配筋方案基本确定以后,需要进行槽身结构三维有限元分析验证,分析槽身在结构自重、空槽施加预应力、正常运行、满槽运行及槽身施工等工况下的应力和变形,确保槽身结构在各种工况下均达到安全可靠。

对于大型预应力渡槽,温度应力的影响是不可忽略的,亦应进行温度应力计算。

7.5.5 槽墩槽台结构计算

槽墩和槽台所受的荷载中,除恒载外其他各项荷载的数值是变化的,且不一定同时发生，计算时一般应考虑以下几种情况：①槽中为设计水深加横向风压力；②空槽加横向风压力；③槽中为满槽水、无风；④施工过程中相邻孔荷载不对称作用时，位于河道中的槽墩应计入横向动水压力和漂浮物的撞击力。根据各渡槽的情况，必要时还应考虑其他可能发生的不利的荷载组合。

梁式渡槽及拱式渡槽两侧拱跨结构对称的重力式槽墩，应验算墩身与墩帽结合面、校核洪水位时漂浮物（或船只）撞击点的墩身上下断面、墩身水平断面突变处、墩身与基础结合面的正应力和剪应力。两侧拱跨不等的不对称墩，应验算小跨拱脚下缘、大跨拱脚上缘与下缘、墩身与基础结合面及墩面变坡截面的正应力和剪应力。桁架式加强墩除应验算墩帽与墩身结合面的应力外，还应根据结构内力计算成果对墩柱的不利截面进行应力验算。

槽墩应验算施工过程中两侧荷载不对称作用时的纵向强度。拱式渡槽的不对称墩，应验算运用期主拱圈承受最大竖向荷载并计入温升作用的情况。对加强墩应考虑一侧拱跨垮塌时另一侧为空槽加温升的工况。

槽台应根据其结构形式、运用工况和地基条件等验算整体抗滑、抗倾覆稳定性和地基承载力，并计算台身各水平断面的正应力和剪应力。U形槽台两侧墙长度不小于同一水平截面前墙全长的0.4倍时，宜按整体U形截面验算其应力。

7.5.6　排架结构计算

排架应按下端为固接或铰接分别验算横槽向和顺槽向的强度。横槽向内力宜按平面刚架计算，立柱应按迎风面及背风面配筋计算中的大者对称配置受力钢筋。顺槽向单排架宜按顶端为铰或自由端的立柱进行强度验算，并考虑纵向弯曲的影响。采用预制吊装时，还应验算仅承受单侧槽身荷载时的强度。顺槽向双排架可简化为平面刚架计算，A字形排架宜简化为两个横槽向单排架（A字形架在顺槽向）或单A字形排架（A字形架在横槽向）计算。采用预制吊装的排架，应计算起吊时的强度，排架重力应按动力荷载计算。

7.5.7　拱式渡槽槽身及拱上结构的结构计算

拱上结构为实腹式及横墙腹拱式的拱式渡槽，槽身、拱上结构和主拱圈三者之间是有一定整体作用的，拱上结构将因主拱圈的变形产生应力，而槽身将因主拱圈及拱上结构的变形产生应力。从概念上讲，槽身、拱上结构和主拱圈的应力可以根据三者之间的变形协调来求解，但是因为结构形式和结构的构造较复杂，特别是三者之间的接合条件和传力关系常是不明确的，欲考虑三者之间的整体作用来求解它们的应力十分困难。所以，在渡槽设计工作中，计算拱上结构时不考虑主拱圈的变形影响，计算槽身时不考虑主拱圈及拱上结构变形的影响，而是在构造上采取分缝、设腹拱铰和局部采用柔性结构（如槽身底板）等措施来适应拱上结构与主拱圈的变形，这样，拱上结构和槽身的结构计算就变得比较容易了。

对于实腹式拱上结构及槽身，当不考虑主拱圈及拱上结构的变形影响时，只需在槽墩顶部沿渡槽水流方向去1m进行横向计算，以验算侧墙和边墙的强度与稳定性。槽身侧墙按悬臂梁计算，如果侧墙与底板用缝（紧贴缝）分开时，还需验算侧墙的抗倾覆和抗滑稳定性，如不满足需求，可在底板内布置横向拉筋。当侧墙高度较大而又不宜设置槽顶拉杆时，侧墙宜采用L形，以满足抗滑及抗倾覆稳定要求。填背式拱上结构的边墙按挡土墙计算，墙顶承受槽身传来的荷载，墙后填料上面的槽身底板重力和槽中水重力应换算为附加土层厚以计算填土压力。当边墙高度较大时,除应加大边墙的断面外,也可在槽身底板内布置横向拉筋,以便利用侧墙底面的摩擦力来改善边墙的受力条件,使边墙满足稳定和强度要求。实腹拱式渡槽的槽身底板宜做成柔性结构,其下的填料必须填筑密实,此时可不进行内力计算,只布置构造钢筋。

对于横墙腹拱式渡槽,腹拱以上的结构计算和实腹式基本相同。横墙的计算则与拱墩的计算基本相同。

7.6 渡槽细部结构设计

7.6.1 渡槽与两岸的连接

7.6.1.1 槽身与填方渠道的连接

(1)斜坡式连接(见图7-12)。这种连接方式是将连接段(或渐变段)伸入填方渠道末端的锥形土坡内。按连接段的支承方式不同,又分为刚性连接和柔性连接两种。

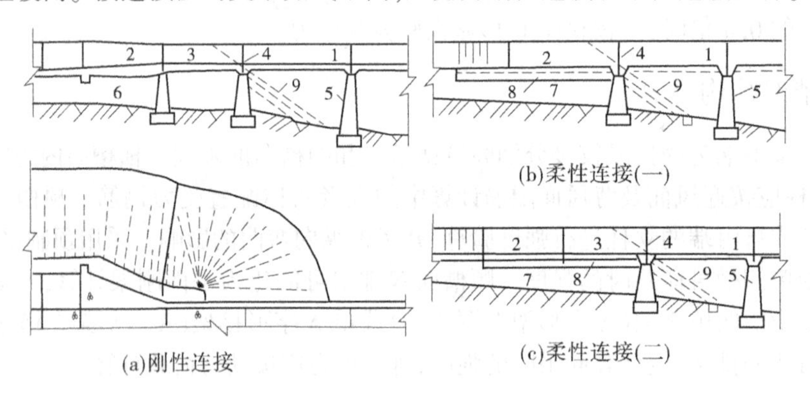

1—槽身;2—渐变段;3—连接段;4—伸缩缝;5—槽墩;6—回填黏性土;7—回填砂性土;8—黏土铺盖;9—砌石护坡

图7-12　斜坡式连接

刚性连接是将连接段支承在埋置于锥形土坡内的支承墩上,支承墩建于可靠的基土或岩基上;当填方渠道产生沉陷时,连接段不会因填土沉陷而下沉,伸缩缝止水工作可靠,但槽底会与填土脱离而形成漏水通道,故需做好防渗处理和采取措施减小填土沉陷。对于小型渡槽,也可不设连接段,而将渐变段直接与槽身连接,但要按伸缩缝要求设置止水,防止接缝漏水影响渠坡安全。

柔性连接是将连接段(或渐变段)直接置于填土上,填土下沉时槽底仍能与之较好结合,对防渗有利且工程量较小,但对施工技术的要求较高,伸缩缝止水的工作条件差。因此,对填土质量要严格控制以尽量减小沉陷,并应根据可能产生的沉陷量在连接段预留沉陷高度,以保证填土沉陷后进、出口建筑物达到设计高程,伸缩缝止水所用的材料和构造形式则应能适应因填土沉陷而引起的变形。

总之,无论刚性连接还是柔性连接,都应尽量减小填方渠道的沉陷,做好防渗和防漏处理,保证填土边坡的稳定。为了防止产生过大的沉陷,渐变段和连接段下面的填土宜用砂性土填筑,并严格分层夯实,上部铺筑厚0.5~1.0 m的防渗黏土铺盖以减小渗漏影响。如当地缺少砂性土,也可用黏性土填筑,但必须严格分层夯实,最好在填筑后间歇一定时间,待填土预沉之后再于其上建造渐变段和连接段。为了防渗,进、出口建筑物的防渗长度一般应不小于渠道最大水深的3~5倍。对于大中型渡槽,必要时应进行防渗计算,验算渗流溢出处的渗透坡降是否大于土壤的容许渗透坡降,以免发生管涌或流土,危及渡槽进、出口的安全。如渗径长度不足,可在连接段底部及两侧设置截水齿环以增长渗径。需用渐变段防渗时,浆砌石渐变段必须砌筑密实,迎水面用水泥砂浆勾缝或浇筑5~10 cm厚的混凝土护面。为保证土坡稳定,填方渠道末端的锥形土坡不宜过陡,并采用砌石或草皮护坡,在坡脚处设排水沟用以导渗和排水。

(2)挡土墙式连接(见图7-13)。挡土墙式连接是将边跨槽身的一端支承在重力挡土墙式边槽墩上,并与渐变段或连接段连接。挡土边槽墩应建在可靠基土或基岩上,以保证稳定并减小沉陷,两侧用“一”字形或“八”字形斜墙挡土。为了降低挡土墙背后的地下水压力,在墙身和墙背面应设置排水设施。其余要求与斜坡式连接相同。挡土墙式连接常属柔性连接,工作较可靠,但用料较多,一般在填方高度不大时采用。

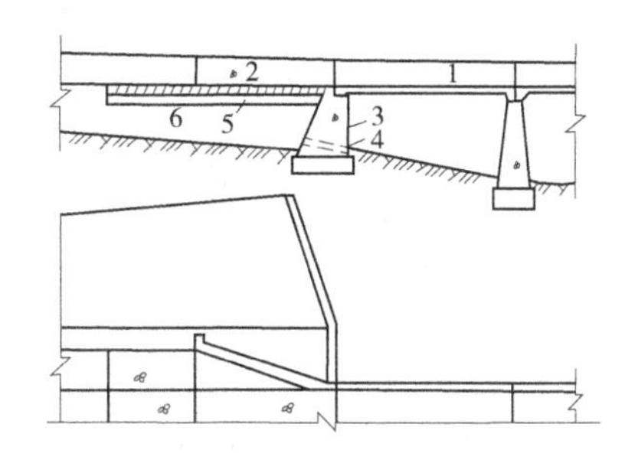

1—槽身;2—渐变段或连接段;3—挡土边槽墩;4—排水孔;5—黏土铺盖;6—回填砂性土坡

图7-13　挡土墙式连接

7.6.1.2　槽身与挖方渠道的连接

槽身与挖方渠道连接时,常用图7-14所示的连接方式。边跨槽身靠近岸坡的一端支承在地梁或高度不大的实体墩上,与渐变段之间用连接段连接,小型渡槽可不设连接段。这种布置的连接段,底板和侧墙沿水流方向基本上不承受弯矩作用,故可采用浆砌石或素混凝土建造。有时,为了缩短槽身长度,可将连接段向槽身方向延长,并建造在浆砌石底座上。

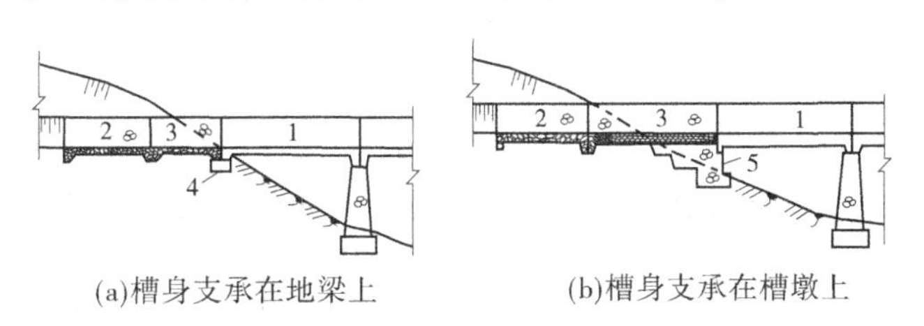

(a)槽身支承在地梁上　(b)槽身支承在槽墩上

1—槽身;2—渐变段;3—连接段;4—地梁;5—浆砌石底座

图7-14　槽身与挖方渠道的连接

7.6.1.3　槽跨结构与其他建筑物的连接

渡槽进、出口有时直接与其他渠系建筑物相连,工程中遇到较多的是直接与隧洞相连。根据隧洞与渡槽的断面形式、尺寸等有关因素,有的将两者直接相连,有的则在两者间设一连接段。如矩形渡槽与圆拱直墙式隧洞之间用八字墙直接相连,U形渡槽则需设置矩形连接段后与圆拱直墙式隧洞相连。

7.6.2　渡槽的伸缩缝

梁式渡槽的伸缩缝,设在各段槽身之间。槽身和进、出口之间的接缝宜设不同类型的、可靠的双止水或复合式止水,内侧表面止水材料宜选用可更换的材料形式。渡槽伸缩缝

(或变形缝)主要止水形式如图 7-15 所示。

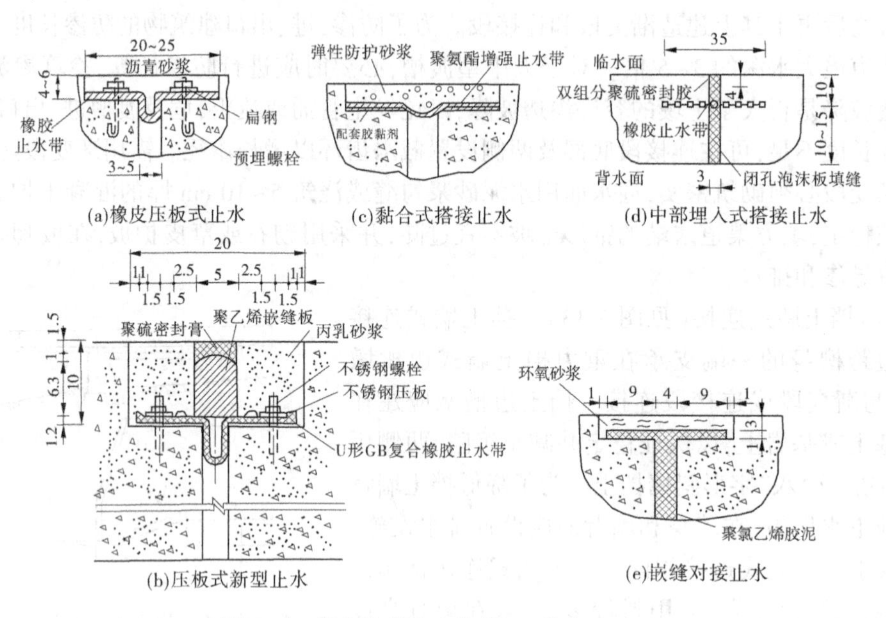

图 7-15　槽身接缝止水构造　(单位:cm)

7.6.2.1　橡皮压板式止水

橡皮压板式止水(见图 7-15(a))是在伸缩缝两侧预埋螺栓,将止水橡胶带(厚 6~12 mm)用扁钢(厚 4~8 mm、宽 6 cm 左右)并通过拧紧螺母紧压在接缝处。螺栓直径 9~12 mm,间距等于 16 倍螺栓直径或 20 倍扁钢厚,常用 20 cm 左右。临水面凹槽内填入沥青砂浆或 1∶2 水泥砂浆,也有工程采用环氧砂浆或建筑油膏等,可对止水起辅助作用并防止橡胶老化与铁件锈蚀。这种止水的效果受紧固面平整度与紧固力大小的制约,如能保证施工质量,可以做到不漏水,且适应接缝变形的性能较好。

图 7-15(b)是一种以 U 形 GB 复合橡胶止水带为主体的压板式新型止水结构,由中国水利科学研究院通过大型仿真模型试验提出。这种止水在承受 0.06 MPa 水压力及张开 40 mm、横向错动 40~60 mm、竖向位移 40 mm 三向位移联合作用下具有稳定可靠的止水效果。止水带厚 6 mm,带中的 U 形部分根据接缝变形量设计,U 形鼻子半圆环的内、外半径分别为 9 mm 和 15 mm,鼻高 50 mm,使变形环节的展开长度不小于接缝三向位移的矢径,达到可吸收接缝位移而不会在止水带中产生较大应力的目的。止水带表面还设置了肋筋与燕尾,以提高抗绕渗能力和固定效果。止水带与底部混凝土间采用 GB 胶板黏接,胶板厚度的选择与混凝土表面粗糙平整情况有关,不得小于 3 mm。

7.6.2.2　黏合式搭接止水

黏合式搭接止水(见图 7-15(c)),先把接缝处混凝土表面洗净吹干,用胶黏剂将橡皮止水带或其他材料止水带粘贴在混凝土表面并压紧,止水表层再回填防护用砂浆(如沥青砂浆等)。

7.6.2.3　中部埋入式搭接止水

中部埋入式搭接止水(见图 7-15(d))是将橡胶止水带或塑料止水带埋置于接缝处槽身侧墙及底板混凝土中。其缺点是一旦损坏难以更换。为保证质量,施工前应先清洗干净橡胶止水带或塑料止水带上的泥土和积水。止水带两侧的混凝土应单独浇筑振捣,待一侧(或底部)混凝土达到一定强度后,再浇另一侧(或上部)的混凝土,在临水面的缝内,填入双组分聚硫密封胶,起辅助防渗作用。

7.6.2.4 嵌缝对接止水

嵌缝对接止水(见图7-15(e)),缝中嵌入的材料为聚氯乙烯胶泥。施工时,先将接缝处混凝土打毛、洗净、干燥,内、外两侧用木条或麻绳堵塞严密,再将聚氯乙烯胶泥加热到130~135 ℃,恒温15 min后,搅拌均匀灌入缝中即成。已有工程实践表明,初期(10~15年)效果较好,但时间久了材料发生老化,易产生漏水,且不好更换。

7.6.3 槽身支座

渡槽槽身的支座一般分为固定支座和活动支座。前者用来固定槽身对墩架的位置,允许绕支座转动而不能移动;后者则允许槽身结构在产生挠曲和伸缩变形时能自由转动和移动。简支梁式渡槽通常每节槽身一端设固定支座,另一端设活动支座,固定支座宜设置在沿槽身纵向高程较低的一端。对于多跨简支式渡槽,各跨的固定支座与活动支座相间排列,即在每个墩架顶部设置前跨槽身的固定支座和后跨槽身的活动支座,使槽身所受的水平外力均匀分配给各个墩架。支座在横槽方向布置的数量依据槽身宽度及结构形式确定。

7.6.3.1 平面钢板支座

平面钢板支座(见图7-16)是最早使用又最简单的支座形式,一般用于跨径20 m以下的中小型渡槽。支座的上、下座板采用10~30 mm厚的钢板制作。为减小钢板接触面上的摩阻力和防止生锈,上、下座板表面须刨光并涂上石墨粉。这种支座的缺点是位移量有限且槽身支承端不能完全自由旋转。

7.6.3.2 切线钢板支座

切线钢板支座(见图7-17)是用两块厚40~50 mm的钢板加工做成的,上座板底面为平面,下座板顶面为弧面。固定支座下座板焊有齿板,齿板上端为梯形,插入上座板的预留槽中,保证上、下座板之间只可转动而不能移动。活动支座与固定支座构造上的区别仅在于支座内不设齿板,这样支座的上、下座板之间既可转动又可沿圆弧面的切线移动。切线式支座可用于支点反力不超过600 kN的梁式渡槽。

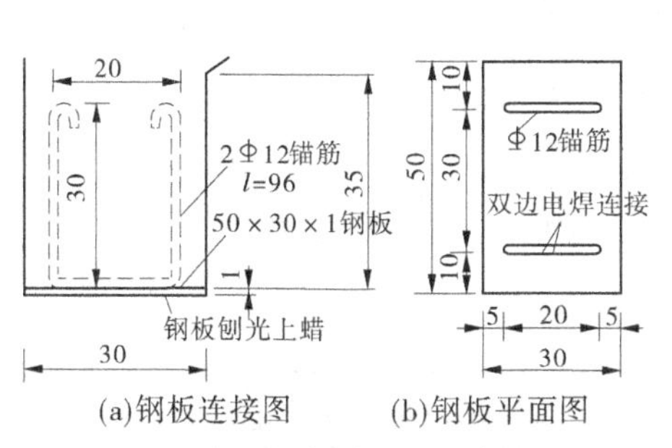

图7-16 平面钢板支座 (单位:cm)

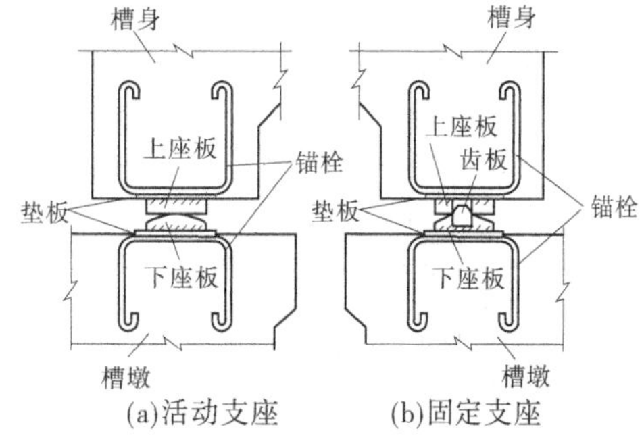

图7-17 切线钢板支座

7.6.3.3 摆柱式支座

摆柱式支座(见图7-18),摆柱柱身用钢筋混凝土或工字钢制作而成。钢筋混凝土柱内按含钢率0.5%左右配置竖向钢筋,同时配置水平钢筋网。柱身顶、底部安有弧形钢板,并在弧形钢板中部焊上钢齿，钢齿则插入上、下平面钢板的预留槽中。该种支座承载力较大，摩擦系数小（仅为0.02~0.1），可产生的水平位移量较大，因而能大大减小槽身因温度变形作用于墩架顶部的摩阻力，但抗震性能较差。

7.6.3.4　**板式橡胶支座**

板式橡胶支座（见图7-19）是由数层薄橡胶片（厚度规格有5 mm、8 mm、10 mm、15 mm等）与薄钢板（厚度规格有2 mm、3 mm、5 mm等）经黏接、热压硫化而成的。由于薄钢板的加劲可减小支座竖向变形和提高支座抗压刚度，而橡胶层具有良好弹性并可产生较大剪切变形，使支座能可靠地传递支承压力，同时适应上部结构对水平位移和梁端转动的要求。一跨槽身两端应采用厚度相同的板式橡胶支座，安装时，支座中心需尽可能对准上部结构的计算支点。安放支座处的槽身底面与墩架顶面须清洁平整，以免因安装不平造成支座受力不均。可以在墩架顶部浇筑钢筋混凝土支承垫石，为保证平整，必要时在支座底面与支承垫石之间铺设一层20~50 mm厚的水泥砂浆垫层。为了维修更换支座方便，设计支承垫石时，应使槽底面与墩架顶面之间留出30 cm净空，或在墩架顶部预留扁千斤顶槽。对建于地震区的渡槽，可在支座侧边的墩架顶面设置防震挡块，以防止槽身横向晃动。《公路桥梁板式橡胶支座》（JT/T 4—2019），设计时可参考选用。

7.6.3.5　**盆式橡胶支座**

大中型渡槽槽身竖向荷载很大，可考虑选用盆式橡胶支座（见图7-20）。盆式橡胶支座的类型有固定支座、单向活动支座与多向活动支座。其基本结构可分为两部分：上座板和下座板。活动支座上座板与槽身连接，由顶板和不锈钢板组成；下座板固结在墩架上，由盆形底座（底盆）、橡胶块、密封圈、中间钢板和聚四氟乙烯板组成。对于规定支座，其与活动支座的不同之处在于上座板不设不锈钢板，下座板不设聚四氟乙烯板，使支座只能产生角位移而不能产生水平位移。目前，国内生产的盆式橡胶支座有以下规格系列：GPZ公路盆式支座系列、TPZ-1改进的铁路盆式支座系列、QPZ轻型盆式支座系列、SY-1盆式支座系列等。设计时，须根据槽身跨径和支座反力的大小，选用合适的系列产品。

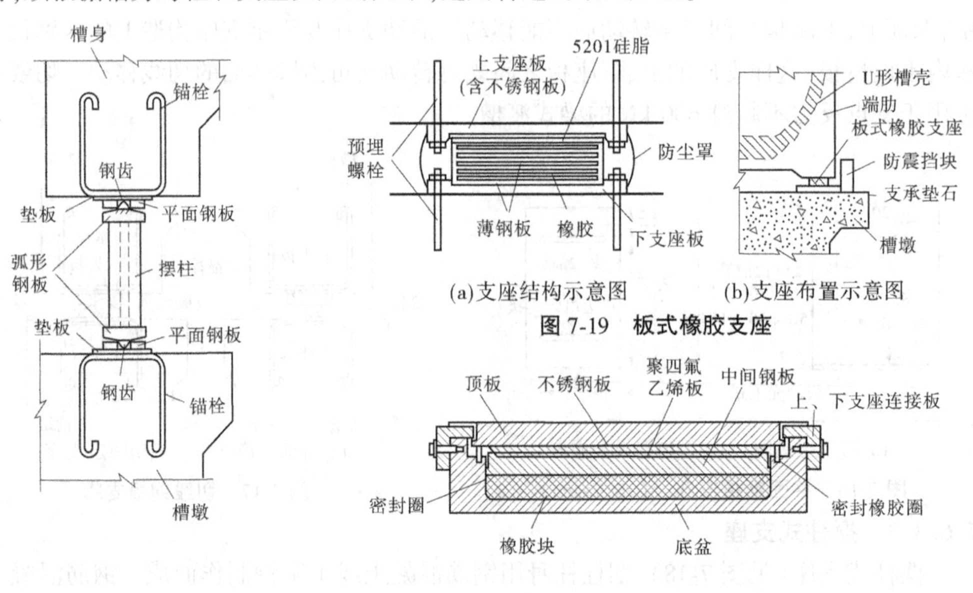

图7-19　板式橡胶支座

图7-18　摆柱式支座

图7-20　盆式橡胶支座

7.6.4 渡槽进出口渐变段的形式与长度

进、出口段底部和两侧应按地质条件设计防漏、防渗、防伸缩沉陷措施和完善的排水系统,有效防渗设施长度均应大于5倍的渠道最大水深。

进、出口段与上、下游渠道应平顺连接,避免急转弯。确因地形、地质条件限制而必须转弯时,弯道宜设于距离渡槽进、出口直线长度大于3倍的渠道正常水深范围以外,且弯道半径宜不小于5倍的渠底宽。

进、出口渐变段长度应按两端渠道水面宽度与槽身水面宽度之差所形成的进口水流收缩角和出口水流扩散角控制。适宜的进口水流收缩角为11°~18°,出口水流扩散角宜取8°~11°。

槽身和进、出口之间的接缝宜设不同类型的、可靠的双止水。

渡槽进、出口渐变段较常用形式为直线扭面式。对于大型渡槽,其进、出口渐变段宜通过水工模型试验确定。渡槽进出口渐变段的长度,一般可采用的经验公式为:

$$L = c(B_1 - B_2) \tag{7-25}$$

式中:L 为进口或出口渐变段长度,m;B_1 为渠道水面宽度,m;B_2 为渡槽水面宽度,m;c 为系数,对于进口取1.5~2.0,对于出口取2.5~3.0。

7.6.5 渡槽的超高

渡槽的超高与其断面尺寸和形式有关,对无通航要求的渡槽,一般可按下列经验公式确定:

矩形断面槽身

$$\delta = \frac{h}{12} + 5 \tag{7-26}$$

U形断面槽身

$$\delta = \frac{D}{10} \tag{7-27}$$

式中:δ 为超高,cm;h 为槽内水深,cm;D 为U形槽身直径,cm。

当通过加大流量时,水面距拉杆底面或槽顶(无拉杆时)的距离不应小于10 cm;对于有通航要求的渡槽,超高应根据航运要求确定。

7.6.6 装配式渡槽设计应注意的问题

(1)槽身的分块。槽身应尽可能单跨整体预制吊装。U形钢筋混凝土槽身可采用底壳预制吊装、槽壁现浇施工的方法。矩形钢筋混凝土槽身可分为两块或三块预制吊装施工。构件的分缝应选在受力小的部位,如设在受力较大的部位,可预留钢筋,在吊装就位后再焊接、浇筑混凝土。

(2)吊点的设置。一般应设在支承点或对构件更有利的位置,例如,槽身吊点可设在两侧的端梁上。槽身起吊时呈双悬臂式较为有利,在吊点处应局部加强。对于槽墩设计,也须考虑吊装的方式。

7.7 渡槽及其地基的稳定性验算

7.7.1 槽身的整体稳定性验算

当槽中无水时,为防止槽身在风荷载作用下沿支承面滑动或被掀落,需进行槽身整体稳

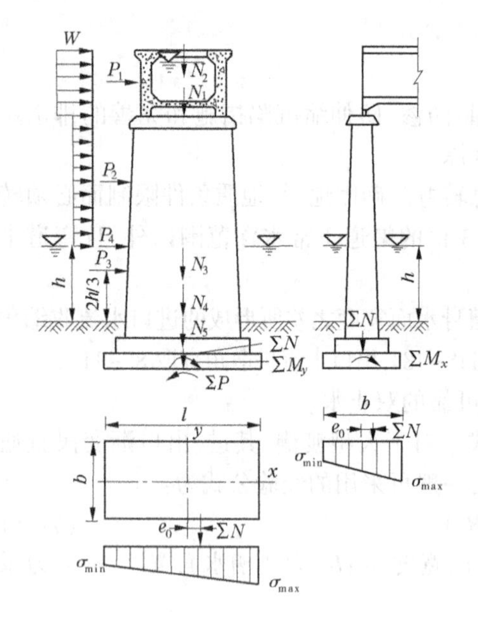

图 7-21　渡槽及其地基稳定性验算

定性验算。如图 7-21 所示，当槽中无水时，槽身竖向荷载仅有槽身自重 N_1 及作用于槽身的水平向风压力 P_1。

(1)槽身抗滑稳定安全系数 K_1 的计算公式为：

$$K_1 = f_b N_1 / P_1 \geqslant [K_1] \tag{7-28}$$

式中：N_1 为槽身自重，kN；P_1 为作用于槽身的水平向风压力，为矩形槽身迎风面积或 U 形、梯形槽身迎风面垂直投影面积与风荷载设计值的乘积，kN；f_b 为支座的摩擦系数，可按表 7-9 选用；$[K_1]$ 为槽身抗滑稳定安全系数，$[K_1]=1.05$。

(2)槽身抗倾覆稳定安全系数 K_2 的计算公式为：

$$K_2 = M_n / M_p \geqslant [K_2] \tag{7-29}$$

式中：M_p 为绕背风面支点转动的倾覆力矩，kN·m；M_n 为抗倾覆力矩，kN·m；$[K_2]$ 为槽身抗倾覆稳定安全系数，$[K_2]=1.1$。

表 7-9　支座摩擦系数 f_b 值

支座种类		f_b
滚动支座或摆动支座		0.05
弧形钢板滑动支座		0.20
平面钢板滑动支座		0.30
油毛毡垫层(老化后)		0.60
盆式橡胶支座	(1)纯聚四氟乙烯滑板	
	常温型活动支座	0.04
	耐寒型活动支座	0.06
	(2)充填聚四氟乙烯滑板	
	常温型活动支座	0.08
	耐寒型活动支座	0.12

表 7-10　摩擦系数 f_c 值

地基土的类别类		f_c
黏性土	软塑	0.25
	硬塑	0.30
	半坚硬	0.30~0.40
亚黏土、轻亚黏土		0.30~0.40
砂类土		0.40
碎、卵石类土		0.50
软质岩石		0.30~0.50
硬质岩石		0.60~0.70

注：1. 对易风化的软质岩和塑性指数 $I_p>22$ 的黏性土，基底摩擦系数应通过试验确定。
2. 对碎石土，可根据其密实程度、填充物状况、风化程度等确定。

7.7.2　渡槽的抗滑稳定性验算

槽墩(或槽架)及其基础的抗滑稳定安全系数的计算公式为：

$$K_c = f_c \sum N / \sum P \geqslant [K_c] \tag{7-30}$$

式中：$\sum N$ 为作用于基底面所有铅直力的总和，kN；$\sum P$ 为作用于基底面所有水平力的总和，kN；f_c 为基础底面与地基之间的摩擦系数，当缺少实测资料时，可按表 7-10 选用；$[K_c]$ 为抗滑稳定安全系数,可参照表 7-11 酌情采用。

表 7-11 抗倾覆和抗滑动稳定安全系数容许值

荷载组合		稳定安全系数类别	渡槽级别	
			1,2,3	4,5
基本	空槽、有风	$[K_0]$	1.5	1.4
		$[K_c]$	1.3	1.2
偶然	施工、有风	$[K_0]$、$[K_c]$	1.2	1.1
	空槽、有漂浮物撞击	$[K_0]$、$[K_c]$	1.3	1.2

在利用式(7-30)计算时,应选择对渡槽抗滑稳定不利的条件,如:①当$\sum N$小时,对抗滑稳定是不利条件,故应计算槽中无水情况,即$\sum N$中不包括槽中水重N_2;对河道中的槽墩,其水下部分的重力、基础重力N_4及基础顶面以上土的重力N_5均需按浮重度计算。②当河道是高水位时,不仅减少了有效铅直荷载$\sum N$,且因水深及流速均较大,故水平动水压力P_3大,因而是抗滑稳定的不利条件。有洪水时起大风的可能性大,但起大风又遇漂浮物的撞击则可能性较小,因此只取水平风压力P_1+P_2(作用于槽墩的水平风压力)或漂浮物的撞击力P_4中的大者组合于$\sum P$之中。

7.7.3 渡槽的抗倾覆稳定性验算

如图 7-21 所示,抗倾覆稳定的不利条件与抗滑稳定的不利条件是一致的,因此抗倾覆稳定性验算的计算条件及荷载组合与抗滑稳定性验算相同。抗倾覆稳定安全系数的计算公式为:

$$K_0 = \frac{l_a \sum N}{\sum M_y} = \frac{l_a}{e_0} \geqslant [K_0] \tag{7-31}$$

式中:l_a为承受最大压应力的基底面边缘到基底面重心轴的距离,m;$\sum N$为基底面承受的铅直力总和,kN;$\sum M_y$为所有铅直力及水平力对基底面重心轴(y—y)的力矩总和,kN·m;e_0为荷载合力在基底面上的作用点到基底面重心轴(y—y)的距离(偏心距)。此时重心轴的方向与矩形基底面的短边平行,$[K_0]$为抗倾覆稳定安全系数,可按表 7-10 规定酌情采用。

7.7.4 浅基础基底压应力验算

矩形基底面假定基底压应力(地基反力)呈直线变化,当不考虑地基的嵌固作用时,由偏心受压公式可得基底边缘应力的计算公式如下:

横槽向
$$\sigma_{\max} = \frac{\sum N}{bl} + \frac{6M_y}{bl^2} \tag{7-32}$$

$$\sigma_{\min} = \frac{\sum N}{bl} - \frac{6M_y}{bl^2} \tag{7-33}$$

顺槽向
$$\sigma_{\max} = \frac{\sum N}{bl} + \frac{6M_x}{lb^2} \tag{7-34}$$

$$\sigma_{\min} = \frac{\sum N}{bl} - \frac{6M_x}{lb^2} \tag{7-35}$$

上二式中：M_x 为所有铅直力及水平力对基底面重心轴($x—x$)的力矩；其他符号意义同前。

基底面的核心半径 ρ 的计算公式为：

横槽向
$$\rho = \frac{l}{6} \tag{7-36}$$

顺槽向
$$\rho = \frac{b}{6} \tag{7-37}$$

基底的合力偏心距 e_0 的计算公式为：

横槽向
$$e_0 = \frac{\sum M_y}{\sum N} \tag{7-38}$$

顺槽向
$$e_0 = \frac{\sum M_x}{\sum N} \tag{7-39}$$

如果基底的合力偏心距 e_0 等于基底面的核心半径 ρ，则基底最小边缘应力 $\sigma_{\min}$ 等于零。对于岩基上的基础，当 e_0 大于 ρ 时，按上式计算的 $\sigma_{\min}$ 为负值，即产生拉应力。这时，可不考虑地基与基础间的拉应力，而仅按受压区计算最大压应力(压应力呈三角形分布)，对于矩形基底面为：

横槽向
$$\sigma_{\max} = \frac{2\sum N}{3(b/2 - e_0)\,b} \tag{7-40}$$

顺槽向
$$\sigma_{\max} = \frac{2\sum N}{3(b/2 - e_0)\,l} \tag{7-41}$$

对于非岩基上的基础，e_0 不允许大于 ρ。

为了保证渡槽工程的安全和正常运用，基底压应力及其分布应满足下列条件：

(1) $\sigma_{\max} \leqslant [\sigma]$，$[\sigma]$ 为地基土的容许承载力，可根据地质勘探成果采用，也可参考《公路桥涵地基与基础设计规范》(JTG 3363—2019)选用。

(2)基础底面合力偏心距应满足表 7-12 的有关规定。表中非延时地基上槽墩(或墩架)的基础，要求在基本组合荷载情况下满足 $e_0 \leqslant 0.1\rho$，对于某些中小型渡槽工程，当满足这一要求较困难时，经论证后，可考虑适当放宽。

表 7-12　基础底面合力偏心距的限制范围

荷载情况	地质条件	合力偏心距
基本组合	非岩石地基	槽墩(架) $e_0 \leqslant 0.1\rho$ 槽台 $e_0 \leqslant 0.75\rho$
特殊组合	非岩石地基 石质较差的岩石地基 坚密岩石地质	$e_0 \leqslant \rho$ $e_0 \leqslant 1.2\rho$ $e_0 \leqslant 1.5\rho$

渡槽浅基础的基底压应力验算按横槽向和顺槽向分别计算基底压应力而不叠加,并分别考虑各自的不利条件。横槽向验算时,槽中通过设计流量或满槽水、河道最低水位加横向风压力是 σ_{max} 验算的不利条件;槽中无水、河道高水位加横向风压力或漂浮物的撞击力是验算基底合力偏心距 e_0 的不利条件,也是抗倾覆稳定验算的不利条件。对于顺槽向一般只验算施工情况和地震情况,如一跨槽身已吊装、另一跨未吊装,吊装设备置于已吊槽身上进行另一跨槽身起吊等情况。

浅基础底面下(或基桩桩尖下)有软土层时,软土层的承载力验算公式为:

$$\sigma_{h+z}=\gamma_1(h+z)+\alpha(p-\gamma_2 h)\leqslant[\sigma]_{h+z} \tag{7-42}$$

式中:σ_{h+z} 为软土层顶面的压应力,kPa;h 为基底(或桩尖处)的埋置深度,m,当基础受水流冲刷时由一般冲刷线算起,当不受水流冲刷时由天然底面算起,如位于挖方内则由开挖后地面算起;z 为从基础底面或基桩桩尖处到软土层顶面的距离,m;γ_1 为深度 $(h+z)$ 之间各土层的换算容重,kN/m^3;γ_2 为深度 h 范围内各土层的换算容重,kN/m^3;α 为土中附加压应力系数,见《公路桥涵地基与基础设计规范》(JTG 3363—2019)附录J;p 为由使用荷载产生的基底压应力,kPa,当 $z/b>1$ 时,p 采用基底平均压力,当 $z/b\leqslant1$ 时,p 按基底应力图形采用距最大压力点 $b/3\sim b/4$ 处的压力(b 为矩形基底的短边长度);$[\sigma]_{h+z}$ 为软土层顶面图的容许承载力,kPa。

若下卧层为压缩性较大的厚层软黏土,还须验算沉降量。

7.7.5 渡槽基础的沉降计算

对于跨径不大的中小型渡槽,如地基属一般地质情况,按地基承载力设计的基础通常可满足地基变形的要求,可不进行基础沉降计算。但是非岩石地基上部为超静定结构的渡槽基础,湿陷性黄土或软土上的基础,槽下净空要求较严格的渡槽基础,以及相邻墩台基础的基底应力或地基土质不同时,应计算地基沉降量。

渡槽基础的地基最终沉降量宜按通过设计流量时的基本荷载组合采用分层总和法计算,地基压缩层计算深度宜按计算层面处土的附加应力与自重应力之比为0.10~0.20(软土地基取小值,坚实地基取大值)的条件确定。运行期的地基沉降量应不大于渡槽墩台基础的容许沉降量,相邻墩台运行期的地基沉降差应不大于渡槽墩台基础的容许沉降差。运行期墩台基础地基的容许沉降量和容许沉降差可按下式计算:

$$h_1=20\sqrt{l} \tag{7-43}$$

$$\Delta h_1=10\sqrt{l} \tag{7-44}$$

式中:h_1 为运行期的基础容许沉降量,mm;l 为相邻墩台间最小跨径长度,m,小于25 m时仍以25 m计;Δh_1 为运行期的基础容许沉降量差,mm。

7.8 渡槽地基处理

渡槽基础根据其埋置深度可分为浅基础和深基础。埋置深度小于5 m的为浅基础,大于5 m的为深基础。基础形式的选择与上部荷重、地质及河流水文、冲刷等因素有关,其中地质条件是主要影响因素。

渡槽中的浅基础,常采用刚性基础和柔性基础。深基础常采用桩基或沉井。

7.8.1　浅基础

7.8.1.1　浅基础的埋置深度

浅基础的底面应埋置在地面以下一定深度,其值根据地基承载力、地形情况、地下水位、耕作要求、冻结深度及河床冲刷情况等,并结合上部结构形式和基础形式与尺寸来确定。具体选择时,可从以下几方面考虑:

(1)应满足地基承载力、沉降变形及稳定要求。基础基底应力不得超过地基的容许承载力;地基沉降和沉降差满足结构使用要求;基础在水平荷载作用下满足抗滑和抗倾覆要求。当地基承载力较小时,可采取增加基础宽度或埋置深度的措施来满足地基承载力的要求。对于多层土地基,则应视地基土层的组成类型而定。例如,当上层土承载力低于下层土时,如取下层土为持力层,所需基础底面积较小但埋深较大,如取上层土为持力层则情况相反,故应从造价、施工难易程度等多方面进行方案比较后确定。如果上层土的承载力大于下层土,则尽量利用上层土作持力层以减小埋深,但基底面以下的持力层厚度应不小于1.0 m,同时验算下层土的承载力和沉降能否满足要求,尤其下卧土层存在软土层的情况。在满足地基承载力和沉降要求的前提下,应尽量浅埋,但不得小于0.5 m。通常渡槽基础底面埋在地面以下1.5~2.0 m。

(2)对建于坡地上的基础,应尽量避免一部分放在岩基而另一部分放在软基上。基底面应全部置于稳定坡线之下,并应清除不稳定的坡土和岩石。基础埋置深度应进行核算。

(3)对设置在岩石上的基础,一般应清除基岩表面的强风化层。如风化层较厚,全部清除有困难,在保证安全的条件下,可考虑将基础设在风化层内,其埋置深度应根据风化程度和相应的承载力经计算确定。对于重要的大型渡槽的墩台基础,除应清除基岩表面的风化层外,尚应根据基岩强度嵌入弱风化层0.2~0.5 m,或采用其他锚固措施,使基础与岩石连成整体。

(4)对位于耕作地内的基础,基顶面以上应有不小于0.5~0.8 m厚的覆盖层,以利农田耕作。

(5)建于寒冷地区的渡槽,应考虑抗冻设计规范的要求计算基础顶面的埋置深度,具体参考《水工建筑物抗冰冻设计规范》(SL 211—2006)。

(6)修建在河道中的渡槽基础,其底面必须埋置在最大冲刷线以下一定深度,以保证基础的安全。

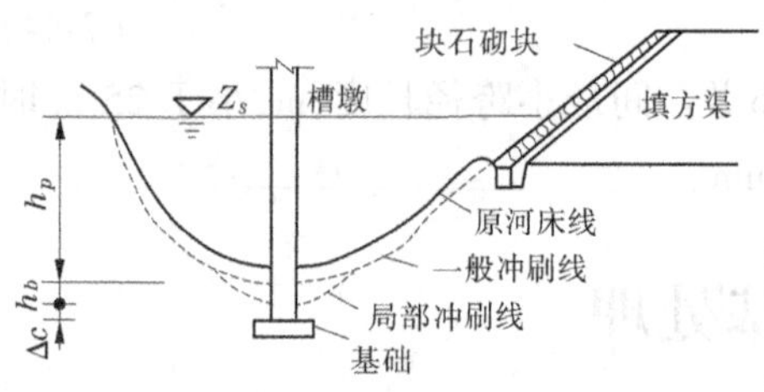

图 7-22　冲刷深度计算图

渡槽墩台冲刷包括河床自然演变冲刷、槽下断面的一般冲刷及墩台的局部冲刷,如图7-22所示(图中未绘出自然演变冲刷线)。计算时,通常将3类冲刷分类计算,然后叠加。

渡槽墩台基础底面最低埋设高程的计算公式为:

$$Z_d = Z_s - h_p - h_b - \Delta h - \Delta c \tag{7-45}$$

式中:Z_d 为墩台基础底面埋置高程,m;Z_s 为槽址处河道设计水位,m; h_p 为一般冲刷深度,m; h_b 为局部冲刷深度,m;Δh 为渡槽使用年限内河槽自然演变的冲刷深度,m;Δc 为基础底面埋深安全值(见表 7-13);其他符号意义同前。

表 7-13 非岩基河床墩台基底埋深安全值

渡槽类别	不同总冲刷深度的安全值				
	0 m	5 m	10 m	15 m	20 m
一般渡槽	1.5	2.0	2.5	3.0	3.5
特殊大型渡槽	2.0	2.5	3.0	3.5	4.0

注:1. 总冲刷深度为自河床面算起的河床自然演变冲刷、一般冲刷与局部冲刷深度之和。

2. 表列数字为墩台基底埋入总冲刷深度以下的最小限值,若计算流量、水位和原始断面资料无十分把握,或河床演变尚不能获得准确资料,安全值可适当加大。

3. 若槽址上下游有已建桥梁,应调查已建桥的特大洪水冲刷情况。

4. 建在抗冲能力强的岩石上的墩台基础,不受表中数值限值。

对于非黏性土河床,槽下断面的一般冲刷及槽墩周围的局部冲刷可按下式计算。

槽下一般冲刷(河槽部分)的计算公式为:

$$h_p = 1.04\left(A_c \frac{Q'_c}{Q_c}\right)^{0.9}\left[\frac{B_c}{(1-\lambda)\mu B'_c}\right]^{0.66} h_{max} \tag{7-46}$$

其中

$$A_c = \left(\sqrt{B_r}/h_r\right)^{0.15} \tag{7-47}$$

$$\mu = 1 - 0.375 v_p / L_0 \tag{7-48}$$

式中:h_p 为槽下断面一般冲刷后的最大水深,m; Q_C 为计算断面天然状态下的河槽流量,m^3/s; Q'_c 为渡槽修建后河槽部分通过的设计流量,m^3/s; A_c 为单宽流量集中系数; B_r、h_r 分别为平滩水位时河槽宽度、河槽平均水深,m;B_c 为天然河槽宽度,m; B_c' 为渡槽修建后的河槽宽度(扣除墩宽),m; λ 为设计水位下槽墩阻水总面积与槽下过水面积的比值; μ 为槽墩水流侧向压缩系数; v_p 为一般采用河槽的天然平均流速,m/s; L_0 为单孔净跨径,m; h_{max} 为槽下河槽最大水深,m;

槽下一般冲刷(河滩部分)计算公式为:

$$h_p = \left[\frac{Q_t'}{\mu B_t'}\left(\frac{h_{mt}}{\overline{h_t'}}\right)^{5/3} / v_{H_1}\right]^{\frac{5}{6}} \tag{7-49}$$

式中:h_p 为河滩一般冲刷后的最大水深,m; Q_t' 为槽下河滩部分通过的设计流量,m^3/s;h_{mt} 为槽下河滩最大水深,m; $\overline{h_t'}$ 为槽下河滩平均水深,m; B_t' 为河滩部分槽孔净长(扣除墩宽),m; v_{H_1} 为河滩水深 1 m 时非黏性土不冲刷流速,m/s。

局部冲刷的计算公式为:

$$h_b = 0.45 K_\xi B_1^{0.6} h_p^{0.15} \overline{d}^{\,-0.068}\left(\frac{v - v_0'}{v_0 - v_0'}\right)^n \tag{7-50}$$

$$v_0 = \left(\frac{h_p}{\overline{d}}\right)^{0.14}\left(29\overline{d} + 6.05\times10^{-7}\frac{10 + h_p}{\overline{d}^{\,0.72}}\right)^{0.5} \tag{7-51}$$

$$v_0' = 0.645\left(\frac{\overline{d}}{B_1}\right)^{0.053} v_0 \tag{7-52}$$

其中

$$v = E\bar{d}^{1/6} h_p^{2/3}$$

式中：h_b 为槽（桥）墩局部冲刷深度，m；K_ξ 为墩形系数，参见《公路桥位勘测设计规范》（JTJ 062—2002）附录；B_1 为槽（桥）墩计算宽度，m；h_p 为一般冲刷后水深，m；$\bar{d}$ 为河床泥沙平均粒径；v 为一般冲刷后墩前行近流速，m/s；E 为与汛期含沙量 ρ 有关的系数，按表 7-14 查用；v_0 为河床泥沙起动流速，m/s；v_0' 为墩前泥沙初始流速，m/s；n 为指数，清水冲刷（$v \leqslant v_0$）时 $n = 1.0$，动床冲刷（$v > v_0$）时 $n = (\frac{v_0}{v})^{(9.35+2.33\lg\bar{d})}$。

表 7-14　E 值 表

含沙量 ρ (kg/m³)	<1.0	1~10	>10
E	0.46	0.66	0.86

注：含沙量 ρ 采用历年汛期月最大含沙量平均值。

7.8.1.2　刚性基础

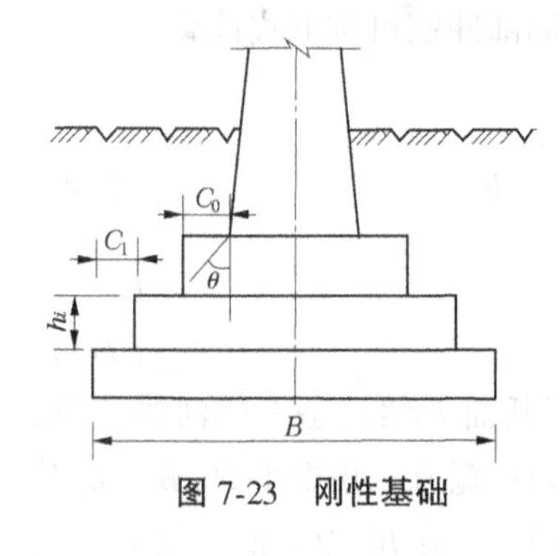

图 7-23　刚性基础

一般实体重力墩及空心重力墩的基础常做成刚性基础（见图 7-23）。这种基础常用浆砌石、混凝土建造。由于这些材料的抗弯能力很小，而抗压能力很高，故基础悬臂的挑出长度不能太大，基础顶面周边比槽墩四周的外边缘伸出的距离 C_0（称为襟边）一般不小于 20~25 cm。若加了襟边后的基底面积仍不满足地基承载力要求，可采用台阶形式向下扩大，台阶的高度与所用材料有关，一般以 0.5~0.7 m 为一级。当基础高度较大需用多级台阶时，可采用等高台阶，每级台阶的悬臂长度 C_i 应与级高 h_i 保持一定的比值，而采用刚性角 θ 来控制。

各级台阶刚性角的计算公式为：

$$\theta = \tan^{-1}\frac{C_i}{h_i} \leqslant [\theta] \tag{7-53}$$

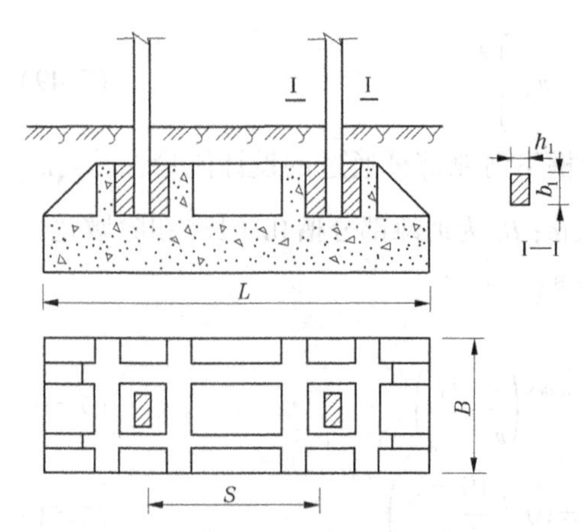

图 7-24　整体板式钢筋混凝土基础

式中：C_i 为基础第 i 阶的悬臂长度，m；h_i 为基础第 i 阶的高度，m；$[\theta]$ 为刚性角容许值，对于砌片石、块石、粗料石基础，当用 M5 及 M5 以上水泥砂浆砌筑时取 $[\theta] = 35°$，用低于 M5 的水泥砂浆砌筑时取 $[\theta] = 30°$，对于混凝土基础取 $[\theta] = 40°$。

刚性基础如满足上式要求，一般可不做弯曲和剪切验算。

7.8.1.3　整体板式基础

如果地基承载力较低，可采用整体板式钢筋混凝土基础（见图 7-24）。由于这种基础设计时需考虑弯曲变形，因此又称柔性基础。它能在较小的埋置深度下获得较大的基底面积，故体积小，施工较方便，适应不均匀沉陷的能力强。排架结构一般都采用这种基础。

基础板的面积应满足地基承载力要求，可参考下式初步拟定基础板的尺寸：

顺槽向宽度（短边）　　$B \geqslant 3b_1$　　(7-54)

横槽向长度（长边）　　$L \leqslant S + 5h_1$　　(7-55)

式中：S 为排架两肢柱间的净距，m；b_1、h_1 分别为肢柱横截面长边（顺槽向）、短边（横槽向）的边长，m。

基础底板的最小厚度是由基础材料的冲切强度决定的。对于图 7-25 所示整体板式基础，底板顶部用矩形台阶或矩形锥体与排架柱整体连接时，应验算柱与基础交接处［见图 7-25(a)］和基础变阶处［见图 7-25(b)］的冲切强度。预制装配式排架与基础的连接采用铰式构造时，如图 7-26 所示，则需验收杯口底处的冲切强度，柱底面为冲切破坏锥体的顶面，锥体的底面与基础板的下层钢筋重合，锥体的高度 h_0 即为基础板的有效高度。

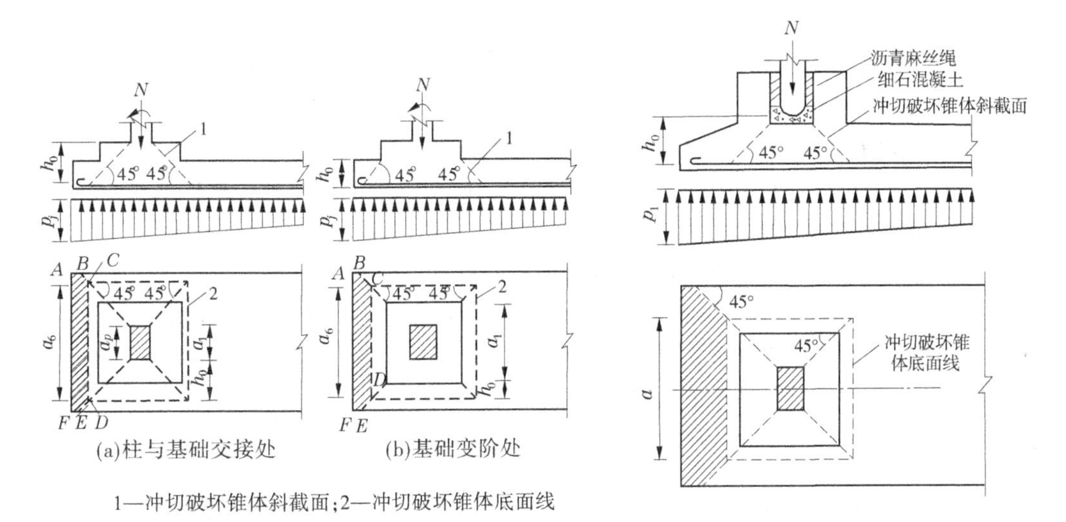

图 7-25　柱与基础整体连接的冲切强度计算图

图 7-26　柱与基础铰式连接的冲切强度计算图

7.8.2　桩基础

7.8.2.1　桩基础分类

桩基础按其作用，可分为摩擦桩和端承桩；按其施工方法可分为打入桩（包括射水和震动下沉）、钻孔桩、挖孔桩等。

(1)打入桩。可用木桩、钢筋混凝土实心方桩、钢筋混凝土管桩、钢桩等，适用于沙性土、黏性土、有承压水的粉土、细砂及砂卵石类土等，对于淤泥、软土地基也可以采用。

打入桩以钢筋混凝土桩应用较广泛。对于截面尺寸大的桩，采用钢筋混凝土管桩和预应力钢筋混凝土管桩。

(2)钻孔桩。这是利用钻井工具打孔，在孔内放置钢筋并浇灌混凝土而成的桩。施工设备简单，造价低，比预制钢筋混凝土桩省钢筋；当持力层顶面起伏不平时，桩长便于掌握；水下施工方便，适用于各类土层；缺点是混凝土用量较多，如果施工质量不好，在桩柱中部可能出现夹土断裂或混凝土中有大量蜂窝，质量不易保证。

钻孔桩顶部与排架或墩台组合，常用于大中型渡槽的支承结构。当槽身宽度为 3~4 m、

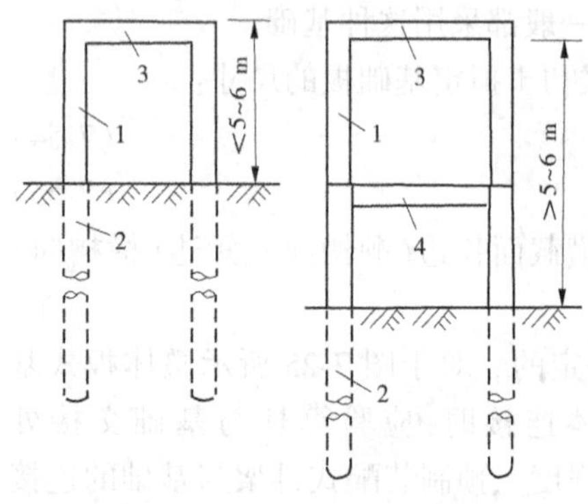

1—柱；2—钻孔桩；3—盖梁；4—横系梁

图 7-27　双桩柱排架

跨径为 15~20 m 时，可采用双桩柱排架（见图 7-27），当槽身宽度大于 5~6 m 时，可采用三桩柱（或多桩柱）排架。重力式墩台的钻孔桩，一般为多桩柱或桩群的布置。钻孔桩的直径常采用 80~150 cm。

（3）挖孔桩。这是利用开挖成孔浇筑的混凝土桩。施工不受设备、地形等条件的限制，适用于无地下水或少地下水的地层，以及不便于机械施工和入土深度不大的情况。挖孔桩的直径一般不小于 120 cm。

7.8.2.2　桩基础设计要求

当采用浅基础不能满足渡槽基底地基承载力要求或沉降量过大且地基土适宜钻孔时，宜优先采用钻孔灌注桩基础。灌注桩应根据工程地质、水文地质和施工条件等因素，合理选用摩擦桩或端承桩。同一墩台基础下应采用同一种形式、桩径或深度相同（或接近）的灌注桩。灌注桩基础设计应满足下列规定：

（1）1、2 级渡槽或在淤泥、流砂土层中的灌注桩基础，应进行试桩并经荷载试验验证设计。用于湿陷性黄土或膨胀土中的桩，应采取抗湿陷或膨胀等消除不利影响的措施。

（2）灌注桩宜采用低桩承台，应设置盖梁，并根据需要设置横系梁。

（3）灌注桩直径不宜小于 80 cm。桩群可采用对称形、梅花形或环形布置。采用摩擦桩时中心距应不小于桩径的 2.5 倍，桩入土深度自一般冲刷线以下应不小于 4 m。采用端承桩时中心距应不小于桩径的 2 倍。对于直径（或边长）不大于 100 cm 的桩基础，其边桩外侧与承台边缘的距离应不小于 0.5 倍桩径（或边长），且应不小于 25 cm；直径（或边长）大于 100 cm 时，其边桩外侧与承台边缘的距离应不小于 0.3 倍桩径（或边长），且应不小于 50 cm。

（4）灌注桩承台顶面应低于冻结线或最低冰层面以下 0.25 m，承台厚度宜不小于 1.5 m，避免流冰、流筏或其他漂浮物的直接撞击。

（5）灌注桩顶主筋深入承台时，灌注桩身应嵌入承台 15~20 cm，灌注桩顶主筋伸入盖梁时，桩身可不嵌入盖梁。桩顶直接埋入承台连接时桩径（或边长）小于 60 cm 的埋入长度应不小于 2 倍桩径（或边长），桩径（或边长）为 60~120 cm 时埋入长度应不小于 120 cm，桩径（或边长）大于 120 cm 时，埋入长度应不小于桩径（或边长）。

（6）承台以上的竖向荷载宜由灌注桩基全部承受，所有水平荷载宜由基桩平均分担。灌注桩基应验算由水平力所产生的挠曲、向前移动及剪切。边桩桩顶位于实体墩、空心墩或桩式墩底面以外的承台应验算外伸部分承台襟边的抗剪强度。

（7）灌注桩、承台、盖梁的混凝土强度等级应不低于 C20，水下浇筑时应不低于 C25，并应满足耐久性要求。

灌区工程设计与实例

（下册）

戴菊英　尹飞翔　主编

黄河水利出版社
·郑州·

灌区工程设计与实例

（下册）

戴菊英　尹飞翔　主编

黄河水利出版社

·郑州·

《灌区工程设计与实例》
编著人员名单

上册(1~7章)

戴菊英　王爱国　戴　雪
曹静怡　郝枫楠

下册(8~14章)

尹飞翔　李晓梦　蒋爱辞
杨巧玲　柏　杨　明广辉

目 录

第8章　倒虹吸

8.1　概　述

8.1.1　倒虹吸管的适用条件

倒虹吸管是长距离输水工程中通过山谷、河流、洼地、道路或其他渠道的压力输水建筑物，是输水及灌溉渠系工程中的重要建筑物之一。

输水工程与山谷、河流或其他渠道相交时，可用倒虹吸管、渡槽、填方渠道下的涵洞等交叉建筑物，这些建筑物各有其适用条件，选用时必须因地制宜，全面考虑。一般在以下情况下可考虑采用倒虹吸管：

（1）当渠道通过山谷、溪流，因谷道深邃、渡槽排架过高难以修建渡槽，或需要高填方，或采用绕线方案有困难时，经过经流技术比较，可采用倒虹吸管的方案。一些相关资料显示，倒虹吸管与20~30 m高的渡槽比，有用料少、省劳力、造价低、施工安全方便、不影响河道洪水宣泄等优点（倒虹吸管的工程量仅为渡槽的30%，劳动力相当于40%，造价相当于50%）。因此，当山谷、河流很深且宽，谷深超过30 m，修建渡槽支墩高，需要高空作业，施工吊装困难且造价高，如做填方渠下涵洞，土方工程大，排水涵洞大且需劳动力太多时，可采用倒虹吸管。如湖南省大圳灌区渠道穿越一宽阔的田垄，长5.2 km，最深达160 m。若采用现场浇筑的渡槽，槽墩高达100 m以上，设计和施工技术难度甚大，还需要大量支架材料；若采用预制构件吊装，按当时的吊装设备和技术条件，亦无法施工，因此选用倒虹吸管。在山区，渠道沿山边绕行，若沿线基岩破碎，裂隙发育，易漏水，而为减少水量损失，采用防渗工程量很大时，渠线可取直，用倒虹吸管跨越深谷。

（2）当输水河渠与河流山谷、洼地、道路等障碍物或其他渠道交叉，且高差较小，建渡槽或填方渠道及涵洞均不能满足洪水宣泄要求，或有碍船只、车辆通行时，应修建倒虹吸管从障碍物底部通过。如广西达开水库寺面倒虹吸，河床高程58.80~59.50 m，渠底高程60.40 m，渠水面高程62.80 m，所跨越的河道设计洪水位61.30 m，若建渡槽，设计洪水位已达槽身高度的一半，槽身受洪水冲击，很不安全，要从结构上解决此安全问题，所需工程量很大；若建涵洞，渠底以下的净空仅1 m多，排水涵洞不能满足洪水宣泄要求。经比较后选用232 m长的倒虹吸管从河底穿过。

由于倒虹吸管具有工程量少、施工方便、节约劳动力及“三材”、造价低、有的可以工厂化生产等优点，在我国农田水利工程中得到了大量应用。

倒虹吸管的缺点是水头损失大，在水头紧张的灌区工程中，它的使用受到一定的限制。此外，通航渠道上亦不能采用倒虹吸管。由于承受高压水头，倒虹吸管在运用和管理方面亦不及渡槽等建筑物方便。

8.1.2 倒虹吸管的分类及选型

倒虹吸管分类有多种分法，按制作方法分类，可分为现浇钢筋混凝土管和预制管；按埋设布置方式，可分为露天式、埋地式和架空式等；按断面形状分，有圆形（含内、外马蹄形）、箱形、拱形几种；按建筑材料分，有现浇钢筋混凝土、预应力钢筋混凝土、钢筒预应力混凝土、球墨铸铁和钢板及玻璃钢、聚乙烯等多种。

选择什么断面形式和材料，要根据地形和地质情况、管道流量大小、压力水头高低、建筑材料来源、施工设备能力、交通条件和经济指标等综合考虑。其中流量大小和水头高低是决定的主要因素。下面介绍几种常用的倒虹吸管。

8.1.2.1 按制作方法分类

按制作方式可分为两大类：一类是现浇钢筋混凝土倒虹吸管。一般为在工地直接于基坑内浇筑，多用于大中型输水工程或交通要道上的交叉工程。这是最经济耐久的管型，过去虽由于设计施工不当而出现一些裂缝等病害，但经处理仍能继续使用几十年而不致报废。另一类是预制倒虹吸管（轻型管），一般多在工厂或工地预制厂制作，基坑内拼接，常用于给水排水工程或中小型输水工程中。近年来，随着制作工艺的不断提高，大直径预制管道不断涌现，大中型输水工程也有不少在选用。预制管道一般有预应力混凝土管、钢管和球墨铸铁管、预应力钢筒混凝土管（PCCP）、玻璃钢夹砂管（RPM）等。这些工厂预制的管道，均有耐内压、糙率小、对地基要求不高和施工便捷等优点，使用寿命长（可达 50 年），设计时可根据工程地质、技术、经济、安全、工期等条件选用。

8.1.2.2 按埋设布置方式分类

倒虹吸管敷设在地下时，由于工程性质不同，有的管道需埋于坝下；有的设在公路或铁路下面；有的需从河底穿越；有的因布置和经济条件又需架空跨过河谷。由于埋设布置方式不同致使管身受力不同，可分为上埋式、沟埋式和架空式。

8.1.2.3 按断面形式分类

（1）圆形管道。圆形管道湿周小，与同样大小过水面积的箱形、拱形管道比，水力摩阻小，水流条件好，过水能力最大。圆形管管壁所受的内水压力均匀，且具有拱的作用，抵抗外部荷载性能好，与通过同样流量的箱形钢筋混凝土管道比，可节约 10%～15%的钢材。圆管能承受较高水头压力，预应力钢筋混凝土圆管、预应力钢筒混凝土管和钢管都可承受 150～200 m 的水头。预制圆管施工方便，且适宜于工厂内成批生产，质量较易掌握。因此，圆管是各种管道中应用最多的一种，国内大中型较高水头的倒虹吸管大都采用圆形断面。

（2）箱形管道。箱形管根据其外形的不同，可分为等截面箱形管和变截面箱形管；根据其结构布置上的需要可分为单孔箱形管和多孔箱形管；根据其壁厚 δ 与单孔净跨 L 之比，又分为普通箱形管（$\delta/L<1/5$）和厚壁箱形管（$\delta/L\geq 1/5$）。前者为一般输水箱形管，后者多用于廊道、水电站尾水管或承受较高回填土及较高水压力的倒虹吸管之类的地下箱形管。变截面箱形管在水利工程中较少使用。

箱形管道有矩形和正方形两种，可做成单孔或多孔，其结构形式简单。大断面的钢筋混凝土箱形管在现场立模浇制，比大直径圆管方便，虽其受力性能不及圆管，“三材”用量比圆管略多，但对于大流量、低水头的倒虹吸管道，采用箱形断面还是经济合理的，应用较多。

8.1.2.4 按倒虹吸管材料分类

倒虹吸管的建筑材料，国内外应用较广的为现浇钢筋混凝土、预应力钢筋混凝土、球墨铸铁、钢板、混合材料及化学材料等。

(1)现浇钢筋混凝土管。现浇钢筋混凝土管(圆管及箱形多孔管)我国已有多年的使用历史,一般直接在工地基坑内浇筑而成,多用于大中型输水工程或交通要道上的交叉工程,是最经济耐久的管型。

(2)预应力钢筋混凝土管(PCP)。预应力钢筋混凝土管加工工艺简单,造价低,具有抗渗性和耐久性良好、施工速度快、安装方便、管内壁光滑、不结垢、水力条件好、输水能力强、耐腐蚀、不需做内外防腐处理、工程造价低等优点。但该管重量较重、材质较脆,运输不方便,承插接口的加工精度难以保证,接头复杂,维修不方便,管内壁容易滋生水生生物,有些管道管体中存在空鼓或裂缝,容易引起渗漏,在已建的管道中出现过爆管事故。预应力钢筋混凝土管(PCP)管径和工作压力使用范围小,一般管径在DN2 000以下,工作压力在0.4~0.8 MPa,故其使用受到限制。

(3)钢管(SP)。钢管由钢板焊接而成,它具有很高的强度和不透水性,接头少,糙率小,水头损失小,可用于任何水头和较大的管径,当穿越河流、铁路等时宜选择钢管。但钢管的刚度较小,常由于主管的变形使伸缩节内填料松动而使接头漏水,且钢管的制造技术要求较高,防锈与维护费用高。

(4)预应力钢筒混凝土管(PCCP)。预应力钢筒混凝土管是一种钢筒、钢丝与混凝土构成的复合管材。它具备钢管的耐高压、钢筋混凝土管的抗腐蚀和耐久性能好的两者优点。管子的接口采用钢制承插口,并设橡胶止水圈,止水效果好,接头渗漏检验简单、安装方便,维修费用低。但缺点是造价较高,单位管长重量大,管壁厚度远大于钢管,由于其采用柔性接口连接,对基础及回填土要求较高,且安装时对吊装设备要求高工作面宽度要求比钢管宽。

(5)球墨铸铁管(DIP)。球墨铸铁管具有钢管的柔性及铸铁管的耐腐蚀性,其强度比钢管大,采用柔性接头,使用寿命最长,管道承受压力较高,很少发生爆管、渗水和漏水现象,采用橡胶圈接口,柔性较好,对地基适应性较强;运输安装快捷方便,施工工期短,可降低工程的安装费用;主要用于城市给排水工程管道。球墨铸铁管的缺点是重量较钢管重,输水中会产生腐蚀馏。在中小型输水工程中,采用球墨铸铁管,其强度比钢管高,而价格却低廉许多,故使用也较广泛。

(6)玻璃钢夹砂管(GRP)。玻璃钢夹砂管是近几年在国内新兴起的一种优质复合管材料,其特点是水力特性好、强度高、重量轻(比重仅为钢、铸铁管的1/4~1/5,混凝土的2/3),便于运输和施工,耐腐蚀耐磨,不结垢,抗老化,使用寿命长,一般可超过50年。但其在埋设时,需要首先用砂或砾石铺设垫层,对回填料的要求较高,一般情况下不允许使用原土回填。

(7)热塑性管材。用于制管的热塑性管材有四种:聚乙烯(PE)、聚氯乙烯(PVC)、丙烯腈-丁二烯-苯乙烯(ABS)和聚丁烯(PB)。我国常用的是聚乙烯(PE)和聚氯乙烯(PVC)两种管材。热塑性管材对地基要求不高,适合我国沿海地区使用。

综上所述,不同断面、不同材料的倒虹吸管,各有其特点。结合工程造价,在设计选型时,要本着因地制宜、因材设计,采用行之有效的新技术、新材料和新设备的原则全面考虑。

8.2　倒虹吸管布置

8.2.1　倒虹吸管布置原则

(1)倒虹吸管轴线在平面上的投影宜为直线,尽量减少转折点,并与河流、渠沟、道路中心线正交,使线路短直,减少土石方工程量降低工程投资造价。

(2)倒虹吸管应根据地形、地质条件和跨越河流、渠沟、道路等具体情况,选用露天式、埋地式或管桥式布置,并满足埋深(埋地式)或净空(管桥式)要求。

(3)在倒虹吸管纵断面(沟道横断面)上,当地形较缓时,管线宜随地面敷设,管线布置宜避免局部凸起,不可避免时应在上凸顶点的管道顶部安装自动排气阀。

(4)布置管线时,要注意考虑冲沙及放空管道设备的设置。

(5)提高输水安全可靠性,降低能耗,减少漏损,节约投资,采用行之有效的新技术、新材料和新设备。

(6)施工、运行和维护管理方便。

(7)穿越河流、铁路、公路等障碍物时应符合国家现行有关标准的要求。

(8)遵循国家现行有关设计规范、标准的要求。

8.2.2　倒虹吸管的布置形式

根据地形条件、流量多少、水头大小及支承形式等情况,在整体布置上一般可分为地面式(露天或浅埋)和架空式(高架于空中)两大类。

(1)地面式(露天或浅埋)。对于高差不大的小倒虹吸管,管身常布置成斜管式和竖井式两种。斜管式(见图 8-1)多用于地形变化不太大,坡度不超过 45°,且管轴线又较短的中小型倒虹吸管工程,水流由开敞的明槽顺斜坡与压力管连接。竖井式(见图 8-2)多用于穿过道路且管内流量不大、压力水头较小($H<3$ m)的情况,井底常设 0.5~0.8 m 深的集沙坑,以便清除泥沙及检修水平段时作排水之用。竖井式水流不顺畅,水头损失较大,但便于施工。

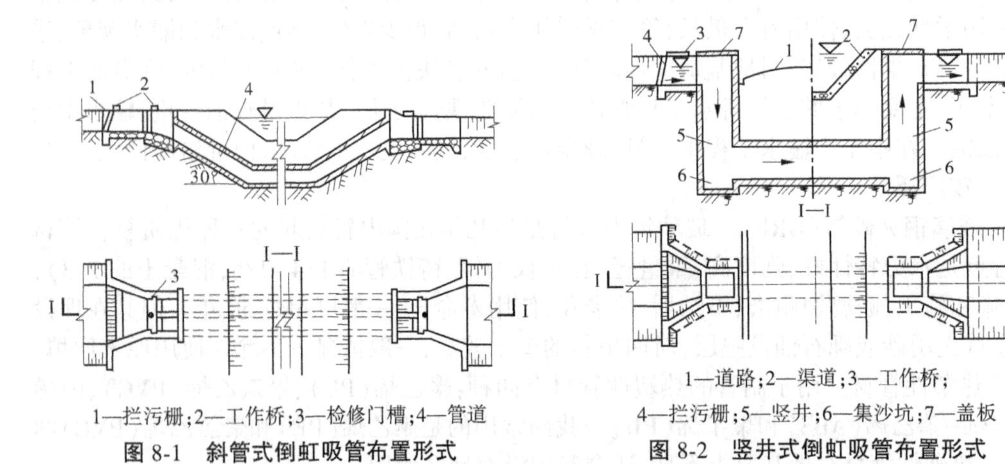

1—拦污栅;2—工作桥;3—检修门槽;4—管道

图 8-1　斜管式倒虹吸管布置形式

1—道路;2—渠道;3—工作桥;4—拦污栅;5—竖井;6—集沙坑;7—盖板

图 8-2　竖井式倒虹吸管布置形式

对于高差大的倒虹吸管,管道常随自然起伏的地形露天或浅埋于地面以下(见 8-3)。露天敷设的优点是开挖工程量小,便于检修,但在气温影响下,内、外壁将产生较大的温差,易引起纵向裂缝而漏水。故除温差较小地区的小型倒虹吸管可考虑露天布置外,多数倒虹吸管均浅埋于地面以下。试验表明,管道埋于地面下对减小温差应力的作用较显著,但有的试验资料也表明,当埋深大于 0.8 m 时,减小内、外壁温差的作用增加得不显著,且增大土压力及填土工程量,故埋深一般以 0.5~0.8 m 为宜。埋设深度根据不同条件而有所不同:当管道通过耕地时,应埋于耕作层以下;管上为道路、渠沟时,为改善管身受力条件,管顶填土厚度不小于 1.0 m;在严寒地区,须将管埋在冻土层以下,如东北、内蒙古及新疆等地埋深不宜小于 1.5 m，华北地区则不小于 1 m，黄河以南地区也应在 0.5 m 以上。穿过河道及冲沟时，管顶应埋设在设计洪水冲刷线以下 0.5~0.7 m，地震区管道埋深不得小于 1.5~2.0 m。

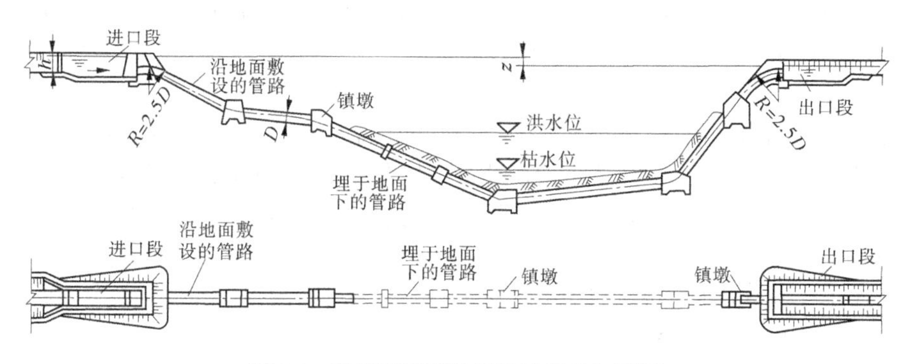

图 8-3 沿地面露天敷设及浅埋的虹吸管

(2)架空式。当倒虹吸管跨越大江大河或河沟深谷时，为减少施工困难，降低倒虹吸管中的压力水头并缩短管道长度和减少水头损失，或为了满足两岸交通要求，除对岸坡部分仍按地面式布置外，在跨河谷部分的管道可采用桥式布置形式。如跨越河道，管道应架设在河谷最高洪水位以上 0.3~1.0 m，以利河道宣泄洪水。如跨越通航河道，尚应遵照通航要求布置。架空管道因系露天设置，应采取隔温措施，如搭凉棚或管身包泡沫塑料，以及设置浇水降温设施以消除管身内外温差的不利影响。在北方地区，由于昼夜及四季温差较大，尤其应注意这一点。架空管道桥头的两端山坡及变坡转弯处应设置镇墩，以稳定岸坡斜管。

8.2.3 倒虹吸进出口段的布置

倒虹吸进出口段应选择合适的布置形式，以达到水力条件良好，运行可靠并满足稳定、防渗、防洪等要求。

8.2.3.1 进口段布置

进口段的组成一般包括渐变段、拦污栅、节制闸、沉沙池、冲沙及泄水设施等部分，各组成部分视具体情况按需要设置。进口段宜布置在稳定、坚实的原状地基上，进口渐变段长度宜取上游渠道设计水深的 3~5 倍。

1. 渐变段

渐变段一般有扭曲面、直立八字墙及圆锥式三种形式。应根据渠道流量及水头大小选用。

如水头富裕，渠道流量不大时，可采用直立八字墙式渐变段，施工简易；若水头紧张，宜采用扭曲面渐变段，水头损失较小，但施工放样较复杂一些。

2. 拦污栅

拦污栅一般布置在管道进口的工作闸门前；拦污栅不宜太靠近管口，否则消污效果不好，且易冲坏栅条。

拦污栅有活动的也有固定的。活动式拦污栅设在栅槽内，清污时可向上提起栅体；固定式拦污栅边框固定于预埋件上，以齿耙或清污机清理。栅条与水平面夹角以 70°~80°为宜，栅条间距一般为 5~15 cm；栅条可用ϕ 8~ϕ 6 圆钢或 5~8 mm 厚的扁钢焊成。栅片亦可采用低合金钢制作，防锈性能好。

3. 节制闸

为了方便管道进口冲沙及清淤、检修和临时停水，在进口处常设节制闸。特别是多孔管道,为保证按需要通水,进口前必须用节制闸控制,以人工或电动机启闭。较小型倒虹吸管亦可不设节制闸,可在进口处预留门槽,需要时用叠梁或插板挡水。

工作桥台一般供清污及启闭闸门用,中小型倒虹吸管多支承于两边挡水墙顶的钢筋混凝土"T"形梁上,桥面宽 1.8~2.2 m。桥台高按闸墩顶部以上闸槽高加 1.0~1.5 m 确定。

4. 连接段

连接段上游端为节制闸,两侧为挡水边墙,下游端为挡水胸墙,倒虹吸管的进水口设在胸墙的下部,底部为基础板。为防止人畜掉进连接段,可在顶部加设盖板或栏杆。

(1)连接段的布置形式。为防止管道通过小流量时出现的水跃对管道产生的不利影响,连接段的布置形式有斜坡段、消力池及消力井等几种。连接段的布置应使管道进水口顶缘低于倒虹吸管通过最小流量时进水口前的计算水位。整个进口段顶部高程由水力计算确定。

小流量时应保证淹没深度不小于 1.5 倍孔径。

(2)进水口的布置形式。应满足管道通过不同流量时,渠道水位与管道入口处水位的良好衔接。

进口轮廓应使水流平顺,以减少水头损失。对于大型倒虹吸管,进水口常用圆弧曲线做成喇叭形,四周向外扩大(1.3~1.5)D(D 为管的内径),有的则仅在上方及左右侧扩大。进口段与管身常用弯道连接,转弯半径一般为(2.5~4)D。对于小型倒虹吸管进口,为便于施工,可不做成喇叭形,也不设弯道,而将管身直接埋入挡水墙,这种形式水流条件较差。为改善水流条件,可将管身直接埋入挡水墙内 0.5~1.0 m 与喇叭口连接,这样不仅构造简单,施工方便,水头损失也小。进水口前的底板一般较渠底低,其高程由水力计算决定。进口段应修建在地质较好、透水性较小的地基上,否则应进行防渗处理。

(3)通气孔。进水口如为淹没式的消力池(井),为消除管内通过小流量时可能出现的破坏性水跃,将空气带入管内,使管身发生振动和空蚀,可在进口挡水胸墙下游处装设通气管。管材可用金属或混凝土制作,孔径不小于倒虹吸管径的 1/4。

5. 沉沙、冲沙及泄水设施

对于沿山城修建的渠道,可能存在石屑等入渠,对沉沙池的设计要特别注意。湖南省大圳灌区的云里拗倒虹吸管,上游为花岗岩风化区,沉沙池仍按一般常规设计,过水时部分砂砾随水入管,运行20年来,推移质已将管底保护层磨蚀,并使部分管底钢筋直径减少约 1/10。要解决这一问题,除了要注意管道混凝土施工质量,做好上游渠道边坡防护工作外,最重要的是设置具有足够容量的沉沙池或拦沙池。

沉沙、冲沙及泄水设施的设计可参照相关标准。

8.2.3.2　出口段布置

倒虹吸管出口段宜布置在稳定、坚实的原状地基上,出口渐变段长度宜取下游渠道设计水深的 4~6 倍。大型倒虹吸出口渐变段宜设闸门控制进口水位、调节流量、保证管内呈压力流态和通过任意流量时均能与渠道水面平顺衔接。

倒虹吸管的出口段,通常做成消力池形式,池后用渐变段与渠道衔接,以调整流速分布,避免冲刷下游渠道。较小型倒虹吸管,流速不大时,也可不做消力池,仅用斜坡(1:2~1:4)和八字墙渐变段与下游渠道衔接即可。当出口流速较大时,可在下游渠道适当长度内(3~5 m)砌石防冲。对于大型的倒虹吸管,应该进行消能防冲设计计算。

有的较大型单孔或多孔倒虹吸管,为了在输送小流量时利用闸门控制流量或抬高进口水位及检修的需要,需设置闸门及工作桥台(或用叠梁拦水),其布置同进口闸门。

8.3　倒虹吸管水力学计算

8.3.1　管道的根数和管径的确定

倒虹吸管内的流速,应根据技术经济比较和管内不淤条件选定。当通过设计流量时,管内流速通常为 1.5~3.0 m/s,最大可达 4.0 m/s。最大流速一般按允许水头损失控制,最小流速按通过最小流量时管内流速应大于挟沙流速来确定。

(1)有压管挟沙流速的计算公式为:

$$v_{np} = \left(\omega^6 \sqrt{\rho} \sqrt[4]{\frac{4Q}{\pi d_{75}^2}}\right)^{\frac{1}{1.25}} \tag{8-1}$$

式中:v_{np} 为挟沙流速,m/s;ω 为泥沙沉降速度,m/s;ρ 为挟沙水流中含沙量(重量比);Q 为管内通过的流量,m^3/s;d_{75} 为挟沙粒径,在泥沙级配曲线中小于该粒径的沙重占 75%,mm。

(2)倒虹吸管管径根据选定的流速来确定,其计算公式为:

$$D = \sqrt{\frac{4Q}{\pi v}} \tag{8-2}$$

式中:D 为管径,m;Q 为流量,m^3/s;v 为流速,m/s,要求 $v>v_{np}$。

8.3.2　倒虹吸管道输水能力计算

倒虹吸管的输水能力按压力流计算,其计算公式为:

$$Q = \mu A \sqrt{2gz} \tag{8-3}$$

式中:Q 为流量,m^3/s;A 为倒虹吸管的断面面积,m^2;z 为上、下游水位差,m;μ 为流量系数。

流量系数 μ 的计算公式为:

$$\mu = \frac{1}{\sqrt{\xi_0 + \sum\xi + \frac{\lambda l}{D}}} \tag{8-4}$$

其中

$$\lambda = \frac{8g}{C^2}$$

式中:ξ_0 为出口损失系数;$\sum\xi$ 为局部损失系数总和,包括拦污栅(ξ_1)、闸门槽(ξ_2)、进口(ξ_3)、弯道(ξ_4)、渐变段(ξ_5)等损失系数,可参考有关章节;$\frac{\lambda l}{D}$为沿程摩擦损失系数;l 为管长,m;D 为管径,m;C 为谢才系数。

各种管道的糙率可参考有关资料。无参考资料时,对于 PCCP 管,可取为 0.014;对于玻璃钢夹砂管,可取为 0.009~0.010。

8.3.3　倒虹吸管的水头损失及下游渠底高程的确定

(1)水头损失计算。倒虹吸管总的水头损失的计算公式为:

$$h_\omega = \left(\xi_0 + \sum\xi + \frac{\lambda l}{D}\right)\frac{\vartheta^2}{2g} \tag{8-5}$$

式中各符号意义同前。

(2)下游渠底高程的确定。

根据在设计流量条件下的总水头损失,再按式(8-6)确定下游渠底高程,即

$$H_d = H_u + h_u - h_d - h_w \tag{8-6}$$

式中:H_d 为下游渠底高程,m;H_u 为上游渠底高程,m;h_u 为上游渠道水深,m;h_d 为下游渠道水深,m;h_w 为总水头损失,m。

根据式(8-6)确定下游渠底高程后,尚应校核加大流量时上游的壅水高度,以验算上游渠堤及胸墙的超高。

8.3.4　进出口水面衔接计算

根据设计流量确定管径及进出口渠底高程后,尚应验算管道通过中小流量时进口段的水面衔接情况。若中小流量时上下游渠道水位差 z 值大于管道的总水头损失 z_{min},进口水面可能在管内出现水面跌落而产生水跃衔接,引起脉动掺气,影响倒虹吸管的安全运用(见图 8-4)。

为了避免在管内产生水跃衔接,可根据倒虹吸管的总水头损失的大小,采用各种不同的进出口结构形式。

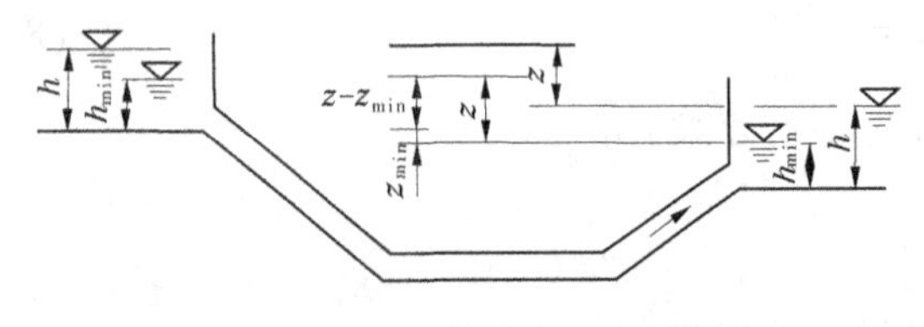

图 8-4　倒虹吸管进出口水面衔接

(1)当 $z-z_{min}$ 值很大时,进口计算水位低于上游渠底高程,可将进口段布置成消力井形式。井底应低于进水口下缘一定的深度,使消力井有良好的消能效果。如图 8-4 所示。如果在进口设消力井不经济或不便于布置,可考虑改单管为双管,或在出口设闸门,用闸下出流来抬高进口水位,使之与进水渠水位相等,但这种方案必须设专人管理。

(2)当 $z-z_{min}$ 值较大时,可适当降低管道进口高程,并在进口前设消力池,池中水跃应为进口处的水面所掩没。

(3)当 $z-z_{min}$ 值不大时(如平原地区倒虹吸管,其上下游渠道水位差及渠底高程差一般都较小),可略降低管道进口高程,并以斜坡与渠底连接。

为保证进水口内为压力流,最小淹没深度 S 应按《水利水电工程进水口设计规范》(SL 285—2003)附录 B. 2. 1 式计算。

$$S = CVd^{1/2} \tag{8-7}$$

式中:S 为最小淹没深度;d 为闸孔高度,m;V 为闸孔断面平均流速,m/s;C 为系数,对称水流取 0. 55,边界复杂和侧向水流取 0. 73。

8. 4　倒虹吸管结构设计

8. 4. 1　倒虹吸管荷载及其组合

作用在地埋式倒虹吸管上的主要荷载(包括由荷载产生的支座反力)有:①管体自重;②管内、外静水压力(含管内水重及均匀内外水压力、浮力);③土压力(含垂直土压力、侧向

土压力和管肩土压力)；④地面荷载(地面静荷载含建筑物及堆积物和车辆荷载等)；⑤管道支承反力；⑥混凝土收缩影响；⑦温度变化的影响；⑧水击压力；⑨地震力等。

倒吸虹管在施工过程、管道试压、输水期及停水、检修期，可能出现各种不同的荷载组合，有以下几种情况：

(1)倒虹吸管在施工过程中，当河槽或管周无水，如现浇钢筋混凝土管已浇筑完毕的养护期间及轻型管安装期间，主要荷载有：①管体自重；⑤管道支承反力；⑥对于现浇混凝土管还必须考虑混凝土收缩影响，但可采取施工措施加以解决；⑦温差影响，此项影响要特别注意，据工程实践认为管道养护完成应立即填土覆盖，力求避免或降低温差影响。

(2)倒虹吸管在验收试压期间，此时管身承受的荷载主要有：①管体自重；②管内外静水压力；⑤管道支承反力；⑥混凝土收缩影响；⑦温差影响。①②⑤组合适用于轻型管。

(3)倒虹吸管在正常输水期间，主要荷载有：①管体自重；②管内水重、均匀内水压力，管外有水时，外水压力可抵消一部分管内静水压力，为安全计，外水压力多不考虑；③土压力；④地面荷载；⑤管道支承反力；⑥混凝土收缩影响；⑦温差影响；⑧水击压力(一般情况非动力输水管道是不考虑水击影响的，仅在输水线路偶然出现故障而紧急关闸门时会出现水击现象)；⑨地震力(在7度以上地震区的较重要工程考虑)，轻型管一般不考虑温差影响。

(4)停止输水或检修期，此时主要荷载有：①管体自重；②管外水压力(含浮力)；③土压力；④地面荷载；⑤管道支承反力；⑥温差影响。此时土压力和地面荷载为主要荷载，轻型管一般不考虑温差影响。

8.4.1.1　管身自重

管身自重为沿管壁中心线竖向的均匀荷载，大小决定于管壁厚度 δ 及材料重度 γ，材料重度见表8-1。以圆形钢筋混凝土管为例。

表8-1　倒虹吸管建筑材料的计算重度 γ

建筑材料	单位体积重度(kN/m³)
素混凝土	0~24
钢筋混凝土	25(用振捣器)；24(不用振捣器)
钢	78.5

管身沿着壁中心线单位长度重力为：

$$q_{自} = \gamma_{混}\delta \quad (kN/m^2) \tag{8-8}$$

管身单位长度重力为：

$$G_{自} = \pi D_c \delta \gamma_{混} \quad (kN/m) \tag{8-9}$$

式中：D_c 为管道平均直径。

8.4.1.2　管内外水压力

作用于管壁的内、外水压力随深度而增大，其方向与管壁表面垂直。以圆形钢筋混凝土管为例。

1. 内水压力

内水压力为倒虹吸管的主要荷载，可以分为均匀内水压力和非均匀内水压力两部分[见图8-5(a)、(b)]。

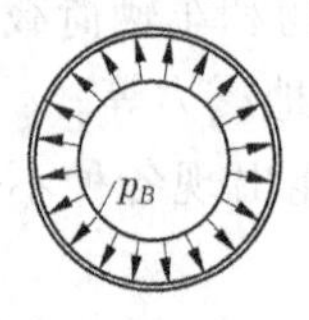

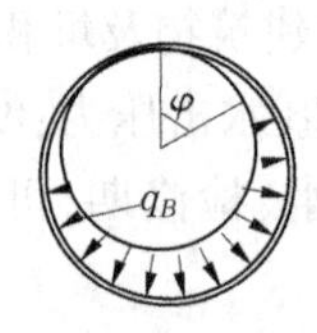

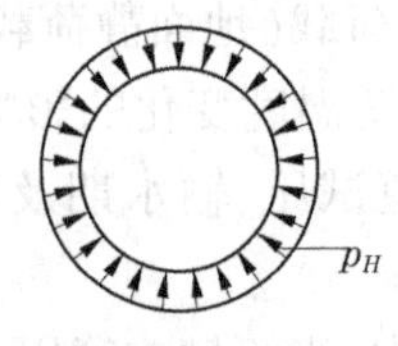

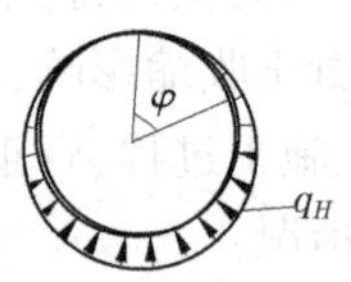

(a)均匀内水压力　(b)非均匀内水压力　(b)均匀外水压力　(b)非均匀外水压力

图 8-5　水压力分布图

(1)均匀内水压强 p_B

$$p_B = \gamma_{水} h \quad (\mathrm{kN/m^2}) \tag{8-10}$$

式中:h 为管内壁顶点以上的水头,m,较长的管道应采用相应的动水头作为设计水头;$\gamma_{水}$ 为水的重度。

(2)非均匀内水压强 q_B

$$q_B = \gamma_{水} r_B (1 - \cos\varphi) \quad (\mathrm{kN/m^2}) \tag{8-11}$$

非均匀内水压力的合力方向向下,数值等于单位管长的总水重(满管水重力)$G_{水}$。

$$G_{水} = \pi r_B^2 \gamma_{水} \quad (\mathrm{kN/m}) \tag{8-12}$$

式中:r_B 为管道内径;φ 为压力角度。

2. 外水压力

外水压力跟内水压力一样,当水位高于管顶时,也可以分为均匀内水压力和非均匀内水压力两部分[见图 8-5(c)、(d)]。

(1)均匀外水压强 p_H

$$p_H = \gamma_{水} h' \quad (\mathrm{kN/m^2}) \tag{8-13}$$

式中:h'为管外壁顶点以上的水头,m,较长的管道应采用相应的动水头作为设计水头。

(2)非均匀外水压强 q_H

$$q_H = \gamma_H (1 - \cos\varphi) \gamma_{水} \quad (\mathrm{kN/m^2}) \tag{8-14}$$

式中:γ_H 为管道外径。

非均匀外水压力的合力方向向上,数值等于单位管长的总浮力(级排开同体积水重)$G'_{水}$。

$$G'_{水} = \pi \gamma_H^2 \gamma_{水} \quad (\mathrm{kN/m}) \tag{8-15}$$

3. 倒虹吸管在转弯平面处的水压力 p

p 作用在弯曲轴线的平面内,由两部分组成:$p = p_1 + p_2$。

(1)由净水头引起的压力 p_1

$$p_1 = 2N\sin\frac{\theta}{2} \quad (\mathrm{kN}) \tag{8-16}$$

式中:θ 为倒虹吸管在转外平面内的转角(管道转弯角);N 为管道截面轴向外推力,kN。

(2)由动水压力引起的离心力 p_2

$$p_2 = 2p_{离} \sin\frac{\theta}{2} \quad (\mathrm{kN}) \tag{8-17}$$

式中:$p_{离}$为由离心力产生的管道截面轴向外推力,kN。

由 p 在平面转弯段产生的管道内力(M、N)值计算是比较复杂的,一般都不计算,而只在平面转弯处设置镇墩或其他加强措施,用于间接解决管道应力和稳定问题,镇墩尺寸可由求出的管道轴向力及其他荷载决定。

8.4.1.3　土压力计算

埋置土体中的管道,所受土压力的大小主要与埋置深度、埋置方式及土壤性质有关。地下管的土压力计算,根据管道埋设方式的不同,一般可分为上埋式、沟埋式及顶管式(隧洞式)三种。沟埋式是指把管道设置于挖成窄而深的沟槽中,城市给水排水管道多用之;上埋式是指在填方下埋设的管道,如土坝下埋设之引水管则多属上埋式范畴,或大开槽(不论深浅)埋置的管道,还有如沟埋多排圆管或多孔箱形管,其垂直土压力多按上埋式管土压力计算;顶管式多是顶管施工的管道中。

1. 上埋式土压力计算

(1)竖向土压力。上埋式管道,管道直接埋在地面或浅沟中,然后在上面填土,由于管道受到竖向土压力后,其竖向变形和两侧填土的沉陷量不同,以及管上填土和两侧填土高度不等,因此管道所受竖荷载也不等于管上的土柱重力。把填土分成三部分:直接作用于管顶上的称为内土柱,两侧的填土称外土柱。土柱体的高度越大,其沉陷量也越大,而内土柱高度等于外土柱高减去管体高(钢筋混凝土管可看成不变形的刚性体),其沉陷量自然小于两侧土柱的沉降量。这样,外侧土柱沉陷量大,于是便对内土柱假想的剪切垂直平面,产生一向下的摩擦拉拽力,使管顶的土柱除去土柱体自重外,还应加上两侧向下的拉拽力。

对于刚性管,管道以上部分的填土沉降量小于两侧填土的沉降量,$a—a$ 剖面上将产生向下的摩擦力,图 8-6 为上埋式管道剖面图。由于这种摩擦力的存在,除管上土柱全部重力传给管道外,另外靠近 $a—a$ 剖面以外的部分土重力也作为附加荷载传递给管道。因此,竖向土压力大于管上土柱重力,这是上埋式的一个特点。但应该指出的是,当管道填土高度很大时,这一摩擦力不能再在全部填土高度上发挥作用。而仅影响到等沉陷高度 H_g 范围内,超出该高度(H_g)水平面以上的土壤则呈均匀沉陷,即该处的摩擦力已不存在。通常称该水平面为等沉平面。等沉平面以下所有沉陷面均为曲面,管顶处曲率最大。由以上分析可以看出,管道所受附加荷载的大小,将随着埋入地基管身部分的增加而减小,当管全部埋入地基中时,上述的附加荷载则为零。

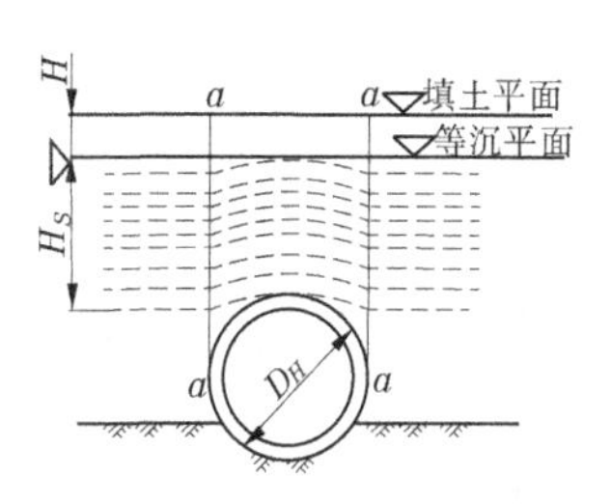

图 8-6　上埋式管剖面图

由于影响附加荷载大小的因素很多,难以确切计算,目前为安全计,对一般土质均用比较简单的公式计算,即将管上填土土柱重力乘以大于 1 的反映“等沉陷规律”的系数,得出上埋式刚性管每米长度上的竖向土压力值 $G_土$:

$$G_{土} = K_s \gamma_{土} H D_H \quad (\mathrm{kN/m}) \tag{8-18}$$

式中:K_s 为上埋式回填土竖向压力系数;$\gamma_土$ 为土的计算重度。

对于柔性管,在任何情况下均取 $K_s = 1$,对于填土 $H \leqslant 20$ m 的小直径钢筋混凝土管道,K_s 值可由表 8-2 及图 8-8 查出。根据我国铁路和公路设计研究部门的实测研究结果,认为当填土较高时,按图 8-7 查出 K_s 值一般是偏大的,但据近年来工程实践情况看,按照铁路和公路部门研究成果计算高填方土

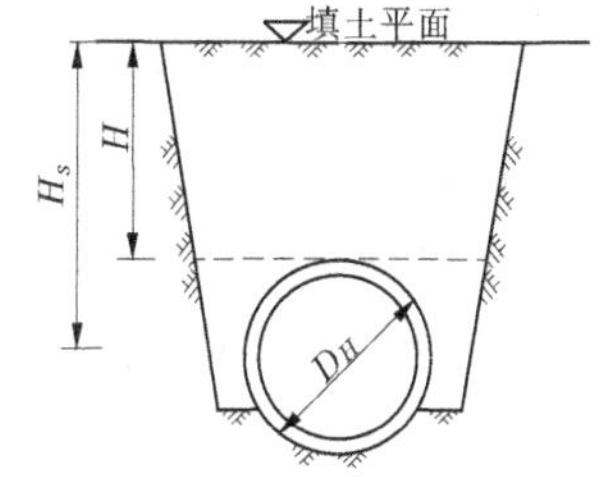

图 8-7　沟埋式管

压力的管道,也有许多出现问题,因此,按图8-8计算土压力仍是合适的。为了减少上埋管的土压力值,应在施工及构造上采取妥善措施,以减少竖向土压力,如降低管道凸出地基的高度D',适当选择压缩性小的土作为管两侧的回填土料并妥加夯实,而管顶上部回填土的压缩性及密实度则可稍为松散一些等。

表8-2　图8-8中K_s曲线编号的选择标准

地基土壤类别	K_s曲线编号	
	弧形土基	混凝土管座
岩石类土及半岩石类土	1	2
大块碎石类土	3	3
砂类土		
(1)密实的砾砂、粗砂、中砂	3	3
(2)密实的砾砂、粗砂、中砂、中密的及密实的细砂和粉砂	5	4
(3)中密的细砂、粉砂	7	6
黏土类土		
(1)坚硬的	3	3
(2)塑性的	5	4
(3)流动的	7	6

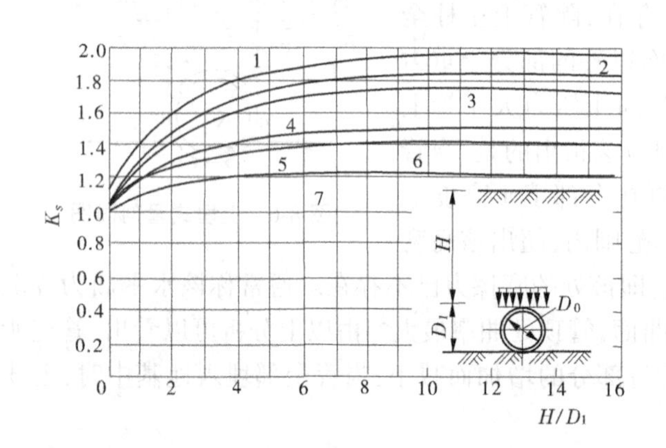

图8-8　上埋式管道竖向土压力系数K_s曲线

(2)水平土压力。埋管同时承受竖向荷载与水平荷载,因竖向荷载常大于水平荷载,故埋管将产生横向变形,其位移方向与水平土压力方向相反,这与一般挡土墙的工作条件不同,不可能出现主动极限平衡状态,因此水平土压力按主动土压力计算是偏小的,同时由于是刚性管,其侧向变形很小,所以按静止土压力计算比较合理,即

$$e=\xi_0\gamma_{土}H_1 \quad (\mathrm{kN/m^2}) \tag{8-19}$$

式中:e为计算截面处水平土压力强度,$\mathrm{kN/m^2}$;H_1为填土表面至计算截面的高度,m;ξ_0为侧压力系数,采用经验静止土压力时,$\xi_0=1-\sin\varphi'$;φ'为回填土的有效内摩擦角。

据有关部门实测结果,ξ_0值与经验静止土压力系数$1-\sin\varphi'$最小值接近,而大于主动土压力系数,铁路和公路设计研究部门建议:当填石时,$\xi_0=0.25\sim0.35$;当填砂性土时,$\xi_0=0.35\sim0.45$;当黏性填土夯实密度较大,含水量较高时,ξ_0值可提高到$0.5\sim0.55$。

按式(8-19)计算的侧向水平土压力分布图形为梯形,但对圆形管,管壁为曲线形。水平土压力不完全符合上述分布规律,在管的上半部大于计算值,下半部则略小于计算值。为简化计算,可近似按矩形计算(见图8-9),其压力强度可采用管中心处的强度,即

$$e_{侧} = \xi_0 \gamma_{土} H_0 \quad (kN/m^2) \tag{8-20}$$

式中：H_0 为填土表面至管中心的高度。

每米管上的总侧向土压力：

$$G_{侧} = e_{侧} D' = \xi_0 \gamma_{土} H_0 D' \quad (kN/m) \tag{8-21}$$

式中：D'为管道凸出地面的高度，当 $2\alpha_{\varphi} = 90°$，$D' = 1.707\gamma_H$；当 $2\alpha_{\varphi} = 135°$，$D' = 1.383\gamma_H$；当 $2\alpha_{\varphi} = 180°$，$D' = \gamma_H$。

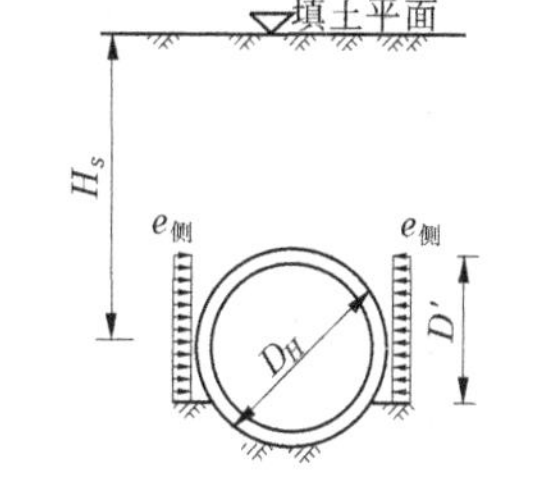

图 8-9　水平土压力分布图

2. 沟埋式土压力计算

把管道铺设于人工开挖的沟槽中，然后填土夯实，这时新回填的土夯实得再好，也没有槽壁的天然土层坚实。在回填土自重、受潮后或有外荷载作用后，回填土都将下沉，即新老土之间要产生沿沟壁的相对位移，沟壁老土将对下沉着的回填土产生一种摩擦力，起着阻挡下沉的作用。这样回填土的重量除被沟壁摩擦力抵消的一部分外，作用在管体上的只有剩下的部分重量了，这是沟埋式垂直土压力的主要特点，见图 8-7。

(1)竖向土压力。沟埋式管道埋设在较深的沟槽中，沟壁天然土壤较坚实，管道两侧及管顶上部为回填土，由于回填土在压缩变形时受到两旁沟壁的约束，回填土对涵管的竖向作用力的一部分由两旁沟壁的摩阻力所平衡，故管顶以上竖向土压力小于沟内回填土柱的重力，这是沟埋式的一个特点。

管上承受土压力的大小与沟内回填土的夯实程度有关，当沟内土壤未夯实时，管道每米长度承受的竖向上压力

$$G_{土} = K_T \gamma_{土} BH \ (kN/m) \tag{8-22}$$

式中：B 为沟槽宽度，m；H 为自顶管算起的填土高度，m；K_T 为沟埋式管回填土竖向土压力集中系数。

管道承受的总的竖向土压力与管道以上沟内回填土全部重力之比，理论上决定于下列因素：H/B、侧压力系数 ξ_1(回填土对槽壁的水平压力强度与回填土的竖向压力强度之比，即 $\xi_1 = \sigma_{水平}/\sigma_{垂直}$)、回填土与槽壁间的摩擦角 φ_1，以及凝聚力 C。各种不同土壤的 ξ_1 值及 $\tan\varphi_1$ 值的变化幅度是较大的，但 $\tan\varphi_1$ 值越大 ξ_1 值越小，所以 $\xi_1 \tan\varphi_1$ 的乘积就相差不远。故在实际工程中大致可根据回填土的性质由表 8-3 选出 K_T 的代表曲线，再按此编号及比值 H/B 在图 8-8 中查得 K_T 值。未包括在表 8-3 中的土壤，则按与之近似的土壤来决定采用某条曲线，因凝集力 C 的影响较小，图 8-10 是按 $C=0$ 绘制的。

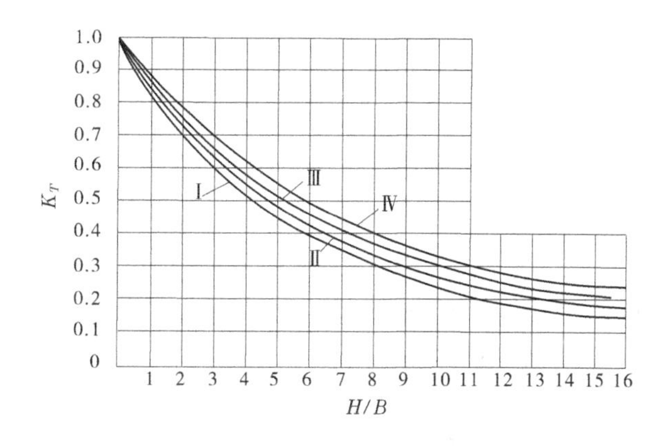

图 8-10　沟埋式管道竖向压力集中系数

表 8-3　各种土壤 K_T 曲线编号

填土种类	$\xi_1\tan\varphi_1$	曲线编号	填土种类	$\xi_1\tan\varphi_1$	曲线编号
干砂土及干的耕植土	1.92	1	塑性黏土	0.148	3
湿的及含水饱和的砂土及耕植土硬黏性性黏土	0.165	2	流性黏土	0.132	4

式(8-22)计算出的 $G_土$ 值为管壁与沟壁间回填土未夯实的情况，随着该处填土压实程度的提高，管道所承受的竖向土压力将降低，当夯实良好时，可认为在 A 点和沟壁之间形成两个土拱，竖向土压力的一部分将通过土拱传到沟壁上去(见图 8-11)，在图 8-11 中管两侧虚线表示土拱。即用式(8-22)求得的 $G_土$ 乘以一个小于 1 的系数。通常认为作用于管道与沟壁间的填土上的土压力只有一半传给管道，此外假定全部土压力沿沟宽均匀分布(见图 8-11)时，就得到下面的计算式：

$$G_土 = K_T\gamma_土 H(B + D_H)/2 \quad (\text{kN/m}) \tag{8-23}$$

实际工程中，为防止施工塌滑，沟槽常挖成梯形断面，这时竖向土压力仍可按式(8-20)计算，公式中的 B 应为管顶处的淘槽宽度 B_0(见图 8-12)，而按图 8-10 决定的 K_T 值所用的沟槽宽度，则应为 $H/2$ 深度处的宽度 B_c，即按值 H/B_c 查图 8-10 的曲线。

对于直径大于 1 m 而埋深又小于直径的倒虹吸管，还要计入管肩土压力 $G_肩$，即图 8-13 中阴影部分的土重力。

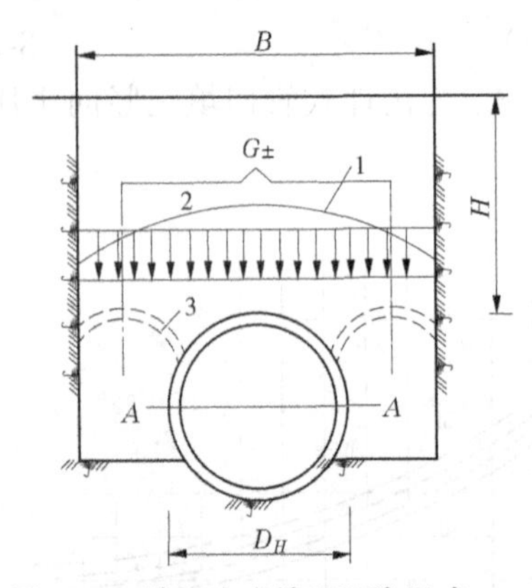

图 8-11　填土夯实情况下沟埋式管土压力分布

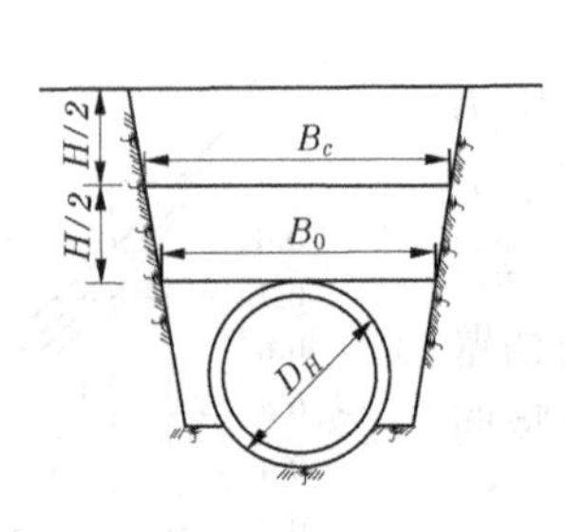

图 8-12　沟埋式梯形断面的沟槽

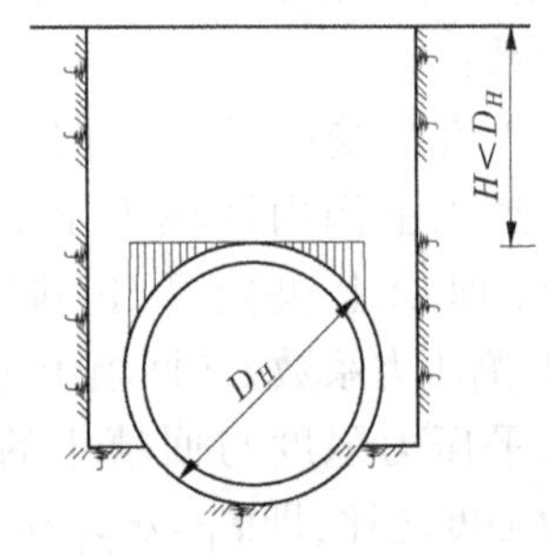

图 8-13　沟埋式管顶与管肩间回填土重力的计算

$$G_肩 = \gamma_土\left(\frac{D_H^2}{2} - \frac{1}{2} \times \frac{1}{4}\pi D_H^2\right) = 0.1075\gamma_土 D_H^2 \quad (\text{kN/m}) \tag{8-24}$$

(2)水平土压力。水平土压力的大小与填土深度、土壤性质、管壁到沟壁间的距离及填土夯实程度有关，当$(B_0-D_H)/2>1$ m 时，管道水平向受力性质与上埋式相同，可按上埋式水平向土压力式(8-20)、式(8-21)计算。当$(B_0-D_H)/2\leqslant 1$ m 时，考虑到填土不易夯实，水平向土压力较小，按式(8-20)、式(8-21)计算的水平土压力还应乘以局部作用系数 K_n：

$$K_n = (B_0 - D_H)/2 \tag{8-25}$$

(3)临界槽宽。在沟埋时，为了施工方便和避免塌方，有时把沟槽挖得较宽，这样使管道受力性质将随着沟的宽度加大而趋近于上埋式了，若仍按沟埋式公式计算，就会低估了土压力而偏于危险。为了明确沟埋式与上埋式的界限，这里引进了一个“临界槽宽”的概念，以兹判断。“临界槽宽”B 可令沟埋式与上埋式两种情况的土压力值相等而得出，即

$$K_s D_H = K_T B \tag{8-26}$$

式(8-26)中，K_s、K_T、B 为未知，可用试算法求出 B 值，若开挖的沟槽宽 $B \geqslant B_0$，可按上埋式计算；反之，按沟埋式计算。在实际工程中，不一定求出 B 的真实值，只要分别按沟埋式与上埋式两公式算出 $G_{土}$ 值来，选用较大数值即可，求侧压力值时，仍选用小值，以策安全。

3. 顶管式（隧洞式）垂直土压力计算

顶管法是将土体预挖成洞，再将圆管顶进，最后灌浆密实。因此，考虑以管顶上压力拱范围内的土体重量为圆管承受的垂直土压力进行计算，也可以近似把顶进的圆管作为隧洞衬砌方式计算。

当管顶土层厚度大于洞径的 3 倍时，则土洞顶上形成压力拱。如果挖掉压力拱范围内的土，则管上将没有垂直土压力。也就是说，压在管顶上的土层厚度相当于压力拱的矢高，如图 8-14 所示。在这种情况下，垂直土压力计算公式为：

$$p_{\vartheta} = n_b \gamma_2 h_c D_1 \tag{8-27}$$

$$h_c = \frac{B}{2f_k} \tag{8-28}$$

$$B = D_1\left[1 + \tan\left(45^\circ - \frac{\varphi_0}{2}\right)\right]\ (\mathrm{m}) \tag{8-29}$$

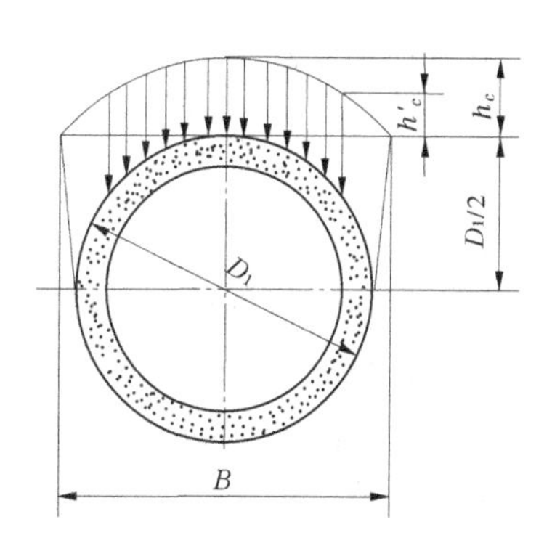

图 8-14　圆管上压力拱示意图

式中：p_{ϑ} 为垂直土压力，kN/m；n_b 为超载系数，在挖洞情况下可考虑为 1；γ_2 为土的容重，kN/m^3；B 为压力拱跨度；D_1 为管的外径，m；h_c 为压力拱矢高，m；φ_0 为土体内摩擦角，(°)；f_k 为土壤的普氏坚实系数，由表 8-4 选用。

表 8-4　土壤的普氏坚实系数f_k

序号	类别	土质	f_k
1	相当软的岩层	碎石土壤，破裂的页岩，固结的砾石及碎石，凝固的黏土	1.5
2	较软的岩层	黏土（密实的），坚固泥砂，黏土土壤	1.0
3	软的岩层	轻砂黏土，黄土，卵石	0.8
4	土质岸层	植物土，泥煤，壤土，湿砂	0.6
5	松散岩层	砂，崖锥，小卵石，填土，开采出的煤	0.5
6	流移岩层	流沙，沼地土壤，淤稀黄土及其他淤稀土壤	0.3

按隧洞衬砌方式计算是假设衬砌与岩层既未结合，又无摩擦，衬砌仅承受与其表面垂直的法向岩层压力，如图 8-15 所示。

任意点的法向岩层压力 p_1 的计算公式为：

$$p_1 = \gamma_2 h_c \cos\alpha \tag{8-30}$$

衬砌任一断面所受弯矩 M 的计算公式为：

$$M = \gamma_2 h_c R_1 R(0.637 - 0.5\cos\alpha - 0.5\sin\alpha) \tag{8-31}$$

任一断面的法向力 N 的计算公式为：

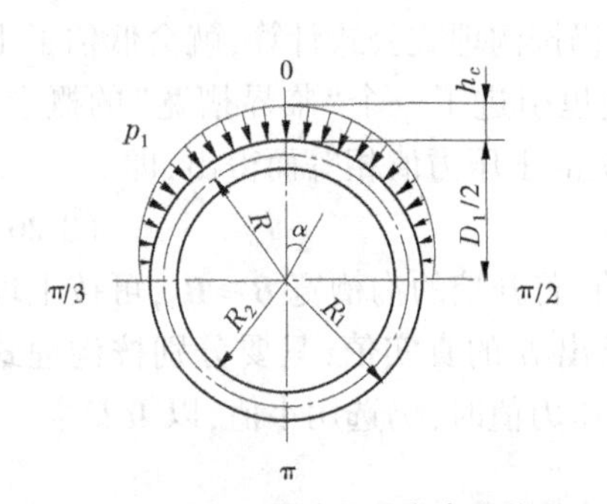

图 8-15　按隧洞衬砌垂直岩层作用分布图

$$N = 0.5\gamma_2 h_c R(\cos\alpha + \sin\alpha) \tag{8-32}$$

其中 $R=\dfrac{R_1+R_2}{2}$

上二式中，R_1 为衬砌外径，m；R_2 为衬砌内径，m；R 为衬砌的平均半径，m。

作用在单位长度埋管的侧向土压力标准值的计算公式为(见图 8-15)

$$F_{tk} = K_t \gamma H_0 D_d \tag{8-33}$$

其中 $K_t = \tan^2(45° - \dfrac{\varphi}{2})$

式中：F_{tk} 为埋管侧向土压力标准值，kN/m；H_0 为埋管中心线以上填土高度，m；D_d 为埋管凸出地基的高度，m；K_t 为侧向土压力系数；φ 为填土内摩擦角，(°)。

顶管法施工的水平土压力也可以近似按照式(8-33)计算。

土压力除计算垂直土压力及水平土压力外，尚应计算管顶水平线以下至管腹间的回填土重量。

8.4.1.4　地面荷载计算

为了了解地面静荷载对管道的影响，首先要分析地面静荷载在土壤中的传布问题。为解决这一问题，只有通过模型试验。而较实用的办法，则是把土壤看成半空间弹性体，通过数学计算，来求出管道的受力情况。

1. 沟埋式

实际上沟埋式管道的工作条件与半无限弹性体的假设是相矛盾的两种概念，尤其是回填土不久或夯实的不够密实的情况。而当填土夯实较好或经过一段时间填土密实后，其应力情况还是与以弹性理论分析的情况很接近。

(1)均布荷载。把垂直土压力看成均布荷载，其强度可用马斯顿公式计算：

$$g_j = q_0 e^{-2K_f f_1 \frac{H}{B}} \tag{8-34}$$

当 $B-D_1<2$ m 时

$$F_{jg} = q_0 B e^{-2K_f f_1 \frac{H}{B}} \tag{8-35}$$

式中：q_0 为沟顶条形静荷载，kN/m²。

当 $B-D_1 \geqslant 2$ m 时

$$F_{jg} = q_0 \frac{B + D_1}{2} e^{-2K_f f_1 \frac{H}{B}} \tag{8-36}$$

(2)集中荷载。仍由马斯顿土压力理论出发，沟埋式之集中荷载引起的垂直压力强度

$$q_{jy} = \frac{2PH^3}{\pi D_1 R^4} e^{-2K_f f_1 \frac{H}{B}} \tag{8-37}$$

在管体宽度方向 g_{jg} 假定均匀分布。式中，R 见图 8-16。

单位管长度总压力：

$$F_{jg} = \frac{2PH^3}{\pi R^4} e^{-2K_f f_1 \frac{H}{B}} \tag{8-38}$$

2. 上埋式

(1)均布荷载。公式推导可仿沟埋式，这里省略，直接给出公式。当管上填土高 H 小于等于层高度 H'时，由地面的均布荷载 q_0 引起的垂直压力强度 q_s，由下式计算：

$$q_s = q_0 e^{2K_f f\frac{H}{D_1}} \tag{8-39}$$

此式的 f 为填土之间的内摩擦系数，与沟埋式的 f_1 概念应区别，数值可能相等。

单位管长总压力为：

$$F_{js} = q_0 D_1 e^{2K_f f\frac{H}{D_1}} \tag{8-40}$$

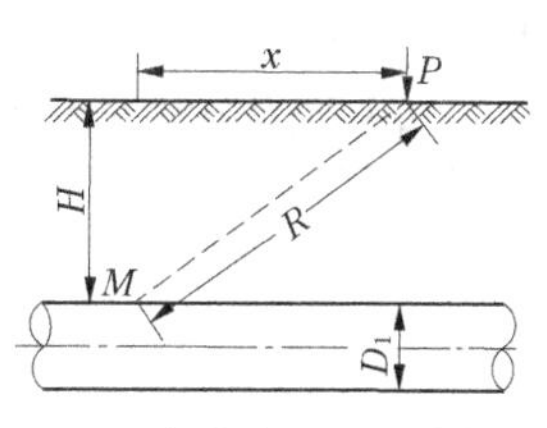

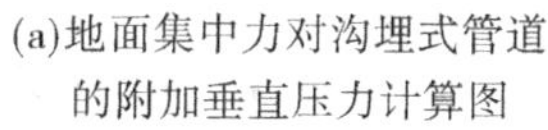
(a)地面集中力对沟埋式管道的附加垂直压力计算图

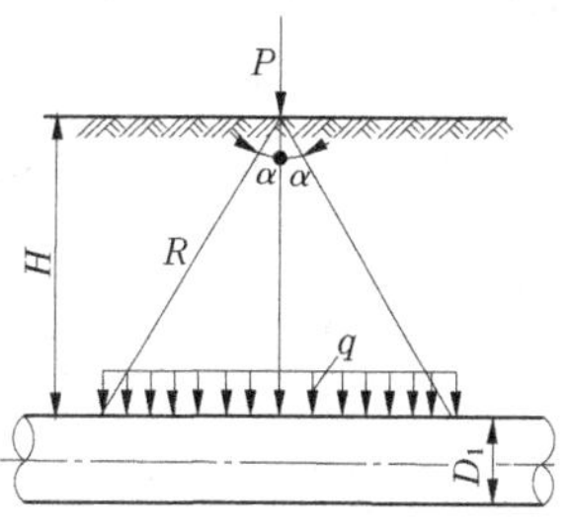

(b)集中荷载压力分布图

图 8-16　集中荷载作用下管道计算

(2)集中荷载引起的竖向压力。

①沟埋式管道。地面集中荷载 P 对管道上 M 点(见图 8-16)所引起的附加竖向压力强度 q_s 可近似按式(8-41)计算：

$$q_s = \frac{2PH^3}{\pi D_1 R^4} e^{-2K_f f_1\frac{H}{B}} \ (\text{kN/m}^2) \tag{8-41}$$

在管的宽度方向，q_s 假定为均匀分布，则竖向压力为：

$$G_{sj} = \frac{2PH^3}{\pi R^4} e^{-2K_f f_1\frac{H}{B}} \ (\text{kN/m}^2) \tag{8-42}$$

式中：P 为集中荷载，kN；R 为施力点与计算点之距离，m[见图 8-16(a)]。

②上埋式管道。当填土深度不大时，可按均匀分布于 30°压力扩散角 α 范围内的分布荷载计算(见图 8-16)，当填土厚等于或大于 50 cm 时，压力扩散角采用 $\alpha=35°$，按此法计算的结果，比实际略大，填土深时尤甚。故当 $H>10$ m 时，应按无限弹性体的假定，用弹性力学方法求解：

$$q_s = \frac{3PH^3}{2\pi R^5} \quad (\text{kN/m}^2) \tag{8-43}$$

最大竖向压力强度发生在直接受力点对应的管道，式(8-43)中令 $R=H$ 得：

$$q_s = 0.478P/H^2 \quad (\text{kN/m}^2) \tag{8-44}$$

管道宽度范围内的竖向压力为：

$$G_{sj} = \frac{3PH^3 D_1}{2\pi R^5} \quad (\text{kN/m}^2) \tag{8-45}$$

8.4.1.5　地面活荷载

作用在管涵以上填土面上的活动荷载，主要是车辆荷载。车辆中分汽车、拖拉机和火车等。在设计计算时，把车辆荷载分成计算荷载和验算荷载两种。计算荷载一般以汽车车队表示；验算荷载则以履带式拖拉机或平板挂车表示。

1. 汽车荷载

地下管道与公路交叉时，作用于管道以上的车辆荷载，应按计算荷载和验算荷载两种情况考虑。计算荷载的汽车荷载由行驶于管道上的汽车行列组成，包括一辆加重车和若干辆标准车。汽车行列在行车道上的纵横布置均取最不利位置,以满足设计要求。

(1)计算荷载汽车荷载(见表 8-5)。根据我国《公路桥涵设计规范》规定,管道顶上由车辆荷载引起的垂直压力,按车轮或履带着地面积边缘向下作 30°角,在填土中均匀传播到管体上,若几个车轮或两条履带的压力扩散线相重叠,则扩散面积以最外边的扩散线为准。每一轮压 P 传至 H 深度处(管顶),其压力强度 q_0 每延米按下式计算(见图 8-17):

表 8-5　车辆荷载等级选用表

公路等级	计算荷载及验算荷载	说明
一	汽车-20 级,挂车-100 汽车-15 级,挂车-80	(1)路面宽 4.5 m 的管道,用一行汽车车队计算,验算荷载不做具体规定,设计时可按实际情况自行确定。 (2)路面宽 7 m 的管道,用两行车队计算,但对于汽车-20 的荷载可以折减 10%,但折减后的计算内力不得小于一行车队的计算结果
二	汽车-20 级,挂车-100 汽车-15 级,挂车-80	
三	汽车-15 级,挂车-80 汽车-10 级,挂车-50	
四	汽车-10 级,挂车 50	

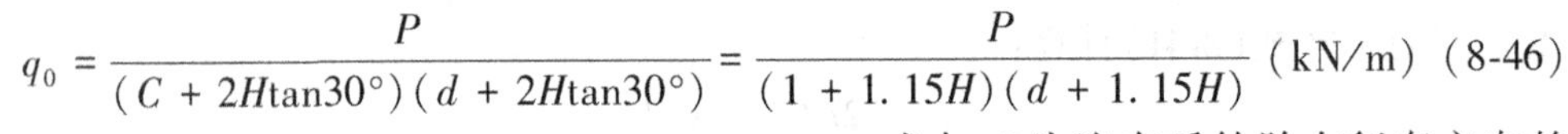

$$q_0 = \frac{P}{(C + 2H\tan 30°)(d + 2H\tan 30°)} = \frac{P}{(1 + 1.15H)(d + 1.15H)} \text{ (kN/m)} \quad (8\text{-}46)$$

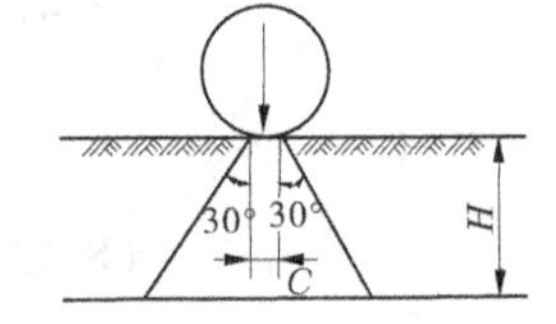

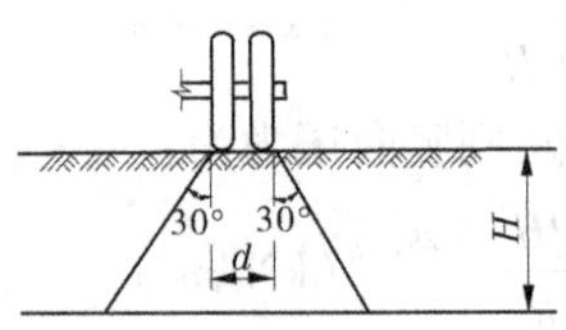

图 8-17　单个轮压在土中应力分布

式中:C 为汽车后轮胎在行车方向的着地长度,一般情况 $C=0.2$ m;d 为汽车后轮胎宽度,m,见表 8-6;P 为轮压,kN。

表 8-6　计算荷载的主要技术指标

主要等级	单位	荷载等级					
		汽车-10 级		汽车-15 级		汽车-20 级	
		重车	主车	重车	主车	重车	主车
一辆汽车总重量	kN	150	100	200	150	300	200
一行汽车车队中车辆数目	辆	1	/	1	/	1	/
后轴压力	kN	100	70	130	100	20×120	130
前轴压力	kN	50	30	70	50	60	70
轴距	m	4	4	4	4	4+1.4	4
轮距	m	1.8	1.8	1.8	1.8	1.8	1.8
后(中)轮着地宽度及长度	m	0.5×0.2	0.5×0.2	0.6×0.2	0.5×0.2	0.6×0.2	0.6×0.2
前轮着地宽度及长度	m	0.25×0.2	0.25×0.2	0.3×0.2	0.25×0.2	0.3×0.2	0.3×0.2
车辆外形尺度(长×宽)	m	7×2.5	7×2.5	7×2.5	7×2.5	8×2.5	7×2.5

当路面宽小于 4.5 m 时，应按单车行驶计算作用在管道顶上的压力。若覆土深

$$H \geqslant \frac{1.8-d}{2\tan 30^\circ} = \frac{1.8-d}{1.15} \tag{8-47}$$

则同一轴上的两个轮胎在填土中的压力分布线将相交(见图 8-18)，此 q_0 值按式(8-48)计算：

$$q_0 = \frac{P}{(C+1.15H)\left(d+\dfrac{1.8-d}{2}+H\tan 30^\circ\right)} = \frac{P}{(C+1.15H)\left(\dfrac{d}{2}+\dfrac{1.8}{2}+0.577H\right)} \tag{8-48}$$

当路面宽度大于 7 m 时，应按两行车队行驶计算作用于管涵顶上的压力。

当覆土深度 $\dfrac{1.3-d}{1.15} \leqslant H < \dfrac{1.8-d}{1.15}$ 时(见图 8-19)，作用于管涵顶上的压力强度按下式计算：

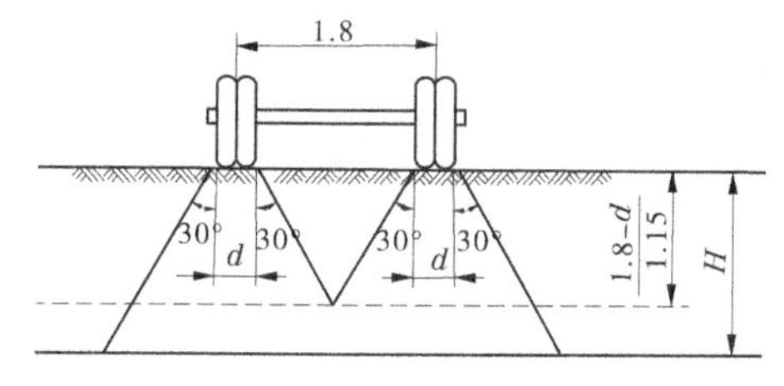

图 8-18　单车行驶时土中应力分布

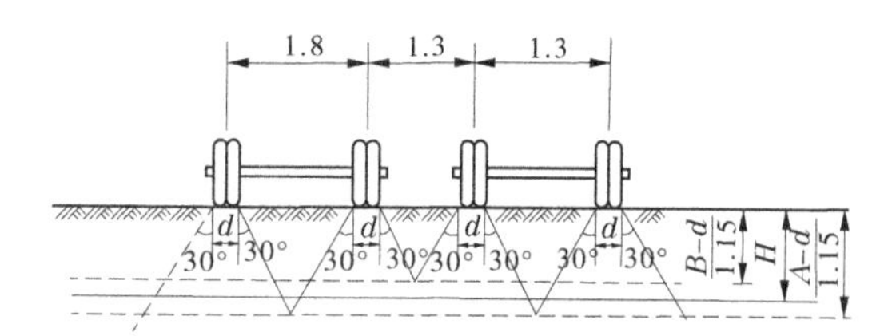

图 8-19　双车行驶土中应力分布

两行并列轮最小中心距：汽-10，汽-15，汽-20，$B=1.3$，$A=1.8$

$$q_0 = \frac{P}{(C+1.15H)\left(d+\dfrac{1.3-d}{2}+H\tan 30^\circ\right)} = \frac{P}{(C+1.15H)\left(\dfrac{d}{2}+\dfrac{1.3}{2}+0.577H\right)} \tag{8-49}$$

当车辆并排行驶，且当 $H \geqslant \dfrac{1.8-d}{1.15}$ 时，则

$$q_0 = \frac{P}{(C+1.15H)\dfrac{1.8+1.3}{2}} = \frac{P}{1.55(C+1.15H)} \tag{8-50}$$

当 $H=\dfrac{4-C}{2\tan 30^\circ}=\dfrac{4-0.2}{1.15}=3.3(\mathrm{m})$ 时，则汽车行驶方向的载分布线相交于一处，这时

$$q_0 = \frac{P}{(C+1.15H)\dfrac{1.8+1.3}{2}} = \frac{P}{(0.2+1.15\times 3.3)\dfrac{1.8+1.3}{2}} = \frac{P}{6.19} \tag{8-51}$$

(2)验算荷载—拖拉机荷载。

荷载主要技术指标参见表 8-7，鉴于拖拉机履带较长，所以在计算时，可只考虑拖拉机横轴方向的压力分布，见图 8-20，当 $H \leqslant \dfrac{L-d}{2\tan 30^\circ} = \dfrac{L-d}{1.15}$ 时

$$q_0 = \frac{P_0}{d+2H\tan 30^\circ} = \frac{P_0}{d+1.15H} \tag{8-52}$$

表 8-7　验算荷载的主要技术指标

主要指标	单位	履带-50	拉车-80	挂车-100
车轴重量	kN	500	800	1 000
履带数或车轴数	个	2	4	4
每条履带或每个车轴压力	kN	6.5 kN/m	200	200
履带着地长度或纵向轴距	m	4.5	1.2+4.0+1.2	1.2+4.0+1.2
每个车轴的车轮组	个	—	4	4
履带横向中距或车轮横向中距	m	2.5	3×0.9	3×0.9
履带宽度或每对车轮着地宽度和长度	m	0.7	0.5×0.2	0.5×0.2

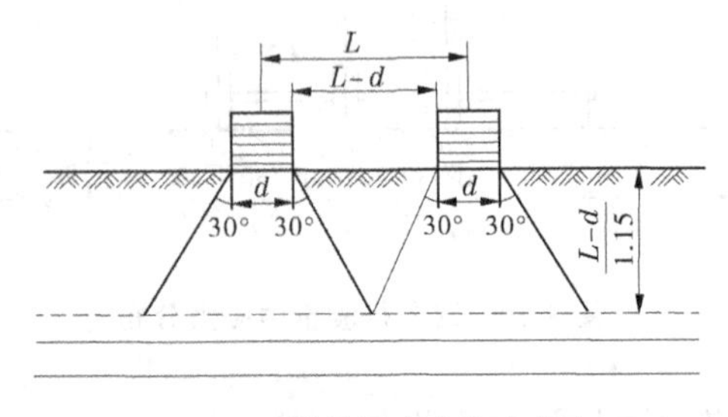

图 8-20　履带压力在土中分布

式中:L 为履带横向中距,m;P_0 为履带单位长度上的压力,kN/m;d 为履带宽度,m。

当 $H>\dfrac{L-d}{2\tan30°}=\dfrac{L-d}{1.15}$时,两履带压力分布线交于一处,此时

$$q_0=\frac{P}{\dfrac{L}{2}+\dfrac{d}{2}+H\tan30°}\tag{8-53}$$

如最大的垂直压力强度 q_0 已知后,设 G_h 为活荷载作用于管道上的压力总值,则

$$G_h\approx q_0D_1\tag{8-54}$$

若管道顶上覆土厚度 $H<1$ m,除考虑活荷载的静力作用外,还须考虑活荷载对管道的动力影响。动力影响以动力系数 μ 表示,则上式应为:

$$G_h\approx\mu q_0D_1\tag{8-55}$$

影响动力系数 μ 值的因素和动力荷载种类(车辆种类、行车速度等)、覆土深度、管涵本身结构特点等有关。对于较光滑的路面,μ 值可按表 8-8 选用。

表 8-8　μ~H 关系

覆土深度 H(m)	μ	覆土深度 H(m)	μ	覆土深度 H(m)	μ	覆土深度 H(m)	μ
0.4	1.30	0.6	1.20	0.8	1.10	1.0	1.00
0.5	1.25	0.7	1.15	0.9	1.05		

2. 铁路以下管道的机车荷载

可按下式计算:

$$G_j=\mu_j\frac{2.18q_jD_1}{(l_{枕}+1.154H)}\tag{8-56}$$

式中:μ_j 为机车动力系数,与埋土深度有关,参见表 8-9;q_j 为作用于管道上的垂直荷载。当蒸汽机车为 H_8、H_7、H_6 级时,q_j 也分别为 80 kN/m²、70 kN/m²、60 kN/m²;$l_{枕}$ 为铁道铁轨下枕

木的长度,一般标准轨道 $l_{枕}=2.7$ m。

表 8-9　μ_j 系数

填土深度 H(m)	0.5	0.7	0.7	≥1.1
μ_j	1.9	1.6	1.3	1.2

以上计算公式均系按圆管推导得出,如为箱形管,可视具体情况(箱形管外轮廓宽度)换算后再行计算。

8.4.1.6　**管道支承反力**

地基支承反力随管道支承方式及地基条件不同,可采用不同的方法进行计算。地基支承反力的合力等于外荷载的总和。支承反力的分布目前有各种假设,如均匀分布、三角形分布、抛物线分布、余弦律分布等,其中余弦律分布将地基作为半无限弹性体,利用文克尔假定,根据地基变形情况进行计算,比较符合实际。

一般中小型工程,对于箱型管的反力,多假定按直线分布计算见图 8-21,如为均匀受压时,其压力强度

$$q=\frac{\sum Q}{A} \tag{8-57}$$

式中:Q 为包括底板在内的管道重量 kN;A 为单位长底板的面积,m^2。

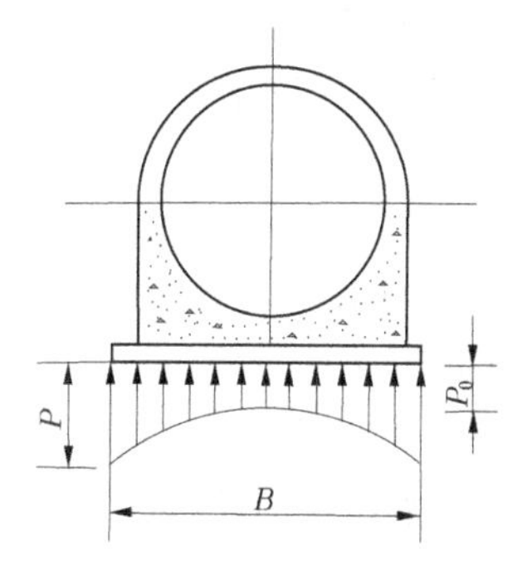

图 8-21　地基反力分布图

对于偏心荷载受压

$$\left\{\begin{matrix} q_{max} \\ q_{min} \end{matrix}\right. = \frac{\sum Q}{A_0}\left(1 \mp \frac{6e}{B}\right) \tag{8-58}$$

式中:B 为基础宽度;e 为偏心距。

对于实用圆管,亦可使用恩·弗·达·茨科经验公式计算(见图 8-21)。

(1)对于砂质黏土地基,中心点反力 P_0 及边缘反力 P

$$\left.\begin{aligned} P_0 &= 0.81\frac{\sum Q}{B} \\ P &= 0.37\frac{\sum Q}{B} \end{aligned}\right\} \tag{8-59}$$

$$P/P_0=1.7 \tag{8-60}$$

(2)对于黏土地基,中心点反力 P_0 及边缘反力 P

$$\left.\begin{aligned} P_0 &= 0.73\frac{\sum Q}{B} \\ P &= 1.56\frac{\sum Q}{B} \end{aligned}\right\} \tag{8-61}$$

$$P/P_0=2.41 \tag{8-62}$$

当管道周围有水浮托时,还要减去浮托力。

对于较大型的或重要的管道工程，建议按弹性地基上的结构进行分析。

8.4.1.7 温差计算及混凝土收缩的影响

1. 温差计算

地下钢筋混凝土管道，已往在工程设计中多不考虑温差应力的计算，但在工程实践中，对一些较大型的工程，当时未能及时填土覆盖，或长期暴露的架空梁式管段，温差应力往往起着很大的破坏作用。实际上，即或埋在地下一定深度的管道，运行中也仍然存在一定的温差，特别对于较为重要的大、中型管道工程应予考虑，否则将造成不良后果。

由于影响管壁温差应力的因素较复杂，至今仍没有一个较成熟的计算方法。现将西北农学院水利系在工程实践中导出的温差应力算法简介如下。

(1)对地下埋管，管外壁混凝土表面温度 T_e 和管内壁混凝土表面温度 T_i，沿环向可近似看作均匀分布，沿环向各点内外壁温差 $T_d=T_e-T_i$ 为一常数，无实测资料时，可近似取 $T_d=\pm(3\sim5)$ ℃。

(2)施工中未覆土的地面明管和架空梁式管，因太阳和管道的相对位置时刻均在变动，因而管外壁表面温度沿环向不是均匀分布的，且随时间变化。一般情况，以在午后 2 时左右管内外温差最大。据某工程实测资料建议：①管内壁混凝土表面温度 T 接近水温，并可视为均布，其水温可按日平均气温考虑。②由于太阳辐射积热影响，在 5~8 月间，管顶外壁表面混凝土温度 T 比日最高气温高 12~16 ℃。③管脚外表面混凝土温度 T_e 接近日最高气温。④管底各点外表面混凝土温度 T_e，近似地取为日平均气温。⑤由管顶到管脚一段中，管外壁表面混凝土的温度按沿环向直线变化的规律计算。⑥管壁温度分布曲线，对称于管的垂直轴线。

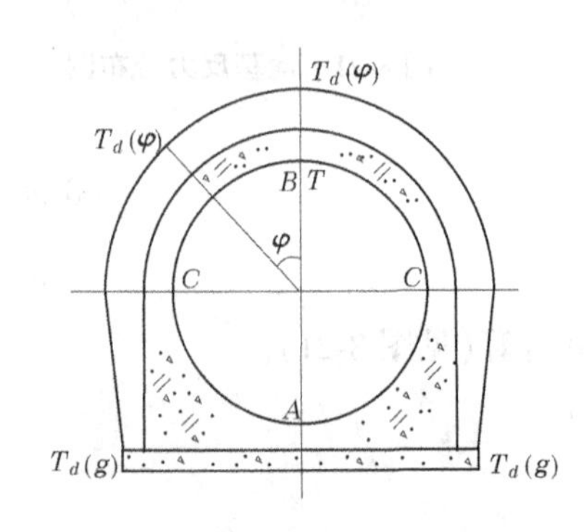

图 8-22　管内外温差分布示意图

这样，管内外温差 $T_d(\varphi)$ 的环向分布曲线的计算图形就简化为如图 8-22 形式。管壁内温度径向分布曲线可用下列函数表示：

$$T=T_i+\left(\frac{r-r_0}{rr_0}\right)^n T_d(\varphi) \tag{8-63}$$

式中：r 为计算点至管中心的距离；n 为指数，随管壁厚度而变，当 100 mm<$\delta\leqslant$200 mm 时，$n=2$；当 200 mm<$\delta\leqslant$400 mm 时，$n=3$，当 δ>400 mm 时，$n=4$。

在同一钢筋混凝土管中，不仅沿环向各截面的温度差 $T_d(\varphi)$ 随中心角 φ 而变，各截面的温度径向分布曲线的形状也各不相同，为了简化计算，可采用温度沿径向按直线分布的假定，上述观测资料说明，壁厚大于 200 mm 的圆管，按直线分布假定计算温度应力与实际不符，其计算结果较实际应力要大得多。

上述是由于温度变化的影响在管内产生的环向温差应力，系横向静力计算内容之一。另外，还有管体均匀温差，即管道浇筑温度与运行期最低温度之差，这是引起管道纵向应力的原因。

2. 混凝土收缩影响

现浇钢筋混凝土管道浇筑后，在一般养护条件下，要产生收缩(膨胀水泥除外)，这是由于混凝土胶凝体的物理化学性质(水化作用)及毛细作用所引起的，前者为凝缩，后者为干缩，二者合成了收缩值。钢筋混凝土的收缩值为 2/10 000~6/10 000。随施工方法和养护条件而差异很大，一般在4~5年内完成这一过程。第一年内完成总收缩值的70%；第一个月(养护期)内完成50%；头10 d完成33%。一般含筋率的钢筋混凝土管道，当质量均匀而产生微量的均匀收缩时，其收缩应力可以忽略不计。但当使用两种强度等级不同水泥或不同厂家的水泥浇筑的混凝土，以及同一强度等级两种不同质量的混凝土浇在同一段管体时，由于发热、膨胀、凝缩、干缩均不一致，也将会因非均匀收缩引起的收缩差而产生收缩应力。在工程中，由于非均匀收缩而产生的裂缝甚至破坏，是屡见不鲜的。

混凝土收缩影响，一般不在内力分析中反映出来，实际上完全属于施工问题。

8.4.1.8　抗震验算

为了防止地震力的破坏，只对地震区重要的大型倒虹吸管进行抗震计算(按特殊荷载组合)。《水工建筑物抗震设计规范》(SL 203—97)规定：设计烈度为9度的地下结构或设计烈度为8度的Ⅰ级地下结构，均应验算建筑物和围岩的抗震强度稳定性，设计烈度高于7度的地下结构可适当验算其抗震稳定性，当地震烈度小于等于6度时，可不进行抗震计算。

国内外震害资料表明，地下结构的震害远比地面结构轻。地下管道的破坏主要是回填土的变形，而不是地震惯性力。由于地下管道受周围介质约束，不易产生共振效应，地震惯性力影响很小，可以忽略不计。

架空管道，验算其支座抗震强度时，简支梁支座上作用在质点之间的水平向地震惯性力可按下式计算：

$$P_i = a_h \zeta G_{Ei} a_i / g \tag{8-64}$$

式中：G_{Ei} 为集中在质点 i 的重力；ζ 为地震作用的效应折减系数，一般取0.25；a_h 为水平向设计地震加速度，见表8-10；a_i 为质点 i 的动态分布系数，见图8-23。

表8-10　水平向设计地震加速度值a_h

设计烈度	7	8	9
a_h	0.1g	0.2g	0.4g

注：g=9.81 m^2/s。

架空管道应加强支承的墩，排架和管道的连接，在连接部位应增大管道截面及增加钢筋数量。

地下管的主要震害原因，可通过对地下管震害实例的分析得出，其震害原因大致可分为以下几点：①地震波的传播；②地震引起的地基液化或压缩沉降；③斜面滑动及其他建筑物的影响；④断层。

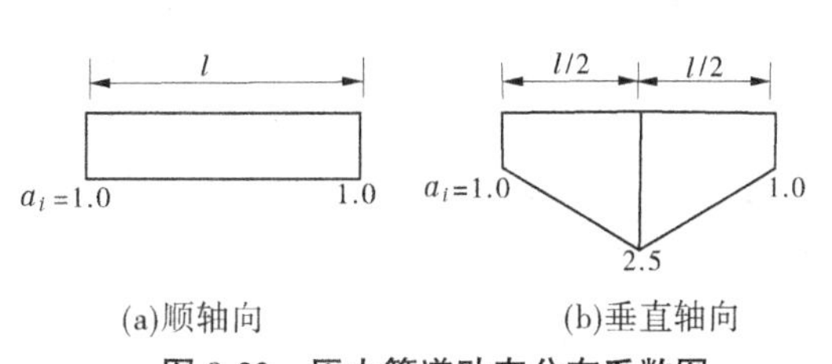

图8-23　压力管道动态分布系数图

(计算压力管道镇墩地震惯性力时可取向=1)

倒虹吸管的横截面，可按下列各式计算由地震波传播引起的管道直段之轴向应力 σ_N、弯曲应力 σ_M 和剪切应力 σ_v

$$\left.\begin{aligned} \sigma_N &= a_h T_g E / (2\pi v_p) \\ \sigma_M &= a_h r_0 E / v_s^2 \\ \sigma_v &= a_h T_g G / (2\pi v_s) \end{aligned}\right\} \tag{8-65}$$

式中：v_p、v_s 分别为围岩的缩波和剪切波波速；E、G 分别为管道材料动态弹性模量和剪切模量；r_0 为管道截面等效半径。

对于其他三种原因，只有在选线时尽量避开或做有效处理。

8.4.2 圆形钢筋混凝土管设计

8.4.2.1 圆形钢筋混凝土管概述

圆形钢筋混凝土倒虹吸管设计内容包括外荷载、内力、应力、配筋计算和抗裂度验算等问题。这些内容虽是针对普通钢筋混凝土管来阐述的，但其中大部分对其他工艺制造的水泥管（预制管、预应力管、组合材料管）也均适用。

对圆形钢筋混凝土管，根据运用要求，其结构计算内容应包括如下项目的一部分或全部：①结构的强度计算及必要的稳定计算；②抗裂度验算；③刚度及变形计算。上述项目中，第①项是各种结构不可缺少的基本项目。由于倒虹吸管在均匀内水压力作用下，横向计算时管壁一般为小偏心受拉构件，要求抗裂稳定，故必须同时进行第③项抗裂度验算，至于第③项，则为跨度较大的梁式管所必须计算的项目。压力水管的计算方法，因安管方式不同而异。由于管身的支承形式不同，则相应的支承反力分布不同，对一般低、中水头倒虹吸管的内力（M、N）影响显著，对于高水头倒虹吸管的内力影响也不容忽视。目前，国外在大力发展高水头预应力管的同时，对管座形式的研究仍给予足够的注意。

结构计算的理论方法，混凝土和钢筋混凝土结构构件的计算按单一安全系数的极限状态设计方法进行。安全系数、材料设计强度及弹性模量参阅现行规范采用。

本章对圆形钢筋混凝土管进行一般性叙述，提出内力计算系数，并就这几种安管方式对管道受力条件的影响及特点进行比较，以得出一般性的结论。

8.4.2.2 圆管的横截面设计

倒虹吸管的设计，主要取决于横截面的设计，按照现行规范规定，计算横截面时按单一安全系数的极限状态设计，在采用安全系数时，当结构的荷载情况较为复杂，施工困难，缺乏成熟的计算方法或结构有特殊的要求时，经论证后，强度安全系数可适当提高，钢筋混凝土倒虹吸管，按使用条件不允许出现裂缝，故必须进行抗裂度的验算。

现就倒虹吸管横断面计算若干问题叙述于下。

1. 设计条件选择与计算段的划分

以埋在河槽部分的倒虹吸管为例，在运用期间可能出现下列几种设计情况：

（1）管内正常输水、河流处于枯水位或断流时，管身承受的荷载有管自重力、内水压力、填土压力及管内外温差等。

（2）管内无水、河道处于洪水时期，管上的荷载有管自重力、外水压力、填土压力及管内外温差等。

（3）管内正常输水，管外无填土，河道无水时，这种情况只有施工完毕试水验收时或倒虹吸管采用露天铺设时才考虑，此时管上的荷载有管自重力、内水压力、管内外温差等。

上述第一、三种情况管壁处于偏心受拉状态，第二种情况管壁处于偏心受压状态，一般都是满管水流的一、三种情况起控制作用。

为了降低工程造价，管壁的厚度及配筋量应根据倒虹吸管在不同高程承受的不同荷载而定。一般根据地形条件，将倒虹吸管按高程差取 5 m 或 10 m 沿管长划分为若干计算段，每段取最大水头处的断面为代表进行结构计算，以确定该段管壁厚及配筋量。

2. 管壁厚度的确定

过去用到的经验公式形式较多，但这些公式不是没有反映压力水头的因素，就是仅仅只考虑内水压力一项。因此，拟定的壁厚与详细计算的结果相差较远。在没有更合适的公式出来以前，建议采用以下公式，初步拟定壁厚：

$$\delta \approx \frac{K'_f p_B r_B}{R_f - K'_f p_B} \quad (\text{cm}) \tag{8-66}$$

当低水头时（一般 $h \leqslant 15$ m），管壁厚度可用下式估算：

$$\delta \geqslant 0.12 D_B \quad (\text{cm}) \tag{8-67}$$

式中：p_B 为内水压力，N/cm^2；r_B 为管内半径，cm；R_f 为混凝土的抗裂强度，按规范采用；K'_f 为与抗裂有关的系数，建议按照不同的内水压力 p_B 值由表 8-11 选用。

表 8-11　K'_f 值表

内水压力 p_B（N/cm^2）	20	30	40	50	60
K'_f	1.6	1.3	1.2	1.1	1.0

用式（8-66）和式（8-67）初拟壁厚（若计入曲率对弯曲应力的影响，宜加 1～2 cm，再根据管道承受荷载，按照工程等级及荷载组合，用规范上的抗裂安全系数，正式设计管壁厚度。

3. 内力及应力计算

钢筋混凝土倒虹吸管较精确的静力分析，属于弹性理论的空间问题，由于土压力和温度分布等问题尚不甚明确，某些假设亦不够确切，因而影响内力计算的精度，为了简化计算，一般均分别按横向（垂直于管轴线的环形结构）和纵向（整个管道结构）进行计算。

在求解超静定薄壁圆管时，本来也可以考虑塑性变形引起的内力重分布，按照极限平衡的方法进行计算，由于混凝土管属于脆性破坏，不能考虑塑性变形，而且钢筋混凝土压力管设计时不允许裂缝出现，因而也不能考虑弹性变形，故只能按照匀质弹性体，根据建筑力学的方法进行计算。

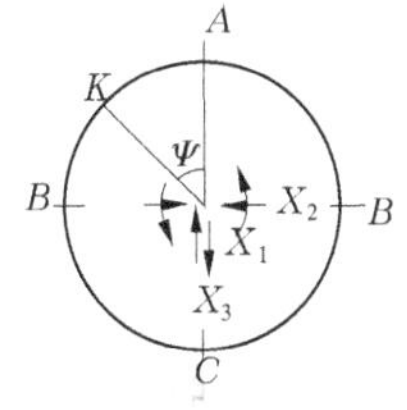

图 8-24　圆管的基本结构

（1）圆管内力计算的基本结构。图 8-24 所示基本结构中的三个多余未知力可以用弹性中心法求解，对于等厚断面的圆管来说，其弹性中心与圆心重合。由于作用外荷载除地震荷载及非对称的温度分布外，均和竖轴对称，故下面先着重介绍对称荷载情况，即 $X_3 = 0$，仅有 X_1、X_2 两未知力。

因管体外荷载及相应支承反力均系对称而且平衡，故只取左边一半在 C 点固定，通过对半圆形曲梁计算以确定 X_1、X_2 值。计算时，将每一荷载（管自重力、水重力……）与不同安管方式产生的支承反力分别加以计算，求出各自的 X_1、X_2 及 M_p、N_p 和 M_φ、N_φ，最后叠加便得出各种安管方式下的对应荷产生的内力系数（$\overline{M}$、$\overline{N}$）。

（2）未知力 X_1、X_2 的计算根据力法方程式得到：

$$\left.\begin{aligned} X_1\delta_{11} + \Delta_{1p} = 0 \\ X_2\delta_{22} + \Delta_{2p} = 0 \end{aligned}\right\} \tag{8-68}$$

$$\left.\begin{aligned} X_1 &= -\Delta_{1p}/\delta_{11} \\ X_2 &= -\Delta_{2p}/\delta_{22} \end{aligned}\right\} \tag{8-69}$$

式中：Δ_{1p} 为由于外荷载(或支承反力)的作用，在基本结构的弹性中心处未知力 X_1 方向上的变位；Δ_{2p} 为由于外荷载(或支承反力)的作用，在基本结构的弹性中心处未知力 X_2 方向上的变位；δ_{11} 为当 $X_1=1$ 作用时，在基本结构的弹性中心处 X_1 方向上所产生的变位；δ_{11} 为当 $X_2=1$ 作用时，在基本结构的弹性中心处 X_1 方向上所产生的变位；X_1、X_2 为在基本结构的弹性中心处的未知力(见图 8-24)。

因轴向力 N 和剪力 Q 对变位置的影响很小，故在确定 δ_{11}、δ_{22} 及 Δ_{1p}、Δ_{2p} 时，可以只考虑弯矩的影响。

计算温度应力时，如管壁两侧温度分布不对称，则 $X_3\neq0$，此时，力法方程为：

$$\left.\begin{aligned} X_1\delta_{11} + \Delta_{1p} &= 0 \\ X_2\delta_{22} + \Delta_{2p} &= 0 \\ X_3\delta_{3p} + \Delta_{3p} &= 0 \end{aligned}\right\} \tag{8-70}$$

$$\left.\begin{aligned} X_1 &= -\Delta_{1p}/\delta_{11} \\ X_2 &= -\Delta_{2p}/\delta_{22} \\ X_3 &= -\Delta_{3p}/\delta_{33} \end{aligned}\right\} \tag{8-71}$$

由于荷载不对称，形常数及载常数均为对图 8-24 左右两边计算值之和。

(3)对称荷载作用下圆管内力 M_φ、N_φ、Q_φ 的计算。对于各种对称荷载(包括支承反力)由式(8-71)求得超静定未知 X_1、X_2 后，即可按式(8-72)计算管壁任意截面 φ 的弯矩 M_φ、轴力 N_φ 和剪力 Q_φ。

$$\left.\begin{aligned} M_\varphi &= X_1 + X_2\gamma_c\cos\varphi + M_p \\ N_\varphi &= -X_2\cos\varphi + N_p \\ Q_\varphi &= -X_2\sin\varphi + X_3\cos\varphi + Q_p \end{aligned}\right\} \tag{8-72}$$

符号规定：φ 角以逆时针方向计算者为正，顺时针计算时为负。弯矩以使管内壁受拉为正，反之为负。轴力以使管壁受压为正，反之为负，剪力以使截面两边的构件产生逆时针方向转动趋势的为正，反之为负。

4.配筋计算

(1)计算公式。根据拟定的设计情况及相应的荷载组合，求出圆管各点的弯矩及轴力值后，即可进行配筋计算。倒虹吸管在绝大多数情况下由正常输水工作情况起控制作用，此时管壁属小偏心受拉构件，配筋时按钢筋混凝土结构小偏心受拉公式计算：

当 $e_0=\dfrac{M}{N}<\dfrac{\delta}{2}-a$ 时，属小偏心受拉，此时

$$\left.\begin{aligned} A_g &= \frac{KN'_e}{R_g(\delta_0 - a)} \\ A'_g &= \frac{KN'}{R_g(\delta_0 - a')} \end{aligned}\right\} \tag{8-73}$$

式中：$e'=e_0+\frac{\delta}{2}-a'$；$e=\frac{\delta}{2}-e_0-a$。

当 $e_0=\frac{M}{N}>\frac{\delta}{2}-a$ 时，属大偏心受拉，此种在水管正常输水时，此种情况一般较少遇到。

(2)强度安全系数及配筋率的选取。一般中小型倒虹吸管工程，均属于 4 级或 5 级工程，按规范《水工钢筋混凝土结构设计规范》(SDJ 20—78)规定：强度安全系数 $K=1.4$(基本)~1.35(特殊)，抗裂安全系数 K_f 仅按基本组合考虑：$K_f=1.15$，规范同时提到：当结构的荷载情况较为复杂，施工特殊困难，缺乏成熟的计算方法或结构有特殊要求时，经论证后强度安全系数可适当提高。因此，在设计倒虹吸管时拟将 K 值提高一级，即 $K=1.5$(基本)~1.4(特殊)，这样考虑的理由是许多露天管道运行多年的情况给人以启示。

如上所述，倒虹吸管设计，既要满足开裂前的抗裂度要求，又要满足开裂后一定的强度要求，从理论上分析，这时的含筋率即为断面最合理的配筋率，管道对抗裂和强度要求的关系式为：

$$\frac{M_{tp}}{K_f}=\frac{M_p}{K} \tag{8-74}$$

式中：M_{tp}、M_p 分别为管壁裂缝出现时截面承受的弯矩及开裂后钢筋承受的弯矩。如图 8-25 所示，设 $A_g=A'_g$(对称布筋)

$$M_{tp}=b\delta^2R_f(n\mu+0.5) \tag{8-75}$$

而

$$M_p=A_gR_g\delta \tag{8-76}$$

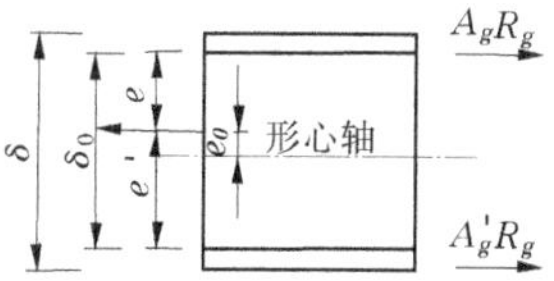

图 8-25　小偏心受拉构件力系平衡

将式(8-75)；式(8-76)代入式(8-74)，并令 $\mu=A_g/b\delta$

$$\mu=0.5R_fK/(R_gK_f-nR_fK) \tag{8-77}$$

若取 $K=1.4$，$K_f=1.15$(均计入特殊荷载)，R_f 分别取 160 N/cm²、190 N/cm²、210 N/cm²，n 相应为 8.07、7.37、7.0。$R_g=24\ 000$ N/cm²，代入式(8-77)即可得到各种抗裂强度时的 μ 值，见表 8-12。

表 8-12　μ 值

R_f(N/cm²)	160	190	210	说明
μ(%)	0.43	0.52	0.58	对称布筋时 μ 值需加倍

(3)布筋要求。倒虹吸设计时，除梁式管道在个别方向布置受力筋外，大都是环向筋为主要受力筋，纵向筋为构造筋。在荷载作用下，求出环向断面上各截面最不利的内力，决定管壁厚度及环向布筋。由于环向内力在各个截面上是不相等的，理论上应按内力包络图形束配置，但这样配筋，使构造很复杂，对于直径不大的圆管，钢筋用量节省不多，因而环向钢筋一般都按以下几种情况配筋：当管壁厚 $\delta\leq10$ cm 时，采用单筋布置；当管壁厚 $\delta>10$ cm 时，可采用双筋布置，内外层钢筋之间需用架立钢筋将两层筋焊接(扎接)起来，使其成坚固的整体，架立钢筋仅放置在环向纵向钢筋的交点处，呈梅花状排列。

环向钢筋一般选用Φ 6~Φ 16 的Ⅰ级钢筋，机制管也采用Φ^{l}5.5 以下的冷拉钢筋。大直径的有压水管有用到Φ 25 以上的Ⅱ级钢筋，对于一般直径的管子，环向钢筋的间距为 5~

15 cm(每米不少于 6 根)。对于水头较高的倒虹吸管,最好采用小直径(Φ 10~Φ 12)、间距 5~10 cm 的螺纹钢筋,抗裂效果较好。

纵向筋一般采用Φ 6~Φ 10,大直径管有用到Φ 12 的,要通过纵向配筋计算确定,纵向筋配置的根数每层骨架至少应有 6 根,间距不大于 30 cm。纵向筋布置时,要注意不将内层纵向筋布在管的正顶部和管的正底部,以免削弱该两点环向受力最大处的混凝土截面面积。当跨度较大的梁式管底部纵向钢筋直径较大时,这一点更显得重要。

5. 抗裂验算

(1)计算公式。按规范规定,抗裂度验算时仅采用基本荷载组合。在求出温度应力 σ_t 后,可按式(8-78)或式(8-79)进行抗裂度验算。

当均匀内水压力产生的应力按式(8-78)计算时:

$$\left.\begin{aligned}\sigma_{内} &= \sigma_{t内} + \sigma_{均内} + \frac{\sum N}{A_0} - \frac{K_{内}\sum M}{\gamma W_{0内}} \leqslant R_f K_f \\ \sigma_{外} &= \sigma_{t外} + \sigma_{均外} + \frac{\sum N}{A_0} - \frac{K_{外}\sum M}{\gamma W_{0外}} \leqslant R_f K_f\end{aligned}\right\} \tag{8-78}$$

式中:$\sigma_{均内}$、$\sigma_{均外}$均为拉应力值;$\sigma_{t内}$、$\sigma_{t外}$为按实际应力性质(拉或压)参与叠加;γ 为截面抵抗矩的塑性系数;$K_{内}$、$K_{外}$为考虑曲率影响后弯曲应力的修正系数。

当均匀内水压力产生的弯矩、轴力求出时,则

$$\left.\begin{aligned}\sigma_{内} &= \sigma_{t内} - \frac{\sum N}{A_0} - \frac{K_{内}\sum M}{\gamma W_{0内}} \leqslant R_f K_f \\ \sigma_{外} &= \sigma_{t外} - \frac{\sum N}{A_0} - \frac{K_{外}\sum M}{\gamma W_{0外}} \leqslant R_f K_f\end{aligned}\right\} \tag{8-79}$$

式(8-79)中的$\sum M$、$\sum N$已分别包含由均匀内水压力产生的弯矩、轴力在内。如前所述,在工程设计中建议按式(8-79)计算,因为这样计算简单,且误差很小。抗裂验算时,应力符号:拉应力为负,压应力为正。

(2)圆管曲率对弯曲应力的影响。先介绍一下曲梁内外侧纤维应力计算公式。圆管是具有曲率的圆管断面,与直梁不一样,其内侧纤维的长度要比外侧小得多,在某一内缘受拉弯矩作用下,内侧纤维的应力要比外侧为采用直梁弯曲时计算应力的公式,将会产生一定的误差,曲梁内外侧纤维的应力按下式计算:

$$\left.\begin{aligned}\sigma_{内} &= -\frac{M}{S}\cdot\frac{Z_{内}}{\gamma_B} \\ \sigma_{外} &= \frac{M}{S}\cdot\frac{Z_{外}}{\gamma_H}\end{aligned}\right\} \tag{8-80}$$

式中:$\sigma_{内}$、$\sigma_{外}$分别为管环内侧纤维和外侧纤维的应力;S 为曲梁横断面面积对中和轴的静矩;$Z_{内}$、$Z_{外}$分别为自中和轴至内侧纤维和外侧纤维的距离。

当 $\gamma_e/\delta>5$ 时,属小曲率杆,在计算弯曲产生的应力时,仍可近似利用普通直杆弯曲公式,即,$\sigma=M/W$;当 $\gamma_e/\delta<5$ 时,属大曲率杆,计算弯曲应力的,就需考虑这种影响。

6. 横截面设计中的几个问题

(1)安管方式(支承形式)的选择。刚性管道,除土侧压力外,所有的荷载(包括温度力

及收缩应力)均使管顶内侧受拉,因此管道不论预制、现浇,均以管顶内侧受力条件最差,现浇管施工质量也以顶部最差,故一些管道常在顶部出现第一条纵向裂缝。未开裂的管道(包括预制管、预应力管),也以顶部安全系数为最低。

因此,判别各种支承形式的优劣,可以用两条标准衡量。

第一条,在管壁厚度及外荷载条件均相同时,看哪种支承形式的管道顶部受力条件最好(管顶抗裂安全系数 K_f 值最高),最后还要看哪种支承形式管道的控制点(最危险截面)K_f 值最高。第二条,在与第1条相同的条件下,强度安全系数为定值时,看哪种管座形式的管道配筋量最少。

这表明:①梁式、两点、中空等形式管座材料虽比刚性弧形管座减少,但各点应力不但没有恶化,反而有所改善。②如果都不填土,则各种管道顶点温度应力比重将大大增加,底点则有改善。这对控制点在底部而不是顶点的梁式等四种管型,改善程度还会更大一些。③在常用的安管方式中,刚性管座(180°)包角最大,用料最多,一向被认为受力条件最佳,但它比刚性管座(135°)改善程度很小,这表明刚性管座加大包角(135°加大到180°)意义可能是不大的,中空式两种包角 K_f 值及配筋量极为接近,也说明了这一点。

因此,改变安管方式,对改善管道受力,即使是以内水压力为主的倒虹吸管来说,仍然有积极的意义。对现浇管(适用范围 $HD_B=120\sim150\ m^2$ 以下),安管方式对改变管道受力条件的影响不宜忽略,在相同的 HD_B 值情况下,水头愈小、管径愈大时,安管方式的影响也愈突出。

下面对梁式支承等几种管座形式简评如下:

梁式支承:必须说明,上述参与比较的梁式管属于地面式的矮支墩梁式管,此种管是以不增加纵向筋为前提的,这样,无论是简支、双悬,或连续梁式管,在计算横向应力时都可不考虑纵向应力对其不利影响,对于那些跨度较大须进行专门纵向配筋的梁式管,不在此比较之列。湖南省汨罗县某地面式梁式倒虹吸管,长170 m,内径为1.3 m,外径为1.52 m,设计水头13 m,采用双悬式支承,支墩高度以管底外缘不贴地即可。每节管总长20 m,墩距11.72 m,两边各悬出4.14 m。一个支墩上铺设两层沥青油毛毡以形成可滑动支承,管道纵向按一般构造筋布置。该倒虹吸管1668年建成,1971年填土,至今运用正常。从实践情况看,梁式管道的优点,一是节省连续式管座基础处理及工程的费用;二是设置活动支座后管身与管座间的摩擦力显著减小,有利管道纵向伸缩,可大大减少甚至消除一般倒虹吸管常见的环向裂缝,因此梁式管道在该县较受欢迎。梁式管道的支墩对地基承载能力要求较高(一般宜大于100 N/cm^2),管道如果架设较高不能填土时,则应该采取其他隔温措施。

中空式刚性弧形管座支承:挖空角是经过计算分析后确定的,如果挖得更空,对顶点底点受力改善还会更大一些,但这时又会在弧座范围内出现较大正弯矩,形成新的更危险截面,因此挖空范围以60°为宜。中空式管座对预制管、现浇管均可适用,但施工时要注意管道与管座相交处贴合紧密,避免应力集中现象。刚性管座挖空后,原来整体式管座变成了两块孤立的弧块,因此需进行抗滑稳定性分析。

(2)钢筋混凝土压力水管开裂后能运行多久。钢筋混凝土压力水管是承受水压的小偏心受拉构件,根据使用条件是不允许出现裂缝的,因此要求进行抗裂度验算,保证抗裂稳定。有许多出现纵向裂缝,其中较大的几处如湖南大圳灌区的云里坳、大坪、扶塘,梨染口水库的马冲,陕西宝鸡峡工程的滞水,四川东风渠的长虹等几处倒虹吸管已带裂缝工作15~20年以上,最长的达到24年(马冲)。这些管道不论抗裂安全系数 K_f 值取多高(有高达1.4

者），是否填土，是否计算温度应力，一般都出现纵向裂缝，只是随布筋多少、填土与否而使裂缝开展宽度不同而已。事实上，只要稍加注意，在野外经常可见到有条条纵向白痕的开裂管道，说明大量钢筋混凝土压力水管都在带裂缝工作，此外，广泛应用于水利、水电、公路、铁路、市政、矿山的埋管，开裂事故也层出不穷。在国外，德国埋管工程几十年来计算公式虽不断增多，而开裂现象仍不断发生，这表明，无论国内外，钢筋混凝管尽量按抗裂稳定计算，“不允许”出现裂缝，但都是徒劳的。

鉴于上述，今后压力水管可以考虑按开裂管设计，所谓按开裂管设计，并非事先就设计一个开裂的管子，而是根据十管九裂的现实情况，采取设计措施，防患于未然，使管道开裂后能满足上述运行三条件（不损失水量、不经常修补、能长期运行）。这就要求管道设计应立足于保证水管“强度”，而不要寄希望于“不裂”上。

开裂管设计，抗裂安全系数仍按规范要求取用，但这只是一种拟定壁厚的手段，并不要求确保“不裂”。最重要的两条是布置足够数量直径细、间距密的螺纹筋及采取填土或其他隔温措施。布筋足可使裂缝开展小，使管道裂而不漏、钢筋裂而不锈。填土隔温也不仅是减少温差内力，防止裂缝出现，主要是避免裂缝条数增加，限制裂缝持续开展，使管道能带裂缝长期运行，这些都是前面列举工程 20 多年来运行实践所证明了的。

（3）刚性管座计入管道与管座间摩擦力后对内力的影响。刚性管座的反力是忽略了切向位移仅考虑径向位移后推出来的，由切向位移引起的摩擦力也同时忽略，此摩擦力数值上等于径向反力乘摩擦系数，方向沿管壁外缘切向，如果对摩擦力不作忽略是什么情况，迄未见资料介绍。

8.4.2.3 圆管的纵向静力计算

通过对一些工程实际调查，倒虹吸管由于纵向应力而产生横向裂缝的事故非常普遍。因此，对大中型倒虹吸管仅仅在构造上采取一些措施是不够的，必须进行纵向应力分析和计算，此项计算一般在完成管道横向静力计算之后进行。

纵向静力计算，在于求出纵向拉力和纵向弯矩，用以进行强度和抗裂度的计算。

1. 一般管身纵向计算

1）管身纵向拉力计算

倒虹吸管由于温降、混凝土收缩及内水压力作用等引起的纵向收缩，当受到管道突出部位及四周回填土的约束后，管壁将产生纵向拉力。

（1）由温度变化引起的拉力。温度拉力是由于温降时，管道与管座间因摩擦力很大，管道不能自由收缩时引起的，其最大纵向拉力为：

$$N_{温} = A_h\sigma_t = 2\pi\gamma_c\delta\alpha_t E_h\Delta t \tag{8-81}$$

式中：A_h 为管道环形断面积，$A_h=2\pi\gamma_c\delta$；Δt 为管体均匀温度差值，即管道浇筑温度 t_0 与运用期管身最低温度 t_1 之差值，$\Delta t=t_0-t_1$。

对浇筑管道，还需考虑混凝土凝固收缩引起的拉力，此拉力亦可折算成温度差，仍用式（8-81）计算，一般混凝土凝固相当于管身降温 15 ℃左右。

（2）内水压力产生的拉力。在内水压力作用下，管道环向将伸长引起纵向拉力，其值可用下式计算：

$$N = A_h\sigma = 2\pi\gamma_c\mu P_B\gamma_B \tag{8-82}$$

式中：N 为由内水压力引起的纵向拉力；σ 为由内水压力引起的纵向拉应力；μ 为混凝土泊

松比，$\mu = 1/6$；其他符号意义同前。

(3)管道四周的摩擦力。当管道收缩时，四周的填土及管座将约束管道在纵向的自由变形，管道与填土及管座之间将产生摩擦力，最大摩擦力发生在管道中部的横断面上。

$$T_{最大} = \eta\pi fL(2G_{土} + 2G_{侧} + G_{自} + G_{水})/8 \tag{8-83}$$

式中：η 为不均匀荷载系数，$\eta = 1.5 \sim 2.3$；f 为土壤与管壁间的摩擦系数，饱和黏土取 0.25，湿黏土取 0.3，砂土及卵石取 0.5；L 为柔性接头的间距，m。

当有刚性管座($2a_{\alpha} = 180°$)时，其最大摩擦力可近似地用下式计算：

$$T_{最大} = \eta\pi L[(G_{土} f(1 + e_{侧}/q_{土}) + f_0(G_{土} + G_{自} + G_{水})]/8 \tag{8-84}$$

式中：f_0 为沥青与管壁混凝土之间的摩擦系数，一般为 $f_0 < f$。

以上计算中，如果摩擦力小于温度拉力及内水压力产生的力总和，则按最大摩擦力计算管壁拉力；反之，就要按温度拉力及内水压力产生的拉力总和来计算管壁拉应力了。这后一种情况应该尽量设法避免，因为管道一般均承受不了这么大的拉力，以至产生环形裂缝。为了使管道能在前一种情况下工作，设计倒虹吸管时，常常控制管节为一定长度，使由式(8-83)、式(8-84)算出的 $T_{最大}$ 所产生的管壁拉应力在管壁混凝土拉应力的允许范围之内。

2)管道的纵向弯矩计算

梁式管道纵向弯矩计算，将在后面叙述，这里只介绍一般连续式弹性管座情况下，管道的纵向弯矩计算。

使管道产生纵向弯曲的因素是填土压力、管自重力、水重力及地基的不均匀沉陷。内力可按弹性半无限体理论来进行计算，即将管道沿纵向视为一环形截面的弹性地基梁来计算，其计算工作量大，对于中小型工程可采用式(8-85)近似计算管道中部最大的纵向弯矩：

$$M = CG_{总}L^2 \tag{8-85}$$

式中：C 为弯曲系数，与地基土质有关，优质土(如压缩变形小的砂性土)取 1/100，劣质土(如高压缩性的黏性土)取 1/50，中等土可取中间值。

管道在纵向弯矩及轴向拉力 N 的共同作用力 F，横截面为环形截面，属偏心受拉构件，其强度可按纵向筋沿管周均布公式计算：

$$KN \leqslant A_g R_g \frac{\beta}{1 + \dfrac{e_0}{\gamma_g}} \tag{8-86}$$

式中：β 为与偏心距有关的系数；e_0 为纵向力对截面重心的偏心距，$e_0 = M/N$；γ_g 为圆心至钢筋面积重心的距离，采用内外层对称布置。

按式(8-86)进行配筋计算时，其含筋量不得小于最小含钢率 $\mu_{最小} = 2\%$。此外，管道在纵向还应满足抗裂要求。

$$\sigma = -\frac{MD_H}{2I_0\gamma} \mp \frac{N}{A_0} \leqslant R_f/K_f \tag{8-87}$$

式中：I_0 为管道环形截面折算系数；γ 为截面抵抗矩的塑性影响系数；A_0 为环形管换算截面积。

2. 梁式管道纵向计算

梁式管道的受力条件与梁式渡槽的槽身一样，其应力状态与管跨长 l 对管身宽度 D_B 的比值 l/D_B 有关。当 $l/D_B \geqslant 3$ 时，可按长壳，用近似的梁理论计算；当 $l/2 \leqslant l/D_B < 3$ 时，按圆柱形中长壳的弯曲理论或半弯曲理论计算；当 $l/D_B < 3$ 时，可按短壳用近似的薄膜理论计算。

在拟定架空梁式管道的跨度时,应注意使 $l/D_B \geq 3$,才可作为长壳近似地用梁理论分析,即将管身简化为纵向与横向两个平面问题,横向作为闭合圆环用结构力学方法进行计算,纵向作为环形管梁计算,下面介绍梁式管的纵向计算。

(1)按纯混凝土管梁计算。大多数情况下,梁式管道的跨度,应该以不增加纵向筋为前提来确定,当按构造要求布置的纵向筋数量小于最小配筋率时,为安全计,可按纯混凝土管梁计算,此时支墩间距 l 为 2~8 m,当为简支布置时,跨度可按下式计算:

$$l = 4\sqrt{I_h R_l \gamma / (G_{总} D_H K_l)} \tag{8-88}$$

(2)按钢筋混凝土管梁计算。当梁式管按构造布置的纵向筋数量,满足最小含筋率要求时,可按钢筋混凝土管梁来确定跨度。有时,梁式管道因受地形条件限制(如跨越沟、公路),有必要增大跨度时(一般支墩间距 $l \leq 2$ m),则需根据管梁受力情况,进行专门的纵向配筋计算。

纵向配筋计算时,工程上曾用过以下几种方法:

(1)按式(8-86)计算纵向受力钢筋不分拉区压区、沿管周均匀分布,这对于单向受力(只朝下弯或只朝上弯)的梁式管来说是不合理的,将造成较大的浪费,式(8-86)只适用于连续梁式或双悬梁式管道布置。

(2)按总拉力法计算。

$$A_g = KZ/R_g \tag{8-89}$$

式中:Z 为总拉力,kN,$Z = SM_x/I$;S 为受拉区对中和轴(设和圆心轴同)的静矩,m^3;M_x 为 $l = x$ 处的纵向弯矩,kN·m。

按总拉力法计算配筋,也存在一些不合理的地方,即钢筋是假定按圆管开裂以前变形大小来承担应力的,因此拉压区诸参数都按开裂前的情况求出,一旦开裂后,原来假定的情况实际上都不存在了,但目前渡槽在简支情况下,多应用此法。

(3)钢筋混凝土破损阶段的抵抗弯矩计算。由于考虑到钢筋混凝土管已开裂的情况,从概念上讲比较合理,为了计算方便,仍假定中和轴和圆心轴合一,并按两种假定情况确定配筋。

按底部拉区 60°范围内,布置受拉钢筋的一半,拉区的其他范围布置另一半钢筋,推出公式为:

$$A_g = \frac{KM_x}{1.573\gamma_c R_g} \tag{8-90}$$

整个拉区均匀布置钢筋,则为:

$$A_g = \frac{KM_x}{1.414\gamma_c R_g} \tag{8-91}$$

以上几种方法,比较合理的是按第(3)种算法的式(8-90)计算。在通常情况下,并不推荐梁式管道采用太大的跨度,因为跨度较大,纵向弯矩也大,又增加了沿环向开裂的可能性。

当梁式管较大时,还必须进行斜截面强度和挠度计算,本书不再介绍。

8.4.3 箱形钢筋混凝土管设计

8.4.3.1 箱形钢筋混凝土管概述

箱形倒虹吸管常用于低水头大流量的引水工程中,我国沿海平原浅丘地区的引水交叉建筑多用之。

1. 箱形倒虹吸管的分类

箱形倒虹吸管(以下简称箱形管)按规模大小可设计为等截面和变截面;按布置方式可分为单孔管与多孔管;按壁厚与每孔跨度之比,又可分为普通箱形管($\delta/L<1/5$)和厚壁箱形管($\delta/L\geqslant1/5$)。本章主要介绍等截面普通箱形管的结构计算。对于大型变截面、厚壁箱形管的结构计算,请参阅有关文献。

2. 断面壁厚的拟定

管壁厚度的拟定,是倒虹吸管设计中的重要组成部分,根据工程实践和调查分析,发现由于壁厚拟定不当而出现病害(开裂漏水)或造成浪费者,实例已不在少数,尤其是管壁偏薄而开裂破坏者更为突出,鉴于此,本节在介绍壁厚设计时,根据管身承受的不同荷载(起控制作用者)情况、大小,通过相应的公式,计算出所需的管壁厚度。

以竖向土压力(或管顶作用有其他动、静荷载)或均匀内水压力起控制作用的箱形管,其壁厚可近似按下式计算:

$$\delta=\sqrt{\frac{6K_fM}{\gamma_m f_t}}\quad(\mathrm{m})\tag{8-92}$$

式中:K_f 为混凝土抗裂安全系数,一般取 $K_f=1.3$;M 为由外力(内水压力或管顶垂直压力)引起的弯矩,kN · m; γ_m 为混凝土的塑性系数,取 $\gamma_m=1.55$; f_t 为混凝土轴心抗拉强度设计值,kN/mm^2。

对于单孔管项板、侧墙及多孔管顶板,当受荷均匀时(如同时过水或同时空管垂直压力又均匀时)

$$M=ql_0^2/12\quad(\mathrm{kN\cdot m})\tag{8-93}$$

多孔管不同时过水或顶板以上竖向荷载仅作用于某些孔时

$$M=ql_0^2/9\quad(\mathrm{kN\cdot m})\tag{8-94}$$

当竖向土压力为控制荷载时

$$q=K_s\gamma_{土}H\quad(\mathrm{kN/m})\tag{8-95}$$

式中:K_s 为上埋式土压力集中系数,初算时可令 $K_s=1.6$;H 为填土厚度,m。

填土上有静、动荷载时,可折算成土压力。上列公式系初拟壁厚时用,外力考虑不尽周详,使用时还应视具体情况适当增损,以 5 cm 为级数,取其倍数作为壁厚拟定值。

3. 一般设计规定

箱形管每面管壁的轴线构成闭合框架各杆件截面的重心线。箱形管内角隅部分均有加腋,当加腋尺寸为 $\beta\leqslant0.1l_0$ 时,则可不计算对结构的影响,仍按等截面框架计算。水平杆件的计算跨度为竖直杆件轴线间的距离;竖直杆件的计算高度,则为顶板轴线到底板轴线的距离(见图 8-26)。

设计时,若系假定的刚度比,则与计算所得的刚度比之差,一般不应超过 20%。

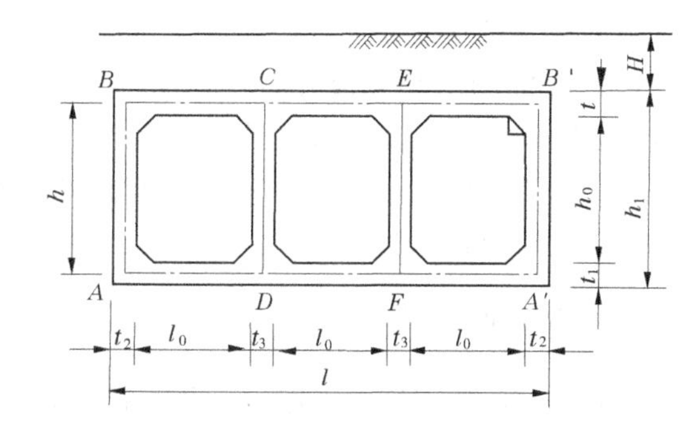

图 8-26　三孔箱形倒虹吸管横断面

4. 箱形管的荷载

箱形管上作用的所有竖向荷载是由管下地基反力所平衡的,地基反力也是作用于管身上的一种外荷,其分布规律与地质因素有关。对中小型箱形管,为简化计算,一般多假定地基反力为直线分布,特别是地基较差时,这个假定更接近实际情况,且偏于安全;对于大型的特别是岩基上的箱形管,为避免误差过大,应按弹性地基上的框架进行分析。

5. 结构计算方法

本章介绍了查表图弯矩公式方法,对于中小型工程来说,计算的结果,精度是完全满足要求的。对于大型箱形管当加腋较大时,除用弹性地基上的框架分析外,同时还应考虑节点的刚性和剪切变形影响,本书因篇幅所限,故不拟再予介绍。

内力正负号规定:作用于杆端的弯矩,以顺时针旋转者为正;剪力以使杆端作顺时针旋转为正。

8.4.3.2　箱形钢筋混凝土管结构设计

箱形管结构设计中的配筋计算与抗裂度验算等同,除了须增加斜截面强度计算外,与8.4.2节介绍的圆形钢筋混凝土管基本相同。至于斜截面强度,可参照下列经验公式计算。

由于箱形管不好配置箍筋,所以常配斜筋来承担剪力。设计时可用式(8-96)~式(8-98)计算。

(1)截面厚度要求符合条件:

$$KQ \leqslant 0.13b\delta_0R_0 \tag{8-96}$$

式中:K为斜截面抗剪的强度安全系数,其设计值K按建筑物等级查《水工钢筋混凝土结构设计规范》选用。

(2)当符舍下列公式时,可不配置斜筋:

$$KQ \leqslant 0.07b\delta_0R_0 \tag{8-97}$$

(3)如满足不了上式时,可按下式计算斜筋面积:

$$A_w = \frac{KQ - 0.07b\delta_0R_0}{0.8R_g\sin\alpha}\left(0.075\frac{l}{\delta_0} + 0.4\right) \tag{8-98}$$

当$l/\delta_0>8$时,取$l/\delta_0=8$;当$l/\delta_0<8$时,取$l/\delta_0=8$。

8.4.3.3　用查表法计算箱形管

箱形管的横向结构计算,可将横断面看成一闭合框架结构,一般多按结构力学方法分析,有现成图表公式可供引用;也可用弯矩分配法、迭代法或相应计算机软件计算内力。地基反力可按直线分布考虑。

箱形管的纵向(顺水流方向)可看成一空心地基梁,其上往往作用着各种荷载,如在坝下或填方路基下,荷载可能为三角形或梯形分布,不宜简单处理,以免造成较大误差。

单孔、双孔再及三孔箱形管弯矩公式见取水输水建筑物丛书《倒虹吸管》表10-1~表10-3,在此不再详细列出。

8.4.4　钢管倒虹吸管设计

钢管倒虹吸管仅用在工作水头及管径均较大($HD_0>200\ \ m^2$)的情况下,其形式有明管(露天式)及暗管(沟埋)两类。本章仅介绍明管的管道布置。

管道结构沿纵向一般布置为上弯管段、斜管段、下弯管段及水平管段四部分(见图8-27)。

镇、支墩的地基应坚实稳定、可靠，墩底应埋深在冻土线 1 m 以下；支墩结构应考虑到在支墩上进行管节的高度调整，为了检修与安装，支墩高要满足管道沿线底面与地面之间有 600 mm 以上的空隙。钢管管节长若为固定管段，其中无伸缩节者，以采用 20~30 m 为宜；有伸缩节连接，相邻两伸缩节间距一般采用 70~80 m 为宜。管道转弯处中心线的曲率半径一般不宜小于 3~5 倍管径，布置确实有困难时，半径可减少至 1.5~2.0 倍管径。

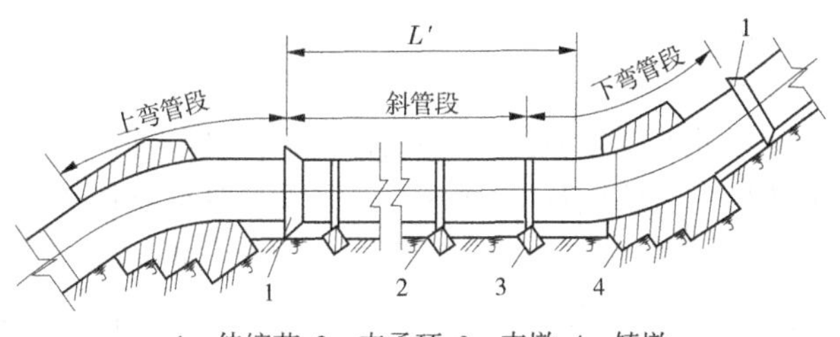

1—伸缩节；2—支承环；3—支墩；4—镇墩

图 8-27　露天式倒虹吸钢管的布置

8.4.4.1　钢管倒虹吸管的构造

倒虹吸钢管结构主要由主管管体、伸缩节、加劲环(刚性环)、支承环、进人孔、中间支墩、镇墩、冲沙孔、通气管等部分组成。

1. 伸缩节

伸缩节即伸缩接头，一般设在上镇墩的下游侧，如图 8-27 所示。伸缩节不仅能消除大部分温度应力，而且能适应少量不均匀沉陷。较大直径钢管的伸缩节通常采用单作用伸缩节和双作用伸缩节两种形式，如图 8-28 所示。

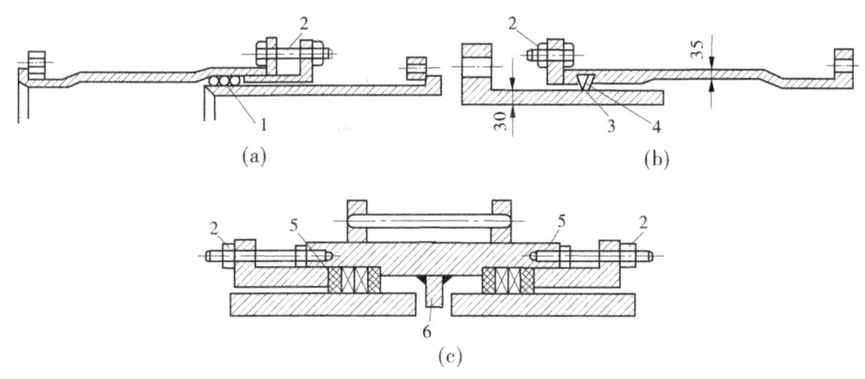

1—有橡皮芯的麻绳；2—扎紧填料的螺栓；3—皮革；4—黄铜；5—麻的或橡皮的填料；6—间隔环

图 8-28　滑动式伸缩节接头构造图

2. 加劲环

加劲环的主要作用是使管道在运输安装及输水过程中稳定性能得到保证，而不需加大管壁厚度。加劲环常用扁钢(见图 8-29)、T 型钢板、槽钢、角钢、工字钢或锚筋等制成。加劲环尺寸和间距通过计算确定。

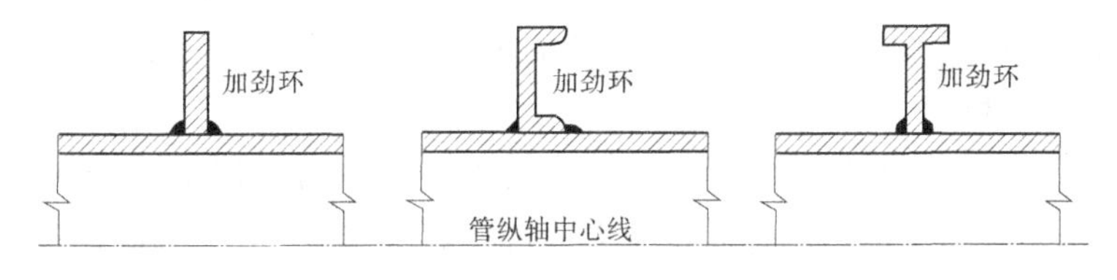

图 8-29　加劲环示意图

3. 支承环

支承环是将钢管自重力、水重力等荷载最后经过支墩传给地基上的支座。它的作用是加强支点处的强度及刚度,使钢管在支点处不因支点反力的作用而发生很大的变形及应力。支承环只提供法向反力而不妨碍钢管沿管道轴线方向的变位,所以这些支承常设有辊轴或滑移设备,使之能适应纵向移动。支承环可以做成各种不同的断面形状,见图 8-30(a)、(b)、(c)、(d),其中图 8-30(a)、(c)、(d)型适用于滑动、摆动或滚动的两点式支承,图 8-30(b)型适用于放置在鞍型支墩上。

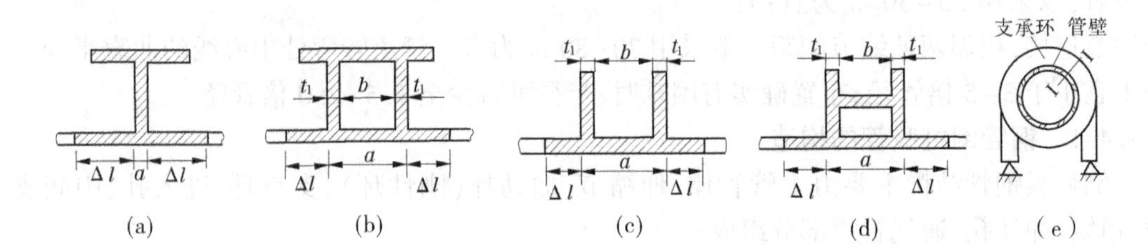

图 8-30　各种支承环型式

4. 进人孔

为了检修钢管,在钢管上端通常设置进人孔。进人孔尺寸一般规定直径为 600 mm 左右。为保证在正常运转期间不漏水,进人孔盖与外接套管之间要设置法兰连接。

5. 中间支墩

压力钢管设置中间支墩和支承环,是为了增加钢管承受水重和管重在法向分力的能力。同时由于钢管支承于支墩上,使钢管与地面保持一定距离(至少 0.6 m),有利于钢管的维修和安装。中间支墩的形式常见的有三种,选用时主要根据钢管直径和地质条件。

(1)鞍型支墩。一般将混凝土墩做成与钢管外壁成 120°包角,在钢管壁与支墩接触的部位,焊一块加强钢板。为保证钢管尚能产生轴向位移,在加强钢板与支墩之间加有垫层,如图 8-31(a)所示。由于这种支墩在钢管产生轴向位移时,摩擦力较大,同时钢管在支墩处的承载能力有限,故多用在直径较小的压力钢管上,一般直径小于 1 m 时宜予采用,此时支墩间距取 6~8 m 较为适宜。

(2)滑动支墩。它的特点是在支墩上设置了支承环,以增大鞍型支墩上的钢管承载能力,适用于直径 1~3 m 的钢管,支墩间距一般取 8~12 m,见图 8-31(b)。

(3)滚动和摇臂支墩。这两种支墩形式摩擦力很小,它们适用于直径较大的钢管,间距一般为 10~18 m。前者支承结构的特点是支承环与支墩之间采用滚轮,滚轮一般为每侧各 1 个,有时也采用每侧各 2 个,见图 8-31(c)。后者摇臂实际为一短柱,其下端与支墩连接,上端以圆弧面与支承环的承板相接触,钢管伸缩时,摇臂以铰为中心前后摆动。

8.4.4.2　初拟钢管壁厚

由于《灌溉与排水渠系建筑物设计规范》(SL 482—2011)中规定,露天布置的钢管管壁初拟厚度宜按由内水压力产生的环向拉应力进行计算,而灌区工程中钢管倒虹吸有露天式(相关规范称明管)和埋地式(相关规范称回填式)两种埋设方式,在进行初步计算时,管壁厚度可只按由内水压力产生的环向拉应力(箍拉应力)来设计,故初拟管道壁厚时均暂按露

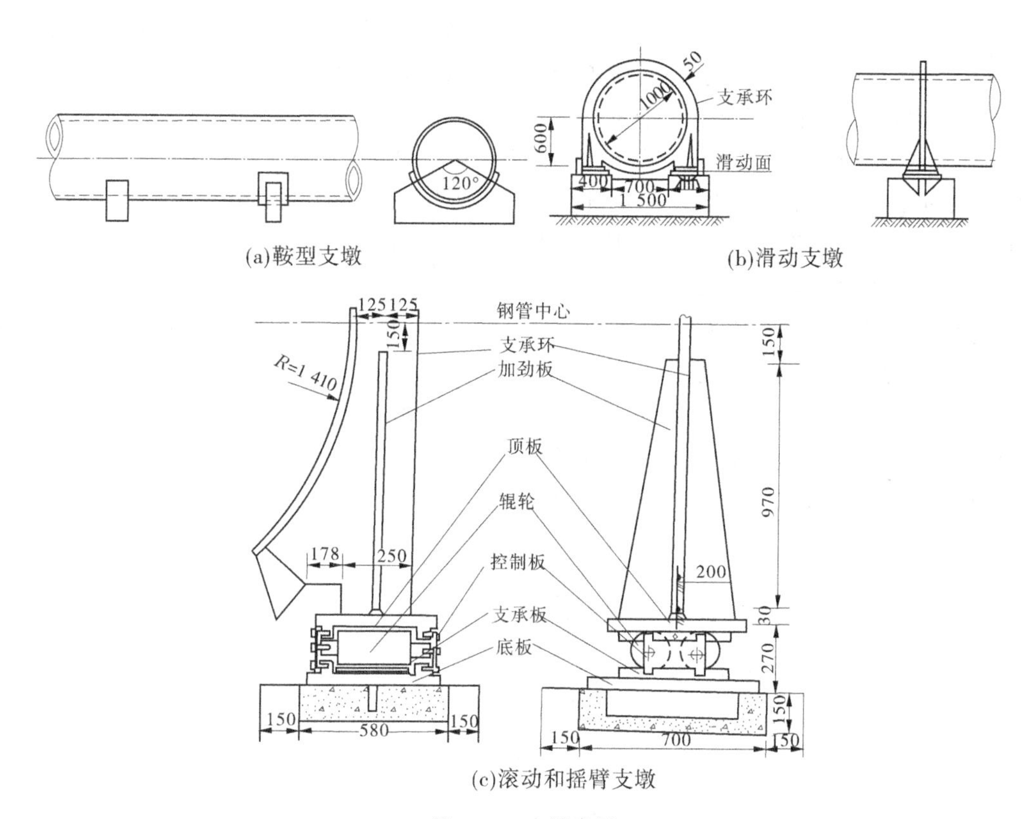

图 8-31　支墩类型

天布置的管道壁厚式(8-99)估算：

$$\delta=\frac{pD}{2\times 0.75[\sigma]} \tag{8-99}$$

式中：δ 为钢管管壁初拟厚度，mm；D 为钢管内径，mm；p 为内水压力，MPa，钢管的设计内水压力；$[\sigma]$ 为钢材允许应力，MPa，取 $0.55\sigma_s$。

通过计算确定的管壁厚度，尚应考虑钢管的锈蚀磨损及钢板制造不精确等因素，再增加 1~2 mm。

由于钢管是薄壳结构，当承受主要荷载为内水压力时，将引起管壳的"箍拉力"，这种情况下弹性稳定问题比较次要，但当钢管承受压力时(如安装运输时的冲击震动及管内产生负压等)，就容易丧失弹性稳定，为使钢管承受压力时不致丧失稳定，就要求管壁有一个最小厚度(《水电站压力钢管设计规范》(SL 281—2003)最小厚度不小于 6 mm)，当按照应力计算出来的壁厚小于这个数值时，就必须采用最小厚度，见表 8-13。

表 8-13　钢管最小厚度

外径D_1(mm)	870 以下	920~1 530	1 630~4 040	4 240~6 040	6 240~7 050
最小厚度 δ(mm)	6	8	10	12	14

8.4.4.3　钢管稳定验算

在正常情况下，钢管承受较高的内水压力(钢管承受的是张力)，不存在失稳问题，而管道在放空时,管内发生部分真空,管壳承受气压差(钢管承受的是压力);若是埋地式钢管,还会承受土压力和地下水作用,此时所承受的外荷载是最不利状态。钢管以内水压力初选管道壁厚,再在荷载组合工况下对钢管进行稳定验算。

根据《灌溉与排水渠系建筑物设计规范》(SL 482—2011)6.4.7 的第 4 条规定,薄壁结构的钢管管壁除应满足的强度要求外,还应满足抗外压稳定性计算安全系数 K(实际的外压力 P 比钢管本身的临界压力 P_{cr})。钢管抗外压稳定验算的公式及方法执行《水电站压力钢管设计规范》(SL 281—2003)的规定。

抗外压稳定性安全系数 K 不得小于下列各值:露天管,钢管管壁和加劲环为 2.0;埋地钢管,钢管管壁和加劲环为 2.5。

根据《水电站压力钢管设计规范》(SL 281—2003)规定,对于无加劲环的露天式钢管管壁径向均布的临界外压,可按以下公式计算。

(1)露天管临界外压计算采用如下公式:

$$P_{cr} = 2E\left(\frac{t}{D_0}\right)^3 \tag{8-100}$$

参照取水输水建筑物丛书《倒虹吸管》,露天钢管稳定性计算采用式(8-100),无加劲环的水管,对一定的水管直径和管壁厚度而言,当外压力超过某一数值时,水管变形趋于不稳定,外压力的这一数值叫作临界压力,其值为:

$$P_{kP} = \frac{2E}{1-\mu^2}\left(\frac{\delta}{D}\right)^3 \tag{8-101}$$

为安全起见,实际的外压力 P 应比临界压力 P_{kP} 为小。如采用安全系数为 K,则得:

$$K_P = \frac{2E}{1-\mu^2}\left(\frac{\delta}{D}\right)^3 \tag{8-102}$$

通常采用 $K=2$,如果考虑到水管中可能形成完全的真空,则 $P=10\ \mathrm{N/cm^2}$,又取 $E=2.2\times 10^7\ \mathrm{N/cm}$,并设泊松比 $\mu\approx 0$,代入式(8-102)得:

$$\frac{\delta}{D} \geqslant 1/130 \tag{8-103}$$

可见,为了保证管壳能抵抗真空压力,保持稳定,在直径等于 1.3 m 时,管壳厚度即需 1 cm 以上,这样求得的最小厚度显然偏大。因此,应在管壳上每隔一定距离,设一加劲环来增加管壁的稳定性。加劲环的断面积及间距必须使下列条件得到满足:

$$EJ \geqslant 1/130 \tag{8-104}$$

以上诸式中:D 为钢管平均直径,mm;E 为制管钢材的弹性模量,$\mathrm{N/mm^2}$;J 为加劲环的有效断面(考虑了两侧影响范围 $\Delta l=0.78\sqrt{\gamma_c\delta}$)的惯性短,$\mathrm{mm^4}$;$R_k$ 为通过加劲环断面重心的圆半径,mm;l 为加劲环的间距,mm。

(2)埋地式钢管临界外压计算。埋地式钢管的临界压力 P_{cr} 由于规范中无相关计算公式,计算临界压力时可采用明管光面管计算公式,实际的外压力考虑钢管实际埋深厚度的土荷载及地下水荷载,也可参照《压力钢管》(潘家铮,1981 年出版):

$$p_{cr} = \frac{(n^2-1)E}{12(1-\upsilon^2)}\left(\frac{t}{\gamma}\right)^3 + \frac{k\gamma}{2(n^2-1)} \tag{8-105}$$

$$P_{cr}=\frac{2(n^2-1)E}{3(1-\upsilon^2)}(\frac{t}{D})^3+\frac{E_s}{2(n^2-1)(1+\upsilon_s)} \tag{8-106}$$

式中：E 为钢材的弹性模量；t 为钢管管壁厚度；D_0 为钢管内径；n 为压曲波数，应选用得使 P_{cr} 取值最小；υ 为钢材的泊松比，取 0.3；E_s 为回填土的变形模量，查《压力钢管》手册表 6-5，由于回填土的结构不能达到原生密实土的状态，故查得表中 E_s 值时应酌予减少（乘以 0.5～0.75），以考虑土粒扰动影响；υ_s 为回填土的泊松比，查《压力钢管》手册表 6-5。

管道受力分析：①露天管运行状态，即管道仅承受内水压力（露天管非最不利状态），见图 8-32(a)。②露天管空管状态，即管道仅承受放空时的内外气压差（露天管最不利状态），见图 8-32(b)。③埋地式钢管运行状态，即管道承受内水压力与外部荷载共同作用。内水压力对管道内四周均匀作用，可以抵消部分弯曲应力（埋地式钢管非最不利状态），见图 8-32(c)。④埋地式钢管空管状态，即管道仅承受外荷载作用（埋地式钢管为最不利状态），见图 8-32(b)。

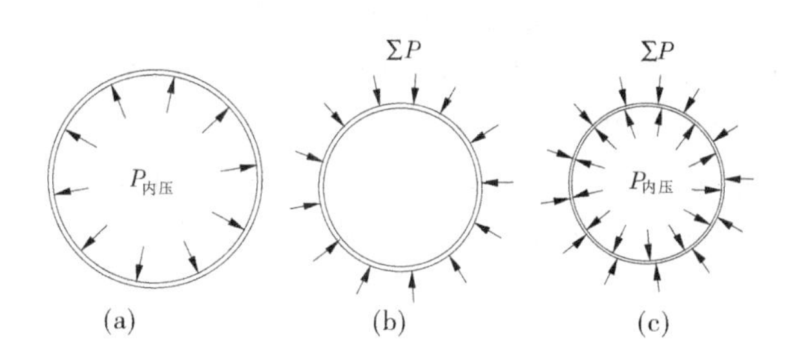

图 8-32　埋地式钢管受力

按上述公式计算后，若倒虹吸钢管不满足抗外压稳定，可采取钢管外加加劲环措施，根据《水电站压力钢管设计规范》（SL 281—2003），设有加劲环的明管，加劲环间管壁的临界外压 P_{cr} 采用下式计算：

$$P_{cr}=\frac{Et}{(n^2-1)\left(1+\frac{n^2l^2}{\pi^2r^2}\right)^2r}+\frac{E}{12(1-\mu^2)}\times\left(n^2-1+\frac{2n^2-1-\mu}{1+\frac{n^2l^2}{\pi r^2}}\right)\frac{t^3}{r^3} \tag{8-107}$$

$$n=2.74\left(\frac{r}{l}\right)^{\frac{1}{2}}\left(\frac{r}{t}\right)^{\frac{1}{4}} \tag{8-108}$$

式中：n 为相应于最小临界压力的波数；l 为加劲环间距。

加劲环的临界外压 P_{cr} 按下式计算，并取小值：

$$\left.\begin{aligned}P_{cr1}&=\frac{3EJ_k}{r_k^3l}\\P_{cr2}&=\frac{\sigma_sA_R}{rl}\end{aligned}\right\} \tag{8-109}$$

式中：E 为钢材弹性模量，N/mm^2；J_k 为加劲环有效断面对重心轴的惯性矩，m^4；r_k 为加劲环有效断面重心轴至管中心距离，m；l 为加劲环间距，m；σ_s 为钢材屈服强度，N/mm^2；A_R 为加劲环有效截面面积，m^2；r 为钢管内半径，m。

相关参数取值均可以在规范中找到。

8.4.5 玻璃钢夹砂管设计

8.4.5.1 玻璃钢夹砂管概述

制造玻璃钢夹砂管的主要原材料有基体材料和增强材料。工艺技术和结构设计合成工程上应用的夹砂管道,尚需一些辅助材料,如引发剂、固化剂、交联剂、石英砂等。基体材料主要为合成树脂,即热固性树脂和热塑性树脂。热固性树脂,指在热(或光)或固化(或引发剂)作用下,能产生交联反应,生成一种不溶、不熔,具有网状结构的固态高聚物的一类树脂,目前采用较多的是不饱和聚酯树脂、乙烯基酯树脂和环氧树脂。特殊情况也用酯酶树脂和映喃树脂。热塑性树脂指具有线型或含支链型的一类高分子化合物,这类化合物可被加热软化(或熔化),冷却凝固形成可溶、可熔的固态聚合物,如聚氧乙烯、聚丙烯、聚苯硫酯等。

制造玻璃钢夹砂管所用主要增强材料是玻璃纤维及其制品。玻璃纤维按其化学组成可分为无碱玻璃纤维(E—玻璃纤维)和有碱玻璃纤维(C—玻璃纤维),这些玻璃纤维即制造玻璃钢夹砂管道的主要增强材料。

1. 玻璃钢管常用的几种不饱和树脂的力学性能

(1)MFE 型。MFE 型树脂为双酣 A 型乙烯基酣树脂,其性能见表 8-14。

表 8-14 MFE 型玻璃钢主要性能表(0.4 mm 中碱布)

性能(MPa)	MFE-2	MFE-3	性能(MPa)	MFE-2	MFE-3
拉伸强度(MPa)	223	188	压缩强度(MPa)	128	83.3
拉伸弹性模量(MPa)	1.31×10^4	1.07×10^4	压缩弹性模量(MPa)	1.08×10^4	0.815×10^4
弯曲强度(MPa)	253	280	冲击韧性(J/cm^2)	20.5	19.9
弯曲弹性模量(MPa)	1.33×10^4	1.25×10^4	吸水率(%)	0.292	0.262

(2)W_2 型乙烯基酣树脂。W_2 型树脂为环氧酣醒型乙烯基酣树脂,其性能见表 8-15。

表 8-15 W2 型玻璃钢主要性能表

性能(MPa)	W_2-1	W_2-2	性能(MPa)	W_2-1	W_2-2
拉伸强度	268	223.3	轴向冲击强度	97.3	56(巴氏硬度)
拉伸弹性模量	1.7×10^4	1.3×10^4	压扁强度	184	
冲击强度	168		管环向拉伸强度	106	
管轴向弯曲强度	191	软化点(334°)	弯曲强度	349	248.4
管轴向弯曲弹性模量	1.05×104	1.02×10^4	说明	用中碱人字纹布	0.4 mm 中碱布

(3)3200 型乙烯基酣树脂。3200 型乙烯基酣树脂为反丁烯二酸改性的丙烯酸环氧型乙烯基酣树脂,其性能见表 8-16。

表 8-16 3200、3201 型玻璃钢主要性能

性能(MPa)	3200	3201	性能(MPa)	3200	3201
拉伸强度	359	292	弯曲弹性模量	1.79×10^4	1.83×10^4
拉伸弹性模量	1.71×10^4	1.5×10^4	冲击强度	133	
弯曲强度	385	495			

(4)缠绕玻璃钢夹砂管与离心浇铸玻璃钢管的比较。缠绕玻璃钢夹砂管与离心浇铸玻璃钢管,其性能比较见表 8-17。

表 8-17　缠绕玻璃钢夹砂管与离心浇铸玻璃钢管其性能比较

性能(MPa)	缠绕玻璃钢夹砂管	离心浇铸玻璃钢管
轴向拉伸强度	120~150	60~70
轴向拉伸弹性模量	$1.1\times10^4 \sim 1.3\times10^4$	$0.6\times10^4 \sim 0.7\times10^4$
环向拉伸强度	180~250	90~110
环向拉伸弹性模量	$1.7\times10^4 \sim 2.5\times10^4$	$1.0\times10^4 \sim 1.2\times10^4$

(5)几种玻璃钢开裂应力与应变性能。几种玻璃钢开裂应力与应变性能见表 8-18。

表 8-18　几种玻璃钢开裂应力与应变性能　(单位:MPa)

玻璃钢材质种类	力学性能	声发射法		着色渗透法	
		开裂应力	开裂应变	开裂应力	开裂应变
MFE-2 聚酯玻璃钢	拉伸强度	60	0.46	65.0	0.50
	弯曲强度	70	0.54	83.8	0.64
323 聚酯玻璃钢	拉伸强度	48	0.26	50.6	0.27
	弯曲强度	70	0.37	70.8	0.38
197 聚酯玻璃钢	拉伸强度	40	0.24	45.1	0.32
	弯曲强度	60	0.36	38.9	0.48
二甲苯聚酯玻璃钢	拉伸强度	25	0.18	—	—
	弯曲强度	30	0.21	—	—
环氧聚酯玻璃钢	拉伸强度	45	0.21	48.5	0.28
	弯曲强度	—	—	50.5	0.29

2. 纤维缠绕玻璃钢夹砂管道的特点

近年来,纤维缠绕玻璃钢夹砂管道,特别是大口径地下管道的应用与日俱增,大有取代传统使用的钢筋混凝土管和钢管的趋势。这种管道的主要特点如下。

1)工艺特点

纤维缠绕玻璃钢夹砂管道生产线整个制作分为 5 个独立作业:①制作内衬;②胶凝固化;③缠绕与夹砂;④修整;⑤脱模。5 道生产工序形成了连续生产线,根据选材不同满足了多方面使用要求。另外,分几道工序制作,质量便于控制,易生产出高质量的产品。

2)产品特点

(1)纤维缠绕玻璃钢夹砂管的表面有光滑的芯模保证,故非常光滑,糙率可达 $n=0.008$,这是其他管材无法比拟的,因而与同直径、同动力的管道相比较,可输送更多的流体。

(2)纤维缠绕玻璃钢夹砂管有增强且致密的内衬层,使管道最大限度保证了防渗、防腐要求,而且无毒。

(3)纤维缠绕玻璃钢夹砂管结构中含有一定量的石英砂结构层,因而刚度好,承受外荷载的性能好。另外,由于纤维缠绕结构层,降低了管材的脆性,提高了韧性。

(4)纤维缠绕玻璃钢夹砂管的结构合理,其结构形式有三种,如图 8-33 所示。

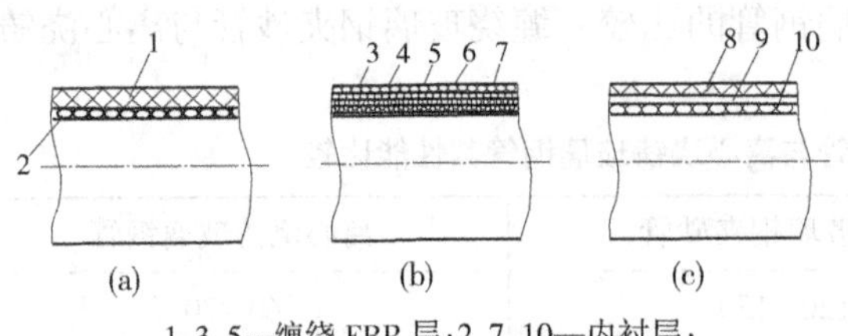

1、3、5—缠绕 FRP 层；2、7、10—内衬层；
4、6—夹砂；8—短切纤维层；9—夹层

图 8-33　纤维缠绕玻璃钢夹砂管结构图

对于承受外荷载来说，图 8-33(a)所示形式的管壁结构 FRP 用量要高于图 8-33(b)和图 8-33(c)所示的形式，实际上在外荷载作用下，管壁的中心及其附近，受到的正应力很小，整个管壁受到的剪应力也不大，该区域内材料本身处于低应力状态，因此用一部分夹砂层代替缠绕层，不仅能满足管道的性能要求，而且还可降低成本。如果在同一个管刚度的前提下，当用图 8-33(b)的结构形式代替图 8-33(a)，图 8-33(b)形式的管壁厚度增加 20%时，其 FRP 用量可减少 70%，成本大为降低。图 8-33(a)的形式管壁与图 8-33(c)形式管壁相比，前者比后者更为合理。短切纤维 FRP 的力学性能远低于连续纤维的 FRP。如强度仅为后者的 1/4~1/2，弹性模量为后者的 1/3~1/2。即使用相同数量 FRP 的情况下，图 8-33(c)形式的抗外压能力和抗内压能力都远不如图 8-33(b)的结构形式。

(5)纤维缠绕玻璃钢夹砂管的机械性能非常好，为保证产品长期正常使用打下良好基础。

3)连接特点

纤维缠绕玻璃钢夹砂管道采用承插连接。承插口与管体成型为一体。其密封由双“O”形橡胶圈保证。双“O”形密封圈形状对称，可保证高压或真空条件下水密封性好。

对于安装后的管道，由于基础与垫层不能完全保证处处均匀，就不可避免地会出现挠曲现象。对于承插口连接的管道，由于双 O 密封圈在安装时保证有 40%~50%的压缩量，当发生挠曲变形时，承口与插口允许有微小的滑动位移来适应挠曲，减小了筒体应力，同时还能保证密封性，做到安全可靠。

采用承插口连接的管道，每承插连接一节，即可对双“O”形密封圈进行密封性试验，因此与密封圈渗漏有关的任何意外或接头处杂物的影响能及时发现，及时处理，可提高接头的安全可靠性。同时还可以随着连接检验之后，即可填土、夯实和恢复原地貌。

承插接头处的刚度比管体的刚度高得多，因此接头的稳定性高。

纤维缠绕玻璃钢夹砂管每节标准长度为 12 m，总安装接头少，防渗漏可靠性大。

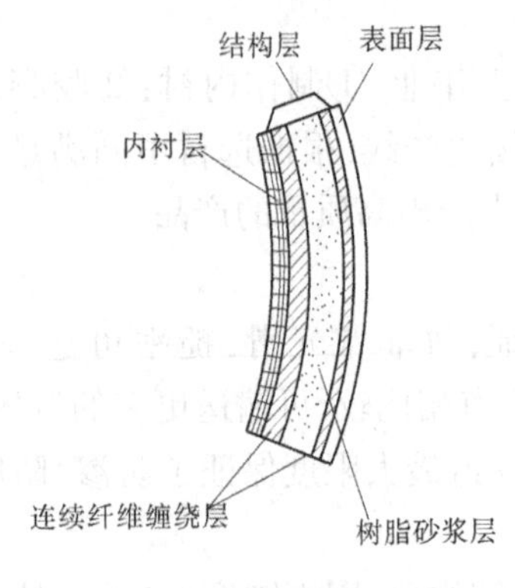

图 8-34　管壁结构

3. 玻璃钢夹砂管壁的基本性能

玻璃钢夹砂管的管材可分为三大层：防腐防渗内衬层、结构层和表面层。

防腐防渗内衬层又分为内表面层和次内层。内表面层的树脂含量高达 90%以上，也称作富树脂层，可根据介质的不同选用合适树脂。内表面层的作用主要是防腐蚀、防渗漏。次内层含一定量的短切纤维，但树脂含量仍高达 70%~80%，其作用是防腐、防渗第二道防线。内衬层总厚度为 1.5~5 mm。结构层的作用主要是承受荷载，抵抗变形，组成形式如图 8-34 所示，它是由连续纤维缠绕层和树脂砂浆层组成的。表面层由抗老化添加剂(如紫外光吸收剂)和树脂配制而成，主要是防老化。

夹砂管壁与传统金属或混凝土管材不同,特点如下:

(1)强度和弹性性能的可设计性。夹砂管壁材料的可设计性具有较大的自由度,首先在结构层中纤维层与砂浆层的比率、分布可有不同设计方案,由此可得到不同性能的管壁材料;其次作为纤维层和砂浆层本身也有可设计性,如纤维层可以通过改变纤维和树脂的配比,或改变玻璃纤维的铺层方向,在一定范围内获得不同强度和弹性性能。

(2)非均质性。由于管壁是一种夹层结构,非均质性使层与层之间产生一定的界面应力,并使结构计算复杂化。

(3)各向异性。尽管在管壁材料中含有各向同性材料,如砂浆层等,由于存在连续纤维敷设层,使管材在不同方向具有不同力学性能,形成具有各向异性的材料,通过敷层设计可改变结构层的强度和刚度,增加可设计性。

(4)高强度、高刚度。夹在砂管的结构层强度较高,沿环向的强度一般可达 200 MPa 以上。按比强度(强度与容重之比)计算,由于夹砂管材的密度较小,在 1.6~1.9 g/cm^3 范围内,为钢材的 1/4 左右,则其比强度是普通钢材的 3~4 倍。

(5)耐化学腐蚀性。夹砂管道的耐化学腐蚀性主要取决于其内衬,而内衬的耐化学腐蚀性又取决于所用的树脂、玻璃纤维、内衬结构、固化状态、制造技术和安装技术。合适的内衬设计与制造工艺,可具有良好的耐化学腐蚀性。

8.4.5.2　玻璃钢夹砂管设计计算

1. 内部压力

(1)压力等级 P_c。根据 HDB(长期静水压力强度)即设计基准(MPa),由下式确定:

应力基准 HDB　　$P \leqslant (HDB/F_s)(2\delta/D)$　　(8-110)

应变基准 HDB　　$P \leqslant (HDB/F_s)(2E_H\delta/D)$　　(8-111)

式中:P_c 为压力等级,MPa;HDB 为静水压设计基准,应力基准,MPa,或应变基准,mm/mm;F_s 为最小设计系数 1.8;E_H 为管壁环向拉伸弹性模量,MPa;δ 为管壁结构层厚度,mm;D 为管平均直径,$D=D_0+2\delta_L+\delta$,mm;D_0 为管内径,mm;δ_L 为内衬厚度(如果存在),mm。

(2)工作压力 P_w。管材的压力等级应大于或等于系统的工作压力 P_w(MPa)(最高长期运行压力)。

$$P_c \geqslant P_w \tag{8-112}$$

(3)波动压力(水锤压力)P_s。管材的压力等级应大于或等于压力管系统工作压力和波动压力叠加后的最大压力被 1.4 所除。

$$P_c \geqslant \frac{P_{ws}+P_s}{1.4} \tag{8-113}$$

2. 环弯曲

由管体最大允许长期垂直挠曲引起的环弯曲应变(或应力)不应大于经设计系数折算的管道长期环弯曲应变能力,下列二式均能确保这一要求。

应力基准　　$\sigma_b = D_f E(\Delta y_a/D)(\delta/D) \leqslant S_b/F_s$　　(8-114)

应变基准　　$\varepsilon_b = D_f(\Delta y_a/D)(t_t/D) \leqslant S_b/F_s$　　(8-115)

式中:σ_b 为挠曲引起的最大环弯曲应力,MPa;D_f 为形状系数(见表 8-19)无量纲,为管的环向弯曲弹性模量,MPa;Δy_a 为管最大许用长期垂直挠曲,mm,$\Delta y_a \leqslant 0.05D$;$S_b$ 为管的长期环弯曲应变,mm/mm,以试验方法确定(见 $AWWA$<9502.6)(强度);F_s 为最小设计系数,1.5;

ε_b 为因挠曲产生的最大环向弯曲应变，mm/mm；$t_t=t+t_l$，mm。

表 8-19　管区回填材料和压实程度

管道	砾石		砂	
刚度等级	自然堆放至轻微压实	中等至高密度压实	自然堆放至轻微压实	中等至高密度压实
$P/\Delta y$(MPa)	形状系数D_f			
0.063 6	5.5	7.0	6.0	6.0
0.127 3	4.5	5.5	5.0	6.5
0.254 5	3.8	4.5	4.0	5.5
0.509 0	3.3	3.8	3.5	4.5

1）弯曲设计系数

对于承受弯曲荷载的管体，较完善的设计要求应考虑两个独立的设计系数：第一个设计系数应考虑管体受破坏时的初始挠曲与最大许用安装挠曲相比较，根据标准进行的管体环向刚度弯曲试验，其挠曲值远远超过实际应用中的允许值极限，试验结果反映出相对于初始弯曲应变，设计系数至少为2.5。第二个设计系数是长期弯曲应力或应变与由最大许用长期挠曲产生的弯曲应力或应变之比，对于玻璃钢管的设计，设计系数最小应力为1.5。

2）挠曲

地下管的安装方式应确保外荷载引起的垂直截面尺寸的减小不超过下式要求：

$$\Delta y/D \leqslant \Delta y_a/D \leqslant 0.05 \tag{8-116}$$

式中：Δy 为预计的管道垂直挠曲值，mm，其计算见下式：

$$\Delta y = \frac{(D_L G_r + G_L) K_a r^3}{EI + 0.061 K_b E' r^3} \leqslant 5\% \tag{8-117}$$

式中：D_L 为挠曲滞后系数，无量纲，反映土壤的时间—压实变化率；D_y 为单位管长上作用的垂直土压力；D_L 为单位管长上作用的活动荷载；K_a 为挠曲系数，无量纲，见表 8-21；K_b 为系数，一般 $K_b=0.75$，无量纲；r 为管道平均半径，mm；EI 为单位管长管壁的刚度系数，最小 EI 值见表 8-20；E'为土壤的反作用模量，N/m²。

表 8-20　管环最小抗弯刚度系数 EI　（单位：N/m）

D	1 200	1 250	1 300	1 350	1 400	1 450	1 500	1 550	1 600	1 650
EI	2 262.5	2 557.3	2 876.6	3 221.5	3 592.8	3 991.7	4 419.0	4 875.8	5 363.0	5 881.7
D	1 700	1 750	1 800	1 850	1 900	1 950	2 000	2 050	2 100	2 150
EI	6 432.8	7 017.2	7 636.1	8 290.2	8 980.7	8 708.6	10 474.7	11 280.1	12 125.8	13 012.7
D	2 200	2 250	2 300	2 350	2 400	2 450	2 500	2 550	2 600	12 650
EI	13 941.8	14 914.2	15 930.7	16 992.4	18 100.3	19 255.3	20 458.4	21 710.6	23 012.9	24 366.3
D	2 700	2 750	2 800	2 850	2 900	2 950	3 000	3 050	3 100	3 150
EI	25 771.7	27 230.1	28 742.6	30 310.0	31 933.4	33 613.8	35 352.1	37 149.3	39 006.5	40 924.5
D	3 200	3 250	3 300	3 350	3 400	3 450	3 500	3 550	3 600	3 650
EI	42 904.4	44 947.1	47 053.7	49 225.0	51 462.2	53 766.1	56 137.8	58 578.3	61 088.5	63 669.3

(1)挠曲计算。设计计算以要求的挠曲值为输入参数,使推测挠曲值 Δy 及最大允许挠曲值 Δy_a 均不超过允许设计应力或应变。在所有的设计计算中都将用到最大允许挠曲值 Δy_a。

(2)挠曲预测。地下埋设的柔性管一般都将产生挠曲,也就是管道垂直直径将变小。为计算这一挠曲程度提出许多算法。但是总与实际情况有一定偏差。这与当地实际情况,如管道埋设方式、土壤特点、管道施工、管材有关。

施工安装管道过程中必须确保管体长期挠曲量低于式(8-116)中确定的 Δy 及按上述提供的补充数据,式(8-117)可用作现场估算短期和长期挠曲的依据。

(3)挠曲滞后系数 D_L。挠曲滞后系数的作用,是把管道的当时挠曲值转换成若干年后的挠曲值,随着管道埋设方式的不同,挠曲滞后系数也不同。在埋深较浅时,如中等压实或高度压实,取 $D_L=2.0$,若填土压实较差,只能取 $D_L=1.5$。

(4)挠曲系数 K_a。挠曲系数 K_a 值是反映管底土壤的支承情况,其上分布着管基的作用力,表 8-21 给出不同管基支承角的挠曲系数 K_a 的参考值。

表 8-21　挠曲系数 K_a 值

管基支承角之半角 θ(°)	0	15	22.5	30	45	60	90
K_a	0.110	0.108	0.105	0.102	0.096	0.090	0.083

3)垂直土压力

作用于管上的垂直土压力,对于上埋式管,计算方法参见 8.4.1 节;对于沟埋式管的垂直土压力,可按下式计算:

$$G_r = q_{vk} = \gamma_H \quad (\mathrm{N/m^2}) \tag{8-118}$$

式中:γ 为回填土重度,$\mathrm{N/m^3}$;H 为管顶以上填土深,m。

4)作用于管上填土面上的车辆荷载

假定在一条有 4 条车道,每条车道宽 3.7 m 的路面上各有一辆轮载为 71 170 N 的卡车在路中央行驶,管体可能与卡车的前进方向垂直或平行,或任一中间位置,其他设计的卡车荷载应根据项目需要和当地惯例确定。

(1)计算 L_i 与卡车行进方向平行的荷载宽度(m)。

$$L_i = 0.25 + 1.75H \tag{8-119}$$

(2)计算 L_{t1} 与卡车行进方向垂直的荷载宽度(m)。

当 0.61 m<H<0.76 m 时　$$L_i = 0.51 + 1.75H \tag{8-120}$$

当 $H \geqslant 0.76$ m 时　$$L_i = (13.31 + 1.75H)/8 \tag{8-121}$$

计算作用于管上的活荷载

$$G_l = PI_f/L_iL_t(\mathrm{N/m^2}) \tag{8-122}$$

式中:P 为轮载,$P=71\ 170$ N;I_f 为冲击系数。

$$I_f = \begin{cases} 1.1 & (0.61\ \mathrm{m} < H < 0.91\ \mathrm{m}) \\ 1.0 & (H \geqslant 0.91\ \mathrm{m}) \end{cases} \tag{8-123}$$

5)管道刚度 S_N

管道刚度是管壁材料的环向弯曲弹性模量 E 与单位管长的惯性矩的乘积再除以管径的立方,见式(8-123)。若采用不均匀壁厚结构,应参照厂家提供的惯性矩公式。

$$S_N = EI/D^3 \tag{8-124}$$

式中：E 为管壁环向弯曲弹性模量，N/m^2；I 为单位管长的环向管壁惯性矩，均匀壁厚管道：$S_N=\delta^3/12$，m^4/m；D 为管道平均直径，m。

可根据 GB 5352 平行板加载试验法确定管道刚度，在平行板加载试验中，由于管顶和底部挠曲是实测的，管道刚度可由式(8-125)计算：

$$S_N = (0.149/8)C(G/\Delta y) \tag{8-125}$$

式中：G 为单位管长上的荷载，N/m；Δy 为垂直方向的挠曲值，mm；$C=(I+\Delta y/2D)^3$，无量纲。

6）土壤及作用模量 E'

加在柔性管道上的垂直荷载，有使管体垂直方向减少、水平方向增加的作用，这样便由于管体水平位移挤压侧向填土，使填土产生被动抗力，有利于支撑管体。土壤的被动抗力随土壤类型、土壤压实程度、埋置深度及沟宽等的不同而不同。为了确定地下埋管的 E' 值，应先确定一个参数，即填土的被动阻力系数 e，见表 8-22。

$$E' = er \ (MPa/m^2) \tag{8-126}$$

式中：r 为管体平均半径，m。

表 8-22　土的被动阻力系数 e 值

土质	紧密程度	e(MPa/m²)	土质	紧密程度	e(MPa/m²)
淤泥质亚黏土	不紧密	4.0	砂质黏土	干燥紧密	7.5
砂质黏土	不紧密	4.0	粒度分布好的砂砾土	紧密	9.0

对于亚黏土，E'值一般在 4~8 MPa 范围内，而砂土类采用 E'值较少。由于土抗力有助于提高管体的临界压力和刚度，因此在力争通过严格的施工措施（按设计要求严密夯实回填土，使其达到要求的干容重）来提高 E'值，同时，又必须谨慎选用 E'值，以免失之过高，影响安全。

7）组合荷载

管体由于内部水压力和挠曲产生的最大组合应力或应变值应满足下列要求：

应力基准
$$\sigma_c = \frac{P_{ws}D}{2\delta} + D_f E\gamma_c(\frac{\Delta y_a}{D})(\frac{\delta}{D}) \tag{8-127}$$

应变基准
$$\varepsilon_c = \frac{P_w D}{2E_H\delta} + D_f\gamma_c(\frac{\Delta y_a}{D})(\frac{\delta}{D}) \tag{8-128}$$

式中：σ_c 为组合荷载引起的最大应力，N/m^2；γ_c 为回圆系数，无量纲，$\gamma_c=1-P_{ws}/3$，$P_{ws}\leqslant 3$；H_H 为管壁环向拉伸弹性模量，MPa。

8）屈曲

地下埋管将承受垂直荷载，地下水的静压力及管内真空共组成的径向外荷载作用，若考虑后两种情况，则使地下埋管产生屈曲，所需的径向外压力比同一种管道在流体环境下的屈曲压力大得多，这还决定于回填土的约束作用。

屈曲计算：各种外部荷载之和应小于或等于允许屈曲压力 q_a 参见式(8-129)

$$q_a = (1/F_s)\left[32R_w B' E' \frac{EI}{D^3}\right]^{\frac{1}{2}} \tag{8-129}$$

式中：F_s 为设计系数，$F_s=2.5$；R_w 为水的浮力系数，当 $0\leqslant h_w H$ 时，$R_w=1-1.33(h_w/H)$，B' 为弹性支承经验系数，无量纲 $B'=1/(1+4\,e^{-0.213H})$。其中，h_w 为管顶以上水面高度，m；H 为管顶以上地面高度，m。

式(8-129)在下述条件有效：管内无真空压力：0.61 m$\leqslant H\leqslant$24 m；管内有真空压力：1.2 m$\leqslant H\leqslant$24 m。

在管内有真空压力而覆土 0.6 m$\leqslant H\leqslant$1.2 m 时，式(8-130)所示 Von Mises 公式可作为临界屈曲压力，当 $H=0.61\sim1.2$ m 时的安全系数应大于 2.5，在 $H=0.61\sim1.2$ m 内，据式(8-131)与式(8-132)对活载加固定荷载校核，以确定壁厚，进一步情况可与厂家协商。

$$q_a=\frac{2E\delta}{D(n^2-1)(1+K)^2}\left[n^2-1+\frac{2n^2-1-V_{hL}}{1+K}\right]\frac{8EI}{D^3(1-V_{hL}V_{Lh})}\qquad(8\text{-}130)$$

式中：n 为屈曲系数，$n\geqslant2$(迭代求解 n 值必须使 q_a 为最小)；V_{hL} 为施加环向应力时的泊松比；V_{Lh} 为施加纵向应力时的泊松比；$K=(2nL/\pi D)^2$。

其中：L 为刚性加强环肋间距，mm，对无加强肋时，L 是承插口、连接套管、法兰等连接点之间的距离。标准安装条件下的管道，通过下式确保满足屈曲要求：

$$\gamma_w h_w+R_w\omega_c+P_v\leqslant q_a\quad(\text{N/m}^2)\qquad(8\text{-}131)$$

式中：γ_w 为水的比重，N/m^3；P_v 为管内真空压力(大气压力减管内绝对压力)，N/m^2。

在某些情况下，还需考虑活荷载，但活荷载和瞬时负压荷载可不必同时考虑，若考虑活荷载，由式(8-132)可满足屈曲要求。

$$\gamma_w h_w+R_w G_r+G_l\leqslant q_a\quad(\text{N/m}^2)\qquad(8\text{-}132)$$

8.4.6　预应力钢筋混凝土管设计

预应力钢筋混凝土管制造的基本原理是：在外荷载(主要是内水压力)作用之前，先对管身混凝土施加纵向、环向压应力，造成人为的压应力状态，使它们所产生的预压应力可抵销由外荷载引起的大部分或全部拉应力，从而大大提高水管的抗裂性能。

8.4.6.1　预应力钢筋混凝土管施加应力的方法

(1)三阶段工艺法。采用后张法张拉环向预应力钢丝。一根预应力管的制管过程由三个阶段完成：先制作纵向已施加预应力的管芯(第一阶段)；然后，在达到了一定强度(一般要求达到 70%设计强度)的管芯上埋绕环向预应力钢丝，对管芯施加环向预应力(第二阶段)；最后喷涂钢丝的保护层(第三阶段)。其生产工艺流程如图 8-35 所示。

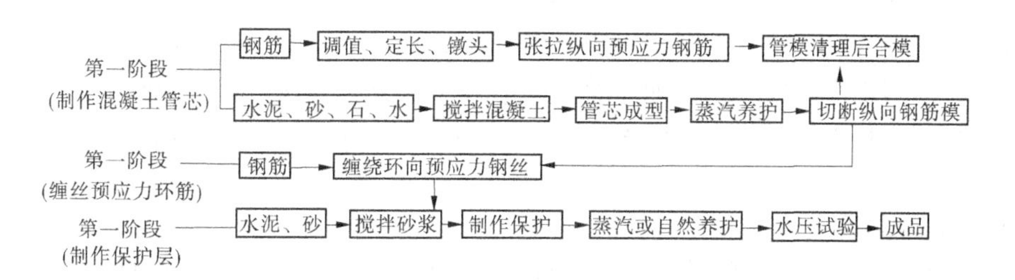

图 8-35　三阶段管生产工艺流程

(2)一阶段工艺法。采用先张法张拉环向预应力钢丝。所谓一阶段工艺，是相对三阶段而言的，即将制作管芯、张拉预应力钢筋和喷涂保护层这三个阶段的工艺程序一次完成。

这两种方法制出的管，除布有预应力环向纵向筋外，也布有非预应力环形和纵向筋。

一阶段制管工艺的模具构造是：管模由内模、外模、插口模弹簧螺栓和承口锚固盘组成，内模为钢圆筒体，在内筒体外套一橡胶套，两端与内筒体两端密封，筒体上并设有进出口水管且注入高压水和排气。外模由4片或2片组成，在外模台口板处用弹簧螺栓连接。其工艺原理及过程是：将环筋骨架装入已进行了止浆、脱模处理的外模内，张拉好纵向预应力筋，然后在内外模间浇注混凝土，随后向橡胶套与内模间充水，逐步加压，迫使橡胶套膨胀挤压混凝土，使混凝土内的游离水被挤出，减少混凝土的水灰比，提高混凝土的强度和抗渗性能。

充水加压是一阶段工艺的关键工序，分两阶段进行：第一阶段是初压阶段，腔内水压力与外模合口缝弹簧预紧力（一般用20~40 N/cm^2）相平衡，此时主要是挤压混凝土骨料和排除游离水，合口缝尚未张开，钢丝也未伸长。第二阶段是升压、恒压阶段，腔内水压力大于弹簧的预紧力时，使弹簧压缩变形，台口缝张开，环向筋被拉伸，随着内压力增至恒压，钢丝便达到设计的控制应力。此时，由恒压时的每个合口缝的张开值（a）的计算，可体现出钢筋受张拉的程度。

由 $\sigma_k=\varepsilon$ 和 $\varepsilon=na/\pi D$ 可得：

$$E_g a=\frac{\sigma_k \pi D}{nE_g} \tag{8-133}$$

式中：a 为每个合口缝在恒压时的张开值，cm；n 为外模合口缝条数，如2片外模，则 $n=2$；σ_k 为环向钢丝的控制应力，N/cm^2；D 为环向钢丝中心直径，cm；E_g 为环向钢丝的弹性模量，N/cm^2。

（3）自应力制管工艺。自应力管是预应力钢筋混凝土压力管的一种新品种。自应力又称化学预应力，因为它是利用膨胀水泥（硅酸盐自应力水泥、铝酸盐自应力水泥、硫铝酸盐自应力水泥、明矾石自应力水泥）所配制的混凝土，预应力在水泥水化过程中生成，当混凝土体积膨胀时，使得配在混凝土内的纵向和环向钢筋伸长而获得的拉应力。同时混凝土本身也产生了压应力。由于它是借混凝土自身的膨胀来张拉钢筋达到预应力的目的，故称为自应力混凝土管。自应力管，在我国处于领先地位，无论是品种、规格、生产数量、用途之广均为世界之首。

8.4.6.2　三阶段和一阶段制管工艺的优缺点比较

（1）一阶段制管工艺。

主要优点：①采用振动、密封、挤压成型，混凝土经振动后比较密实，强度可提高20%~30%，抗渗性能好；②除配用高强钢丝外，还可配用钢绞线；③不需另外制作保护层，可节约水泥；④由于免去制保护层这道工序，因而生产周期短，占用厂房面积小，且车间卫生条件好。

主要缺点：①制管设备复杂（如需要专门的稳压设备、承口磨光机、橡胶套），为了拔模，对起吊能力要求也高；②管模需用的钢材比三阶段管多2倍；③管子要逐根进行承口检查和磨口。

（2）三阶段制管工艺。

主要优点：①工艺较简单，设备投资较省；②管模需用钢材较少；③钢筋预应力值易控制；④承口光滑，公差小，不需再加工。

主要缺点：①需另外制作保护层，耗用水泥较多；②保护层易分离，影响质量；③车间卫生条件差。

为了增加管子的纵向强度,水管纵向有时也部分或全部施加预应力,纵向钢筋施加预应力可防止混凝土出现环向裂缝。纵向钢筋的预应力值一般不低于 200~300 N/cm^2,随管径大小而异,纵向预应力钢丝的间距不应超过管芯厚度的 2 倍或 15 cm。纵向预应力钢筋的直径不宜小于 6 mm,间距不大于 20 cm,并不少于 6 根,管芯混凝土标号一般不低于密实度指标 0.9,水泥采用 425 号普通硅酸盐水泥,管芯中所有钢筋(包括纵向预应力筋的端头)的保护层厚度都不宜小于 15 mm。

预应力钢筋混凝土管,目前都采用承插式接头(平接式接头因安装时需加套管,铺设费工,止水效果较差,已很少采用)。承插口形式有很多种,止水效果良好。

预应力管一般都采用柔性接头,管节长即分缝长,个别情况下采用刚性接头时,到一定距离仍需设置柔性接头,柔性接头间距见表 8-23。

表 8-23　预制管柔性接头间距

管内径 *DB*(cm)	<90	<60	70~90	>90
柔性接头间距 cm)	25	≤8	≤12	按计算确定
纵向预应力值(N/cm^2)	≥200	0	0	0

近若干年来,在甘肃,宁夏、陕西等地均发生过预应力管纵向裂缝的事故。甘肃开裂管 D=1.4 m,水头 60 m,有些管已填土覆盖,也有未填土覆盖的。这一问题,值得设计人员重视。此外,20 世纪 70 年代,湖南发生过几起预应力管经远程运输后而大幅度降低预应力值的事例(试验压力较出厂时要低)。这究竟是偶然现象还是具有普遍规律,尚有待进一步研究。

第9章 水 闸

水闸是一种低水头水工建筑物,是灌区工程中的主要建筑物之一,通过闸门的启闭来控制流量和调节水位,具有挡水和泄水的双重作用。

9.1 水闸类型

9.1.1 按水闸的作用分类

水闸按照其作用可分为进水闸、分水闸、节制闸、泄水闸、排水闸、冲沙闸等,有些水闸兼有多种作用。

9.1.1.1 进水闸

进水闸修建在河道、水库或湖泊的岸边、灌溉引水渠道的首部,用以保证和控制入渠流量。由于进水闸位于渠首,所以又称为渠首闸。

9.1.1.2 分水闸

分水闸是用来把上一级渠道的流量按照需要引入下一级渠道。分水闸的作用是控制和调配流量,以达到计划用水的目的,是渠系中的配水建筑物。在支渠的渠首名为支渠进水闸;在斗、农渠等渠道的进水口名为斗门、农门等。

9.1.1.3 节制闸

节制闸一般均横跨干、支渠修建,且位于支、斗渠分水口的下游,用以控制闸前水位,满足支、斗等渠道引水时对水位的要求。节制闸主要利用闸门的启闭来控制渠道水位,节制闸是控制水位、调节流量、保证配水和泄水的控制性建筑物。

9.1.1.4 泄水闸

泄水闸一般都建在重要渠段(如高填方、高边坡和地质条件很差的渠段)或重要渠系建筑物(如渡槽、倒虹吸、隧洞和分水枢纽等重点建筑物)上游的渠侧,闸后有较短的泄水渠线(宜尽量利用河流、山沟等),将水泄入承泄区。当泄水闸设于灌溉渠道末端时,用以退泄渠中剩余水量,又名退水闸。工程上亦有将泄水闸设在地面径流注入渠段的下游,以便通过泄水闸将径流及时排除。

9.1.1.5 排水闸

排水闸修建在排水渠道的末端,将控制区内的洪涝水排入江河或湖泊,以防止内涝。当闸外水位较高时,可以关闸防止外水倒灌;闸外水位较低时,开闸排涝;当控制区有蓄水灌溉任务时,在外河水位低落时,可以关闸蓄水。修建在感潮河段的排水闸,除具有挡潮、排涝的功能外,还可以在控制区需水时期引取涨潮顶托的河水(淡水),用于灌溉。平潮时期开闸过船,以利航运。

排水闸的特点是既要双向挡水,又可能双向过水。

9.1.1.6　冲沙闸

冲沙闸一般修建在多泥沙河流上的引水枢纽或渠系中沉沙池的末端,又称排沙闸。渠系中的冲沙闸,也可设在布置有节制闸的分水枢纽处,或者利用泄水闸排沙。

9.1.2　按闸室的结构形式分类

按闸室的结构形式,水闸可分为开敞式水闸和涵洞式水闸。

9.1.2.1　开敞式水闸

开敞式水闸闸室上面没有填土,它是水闸中广泛采用的一种结构形式。开敞式水闸包括有胸墙的和无胸墙的两种。胸墙式水闸的闸门高度有所降低,从而也降低了工作桥的高度,减小了闸门的启门力。对于胸墙较高和闸室抗滑稳定性较差的水闸,可将胸墙后的一段闸室做成封闭式的,在其顶部填土,利用填土重来增加闸室的抗滑稳定性,这种布置方式的闸室可以叫作半封闭式闸室,但其工作特点和设计方法与开敞式水闸的闸室是一样的。

9.1.2.2　涵洞式水闸

涵洞式水闸主要修建在渠堤较高、引水流量不大的渠道上,在洞身上面填土作为路基,两岸连接建筑物较开敞式水闸简单,比较经济。根据水力工作条件的不同,涵洞式水闸可分为有压涵洞式和无压涵洞式两种。灌排工程中,小型排水闸和泄水闸(还有排沙闸)常采用有压式,小型分水闸如斗、农门等则常采用无压式。涵洞进水闸由进口首部、洞身和进出口连接段三部分组成。

9.2　水闸布置

9.2.1　闸址选择

闸址应根据灌排区规划确定的渠系布置、规模、使用功能、运行特点、地形地质、水流、泥沙含量、施工、管理维修和环境保护等条件,综合比较选定。

闸址宜选择在地形开阔、岸坡稳定、岩土坚实和地下水位较低的地点,地基优先选用地质条件良好的天然地基。

9.2.1.1　选择闸址应考虑的主要因素

(1)地质条件。闸址应尽可能选择在土质均匀密实、压缩性小的天然地基上,避免采用人工处理地基。同时考虑地下水的高低及承压水的有无对施工排水措施和地基稳定性的影响。

(2)水流条件。闸址位置宜使进闸和出闸水流均匀和平顺,闸前和闸后应尽量留有较好的顺直河(渠)段,闸前和闸后宜避开上、下游可能产生有害冲刷和泥沙淤积的地方。

(3)施工、管理条件。闸址附近应具有较好的施工导流条件,并要求有足够宽阔的施工场地和有利的交通运输条件。选择闸址还应考虑水闸建成后便于管理运用和防汛抢险,同时尽量结合布置公路桥梁(或农用桥梁)。

9.2.1.2　各类水闸闸址选择要求

1.进水闸

对于无坝取水的进水闸,应调查研究河床的演变情况,把闸址尽可能选择在河岸较坚实、河槽较稳定、断面较匀称的顺直河段上。

有坝取水渠首闸，也应选在河岸稳定处，同时还要求河岸高度适中，多位于引水一侧坝端的上游或下游。

无坝、有坝引水口位置的选择见第4章取水工程相关内容。

2. 排水闸

为了确保排水效果，应将排水闸闸址选在治涝区最低处至承泄区最短的排水渠道上。排水闸多建于排水渠的出口处。

当排水闸位于河道的岸边时，也应当将排水渠的出口设在河道的凹岸（或直岸），以免出口处发生淤积。排水渠轴线应向着河流下游方向，并与河水流向成锐角相交，交角一般宜小于60°。闸的上、下游渠道应力求顺直，排水渠出口处应做好河道护岸、护底工程，以免因出口的水位跌落形成溯流冲刷。

排水闸位置的选择，常与整个除涝区采用的排水方法及经济效益有关。可在集中控制整个除涝区的地点修建一个大的排水闸，或将排水闸分散布置。

3. 泄（退）水闸

泄水闸位置的选取应考虑闸下有较大的承泄区（如位置较低的河道、湖泊、排水沟或洼地等）和泄水渠线较短的位置，以求泄水快速通畅、造价低。泄水建筑物（除泄水闸外，还有溢流堰、虹吸管等）之间的区段不能过长，以便及时泄退入渠洪水。

泄水闸常设于渠道一侧，一般用60°~90°的分水角。泄水闸分水口的下游根据地形、水流等具体条件确定是否设节制闸。退水闸都布置在渠尾。

4. 分水闸和节制闸

在渠系规划设计时，即应确定分水闸和节制闸的位置。作为调配渠道洪量的分水闸，应布置在由上一级渠道向下一级渠道分水处，但分水闸的进口不应突出于闸前上一级渠道之中，而应向后退建，设在渠岸上。

分水闸的分水角一般采用60°~90°。斗、农门的分水角多为90°。

确定分水闸与节制闸的位置时，除应满足灌溉或其他要求外，还应考虑尽量把它们修建在一起。可使两个分水闸集中起来，共同使用一个节制闸，或者将几个分水闸布置在一起，互相起节制作用，以节省投资。

泄水闸或泄水闸兼作排沙闸使用时，也应尽量与分水闸等共用一个节制闸。

9.2.2 水闸的组成及一般布置

水闸由上游段、闸室段和下游段三部分组成。上游段的作用是将上游来水平顺地引进闸室，并且具有防冲和防渗等作用。下游段应具有引导过闸水流均匀扩散的出口形式和有效的消能防冲设施，以保证闸后不发生有害的冲刷。闸室段位于上述二者之间，是水闸控制水流的主体，也是连结两岸和上、下游段不可缺少的组成部分。

渠系水闸的总体布置应符合下列规定：

（1）节制闸的闸孔净面积和渠道过水面积应大致相等，闸孔数目宜为奇数。

（2）分水闸、泄水闸与渠道的中心线夹角宜为60°~90°，其闸室进口与上级渠道之间应平顺连接并保持渠堤交通顺畅。

（3）多泥沙灌溉渠道上的分水闸底板或闸槛顶部应高于上级渠道底面10 cm以上。

（4）闸孔宽度应根据水深、流量、闸门和启闭设备类型经技术经济比较后合理选定。闸孔孔径应符合现行行业标准《水利水电工程钢闸门设计规范》(SL 74)的闸门孔口尺寸系列标准。

(5)上游翼墙顺水流向的投影长度应大于或等于铺盖长度,下游翼墙每侧的平均扩散角宜采用7°~12°,其顺水流向投影长度应大于消力池长度。

(6)大中型水闸闸门槽前应设检修门槽和叠梁式检修闸门。

(7)严寒和寒冷地区的闸室及上、下游连接段的侧墙背后、底板之下,应采取妥善的排水、保温、抗冻胀措施。

9.2.2.1　上、下游连接段

1. 上游段

上游段包括渠底部分的铺盖、护底和上游防冲槽(渠系小闸常不设护底和防冲槽,而代以设于铺盖前面的块石防冲齿墙)及两岸连接部分的翼墙和护坡。

上游翼墙应与闸室两端平顺连接,其顺水流方向的长度,一般应等于或大于铺盖的长度,墙顶高程常按上游最高水位加一定的超高来确定。上游翼墙一般有以下几种形式,见图9-1。

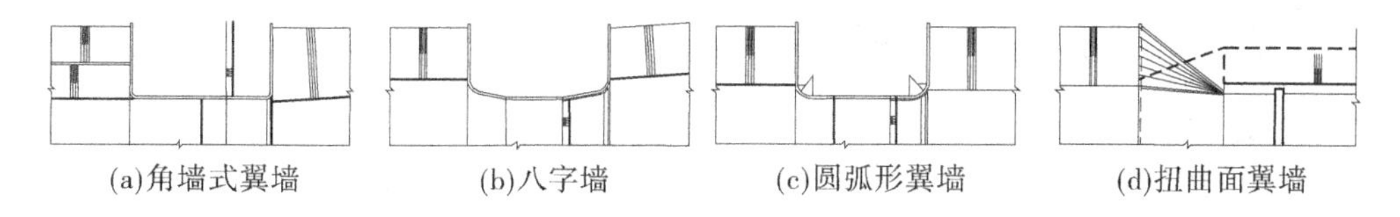

(a)角墙式翼墙　(b)八字墙　(c)圆弧形翼墙　(d)扭曲面翼墙

图9-1　上游翼墙结构型式

角墙式翼墙的优点是对侧向绕渗的防渗效果好,但是工程量较大,且未能形成良好的收缩,在紧靠垂直段墙体的上游会发生回流,严重的不仅会使上游单宽流量加大,可能造成冲刷,而且影响来水均匀进闸,甚至进而恶化下游的流态。

角墙式的进一步发展是八字墙和圆弧形翼墙。这两种形式,尤其是圆弧形翼墙具有良好的收缩段,能使水流平稳而又均匀地进入闸孔。八字墙和圆弧形翼墙多适用于渠宽大于闸宽的较大的水闸。

扭曲面进口的翼墙能为水流进闸创造较好的渐变收缩条件,流势最为平顺。如果施工条件许可,地基又为比较密实的黏性土,建议渠道上较大的水闸尽可能采用这种进口形式。

翼墙视其结构和地基条件,每隔一定距离设置一道沉降缝,对于钢筋混凝土结构,分缝间距约为20 m;混凝土或浆砌块石结构,则为15 m左右。建于回填土上的墙体分缝间距应予减短。

2. 下游段及护坡

下游连接段包括闸下河床部分的护坦(消力池)、海漫和防冲槽,以及两岸的翼墙与护坡两大部分。其主要作用是改善出闸水流条件,提高泄流能力和消能防冲效果,确保下游河床和边坡稳定。

消力池、海漫和防冲槽的布置详见9.3节。

下游翼墙顺水流方向的长度至少应与消力池的全长相等,墙顶一般宜高于下游最高水位。

当闸宽与渠底宽相等时,可采用角墙式翼墙。当渠宽大于闸宽时,可采用八字形翼墙,其扩散角一般为7°~12°,使水流沿墙面均匀扩散。土质条件较好的渠系小型水闸常采用扭曲面或斜降墙的形式与下游渠道连接。

下游翼墙也可用变曲率的圆弧形翼墙,但半径应大于上游弧形翼墙的半径,二者的比值约为 1.5 倍,以适应水流扩散的需要。

翼墙下游水流的流速和水面波动均较大,需要设置一定长度的护坡,以保护岸坡免遭冲刷。护坡的长度与闸下水流流态和渠岸土质有关。一般护坡长度与防冲槽末端齐平或稍加延长。

护坡的构造一般与相应段内的海漫相同。在护坡坡脚及护坡与下游岸坡交接处,应加大护砌厚度,做成嵌入土中的齿墙,以防淘刷。

水闸建筑在软弱地基上时,如上、下游水位差不大,可用上、下游护坡取代上、下游翼墙。

下游出口段包括筛网消能工和消力池两部分,消力池末端用 1∶5~1∶10 的倒坡段与下游渠道连接,倒坡段以外一般不加护砌。

9.2.2.2　闸室段

闸室段是水闸工程的主体,包括闸底板、闸墩、胸墙、闸门、工作桥、交通桥等。闸室结构布置详见 9.5 节。

9.2.3　灌区各种水闸的布置特点

9.2.3.1　进水闸

进水闸的中心线与河(渠)道中心线的交角宜小于 30°,其上游引河(渠)长度不宜过长。位于多泥沙河流上的进水闸,其中心线与河(渠)道中心线的交角可适当加大。在多泥沙河流有坝引水时,宜为 70°~75°。位于弯曲河(渠)段的进水闸,宜布置在靠近河(渠)道深泓的岸边。

进水闸临近河岸布置时,可在闸前河岸线处布设拦沙坎,在保证引水的前提下,适当抬高拦沙坎的顶部高程,对防沙入渠是有利的,对于河床稳定性差、含沙量较大的大、中河流,拦沙坎或拦沙潜堰的设计高程应比设计水位时河床平均高程高 1.0~1.5 m。

进水闸一般均采用开敞式水闸;但当上游水位变幅较大,而引水流量并不太大的进水闸,可采用带有胸墙的开敞式水闸;引水流量较小时,可采用涵洞式进水闸。

为了便于管理,同时也是为了引取小流量时能够对称开启闸孔,而又避免闸下产生折冲水流,进水闸闸孔宜布置成单数孔。

为了引取河中表层清水,并减轻闸后消能负担,进闸流量最好采用直升式平面闸门或弧形闸门等主要闸门或叠梁式检修门联合工作来控制。是否需要利用主要闸门控制流量,须根据河道水位而定。

在冬季结冰的河道上引水时,应采取适当的防冰措施。

进水闸设置胸墙可以拦截漂浮物,或者在闸前布设拦污栅阻拦漂浮物潜入闸孔。

有坝取水进水闸的平面布置形式有正面取水、侧面排沙和侧面取水、正面排沙两种布置形式,前者多建于宽浅式多沙河流人工整治段上,后者则用于稳定河段,这两种布置,进水闸都应与冲沙设施的布置紧密配合,防止推移质泥沙入渠。

9.2.3.2　分水闸

分水闸在平面布置上与进水闸类似。

分水闸可以做成开放式的或涵洞式的。当渠堤不高,但分水流量较大时,常用前者;当渠堤较高、分水流量较小时,则多用后者。

渠系中常将分水闸与节制闸修建在一起,或将几个分水闸修建在一起,以互相起调节作用。闸枢组中可以共用一个铺盖,并缩短了闸与闸之间连接翼墙的总长度,比较经济,同时也有利于配水管理。但由于闸孔彼此过于接近,泄流时相互影响较大,使水闸量水的准确性有所降低。

由分水闸与节制闸或其他分水闸构成的闸枢组,常见的布置形式有以下三类:①分水闸与节制闸互成正交;②分水闸与节制闸互成斜交;③由两个分水闸构成的闸枢组。

9.2.3.3 节制闸

节制闸的轴线宜与河道中心线正交,其上、下游河道直线段长度不宜小于5倍水闸进口处水面宽度,难以满足上述要求时,宜设置导流墙(墩)。

节制闸横跨渠中,闸孔宽度应根据渠底坡降和渠道挖填方情况,经过经济比较后确定。

较大的节制闸常用平面闸门或弧形闸门控制水流,比较小的节制闸可用叠梁。但采用叠梁时,水流从顶部溢过,增加了消能的困难,且闸前容易产生泥沙的淤积。

为了使过闸水流平顺,水头损失较小,节制闸的上游翼墙宜采用扭曲面或圆弧墙的形式,下游宜采用八字墙或扭曲面,以利水流平稳地扩散。

设计闸孔时应以选用单数孔为好,以免闸下出现不对称水流。

在通航渠道上,节制闸如兼有过船任务时,闸孔尺寸(闸孔净宽和高度)应满足航运的要求。

节制闸通常可与分水闸或泄水闸等联合修建。

9.2.3.4 泄水闸

泄水闸建于渠侧,其结构形式与分水闸相类似,有开敞式和涵洞式两种。为了增大泄流能力和在必要时泄空渠道进行整修,或有冲沙要求时,闸槛和闸前渠底的高程低于干渠渠底的高程。当其泄水后期,在闸前渠道中可能产生降水曲线,对这一段渠道应加强保护,以防止冲刷。由于上游渠底降低,闸前水深因之较大,如采用开敞式水闸时,宜设置胸墙,以减小闸门高度。闸的下游段应结合地形布置,多修建成陡坡、跌水等形式,在闸的下游泄水渠中,如流速较大,应采取相应的防冲措施。

泄水闸与节制闸联合布置时,它的布置和结构形式基本上与分水闸相同。如无冲沙要求,闸槛高程一般取与闸前渠底齐平。

无节制闸的泄水闸,其上游渠道常需护砌一段较长的距离。工程上常在闸前利用降低的渠底建成跌塘,但为了防止过大降水可能造成渠道的冲刷,必须选定跌塘前适宜的控制缺口形式。

9.2.3.5 排水闸

当排水闸位于河流的一侧时,应考虑其承受两向水头的特点,妥善地布置其防渗与消能防冲设备,一般都将铺盖或主板桩布置在水位经常比较高的一边,而将透水的(或者一部分设置排水孔和滤层)的护坦设在另一边;或者将水位较高一边护坦的不透水部分取得长一些,而在另一边取得短一些。对于承受双向水头,而又双向过水的排水闸,其上、下游翼墙的扩散角均不应过大;圆弧形翼墙应该是比较合理的翼墙形式,其半径应较大,且数值上则基本上相等。

沿河、沿海的排水闸一般都采用有胸墙的开敞式水闸。对有通航要求的排水闸,不宜采用有胸墙的开敞式水闸,但可采用活动式胸墙或双扉闸门。

9.3　水闸水力学计算

9.3.1　水闸的闸孔设计

水闸的闸孔设计与水闸闸址处的水文、地质、地形、施工及管理运用等条件有关。具体设计内容包括确定闸孔的形式和尺寸。闸孔形式是指底板形式(堰顶)、门型及门顶胸墙的形式(当采用胸墙时)。闸孔的尺寸是指底板的顶面高程(堰顶高程)、岸墙顶部和翼墙底面高程、闸孔净宽及闸孔的孔数等。

设计闸孔时,首先应选定闸孔和底板形式,进而选定堰顶高程,最后确定上、下游水位及过闸流量,决定闸孔净宽和孔数。

9.3.1.1　水闸上、下游水位的确定

由于各种水闸的任务不同,水闸的上、下游水位的确定方法也各有差异。

1. 渠首进水闸

进水闸分有坝取水和无坝取水两类。

(1)有坝取水。进水闸的上游水位是由拦河坝(闸)控制的。闸的上游设计水位,即拦河坝(闸)应该壅高的水位。其他时期的水位取决于相应时期内拦河坝(闸)泄流时的坝顶(闸前)溢流水位。

(2)无坝取水。进水闸的上游水位,可取闸前外河历年平均枯水位为设计水位;或选用相当于灌溉设计保证率灌溉临界期外河平均水位,作为上游的设计水位。

在确定无坝取水口渠首闸的闸前外河水位时,若引水量比较大,应考虑取水口河水位的降落影响。

闸前引水渠长度若大于20倍闸槛以上的上游水深,则闸前外河水位还应减去引水渠的水头损失。

渠首进水闸的下游水位(无论是有坝取水还是无坝取水),是在灌区规划设计中,由田面高程到渠首进行渠系水位推算而决定的,计算所得的渠道水位加上过闸水位降落值(一般为0.1~0.3 m,山丘区这一数值可以适当定得大一些),即为闸前上游水位。若河道水量丰富,且取水口处水位能与之相等或接近相等,则可满足引水灌溉的要求;若高于闸前水位,则应筑坝(闸)壅高水位,或修改灌区规划,或修改取水口的设计方案。

2. 分水闸

如分水闸位于干渠节制闸的上游,则闸上游水位根据节制闸在闸前壅高的水位确定。若分水闸位于节制闸的下游,或干渠并无节制闸,则可近似地取干渠在分水以后的水位,作为分水闸的上游水位。闸下游水位也同样由用水区到支渠口进行水位推算决定。

3. 排水闸

排水闸上游水位是排水渠末端相应于排水流量的水位。排水闸一般在外河水位稍低于上游除涝水位时,即行开闸抢排。为保证适时排水,故常选择低于上游水位约0.05~0.1 m的外河水位,作为排水闸下游水位,以获得足够的闸孔宽度。

4. 节制闸

对于采用轮灌方式的渠道上的节制闸,闸上、下游最大流量均为渠道的设计流量。下游水位即为相应于此设计流量的下游渠道水位,其下游如设有节制闸,则应计入该闸的壅高影

响。上游水位按下游水位加落差0.1~0.2 m求得。对于采用续灌方式渠道上的节制闸,闸上、下游渠道的设计流量不同,此时可取相应于上、下游渠道通过各自设计流量时的水位,作为闸的上、下游设计水位。

5. 泄水闸

闸上游水位可用渠道通过其设计流量时的水位,而闸下游水位则用泄水渠中通过泄放流量时的相应水位。泄水闸下游一般用跌水、陡坡等连接容泄区,水闸多为自由泄流,下游水位较低,不影响闸的泄流量。

9.3.1.2 水闸闸顶高程的确定

水闸闸顶计算高程应根据挡水和泄水运用情况确定。挡水时,闸顶高程不应低于水闸正常蓄水位或最高挡水位加波浪计算高度与相应安全加高值之和;泄水时,闸顶高程不应低于设计洪水位或校核洪水位与相应安全加高值之和。水闸安全加高下限值应符合表9-1的规定。

表9-1 水闸安全加高下限值 (单位:m)

运用情况		水闸级别			
		1级	2级	3级	4级、5级
挡水时	正常蓄水位	0.7	0.5	0.4	0.3
	最高挡水位	0.5	0.4	0.3	0.2
泄水时	设计洪水位	1.5	1.0	0.7	0.5
	校核洪水位	1.0	0.7	0.5	0.4

位于防洪、挡潮堤上的水闸,其闸顶高程不应低于防洪、挡潮堤堤顶高程。

闸顶高程除应满足上述要求外,还应考虑下列因素:①软弱地基上闸基沉降。②多泥沙河流上、下游河道变化引起水位升高或降低。③防洪、挡潮堤上水闸两侧堤顶可能加高。

9.3.1.3 堰型选择

常用的堰型有宽顶堰与实用堰两类,宽顶堰的流量系数虽然较小,但构造简单,施工方便,在灌排系统内的水闸,一般都采用宽顶堰的底板形式。

当上、下游渠底高差较大,必须限制单宽流量时;地面表层土质松软,需将闸底高程降低,使底板置于较深的密实土层上时;有拦沙要求时,均可考虑采用实用堰。水闸底板采用实用堰,多为低堰,即上游堰高 $P_1 \leq (1.0\sim1.33)$ 倍剖面设计水头 H_d 的实用堰。

当前常用的低堰有WES剖面堰、梯形堰和驼峰堰等三种。

9.3.1.4 堰顶高程的确定

堰顶高程应综合考虑水流、地质、地形、施工及运用等条件,结合堰型和门型的选择,经过技术经济比较后确定。

进水闸的堰顶高程常等于或略高于闸后渠底,且比闸前河床至少高1.0 m,以防止推移质泥沙入渠。分水闸的堰顶高程常高于闸前干渠渠底,以利防沙。若支渠较大或为挖方渠道,则支渠渠底和分水闸的堰顶高程均可与干渠渠底相平。节制闸的坎顶高程应与该闸所在处的渠底相平。排水闸的堰顶高程应尽量布置得低一些,以满足除涝要求。泄水闸的堰顶和闸前一段渠道的渠底高程,常略低于该闸所在渠段的渠底高程,以便增加泄水闸的泄流能力,并在必要时泄空渠道,进行修理或清淤。

9.3.1.5 过闸单宽流量的选择

过闸单宽流量的选择,主要根据闸后河床的地质条件,但也应考虑上下游水位差、下游水深和河道宽度与闸前宽度的比值等因素。

在确定堰顶高程时,要充分考虑闸后河床土质许可的单宽流量大小,亦即过闸单宽流量是对堰顶高程的确定起制约作用的。

一般在不致造成消能防冲过大困难的条件下,选用较大的过闸单宽流量。

对灌溉渠系上的大多数水闸来说,过闸单宽流量的选用并非完全取决于闸下游河床的土质条件,而是取决于上下游水位差和堰顶高程。

下游渠道通常根据渠床土质条件和水位—流量关系事先设计确定,在计算闸孔宽度时,对于扩散良好的水闸,其过闸单宽流量不得大于下游渠道平均单宽流量的1.6倍。

9.3.1.6　闸孔宽度的确定

1. 闸孔计算控制条件的选定

由于闸的上、下游水位和流量都是随着时间的变化而有所不同,上下游水位差最小时,取水流量不一定为最大值。故在确定闸孔宽度时,须选定几个计算情况,作为推求最大闸孔尺寸的依据。

2. 堰流计算公式

1) 自由式宽顶堰的泄流能力

当从堰顶算起的下游水深 $h_s<0.8H_0$ 时,下游水位对泄流无影响,为自由式宽顶堰流。自由式宽顶堰流的流量计算公式为(见图9-2):

$$Q=\varepsilon mB\sqrt{2g}H_0^{\frac{3}{2}} \tag{9-1}$$

$$B=nb$$

$$H_0=H+\frac{v_0^2}{2g}$$

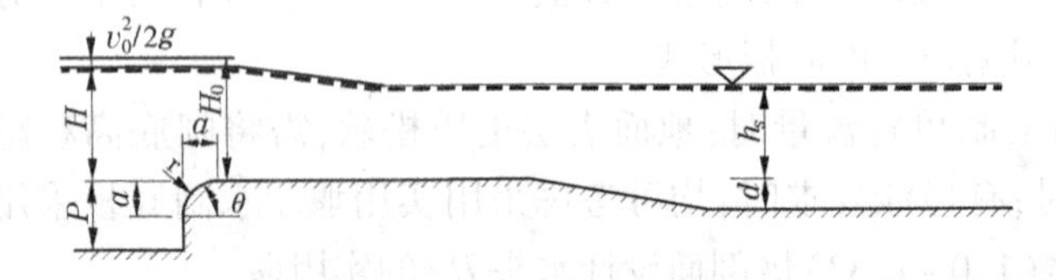

图9-2　宽顶堰水力计算图式

式中:B 为闸孔总净宽度;H_0 为计入行近流速的堰顶水头;m 为流量系数,取决于堰的进口形式和堰的相对高度 P/H;b 为每孔净宽;n 为孔数;v_0 为行近流速,按堰前(3~5)H 处的过水断面计算;H 为堰顶上游水深。

ε 为侧面收缩系数,可由别列津斯基公式计算:$\varepsilon=1-\dfrac{k}{\sqrt[3]{0.2+\dfrac{P}{H}}}\sqrt[4]{\dfrac{b}{B}}\left(1-\dfrac{b}{B}\right)$。其中 k 为反映墩头形状影响的系数,墩头为矩形时,$k=0.19$,墩头为曲线形时,$k=0.10$。

当闸孔宽度相等的多孔闸同时工作时,整个溢流前缘的侧面收缩系数 ε 可按加权平均法计算:

$$\varepsilon=\frac{\varepsilon_{中}(n-1)+\varepsilon_{边}}{n} \tag{9-2}$$

式中:$\varepsilon_{中}$ 为中间孔的侧面收缩系数;$\varepsilon_{边}$ 为边孔的侧面收缩系数。

自由式宽顶堰流态常见于泄水闸和泄洪闸中。但对于山丘区的水闸,其下游渠道的纵坡一般都比较大,且有很好的衬砌,所以泄流可按自由式堰流计算。

2)淹没式宽顶堰的泄流能力

在平原地区水闸中,过闸落差较小,相应下游水位较高时,过闸水流的流量将受下游水位的影响,成为淹没出流。淹没式宽顶堰的流量计算公式为:

$$Q = \varepsilon\varphi_s Bh\sqrt{2g(H_0 - h)} \tag{9-3}$$

$$\varphi_s = \varphi - \frac{0.013}{m^3}\sqrt{\frac{h_s}{H_0} - 0.80} \tag{9-4}$$

$$\varphi = 1 - \frac{0.385 - m}{\frac{1}{m} - 1.80} \tag{9-5}$$

$$z' = 0.30h_k - \frac{h_s - 1.30h_k}{3.22h_s - 3.65h_k} \tag{9-6}$$

式中:φ_s 为淹没堰流的流速系数;m 为流量系数;h 为淹没式宽顶堰的堰上水深,$h=h_s-z'$,其中 z' 为逆向落差,水流从堰顶流向下游时,部分动能转换为势能,z' 是堰上水位低于下游水位的差值;h_k 为临界水深;其他符号的含义与式(9-1)相同。

按式(9-5)算出的 φ 值列于表9-2中。

表9-2　φ 与 m 的数值关系

m	0.32	0.33	0.34	0.35	0.36	0.37	0.38	0.385
φ	0.951	0.954	0.981	0.967	0.974	0.983	0.994	1.000

当淹没现象开始时,即 h_s 刚超过 $0.8H_0$ 时,z' 值最大,可达 $0.2H_0$。随着上下游水位差的减小,z' 值亦逐渐降低。

3)实用堰的泄流能力

实用堰主要是指梯形低堰和驼峰堰,它们的计算公式也适用于WES剖面或短闸室平底堰,只是流量系数 m 值及淹没系数 σ_s 值有所不同。实用堰的泄流能力按下列公式计算:

自由式堰流
$$Q=\varepsilon mB\sqrt{2g}H_0^{\frac{3}{2}} \tag{9-7}$$

淹没式堰流
$$Q_{淹}=\sigma_s\varepsilon mB\sqrt{2g}H_0^{\frac{3}{2}} \tag{9-8}$$

式中:ε 为侧面收缩系数,对于实用堰,ε 值按下式计算:

$$\varepsilon = 1 - 0.2\frac{\xi_{边} + (n-1)\xi_{中}}{n} \times \frac{H_0}{b} \tag{9-9}$$

式中:$\xi_{边}$ 为边墩形状影响系数,根据边墩头部平面几何形状,查图9-3确

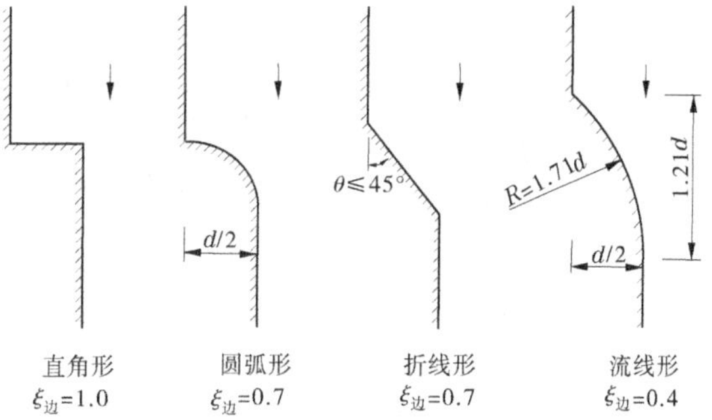

图9-3　边墩形状影响系数 $\xi_{边}$ 值

定;$\xi_{\text{中}}$为闸墩形状影响系数,可由表 9-3 查取。

表 9-3　闸墩形状影响系数 $\xi_{\text{中}}$ 值

<table>
<tr><th rowspan="2">闸墩头部平面形状</th><th colspan="5">h_s/H_0</th></tr>
<tr><th>≤0.75</th><th>0.80</th><th>0.85</th><th>0.90</th><th>0.95</th></tr>
<tr><td>矩形</td><td>0.80</td><td>0.86</td><td>0.92</td><td>0.98</td><td>1.00</td></tr>
<tr><td>楔形</td><td rowspan="2">0.45</td><td rowspan="2">0.51</td><td rowspan="2">0.57</td><td rowspan="2">0.63</td><td rowspan="2">0.69</td></tr>
<tr><td>半圆形</td></tr>
<tr><td>流线形</td><td>0.25</td><td>0.32</td><td>0.39</td><td>0.46</td><td>0.53</td></tr>
</table>

注:1. h_s 为下游水面超过堰顶的高度;

2. 墩尾形状与墩头相同。

应用式(9-9)计算 ε 值时,如 $H_0/b>1$,取 $H_0/b=1$。

流量系数 m 值随不同的堰型而异。

4)侧堰的泄流能力

由于分洪或引水需要,沿主流旁侧岸边(如河岸、渠堤)设分水口形成侧堰,见图 9-4(a)。当主流为缓流时,沿分水口口门水面呈壅水状态,见图 9-4(b);当主流为急流时,沿口门水面呈降水状态,见图 9-4(c)。因河渠水流多为缓流,以下将给出主流为缓流时的侧堰计算。

(1)分水角为锐角时的侧堰水力计算。泄流量可由下式计算:

$$Q = m\left(1 - \frac{v_1}{\sqrt{gh_1}}\sin\alpha\right) b\sqrt{2g}H_1^{\frac{3}{2}} \tag{9-10}$$

式中:Q 为侧堰流量;m 为一般正堰的流量系数;v_1、h_1、H_1 为侧堰首端河渠断面的平均流速、水深和堰顶水头;α、b 的意义见图 9-4。

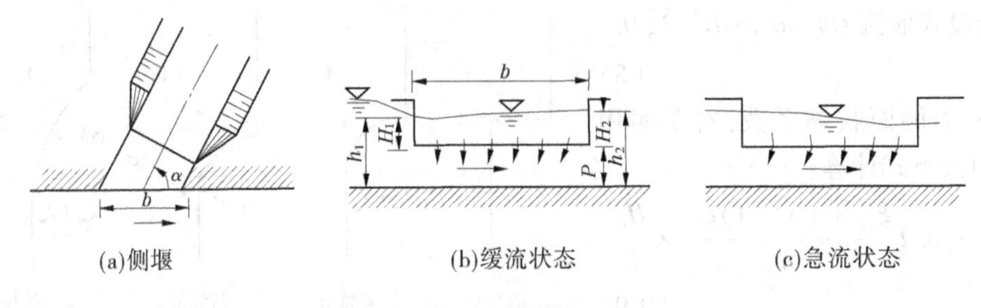

图 9-4　侧堰

忽略变量流沿程的能量损失,并设为平底坡,侧堰首末端河渠断面间能量方程为:

$$h_1 + \frac{v_1^2}{2g} = h_2 + \frac{v_2^2}{2g} \tag{9-11}$$

流量关系为：

$$Q_1 = Q + Q_2 \tag{9-12}$$

式中：Q_1、Q_2 为侧堰首末端河渠的流量；v_2、h_2 为侧堰末端河渠断面上的平均流速、水深。

利用式(9-10)～式(9-12)联立，可求出侧堰泄流量 Q。

(2)分水角为直角时的侧堰水力计算。假设变量流的断面单位能量 E_s 沿程不变，可有下列关系式：

$$Q = Cb\sqrt{2g}\,\overline{H}^{\frac{3}{2}} \tag{9-13}$$

$$b = \frac{B}{C}\left[F\left(\frac{h_2}{E_{s2}},\frac{P}{E_{s2}}\right) - F\left(\frac{h_1}{E_{s1}},\frac{P}{E_{s1}}\right)\right] \tag{9-14}$$

$$E_s = h + v^2/(2g)$$

式中：$\overline{H}$ 为 H_1 和 H_2 的平均值，H_1 和 H_2 见图 9-4；B、b 为河渠宽度和侧堰堰宽；E_s 为断面单位能量；h、v 为变量流断面的水深和流速；C 为流量系数，可取 $C=0.95\ m$，m 为正堰流量系数；P 为堰高，见图 9-4；F 为 h/E_s 和 P/E_s 的函数，由式(9-15)得出。

$$F\left(\frac{h}{E_s},\frac{P}{E_s}\right) = \frac{2E_s - 3P}{E_s - P}\sqrt{\frac{E_s - h}{h - P}} - 3\tan^{-1}\sqrt{\frac{E_s - h}{h - P}} \tag{9-15}$$

侧堰流量 Q 可应用式(9-11)～式(9-14)试算求出。

3. 闸孔宽度计算

利用堰流公式计算闸孔宽度时，常须经过试算，一般的计算过程为：

(1)根据选定的闸孔形式(包括堰型)和过闸流量，上、下游水位，以及堰顶高程，按照堰流的淹没准则，判定过闸水流的流态。

(2)假定 ε、φ 及 m 值，利用有关的堰流流量公式计算闸孔总净宽度。

(3)根据运用要求、门型和启闭机械等条件，确定闸孔数目 n 和每孔净宽 b。

(4)结合闸的总体布置，确定闸室底板分缝位置和闸墩、边墩、翼墙的形式和尺寸；再根据前面得出的 n 和 b 值，算出 ε、φ 及 m 值，然后代入流量公式，以验算其泄流能力。将算得的泄流量与设计流量比较，其误差应在5%之内；否则，应予重算，直至满足要求。

闸孔数目较少时(如 $n \leqslant 8 \sim 10$)，宜采用单孔数，以利泄流时对称开启闸门，改善下游水流条件。

9.3.1.7　闸孔出流的计算

1. 闸底板为宽顶堰的闸孔出流

当闸下发生淹没水跃，且水跃前端接触闸门，下游水位影响闸孔的泄流能力时，闸孔出流为淹没出流。若闸下水深 h_s 小于或等于闸后收缩断面水深 h_c 的共轭水深 h_c''，即 $h_c \leqslant h_c''$，水跃发生在收缩断面处或收缩断面的下游，即下游水位不影响闸孔出流，称为闸孔自由出流。

1)宽顶堰型闸孔自由出流

通过宽度为 B 的闸孔自由出流的流量公式为：

$$Q = \mu_0 Be\sqrt{2gH_0} \tag{9-16}$$

式中：μ_0 为宽顶堰型闸孔自由出流的流量系数，$\mu_0=\mu\times\sqrt{1-\varepsilon'\frac{e}{H_0}}=\varepsilon'\varphi\sqrt{1-\varepsilon'\frac{e}{H_0}}$。其中，$\mu=\varepsilon'\varphi$，$\varphi$ 为流速系数，可由表 9-4 查取；e 为闸门开度；ε' 为垂直收缩系数，对于平板闸门，ε' 值可由表 9-5 查取，对于弧形闸门，ε' 值可由表 9-6 查取。

表 9-4　流速系数 φ 值

闸门孔口形式	图形	φ
闸底板与引水渠道底齐平，无坎		0.95~1.00
闸底板高于引水渠底，有平顶坎		0.85~0.95
无坎跌水处		0.97~1.00

表 9-5　平板闸门垂直收缩系数 ε'

闸门相对开度（e/H）	0.10	0.15	0.20	0.25	0.30	0.35	0.40	0.45	0.50	0.55	0.60	0.65
ε'	0.615	0.618	0.620	0.622	0.625	0.630	0.630	0.638	0.645	0.650	0.660	0.675

表 9-6　弧形闸门垂直收缩系数 ε'

α(°)	35	40	45	50	55	60	65	70	75	80	85	90
ε'	0.789	0.766	0.742	0.720	0.698	0.678	0.662	0.646	0.635	0.627	0.622	0.620

对于平板闸门，流量系数可用下式计算：

$$\mu_0 = 0.60 - 0.18\frac{e}{H} \tag{9-17}$$

适用范围为 $0.1<\frac{e}{H}<0.65$。

弧形闸门的流量系数则用另一经验公式计算：

$$\mu_0 = \left(0.97 - 0.81\frac{\alpha}{180°}\right) - \left(0.56 - 0.81\frac{\alpha}{180°}\right)\frac{e}{H} \tag{9-18}$$

上式的适用范围是 $25°<\alpha\leqslant 90°$，$0<\frac{e}{H}<0.65$。

闸孔出流计算中，当闸前水头较高，而开度又较小时，行进流速水头值比较小，可以忽略不计。为了简化计算，常令 $H\approx H_0$。试验证明，在闸孔出流中，闸墩及边墩对泄流能力的影响很小，故一般在其流量公式中不考虑侧面收缩的影响，即令 $\varepsilon=1.0$。

2) 宽顶堰型闸孔淹没出流

当闸孔为淹没出流时,均按以下公式计算:

$$Q_{淹} = \sigma_s \mu_0 Be\sqrt{2gH_0} \tag{9-19}$$

式中:μ_0 为闸孔自由出流的流量系数;σ_s 为淹没系数,可由图 9-5 查取。

闸孔闸门采用的门型不论是弧形闸门还是平板闸门,其淹没出流的流量公式的 σ_s 值都是相同的。

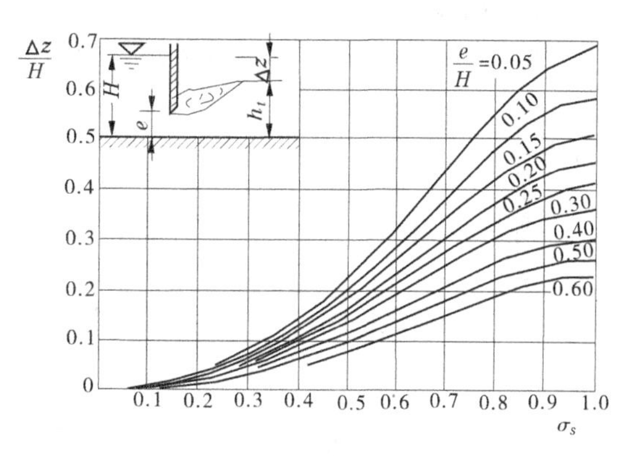

图 9-5 淹没系数 σ_s

2. 闸坎为实用堰的闸孔出流

实用堰型的闸孔自由出流流量公式一般与式(9-16)相同,但其流量系数 μ_0 值因不同的门型而异。

对于平板闸门

$$\mu_0 = 0.745 - 0.274\frac{e}{H} \tag{9-20}$$

对于弧形闸门

$$\mu_0 = 0.685 - 0.19\frac{e}{H} \tag{9-21}$$

以上二式的适用范围为 $0.1<\frac{e}{H}<0.75$,主要适用于曲线实用堰,对重要的闸坝,应进行专门的试验。

低堰情况下的闸孔淹没出流,可近似用式(9-22)计算:

$$Q_{淹} = \mu_0 Be\sqrt{2g(H_0 - h_s)} \tag{9-22}$$

式中:μ_0 为实用堰型闸孔自由出流的流量系数;h_s 为下游水位超过堰顶的水深。

9.3.2 水闸的消能防冲设计

9.3.2.1 过闸水流的特点

过闸水流的特点及其对消能防冲设计的要求如下:

(1)出闸水流流速较大,紊动强烈,必须考虑下游消能问题。平原地区水闸的水头一般较低,河(渠)槽土质抗冲能力较小,下游水位变化又较大,故不宜采用挑流式和面流式消能,而常采用底流式消能方式。

(2)闸上、下游水位多变,出流形式多变,闸门开启程序也有变化,因此底流式消能要求修筑的消力池或其他形式的消能设施,应在可能发生的工作情况下,都能满足水跃对共轭水深的要求。

(3)当水闸上、下游水位差小时,过闸水流会在下游形成波状水跃,消能效果不佳。挟有剩余能量的水流会冲刷下游渠道,影响渠道的稳定性,应采取适当的措施。

(4)多孔水闸常因闸门开启不当,形成折冲水流,冲毁消能防冲设施和下游渠道。另外,上游渠道不顺直,来水流势不匀称;或下游翼墙布置不当,扩散角太大,也都极易形成折冲水流。故在设计水闸的消能防冲设施时,必须做好总体布置,同时应制订合理的闸门控制调度方案。

水闸的基本消能方式是底流水跃,但山丘区灌溉渠系上的泄水闸、退水闸等,如水力条件和地形、地质条件都能具备，也可采用挑流消能方式。

底流式消能防冲设施主要有消力池、海漫和防冲槽等部分组成，其形式应根据水位—流量情况、地质条件、施工能力、消能效果和经济比较结果选用。

9.3.2.2　**消力池设计**

消力池的作用是促成水跃，并保护地基免遭冲刷，其主要形式有三种：①挖深式消力池，即降低护坦高程所形成的消力池；②尾坎式消力池，护坦高程不降低，在其末端修建消能坎形成的平底消力池；③综合式消力池，是一种常用的、既有挖深又筑有低坎的消力池形式。

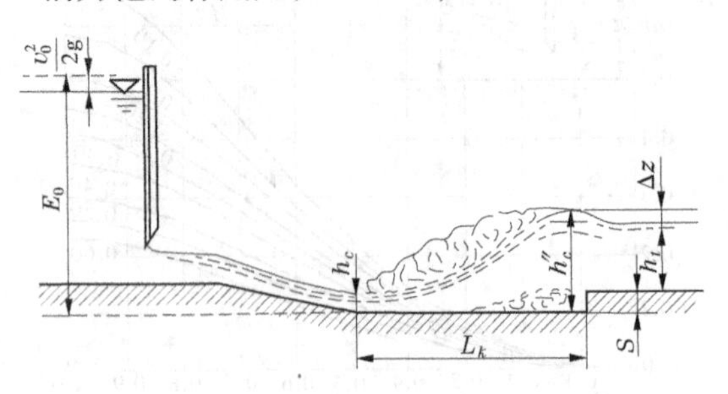

图 9-6　挖深式消力池

1. 池深的确定

1) 挖深式消力池

矩形断面的消力池池深 S 应满足下列条件(见图 9-6)：

$$S = \sigma h_c'' - (h_t + \Delta z) \tag{9-23}$$

式中：σ 为淹没安全系数，采用 $\sigma = 1.05 \sim 1.10$；

h_t 为下游水深；Δz 为消力池出口处的水面落差，按式(9-24)计算：

$$\Delta z = \frac{Q^2}{2g\varphi^2 h_1^2 B_1^2} - \frac{v_0^2}{2g} \tag{9-24}$$

上式中 B_1 为消力池出口宽度；φ 为流速系数，一般取 0.95。在初步计算时，往往将式(9-23)中的 Δz 值略去不计。h_c''(跃后水深)可按式(9-25)计算：

$$h''_c = \frac{h_c}{2}\left(\sqrt{1 + \frac{8\alpha q^2}{gh_c^3}} - 1\right) = \frac{h_c}{2}\left(\sqrt{1 + 8F^2r} - 1\right) \tag{9-25}$$

$$E_0 = h_c + \frac{q^2}{2g\varphi^2 h_c^2} \tag{9-26}$$

式中：Fr 为跃前断面水流的弗劳德数，$Fr = \frac{v}{\sqrt{gh_c}}$；$h_c$ 为跃前水深，按式(9-26)推求；E_0 为以跃前断面处消力池底水平面为基准面的水闸上游总水头；q 为跃前断面处的单宽流量，$q = \frac{Q}{B'}$(其中 B' 值可取用闸孔总宽度，消力池伸入闸室内或闸墩宽度相对较大时，采用闸孔净宽)；φ 为流速系数，φ 值与堰的进口形式、出流形式、单宽流量、堰面糙度和流程长度等影响因素有关，可参考表 9-7 查用。

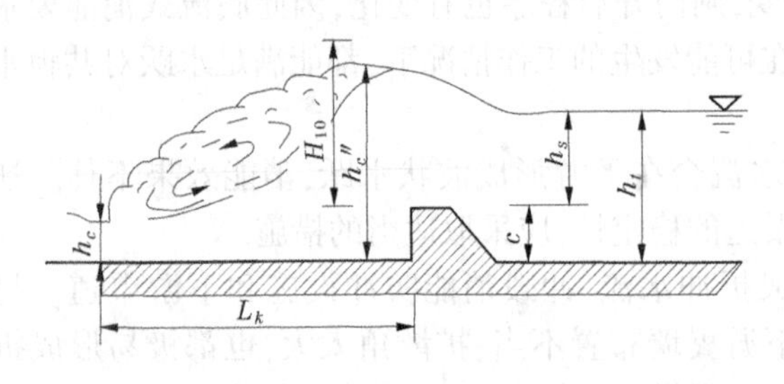

图 9-7　尾坎式消力池

2) 尾坎式消力池

当河床受地质条件限制，不宜深挖，或开挖筑池不经济，可在护坦末端修尾坎，以壅高坎前水位，使之形成淹没式水跃。尾坎的高度 c 应满足以下要求(见图 9-7)：

$$c=\sigma h_c''-H_1 \tag{9-27}$$

$$H_1=\left(\frac{q}{\sigma_s m\sqrt{2g}}\right)^{\frac{2}{3}}-\frac{q^2}{2g(\sigma h''_c)^2} \tag{9-28}$$

式中：H_1 为坎上壅高的水头；m 为尾坎溢流时的流量系数，对于梯形断面的尾坎，上游面直立的，取 $m=0.42$，上游面倾斜的，取 $m=0.41$；σ_s 为淹没系数，按表9-8查取。

表9-7　泄水建筑物出流的流速系数 φ

建筑物泄流方式	泄流图形及收缩断面位置	φ	建筑物泄流方式	泄流图形及收缩断面位置	φ
低曲线型实用堰溢流		0.90~0.95（中小型建筑物）	折线型实用堰及宽顶堰溢流		0.80~0.90
低曲线型实用堰顶闸孔（或胸墙）出流		0.85~0.95	折线型实用堰及宽顶堰闸孔（或胸墙）出流		0.75~0.85

表9-8　淹没系数 σ_s 值

h_s/H_{10}	≤0.45	0.50	0.55	0.60	0.65	0.70	0.72	0.74	0.76	0.78
σ_s	1.00	0.990	0.985	0.975	0.960	0.940	0.930	0.915	0.900	0.885
h_s/H_{10}	0.80	0.82	0.84	0.86	0.88	0.90	0.92	0.95	1.00	
σ_s	0.865	0.845	0.815	0.785	0.750	0.710	0.651	0.535	0.000	

利用试算法先按非淹没堰流算起，此时

$$H_1=\left(\frac{q}{m\sqrt{2g}}\right)^{\frac{2}{3}} \tag{9-29}$$

然后按式(9-27)求得坎高 c 值，校核坎顶溢流是否淹没。如为淹没式堰流，则改用式(9-28)重新计算 H_1，再经式(9-27)验算坎高。

坎高确定后，还应验算坎后水流的衔接情况。如果发生水跃，则须设置二级消力池，或者改变设计，如采用综合式消力池等。

3)综合式消力池

综合式消力池的计算，先按0.1~0.3倍下游水深确定坎高，而后再按挖深式消力池的算法确定下挖深度。

综合式消力池具有挖深式和尾坎式消力池的优点，所以工程上采用的较多。

4)扩散式消力池

实际工程中的消力池大多都是扩散式，其具有扩散水流的性能良好，便于与下游渠道连接，且可减少池深和池长等优点。侧墙的反力与水跃表面轮廓形状之间是有关联的，当轮廓形状为直线时的共轭水深计算公式为：

$$4Fr_0^2 = \frac{\beta\eta}{\beta\eta - 1}[(1+\beta)(\eta^2 - 1)] \tag{9-30}$$

式中：β 为扩散消力池宽度的扩大率，$\beta=b_2/b_1$，其中 b_1、b_2 分别是跃前和跃后水深处断面的底宽；η 为共轭水深比，$\eta=h_c''/h_c$。

矩形断面扩散水跃的共轭水深按式(9-30)求解时，仍需试算。

2. 池长计算

工程设计应保证水跃发生在消力池内，故池的长度与水跃长度有关。平底消力池上无任何尾坎时的水跃，叫作自由水跃。当消力池采用挖深式或其他形式时，池内形成的强迫水跃，比自由水跃短，且比较稳定。一般消力池的长度 L_k(L_k 不包括尾坎底宽)按下式估算：

$$L_k = (0.7 \sim 0.8)L_j \tag{9-31}$$

式中：L_j 为自由水跃长度，对于矩形断面二元水跃，当 $4.5 \leq Fr_0 \leq 9.0$ 时

$$L_j = 6.9(h_c'' - h_c) \tag{9-32}$$

或

$$L_j = 6.13h_c'' \tag{9-33}$$

对于低弗劳德数($Fr_0 \leq 4.5 \sim 6.0$)的水跃长度，采用下面公式进行计算：

$$L_j = 11.1h_c(Fr_0 - 1)^{0.93}$$

对于梯形断面非扩散式水跃，自由水跃长度按下式估算：

$$L_j = 5h''_c\left(1 + 4\sqrt{\frac{B_2}{B_1} - 1}\right) \tag{9-34}$$

对于矩形断面扩散式消力池的强迫水跃长度，当 $Fr_0 \leq 4$ 时，用下式计算：

$$L_j = 3h''_c\left[\sqrt{1 + Fr_0^2\left(1 - \frac{Fr_0^2}{23}\right)} - 1\right] \tag{9-35}$$

当 $Fr_0>4$ 时，仍用 $Fr_0=4$ 代入式(9-35)，则为 $L_j=4.5h_c''$。用它来计算平底消力池长度时，应增加 10%或 0.5% h_c''。

消力池高程低于闸室底板堰顶高程时，二者之间常用不陡于 1:4的斜坡段连接。为了简化计算，一般近似认为消力池内的跃前水深发生在斜坡坡脚处。因此，消力池池长(不含斜坡段上游平台顶宽和尾坎底宽)应为 $md+L_k$，其中 m 为斜坡段的坡度系数，d 为池深。

3. 消力池设计流量的选择

(1)实际工程中的消力池是在不同的流量下工作的，故可算出不同的池深和池长。池深 d 随着 $h_c''\sim h_s$ 值的增大而增加，通过试算，取相当于 $h_c''\sim h_s$ 为最大值时的流量为池深的设计流量，池深的设计流量并不一定是水闸的最大流量。池长取决于水跃长度，而水跃长度又与下游水深无关，故消力池长度的设计流量应该是水闸通过的最大流量。

(2)在闸门开启过程中，下泄流量逐渐加大，下游渠道内形成洪水波向前推进，水位不能随流量的增加而同步上升，出现滞后现象。结合闸门操作调度方案将闸门开度分成几个档次，计算时取用与上一档次泄量相应的水位为下游水位。

(3)渠系水闸的闸门初始开启时，下游渠槽内无水，消力池末端形成自由跌落，池的设计水位应等于其末端尾坎壅高的水位，因此闸门初始开度的大小对消能工的影响很大。

4. 消力池的尾坎

尾坎的主要作用在于壅高池内水位,促使消力池能在下游水深不足时形成水跃;其次是控制和缩短水跃长度,将出流挑向水面,调整坎后水流的底部流速,促进出池水流的扩散作用,以减小下游河床的冲刷。

尾坎的形式很多,主要可分为连续式的实体坎和差动式的齿坎两大类。

实体坎高出下游渠床的高度以0.1~0.3倍于下游水深为宜。

齿坎对水跃的作用,相当于高低齿平均高度的实体坎的作用。

5. 辅助消能工

在消力池内加设墩、齿等辅助消能工,可起到加强紊动扩散、减小跃后水深、缩短水跃长度、稳定水跃和增加水跃消能效果的作用。

1)消力池中的辅助消能工

(1)消能墩。最常见的是两排间错布置的消能墩。墩高应等于或稍大于跃前水深,从跃首到墩的距离应大于10倍墩高。

(2)趾墩。在斜坡坡脚处加设一种差动式齿墩,叫作趾墩,一般用于中、低水头的工程。它的作用可使射流沿齿槽分成多股水流,以增加水股深度和上下股水流的扩散作用,还可使池深和池长有所减小。

(3)将消能墩、趾墩和尾坎结合使用和布置的消力池,适用于中、低水头的中、小型泄水建筑物($Fr_i>4.5$,$v_c<15$ m/s)。这种池型的水跃长度比一般自由水跃长度约可缩短一半。

趾墩宽度和间距可近似等于h_c。

上述的消能墩、齿等消能工,在入池流速超过15 m/s时,容易产生空蚀破坏。

2)出流平台上的小坎

当共轭水深比$h_c''/h_c\leq 2$,及$Fr_c\leq 1.7$时,或闸的上下游水头差很小,尾水位变化较大时,闸下呈现一系列逐渐消失的波状水流,叫作波状水跃。它没有一般水跃的表面漩滚,消能扩散效果很差。

消除波状水跃最简单的措施,是在出流平台末端设置一道小坎,将射流挑起转而跌入池内,形成漩滚或淹没水跃,以充分利用池深消能。小坎应离开闸墩尾部,以利越坎水流扩散。小坎高度为出流平台出流厚度的1/3~1/4,一般为0.5~1.0 m。

除设小坎外,还可采用其他措施,如设置分流墩、齿等。

6. 消力池类型的选择

按水力条件选择消力池类型,水跃淹没度(h_c''/h_c)等于或略大于1.0,宜选用尾坎式消力池,或在平底护坦上加设消能墩,用以增加一个安全的淹没水深,减少护坦长度,或在淹没度过大时,限制水跃的伸展。当淹没度等于0.8~0.9时,可选用综合式消力池;也可在挖深式或综合式消力池的首部,增设一排消能墩。当淹没度小于0.7,或下游水深不足的数值达到3 m以上时,应考虑多级消力池方案。

7. 护坦的构造

护坦承受高速水流的冲击、脉动压力、扬压力的作用,受力比较复杂,必须具有较好的强度、整体性和稳定性。

护坦同闸室底板、翼墙及海漫之间均用缝分开,以适用沉降和伸缩变形。护坦中顺流向的纵向缝与底板的缝错开,也不宜置于对着闸孔中心线的位置,以减轻急流对纵向缝的冲刷作用。缝距不大于 20~30 m,靠近翼墙的护坦缝距应小一些,以尽量减少翼墙及墙后填土上的边荷载影响。缝宽一般为 10~25 mm,缝中填以三毡两油止水片等填缝材料。如护坦兼有防渗任务时,缝内应设金属止水片。护坦不宜设置横缝,其上有高速水流时,常因横缝形式不佳,遭到冲刷等破坏。

按抗冲要求,非岩基护坦厚度 t(m)计算的经验公式如下:

$$t = k_1 \sqrt{q \sqrt{\Delta H}} \tag{9-36}$$

式中:q 为护坦上的单宽流量,$m^3/(s \cdot m)$;ΔH 为泄放相应于上述单宽流量时的上下游水位差,m;k_1 为经验系数,常数值为 0.175~0.20。

护坦末端的厚度可取为 t/2。

护坦底面承受扬压力时,其厚度可按下式推求:

$$t = k_2 \frac{p_y - \gamma h_d}{\gamma_d} \tag{9-37}$$

式中:p_y 为扬压力;h_d 为护坦上的水深;γ、γ_d 为水和护坦材料的容重;k_1 为安全系数,一般取 1.1~1.3。

水闸防渗排水设计时,常在护坦的下面布置排水系统,即在护坦底下铺设水平滤层(包括排水),而在护坦上设排水孔。排水孔的孔径一般为 50~100 mm,间距 1.0~2.0 m,按梅花形排列。护坦的斜坡段和水跃跃前水深断面处不宜布置排水孔,以免滤层土料因上下压差过大而被吸出。

护坦的厚度应采用以上计算结果的大值,但不应小于最小厚度 0.5 m。渠系内小闸的护坦厚度宜减薄一些。

山区水闸泄流时,往往推移质既多且大,为防止砂石磨损,常不设消力池,而以抗冲耐磨的斜坡护坦与下游连接,并在末端设置防冲墙。

9.3.2.3　海漫设计

1. 海漫的长度

海漫长度 L_p(m)计算公式如下:

$$L_p = kh_2 \left(1 - \frac{q_2}{q\sqrt{2\alpha - \frac{y}{h}}} \right) \tag{9-38}$$

式中:k 为经验系数,粉砂、细砂河床可用 13~15,中砂、粗砂及砂壤土可用 10~12,壤土可用 8~9,粉质黏土可用 9~10,坚硬黏土可用 6~7;h_2 为海漫上的水深;q 为消力池出口处的最大单宽流量,一般情况下可近似地取过闸单宽流量值,即 $q = q_0 = \frac{Q}{B'}$,其中,B' 为闸孔总宽度;q_2 为渠道允许的最大单宽流量,q_2/q 的比值也可采用 q_m/q 值,q_m 为冲刷河床宽度上的单宽流量,消能扩散良好时为 0.95~0.67,较差时为 0.67~0.33;$\sqrt{2\alpha - \frac{y}{h}}$ 为流态参数,数值可查用表 9-9。

表9-9　闸坝下游冲刷公式中的流态参数值

布置情况	进入冲刷河床前垂直流速分布	α	y/h	$\sqrt{2\alpha-\frac{y}{h}}$
消力池后为倾斜海漫	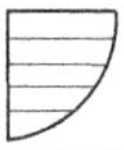	1.05~1.15	0.8~1.0	1.05~1.22
消力池后为较长的水平海漫	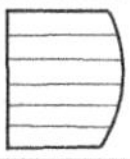	1.0~1.05	0.5~0.8	1.10~1.26
消力池后无海漫而且坎前产生水跃	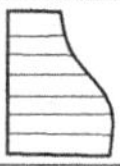	1.1~1.3	0.0~0.5	1.30~1.61
消力池后无海漫而且坎前为缓流		1.05~1.2	0.5~1.0	1.05~1.38

海漫能够加速跃后段水流紊动的衰减过程，故其长度 L_p 与跃后段长度 L_{jj} 的关系式为：

$$L_p = (0.65 \sim 0.80)\ L_{jj}$$

因为 $L_{jj}=(2.5\sim3.0)L_j$，故

$$L_p = (1.65 \sim 2.40)\ L_j \tag{9-39}$$

2. 海漫的布置和构造

下游河床局部冲刷不大时，可采用水平海漫；反之，采用倾斜海漫，或者前面一小段是水平的，后面一段是倾斜的，倾斜海漫底坡不应陡于1:10。

海漫所用的材料，主要是块石和混凝土。在构造上要求海漫材料粗糙、抗冲和透水，且具有一定的柔韧性。海漫底层应铺设砂砾、碎石等垫层，以防止底流淘刷河床和被渗流带走基土。

具体确定海漫时，还要考虑河床土层构造和海漫末端加固工程量等因素。

9.3.2.4　防冲槽（墙）设计

1. 防冲槽

海漫末端水流仍具有一定的冲刷能力，渠床仍难免遭受冲刷，危及海漫等结构的安全。为此，常接着海漫设置一道防冲槽（见图9-8）。

槽中多堆放块石，槽顶与海漫末端顶面齐平，槽底高程取决于开挖施工和堆石数量等条件。工程上多采用宽浅式梯形断面，槽深一般取1.0~1.5 m。槽中堆石数量应能安全盖护冲刷坑的上游坡。防冲槽的断面面积应大于按下式求得的 A 值：

$$A = dh_d\sqrt{1+m^2} \tag{9-40}$$

式中：h_d 为防冲槽顶面以下的冲刷深度；d 为盖护护面厚度，应按 $d\geq0.5$ m 选取；m 为坍落的堆石形成的边坡系数，可取 $m=2\sim4$。

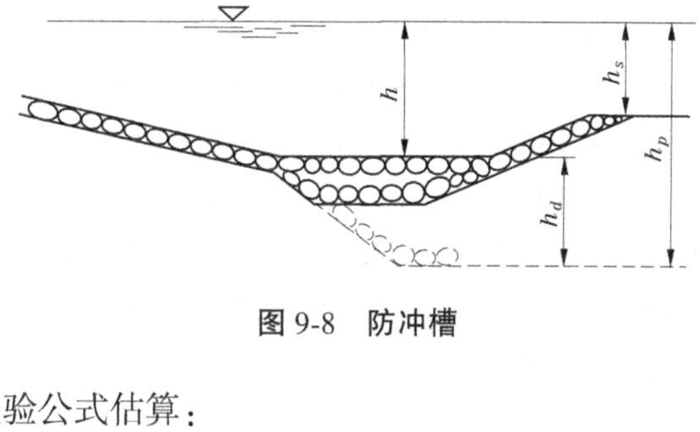

图9-8　防冲槽

防冲槽的单宽堆石量 W 还可按以下经验公式估算：

$$W = \alpha h_d$$

式中：α 为经验系数，可取为2~4。黏土河床取偏小一些的值，粉砂土河床宜取上限值。底

层并宜铺筑碎石。

对于冲深较小的水闸,可采用 1~3 m 深的防冲齿墙,以代替防冲槽。

2. 防冲墙

海漫末端也可用防冲墙代替防冲槽,或二者兼而有之。防冲墙的结构形式有板桩、沉井等。

3. 冲刷深度计算

砂土类河床的局部冲刷公式为:

$$h_p = \frac{0.164q\sqrt{2\alpha - \dfrac{y}{h}}}{\sqrt{d}\left(\dfrac{h}{d}\right)^{\frac{1}{6}}} \tag{9-41}$$

式中:h_p 为冲坑底在下游水面以下的深度,m;q 为海漫末端的单宽流量,$m^3/(s \cdot m)$;h 为海漫末端水深,m;y 为海漫末端垂线上最大流速点距河底的高度,m;α 为流速分布不均匀的动量改正系数,为 1.0~1.5;d 为冲刷河床的松散颗粒直径,mm,对于不均匀砂砾土,可采用 $d_{85} \sim d_{90}$ 代入公式计算。

q 与 $\sqrt{2\alpha-\dfrac{y}{h}}$ 的取值参见相关表格。

黏性土河床的冲刷深度建议近似按式(9-42)计算:

$$h_p = 1.1\frac{q}{[v]} \tag{9-42}$$

式中:q 为海漫末端的最大单宽流量,$m^3/(s \cdot m)$;$[v]$ 为河床土质的最大容许流速,m/s。

9.3.2.5 **闸门的控制调度**

闸门的开启方案与消能防冲设施的设计是相互关联的,也是相互制约的。

从水力学观点出发,多孔闸闸门以均匀齐步开启方案为最佳,此时下泄单宽流量较小,流势均匀,扩散良好,但应采用固定式启闭机,每孔一台,另外还要有充分的电源保证。后一条件往往难以满足,所以这种方案常不易实现。

其次为分先后,按档次开启闸门,原则上应最先开启中间闸孔,而后对称、间隔地按同一开度,逐次开启两侧的闸孔,待全部闸门开至同一高度后,再按同样方法,开启下一档高度。这种情况下,虽有可能产生偏流,但对岸坡冲刷较小,闭门时程序相反。

闸门开启,应严禁一次开到顶。

闸门开出水面的总历时不可过短,以免增大上下游落差。

闸门开度应避开不利位置,从闸门的安全观点出发,其运行的关键部位是最高和最低开启位置;从水力学观点出发,其关键时刻是上游水位和泄流量都接近其上限。

关于折冲水流对下游渠道的冲刷破坏问题,除了在总体布置时,解决好上游渠道要有一段较长的顺直段,使来水平顺均匀,以及下游翼墙的单侧扩散角不应超过 7°~12°(或偏转 1:8~1:5),使出流均匀扩散,避免产生回流以外,就是要在闸门运用管理方面,注意均匀齐步,或间隔对称等启闭原则。

9.4　水闸防渗排水设计

9.4.1　地下轮廓设计

水闸的地下轮廓是指水闸闸底与地基土的接触部分，由不透水部分和透水部分组成。在水闸的纵剖视图上，闸室底板、上游防渗铺盖，以及下游护坦的不透水部分同地基土接触的一条折线，都属于不透水部分；河床（包括上、下游河床）和下游排水滤层则是透水部分。图9-9中的 $B—C—D—E—F—G—H—I—J—K—L—M—N$ 连线就是地下轮廓的不透水部分。地下轮廓设计，主要就是选择其不透水部分的形状和尺寸，同时也包括确定下游排水设施的起始位置和长度。

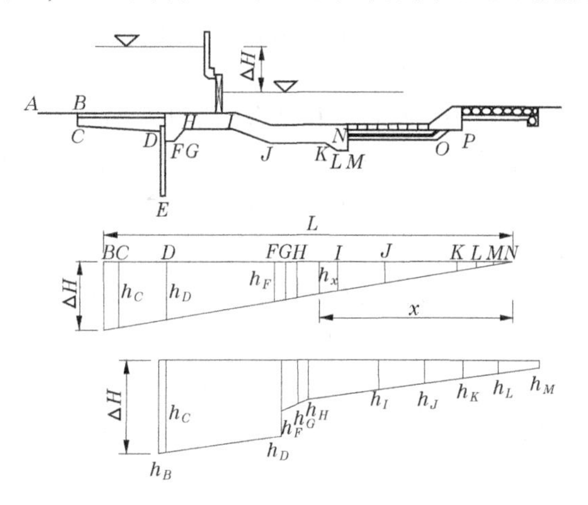

图9-9　地下轮廓和闸底渗压水头分布

9.4.1.1　地下轮廓设计步骤

（1）根据水闸的上下游水位差大小和地基土质条件选择地下轮廓的形状及尺寸。

（2）选用适当的方法对初步拟定的布置方案进行渗流计算，求出闸底所受的渗透压力及渗透坡降，特别是渗流出口处的坡降（出逸坡降）。

（3）验算闸基及地基的稳定性，包括地基土的抗渗稳定性。

（4）根据稳定和经济合理的要求，对初拟的地下轮廓进行修改。

9.4.1.2　闸基防渗长度的计算

初拟水闸闸基防渗长度，用渗径系数法。当地基的土质条件确定后，必要的防渗长度 L 与闸的上下游水位差 ΔH 成正比关系，比例常数即为渗径系数 C，故

$$L = C\Delta H \tag{9-43}$$

渗径系数除随地基的土质条件不同而异外，还与渗流出口处有无滤层有关，渗径系数 C 按表9-10查取。

表9-10　渗径系数 C 值

地基土质类别		粉砂	细砂	中砂	粗砂	中砾、细砾	粗砾夹卵石	轻粉质砂壤土	砂壤土	壤土	黏土
排水条件	有滤层	9~13	7~9	5~7	4~5	3~4	2.5~3	7~9	5~7	3~5	2~3
	无虑层									4~7	3~4

注：当闸基设板桩时，C 值可取用小值。

渗径系数 C 值的倒数是允许平均渗流坡降，即 $[i] = 1/C = \Delta H/L$。渗径系数法只是拟定闸基防渗长度的初步方法。水闸设计时，还应该用其他较为精确的方法，计算渗透压力和验算渗流出口处及其他关键部位基土的抗渗稳定性。

9.4.1.3 地下轮廓的布置

地下轮廓的布置方案与地基的土质条件密切相关,也与对地下轮廓的要求(渗透压力要小一些,并保证地基土具有足够的抗渗稳定性)有关。

(1)黏性土地基。黏土、壤土地基一般都采用平展式地下轮廓,不宜设置板桩。上下游水位差较大时,多用防渗铺盖来增加防渗长度。水位差不太大时,结合闸室上部结构布置的需要,可适当增加底板齿墙深度。

(2)砂类土地基。这一类土基最容易发生渗透变形,设计时应保证地下轮廓具有足够的防渗长度。布置地下轮廓时,应首先考虑采用防渗铺盖或防渗墙,也可采用铺盖与板桩防渗墙相结合的布置形式。

采用铺盖与板桩相结合的地下轮廓布置形式时,常在上游翼墙底板下设板桩墙,其前部直达铺盖的首端,后部应同主板桩衔接起来,以构成一个较为完整的防渗体系。

对于所有的砂类土地基,在防渗段后面的渗流出口处,都应设置排水滤层,排水滤层的铺设长度,应保证其末端的地基土不产生渗透变形。

上述防渗排水布置形式都是针对承受单向水头的水闸而言的,至于承受双向水头的水闸,应以水位差较大的一向为主,合理地选择双向防渗排水布置形式。

(3)多层土地基。当闸基黏性土覆盖层较薄,下卧层为含有承压水的砂土层;或者在黏性土地基中距离闸底不深处存在含有承压水的夹砂薄层时,首先应验算黏性土覆盖层的抗渗、抗浮稳定性。稳定性不足时,可在闸室下游设置深入透水砂层的排水降压井。必要时,还可用板桩截断夹砂层。

岩石地基根据防渗需要,可在闸室底板上游设防渗铺盖,或在底板上游端设灌浆帷幕,闸后设排水设施。

9.4.2 渗流计算

闸、坝下土基中的有压渗流计算方法,主要有直线比例法、流网法和改进阻力系数法。

9.4.2.1 直线比例法

利用直线比例法能够近似地算出作用在地下轮廓不透水部分的渗透压力。由它得出的渗流坡降数值,各处均相同,是平均坡降,故不能用于抗渗稳定性验算。

最常用的直线比例法是勃莱法,也叫爬路法。渗透水头沿着地下轮廓不透水部分(不论是竖直渗径,还是水平渗径)成线性减小,并逐渐消失。距地下轮廓不透水部分下游 x 处的渗透压水头 h_x 为:

$$h_x = \frac{x}{L}\Delta H \tag{9-44}$$

式中:L 为地下轮廓不透水部分的拉直总长度;ΔH 为计算情况下的上下游水位差。

根据式(9-44)算出闸底有关各点的渗压水头,可绘出闸底渗压水头分布图。也可采用按比例绘图的方法,绘制渗压水头分布图(见图9-9)。

莱因法认为沿竖直渗径(包括倾角大于45°的渗径)消减渗透水头的效果较好。是沿水平渗径消减渗透水头的3倍,用此法计算渗压,仍可按式(9-44),但应将式中 L 及 x 的水平渗径部分乘以1/3。

9.4.2.2 流网法

1. 流网的绘制

绘制流网可以采用试验的方法,其中应用最为广泛的是电模拟试验。另外,用图解法绘制流网,既简便迅速,又有足够的精度。

1) 均质土的流网

流网的特性:①流线与等势线或等水头线成正交;②流网由相似的“矩形网格”组成。使所有网格都成为“正方形”的流网是正态流网。

渗流场的边界条件,即上游渠底为第一条等势线,下游渠床和排水滤层是零值等势线;水闸地下轮廓不透水部分是零值等势线,地基中的不透水层是最末一条流线。

当边界条件一定,且流量槽或等势线带的数目也已选定时,正确的流网只有一个,亦即等势线带与流量槽数目之比是常量(一般是非整数)。

等势线分别从上、下游边界绘起,流网是在反复试绘和修改过程中确定的,以满足渗流计算的需要。

对均质地基来讲,流网形状与渗透系数无关,只要渗流场的边界条件相同,渗透流网都是一样的。

2) 各向异性土的流网

天然地基的土,由于存在着沉积层理和裂隙发育不等,客观上都具有一定的层次和各向异性。

在铅直方向的渗透系数为 K_z 和水平方向的渗透系数 K_x 的各向异性土层内绘制流网,需引入一个系数 $\alpha=\sqrt{\dfrac{K_z}{K_x}}$,将地下轮廓和渗流边界的水平方向尺寸乘以 α 后,可将各向异性土的渗流场转换为各向同性土,即均质土的渗流场。这个转化了的渗流场的渗透系数是 $\sqrt{K_zK_x}$。在新的渗流场内绘制正交流网后,再将其水平方向的尺寸乘以 $\dfrac{1}{\alpha}=\sqrt{\dfrac{K_x}{K_z}}$,则又转换回到各向异性土渗流场的实际流网。这种流网的流线与等势线是斜交的。斜交的流网绘就以后,即可求出各向渗流要素。

3) 多层土的流网

多层土的厚度分别为 $T_1,T_2,\cdots,T_n$ 等,相应各土层的渗透系数分别为 $K_1,K_2,\cdots,K_n$,将多层土转换成为均质土层时,应先按以下公式算出被转换过的均质土层的等效平均渗透系数,即

$$K_z=\frac{T_1+T_2+T_3+\cdots+T_n}{\dfrac{T_1}{K_1}+\dfrac{T_2}{K_2}+\dfrac{T_3}{K_3}+\cdots+\dfrac{T_n}{K_n}}=\frac{T}{\sum\limits_{i=1}^{n}\dfrac{T_i}{K_i}} \tag{9-45}$$

$$K_x=\frac{T_1K_1+T_2K_2+T_3K_3+\cdots+T_nK_n}{T_1+T_2+T_3+\cdots+T_n}=\frac{\sum\limits_{i=1}^{n}T_iK_i}{T} \tag{9-46}$$

然后按照各向异性的均质土渗流场流网绘制方法,并加以转换,即可求解渗流问题。

2. 流网的应用

1) 渗压水头

等势线即水头线。一般绘制的等水头线是以上下游水位差或作用水头 ΔH 的分数或百分数来表示的。若把它画在下游水面线的上方,即可得出渗流坡降线。由地下轮廓不透水部分各有关点至渗流坡降线的高度,即为该点的扬压力水头。所以,渗流坡降线也是扬压力线。

2) 渗流坡降与渗透流速

任一网格或者相邻二等势线间的平均渗流坡降为:

$$J = \frac{\Delta h}{\Delta s} \tag{9-47}$$

式中:Δh 为网格二相邻等势线间的水头差;Δs 为所计算的网格沿流线方向的平均长度。

该网格的渗透流速为:

$$v = KJ = K\frac{\Delta h}{\Delta s} \tag{9-48}$$

式中:K 为渗透系数,由试验得出。

对渗透变形影响较大的渗流出逸坡降或流速,须从地下轮廓后部渗流出口处的流网网格求得。计算公式仍用式(9-47)和式(9-48)的形式,即

$$J_0 = \frac{h}{t} \tag{9-49}$$

式中:h 为渗流出口处齿墙或短板桩底部的渗压水头值;t 为齿墙或短板桩底部至排水滤层的垂直距离。

3) 渗流量

按照前面计算的渗透流速的途径,并结合网格尺寸,可知一个流量槽的单宽流量 q_i 为:

$$q_i = v\Delta l = K\frac{\Delta l}{\Delta s}\Delta h \tag{9-50}$$

闸下流量槽的数目为 m。在正方形网格内 $\Delta s = \Delta l$,故闸基单宽渗流量为:

$$q = \sum_{i=1}^{m} q_i = Km\Delta h = K\frac{m}{n}\Delta H \tag{9-51}$$

式中:n 为等势线带的数目。

9.4.2.3　改进阻力系数法

改进阻力系数法是在独立函数法、分段法和阻力系数法等方法的基础上综合发展起来的一种精度较高的近似计算方法。

当不透水层埋藏深度不大时,渗流属于缓变流流动,渗流在闸基中运动可模拟为有压管流的运动。管流有各项水头损失,渗流在渗流场内,既有沿程水头损失,也会在边界条件变化处产生"局部"水头损失,设想渗流在深度为 T、长度为 L 的水平管道中运动,按照二元层流问题,则单宽渗流量 $q = K\frac{h_f}{L}T$,即

$$h_f = \frac{L}{T}\cdot\frac{q}{K} = \zeta\frac{q}{K} \tag{9-52}$$

式中:h_f 为水平管道两端的作用水头,或者说是水头损失;ζ 为阻力系数,由式(9-52)可知 ζ

与该管段的形状与尺寸有关。

用改进阻力系数法计算渗流问题,必须明确边界条件。作为渗流场的边界条件之一,不透水层的埋深与渗流场有效深度之间的关系,应首先确定。

1. 确定地基有效深度

按照扬压力分布曲线、渗流量、出逸坡降值等均不再变化时的有效深度为:

$$\left.\begin{aligned} T_0 &= 0.5L_0 \qquad && L_0/S_0 \geqslant 5 \\ T_0 &= \frac{5L_0}{1.6\dfrac{L_0}{S_0}+2} \qquad && L_0/S_0 < 5 \end{aligned}\right\} \tag{9-53}$$

式中:L_0、S_0 分别为地下轮廓不透水部分的水平投影长度和垂直投影长度。

T_0 值从地下轮廓的最高点铅直向下起算。若不透水层的埋深 $T>T_0$,则用有效深度 T_0 进行计算;若 $T<T_0$,应按实际透水层深度 T 进行计算。

2. 地基分段和阻力系数计算

先将实际的地下轮廓进行适当简化,使之成为垂直的和水平的两个主要部分,简化时,出口处的齿墙或短板桩的入土深度应予保留,以便得出实有的出口坡降。

用通过已经简化了的地下轮廓不透水部分各角点和板桩尖端的等势线,将地基分段。各基本分段的阻力系数由精确解求出,它们与渗流的方向无关。

阻力系数 ζ 按以下公式计算:

(1)进口、出口段阻力系数 ζ_0 按式(9-54)计算:

$$\zeta_0 = 1.5\left(\frac{S}{T}\right)^{\frac{3}{2}} + 0.44 \tag{9-54}$$

式中:S 为齿墙或板桩的入土深度;T 为地基有效深度或实际深度。

(2)内部垂直段的阻力系数 ζ_y 的计算公式为:

$$\zeta_y = \frac{2}{\pi}\ln\cot\frac{\pi}{4}\left(1 - \frac{S}{T}\right) \tag{9-55}$$

(3)水平段的阻力系数 ζ_x 可按式(9-56)计算:

$$\zeta_x = \frac{L - 0.7(S_1 + S_2)}{T} \tag{9-56}$$

式中:L 为水平段的长度;S_1、S_2 为两端板桩或齿墙的入土深度。

当底板有倾斜段时,阻力系数 ζ_c 为:

$$\zeta_c = \frac{L - \dfrac{0.7}{2}(T_1 + T_2)\left(\dfrac{S_1}{T_1} + \dfrac{S_2}{T_2}\right)}{T_2 - T_1}\ln\frac{T_2}{T_1} \tag{9-57}$$

式中:T_1、T_2 为倾斜段两端的地基深度;S_1、S_2 为 T_1、T_2 相应端处板桩或齿墙入土深度。

式(9-56)中的分子部分是扣除两端板桩间急变区以后的水平段有效长度,计算时,如 $\zeta_x<0$ 时,应取 $\zeta_x=0$。

3. 各分段水头损失

各分段水头损失值参照式(9-52)可以改写为:

$$h_i = \zeta_i \frac{q}{K} \tag{9-58}$$

总水头损失,即水闸的上下游水位差为:

$$\Delta H = \sum h_i = \frac{q}{K} \sum \zeta_i \tag{9-59}$$

各分段阻力系数求出以后,可通过上式计算单宽渗流量,从而求得各分段的水头损失。若没有必要计算单宽渗流量,可直接由下式算出各分段的水头损失:

$$h_i = \frac{\zeta_i}{\sum \zeta_i} \Delta H \tag{9-60}$$

4.渗压水头分布图或渗流坡降线

各分段的水头损失求出以后,从渗流出口处开始,逐段向上游累加其水头损失值,即可得出相邻各计算角点的渗压水头值。最后用直线连接各个水头代表线段的端点,就能绘出渗压水头分布图或渗流坡降线。

5.进、出口水头损失的修正

当进、出口板桩较短时,进、出口处的渗流坡降线将呈急变曲线的形式。应进行修正,修正计算式为:

$$h'_0 = \beta h_0 \tag{9-61}$$

式中:h_0 为计算出的进、出口水头损失值;$h_0{}'$为修正后的水头损失值;β 为修正系数,按下式计算:

$$\beta = 1.21 - \frac{1}{\left[12\left(\frac{T'}{T}\right)^2 + 2\right]\left[\frac{S'}{T} + 0.059\right]} \tag{9-62}$$

式中:S'为底板(包括齿墙)的埋深与板桩入土深度之和;T'为板桩另一侧的地基深度。

若$\beta \geqslant 1$时,取$\beta=1$,说明不需要修正。若$\beta<1$,则应修正,修正计算式为(9-61)。修正后其水头损失减小值为

$$\Delta h = (1 - \beta) h_0 \tag{9-63}$$

进、出口水头损失减小值可按以下方法调整到相邻的分段中去。调整以后的各分段水头损失之和将与总水头损失值相等。

(1)如$\Delta h<h_x$(h_x 为与进、出口段相邻的水平段水头损失),则该段水头损失应修正为$h_x{}'=h_x+\Delta h_0$。渗流坡降线呈急变段的长度 a 按下式计算:

$$a = \frac{\Delta h}{\frac{\Delta H}{\sum \zeta_i}} T' \tag{9-64}$$

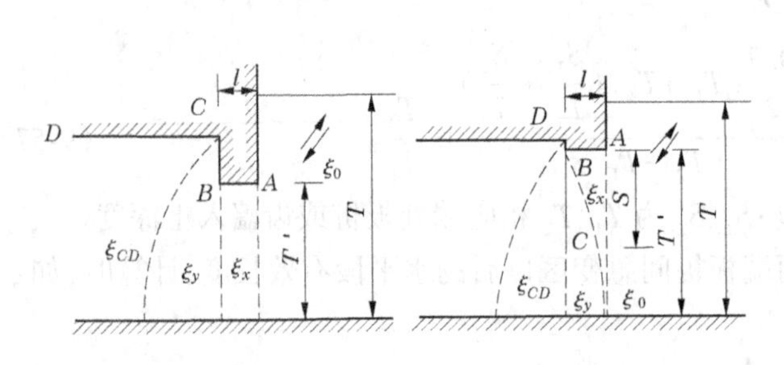

图9-10　进、出口水头损失和渗流坡降线的修正图

(2)若进、出口的齿墙尺寸较小,按下列情况分别进行修正(见图9-10):

①当 $h_x+h_y \geqslant \Delta h$ 时,可按下式修正:

$$\left.\begin{aligned} h_x' &= 2h_x \\ h_y' &= h_y + \Delta h - h_x \end{aligned}\right\} \tag{9-65}$$

式中：h_y 为内部垂直段的水头损失值；h_y'为修正后的内部垂直段水头损失值。

②当 $h_x+h_y<\Delta h$ 时，可按下式修正：

$$\left.\begin{aligned} h_x' &= 2h_x \\ h_y' &= 2h_y \\ h_{CD}' &= h_{CD} + \Delta h - (h_x + h_y) \end{aligned}\right\} \tag{9-66}$$

式中：h_{CD}、h_{CD}'分别为 CD 段原来的和修正后的水头损失值。

渗流坡降线（渗压水头分布图）按修正后的各分段水头损失值类加后，重新用直线连接。

6. 出逸坡降的计算

出口渗流平均坡降参照式（9-49）修正为：

$$J = \frac{h_0'}{S'} \tag{9-67}$$

式中：S'为地下轮廓不透水部分渗流出口段的垂直长度；h_0'为出口段水头损失，出口段不需做修正时，$h_0'=h_0$。

9.4.3 地基土的抗渗稳定性计算

9.4.3.1 渗透变形的类型

水闸地下轮廓的布置方案初步拟定之后，应验算地基土的抗渗稳定性，即检验闸基是否会发生渗透变形。

地基土体结构在渗流作用下发生的变化统称为渗透变形。

土的渗透变形特征应根据土的颗粒组成、密度和结构状态等因素综合分析确定。土体在渗流作用下发生破坏，由于土体颗粒级配和土体结构的不同，存在流土、管涌、接触冲刷和接触流失四种破坏形式。

（1）流土。在上升的渗流作用下局部土体表面的隆起、顶穿，或者粗细颗粒群同时浮动而流失称为流土。前者多发生于表层为黏性土与其他细粒土组成的土体或较均匀的粉细砂层中，后者多发生在不均匀的砂土层中。

（2）管涌。土体中的细颗粒在渗流作用下，由骨架孔隙通道流失称为管涌，主要发生在砂砾石地基中。

（3）接触冲刷。当渗流沿着两种渗透系数不同的土层接触面，或建筑物与地基的接触面流动时，沿接触面带走细颗粒称接触冲刷。

（4）接触流失。在层次分明、渗透系数相差悬殊的两土层中，当渗流垂直于层面将渗透系数小的一层中的细颗粒带到渗透系数大的一层中的现象称为接触流失。

前两种类型主要出现在单一土层中，后两种类型多出现在多层结构土层中。

由多种粒径组成的天然不均匀土层，可视为由粗、细两部分组成，粗粒为骨架，细粒为填料，混合料的渗流特性决定于占质量30%的细粒的渗透性质，因此对土的孔隙大小起决定作用的是细粒。

最优细粒含量是判别渗透破坏形式的标准。粗粒孔隙全被细粒料充满时的细料颗粒含量为最优细粒含量，相应级配称为最优级配。

黏性土的渗透变形主要是流土和接触流失两种类型。

非黏性土可能发生管涌，也可能发生流土。而黏性土，只可能发生流土，不会发生管涌。渗透变形，可能在地基渗流中单独出现，也可能以多种形式出现。

9.4.3.2 **渗透变形的判别**

土的不均匀系数应采用下式计算：

$$C_u = \frac{d_{60}}{d_{10}} \tag{9-68}$$

式中：C_u 为土的不均匀系数；d_{60} 为小于该粒径的含量占总土重 60%的颗粒粒径，mm；d_{10} 为小于该粒径的含量占总土重 10%的颗粒粒径，mm。

细颗粒含量的确定应符合下列规定：

(1)级配不连续的土。颗粒大小分布曲线上至少有一个以上粒组的颗粒含量小于或等于 3%的土，称为级配不连续的土。以上述粒组在颗粒大小分布曲线上形成的平缓段的最大粒径和最小粒径的平均值或最小粒径作为粗、细颗粒的区分粒径 d，相应于该粒径的颗粒含量为细颗粒含量 P。

(2)级配连续的土。粗、细颗粒的区分粒径为：

$$d = \sqrt{d_{70} \cdot d_{10}} \tag{9-69}$$

式中：D_{70} 为小于该粒径的含量占总土重 70%的颗粒粒径，mm。

无黏性土渗透变形类型的判别可采用以下方法：

(1)不均匀系数小于等于 5 的土可判为流土。

(2)对于不均匀系数大于 5 的土可采用下列判别方法：①流土，$P \geqslant 35\%$；②过渡型取决于土的密度、粒级和形状，$25\% \leqslant P < 35\%$；③管涌，$P < 25\%$。

(3)接触冲刷宜采用下列方法判别：

对双层结构地基，当两层土的不均匀系数均等于或小于 10，且符合下式规定的条件时，不会发生接触冲刷：

$$\frac{D_{10}}{d_{10}} \leqslant 10 \tag{9-70}$$

式中：D_{10}、d_{10} 分别为较粗和较细一层土的颗粒粒径，mm，小于该粒径的土重占总土重的 10%。

(4)接触流失宜采用下列方法判别：

对于渗流向上的情况，符合下列条件将不会发生接触流失。

①不均匀系数等于或小于 5 的土层：

$$\frac{D_{15}}{d_{85}} \leqslant 5 \tag{9-71}$$

式中：D_{15} 为较粗一层土的颗粒粒径，mm，小于该粒径的土重占总土重的 15%；d_{15} 为较细一层土的颗粒粒径，mm，小于该粒径的土重占总土重的 85%。

②不均匀系数等于或小于 10 的土层：

$$\frac{D_{20}}{d_{70}} \leqslant 7 \tag{9-72}$$

式中：D_{20} 为较粗一层土的颗粒粒径，mm，小于该粒径的土重占总土重的 20%；d_{70} 为较细一层土的颗粒粒径，mm，小于该粒径的土重占总土重的 70%。

9.4.3.3 **流土和管涌的临界坡降与容许坡降**

流土与管涌的临界水力比降宜采用下列方法确定：

(1)流土型宜采用下式计算：

$$J_{cr} = (G_s - 1)(1 - n) \tag{9-73}$$

式中：J_{cr} 为土的临界水力比降；G_s 为土粒比重；n 为土的孔隙率(以小数计)。

(2)管涌型或过渡型可采用下式计算：

$$J_{cr} = 2.2(G_s - 1)(1 - n)^2 \frac{d_5}{d_{20}} \tag{9-74}$$

式中：d_5、d_{20} 分别为小于该粒径的含量占总土重的 5% 和 20% 的颗粒粒径，mm。

(3)管涌型也可采用下式计算：

$$J_{cr} = \frac{42d_3}{\sqrt{\frac{K}{n^3}}} \tag{9-75}$$

式中：K 为土的渗透系数，cm/s；d_3 为小于该粒径的含量占总土重 3% 的颗粒粒径，mm。

无黏性土的允许比降宜采用下列方法确定：

(1)以土的临界水力比降除以 1.5～2.0 的安全系数，当渗透稳定对水工建筑物的危害较大时，取 2 的安全系数；对于特别重要的工程也可用 2.5 的安全系数。

(2)无试验资料时，可根据表 9-11 选用经验值。

表 9-11 无黏性土允许水力比降

允许水力比降	渗透变形类型					
	流土型			过渡型	管涌型	
	$C_u \leqslant 3$	$3 < C_u \leqslant 5$	$C_u > 5$		级配连续	级配不连续
$J_{允许}$	0.25～0.35	0.35～0.50	0.50～0.80	0.25～0.40	0.15～0.25	0.10～0.20

注：本表不适用于渗流出口有反滤层的情况。

当闸基为土基时，应验算水闸基底及侧向抗渗稳定性，水平段和出口段的渗流坡降应小于表 9-12 规定的允许值。表列的水平段允许坡降 J_x 值，主要是用来验算水闸基底地下轮廓(不透水部分)水平段的长度，使闸底板与地基土的水平段接触段上的渗流坡降不超过表中所列的 J_x，以防止产生接触冲刷。

表 9-12 各种土基的水平段和出口段容许坡降值

地基土质	容许坡降值		地基土质	容许坡降值	
	水平段 $[J_x]$	出口段 $[J_0]$		水平段 $[J_x]$	出口段 $[J_0]$
粉砂	0.05～0.07	0.25～0.30	砂壤土	0.15～0.25	0.40～0.50
细砂	0.07～0.10	0.30～0.35	壤土	0.25～0.35	0.50～0.60
中砂	0.10～0.15	0.35～0.40	软黏土	0.30～0.40	0.60～0.70
粗砂	0.15～0.17	0.40～0.45	坚硬黏土	0.40～0.50	0.70～0.80
中砾、细砾	0.17～0.22	0.45～0.50	极坚硬黏土	0.50～0.60	0.80～0.90
粗砾夹卵石	0.22～0.28	0.50～0.55			

注：1. 当渗流出口处设反滤层时，表列数值可加大 30%；

2. 表列出口段的数值系防止流土破坏时的容许坡降值；

3. 表列数值已考虑了 1.5 的安全系数。

防止产生渗透变形的途径,一是设法降低渗流坡降,特别是出逸坡降,需正确布置地下轮廓线,在渗流出口处打短板桩,或设置较深的齿墙;二是在护坦或海漫的下面、渗流出逸口处布置滤层,增加地基土的抗渗稳定性。

9.4.3.4　滤层

滤层一般由1~3层不同粒径的非黏性土构成,遇到粉土地基,甚至要铺4层。粒径沿渗流方向逐渐加大,并应具有良好的排水过滤能力,以保护渗流出口处的地基土,防止产生流土和管涌。

滤层的级配应满足被保护土的稳定性和滤料的透水性要求,且滤料颗粒级配曲线宜与被保护土颗粒级配曲线平行。滤层的每层厚度可采用200~300 mm,小型水闸可适当减薄一些。滤层的铺设长度,应使其末端地基中的实际渗流坡降值小于地基土在无反滤层保护时的允许渗流坡降值。滤层级配应符合下列公式的要求:

保证滤层土料的透水性,应使　$\dfrac{D_{15}}{d_{15}}=5\sim40$

保证被保护土的稳定性,应使　$\dfrac{D_{15}}{d_{85}}\leqslant5$　　$\dfrac{D_{50}}{d_{50}}\leqslant25$

式中:D_{15}、D_{50}为滤层滤料颗粒级配曲线上小于含量15%、50%的粒径,mm;d_{15}、d_{50}、d_{85}为被保护土颗粒级配曲线上小于含量15%、50%、85%的粒径,mm。

土工织物作为滤层材料,具有施工简便、降低工程造价、施工质量容易控制等优点。按制造方法不同,分为有纺土工织物和无纺土工织物。当采用土工织物代替传统砂石料作为滤层时,应满足保土性、透水性和防堵性要求。相关技术要求应符合《土工合成材料应用技术规范》(GB/T 50290—2014)的规定。

9.4.4　防渗排水设施

水闸的防渗设施有水平防渗设施(铺盖)和垂直防渗设施(板桩、齿墙、防渗墙及基岩上常用的灌浆帷幕等)两种。

9.4.4.1　铺盖

铺盖设在紧靠闸室的上游河底上,其主要作用是延长渗径,以降低渗透压力和渗流坡降;同时具有上游防冲作用。铺盖与闸底板和上游翼墙的连接处用缝分开,缝中设止水。

常用的有黏土及壤土铺盖、混凝土和钢筋混凝土铺盖等。

1. 黏土及壤土铺盖

通常采用渗透系数$K=10^{-6}\sim10^{-8}$ cm/s的黏性土做成。同时还要求这种黏性土料的渗透系数小于或等于地基土渗透系数的1/100,小型水闸可适当降低要求。

黏性土铺盖,上游端最小,然后向下游逐渐加大,到闸前加大至1.0 m以上,但任一断面的厚度δ必须是

$$\delta=\frac{\Delta H}{[J]}\tag{9-76}$$

式中:ΔH为计算铺盖断面处顶、底面的水头差,亦即渗流从铺盖首端至该断面处的水头损

失值;[J]为黏性土的容许渗透坡降,对于压实的黏性土铺盖,黏土为5~10,壤土为4~6,轻壤土为3~4。

为防止铺盖在施工期间被破坏、运用期被冲坏或冻坏,铺盖上面应铺设0.3~0.5 m厚的干砌块石、浆砌块石或混凝土预制板保护层。在保护层和铺盖之间设置一、二层厚0.2~0.4 m由砂、砾石铺筑的垫层。

为了增加铺盖与底板连接的可靠性,一般在连接处将铺盖加厚做成齿墙。同时将底板连接面做成斜面,使黏土紧压在上面,并在两者之间设置油毛毡或沥青麻袋等止水设备。油毛毡或沥青麻袋的一端用木板或钢板及预埋螺栓夹紧在混凝土底板的斜面上,另一端则部分水平地、部分弯曲地铺设在黏土层中(见图9-11)。

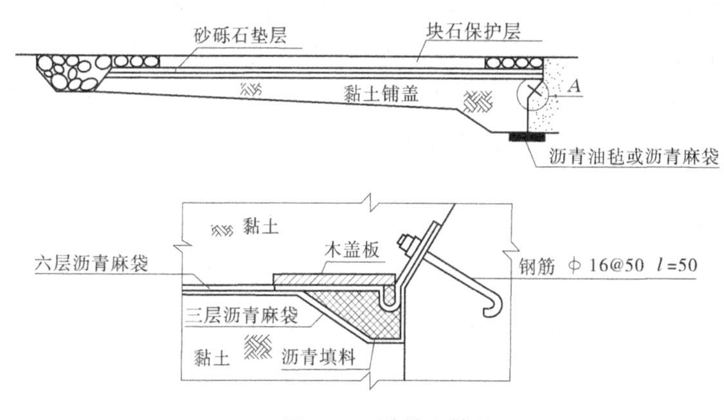

图9-11　**黏性土铺盖**

黏性土铺盖在施工时应薄层压实,分层施工。

黏性土铺盖适用于透水性较大的砂类土质和砂壤土地基。黏土及壤土地基上的水闸多采用混凝土和钢筋混凝土铺盖;而小闸则在这种地基上做一层浆砌块石铺盖,厚度0.35 m。

2. 混凝土和钢筋混凝土铺盖

当缺乏做铺盖的土料,或水头较高的水闸,多用混凝土铺盖。水闸必须利用铺盖协助抗滑,即起阻滑板作用时,才采用钢筋混凝土铺盖。混凝土强度等级不低于C15,板厚0.30~0.50 m。

为了适应地基沉降和伸缩变形,铺盖面积大的应该用纵横缝分开,地基土质较好时,每隔15~20 m设一道沉降缝,地基土质中等的缝距不超过10~15 m,地基土质较差的缝距不超过8~12 m,为了减轻翼墙对铺盖的不利影响,在靠近两岸翼墙处,缝距应该更小一些。铺盖与翼墙及底板之间设沉降缝,铺盖在紧接底板和翼墙的部分,一般都加厚做成齿墙。

混凝土和钢筋混凝土铺盖的纵横缝(还包括铺盖与闸室底板及翼墙之间的沉降缝)内均应布置止水。

北方严寒地区,渠道在冬季如果较长时间内无水,为防止冻害,应将铺盖保护层加厚,并使铺盖位于冰冻线以下。铺盖长度一般取用闸上水头的2.0~4.0倍;水头大的水闸,可只取1.0~2.5倍;渠系小闸也只采用1.0~2.5倍。

9.4.4.2　**板桩**

板桩入土深度是根据地下轮廓布置、防渗长度计算和施工条件来确定的。单排板桩一般都打在闸底板的上游端,入土深度为闸上水头的 0.6~1.0 倍,具体板桩长度还应结合其所用的材料考虑。

用得较多的是钢筋混凝土板桩,长度为 5~7 m,钢筋混凝土板桩几乎可以打入各种土基。

钢筋混凝土板桩如果布置成封闭式的,转角处应设角桩,合龙处应施打一根现场量制的木质“关门”板桩。

板桩灌注防渗墙(又称砂浆板桩防渗墙)是用来代替木板和钢筋混凝土板桩的又一种垂直防渗设施。它的优点是防渗效果好,施工简便,成墙快,成墙材料简单,省工日,其造价仅为混凝土防渗墙的 1/3~1/4。缺点在于平接式接头经常出现下部开叉、墙体振裂及受力开裂等。

板桩与底板的连接有两种方式,一种是使板桩紧靠底板前缘,适用于铺盖与底板连接处厚度较大时,其露出地表部分,可用作混凝土模板,构造也较简单。桩顶浇筑一道混凝土盖梁,使板桩连成整体,同时也便于布置水平止水;另一种是软接头,将板桩顶部嵌入底板齿墙专门设置的槽内。为了适应闸室的沉降,并保证其不透水性,槽内用沥青填充,槽的高度根据沉降量的大小而定。

两岸的防渗布置应与闸下相配合。当闸下设置主板桩时,将主板桩沿其轴线延伸至两岸内,伸入的长度为 1.5~3.0 倍闸的上游水头,并提高板桩桩顶高程。实际工程中多将板桩转而伸入到上游翼墙底板下,延伸部分的顶端与铺盖的首端平齐。

9.4.4.3　齿墙

底板的上下游端一般都设有齿墙。它既能起防渗作用,又对抗滑有帮助。上游端齿墙的作用是降低作用在闸底板上的渗透压力,下游端齿墙是减小出逸坡降,有助于防止地基土产生渗透变形。

齿墙深度一般为 0.5~2.0 m。底宽在节省混凝土工程量的原则下,应照顾到施工开挖的要求;当板桩顶部须嵌入到齿墙内时,底宽也应有所增加。

当地基为粒径较大的砂砾石或卵石,且不宜打板桩时,可采用深齿墙或防渗墙与埋藏不很深的不透水层连接,齿墙伸入不透水层不小于 1.0 m。深齿墙宜布置在底板或铺盖的上游侧。深齿墙与底板或铺盖连接处均用接缝分开,接缝中设置止水,以保证其不透水性。

建筑在砂土地基上的闸底板,其上、下游齿墙的外侧,应尽可能地回填黏性土,并薄层压实,以增加其抗渗性。

9.4.4.4　水泥土搅拌桩防渗墙

水泥土搅拌桩防渗墙是以水泥作固化剂,利用深层搅拌机械将土体和固化剂强制拌和,水泥颗粒表面的矿物很快与水发生水解和水化反应,在土体颗粒间形成各种水化物,使软土硬结成具有一定整体性、水稳定性、不透水性和一定强度的水泥土桩,桩与桩相割搭接形成厚度和渗透性满足防渗要求的水泥土防渗墙,以达到截渗的目的。

深层搅拌法和其他造墙工法相比,深层搅拌法具有如下特点:

(1)适用范围广。适用于淤泥、淤泥质土、粉质黏土、粉土等软土地基,目前在粉砂土地基中最大施工深度可达 25 m。

(2)成墙效果好,成墙速度快,特别是双头和多头搅拌桩机,加快了成墙速度。墙体厚度均匀连续，成墙深度 8~25 m，厚度 150~440 mm，不需要开槽，工艺简单，可避免成孔固壁问题，减少了工程量和投资。

(3) 处理可靠，渗透系数小。考虑绝大多数施工企业的施工技术、控制能力和成本等因素，将深搅水泥土防渗墙的 28 d 龄期渗透系数设计指标控制在 1×10^{-6} cm/s 以内较合适。

(4) 施工机具简单，移位灵活。深层搅拌机械均设有油压移位装置，机具可迅速准确灵活地移位，从而确保施工速度和相邻桩体搭接质量。

(5) 充分利用软土。由于利用深层搅拌机就地将土体和水泥固化剂强制进行搅拌，避免了大量挖掘和弃土。

(6) 对周围环境污染少。在加固过程中对周围土体无扰动，施工时无振动、无噪声，对周围环境影响较小。

(7) 成墙单价较低。与常用的混凝土地下连续墙相比，处理费用低廉。

水泥土防渗桩长、桩径和桩距根据工程要求和设备条件及进入相对不透水层一定深度来确定。防渗墙厚度按下式计算取值：

$$\delta = \Delta H/J \tag{9-77}$$

式中：δ 为最小防渗墙厚度，m；ΔH 为防渗水头差，m；J 为设计允许破坏坡降(一般取渗透破坏比降的 1/2)。

桩距 L 按与桩半径 R 及有效厚度 B 所组成的三角形关系确定，由此确定水泥土搅拌桩搭接长度，一般为 10 cm。可以单排布置，也可以双排套打。

搅拌桩施工的成墙质量主要取决于施工段的土壤性质、密实度、含水率及施工工艺参数。实际施工参数必须与施工段的土壤性质、密实度和含水率相适应，才能保证搅拌桩截渗墙的成墙质量达到设计指标。

9.4.4.5　排水设施

在有水头作用的水工建筑物防渗排水设计中，布置原则为上堵下排。

排水是布置在地基中透水性很强的垫层，常用砂砾石或碎石铺筑，渗流由此和下游相连。为了防止地基土的渗透变形，应在渗流进入排水的各个方面都设置滤层，并使滤层与渗流方向大致成正交。排水一般不专门设置，而将滤层中颗粒粒径最大的一层厚度加大，成为排水层。

排水在地基中的部位和形式有以下几种：①平铺式排水，是常用的一种形式，一般都布置在设有排水孔的护坦下面和海漫首端；②垂直排水或排水井，多用于地基持力层或覆盖层的渗透系数远小于下卧层的情况，特别是下面的透水层含有承压水时，将排水井(井内填滤料)伸入到该层内 0.3~0.5 m，引出承压水，达到降压的目的；③水平带状排水，多用于岩基上。

9.4.4.6　分缝止水

水闸设缝，主要是为了防止结构物因地基不均匀沉降和温度变形而产生裂缝。各种接缝应尽可能做成平面形状，其宽度和间距应根据相对沉降量、伸缩变形和水闸总体布置等要求拟定。缝的间距为 10~30 m，缝宽 20~25 mm，使相邻结构物的沉降互不影响。有抗震要求时，缝宽将更大，应做专门设计。

土基水闸，凡相邻结构沉降量不同处，都应设缝分开。

凡有防渗要求的缝,都应设止水。按照止水设备的走向,缝有铅直缝和水平缝。

铅直止水的位置应靠近临水面,距临水面 0.2~0.5 m。缝墩内的铅直止水位置宜靠近闸门,并略偏向上游。重要的水闸在铅直止水之后,加做检查井,用来检查止水和缝的工作情况。

水平止水多布置在距临水面 0.2~0.3 m 处,一般只设一道止水,重要的大型水闸,应设两道止水,第一道宜采用紫铜片。水平止水设备宜布置在同一水平高程上,也可用缓坡相接,但切忌陡弯。

止水材料和形式必须防渗性能好,柔性大,适应变形能力强,不易锈蚀断裂。常用材料有紫铜片、橡胶止水带和塑料止水带等。塑料止水带适宜用作水平止水,不宜作垂直止水。

接缝交叉处应注意止水的连接,水平止水的相交处多采用焊接。水平止水与垂直止水连接时,多在相交处外包沥青块体,形成密封系统。

9.4.5 侧向绕渗计算和防渗措施

9.4.5.1 侧向绕渗计算

水闸建成挡水后,水闸两端与岸坡或土坝连接时,除闸基渗流外,渗水还从上游高水位绕过翼墙、岸墙和刺墙等结构,经闸的两侧填土层流向下游,这就是侧向绕渗。侧向绕渗对岸、翼墙施加侧向水平压力,影响其稳定性;渗流出口处,以及填土与岸、翼墙的接触面上可能产生渗透变形。

当岸墙、翼墙墙后土层的渗透系数不大于地基土的渗透系数时,侧向渗透压力可近似地采用相应部位的水闸基底渗透压力计算值,同时考虑墙前水位变化情况和墙后地下水补给的影响;当岸墙、翼墙墙后土层的渗透系数大于地基土的渗透系数时,可按闸底有压渗流计算方法进行侧向绕流计算。复杂土质地基上的重要水闸,应采用数值计算法进行计算。

侧向绕流具有自由水面,是无压渗流。自由水面的等高线就是等水头线,由此可以求出作用在墙面上的水头和渗流坡降。绕流计算一般都假定闸基为不透水层,或以闸基内的不透水层为基面,只考虑不透水层以上的绕流情况。

绕流近似计算多数是把上游翼墙、岸墙、刺墙和下游翼墙(墙身上未设排水孔时)作为地下轮廓线,即第一条流线,上下游水边线作为第一条和最后一条等水头线,在没有外来地下水影响的情况下,可以认为侧向绕流是一种稳定渗流运动。按照闸基有压渗流计算方法(如流网法或改进阻力系数法),求出各关键点的化引水头 h_r,然后根据绕流渗透势函数的特点,用下式算出关键点绕流水面在不透水层基面上的水深 h:

$$h_r = \frac{h}{\Delta H} = \frac{h}{h_1 - h_2} \tag{9-78}$$

h 以下游水面为基面,h_1、h_2 分别为上、下游水位高程。

$$h = \sqrt{(H_1^2 - H_2^2)\,h_r + H_2^2} \tag{9-79}$$

式中:H_1、H_2 为上、下游水面在不透水层基面以上的水深。

9.4.5.2 侧向防渗措施

侧向防渗设计要遵守“高防低排”的原则。两岸防渗布置必须与闸基防渗相配合,协调一致。当采用渗径系数法计算确定防渗长度时,两岸各个可能的渗径长度都不得小于闸基防渗长度。当墙后土层土质与地基土不同时,应考虑其不同的渗径系数,而取其较大者。

增加侧向渗径的途径,除考虑水闸上、下游翼墙的作用外,可在边墙或岸墙的后面设置一道或二道防渗刺墙,岸墙与增设的刺墙之间的接缝中应设置止水。

刺墙在平面图上沿闸轴线方向的长度根据防渗长度需要而定,长的刺墙可达上下游水位差的1~3倍。它的高度应高出绕过的侧渗自由水面。刺墙底板高程一般与边墙底板齐平。刺墙的厚度根据防渗要求和受力大小而定,其两侧的土压力基本一致,而水压力则有所不同。

为了排除渗流,减少不利影响,可在下游翼墙上设置排水孔,渗流进入孔口处铺设滤层,防止墙后填土被渗流带走。双向水头水闸不允许在翼墙上设置排水孔。

此外,在下游翼墙靠岸一侧设排渗降压井孔,护坡上也应设置排水孔,将地下水排至下游,以降低地下水位。

9.5　闸室的布置与稳定计算

9.5.1　闸室结构布置

水闸闸室布置应根据水闸挡水、泄水条件和运行要求,结合地形、地质等因素确定,做到结构安全可靠、布置紧凑合理、施工方便、运用灵活、经济美观。

闸室结构根据泄流特点和运行要求,选用开敞式、胸墙式、涵洞式或双层式等结构形式。整个闸室结构的重心宜与闸室底板中心相接近,且偏高水位一侧。闸室结构形式宜按下列原则选用:

(1)闸槛高程较高、挡水高度较小的水闸,可采用开敞式;泄洪闸或分洪闸也可采用开敞式;有排漂、排冰或通航要求的水闸,宜采用开敞式。

(2)闸槛高程较低、挡水高度较大的水闸,可采用胸墙式或涵洞式;挡水水位高于泄水运用水位,或闸上水位变幅较大,且有限制过闸单宽流量要求的水闸,也可采用胸墙式或涵洞式。

(3)面层溢流和底层泄流的水闸,可采用双层式;因闸室结构受力或闸门布置需要时,也可采用双层式。

开敞式和胸墙式闸室结构宜根据地基条件及受力情况等选用整体式或分离式。涵洞式和双层式闸室结构不宜采用分离式。

闸室结构布置包括底板、闸墩、胸墙、闸门、工作桥和交通桥等分部结构的布置和尺寸的初步拟定。底板是闸室的基础,其他属于上部结构。

闸室结构布置(包括防渗排水设施的布置)须待闸室稳定分析和内力计算以后才能最后确定。各个分部结构的形式和尺寸经过结构设计可能还会有所变动。

闸室布置应按照以下原测进行:

(1)水闸中心线的布置应考虑闸室与两岸建筑物均匀、对称的要求。

(2)闸室各部分的外形应尽量选择外形平顺,流量系数较大的闸墩、岸墙和溢流堰型式,防止水流在闸室内产生剧烈扰动。

(3)大型水闸应尽量采用较大的孔径,以利于闸下的效能防冲。

(4)闸孔数目小于8孔时,应取为奇数,放水时可对称开启,防止发生偏流,造成局部冲刷。

(5)闸室主要根据闸门形式、启闭设备和交通要求来确定各部位的高程和尺寸,既要布置紧凑,又要防止干扰,还应使传到底板上的荷载尽量均匀,并注意使交通桥与两岸道路顺直相连。

(6)多孔水闸的中间各孔,应采用形式和尺寸相同的闸段并列。边孔闸室可专门布设。但应注意相邻部位的地基反力不要相差悬殊。对于中、小型闸,当地基较均匀时,可采用一个闸段的整体式结构。

(7)地震区水闸布置,应根据闸址地震烈度,采取有效的抗震措施:①对地基采用增密、加固等抗液化处理;②尽量采用桩基或整体式浮筏基础,不宜采用高边墩直接挡土的两岸连接形式;③优先选用弧形闸门或升卧式闸门,以降低水闸高度;④尽量减少结构分缝,加强止水的可靠性,在结构断面突变处增设贴角和抗剪钢筋,加强桥梁等装配式结构各部件之间的整体连接,在它们的闸墩(或排架)的结合部设置阻滑坎;⑤适当增大两岸的边坡系数,防止地震时滑坡。

(8)采用轻型结构的闸室应特别注意:①应使闸室上部结构的重心接近底板中心,并严格控制各种运用条件下的地基反力不均匀系数,尽量减小不均匀沉陷;②闸室外形应顺直圆滑,保证过闸水流平稳,避免产生振动;③施工过程中应注意均匀加荷,避免地基沉陷互相影响。

(9)松软地基上的水闸结构选型布置应满足下列要求:①闸室结构布置匀称、重量轻、整体性强、刚度大;②相邻结构的基底压力差小;③选用耐久、能适应较大不均匀沉降的止水形式和材料;④适当增加底板长度和埋置深度。

(10)冻胀性地基上水闸结构选型布置应满足下列要求:①闸室结构整体性强、刚度大;②Ⅲ级冻胀土地基上的1级、2级、3级水闸和Ⅳ级、Ⅴ级冻胀土地基上的各级水闸,其基础埋深不小于基础设计冻深;③在满足地基承载力要求的情况下,减小闸室底部与冻胀土的接触面积;④在满足防渗、防冲和水流衔接条件的情况下,缩短进出口长度;⑤适当减小冬季暴露的大、中型水闸铺盖、消力池底板等底部结构的分块尺寸。

9.5.1.1 底板

闸室底板是整个闸室结构的基础,是承受水闸上部结构的重量及荷载,并向地基传递的结构,同时兼有防渗及防冲作用,防止地基由于受渗透水流作用可能产生的渗透变形,并保护地基免受水流的冲刷。因此,闸室底板必须具有足够的整体性、坚固性、抗渗性和耐久性。闸室底板通常都是采用钢筋混凝土结构。

平底板是最常采用的一种底板形式,构造简单,施工方便,对不同的地基有一定的适应性。

箱式平底板具有很好的整体性,对地基不均匀沉降的适应性和抗震性能都很好,但缺点是工程量很大,施工较复杂。

低堰底板和折线底板(亦称斜底板),受力条件较复杂,目前还没有精确的分析计算方法,只是在某些特定的条件下才被采用。

底板在上、下游两端一般都设置浅齿墙。

闸室底板结构形式多样，每一种结构形式都有其特点和适用条件，要根据地基、泄流等条件选用。

（1）闸室底板宜采用平底板；在松软地基上且荷载较大时，也可采用箱式平底板。

（2）当需要限制单宽流量而闸底建基高程不能抬高，或因地基表层松软需要降低闸底建基高程，或在多泥沙河流上有拦沙要求时，可采用低堰底板。

（3）在坚实或中等坚实地基上，当闸室高度不大，但上、下游河（渠）底高差较大时，可采用折线底板，其后部可作为消力池的一部分。

闸室底板厚度应根据闸室地基条件、作用荷载及闸孔净宽等因素，经计算并结合构造要求确定。

整体平底板的厚度为单孔净跨的1/5~1/7，一般为1.0~2.0 m，最薄不宜小于0.7 m，但渠系内小闸也有做成0.3 m厚的。

闸室底板顺水流向长度应根据闸室地基条件和结构布置要求，以满足闸室整体稳定和地基允许承载力为原则，进行综合分析确定。

闸室底板顺水流向长度可参考表9-13选取。

表9-13　水闸底板顺水流方向长度

闸基土质	底板长度 上下游最大水头差(L/H)	闸基土质	底板长度 上下游最大水头差(L/H)
碎石土和砾(卵)石	1.5~2.5	黏质粉土和粉土	2.0~4.0
砂土和砂质粉土	2.0~3.5	黏土	2.5~4.5

闸室结构垂直水流向分段长度应根据闸室地基条件和结构构造特点，以及施工方法和措施确定，设缝位置及分段长度宜符合下列规定：

（1）对坚实地基上的水闸，可在闸室底板上或间墩中间设缝分段。

（2）对软弱地基上或有地震设防要求的水闸，宜在闸墩中间设缝分段。

（3）岩基上的分段长度不宜超过20 m，土基上的分段长度不宜超过35 m。当分段长度超过本条规定数值时，宜做技术论证。

（4）永久缝的构造形式可采用铅直贯通缝、斜搭接缝或齿形搭接缝，缝宽可采用2~3 cm。

对于大跨径水闸闸室，可采取分离式底板结构或在底板施工时预留后浇带。

闸室底板在闸墩附近用缝断开，形成分离式底板。闸孔部分的底板有些地方叫它为小底板，而另一部分则为闸墩底板。缝中应设止水。闸墩及其上部结构的荷载通过闸墩底板传给地基，基底压力较大，故一般均建于中等密实以上、承载能力较大的地基上。在松软地基或地震区建造孔跨较大的水闸时，可采用桩基，特别是灌注桩的分离式底板。小底板的厚度一般按抗浮稳定要求确定时，尺寸常很大。为减少其厚度，常采用双铰式小底板，小底板按受弯构件设计，厚度可以减小，但需配置钢筋。闸墩底板应根据受力情况按悬臂板计算，其宽度在土基上约等于或稍大于墩厚的2倍，以减小基底压力；厚度大致与悬臂部分的长度相同。

在坚实或中等密实的地基上，如坚实紧密的黏土、壤土地基上建闸，可考虑采用反拱底板，以充分利用混凝土材料的抗压性能，从而减薄底板厚度，并可不用或少用钢筋。

9.5.1.2　**闸墩**

闸墩结构形式应根据闸室结构抗滑稳定性和闸墩纵向刚度要求确定，宜采用实体式。对设置大型弧形闸门的闸墩，也可采用预应力混凝土结构。闸墩的外形轮廓设计应满足过闸水流平顺、侧向收缩小、过流能力大的要求。上游墩头可采用半圆形，下游墩头宜采用流线形。

闸墩厚度应根据闸孔孔径、受力条件、结构构造要求和施工方法等确定。平面闸门闸墩门槽处最小厚度不宜小于 0.4 m。

闸墩的厚度应满足其对强度和稳定的要求。平面闸门闸墩厚度决定于工作门槽颈部的厚度和门槽深度，门槽尺寸应根据闸门设计确定。混凝土闸墩厚度不宜小于 1.0~1.10 m。至于缝墩中的半闸墩厚度应不小于 0.6 m。弧形闸门闸墩不设工作门槽，或只设置深度很浅的凹槽，以便布置止水滑轨，但门前仍应设置检修门槽。

工作闸门门槽应设在闸墩水流较平顺部位，其宽深比宜取 1.6~1.8。根据管理维修需要设置的检修闸门，其门体与工作闸门之间的净距离不宜小于 1.5 m。当设有两道检修闸门槽时，闸墩和底板应满足检修期的结构强度要求。

边闸墩的选型布置除符合上述规定外，兼作岸墙的边闸墩应考虑承受侧向土压力的作用，其厚度应满足结构强度要求。

闸墩用以分隔闸孔、支撑闸门和桥梁。所以，闸墩的长度应满足布置检修便桥、工作桥、交通桥、检修门槽和工作门槽的需要。一般闸墩长度与底板等长，或稍短于底板，但闸墩上、下游端都保持铅直面。如上部结构布置有富裕，则上、下游端可做成 10∶1左右的竖坡。如果墩顶长度不能满足布置的要求，而所缺又很有限时，可将上、下游端的顶部做成向外挑出的牛腿，用以支承桥梁等结构。

闸墩长度一般由上部结构的布置要求决定。由于采用的闸门形式不同，闸墩的长度也有所不同。弧形闸门的支臂较长，为门高的 1.1~1.5 倍，支铰位置布置在 2/3~1.0 倍门高处，弧形闸门启闭时，呈圆弧形的旋转面，故需要较长的闸墩。平面闸门需要的闸墩较短，但工作桥部位的闸墩较高。

整体平底板的分缝设在闸墩中间时，这种闸墩叫缝墩。缝间的闸段自成一体，地基发生不均匀沉降时，闸孔不致变形，闸门能够顺利启闭，无碍于水闸的正常运行。这种带有缝墩的闸段，整体性较好，适用于中等密实度以下的地基或地震区。地基土质条件更为不好的，可将桥梁与闸墩整浇，形成刚度较大的框架结构。采用这种形式时，一般都布置成二孔一块底板或三孔一块底板，靠边的闸底板为减小边荷载的影响，应适当减小缝距，做成一孔一块或二孔一块底板。

确定闸墩上游部分的顶部高程时，应使布置在这里的检修便桥（或交通桥）桥面位于上游最高水位加波浪高度和安全超高以后的高程上。胸墙顶和岸墙顶的高程也都是这样确定的。下游部分的墩顶高程可适当降低，但应保证位于下游的交通桥面能与闸侧道路衔接。为了降低墩顶高程，也可将交通桥搁支在墩顶的钢筋混凝土排架上。

平面闸门闸墩在架设工作桥部位的高度，应适应闸门开启的需要。堰顶以上至工作桥梁底之间的净高 h 可由下式求出：

$$h = h_1 + h_2 + e \tag{9-80}$$

式中：h_1 为相应于最大取水流量时的堰顶水深；h_2 为闸门高度；e 为富裕高度，可取为0.5～1.0 m，闸门开关采用螺杆式启闭机时，e 值应结合螺杆吊座端的无丝长度进行考虑。

闸室设有胸墙时，h_1 应为胸墙底缘在堰顶以上的高度。另外，在确定工作桥部位的墩顶高程时，应使工作闸门能从闸孔中取出检修或更换。为此，常将主要门槽顶部的闸墩做得薄一些，厚度与排架的厚度相同，这样可使工作桥的高程有所降低。

支承工作桥的闸墩（又叫排架）可以做成混凝土实体型，或采用钢筋混凝土框架结构。

采用升卧式闸门的闸墩，门槽倾斜段上端终点高程，应保证闸门平卧后高出最高泄流水位。

9.5.1.3　胸墙

闸室内设置胸墙可以减小闸门高度，从而减轻门重和降低对启闭机容量的要求，并可适当降低工作桥的高度。

闸室胸墙结构可根据闸孔孔径和泄水要求选用板式或板梁式，并应符合下列规定：

（1）孔径小于或等于6 m时可采用板式，孔径大于6 m时宜采用板梁式。

（2）胸墙顶宜与闸顶齐平。胸墙底高程应根据孔口泄流量要求计算确定。胸墙上游面底部宜为流线形或圆弧形。

（3）胸墙厚度应根据受力条件和边界支承情况计算确定。

（4）胸墙底位于水位变动区时，应采取措施防止气囊发生。对于受风浪冲击力较大的水闸，胸墙上应留有排气孔。

（5）胸墙与闸墩的连接方式可根据闸室地基、温度变化条件、闸室结构横向刚度和构造要求等采用简支式或固支式。当永久缝设置在底板上时，不应采用固支式。

对于自天然河道取水的渠首闸，胸墙顶高程与闸顶高程齐平。对于渠系中的水闸，胸墙顶应与渠道两侧的堤顶齐平。胸墙底缘高程的确定，应以不影响取水和泄水为准。当闸孔泄流为淹没式宽顶堰流时，底缘高程应为：

$$\Delta Z_B = \text{堰顶高程} + \text{堰顶下游水深} + \delta \tag{9-81}$$

式中：δ 为安全超高，可取为等于或大于0.2 m。

胸墙的位置应紧靠闸门，并留有空隙，以便布置门顶止水。对于弧形闸门，胸墙应置于高水位的一侧；对于平面闸门，胸墙有设于靠低水位一侧的，其优点是闸门紧靠胸墙，使止水设备简单，且止水效果好而可靠。胸墙设置在靠高水位一侧时，启闭机螺杆或钢丝绳与吊耳等铁件不致因位于高水位之下而锈蚀。

胸墙一般为钢筋混凝土结构，当跨度较小时，胸墙可设计成上薄下厚的楔形板，最薄处不应小于0.15～0.20 m，以便施工。当跨度较大时，多采用板梁式结构。初拟时，顶梁厚度取为（1/12～1/15）b_0，底梁厚度取为（1/6～1/9）b_0，b_0 为闸孔净宽。

9.5.1.4　工作桥

工作桥供安设启闭机和管理人员操作启闭设备之用，故又叫机架桥，可根据闸孔孔径、闸门启闭机形式及容量、设计荷载标准等分别选用板式、梁板式或板拱式，其与闸墩的连接形式应与底板分缝位置及胸墙结构等统一考虑，并应符合下列规定：

（1）有条件时，可采用预制构件，现场吊装。

（2）工作桥的支承结构可根据其高度及纵向刚度选用实体式或刚架式。

（3）工作桥的梁（板）底高程均应高出最高洪水位0.5 m以上；若有流冰，应高出流冰面以上0.2 m;有通航要求时,应满足通航净空要求。

(4)工作桥梁(板)底高程应根据闸门开启和闸门安装检修要求计算确定。

(5)大、中型水闸宜设置启闭机房。

(6)处于水源保护区的水闸,闸上公路桥桥面的雨水应采取收集处理措施,不应直接排入河道。

工作桥的高程必须在水闸下泄最大流量时,能使闸门脱离水面,具体确定方法和计算式参见式(9-80)。

工作桥的总宽度取决于启闭机的形式、容量和操作需要,可按下式计算:

$$总宽度 = 基座宽度 + 2 \times 操作宽度 + 2 \times 栏杆柱尺寸 \qquad (9\text{-}82)$$

为了降低起吊平面闸门工作桥的高度,并增加闸的抗震能力,可采用升卧式闸门。它不仅使工作桥的高度降低约30%,且可免除钢丝绳长期处于受力状态。

工作桥与检修便桥分别设置在工作门槽和检修门槽的上部,以利启闭闸门。对于小型水闸,二者也可合二为一。专门设置的检修便桥,宽度为1.0~1.5 m。

9.5.1.5 交通桥

交通桥是水闸按照交通要求设置的公路桥、农桥或人行便桥,可根据闸孔孔径、闸门启闭机形式及容量、设计荷载标准等分别选用板式、梁板式或板拱式,其与闸墩的连接形式应与底板分缝位置及胸墙结构等统一考虑。

交通桥的设置及其载重标准,应根据当前交通需要,并结合今后发展确定。交通桥的位置根据闸室稳定及桥与两岸交通道路连接等条件而定,通常布置在低水位的一侧。渠首闸的交通桥根据需要必须布置在临河一侧时,桥面高程须在上游最高水位加浪高以上,以免受风浪侵袭而影响交通。

渠系小闸的交通桥桥面高程,只须与渠道两侧的堤顶齐平即可。

交通桥可采用现浇的钢筋混凝土整体式板桥,也可采用预制装配式板桥。后者可以是实心板,也可以是空心板,根据跨度和荷载大小而定。孔跨较大的交通桥除采用预制的钢筋混凝土空心板桥外,还可采用板梁式桥。地基条件较好时,也可采用钢筋混凝土桁架拱桥。

9.5.2 荷载及其组合

9.5.2.1 荷载计算

作用在水闸上的荷载可分为基本荷载和特殊荷载两类,并可细分为下列各项荷载。

1. 基本荷载

(1)水闸结构及其上部填料和永久设备的自重。水闸结构及其上部填料的自重(底板自重、闸墩自重、胸墙自重等)应按其几何尺寸及材料重度计算确定。闸门、启闭机及其他永久设备宜采用实际重量。

水闸结构使用的建筑材料主要有混凝土和钢筋混凝土,在有的部位也有采用浆砌条石和浆砌块石的,重力作用在各自的重心处。但稳定计算时往往闸门设计尚未完成,因此可根据门型及闸门材料进行估算。

启闭机自重可根据启闭机的型号及容量查阅生产厂产品资料确定。

(2)相应于正常蓄水位或设计洪水位情况下水闸底板上的水重。水重应按其实际体积及水的重度计算确定,水的容重一般为10 kN/m³。多泥沙河流上的水闸,还应考虑含沙量对水的重度的影响。如无实测资料,浑水容重可采用10.5~11 kN/m^3。

(3)相应于正常蓄水位或设计洪水位情况下的静水压力。静水压力应根据水闸不同运用工况时的上、下游水位组合条件计算确定。上下游水位差较大时,对结构的抗滑稳定不利,即上游可能出现的最高挡水位,下游水位为常水位或无水时的水位组合条件。

(4)相应于正常蓄水位或设计洪水位情况下的扬压力(浮托力与渗透压力之和)。扬压力应根据地基类别、防渗排水布置及水闸上、下游水位组合条件计算确定,并与静水压力的水位组合条件相对应。

(5)土压力。土压力应根据填土性质、挡土高度、填土内的地下水位、填土顶面坡角及超荷载等计算确定。对于向外侧移动或转动的挡土结构,可按主动土压力计算;对于保持静止不动的挡土结构,可按静止土压力计算。

(6)淤沙压力。泥沙压力应根据水闸上、下游可能淤积的厚度及泥沙重度等计算确定。一般情况下,对于低水头水工建筑物,在多泥沙河流上,泥沙可能淤积的厚度可取建筑物高度的1/3。在淤积高度确定后,可用下式计算泥沙压力:

$$P_n = \frac{\gamma_n h_n^2}{2}\tan^2(45° - \frac{\varphi_n}{2}) \tag{9-83}$$

式中:P_n为作用于水闸上的泥沙压力,kN/m;γ_n为闸前沉积泥沙的浮重度,kN/m^3;h_n为闸前泥沙淤积厚度,m;φ_n为淤沙的内摩擦角,(°)。

(7)风压力。风压力应根据当地气象台站提供的风向、风速和水闸受风面积等计算确定。计算风压力时应考虑水闸周围地形、地貌及附近建筑物的影响。

(8)相应于正常蓄水位或设计洪水位情况下的浪压力。浪压力应根据水闸闸前风向、风速、风区长度(吹程)、风区内的平均水深以及闸前实际波态的判别等计算确定。

冰压力、土的冻胀力以及其他出现机会较多的荷载等,可按国家现行有关标准的规定计算确定,如《水工建筑物荷载设计规范》(DL 5077—1997)、《水工建筑物抗冰冻设计规范》(SL 211—2006)等。

2.特殊荷载

①相应于校核洪水位情况下水闸底板上的水重;②相应于校核洪水位情况下的静水压力;③相应于校核洪水位情况下的扬压力;④相应于校核洪水位情况下的浪压力;⑤地震荷载;⑥其他出现机会较少的荷载等。

9.5.2.2　荷载组合

水闸在施工、运用及检修过程中,各种荷载的大小及分布情况是随机变化的,因此要根据水闸不同的工作条件和荷载机遇情况进行荷载组合。荷载组合的原则是:考虑各种荷载出现的概率,将实际上可能同时出现的各种荷载进行最不利的组合,并将水位作为组合条件。

由于地震与设计洪水位或校核洪水位同时遭遇的概率极小,因此地震荷载只与正常蓄水位情况下的相应荷载组合。

计算闸室稳定和应力时的荷载组合可按表9-14的规定采用。必要时还可考虑其他可能的不利组合。

计算岸墙、翼墙稳定和应力时的荷载组合可按表9-14的规定采用,并应验算施工期、完建期和检修期(墙前无水和墙后有地下水)等情况。

表 9-14　荷载组合表

荷载组合	计算情况	荷载												说明
		自重	水重	静水压力	扬压力	土压力	泥沙压力	风压力	浪压力	冰压力	土的冻胀力	地震荷载	其他	
基本组合	完建情况	√	—	—	—	√	—	—	—	—	—	—	√	必要时,可考虑地下水产生的扬压力
	正常蓄水位情况	√	√	√	√	√	√	√	√	—	—	—	√	按正常蓄水位组合计算水重、静水压力、扬压力及浪压力
	设计洪水位情况	√	√	√	√	√	√	√	√	—	—	—	—	按设计洪水位组合计算水重、静水压力、扬压力及浪压力
	冰冻情况	√	√	√	√	√	√	√	—	√	√	—	√	按正常蓄水位组合计算水重、静水压力、扬压力及冰压力
特殊组合	施工情况	√	—	—	—	√	—	—	—	—	—	—	√	应考虑施工过程中各个阶段的临时荷载
	检修情况	√		√	√	√	√	√	√	—	—	—	√	按正常蓄水位组合(必要时可按设计洪水位组合或冬季低水位条件)计算静水压力、扬压力及浪压力
	校核洪水位情况	√	√	√	√	√	√	√	√	—	—	—	—	按校核洪水位组合计算水重、静水压力、扬压力及浪压力
	地震情况	√	√	√	√	√	√	√	√	—	—	√	—	按正常蓄水位组合计算水重、静水压力、扬压力及浪压力

注:"√"表示该工况需要考虑的荷载,"—"表示该工况无须考虑的荷载。

9.5.3　闸室稳定计算

闸室稳定计算宜取两相邻顺水流向永久缝之间的闸段作为计算单元。如计算单元不一致,应分别计算。稳定计算时,荷载应按标准值取用。

土基上的闸室稳定计算应满足下列要求:

(1)在各种计算情况下(一般控制在完建情况下),闸室平均基底应力小于地基允许承载力,最大基底应力小于地基允许承载力的 1.2 倍。

(2)在各种计算情况下(多数控制在设计洪水位情况下或校核洪水位情况下,或正常挡水位遭遇地震的情况下),闸室基底应力的最大值与最小值之比(基底压力分布不均匀系数)小于表9-15的允许值,以免产生过大的不均匀沉降。

表9-15 土基上闸室基底应力最大值与最小值之比的允许值

地基土质	荷载组合	
	基本组合	特殊组合
松软	1.50	2.00
中等坚实	2.00	2.50
坚实	2.50	3.00

注:1.对于特别重要的大型水闸,其闸室基底应力最大值与最小值之比的允许值可按表列数值适当减小;
2.对于地震区的水闸,闸室基底应力最大值与最小值之比的允许值可按表列数值适当增大;
3.对于地基特别坚实或可压缩土层甚薄的水闸,可不受本表的规定限制,但闸室基底不应出现拉应力。

(3)在各种计算情况下(多数控制在设计洪水位情况下或校核洪水位情况下,或正常蓄水位遭遇地震的情况下),沿闸室基底面的抗滑稳定安全系数大于表9-16的允许值。

表9-16 土基上沿闸室基底面抗滑稳定安全系数的允许值

荷载组合	水闸级别			
	1	2	3	4、5
基本组合	1.35	1.30	1.25	1.20
特殊组合Ⅰ	1.20	1.15	1.10	1.05
特殊组合Ⅱ	1.10	1.05	1.05	1.00

注1.特殊组合Ⅰ适用于施工情况、检修情况及校核洪水位情况;
2.特殊组合Ⅱ适用于地震情况。

岩基上的闸室稳定计算应满足下列要求:

(1)在各种计算情况下,闸室最大基底应力小于地基允许承载力。

(2)在非地震情况下,闸室基底不出现拉应力;在地震情况下,闸室基底拉应力小于100 kPa。

(3)沿闸室基底面的抗滑稳定安全系数大于表9-17的允许值。

表9-17 岩基上沿闸室基底面抗滑稳定安全系数的允许值

荷载组合	按式(9-86)计算时			按式(9-88)计算时
	水闸级别			
	1级	2级、3级	4级、5级	
基本组合	1.10	1.08	1.05	3.00
特殊组合Ⅰ	1.05	1.03	1.00	2.50
特殊组合Ⅱ	1.00	1.00	1.00	2.30

注:1.特殊荷载组合Ⅰ适用于施工情况、检修情况及校核洪水位情况;
2.特殊荷载组合Ⅱ适用于地震情况。

9.5.3.1 闸室基底应力验算

闸室基底应力应根据结构布置及受力情况,分别按下列规定进行计算。

(1)当结构布置及受力情况对称时,按下式计算:

$$P_{\min}^{\max} = \frac{\sum G}{A} \pm \frac{\sum M}{W} \tag{9-84}$$

式中：$P_{\min}^{\max}$ 为闸室基底应力的最大值或最小值，kPa；$\sum G$ 为作用在闸室上的全部竖向荷载（包括闸室基础底面上的扬压力在内），kN；$\sum M$ 为作用在闸室上的全部竖向和水平向荷载对于基础底面垂直水流方向的形心轴的力矩，kN · m；A 为闸室基底面的面积，m^2；W 为闸室基底面对于该底面垂直水流方向的形心轴的截面矩，m^3。

（2）当结构布置及受力情况不对称时，按下式计算：

$$P_{\min}^{\max} = \frac{\sum G}{A} \pm \frac{\sum M_x}{W_x} \pm \frac{\sum M_y}{W_y} \tag{9-85}$$

式中：$\sum M_x$、$\sum M_y$ 为作用在闸室上的全部竖向和水平向荷载对于基础底面形心轴 x、y 的力矩，kN · m；W_x、W_y 为闸室基底面对于该底面形心轴 x、y 的截面矩 m^3。

9.5.3.2　闸室抗滑稳定计算

水闸建成投入运行后，闸室受到竖向力和水平力的共同作用。

水闸是否会发生沿地基表面的水平滑动，取决于阻止闸室滑动的力（阻滑力）是否大于促使闸室滑动的力（滑动力），前者与后者的比值即为抗滑稳定安全系数。

1. 土基上的水闸

土基上沿闸室基底面的抗滑稳定安全系数，应按式（9-86）或式（9-87）计算，黏性土地基上的大型水闸，沿闸室基底面的抗滑稳定安全系数宜按式（9-87）计算：

$$K_c = \frac{f\sum G}{\sum H} \tag{9-86}$$

$$K_c = \frac{\tan\varphi_0 \sum G + C_0 A}{\sum H} \tag{9-87}$$

式中：K_c 为沿闸室基底面的抗滑稳定安全系数；f 为闸室基底面与地基之间的摩擦系数；$\sum H$ 为作用在闸室上的全部水平向荷载，kN；φ_0 为闸室基础底面与土质地基之间的摩擦角，（°）；C_0 为闸室基底面与土质地基之间的黏结力，kPa。

对于土基上采用桩基础的水闸，闸室底板即桩顶承台，在桩顶嵌入闸室底板的情况下，闸室结构上承受的所有水平荷载宜由桩来承担。

土基上沿闸室基底面抗滑稳定安全系数允许值应符合表 9-16 的规定。

2. 岩基上的水闸

岩基上沿闸室基底面的抗滑稳定安全系数，应按式（9-86）计算或按式（9-88）计算：

$$K_c = \frac{f'\sum G + C'A}{\sum H} \tag{9-88}$$

式中：f' 为闸室基底面与岩石地基之间的抗剪断摩擦系数；C' 为闸室基底面与岩石地基之间的抗剪断黏结力，kPa。

闸室基底面与岩石地基之间的抗剪断摩擦系数 f' 值及抗剪断黏结力 C' 值可根据《水利

水电工程地质勘察规范》(GB 50487—2008)的规定选用,但选用的f'值和C'值不应超过闸室基础混凝土本身的抗剪断参数值。

岩基上沿闸室基底面抗滑稳定安全系数允许值应符合表9-17的规定。

3. 承受双向水平荷载的稳定性计算

当闸室受双向水平向荷载作用时,要验算其合力方向的抗滑稳定性。其抗滑稳定安全系数应按土基或岩基分别不小于表9-16或表9-17的允许值。

4. 增加抗滑稳定的措施

当沿闸室基底面抗滑稳定安全系数计算值小于允许值时,可在原有结构布置的基础上,结合工程的具体情况,采用下列一种或几种抗滑措施:

(1)调整上部结构布置,将闸门位置移向低水位一侧,或将水闸底板向高水位一侧加长,以增加水的重力。

(2)适当增大闸室结构尺寸,以增加上部结构重力。

(3)增加闸室底板的齿墙深度。

(4)增加铺盖长度或帷幕灌浆深度,或在不影响防渗安全的条件下将排水设施向水闸底板靠近,以降低作用在底板上的渗透压力。

(5)利用钢筋混凝土铺盖作为阻滑板时,可作为补充闸室抗滑稳定的安全措施。

(6)增设钢筋混凝土抗滑桩或预应力锚固结构。

9.5.4　闸室抗浮稳定计算

当闸室设有两道检修闸门或只设一道检修闸门,利用工作闸门与检修闸门进行检修时,以闸室检修时不浮起为原则,并有一定的安全储备,应按式(9-89)进行抗浮稳定计算。不论水闸级别和地基条件,在基本荷载组合条件下,闸室抗浮稳定安全系数不应小于1.10;特殊荷载组合条件下,闸室抗浮稳定安全系数不应小于1.05。

$$K_f = \frac{\sum V}{\sum U} \tag{9-89}$$

式中:K_f为闸室抗浮稳定安全系数;$\sum V$为作用在闸室上全部向下的铅直力之和,kN;$\sum U$为作用在闸室基底面上的扬压力,kN。

9.5.5　闸基沉降计算

在软基上建闸,由于地基土的压缩性较大,在闸室重力和外荷载的作用下,往往产生较大的沉降和沉降差。因此,设计建筑在软土地基上的水闸时,应做沉降计算,并通过计算,分析地基的变形情况,以便选择合理的结构形式和尺寸,确定施工进度和先后程序,必要时,地基还要进行处理,已保证水闸的安全和正常运用。

地基沉降计算,一般只计算最终沉降量,并应选择有代表性的计算点进行计算,地基最终沉降量可按分层总和法计算:

$$S_{\infty} = \sum_{i=1}^{n} m_i \frac{e_{1i} - e_{2i}}{1 + e_{1i}} h_i \tag{9-90}$$

式中:S_{∞}为土质地基最终沉降量,m;n为土质地基压缩层计算深度范围内的土层数;e_{1i}为基

础底面以下第 i 层土在平均自重应力作用下,由压缩曲线查得的相应孔隙比;e_{2i} 为基础底面以下第 i 层土在平均自重应力加平均附加应力作用下,由压缩曲线查得的相应孔隙比;h_i 为基础底面以下第 i 层土的厚度,m;m_i 为地基沉降量修正系数,可采用 1.0~1.6(坚实地基取较小值,软土地基取较大值)。

对于一般土质地基,当基底压力小于或接近于水闸闸基未开挖前作用于该基底面上土的自重压力时,土的压缩曲线宜采用 $e \sim p$ 回弹再压缩曲线;对于软土地基,土的压缩曲线宜采用 $e \sim p$ 压缩曲线。对于重要的大型水闸工程,土的压缩曲线也可采用 $e \sim \lg p$ 压缩曲线。

土质地基压缩层计算深度可按计算层面处土的附加应力与自重应力之比为 0.10~0.20(软土地基取小值,坚实地基取大值)的条件确定。

高饱和度软土地基的沉降量计算,可采用考虑土体侧向变形影响的简化计算方法。

根据各计算点的沉降计算成果,可绘制每个断面的沉降曲线,然后考虑结构刚性的影响进行适当调整,从而可求得各计算点的沉降量。每块底板上的各计算点沉降量的平均值,即为每块底板的沉降量。

土质地基允许最大沉降量和最大沉降差应以保证水闸安全和正常使用为原则。天然土质地基上水闸地基最大沉降量不宜超过 150 mm,相邻部位的最大沉降差不宜超过 50 mm。

对于软土地基上的水闸,当计算地基最大沉降量或相邻部位的最大沉降差超过规定的允许值,不能满足设计要求时,可采取工程措施以减小地基最大沉降量或相邻部位最大沉降差。工程常用的措施有:①变更结构形式或加强结构刚度。尽可能采用轻型结构,增强闸室结构布置的整体性,增大底板刚度。尽可能使闸室和相邻建筑的重力相差不太大,尽量使闸室合力靠近底板中心;②在一部分闸墩中间和重力相差较大的两个分部结构中间采用沉降缝隔开;③改变基础形式或刚度;④调整基础尺寸与埋置深度;⑤必要时对地基进行人工加固;⑥安排合适的施工程序,掌握“先重后轻”的原则,严格控制施工速率。

由于上部结构、基础与地基三者是相互联系、共同作用的,为了更有效地减少水闸的最大沉降量和最大沉降差,设计时应将上部结构、基础与地基三者作为整体考虑,采取综合性措施。

9.6　岸墙、翼墙稳定计算

对于未设横向永久缝的重力式岸墙、翼墙结构,宜取单位长度或分段长度的墙体作为稳定计算单元;对于设有横向永久缝的重力式、扶壁式或空箱式岸墙、翼墙结构,宜取分段长度墙体作为稳定计算单元。稳定计算时,荷载应按标准值取用。

土基、岩基上的岸墙、翼墙稳定计算,岸墙、翼墙的基底应力计算,以及土基、岩基上沿岸墙、翼墙基底面的抗滑稳定安全系数计算,均与闸室的稳定计算相同,且需满足与闸室稳定一样的条件。

岸墙、翼墙地基的整体抗滑稳定及上、下游护坡工程的边坡稳定可采用瑞典圆弧滑动法或简化毕肖普圆弧滑动法计算。

按瑞典圆弧滑动法或折线滑动法计算的整体抗滑稳定安全系数或边坡稳定安全系数均应大于表 9-18 规定的允许值;按简化毕肖普圆弧滑动法计算的整体抗滑稳定安全系数或边坡稳定安全系数均应大于表 9-19 规定的允许值。

表9-18　按瑞典圆弧滑动法或折线滑动法计算整体抗滑(或边坡)稳定安全系数的允许值

荷载组合	水闸级别			
	1级	2级	3级	4级、5级
基本组合	1.30	1.25	1.20	1.15
特殊组合Ⅰ	1.20	1.15	1.10	1.05
特殊组合Ⅱ	1.10	1.05	1.05	1.00

注:1. 特殊组合Ⅰ适用于施工情况、检修情况及校核洪水位情况;
2. 特殊组合Ⅱ适用于地震情况。

表9-19　按简化毕肖普法计算整体抗滑(或边坡)稳定安全系数的允许值

荷载组合	水闸级别			
	1级	2级	3级	4级、5级
基本组合	1.50	1.35	1.30	1.25
特殊组合Ⅰ	1.30	1.25	1.20	1.15
特殊组合Ⅱ	1.20	1.15	1.15	1.10

注:1. 特殊组合Ⅰ适用于施工情况、检修情况及校核洪水位情况;
2. 特殊组合Ⅱ适用于地震情况。

当岸墙、翼墙沿基底面的抗滑稳定安全系数计算值小于允许值时,可采用下列一种或几种抗滑措施:①适当增加底板宽度;②在基底增设凸榫;③在墙后增设阻滑板或锚杆;④在墙后改填摩擦角较大的填料,并增设排水;⑤在不影响水闸正常运用的条件下,适当限制墙后的填土高度,或在墙后采用其他减载措施。

岩基上翼墙的抗倾覆稳定安全系数应按式(9-91)计算,以在各种荷载作用下不倾倒为原则,但要有一定的安全储备。不论水闸级别,在基本荷载组合条件下,岩基上翼墙的抗倾覆安全系数不应小于1.50;在特殊荷载组合条件下,岩基上翼墙的抗倾覆安全系数不应小于1.30。

$$K_0 = \frac{\sum M_V}{\sum M_H} \tag{9-91}$$

式中:K_0 为翼墙抗倾覆稳定安全系数;$\sum M_V$ 为对翼墙前趾的抗倾覆力矩,kN·m;$\sum M_H$ 为对翼墙前趾的倾覆力矩,kN·m。

9.7　水闸结构设计

9.7.1　结构设计原理及有关规定

水闸结构设计应根据受力条件及工程地质条件进行。水闸结构物除应满足强度、刚度、稳定性外,还应根据部位所在的工作条件、地区气候和环境等情况,分别满足抗渗、抗冻、抗侵蚀、抗冲刷等耐久性要求。

9.7.1.1　水闸所处的工作环境条件

水闸混凝土结构的强度要求、裂缝控制要求和抗渗、抗冻、抗侵蚀、抗冲刷等耐久性要求均与该结构所处环境有关。因此,不同的环境条件,对结构有不同的强度要求、裂缝控制要求和耐久性要求。《水工混凝土结构设计规范》(SL 191—2008)将水工混凝土结构所处的环境条件划分为五个类别,见表 9-20。

表 9-20 水工混凝土结构所处的环境类别

环境类别	环境条件
一	室内正常环境
二	室内潮湿环境;露天环境;长期处于水下或地下的环境
三	淡水水位变化区;有轻度化学侵蚀性地下水的地下环境;海水水下区
四	海上大气区;轻度盐雾作用区;海水水位变化区;中度化学侵蚀性环境
五	使用除冰盐的环境;海水浪溅区;重度盐雾作用区;严重化学侵蚀性环境

注:1. 海上大气区与浪溅区的分界线为设计最高水位加 1.5 m;浪溅区与水位变化区的分界线为设计最高水位加 1.0 m;水位变化区与水下区的分界线为设计最低水位减 1.0 m;重度盐雾作用区为离涨潮岸线 50 m 内的陆上室外环境;轻度盐雾作用区为离涨潮岸线 50~500 m 内的陆上室外环境。

2. 冻融比较严重的二类、三类环境条件下的建筑物,可将其环境类别提高为三类、四类。

3. 化学侵蚀程度的分类见表 9-21。

未经技术鉴定或设计许可,不应改变结构的用途和使用环境。

表 9-21 化学侵蚀程度

化学侵蚀程度	水中 SO_4^{2-} 含量(mg/L)	土中 SO_4^{2-} 含量(mg/kg)	水中 Mg^{2+} 含量(mg/L)	水的 pH 值	水中 CO_2 含量(mg/L)
轻度	200~1 000	300~1 500	300~1 000	5.5~6.5	15~30
中度	1 000~4 000	1 500~6 000	1 000~3 000	4.5~5.5	30~60
严重	4 000~10 000	6 000~15 000	≥3 000	4.0~4.5	60~100

9.7.1.2 水闸混凝土结构的强度计算

承载能力极限状态设计时,应采用下列设计表达式:

$$KS \leqslant R \tag{9-92}$$

式中:K 为承载力安全系数,按表 9-22 采用;S 为荷载效应组合设计值;R 为结构构件的截面承载力设计值,由材料的强度设计值及截面尺寸等因素计算得出。

承载能力极限状态计算时,结构构件计算截面上的荷载效应组合设计值 S 应按下列规定计算。

(1)基本组合。

当永久荷载对结构起不利作用时:

$$S = 1.05S_{G1k} + 1.20S_{G2k} + 1.20S_{Q1k} + 1.10S_{Q2k} \tag{9-93}$$

当永久荷载对结构起有利作用时:

$$S = 0.95S_{G1k} + 0.95S_{G2k} + 1.20S_{Q1k} + 1.10S_{Q2k} \tag{9-94}$$

式中:S_{G1k} 为自重、设备等永久荷载标准值产生的荷载效应;S_{G2k} 为土压力、淤沙压力及围岩压力等永久荷载标准值产生的荷载效应;S_{Q1k} 为一般可变荷载标准值产生的荷载效应;S_{Q2k} 为可控制其不超出规定限制的可变荷载标准值产生的荷载效应。

(2)偶然组合。

$$S = 1.05S_{G1k} + 1.20S_{G2k} + 1.20S_{Q1k} + 1.10S_{Q2k} + 1.0S_{Ak} \tag{9-95}$$

式中:S_{Ak} 为偶然荷载标准值产生的荷载效应。

承载能力极限状态计算时,钢筋混凝土、预应力混凝土及素混凝土结构构件的承载力安全系数 K 不应小于表 9-22 的规定。

表 9-22　混凝土结构构件的承载力安全系数 K

水工建筑物级别		1		2、3		4、5	
荷载效应组合		基本组合	偶然组合	基本组合	偶然组合	基本组合	偶然组合
钢筋混凝土、预应力混凝土		1.35	1.15	1.20	1.00	1.15	1.00
素混凝土	按受压承载力计算的受压构件、局部承压	1.45	1.25	1.30	1.10	1.25	1.05
	按受拉承载力计算的受压、受弯构件	2.20	1.90	2.00	1.70	1.90	1.60

注:1. 水工建筑物的级别应根据《水利水电工程等级划分及洪水标准》(SL 252—2017)确定。

2. 结构在使用、施工、检修期的承载力计算,安全系数 K 应按表中基本组合取值;对地震及校核洪水位的承载力计算,安全系数 K 应按表中偶然组合取值。

3. 当荷载效应组合由永久荷载控制时,表列安全系数 K 应增加 0.05。

4. 当结构的受力情况较为复杂、施工特别困难、荷载不能准确计算、缺乏成熟的设计方法或结构有特殊要求时,承载力安全系数 K 宜适当提高。

钢筋混凝土结构正常使用极限状态验算时,应根据使用要求进行不同的裂缝控制验算。

水闸结构中对承受水压的轴心受拉构件、小偏心受拉构件及发生裂缝后会引起严重渗漏的其他构件,应按荷载效应组合进行抗裂验算。

需要控制裂缝宽度的结构构件应按荷载效应标准组合进行裂缝宽度或钢筋应力的验算。构件正截面的最大裂缝宽度计算值不应超过表 9-23 规定的限制。

表 9-23　结构构件的裂缝控制等级及最大裂缝宽度限制 w_{lim}

环境类别	钢筋混凝土结构	预应力混凝土结构	
	w_{lim}(mm)	裂缝控制等级	w_{lim}(mm)
一	0.40	三	0.20
二	0.30	二	—
三	0.25	一	—
四	0.20	一	—
五	0.15	一	—

注:1. 表中的规定适用于采用热轧钢筋的钢筋混凝土结构和采用预应力钢丝、钢绞线、螺纹钢筋及钢棒的预应力混凝土结构;当采用其他类别的钢筋时,其裂缝控制要求可按专门标准确定。

2. 结构构件的混凝土保护层厚度大于 50 mm 时,表列裂缝宽度限值可增加 0.05。

3. 当结构构件不具备检修维护条件时,表列最大裂缝宽度限值宜适当减小。

4. 当结构构件承受水压且水力梯度 $i>20$ 时,表列最大裂缝宽度限值宜减小 0.05。

5. 结构构件表面设有专门可靠的防渗面层等防护措施时,最大裂缝宽度限值可适当加大。

6. 对严寒地区,当年冻融循环次数大于 100 时,表列最大裂缝宽度限值宜适当减小。

预应力混凝土结构构件设计时,根据环境类别选用不同的裂缝控制等级:一级——严格要求不出现裂缝的构件,应按荷载效应标准组合验算,构件受拉边缘混凝土不应产生拉应力。二级——一般要求不出现裂缝的构件，应按荷载效应标准组合验算，构件受拉边缘混凝土的拉应力不应超过混凝土轴心抗拉强度标准值的 0.7 倍。三级——允许出现裂缝的构件，应按荷载效应标准组合进行裂缝宽度验算，构件正截面最大裂缝宽度计算值不应超过表 9-23 规定的限制。

为满足结构的正常使用要求，对受弯构件需进行挠度验算。受弯构件的最大挠度应按荷载效应标准组合进行验算，其计算值不应超过表 9-24 的挠度限值。

表 9-24　受弯构件的挠度限值

项次	构件类型	挠度限值	项次	构件类型	挠度限值
1	吊车梁：手动吊车 电动吊车	$l_0/500$ $l_0/600$	3	工作桥及启闭机下大梁	$l_0/400(l_0/500)$
2	渡槽槽身、架空管道： 当 $l_0 \le 10$ m 时 当 $l_0 > 10$ m 时	 $l_0/400$ $l_0/500(l_0/600)$	4	屋盖、楼盖： 当 $l_0 \le 6$ m 时 当 $6\text{m} < l_0 \le 12$ m 时 当 $l_0 > 12$ m 时	 $l_0/200(l_0/250)$ $l_0/300(l_0/350)$ $l_0/400(l_0/450)$

注：1. 表中 l_0 为构件的计算跨度。
2. 表中括号内的数字适用于使用上对挠度有较高要求的构件。
3. 若构件制作时预先起拱，则在验算最大挠度时，可将计算所得的挠度减去起拱值；对预应力混凝土构件尚可减去预加应力所产生的反拱值。
4. 悬臂构件的挠度限值按表中相应数值乘 2 取用。

9.7.1.3　结构的耐久性要求

设计永久性水工混凝土结构时，应满足结构耐久性要求。临时性建筑物及大体积结构的内部混凝土可不提出耐久性要求。

耐久性要求包括混凝土强度等级、抗渗性、抗冻性、抗侵蚀性等。设计时可根据结构所处的环境类别提出相应的耐久性要求。

混凝土结构的耐久性要求应根据结构设计使用年限和环境类别进行设计。

设计使用年限为 50 年的水工结构，配筋混凝凝土耐久性宜符合表 9-25 的要求。

表 9-25　配筋混凝土耐久性基本要求

环境类别	混凝土最低强度等级	最小水泥用量（kg/m^3）	最大水灰比	最大氯离子含量（%）	最大碱含量（kg/m^3）
一	C20	220	0.60	1.0	不限制
二	C25	260	0.55	0.3	3.0
三	C25	300	0.50	0.2	3.0
四	C30	340	0.45	0.1	2.5
五	C35	360	0.40	0.06	2.5

注：1. 配置钢丝、钢绞线的预应力混凝土构件的混凝土最低强度等级不宜小于 C40；最小水泥用量不宜少于 300 kg/m^3。
2. 当混凝土中加入优质活性掺合料或能提高耐久性的外加剂时，可适当减少最小水泥用量。
3. 桥梁上部结构及处于露天环境的梁、柱构件，混凝土强度等级不宜低于 C25。
4. 氯离子含量系指其占水泥用量的百分率；预应力混凝土构件中的氯离子含量不宜大于 0.06%。
5. 水工混凝土结构的水下部分，不宜采用碱活性骨料。
6. 处于三类、四类环境条件且受冻严重的结构构件，混凝土的最大水灰比应按《水工建筑物抗冰冻设计规范》（SL 211—2006）的规定执行。
7. 炎热地区的海水水位变化区和浪溅区，混凝土的各项耐久性基本要求宜按表中的规定适当加严。

素混凝土结构的耐久性基本要求可按表9-25适当降低。

设计使用年限为100年的水工结构，混凝土耐久性基本要求应满足表9-25的规定外，尚应符合下列要求：

①混凝土强度等级宜按表9-25的规定提高一级；②混凝土中的氯离子含量不应大于0.06%；③未经论证，混凝土不应采用碱活性骨料；④混凝土保护层厚度应按表9-26的规定适当增加，并切实保证混凝土保护层的密实性；⑤在使用过程中，应定期维护；

纵向受力钢筋的混凝土保护层厚度不应小于钢筋直径，以及表9-26所列数值，同时也不应小于粗骨料最大粒径的1.25倍。

表9-26 混凝土保护层最小厚度 （单位：mm）

项次	构件类别	环境类别				
		一	二	三	四	五
1	板、墙	20	25	30	45	50
2	梁、柱、墩	30	35	45	55	60
3	截面厚度不小于2.5 m的底板及墩墙	—	40	50	60	65

注：1. 直接与地基接触的结构底层钢筋或无检修条件的结构，保护层厚度应适当增大。

2. 有抗冲耐磨要求的结构面层钢筋，保护层厚度应适当增大。

3. 混凝土强度等级不低于C30且浇筑质量有保证的预制构件或薄板，保护层厚度可按表中数值减小5 mm。

4. 钢筋表面涂塑或结构外表面敷设永久性涂料或面层时，保护层厚度可适当减小。

5. 严寒和寒冷地区受冰冻的部位，保护层厚度还应符合《水工建筑物抗冰冻设计规范》(SL 211—2006)的规定。

对于有抗渗要求的结构，混凝土应满足抗渗等级的规定。混凝土抗渗等级根据所承受的水头、水力梯度及下游排水条件、水质条件和渗透水的危害程度等因素确定，按28 d龄期的标准测定，分为W2、W4、W6、W8、W10、W12六级。结构混凝土抗渗等级不应低于表9-27的规定值。

表9-27 混凝土抗渗等级的最小允许值

项次	结构类型及运用条件		抗渗等级
1	大体积混凝土结构的下游面及建筑物内部		W2
2	大体积混凝土结构的挡水面	$H<30$	W4
		$30 \leqslant H<70$	W6
		$70 \leqslant H<150$	W8
		$H \geqslant 150$	W10
3	素混凝土及钢筋混凝土结构构件的背水面可自由渗水者	$i<10$	W4
		$10 \leqslant i<30$	W6
		$30 \leqslant i<50$	W8
		$i \geqslant 50$	W10

注：1. 表中H为水头(m)，i为水力梯度。

2. 当结构表层设有专门可靠的防渗层时，表中规定的混凝土抗渗等级可适当降低。

3. 承受侵蚀性水作用的结构，混凝土抗渗等级应进行专门的试验研究，但不应低于W4。

4. 埋置在地基中的结构构件(如基础防渗墙等)，可按照表中项次3的规定选择混凝土抗渗等级。

5. 对背水面可自由渗水的素混凝土及钢筋混凝土结构构件，当水头$H<10$ m时，其混凝土抗渗等级可根据表中项次3降低一级。

6. 对严寒、寒冷地区且水力梯度较大的结构，其抗渗等级应按表中的规定提高一级。

对于有抗冻要求的混凝土结构,其抗冻等级应根据气候分区、冻融循环次数、表面局部小气候条件、水分饱和程度、结构构件重要性和检修条件等选定抗冻等级。在不利因素较多时,可选用高一级的抗冻等级。混凝土抗冻等级按 28 d 龄期的试件用快冻试验方法测定,分为 F400、F300、F250、F200、F150、F100、F50 七级。

水闸结构应力分析应根据分部结构布置形式、尺寸及受力条件等确定。水闸结构构件极限状态设计计算应符合《水工混凝土结构设计规范》(SL 191—2008)的规定。

9.7.2　闸墩设计

开敞式或胸墙与闸墩简支连接的胸墙式水闸,其闸墩应力分析方法应根据闸门形式确定。平面闸门闸墩的应力分析可采用材料力学方法,弧形闸门闸墩的应力分析宜采用弹性力学方法。

涵洞式、双层式或胸墙与闸墩固支连接的胸墙式水闸,其闸室结构应力可按弹性地基上的整体框架结构进行计算。

受力条件或地基条件复杂的大型水闸闸室结构宜视为整体结构,采用空间有限单元法进行结构应力计算分析。

闸墩的结构计算,一般应考虑两种工况:

(1)运用期。当闸门关闭挡水时,闸墩承受最大的上下游水位差的水压力、闸墩及其上部结构的重力。这时,平面闸门闸墩应计算闸墩底部正应力和门槽应力;弧形闸门闸墩应计算牛腿及整个闸墩的应力,特别是闸墩支座附近的闸墩应力。

(2)检修期。当一孔检修,而临孔关闭或照常开门泄流,此时闸墩承受侧向水压力、闸墩和上部结构的重力,应验算闸墩侧向受力情况下底部的正应力;弧形闸门闸墩的中墩还应验算不对称受力状态时的应力。

9.7.2.1　平面闸门闸墩应力计算

1. 闸墩底面的正应力计算

将闸墩作为固接于闸底板的悬臂梁考虑,按材料力学偏心受压构件计算其接触正应力。

(1)墩底纵向正应力计算。纵向(顺水流方向)正应力 σ 计算式为:

$$\sigma = \frac{\sum G}{A} \pm \frac{\sum M_{\mathrm{I}}}{J_{\mathrm{I}}} \frac{L}{2} \tag{9-96}$$

式中:$\sum G$ 为作用于闸墩上的铅直力总和(包括闸墩自身重力);A 为闸墩底面积,$A = LB$;$\sum M_{\mathrm{I}}$ 为作用于闸墩上的各个作用荷载对墩底截面形心轴 Ⅰ—Ⅰ(垂直水流向)的力矩总和;J_{I} 为墩底截面对其形心轴 Ⅰ—Ⅰ 的惯性矩,近似地可取 $J = \frac{B[(0.97 \sim 0.98)L]^2}{12}$;$L$ 为闸墩顺水流方向的宽度;B 为闸墩厚度。

(2)墩底横向正应力计算。横向正应力仍按材料力学偏心受压公式进行计算。

$$\sigma = \frac{\sum G}{A} \pm \frac{\sum M_{\mathrm{II}}}{J_{\mathrm{II}}} \frac{L}{2} \tag{9-97}$$

式中：$\sum M_{\text{II}}$为横向水压力对墩底截面形心轴Ⅱ—Ⅱ（顺水流向）的力矩总和；J_{II}为墩底截面对其形心轴Ⅱ—Ⅱ的惯性矩。

2. 墩底水平截面的剪应力计算

剪应力按以下公式计算：

$$\tau = \frac{QS}{Jb} \tag{9-98}$$

式中：Q为作用墩底截面上的剪力；S为截面上需要确定其剪应力处以外的各部分面积对截面形心轴的面积矩；b为剪应力计算处纤维层的宽度；J为截面对其形心轴的惯性矩。

3. 边墩（包括缝墩）墩底主拉应力计算

闸门关闭时，上下游水位差较大，由于边墩受力不对称，墩底受纵向剪力和扭矩的共同作用，可能产生较大的主拉应力。由于扭矩M_n作用，在边墩临水侧中点A产生的剪应力近似值为：

$$\tau_1 = \frac{M_n}{0.4B^2L} \tag{9-99}$$

$$M_n = Pb_1 \tag{9-100}$$

式中：P为半扇闸门传来的水压力；b_1为P距边墩形心轴Ⅲ—Ⅲ（顺水流向）的距离。

纵向剪应力的近似值为：

$$\tau_2 = \frac{3}{2}\frac{P}{BL} \tag{9-101}$$

根据材料力学方法，A点的主拉应力为：

$$\sigma_{zl} = \frac{\sigma}{2} + \frac{1}{2}\sqrt{\sigma^2 + 4(\tau_1 + \tau_2)^2} \tag{9-102}$$

式中：σ为边墩的正应力，$\sigma = \frac{\sum G}{BL}$；$\sigma_{zl}$值超过混凝土的容许拉应力时，应配置受力钢筋。

4. 门槽应力验算

门槽颈部因受闸门出来的水压力而可能受拉，应进行验算，以确定配筋量。计算时在门槽处截取脱离体，将闸墩及其上部结构的重力、水压力及墩底水平截面上的纵向正应力和剪应力等作为外荷载施加于脱离体。根据平衡条件，求出作用于门槽截面中心的正交力T_0和力矩M_0（剪力Q_0无须计算），然后按材料力学偏心受拉公式算出门槽应力：

$$\sigma = \frac{T_0}{A} \pm \frac{M_0}{J}\frac{h}{2} \tag{9-103}$$

式中：T_0为作用于脱离体上水平作用力的总和；A为门槽截面的面积，$A = b'h$，b'为门槽颈部厚度；M_0为全部荷载对门槽截面中心的力矩和；J为门槽截面对中心轴的惯性矩，$J = \frac{b'h^3}{12}$；h为门槽截面高度。

5. 闸墩配筋

一般情况下，闸墩的拉应力不会超过混凝土的容许拉应力，可以不配置钢筋。但在实际工程中，由于温度的变化，并考虑加强闸墩与底板的连接，常在底板与闸墩间布置铅直连接钢筋。中型水闸闸墩处于温度变幅较大的地区，可将铅直连接钢筋布置到相应部位的最高水位以上，直至墩顶。

6. 门槽配筋

门槽水平方向的钢筋，根据计算需要配置。如按受拉配置的钢筋，可在颈部两侧布置，每侧每米 6~8 根，直径大小应满足计算需要。当拉应力没有超过混凝土的容许拉应力时，可采用与闸墩水平向钢筋相同的间距，但钢筋直径应适当加大。

9.7.2.2　**弧形闸门闸墩的内力计算和配筋**

弧形闸门通过牛腿支撑在闸墩上，不需要设置门槽。牛腿的轴线应尽量与闸门关闭挡水时的门轴作用力，即水压力方向基本一致。牛腿的宽度 b_1 一般不小于 0.5~0.7 m，高度 h 不小于 0.8~1.0 m，并在另一端做成 45°的斜坡。

1. 牛腿配筋计算

将牛腿看作一短悬臂梁，它是在半扇弧形闸门水压力 R 的法向分力 N 和切向分力 T 共同作用下工作。分力 N 使牛腿产生弯曲和剪切，T 则使牛腿产生扭曲和剪切。

(1) 牛腿在弯矩 Nc 的作用下，所需的抗弯钢筋可按下式计算：

$$A_g = \frac{KNc}{0.85h_0R_g} \tag{9-104}$$

式中：c 为分力 N 作用点至闸墩边的距离；h_0 为牛腿的有效高度；K、R_g 分别为钢筋混凝土结构的强度安全系数和钢筋的设计强度。

(2) 牛腿与闸墩连接处的主拉应力，可按受剪受扭构件计算：

$$\sigma_{zl\max} = \frac{M_n}{0.4b_1^2h} + \frac{1.5Q}{b_1h} \tag{9-105}$$

式中：M_n 为扭矩，$M_n = Ta$，其中 a 为支座高度加 0.5 倍的牛腿高度；Q 为连接面上的总剪力，$Q=R$。

当 $\sigma_{zl\max} \leq R_L/K$ 时，主拉应力能由牛腿混凝土本身承担，仅需按构造要求配置少量抗剪钢筋；当 $\sigma_{zl\max} > R_L/K$ 时，全部主拉应力应由钢筋承担，但在任何情况下，主拉应力不宜超过 R_L，否则应加大牛腿尺寸。

所需要的抗扭纵向筋和箍筋数量由下式计算：

$$\frac{a_g}{S_g} = \frac{a_k}{S_k} = \frac{KM_n}{2b_kh_kR_g} \tag{9-106}$$

式中：a_g、a_k 为每根纵向钢筋和每支箍筋的截面面积；S_g、S_k 为纵向钢筋和箍筋的间距；K 为钢筋混凝土受扭构件的强度安全系数；b_k、h_k 为牛腿截面被钢箍包围的核心部分的宽度和高度。

(3) 牛腿与闸墩连接处的截面尺寸，应符合下式的抗裂条件：

$$K_fQ = \frac{0.75b_1h_0^2R_l}{c + 0.5h_0} \tag{9-107}$$

式中：K_f 为钢筋混凝土构件的抗裂安全系数；R_l 为混凝土的抗拉设计强度。

2. 闸墩的配筋计算

弧形闸门闸墩受到牛腿传来的集中力的作用,局部范围内应力较大。

按下式近似计算牛腿处闸墩受力钢筋总面积为:

$$A_g = \frac{KN'}{R_g} \tag{9-108}$$

式中:$N'=(0.7\sim0.8)N$,即牛腿前主拉应力大于混凝土容许拉应力范围内的总拉力,为牛腿法向作用力 N 值的 70%~80%。

3. 配筋

(1)闸墩配筋。受力钢筋布置在牛腿前沿长为 2~2.5 倍牛腿高度、宽为 2 倍牛腿宽度的范围内。

中墩的受力钢筋应对称地布置在闸墩两侧表面,留有保护层,与主拉应力同方向,并应分批锚固。闸墩其他部位的钢筋,可结合温度或构造钢筋的需要,参照平面闸门闸墩钢筋规格和布置尺寸,采用纵横网格状布置。在牛腿受力钢筋范围内,闸墩的水平和垂直构造钢筋宜从墩底一直布置到墩顶。

边墩受力更为复杂,一般在支座的一侧可按中墩相同的方法布置主拉钢筋、温度或构造钢筋,而沉降缝面主要承受压应力,可结合构造钢筋按纵横网格状布置。

(2)牛腿配筋。牛腿中受弯钢筋一般采用ϕ20~ϕ28,不少于 5 根。箍筋两个方向都应布置,一般采用ϕ10~ϕ16,间距 20~30 cm。牛腿中弯起钢筋按构造要求配置,但面积不宜少于受弯钢筋的 2/3,并不少于 3 根,布置在靠闸门一边的上半部。

9.7.3 平底板设计

开敞式水闸闸室底板应力分析可采用下列方法:

(1)土基上水闸闸室底板的应力分析可采用反力直线分布法或弹性地基梁法。相对密度不大于 0.50 的砂土地基,可采用反力直线分布法;黏性土地基或相对密度大于 0.50 的砂土地基,可采用弹性地基梁法。

(2)当采用弹性地基梁法分析水闸闸室底板应力时,应考虑可压缩土层厚度与弹性地基梁半长之比值的影响。当比值小于 0.25 时,可按基床系数法(文克尔假定)计算;当比值大于 2.0 时,可按半无限深的弹性地基梁法计算;当比值为 0.25~2.0 时,可按有限深的弹性地基梁法计算。

(3)岩基上水闸闸室底板的应力分析可按基床系数法计算。

开敞式水闸闸室底板的应力可按闸门门槛的上、下游段分别进行计算,并计入闸门门槛切口处分配于闸墩和底板的不平衡剪力。

反力直线分布法是假设在垂直水流方向底板下的地基反力呈均匀分布,计算时要求先算出底板底面在顺水流方向的地基反力,然后在闸门门槽的上、下游和垂直于水流方向各取单位宽度板条进行内力计算。这种方法的缺点是未考虑底板与地基变形相一致的条件,并且没有计入边荷载对底板内力的影响;优点是计算简单,适用于小型水闸设计。

弹性地基梁法则假定底板和地基都是弹性体,底板下的地基反力是未知量,计算比较复杂,但由于此法考虑了底板变形和地基沉降的协调一致性,并可计入边荷载的影响,比较合理,适用于大、中型水闸设计。

当采用弹性地基梁法时,如作用在基底面上的均布荷载为正值,可不计闸室底板自重;但作用在基底面上的均布荷载为负值时,应计入底板自重的影响,计入的百分数以使作用在基底面上的均布荷载值等于零为限度确定。

当采用弹性地基梁法时,可按表 9-28 的规定计及边荷载计算百分数。对于黏性土地基上的老闸加固,边荷载的影响可按表 9-28 的规定适当减小。计算采用的边荷载作用范围可根据基坑开挖及墙后土料回填的实际情况研究确定,通常可采用弹性地基梁长度的 1 倍或可压缩层厚度的 1.2 倍。

表 9-28　边荷载计算百分数

地基类型	边荷载使计算闸段底板内力减少	边荷载使计算闸段底板内力增加
砂性土	50%	100%
黏性土	0	100%

9.7.4　反拱底板计算

拱结构在外荷载作用下,截面受力状态主要是受压,故能充分利用混凝土抗压性能强的特点。

反拱底板是对地基不均匀沉降极为敏感的超静定结构,因此应建于坚硬或中等坚硬的地基上,并对施工程序进行合理的安排。

反拱底板结构较复杂,施工难度较大,计算方法也不是很成熟,实际工程中应用相对较少。

9.7.5　胸墙计算

胸墙承受的主要荷载是自身重力、静水压力和浪压力。胸墙分板梁式胸墙和板式胸墙。由于胸墙经常处于水下,应验算墙板、底梁及顶梁的抗裂性能或裂缝开展宽度。

板式胸墙计算时在水平方向截取 1.0 m 高的板条,根据胸墙简支或固支在闸墩上的结构条件,按简支梁或固端梁计算其内力和配筋。水平板条上的均布荷载为该板条中心线处静水压强及波浪压力之和。

由于胸墙上的水平荷载沿高度呈三角形分布,板的厚度可做成上薄下厚的楔形板。但为了施工方便,特别是为了预制吊装就位,常做成等厚度的平板,板的最小厚度为 20 cm。

板式胸墙适用于挡水高度和闸孔宽度都比较小的水闸中,跨度较大时采用板梁式胸墙较为经济。

9.7.6　结构抗震设计及措施

水闸的抗震设计应符合《水工建筑物抗震设计规范》(SL 203—97)的规定。地震设计烈度为7度及7度以上的3级及3级以上水闸,除应分析地震作用和进行抗震计算外,尚应采取安全可靠的抗震措施。当地震设计烈度为6度时,可不进行抗震计算,但仍应采取适当的抗震措施。

水闸的抗震计算内容应包括结构稳定和结构强度计算。

闸室和两岸连接建筑物及岸坡,应分别验算在地震荷载作用下的地基稳定性、结构抗滑稳定性、边坡抗滑稳定性,其计算成果应满足规范规定的相应要求。水闸建筑物各部位的结构强度,应分别验算在地震荷载作用下的截面承载能力,其计算成果和构造要求应符合《水工混凝土结构设计规范》(SL 191—2008)的规定。

有抗震设防要求的水闸,其闸址选择和建筑物结构布置应符合下列规定:

(1)闸址选择宜避开断裂带和可液化土层,无法避开时,应采取相应的处理措施。

(2)水闸各建筑物结构布置应匀称、上部重量轻、整体性强、刚度大。

(3)闸室、翼墙、岸墙等建筑物宜采用钢筋混凝土整体结构,相邻建筑物的基底应力应接近。结构分块布置时相邻结构尺寸不应相差过大。

(4)排架底部与闸墩、排架与固支桥面之间的连接部位应有足够的截面尺寸和连接钢筋,并按规定配置排架内的加密箍筋。

(5)工作桥、交通桥为简支结构时,其支座应采取挡块、螺栓连接或钢夹板连接等防震措施。

(6)防渗范围内的铺盖、护底等应采用钢筋混凝土结构。

水闸防渗范围内的建筑物永久缝应选用耐久、能适应较大变形的止水形式和止水材料,关键部位止水缝应采取加强措施。

地基抗液化加固处理方案应经技术经济比较确定。液化土层厚度小于等于3.0 m时,可采用非液化土置换全部液化土层。

液化土层厚度大于3.0 m时,可采用围封、强夯、振冲桩、挤密碎石桩、桩基础或沉井基础等地基加固处理方法。地基加固处理方法应满足下列要求:①置换液化土层的非液化土可采用天然土料或掺加水泥的改良土,其填筑质量应满足相应设计烈度条件下地基处于稳定状态时的压实度,采用砂性土置换时相对密度要求不应小于0.80。②采用围封法、桩基础或沉井基础等地基加固处理时,其处理深度应进入不液化土层。③采用振冲桩、振动加密、挤密碎石桩、强旁等措施加固地基时,加固后的地基应满足地震荷载作用时不液化的要求。④采用混凝土或钢筋混凝土地下连续墙、水泥土搅拌桩连续墙、高喷连续墙或振动沉模连续墙等围封加固措施时,墙体之间应可靠连接。

9.8 地基处理设计

水闸地基在各种运用情况下均应满足承载力、稳定和变形的要求。水闸地基计算应根据地基情况、结构特点及施工条件进行,并应包括下列内容:①地基渗流稳定性验算;②地基整体稳定性验算;③地基沉降计算。

土质地基的计算应根据地基土和填料土的物理力学性质试验指标进行。地基土的混凝土板抗滑试验、砂、砾类土地基管涌试验等专门试验项目应根据工程具体情况确定。

岩基物理力学性能指标的试验方法可按《水利水电工程岩石试验规程》(SL 264—2016)的规定选用。

地基计算的荷载组合可按表9-14的规定采用。

地基渗流稳定性验算见9.4.3节内容。

水闸土质地基沉降可只计算最终沉降量,并应选择有代表性的计算点进行计算,计算时应考虑结构刚性的影响,具体见9.5.5节内容。

对地基变形控制要求较高的水闸沉降变形应做专门计算分析。

当水闸天然地基不满足承载力、稳定或变形的要求时,应进行地基处理设计。

地基处理设计方案应针对地基承载力或稳定安全系数的不足,或对沉降变形不适应等,根据地基情况、结构特点、施工条件和运用要求,并综合考虑地基、基础及其上部结构的相互协调、环境保护等,经技术经济比较后确定。

水闸不宜建造在半岩半土或半硬半软的地基上;当无法避开时,应采取工程措施。

岩基处理设计应符合下列规定:

(1)对岩基中的全风化带宜予清除,强风化带或弱风化带可根据水闸的荷载条件和重要性进行适当处理。

(2)对裂隙已发育的岩基,宜进行固结灌浆处理,固结灌浆宜在混凝土浇筑后进行。固结灌浆孔可按梅花形或方格形布置,孔距、排距宜取3~4 m,孔深宜取3~5 m,必要时可加深加密。灌浆压力应以不掀动基础岩体和混凝土盖重为原则。

(3)对岩基中的泥化夹层和缓倾角软弱带,应根据其埋藏深度和对地基稳定的影响程度采取不同的处理措施。在埋藏深度较浅且不能满足地基稳定要求时,应予全部清除;在埋藏深度较深或埋藏深度虽较浅但能满足地基稳定要求时,可全部保留或部分保留,但应有防止恶化的工程措施。

(4)对岩基中的断层破碎带,应根据其分布情况和对水闸工程安全的影响程度采取不同的处理措施,宜以开挖为主,开挖深度可取破碎带宽度的1~1.2倍,并用混凝土回填,必要时可铺设钢筋。在满足水闸安全情况下,当开挖量过大时,也可采用桩基或梁、拱跨越的方式进行处理。在灌浆帷幕穿过断层破碎带的部位,帷幕灌浆孔应适当加深、加密。

对地基整体稳定有影响的溶洞或溶沟等,可根据其位置、大小、埋藏深度和水文地质条件等,分别采取压力灌浆、挖填等处理方法。对软弱基岩面,可采用混凝土垫层、喷射水泥砂浆层或预留一定厚度等保护措施。

常用的土质地基处理方法及其基本作用、适用范围和必须注意的问题归纳于表9-29。

表 9-29　土基常用的处理方法

<table>
<tr><th colspan="2">处理方法</th><th>基本作用</th><th>适用范围</th><th>说明</th></tr>
<tr><td colspan="2">换填垫层法</td><td>改善地基应力分布，减少沉降量，适当提高地基稳定性和抗渗稳定性</td><td>浅层软弱土层或不均匀土层的地基处理</td><td>对于较深厚的软弱地基，因无法全部置换，仍有较大的沉降量</td></tr>
<tr><td colspan="2">强力夯实法</td><td>增加地基承载力，减少沉降量，提高抗振动液化的能力</td><td>透水性较好的松软地基，尤其适用于稍密的碎石土或松砂地基</td><td>用于淤泥或淤泥质土地基时，需采取有效的排水措施</td></tr>
<tr><td rowspan="4">复合地基</td><td>振冲碎石桩</td><td rowspan="2">增加地基承载力，减少沉降量，提高抗振动液化的能力，根据成孔的方式不同，可分为振冲法、振动沉管法</td><td rowspan="2">松砂、软弱的粉砂、砂壤土或砂卵石地基</td><td rowspan="2">1. 处理后地基的均匀性和防止渗透变形的条件较差；
2. 对地层复杂工程，应通过现场试验确定其适应性；
3. 用于处理不排水抗剪强度小于 20 kPa 的饱和黏性土和黄土地基软土地基时，处理效果不明显。</td></tr>
<tr><td>沉管砂石桩</td></tr>
<tr><td>水泥土搅拌桩</td><td>利用搅拌机械将水泥等材料作为固化剂与土体强制搅拌，在土体内产生物理化学反应，形成具有整体性、水稳定性和一定强度的增强体，与原土体构成复合地基，增加地基承载力。按施工工艺，分为湿法和干法</td><td>正常固结的淤泥、淤泥质土、素填土、黏性土（软塑、可塑）、粉细砂（松散、中密）、中粗砂（松散、稍密）、饱和黄土等土层</td><td>1. 用于处理泥炭土、有机质含量较高或 pH 值小于 4 的酸性土、塑性指数大于 25 的黏土时或在腐蚀性环境中，必须通过现场确定其适用性；
2. 不适用于含大孤石或障碍物较多且不易清除的杂填土；
3. 当地基土的天然含水量过大或过小时，一般不采用干法；
4. 寒冷地区冬季施工时，应考虑负温对处理效果的影响</td></tr>
<tr><td>旋喷桩</td><td>利用旋喷注浆管将预先配制好的水泥浆液通过高压喷射形成能量高度集中的液流，喷射过程中，注浆管边旋转边提升，使浆液与土体充分搅拌混合，在土中形成一定直径的柱状固结体，从而使地基得到加固</td><td>淤泥、淤泥质土、一般黏性土、粉土、砂土、黄土、素填土等地基</td><td>1. 淤泥和淤泥质土应按地区经验或通过现场试验确定其适用性；
2. 对承载力较高但变形不能满足要求的地基，采用水泥粉煤灰碎石桩处理，可减少地基变形。</td></tr>
<tr><td colspan="2">桩基础</td><td>增加地基承载力，减少沉降量，提高抗滑稳定性</td><td>较深厚的松软地基，尤其适用于上部为松软土层、下部为硬土层的地基</td><td>1. 桩尖未嵌入硬土层的摩擦桩，仍有一定的沉降量；
2. 用于松砂、粉砂土地基时，应注意渗透变形问题</td></tr>
<tr><td colspan="2">沉井基础</td><td>除与桩基础作用相同外，对防止地基渗透变形有利</td><td>适用于上部为软土层或粉细砂层、下部为硬土层或岩层的地基</td><td>尽量不用于上部夹有卵石、树根等杂物的松软地基或下部为顶面倾斜度较大的岩基</td></tr>
</table>

第10章　排洪建筑物

灌区灌溉渠系除对耕地进行灌溉外,也要利用自身的防洪规划保证渠道排水出路顺畅,渠系防洪规划的主要任务就是解决渠道排水出路的问题。对于因暴雨或山洪引起的渠系过载,如果排水出路的问题得不到妥善解决,势必冲毁渠系建筑物,对人民群众的财产和安全带来巨大的威胁。因此,在设计时要在结合防洪要求的基础上,对渠道沿线的经济政治情况等客观因素进行综合考量,遵守防洪规划原则:

(1)尽量采用立体交叉排洪建筑物,保证设计洪水及时顺畅地引入天然沟、河,少让或不让洪水入渠,减轻渠道泄洪负担。

(2)对入渠洪水,应按照组合洪水确定设计洪峰流量。如设计洪峰流量小于渠道泄洪能力,则可利用渠道临时泄洪;如设计洪峰流量大于渠道承载能力,可考虑适当增加渠道的超高。

(3)对灌区以外的地面水,可直接从灌区边界布置的排洪沟或截水沟排走。

10.1　排洪建筑物类型

灌溉工程输水渠道大多线路长、渠线多,穿越平原、丘陵、沟壑、坡地、河流等不同的地貌区域,要确保渠道免遭洪水破坏,就要因地制宜,合理规划布置有效的排洪建筑物。

在灌溉与排水渠道上,通常需要排泄来自较高侧的坡面、渠道上游侧的洼地、河溪或沟道的洪水,不改变原渠道过水断面形式的同时,保护渠道免遭洪水破坏,这些排洪建筑统称为渠系上的排洪建筑物。

排洪建筑物的作用是防止洪水漫堤、防止洪水对渠系的破坏,便于渠系检修,确保渠系防洪安全及人民生命财产安全。由于我国幅员辽阔,地形地貌和气候条件千差万别,渠系中排洪建筑物的位置选择、布置形式、数量和规模等,在各个地区都有不同的特点,形式多样。

工程中采用的排洪建筑物种类繁多,归纳起来可以分为三类,其类型可按洪水是否进入渠道及二者的高程关系分为入渠、非入渠及平交排洪建筑物三类。入渠排洪建筑物主要有溢流侧堰、排洪闸、虹吸溢流堰、引洪入渠口等;非入渠排洪建筑物主要有排洪渡槽、排洪涵洞和渠下倒虹吸管等;平交排洪建筑物由在河、渠交叉口四个方向中的一至四个方向水道上设置的控制闸和护岸组成,必要时宜增设专用的排沙及通航设施。设计时需要根据洪水流量、地形地质条件、渠道级别及运行方式合理选用。

10.2　排洪建筑物总体布置

排洪建筑物的布置应连通可靠的洪水出路,满足渠道防洪设计的要求,遵循“因地制宜,高水高排、低水低排、分片分段排泄”的原则。具体布置形式应根据地形地质条件、自身功能、洪水与渠水的高程关系、施工难度与工程投资等,通过方案比较后合理确定,并且要有自行启动的运行能力。

排洪建筑物主要选择在下列位置:①渠道与天然河沟等洪水通道交叉的位置;②存在坡面雨洪及通过洼地的填方渠段;③险工渠段和重要渠系建筑物的上游附近渠段;④水位高于城镇、工厂等重要保护目标的渠段上游;⑤临近河流、沟道的河段或渠道防洪设计中选定的渠段上。

排洪建筑物出口宜避开工业、村镇和企事业单位等重要设施,也可采取工程措施。

10.2.1　入渠排洪建筑物

入渠排洪建筑物是将渠道截断的天然沟道及坡面的山洪引入渠道内,包括将洪水汇集并引入渠道的引洪入渠口和排泄入渠洪水的堰闸等两类,主要有引洪入渠口、溢流侧堰、虹吸溢流堰、排洪闸等。入渠排洪建筑物的布置应符合以下规定:

(1)按照分片分段和就近排洪的原则,合理布置引洪入渠口和排洪堰(闸)等建筑物。

(2)各渠段经引洪入渠口引入的洪水流量与渠道自身流量(或之前已泄空)之和应小于该渠段的加大流量。

(3)引洪入渠口宜设置在洪水集中通道处或者排洪沟道末端,应减少其个数和对渠道功能的影响。

(4)排洪堰(闸)的位置宜靠近洪水容泄区,场地稳定。

10.2.1.1　引洪入渠口

引洪入渠口应按照该渠段允许入渠的洪水总流量和分片分段排泄原则,选择在便于集中洪水的位置分散设置。各渠段引洪入渠口设计流量之和应小于该渠段允许入渠洪水的总流量。允许入渠的洪水包括:①相邻两个排洪建筑物之间渠道设计水位以上超高断面允许通过的洪水;②对兼有排洪的灌溉渠道,洪水较大时可以减少或停止渠道的正常输水,在此情况下所能安全通过的洪水;③不致严重污染或淤塞渠道的洪水。对重要的输水渠道,宜尽量减少洪水入渠。

引洪入渠口设计应符合下列规定:

(1)引入渠道的洪水不应严重污染、淤堵或破坏渠道。

(2)引洪入渠口应由设在渠堤外的沉砂池、进口段、渠顶过水段(过水路面或涵管),影响范围内的渠床防冲砌护段及必要的渠底消力池段组成。渠深较大时的引洪入渠口宜按陡坡设计。

10.2.1.2　溢流侧堰

当渠道来水量超过加大流量时,泄水闸等泄水建筑物来不及及时打开泄水,为了减少超过加大流量的水量,对干渠上的渡槽、倒虹吸等建筑物造成破坏,在干渠上设置溢流侧堰宣泄。溢流侧堰为渠道上的开敞式溢洪道,其布置应符合下列规定:

(1)溢流侧堰应顺渠堤布置,其轴线平行于渠道水流方向,堰顶长度按满足渠道加大水位时安全排泄入渠洪水的要求来确定。

(2)侧堰堰型应采用流量系数较大的实用堰型。堰顶高程宜与渠道加大流量时的设计水位齐平。为加大泄流能力,也可采用在较低的堰顶上加设自动翻板闸门、自溃式子埝的形式。

(3)溢流侧堰下游侧应结合地形条件布置侧槽式或正向渐变收缩式集水道,以平稳的流态连接下游的泄洪退水渠。

10.2.1.3　**虹吸溢流堰**

虹吸溢流堰主要是利用虹吸作用自动宣泄多余的洪水,其布置应符合下列规定:

(1)虹吸溢流堰应具有能自动启闭功能、对水位变化反应灵敏、泄洪能力大,能在较小堰顶水头下宣泄较大的流量。虹吸溢流堰宜单独设置或作为安全保护措施加设在泄洪闸等建筑物侧旁。

(2)虹吸管进口应淹没于渠道设计水位以下,进口管顶部应设置通气孔,泄洪堰顶不应低于渠道设计水位,下游堰面上宜设置水平状连续挑流低坎。

(3)虹吸溢流堰各部位形状和尺寸应按压力流估算,也可经水工模型试验确定。

10.2.1.4　**排洪闸**

为保障重点渠段或重要建筑物的安全,排洪闸一般布置在有重要城镇、险工渠段和重要渠系建筑物的上游附近渠段,设置排洪闸时,应注意使泄水渠段尽量合理、协调。应尽可能利用河流、山溪、沟道或选择短直的泄水渠线,将排洪闸泄出的水流排入承泄区。其布置应符合下列规定:

(1)排洪闸中心线与渠道中心线夹角宜为60°~90°。

(2)排洪闸闸槛高程宜低于或等于渠底高程,以利于泄洪并兼起排沙作用,必要时泄空渠道。闸孔总宽度应满足排泄控制渠段加大流量的要求,闸门顶高程不应低于渠道加大水位。

(3)有条件时,排洪闸宜与节制闸联合布置,组成渠道上的闸枢纽,提高泄流能力。

(4)有事故泄空要求的,宜采用无渠道节制闸的潜没式排洪闸,即闸前渠底设有能容纳渠道加大流量的弯道式导流槽,槽末设有带胸墙的潜没式排洪闸。当闸门全开时,渠水可全部进入导流槽,并经排洪闸泄出。

10.2.2　非入渠排洪建筑物

当洪水流量大、泥沙含量高,或者水质差、污染大不宜灌溉时,洪水不宜入渠;或者洪水与渠道水面高差明显时,应采用非入渠形式跨越或穿越渠道排洪,即采用两水流互不相通的立交建筑物。非入渠排洪建筑物主要有排洪渡槽(桥)、渠下涵洞或倒虹吸管等。

非入渠排洪建筑物的布置应符合以下规定:

(1)非入渠排洪建筑物宜应用于洪水与渠道水位高差明显、洪水含沙量高、水质差、污染大的情况。

(2)当洪水位高于渠顶时应采用排洪渡槽(桥)跨越;洪水位低于渠顶时,应采用渠下涵或倒虹吸管穿越渠道排洪。

(3)非入渠排洪建筑物轴线布置应尽量与原自然沟道的轴线一致,在基本顺应自然沟道前提下,轴线应尽量与渠道中心线正交。

10.2.2.1　**排洪渡槽**

渠道在穿越小型山洪沟时,达不到设置渡槽条件时,仍采用渠道形式穿越。由于渠道的布置,截断了天然山洪沟的排水通道,需要设置山洪沟的排水通道。当渠道顶高程低于或与山溪沟道地面线齐平时,为排泄冲沟内雨季山洪,在渠道顶修建排洪渡槽(桥)。其布置应符合以下规定:

(1)当洪水位高于渠顶、洪水较大且不宜入渠时,通常采用排洪渡槽(桥)跨越。在洪水频次较少的北方地区,宜采用宽浅型排洪渡槽(排洪桥),兼顾枯水期日常交通使用。

(2)排洪渡槽(桥)在渠堤之外应设置收集引导洪水的渠沟式进、出口,以及必要的出口消能防冲设施,布置时不应过分降低渠顶高度或影响渠堤检修交通。

(3)槽(桥)身段宜采用较大的纵坡,槽(桥)身梁底至渠道加大水位之间的净空高度不宜小于 0.5 m。

10.2.2.2　排洪涵洞或渠下倒虹吸

渠道在穿越小型山洪沟时,达不到设置倒虹吸条件时,仍采用渠道形式穿越。由于渠道的布置,截断了天然山洪沟的排水通道,需要设置山洪沟的排水通道。当渠线底高程高于沟谷地面线,但又无须修建渡槽时,在填方渠道下面修建排洪涵洞或渠下倒虹吸。其布置应符合以下规定:

(1)在填方渠段,当洪水水面低于渠底时,应设渠下排洪涵洞;洪水水面仅低于渠顶时,应设倒虹吸管泄洪。

(2)排洪建筑物的长度不应小于渠床底部宽度,顶高不应影响渠道防渗设施,自身不应淤积堵塞。

(3)排洪涵洞宜兼顾日常交通,洞底避免积水和淤积。

10.2.3　平交排洪建筑物

当渠道与天然河道(溪沟)交叉,洪水与渠道水面高程接近,水质又适于灌溉时,可采用引洪补给灌溉的形式;或者经比较不宜采用渠下排洪涵洞时,宜设置为平交排洪建筑物。

平交排洪建筑物由在河、渠交叉口四个方向中的一至四个方向水道上设置的节制闸和护岸组成,必要时宜增设专用的排沙及通航设施。一个方向的平交布置形式多用于河(溪)水位略低于渠道水位的情况,应在交叉口下游侧的河溪上设闸壅高水补给渠道;二个方向的平交布置形式通常在交叉口下游侧的河(溪)和渠道上分别设闸壅水并控制入渠流量;一些大型渠系中,还可在渠道和河道上游侧修建控制设施,称为"三方平交"或"四方平交",三个方向或四个方向的平交布置形式能更灵活地调控水量。在鄂、湘两省的平原、圩垸水网发达地区,常采用平交排洪建筑物形式。

10.3　排洪建筑物水力学计算

10.3.1　洪水标准及设计洪水计算

渠道的设计防洪标准可参考表 10-1。

表 10-1　灌溉渠道设计防洪标准

渠道设计流量(m^3/s)	洪水重现期(a)	渠道设计流量(m^3/s)	洪水重现期(a)
≤20	10	100~500	20~50
20~100	10~20	≥500	50~100

排洪建筑物的设计洪水标准应与其他渠系建筑物一样,按表 10-2 确定。其校核洪水标准一般不做规定,根据不同地区视建筑物的具体情况和需要研究决定。相应的设计洪水按排洪建筑物所控制的集水面积计算确定。计算时,根据不同情况,可按《水利水电工程设计

洪水计算规范》(SL 44—2006)、溃坝洪水计算方法及各省(自治区、直辖市)总结的小流域设计洪水计算方法进行推求。

表 10-2　渠系建筑物设计洪水标准

建筑物级别	1	2	3	4	5
设计防洪标准(重现期,a)	100	50	30	20	10

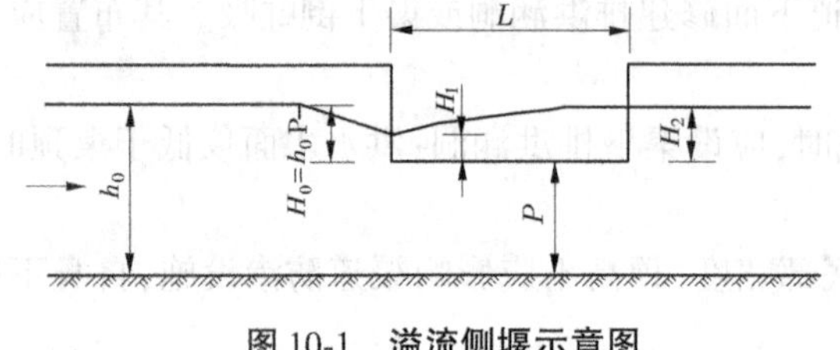

图 10-1　溢流侧堰示意图

10.3.2　过流能力计算

10.3.2.1　溢洪侧堰

溢流侧堰的溢流量与其所在的渠槽断面形状、水力边界条件及堰型等有着密切的关系,通常可结合渠槽水面线进行计算(见图 10-1)。

渠道溢流侧堰的堰前流态通常为缓流,当渠槽为棱柱形时,溢流量按照下列公式计算:

$$Q = m'LH^{\frac{3}{2}} \tag{10-1}$$

$$m' = m\sqrt{2g} - \left[0.388\left(\frac{L}{B}\right)^{\frac{1}{6}} + \frac{1 + 0.18\dfrac{L}{B}}{\dfrac{2.79}{1 + 1.185\dfrac{L}{B}} + \dfrac{1.28}{\left(\dfrac{h_0}{H_0} - 1.25\right)^2}}\right] \tag{10-2}$$

其中

$$H = (H_1 + H_2)/2$$

$$H_0 = h_0 - P$$

式中:m' 为侧堰流量系数;H 为堰上计算水头,m;m 为与侧堰堰型相同的正堰流量系数,可取 0.372~0.491;L 为侧堰长,m;B 为渠槽宽度,m;h_0 为溢流前的渠槽正常水深,m;P 为堰高,m。

当堰前流态为急流或渠槽不是棱柱形时,其溢流量的计算可参照《水工设计手册》(第 2 版)第 1 卷第 3 章水力学计算部分的相关内容。

10.3.2.2　排洪闸

排洪闸上游水位可用渠道通过其设计流量时的水位,而闸下游水位则用泄水渠中通过泄放流量时的相应水位。排洪闸下游一般用跌水、陡坡等连接容泄区,水闸多为自由泄流,下游水位较低,不影响闸的泄流量。

排洪闸的设计流量视其具体要求和条件而定,可能大于、等于或小于渠道的设计流量。

带胸墙的水闸,胸墙底部高程应高于泄水水位 0.1~0.2 m,并保证在各种情况下都能通过所需要的流量,以免因设置胸墙而加大闸孔宽度。胸墙和岸墙顶应保证在上游高水位时,均有一定的安全超高。

排洪闸水力学计算根据《水闸设计规范》(SL 265—2016)附录 A 相关公式进行,均按宽顶堰进行过流能力计算。排洪闸净宽计算采用以下公式:

$$Q = B_0 (m\varepsilon\sigma_s \sqrt{2g} H_0^{\frac{2}{3}}) \tag{10-3}$$

式中：B_0 为闸孔总净宽，m；Q 为过闸流量，m^3/s；σ_s 为堰流淹没系数；ε 为堰流侧收缩系数；m 为堰流流量系数，无坎高的平底宽顶堰取值 0.385；H_0 为计入行进流速水头的堰上水深。

10.3.2.3　排洪渡槽

排洪渡槽水力设计可参照渡槽。在满足渠系规划高程要求的条件下，渡槽尽可能选取较陡的比降，以达到降低渡槽造价的目的。槽内流速一般取 1.0~2.5m/s。

渡槽过流能力一般按槽身长度 L 与渡槽进口渐变段前上游渠道水深 h 的不同比值，当渡槽长度 $L>(15\sim20)h$ 时（h 为槽内水深），渡槽过水流量可按明渠均匀流公式计算；当渡槽长度 $L<(15\sim20)h$ 时，渡槽过水流量可按淹没宽顶堰计算。

（1）按明渠均匀流计算。

$$Q = AC\sqrt{Ri} \tag{10-4}$$

$$C = \frac{1}{n} R^{\frac{1}{6}} \tag{10-5}$$

式中各参数意义同第 5.2.3 节。其中，n 为糙率，对钢筋混凝土槽身取 $n=0.013\sim0.016$，砌石槽身取 $n\geqslant0.017$，视具体情况而定。

（2）按淹没宽顶堰计算。

$$Q = \varepsilon\delta_n m B \sqrt{2g} H_0^{\frac{3}{2}} \tag{10-6}$$

其中

$$H_0 = h + \alpha \frac{v^2}{2g}$$

式中：ε 为侧收缩系数，常取 0.9~0.95；δ_n 为淹没系数，取值详见本书第 7.3 节渡槽水力计算部分；m 为流量系数，进口较平顺时 $m=0.356\sim0.38$，进口不平顺时 $m=0.32\sim0.34$；H_0 为渡槽进口水头，m；B 为槽宽，m；g 为重力加速度，取 9.81 m/s^2。

当槽身为 U 形或梯形时，计算公式如下：

$$Q = \varepsilon\varphi A\sqrt{2gz_0} \tag{10-7}$$

$$z_0 = \Delta z_1 + \frac{v_1^2}{2g} \tag{10-8}$$

式中：δ 为流速系数，常取 0.9~0.95；z_0 为进口水头损失，m；v_1 为上游渠道断面平均流速，m/s；Δz_1 为进口段水面降落，m；A 为过水断面面积，m^2。

渡槽过水能力，应以加大流量进行验算。如水头不足或为了缩小槽宽，允许进口有适量的壅高，其值可取（1%~3%）h。

10.3.2.4　排洪涵洞或渠下倒虹吸

1. 排洪涵洞

根据进口水深（从进口洞底算起的上游进口水深）、出口水深（从出口洞底算起的下游出口水深）与洞高的关系，涵洞的流态主要分为无压流、半压力流、非淹没压力流及淹没压力流，其判别标准如下：

（1）进口水深 $H\leqslant1.2D$（D 为洞高，H 和 D 单位均为 m）时，出口水深 $h<D$，为无压流；$h\geqslant D$，为淹没压力流。

(2)$1.2D<H\leqslant1.5D$ 时,$h<D$,为半压力流;$h\geqslant D$,为淹没压力流。

(3)$H>1.5D$ 时,$h<D$,为非淹没压力流;$h\geqslant D$,为淹没压力流。

对于无压流涵洞,液态还与洞身长度有关,过水能力也有所不同,其判别标准为洞长 $L<8H$ 时为短洞,否则为长洞。

无压流过水能力按以下公式计算:

$$Q = \sigma \varepsilon m B \sqrt{2g} H_0^{\frac{3}{2}} \tag{10-9}$$

$$H_0 = H + \frac{\alpha v^2}{2g} \tag{10-10}$$

$$\sigma = 2.31 \frac{h_s}{H_0}\left(1 - \frac{h_s}{H_0}\right)^{0.4} \tag{10-11}$$

$$h_s = h - iL(\text{短洞}) \tag{10-12}$$

式中:Q 为涵洞过流量,m^3/s;B 为洞宽,m;m 为流量系数,可近似采用 0.36;ε 为侧收缩系数,可近似取 0.95;H_0 为包括行近流速水头在内的进口水深,m;g 为重力加速度,取 9.81 m/s^2;σ 为淹没系数,可按式(10-11)计算,或按表 10-3 选取;h_s 为洞进口内水深,m,对短洞,可按式(10-12)计算求得,对长洞需以出口水深为控制水深,从出口断面向上游推算水面线以确定洞进口内水深;v 为上游行近流速,m/s;α 为动能修正系数,可采用 1.05。

表 10-3　淹没系数 σ

$\frac{h_s}{H_0}$	≤0.72	0.75	0.78	0.80	0.82	0.84	0.86	0.88	0.90	0.91
σ	1.00	0.99	0.98	0.97	0.95	0.93	0.90	0.87	0.83	0.80
$\frac{h_s}{H_0}$	0.92	0.93	0.94	0.95	0.96	0.97	0.98	0.99	0.995	0.998
σ	0.77	0.74	0.70	0.66	0.61	0.55	0.47	0.36	0.28	0.19

半压力流过水能力按以下公式计算:

$$Q = m_1 A \sqrt{2g(H_0 + iL - \beta_1 D)} \tag{10-13}$$

式中:m_1 为流量系数,由表 10-4 查取;A 为洞身断面面积,m^2;β_1 为修正系数,由表 10-4 查取;i 为洞底坡降;其他符号意义同前。

表 10-4　流量系数 m_1 及修正系数 β_1

进口形式	m_1	β_1
圆锥形护坡	0.625	0.735
八字墙、扭曲面翼墙	0.670	0.740
走廊式翼墙	0.576	0.715

非淹没压力流过水能力按下式计算:

$$Q = m_2 A \sqrt{2g(H_0 + iL - \beta_2 D)} \tag{10-14}$$

$$m_2 = \frac{1}{\sqrt{1 + \sum \xi + \frac{2gL}{C^2 R}}} \tag{10-15}$$

$$\sum \xi = \xi_1 + \xi_2 + \xi_3 + \xi_5 + \xi_6 \tag{10-16}$$

式中：m_2 为流量系数，按式(10-15)计算求得；β_2 为修正系数，可取0.85；R 为水力半径，m；$\sum\xi$ 为除出口水头损失系数以外的局部水头损失系数的总和；ξ_1 为进口水头损失系数，顶部修圆的进口可采用0.1~0.2；ξ_2 为拦污栅水头损失系数，与栅条形状尺寸及间距有关，一般可采用0.2~0.3；ξ_3 为闸门槽水头损失系数，可采用0.05~0.1；ξ_5 为进口渐变段水头损失系数，可按表10-5查得；ξ_6 为出口渐变段水头损失系数，可按表10-5查得。

表10-5　渐变段水头损失系数

渐变段形式	进口	出口
扭曲面	0.1~0.2	0.3~0.5
八字斜墙	0.2	0.5
圆弧直墙	0.2	0.5

淹没压力流过水能力按下式计算：

$$Q = m_3 A\sqrt{2g(H_0 + iL - h)} \tag{10-17}$$

$$m_3 = \frac{1}{\sqrt{\sum \xi + \frac{2gL}{C^2 R}}} \tag{10-18}$$

$$\sum \xi = \xi_1 + \xi_2 + \xi_3 + \xi_4 + \xi_5 + \xi_6 \tag{10-19}$$

$$\xi_4 = \left(1 - \frac{A}{A_{下}}\right)^2 \tag{10-20}$$

式中：m_3 为流量系数，按式(10-18)计算；$\sum\xi$ 为局部水头损失系数之和，较非淹没压力流的 $\sum\xi$ 值多一个出水口水头损失系数 ξ_4；$A_{下}$ 为出口后下游过水断面面积，m^2；ξ_4 为出口水头损失系数，可按式(10-20)计算，当出口后下游过水断面较大，比值 $A/A_{下}$ 很小时，ξ_4 可近似取值为1。

2. 渠下倒虹吸

倒虹吸管内的流速，应根据经济技术比较和管内不淤条件选定。当通过设计流量时，管内流速通常为1.5~3.0 m/s，最大可达4 m/s。最大流速一般按允许水头损失控制，最小流速按通过最小流量时管内流速应大于挟沙流速来确定。

有压管挟沙流速的计算公式为：

$$v_{np} = \left(\omega^6\sqrt{\rho}\sqrt[4]{\frac{4Q}{\pi d_{75}^2}}\right)^{1/1.25} \tag{10-21}$$

式中：v_{np} 为挟沙流速，m/s；ω 为泥沙沉降速度，m/s；ρ 为挟沙水流中沙含量(重量比)；Q 为管内通过的流量，m^3/s；d_{75} 为挟沙粒径，在泥沙级配曲线中小于该粒径的沙重占75%。

根据选定的流速，可确定倒虹吸管的管径，其计算公式为：

$$D = \sqrt{\frac{4Q}{\pi v}} \tag{10-22}$$

式中：Q 为流量，m^3/s；D 为管径，m；v 为流速，m/s，要求 $v>v_{np}$。

倒虹吸管的过流能力按压力流计算，其计算公式为：

$$Q = \mu A \sqrt{2gz} \tag{10-23}$$

式中：Q 为流量，m^3/s；A 为倒虹吸管的断面面积，m^2；z 为上、下游水位差，m；μ 为流量系数。

流量系数 μ 的计算公式如下：

$$\mu = \frac{1}{\sqrt{\xi_0 + \sum \xi + \frac{\lambda l}{D}}} \tag{10-24}$$

其中
$$\lambda = \frac{8g}{C^2}$$

式中：ξ_0 为出口损失系数；$\sum\xi$ 为局部损失系数之和，包括拦污栅、闸门槽、进口、弯道、渐变段等损失系数；$\frac{\lambda l}{D}$ 为沿程摩擦损失系数；l 为管长，m；D 为管径，m；C 为谢才系数。

各种管道的糙率可参考有关资料，无参考资料时，对于 PCCP 管，可取 0.014；对于玻璃钢夹砂管，可取 0.009~0.010。

10.4 排洪建筑物结构设计

10.4.1 溢流侧堰

10.4.1.1 结构布置

溢流堰形式的选择主要考虑溢流堰要有较高的流量系数，泄流能力大；水流平顺，不产生不利的负压和空蚀破坏；体型简单，造价低，便于施工。

常用的堰型有宽顶堰与实用堰两类，宽顶堰的流量系数虽然较小，但构造简单，施工方便，适用于大灌区内建筑物众多、技术力量分散的情况。当上、下游渠底高差较大，必须限制单宽流量时，可考虑采用实用堰。

当前常用的低堰有 WES 剖面堰、梯形堰和驼峰堰等三种。WES 剖面可以用于低堰，负压既小，又能节省工程量；梯形剖面堰施工方便，可用当地料石砌筑；为改善其水流条件，堰顶角常修圆；驼峰堰是一种复合圆弧组成的驼峰剖面堰，它比较适合于软土地基，整体稳定性较好，施工难易程度介于上述两种堰型之间。

溢流堰顶部曲线是控制流量的关键部位，常用的有克-奥曲线和 WES 曲线。由于 WES 曲线的流量系数大且剖面较瘦、工程量省、堰顶曲线用方程控制、施工方便，因此我国重力坝溢流堰多常用 WES 曲线，WES 剖面设计可参阅有关水力计算手册或设计准则。

溢流侧堰布置在渠道的直线段，堰顶按照 WES 幂曲线方程设计，堰体两侧设挡土墙与消力池挡土墙连接，堰后设消力池，根据地形条件，堰后可设陡槽，后连接抛石防冲槽，防冲槽后与现状地面相接，将洪水泄入现有沟槽中。

消力池及陡槽段断面形式一般采用矩形，堰体与渠道和消力池之间设分缝，分缝之间设橡胶止水带。陡槽段设分缝，分缝间设聚乙烯泡沫板填缝。

10.4.1.2 稳定计算

溢流侧堰抗滑稳定计算根据地基情况选取计算方法，土基堰体抗滑稳定计算时参考《水闸设计规范》（SL 265—2016）的规定进行计算。岩基抗滑稳定计算参考《混凝土重力坝设计规范》(SL 319—2018)的相关规定。稳定计算公式见下述水闸稳定计算部分,荷载应按不同的计算工况进行组合,见表 10-6。

表 10-6　溢流堰稳定与应力计算工况

计算工况		
基本组合	工况 1	完建无水
	工况 2	挡干渠设计水位
	工况 3	挡加大水位,堰顶无水
特殊组合	工况 4	挡加大水位,堰顶溢流,堰顶水头 0.3 m
	工况 5	挡正常水位+地震

10.4.1.3　**基底应力**

溢流堰基底应力按材料力学偏心受压公式进行计算,公式如下:

$$P_{\min}^{\max}=\frac{\sum G}{A}\pm\frac{\sum M}{W} \tag{10-25}$$

式中:$\sum G$ 为作用在溢流堰上全部竖向荷载,kN;$\sum M$ 为作用在溢流堰上的全部竖向和水平向荷载对基础底面垂直水流方向的形心轴的力矩,kN · m;A 为溢流堰基底面的面积,m^2;W 为溢流堰基底面对于该底面垂直水流方向的形心轴的面积矩,m^3。

10.4.2　排洪闸

10.4.2.1　**布置形式**

排洪闸的结构形式有开敞式和涵洞式两种。排洪闸的布置形式包括有节制闸的排洪闸和无节制闸的排洪闸两种。有节制闸的排洪闸,通常构成闸枢纽,采用开敞式。无节制闸的排洪闸是单独建立的,当泄水量大时,常用开敞式;当泄水量小时,可采用涵洞式。

有节制闸的排洪闸,其布置与结构基本类似于分水闸,形式如图 10-2 所示。排洪闸的闸槛高程,当无冲沙要求时,一般取与干渠渠底齐平,以利用节制闸来控制渠道水流;当有冲沙要求时,则闸底和闸前一段渠底的高程,可以适当降低,并调整闸前上游渠道的断面和比降,以便于沉沙和冲沙。

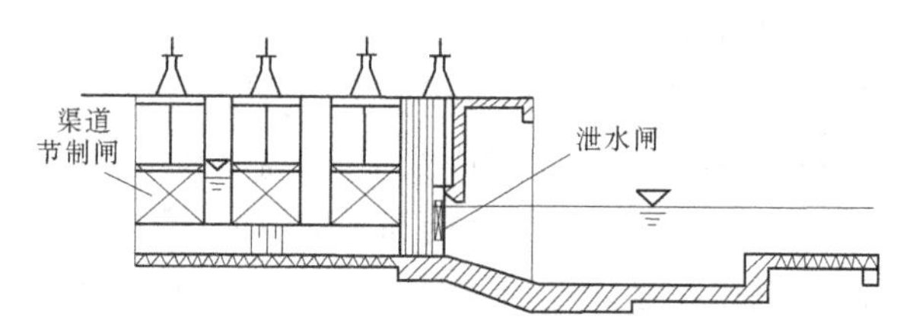

图 10-2　有节制闸的排洪闸纵剖面

无节制闸的排洪闸,闸前上游渠底须要降低以形成跌塘,使渠道全部水流跌落入塘 ,并经由排洪闸退出。塘底高程即为泄水闸底高程。跌塘深度,一般以设计流量能由排洪闸退出而下游无水为原则。闸前带有跌塘,可使渠水以缓流出闸,虽跌塘较深,但流态稳定。

在无节制闸的条件下,使泄水建筑物同时满足水位不壅、不降的要求是不可能的。对于有衬砌护面的渠道,一般可不考虑壅水或降水造成的影响,只需在闸前跌塘前部布置必要的整流栅和导流墩等,以便使渠水入塘后能平稳地改变水流方向,顺利地经排洪闸泄流。对于土质渠道,应特别注意防止过大降水可能造成渠道的冲刷,对渠道采取必要的护砌措施。

排洪闸前跌塘侧向下游渠道的连接段,须加以砌护,其长度应不小于下游水深的 3~5 倍,以保护渠道不受冲刷。

无节制闸的排洪闸,结构虽较复杂,但由于无节制闸,可适应通航要求和减少管理设施,便于沉砾、冲沙,特别是既能较快地退泄渠道来水,又可倒泄下游渠道的部分水量,以减轻下游渠道的灾害。

10.4.2.2 结构设计

排洪闸闸室布置应根据水闸泄水条件和运行要求,结合地形、地质等因素确定,做到结构安全可靠、布置紧凑合理、施工方便、运用灵活、经济美观。闸室结构布置包括底板、闸墩、胸墙、闸门、工作桥和交通桥等分部结构的布置和尺寸的初步拟定。底板是闸室的基础,其他属于上部结构。

排洪闸结构设计与分水闸相类似,其详细设计参见本书 9.8 节水闸结构设计部分相关内容。

10.4.2.3 闸室稳定计算

闸室稳定按《水闸设计规范》(SL 265—2016)中的有关规定进行基底压应力计算、基底应力不均匀系数验算和抗滑稳定计算。其计算荷载和计算工况的选择和确定,以及基底应力的计算方法参见本书 9.6 节闸室的布置及稳定计算部分相关内容。

10.4.3 排洪渡槽

10.4.3.1 布置形式

山洪渡槽在平面布置上要比渠水渡槽进出口连接复杂,纵向组成的结构更多,由于槽身一般比原始沟道、溪谷缩窄,使过槽流量比较集中,上下游水位差大,水流过槽后具有很大的动能,因此上游需做导流墙,下游需做消能设施,沿沟道方向可以将山洪渡槽分成上游段、槽身段、下游段。如果山洪渡槽同时兼作车桥,在平面布置上就需要考虑进出口与原有道路的顺接问题。

上游段起到将来水平顺地引进渡槽的作用。上游段包括护底及连接两岸的翼墙和护坡,护底及截水墙作为防渗设施防止淘刷;上游翼墙的作用在于形成良好的收缩条件,引导水流平顺地进入槽身,并起到挡土、防冲和防止侧向绕流的作用,上游翼墙有直墙式、扭曲面式、斜降墙式,平面多布置成八字形,高度高出上游水位,长度根据水位、渗流等条件而定。

槽身段由槽身、支撑结构和基础组成,槽身为矩形,横跨干渠,槽身段应顺直布置,与渠线正交,避免转弯,槽身横断面一般为矩形和 U 形,山洪渡槽的槽身纵坡一般根据地形条件确定,较陡(一般 1/50~1/100),槽身纵向将两边肋板考虑成梁进行计算,梁式渡槽由于设计施工简便、安全可靠,是普遍采用的一种形式,渡槽的支承结构有重力墩式、排架式和拱式 3 种;渡槽的基础由于地基条件的不同分为浅基础(小于 5 m)、深基础(大于 5 m),在排洪渡槽上一般多用刚性浅埋基础。

下游段应具有均匀扩散和有效的消能防冲设施,由两岸挡墙、护底和消能设施组成,挡墙引导水流均匀扩散,排泄坡面洪水,末端设置抛石槽,起到消能防冲的作用。在岩石地基时可采用挑流式消能,在一般情况下,应采用底流式消能。为了保证下游沟道的稳定,底流式消能要由消力池、海漫和截水墙等部分组成,消力池是下游消能的主要部分,分为挖深式消力池、尾坎式消力池、综合式消力池 3 种；消力池后的水流，紊动现象仍很剧烈，底部流速较大，对沟道仍有较强的冲刷能力，一般还需要一段混凝土或块石护砌，其长度由计算海漫的计算公式确定，在海漫的末端要修建防冲槽(或截水墙)，其作用是下游形成最终冲刷状态时，保护海漫不遭受破坏。

10.4.3.2　**结构设计**

排洪渡槽的结构设计与渠水渡槽有许多相同的地方，如计算荷载、断面形式，上部结构、下部支撑，基础设计、支座及伸缩缝止水等，但由于它们的功能不一样，设计过程中应考虑各自的特点，选择合适的结构形式满足各自的要求。排洪渡槽槽身结构形式见图 10-3。

矩形和 U 形断面槽身为空间薄壁结构，在实际工程中常近似地简化为横向及纵向两个平面问题进行计算。

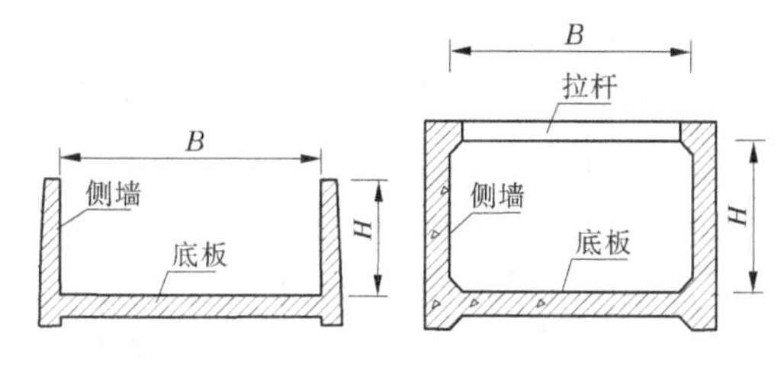

图 10-3　排洪渡槽槽身结构形式示意图

梁式槽身(包括 U 形)跨宽比不小于 4 时，可按梁理论计算；跨宽比小于 4 时，应按空间问题采用弹性力学方法计算，4、5 级渡槽槽身也可近似按梁理论计算。对于实腹式、横墙腹拱式及上承式桁架拱等拱上槽身，应按连续弹性支承梁进行计算。槽身跨高比不大于 5.0 时，应按深受弯构件设计。简支深受弯构件的内力可按一般简支梁计算。连续深受弯构件的内力，当跨高比小于 2.5 时，应按弹性理论的方法计算；当跨高比不小于 2.5 时，应按一般连续梁计算。

渡槽纵向结构计算时，如槽身支座摩擦系数大于 0.1，则应考虑温降条件下支座摩阻力对槽身内力产生的不利影响。

渡槽槽身的最大挠度应按满槽水工况进行计算。简支梁式槽身计算跨度 $L \leqslant 10$ m 时，跨中最大挠度应小于 $L/400$；计算跨度 $L > 10$ m 时，跨中最大挠度应小于 $L/500$。对于双悬臂或单悬臂梁式渡槽的槽身，跨中挠度的限值同简支梁跨中挠度的限值，悬臂端挠度限值为：当悬臂段计算长度 $L' \leqslant 10$ m 时为 $L'/200$；当计算长度 $L' > 10$ m 时为 $L'/250$。

(1)横断面结构。排洪渡槽和渠道渡槽均可采用矩形或 U 形断面，但排洪渡槽一般较多采用矩形断面。它是跨渠建筑物，除过洪水时排出洪水外，在非汛期往往也会要求作为桥梁使用，在作为桥梁时，结构计算就需要考虑车荷载。因此，排洪渡槽槽身断面底宽就不完全单由水力计算确定，而是要综合考虑，这样排洪渡槽矩形断面槽顶要求无横杆，称为无横杆矩形槽，它在侧向水压力作用下，侧墙受力如同一悬臂板，侧墙底部弯矩较大，配筋多，但它结构简单，受力明确，施工方便。这种槽身侧墙底部厚度大、顶部厚度小，侧墙与底板连接时，侧墙底部多高于底板底部，这样槽身压力直接通过侧墙底端传给排架立柱，受力明确，槽身纵向为简支梁式时，侧墙底中部受拉时，底板拉力较小，对抗裂有利。槽身为一空间薄壁结构，受力比较复杂，在实际工程中，近似地分为纵向及横向作为平面结构计算，槽身横向结构计算，可沿槽身纵向取单位长度为脱离体，按平面问题进行计算。

当渡槽顶部设置横向拉杆时，槽身横向受力如同框架结构，大大改善了侧墙和底板的受力条件，减少槽身钢筋用量，施工也较方便，横杆的间距一般为 2 m 左右。由于横向加设了拉杆，其横向计算与无拉杆的排洪渡槽略有不同，侧墙与底板为整体连接、横杆与侧墙也常为整体连接，但因横杆刚度远比侧墙刚度为小，故可视为铰接，槽身底板中部因是对称关系，故作为不能水平移动和转动而可以上下移动的双连杆支承。

(2)纵向结构。简支结构无横杆与带横杆在纵向结构计算完全相同。但对单悬臂和双悬臂就略有不同,多跨渠水渡槽是悬空的,槽墩沉陷对于受力情况影响不大,而排洪渡槽一般多属一跨,如要作双悬臂,槽墩下沉,两边又遇见较硬的地基,受力情况将发生较大的变化。

详细的渡槽结构设计可参见本书 7.4 节渡槽结构设计和 7.8 节渡槽细部结构设计部分相关内容。

10.4.4　排洪涵洞

10.4.4.1　布置形式

排洪涵洞平面布置设计时,要充分考虑河沟地形走势与上部渠道流势。涵洞轴线布置应尽量与原自然沟道的轴线一致,与上部渠道分为正交与斜交两种形式。在基本顺应自然沟道的前提下,应尽量将涵洞设计为与渠道正交,既可节约工程量,也便于施工控制。

排洪涵洞纵断面布置设计时,进口的洞底高程应尽可能与上、下游和自然沟道平顺衔接,当不能保证时,优先保证与上游沟底相平,以使洪水平顺进入涵洞。洞身坡度宜与自然沟道坡度保持一致,尽量避免大方量开挖与回填。山区沟道自然坡度多为变坡,即排洪涵洞修造范围内的自然沟道坡度不一致,此种情况下应优先考虑挖方,尽量避免回填。

10.4.4.2　结构设计

排洪涵洞断面结构形式有管涵、箱涵和拱涵等多种形式。其中箱涵为整体闭合式钢筋混凝土框架结构,承载能力高,具有良好的整体性和抗震性能。穿渠排洪涵洞多采用箱涵式结构。

涵洞基础为斜置式基础,又可分为扶壁式、台阶式和齿墙式等,应根据工程实际结合地形、地质等条件选取。涵洞应进行强度验算和整体抗滑稳定验算,基底应进行承载力验算。

涵洞进出口挡墙根据沟道地形条件分为"八"字形、端墙式及扭面式等多种形式。挡墙基础可沿两侧地形坡度设置成台阶状,挡墙高度与涵洞端墙高度一致。

为保证过流通畅和防止冲刷破坏,涵洞进出口设连接段与现状洪沟相连,进出口上、下游应沿自然沟道护底护坡,两侧设挡墙与天然地形衔接,以引导排泄坡面洪水,使山洪顺利从干渠下部涵洞内穿过。当天然河沟较陡,或者上部渠道纵断面布置设计不能满足涵洞建筑高度要求,导致涵洞进口开挖大及自然沟槽与涵洞高差较大时,为使沟槽与洞口平顺连接,常采用跌水井洞口形式。涵洞洞身与两侧挡墙之间留 2 cm 宽缝,并用聚乙烯泡沫板填实。挡墙可采用重力式或半重力式,应进行抗滑和抗倾覆稳定验算。

10.4.4.3　涵洞基底应力计算

涵洞基底应力计算采用填土高度较高的断面,管身建基面基底应力按下式计算:

$$\sigma_{\min}^{\max}=\frac{N}{F}\pm\frac{6M}{B^2}=\frac{N}{F}\left(1\pm\frac{6e_o}{B}\right)\tag{10-26}$$

式中:$\sigma_{\max}$、$\sigma_{\min}$ 分别为最大、最小基底应力,kPa;N 为单位长管段上全部作用力的合力,kN;M 为合力 N 对横向中心点的弯矩,kN·m;B 为管段横断面上的基底宽度,m;F 为管段基底面积,$F=B\times 1$,m^2;e_o 为合力 N 的偏心距。

管身地基承载力可根据《建筑地基基础设计规范》(GB 50007—2011)中的公式进行修正,计算公式如下:

$$f_a = f_{ak} + \eta_b \gamma (b - 3) + \eta_d \gamma_m (d - 0.5) \tag{10-27}$$

式中:f_a 为修正后的地基承载力特征值;f_{ak} 为地基承载力特征值;η_b、η_d 分别为基础宽度和埋深的地基承载力修正系数,按基底下土的类别取值,根据《建筑地基处理技术规范》,对于处理后的地基,基础宽度的地基承载力修正系数应取 0,即 $\eta_b = 0$;γ 为基础底面以下土的重度,地下水以下取浮容重;b 为基础底面宽度;γ_m 为基础底面以上土的加权平均土重,地下水位以下取浮容重;d 为基础埋置深度。

10.4.4.4　涵洞结构计算

1. 荷载计算

作用于涵洞的主要荷载有土压力、水压力、车辆荷载以及洞身自重力等。按照《水工建筑物抗震设计规范》规定,涵洞一般可不进行抗震计算及考虑地震荷载,因此洞身结构计算工况为完建工况、排洪涵洞过水 2 种工况。选取填土重度及渠顶人群荷载值。内力计算采用沿水流方向截取单位长度 1 m,按闭合框架计算。作用于涵洞上的荷载有填土压力(垂直土压力和水平土压力)、内外水压力、洞身自重及填土上的活荷载(如路下涵)等。

填土压力是涵洞的主要荷载,其大小除与填土高度和土壤性质有关外,还与施工方法、洞身刚度有关。洞顶填土方式主要有上埋式(见图 10-4)和沟埋式(见图 10-5)两种。

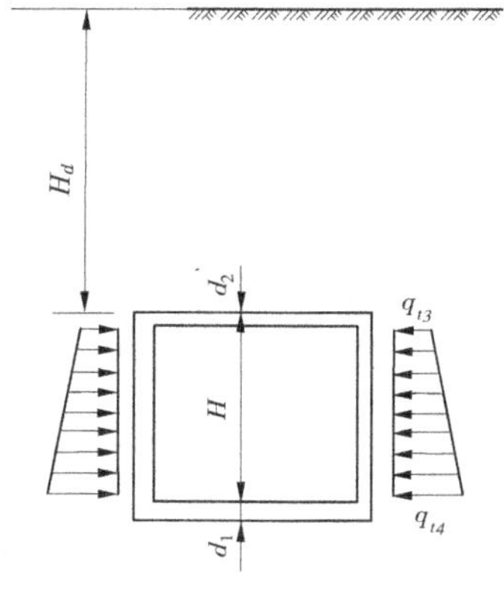

图 10-4　上埋式涵洞水平土压力计算示意图

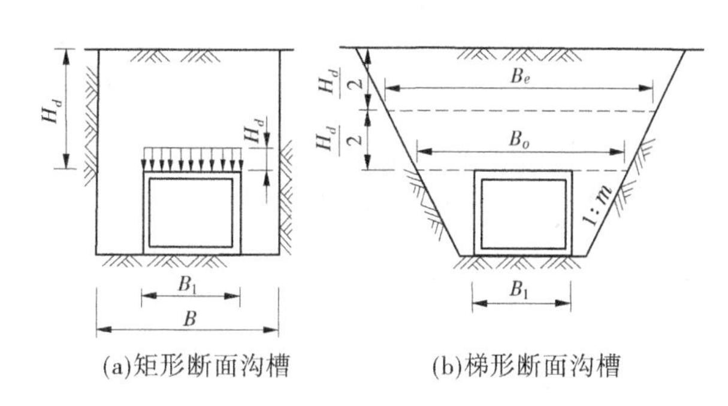

图 10-5　沟埋式涵洞垂直土压力计算示意图

1)上埋式填土压力计算

上埋式填土压力计算如图 10-4 所示。

(1)垂直土压力的计算公式。

$$F_{sk} = K_s \gamma H_d D_1 \tag{10-28}$$

式中:F_{sk} 为埋管垂直土压力标准值,kN/ m;H_d 为管顶以上填土高度,m;D_1 为埋管外直径,m;γ 为填土容重,kN/m³;K_s 为埋管垂直土压力系数,与地基刚度有关,可根据地基类别按图 10-6 查取。

(2)侧向水平土压力的计算公式。

$$q_{t3} = \gamma_s (H_d + d_2) \tan^2\left(45° - \frac{\varphi}{2}\right) \tag{10-29}$$

$$q_{t4} = \gamma_s (H_d + d_2 + H) \tan^2\left(45° - \frac{\varphi}{2}\right) \tag{10-30}$$

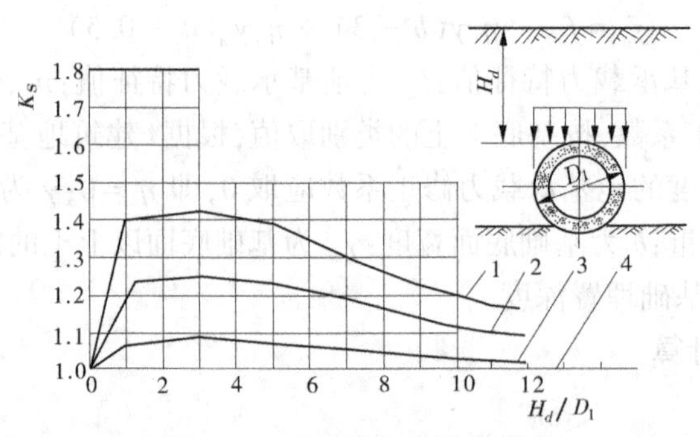

图 10-6 埋管垂直土压力系数

式中：q_{t3}、q_{t4} 分别为顶板底面处、底板顶面处的水平土压力强度，kN/m；d_2 为顶板厚度（见图 10-4），m；H 为洞身净高，m；γ_s 为填土容重，kN/m³；φ 为填土内摩擦角，(°)。

2）沟埋式填土压力计算

（1）垂直土压力，按下述方法计算。

当填土夯实较差，$B-B_1<2$ m 时，涵洞每米洞长上的垂直土压力强度为：

$$q_{t2} = \frac{K_g \gamma_s H_d B}{B_1} \tag{10-31}$$

当填土压实良好，$B-B_1>2$ m 时，涵洞每米洞长上的垂直土压力强度为：

$$q_{t2} = K_g \gamma_s H_d \frac{B + B_1}{2B_1} \tag{10-32}$$

式中：B 为沟槽宽度（见图 10-5），m；K_g 为垂直土压力系数，根据填土种类及比值 H_d/B_1 由表 10-7 查取；其他符号意义同前。

表 10-7 沟埋式涵洞土压力系数 K_g 值

填土种类	H_d/B_1						
	0	1	2	3	4	5	6
岩基	1.0	0.82	0.70	0.60	0.53	0.45	0.40
密实砂类土、坚硬或硬塑黏性土	1.0	0.85	0.73	0.64	0.55	0.48	0.44
中密砂类土、可塑黏性土	1.0	0.87	0.76	0.67	0.58	0.52	0.47
松散砂类土、流塑或软塑黏性土	1.0	0.89	0.78	0.70	0.62	0.55	0.50

当沟槽为梯形断面（见图 10-5(b)），垂直土压力按式(10-32)计算。仅将式中槽宽 B 改用洞顶处的槽宽 B_0，并按比值 H_d/B_c 查取土压力系数 K_g，B_c 为距地面 $H_d/2$ 处的槽宽。

如沟槽过宽，按式(10-31)及式(10-32)计算的垂直土压力值大于按式(10-28)计算的上埋式垂直土压力值时，则应按式(10-28)进行计算。

（2）水平土压力。

当 $B_0-D_1>2$ m 时，水平土压力与上埋式相同，即按式(10-29)及式(10-30)计算。

当 $B_0-D_1<2$ m 时，则应乘以局部作用系数 K_n，其计算公式为：

$$K_n = \frac{B_0 - B_1}{2} \tag{10-33}$$

2. 结构计算

在涵洞工程设计中,较大型的涵洞较少采用圆形断面,中小型的圆形断面涵洞则一般多采用水泥制品厂的有压或无压成品预制混凝土管,一般只需进行结构复核计算。

(1)盖板涵。盖板按简支梁计算。对于整体式底板,将侧墙与底板视作一个整体结构,将顶部与盖板作为铰接进行计算;对于分离式底板,侧墙一般按挡土墙计算,为节省工程量,也可将盖板及底板作为支承,按简支梁计算。

(2)箱形涵洞。钢筋混凝土箱涵,按四边封闭的框架采用力矩分配法计算较为简便。地基反力可简化为均布荷载。

(3)拱形涵洞。拱形涵洞根据拱圈构造与侧墙底板连接形式的不同,可采用不同方法进行计算。无铰拱按弹性中心法或压力线法计算,整体式底板和侧墙按整体式结构计算,分离式底板其侧墙通常按重力式挡土墙计算;考虑到顶拱推力及底板的支承作用,侧墙可按轻台拱桥计算,以节省工程量;底拱可根据构造按无铰拱或两铰拱计算。地基反力可简化为均布荷载。

第11章 田间工程

田间工程是末级固定渠道控制范围内临时的或者永久的灌排工程设施及土地平整工程等的总称。田间灌溉工程设施包括田间灌水渠系、灌水畦、水稻种植区格田及采取地下暗管灌溉时的灌水管网等。田间排水设施包括汇集地面径流的明沟集水网、控制地下水位和排出多余土壤水分的暗管等。

健全田间工程对提高灌排质量、减少田间水量损失、充分发挥灌排工程效益具有十分重要的意义。

11.1 一般规定

田间工程应根据水源、水质、地形、土壤、气象和作物的种植结构等条件,选择地面灌溉、低压管道输水灌溉、喷灌和微灌及其组合的灌溉方式。现代设施农业或者有条件的地区,应选用喷灌、微灌或其他灌溉方式。

田间工程的布置应该符合以下规定:①灌排渠沟(管)道布置应因地制宜、节约土地;②灌排系统完善、建筑物配套齐全;③方便配水与灌溉,灌排顺畅及时;④有利于井渠结合,地表水与地下水宜优化配置;⑤田块形状与大小有利于农业机械作业。

11.2 典型区选择及类型

由于灌区工程设计的范围大小不一,且种植作物的种类等较为繁杂,为了实现水平年灌区工程的设计目标,充分发掘现实工程实施中可能存在的问题,对实施形成有效的指导意见,在田间工程设计时,选取能够充分揭示田间工程配套中可能遇到的问题并加以解决的范围作为田间工程设计的典型区。

典型区应具有一定的面积,应能充分揭示田间工程配套中可能遇到的问题并加以解决。实践中选择的典型区能代表不同灌排分区特征条件和不同的灌溉方式,对于田间工程的建设示范作用和控制投资其意义更大。因此,为了满足不同规模灌区工程设计需要,典型区面积宜取灌区总面积的1%~5%,灌区面积较大的灌区宜取小值,灌区面积较小的灌区宜取大值。

11.2.1 田间工程典型设计选择的原则

(1)典型区应能代表灌区绝大部分农田状况,且具有独立的配水系统。

(2)典型区的选择根据《灌溉与排水工程设计标准》(GB 50288—2018),每一个分区提出1~4个典型设计,每一个典型设计覆盖1~2个独立的配水系统,典型设计总面积不小于灌区总面积的1%~5%。

(3)对项目区规划的农作物,根据作物种类的不同,选择具有代表性的作物,作为本次典型设计的代表作物。

(4)优先选择辐射效应强、节水潜力大、人员素质较好、管理水平较高的乡镇、行政村、自然村。

11.2.2　典型区选择实例

项目区内大春作物主要有水稻、玉米、马铃薯等,小春作物主要有小麦、蚕豆、大麦等,常年作物主要有花卉、蔬菜、葡萄、林果、林地。典型设计区水源为某灌区骨干工程中的输水管道,输水管道水进入前池,再通过水泵加压灌溉。田间工程灌溉方式有管灌(含管灌与滴灌轮作)、滴灌和微喷灌 3 种。各片区面积及各种灌溉方式所占面积见表 11-1。

表 11-1　各种灌溉方式面积统计表

灌片名称	片区灌溉面积(亩)	各种灌溉方式面积统计							
		管灌				微喷灌		滴灌	
		管灌不轮作		管灌与滴灌轮作					
		比例(%)	面积(亩)	比例(%)	面积(亩)	比例(%)	面积(亩)	比例(%)	面积(亩)
灌片 1	25.72	34.97	8.99	17.08	4.39	9.80	2.52	38.15	9.81
灌片 2	22.2	24.49	5.44	15.00	3.33	6.53	1.45	53.98	11.98
总计	47.92		14.43		7.72		3.97		21.80

根据《灌溉与排水工程设计标准》(GB 50288—2018)相关要求(典型设计总面积不小于灌区总面积的 1%~5%),对各片区进行灌溉典型设计,具体见表 11-1。

(1)灌片 1 典型区选择。根据灌区实际情况及规划种植结构,采用管灌(含管灌与滴灌轮作)、微喷灌、滴灌三种灌溉方式,选择 3 处区域进行典型区灌溉设计,其中灌片 1 典型灌区(管灌)灌溉面积为 7 525.68 亩,灌片 1 典型灌区(微喷灌)灌溉面积为 2 172.73 亩,灌片 1 典型灌区(滴灌)灌溉面积为 10 698.19 亩,典型区总面积为 20 396 亩。

(2)灌片 2 典型区选择。根据灌区实际情况及规划种植结构,采用管灌(含管灌与滴灌轮作)、微喷灌、滴灌三种灌溉方式,选择 3 处区域进行典型区灌溉设计,其中灌片 2 典型灌区(管灌)灌溉面积为 2 625.49 亩,灌片 2 典型灌区(微喷灌)灌溉面积为 580.72 亩,灌片 2 典型灌区(滴灌)灌溉面积为 7 364.08 亩,典型区总面积为 10 570 亩。

根据表 11-2 可知,本次所选取典型区满足《灌溉与排水工程设计标准》(GB 50388—2018)的相关要求。

表 11-2　各种灌溉方式典型灌溉面积统计表

灌片名称	灌溉方式	灌溉方式面积统计(万亩)	典型地块面积统计	
			比例(%)	面积(亩)
灌片 1	管灌	13.39	5.62	7 525.68
	微喷灌	2.52	8.62	2 172.73
	滴灌	9.81	10.90	10 698.19
灌片 2	管灌	8.77	2.99	2 625.49
	微喷灌	1.45	4.00	580.72
	滴灌	11.98	6.15	7 364.08
总计		47.92		

11.3　典型区设计

田间典型工程设计应包括输水系统、配水系统、排水系统、土地平整等布置，纵横断面和建筑物设计及工程量计算。典型设计平面布置图比例尺可采用1/1 000～1/5 000。

11.3.1　输水系统

输水系统按照采用形式的不同基本可以分为低压管道输水和渠沟输水两种。

11.3.1.1　低压管道输水

管道的布置和设计需遵循以下原则：

(1)低压管道输水系统，宜采用单水源管道系统。

(2)管道布置宜平行于沟、渠、路，应避开填方区和可能产生滑坡或受山洪威胁的地带。

(3)管网布置形式应根据水源、地形、灌水沟畦技术要素及用户用水情况等，通过方案比较确定。

(4)管道级数应根据系统控制的灌溉面积或系统流量等因素确定。

(5)管道布设宜遵循总长度短、管线平直，并应减少折点和起伏点。

旱作物区，当系统流量小于30 m^3/h时，可采用一级固定管道；系统流量在30～60 m^3/h时，可采用干管、支管两级固定管道；系统流量大于60 m^3/h时，可采用两级或多级固定管道；同时宜增设地面移动管道。

田间固定管道长度，宜为90～150 m/hm^2。末级固定管道走向宜垂直于作物种植方向，间距宜采用50 ～150 m，单向灌水时宜取较小值，双向灌水时宜取最大值。

给水栓应按灌溉面积均衡布设，并应根据作物种类确定布置密度。每个给水栓灌溉面积宜为0.25～0.60 hm^2，单向灌水宜取较小值，双向灌水宜取较大值。

输水管网布设实例：项目管道等级为骨干干管→配水干管→配水支管→田间支管→田间毛管。配水田间工程管道管径为ϕ315～ϕ90，管材选用HDPE管，采用地埋式敷设，根据现场勘测和调查，项目的配水干管垂直于输水干管布置，依据现场的地形，配水干管沿田间道路布置，配水支管按“梳形”布置，配水支管垂直于配水干管，根据灌水小区划分情况布置。配水支管一般沿田间地埂及小路布置，主要是避免施工临时占地和田间控制水表设置，方便各农户从水表取水。

11.3.1.2　渠沟输水

渠沟布置应遵循以下基本原则：

(1)尽量利用现有渠道，减少渠(管)道的无效行程，尽量集中穿越公路，减少穿越公路的其他建筑物的数量，减少工程量。

(2)农渠为配水渠道分两种配水方式：①单向配水；②双向配水。一般坡面上的农渠为单向配水，山脊上的农渠为双向配水。

(3)农渠的间距根据布置要求，一般定为100～200 m，即为格田的长度。农渠的长度一般在400～800 m。农渠基本垂直斗渠。山边坡地带局部可布置成斜交。斗渠一般垂直支渠或干渠布置，长度在1～3 km。其间距由农渠长度定，即400～800 m。

11.3.2　灌水沟畦与格田

灌水沟畦是田间灌溉系统中最末级工程,是直接受水区。灌水沟畦要素决定灌水效率和效果。因此,选择不同灌水方式下的灌水沟畦技术要素,是典型工程设计的关键。

田间工程是灌区灌排工程中重要的组成部分,畦灌、沟灌、格田灌是常用的地面灌溉方式,随着灌溉技术的不断发展,地面灌溉方式也在不断改进,逐步发展了更加节水的长畦分段灌、水平畦灌、波涌畦灌、覆膜畦灌、覆膜沟灌等。因此,田间工程设计可以根据需要进行选择。

长畦分段灌、水平畦灌、波涌畦灌、覆膜畦灌等灌溉方式通常适用于密植作物灌溉;沟灌、波涌沟灌、覆膜沟灌等灌溉方式通常适用于宽行距旱作物灌溉;格田灌通常适用于水稻机盐碱地冲洗灌溉。改进式地面灌溉需要增加输水软管、入口流量自动控制系统及覆膜等配套措施,需要精细化管理,运行管理要求也高,但是其灌水均匀度高,灌溉更加节水。因此,在干旱缺水、有节水要求的地区可选用。

采用波涌畦灌时,田面纵向坡度宜为1‰~6‰,不宜存在局部倒坡或洼地,畦宽不宜超过4 m,畦长不宜大于240 m。

采用波涌沟灌时,灌水沟的间距应与灌水沟的湿润范围相适应,并满足农作物耕作栽培和机耕要求,轻质土壤的间距宜为500~600 mm,中质土壤宜为600~700 mm,重质土壤宜为700~800 mm。沟长应根据沟底坡度、土壤渗入能力、入沟流量、土地平整程度及农机作业效率等因素确定。

长畦分段灌溉可以实现450 m^3/hm^2 左右的低定额灌溉,灌溉效率可提高1倍左右,投资小,操作技术简单。水平畦灌的特点是畦田面积大,入畦流量大,水流推进速度快,深层渗水少,灌水均匀度高。

11.3.2.1　沟灌系统设计

沟灌系统有三种情况:第一种属一般沟灌系统,入流固定,且无尾水重复利用问题;第二种是入流可变,先用大流量完成推进阶段,然后小流量浸泡,即沟灌削减入流系统;第三种是考虑尾水重复利用。如下详细介绍第一种一般沟灌系统设计,其余设计可另行研究。

一般沟灌系统为入流固定,且尾部有排水。

(1)确定入沟流量 Q_0。已知入田块总流量为 Q_r、田块宽度 W_f、沟距为 W,则田块内沟的数目 N_f 为:

$$N_f = \frac{W_f}{W} \tag{11-1}$$

沟中容许最大流速 $v_{max}=8$ m/min,前者用于有淤泥、易侵蚀土壤,后者适用于砂性、黏性土壤。

$$Q_0 = \left[v_{max} c_1 \left(\frac{n}{60 S_0^{0.5}} \right)^{c_2} \right]^{\frac{1}{1-c_2}} = Q_{max} \tag{11-2}$$

Q_0 值应由沟的轮灌分组最后确定,轮灌组内沟的数目 N_f 应是整数,$N_f Q_0 / Q_T$ 也应取整数。

(2)计算推进时间 t_L。

(3)计算需要的入渗时间 τ_{req}。

(4)计算断水时间 $t_{co}=\tau_{req}+t_L$。

(5)计算灌水效率：

$$E_a=\frac{Z_{req}L}{Q_0+t_{co}} \tag{11-3}$$

减小入沟流量 Q_0,可以提高 E_a 值,但需要保持轮灌组内沟数 N_f 为整数。

11.3.2.2 **畦灌系统设计**

畦灌系统设计类似沟灌,但有三点区别:第一,畦灌消退和退水过程比沟灌慢,因此这一阶段增加的入渗时间必须考虑;第二,由于水量要覆盖整个畦田,因此有最小流量的约束条件,畦灌对地面的微地形变化较敏感;第三,尾水排出量大于沟灌,尾水更有利用的必要,如果将尾部堵住,则相当于淹灌,于是断水时间误差将在尾端形成水池,使作物受损。

设计方法如下:已知:入渗函数中各参数 a、K、f_0;田块的地面坡降 S_0、长度 L、地表糙率 n;需要的入渗水量 Z_{req};供水总流量 Q_T;田块总宽度 W_f。设计步骤如下：

(1)计算单宽流量 Q_0。既不容许侵蚀土壤,又要能覆盖整个田面,其最大流量 Q_{max} 和最小流量 Q_{min} 计算如下：

$$Q_{max}=\frac{0.010\,59}{S_0^{0.75}} \tag{11-4}$$

$$Q_{min}=\frac{0.000\,357L\sqrt{S_0}}{n} \tag{11-5}$$

(2)计算畦入口处水深 y_0:

$$y_0=\left(\frac{Q_0n}{60S_0^{0.5}}\right)^{0.6} \tag{11-6}$$

畦埂高度应高于 y_0。

(3)计算需要的入渗时间 τ_{req}。

(4)计算推进时间 t_L。

(5)假定灌水刚好满足畦末的土壤储水量,计算退水时间 t_r:

$$t_r=\tau_{req}+t_L \tag{11-7}$$

(6)计算消退时间 t_d。计算步骤如下：

①设 $T_1=t_r$。

②入渗率 I 为：

$$I=\frac{aK}{2}[T_1^{a-1}+(T_1-t_L)^{a-1}]+f_0 \tag{11-8}$$

③水面坡降 S_y 为：

$$S_y=\frac{1}{L}\left[\frac{(Q_0-IL)n}{60S_0^{0.5}}\right]^{0.6} \tag{11-9}$$

④求 T_2:

$$T_2=t_r-\frac{0.095n^{0.475\,65}S_y^{0.207\,35}L^{0.682\,9}}{I^{0.524\,32}S_0^{0.2378\,25}} \tag{11-10}$$

⑤判断 $T_1 = T_2$，如果是，则 $t_d = T_2$，否则令 $T_1 = T_2$，返回②重新计算。

⑥计算畦入口入渗量 Z_0：

$$Z_0 = Kt_d^a + f_0 t_d \tag{11-11}$$

如果 $Z_0 \geqslant Z_{req}$，则灌水已完成；如果 $Z_0 < Z_{req}$，则欠灌。

⑦如果已完成灌水，则计算灌水效率 E_a：

$$t_{co} = t_d - \frac{y_0 L}{2Q_0} \tag{11-12}$$

$$E_a = \frac{Z_{req} L}{Q_0 t_{co}} \tag{11-13}$$

如果完成灌水：需增加 t_{co}，令畦入口处 $Z_0 = Z_{req}$，则

- $t_{co} = t_d - \dfrac{y_0 L}{2Q_0}$。
- $I = \dfrac{aK}{2}[\tau_{req}^{a-1} + (\tau_{req} - t_L)^{a-1}] + f_0$。
- 计算 S_y。
- $t_r = \tau_{req} + \dfrac{0.05n^{0.475\,65} S_y^{0.207\,35} L^{0.682\,9}}{I^{0.524\,32} S_0^{0.237\,825}}$。
- $Z_l = K(t_r - t_L)a + f_0(t_r - t_L)$。
- 计算 E_a。

⑧计算畦宽 W_0 和畦的数目 N_b。

$$W_0 = \frac{Q_T}{Q_0} \tag{11-14}$$

$$N_b = \frac{W_f}{W_0} \tag{11-15}$$

如果畦宽不满足其他作业要求，N_b 不是整数等，则应调整单宽流量 Q_0 或者系统总流量 Q_T。由于入渗率灌溉季节内不降，因此以后各次灌水的灌水畦数可增加。

11.3.2.3　波涌灌溉

波涌灌溉（以下简称波涌灌）是一项新的灌水方法，波涌灌加快推进水流速度的机制，是灌水时前面的波使土表产生一种水膜垫层，使土表光滑，可减少已湿润沟段的土壤渗透速度，使下一波很快通过已湿润的沟段表面推向更远的距离。波涌灌主要适用于闸管地面节水灌溉系统，是节水（且节能）的有效灌水方法之一。采用波涌灌可大大提高地面灌溉系统的效率，一般认为灌溉效率能够提高 50%～70% 或更多。通过提高效率，可以节约灌溉水量，且因减少灌水量相应地节约了能量。然而，波涌灌如果管理不当，则会造成田间严重灌水不足或与连续沟灌相比还要增加尾水量。

11.3.2.4　土地平整

土地平整可提高灌水均匀度，提高灌水效率，实现节水灌溉，是田间工程建设中非常重要和关键的建设内容，是提高地面灌溉效果的主要工程措施。因此，在田间工程设计中应高度重视。土地平整应满足灌水沟畦对坡度的要求，精度宜采用田面相对高程标准偏差进行描述。旱作灌水沟畦的田面相对高程标准偏差宜小于 60 mm，是根据试验资料和工程实践

资料确定的,当采取激光平地技术时,精度可适当提高;水稻格田的田面相对高程标准偏差宜小于 20 mm。

11.3.3　节水工程设计

节水灌溉工程常用的主要包含微灌、喷灌、管灌、滴管等,下面对微灌系统设计做简要介绍。其余设计可通过查询《水工设计手册》(第九卷)节水工程设计相关章节内容深入研究。

微灌系统的设计是在微灌工程总体规划的基础上进行的。其内容包括灌水器的选择、设计流量的确定、管网水力计算,以及泵站、蓄水池、沉淀池的设计等,最后提出工程材料、设备及预算清单、施工和运行管理等。

11.3.3.1　灌水器的选择

灌水器是否适用,直接影响工程的投资和灌溉水质。设计人员应熟悉各种灌水器的性能、适用条件。在选择灌水器时,应考虑下列因素:

(1)作物种类和生长阶段。不同的作物对灌水的要求不同,如窄行密植作物,要求湿润条带土壤,湿润比高,可选用多孔毛管、双腔毛管;而对于高大的果树,株、行距大,一棵树需要绕树湿润土壤,如果用单出水口滴头,常常要 5~6 个滴头,如果用多出水口滴头,只要 1~2 个滴头即可,也可用价格低廉的微管代替多出水口滴头。

(2)土壤性质。不同类型土壤,水的入渗能力和横向扩散力不同。对于轻质土壤,可用大流量的灌水器,以增大土壤水的横向扩散范围。而对于黏性土壤,应选用流量小的灌水器。

(3)灌水器流量对压力变化的反应。灌水器流量对压力变化的敏感程度直接影响灌水的质量和水的利用率。层流型灌水器的流量对压力的反应比紊流型灌水器敏感得多,例如,当压力变化 20% 时,层流型灌水器(流态指数 $x=1$)的流量变化 20% ,而紊流型灌水器(流态指数 $x=0.5$) 的流量只变化 11% 。因此,应尽可能选用紊流型灌水器。

(4)灌水器的制造精度。微灌的均匀度与灌水器的精度密切相关,在许多情况下,灌水器的制造偏差所引起的流量变化,超过水力学引起的流量变化。因此,设计时应选用制造偏差系数 C_v 值小的灌水器。

(5)灌水器流量对水温变化的反应。灌水器流量对水温变化的敏感程度取决于两个因素:①灌水器的流态,层流型灌水器的流量随水温的变化而变化,而紊流型灌水器的流量受水湿的影响小,因此有温度变化大的地区,宜选用紊流型灌水器;②灌水器的某些零件的尺寸和性能易受水温的影响,例如压力补偿滴头所用的人造橡胶片的弹性可能随水温而变化,从而影响滴头的流量。

(6)灌水器抗堵塞性能。灌水器的流道或出水孔的断面越大,越不易堵塞。但是对于流量很小的滴头,过大的流道断面,可能因流速过低,使穿过过滤器的细泥粒在低流速区沉积下来,造成局部堵塞,使流量变小。一般认为,流道直径 $d<0.7$ mm 时,极易堵塞 0.7 mm $\leqslant d<1.2$ mm 时,易于堵塞; $d\geqslant 12$ mm 时,不易堵塞。

(7)价格。一个微灌系统有成千上万的灌水器,其价格的高低对工程投资的影响很大。设计时, 应尽可能选择价格低廉的灌水器。

(8)清洗、更换方便。一种灌水器不可能满足所有的要求,在选择灌水器时,应根据当地的具体条件选择满足主要要求的品种和规格的灌水器。

11.3.3.2　微喷灌管网系统的布置

1. 微喷灌应用形式

(1)地面形式,微喷头和毛管都在地面上铺放,便于安装、检查、移动,但管道易受破坏和丢失,地面管道的抗老化性要求较高。当果树很小时,田间往往套种其他作物,在这种情况下,地面形式有时影响耕作。

(2)树上形式,微喷头置于树冠中或树冠顶部。有研究表明,树上形式在苹果园中可改善苹果的着色,在柑橘园中可用于防霜冻,也可用于降温和改善田间小气候。但树上形式要求更高的供水压力来补偿较高的位置和较长毛管的水头损失。

(3)悬挂形式,用铁丝等将支管悬空,使微喷头悬空喷洒作业,主要用于育苗、花卉等,果园中应用较少。由于要设置悬挂铁丝等,投资较高。

(4)地下形式,微喷头仍由引出地面的毛管供水,由插杆支撑运行。支毛管埋在地下,可降低对管道抗老化的要求,便于农作和保护,应用最多。目前开发出的快速接头使微喷头的装卸更为方便,适宜于我国农村的状况。

2. 微喷灌毛管和灌水器的布置

根据作物和所使用的微喷头的结构与水力性能,常见的微喷灌毛管和灌水器的布置形式如图 11-1 所示。毛管沿作物行向布置,毛管的长度取决于微喷头的流量和均匀度的要求,应要求水力计算决定。由于微喷头喷洒直径及作物种类的不同,一条毛管可控制一行作物,也可控制若干行作物。

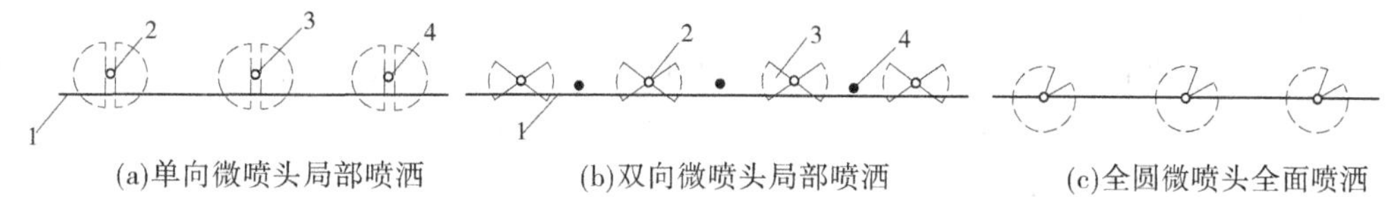

(a)单向微喷头局部喷洒　(b)双向微喷头局部喷洒　(c)全圆微喷头全面喷洒

1—毛管;2—微喷头;3—喷洒湿润区;4—果树

图 11-1　微喷灌时毛管与灌水器的布置

微灌系统管网布置是指对首部枢纽和各级管道的走向、位置和连接关系进行确定的设计过程。一个合理的管网布置可以使水流分配均衡合理,操作方便,特别是可以明显地降低投资,因此是设计中很重要的环节。首部枢纽的布置与滴灌系统相同。一般来说,田间毛管和支管的布置相对来说有一定的模式,而分干管、干管的布置可能有较多的方案。

田间管网布置一般相对固定,这是因为经过合理划分的每一地块上,地块面积、地形、毛管长度等的变化范围较小,作物种植方向固定,可供选择的余地不多。

11.3.3.3　微灌灌溉制度的确定

微灌灌溉制度是指作物全生育期(对于果树等多年生作物则为全年)每一次灌水量、灌水时间间隔(或灌水周期)、一次灌水延续时间、灌水次数和全生育期(或全年)灌水总量。一次灌水量又称为灌水定额,全生育期(或全年)灌水总量又称为灌溉定额。

1. 设计净灌水定额计算

微灌系统的设计净灌水定额应根据当地试验资料,采用下式进行计算:

$$m = 0.1\gamma zp(\theta_{max} - \theta_{min}) \tag{11-16}$$

式中:m 为设计净灌水定额,mm;γ 为土壤容重,g/cm^3;z 为计划湿润土层深度,m,蔬菜为 0.2~0.3 m、大田作物为 0.3~0.6 m、果树为 1.0~1.5 m;p 为土壤湿润比,(%),取值与作物种类及生育阶段、土壤类型等因素有关系；θ_{max}、θ_{min}为适宜土壤含水率上、下限(占干土重量的百分比)，(%)。

2. 设计灌水周期的确定

设计灌水周期是指在设计灌水定额和设计日耗水量的条件下，能满足作物需要的两次灌水之间的时间间隔，它取决于作物、水源和管理情况。设计灌水周期可按下式计算：

$$T = \frac{m}{E_a} \tag{11-17}$$

式中：T 为设计灌水周期，d；m 为设计净灌水定额，mm；E_a 为设计时选用的作物耗水强度，mm/d。

3. 一次灌水延续时间的确定

一次灌水延续时间采用下式计算：

$$t = \frac{mS_eS_l}{\eta q} \tag{11-18}$$

式中：t 为一次灌水延续时间，h；S_e 为灌水器间距，m；S_l 为毛管间距，m；η 为灌溉水利用系数，$\eta = 0.9 \sim 0.95$；q 为灌水器流量，L/h。

式(11-8)适用于单行毛管直线布置，灌水器间距均匀情况，对于灌水器间距非均匀安装的情况，可取 S_e 为灌水器间距的平均值。

4. 灌水次数和灌水定额

使用微灌技术，作物全生育期(或全年)的灌水次数比传统的地面灌溉多，根据我国实践经验，北方果树通常一年灌水 15～30 次，但在水源不足的山区也可能一年只灌 3～5 次。灌水总量为全生育期或一年内(对多年生作物)各次灌水量的总和。

5. 微灌系统工作制度的确定

微灌系统的工作制度通常分为续灌、轮灌和随机供水三种情况。不同的工作制度要求系统的流量不同，因而工程费用也不同。在确定工作制度时，应根据作物种类，水源条件和经济状况等因素做出合理选择。

6. 微灌系统的流量计算

(1)毛管流量。毛管流量为毛管上灌水器的数目和每个灌水器出口的平均流量之和。

(2)支管流量。支管流量为支管上毛管流量的总和。

11.3.3.4 微灌管网水力计算

1. 管网水力计算步骤

管网水力计算是微灌系统设计的中心内容之一。它的任务是在满足水量和均匀度的前提下，确定各管网布置方案中各级(段)管道的直径、长度、调压器的规格和系统扬程，并选择水泵型号等，由于各级管道直径与水泵扬程之间存在各种组合，只有通过反复计算比较才能得出经济合理的结果。管网水力计算可采用下列步骤：

(1)确定微灌设计均匀度 C_u 或者流量偏差率 q_v，计算容许的水头偏差率 H_v。

(2)根据毛管布置的方式和容许水头偏差率，计算毛管允许最大长度。

(3)按毛管容许的最大长度布置管网，实际毛管使用长度应小于毛管允许最大长度，以保证灌水均匀度满足设计要求。

(4)根据实际毛管长度确定毛管进口要求的工作水头。

(5)假定支管管径,计算支管压力分布,并与该处毛管要求的进口水头相比较,在满足毛管水头要求并稍有富裕的条件下,尽可能减小支管管径。

(6)假定主、干管管径,按最不利的轮罐组流量、水头条件对主、干管逐段计算,直至管网进口。对于自压管道,按水源水位与管网进口水头要求的相应条件确定干、主管管径。

(7)对于需要加压的系统,根据管网进口水头和流量,计算系统总扬程,选择泵型。

(8)根据已定的水泵型号,主、干管管径,计算其他轮灌组工作时主、干管水头分布,并与毛管进口水头相比较,通过调整支管管径,使二者相适应,从而确定其他轮灌组的支管管径。

(9)计算各条支管水头与该处毛管进口水头之差,按此水头差计算毛管进口调压管长度。

必须指出的是,确定水泵、各段管道之间最经济的组合方案,实质上是在特定的条件下,确定系统最优水头损失值及其分配问题,最终必须通过优化计算才能真正解决,传统方法所得成果,不是最优方案,它与最优方案的距离,取决于设计者的经验和认真程度。

2. 容许水头偏差分配

微灌系统的均匀度,由限制同时灌水小区内工作水头最大和最小的灌水器的流量偏差来保证一个同时灌水小区,它是一条支管控制的灌水面积。当地形坡度为零时,工作水头最大的是第 1 条毛管的第 1 个灌水器,工作水头最小的为最后一条毛管(第 9 条)的最末一个灌水器,它们的水头偏差应限制在设计允许水头偏差范围内。

在平坦地面上,允许水头偏差由支管的水头损失和毛管水头损失两部分组成,它们各自所占的比例由于所采用的管道直径和长度不同,可以有多种组合,因此存在着容许水头差如何合理地分配给支管和毛管的问题。

允许水头差的最优分配比例受所采用的管道规格、管材价格、灌区地形条件等因素的影响,需要经过技术经济论证才能确定。在平坦地形的条件下,容许水头差按下列比例分配是经济的:

$$\Delta H_{毛} = 0.55H_v h_d \tag{11-19}$$

$$\Delta H_{支} = 0.45H_v h_d \tag{11-20}$$

式中:$\Delta H_{毛}$为毛管允许的水头偏差;$\Delta H_{支}$为支管允许的水头偏差。

3. 毛、支、干管水力计算

毛、支、干管的水力学计算详见《水工设计手册》(第九卷)相关章节内容。

4. 系统总扬程的确定和水泵的选型

根据系统总扬程 H 和最不利轮灌组的流量 Q 可以选择相应的水泵型号。一般选择的水泵参数应略大于系统的总扬程和流量。

5. 调压管长度的确定

为保证系统运行满足设计均匀度的要求,可在毛管首端安装调压管。目前,一般采用 D=4 mm 的聚乙烯塑料管作为毛管进口调压管,将毛管进口处多余的水头消去。

由于毛管的数量多,各条毛管所需的调压管长度不同,如果完全按计算结果安装调压管,不仅施工麻烦,而且易发生错误。因此,可以根据实际情况将计算出的调压管长度分成若干组,将长度接近的纳入同种规格。

11.3.3.5　水源工程与首部枢纽

1. 水源工程

(1)沉淀池。沉淀池设计要求水流从进入沉淀池开始,其所挟带的设计标准粒径以上

的沙粒以沉速 v_c 下沉，当水流流到池出口时，沙粒刚好沉到池底。当沉淀池深度 $h \geq 1.0$ m 时，则：

沉淀池宽度
$$B = \sqrt{\frac{F_s Q}{5v_c}} \tag{11-21}$$

沉淀池长度
$$L = 5B \tag{11-22}$$

$$v_c = 0.563D_c^2(\gamma - 1) \tag{11-23}$$

式中：D_c 为设计标准粒径，mm；γ 为泥沙颗粒比重，g/m³；Q 为设计流量，m³/s；v_c 为设计标准粒径的沉速，m/s；F_s 为蓄水系数，$F_s = 2$。

为防止出口流量挟带沉沙，出口应至少高出池底 30 m；池底应有一定坡度，并于池底最低处安置冲沙孔和设节制阀门，以便冲洗沉沙，沉沙池出口若为自压管道，要在管道进口以上留有足够水深，使管道能通过设计流量。

(2)蓄水池。蓄水池除调蓄水量外，也可起到沉沙、去铁的作用。蓄水池的出水口(或水泵进水口)应设在高出池底 0.30~0.40 m 处，既避免带走沉淀物，又充分利用水池容积，在有条件的地方，尽可能安设冲洗孔。温暖地区的蓄水池很容易滋生水草，对微灌系统工作影响较大，目前国内尚无很好的解决办法，如能加盖封闭避光，可防止水草生长。

当微灌系统既需沉淀池又需蓄水池时，设计时首先考虑二者合一的方案，根据工作条件尽可能减小容积、降低投资。

2. 首部枢纽

集中安装于管网进口部位的加压、调压、控制、净化、施肥、保护及量测等设备的场所称为首部枢纽。首部枢纽的设计就是正确选择和合理配置有关设备和设施，以保证微灌系统实现设计目标。首部枢纽对微灌系统运行的可靠性和经济性起着决定性的作用，因此在设计时应给予高度的重视。

在选择设备时，其设备容量必须满足系统的过水能力，使水流经过各设备时的水头损失比较小，在布置上必须把易锈金属件和肥料(农药)注入器放在过滤装置上游，以确保进入管网的水质满足微灌要求。

(1)水泵机组。离心泵是微灌系统应用最普通的泵型，选型时一定要使工作点位于高效区；尽量使用电动机驱动，并考虑供电保证程度。

(2)过滤器。选择过滤设备主要考虑水质和经济两个因素。筛网式过滤器是使用最普遍的过滤器，但含有机污物较多的水源使用砂石过滤器能得到更好的过滤效果，含沙量大的水源可采用旋转式水砂分离器，但还必须与筛网过滤器配合使用。筛网的网孔尺寸或过滤器的砂料型号应满足灌水器对水质过滤的要求。过滤器设计水头损失一般为 3~5 m。

(3)水表。水表的选择要考虑水头损失在可接受的范围内，并配置于肥料(农药)注入口的上游，以防止肥料对水表的腐蚀。

(4)压力表。选择量程比系统实际水头大的压力表，最好在过滤器的前后均设置压力表，以便根据压差大小确定清洗与否。

(5)进排气阀。进排气阀一般设置在微灌系统管网的高处，或局部高处，首部应在过滤器顶部和下游管上各设 1 个，其作用为在系统开启管道充水时排除空气，系统关闭管道排水时向管网补气，以防止负压产生，系统运行时排除水中夹带的空气，以免形成气阻。进排气阀的选用，目前可按“四比一”法进行，即进排气阀全开直径不小于排气管道内径的 1/40，如 100 mm 内径的管道上应安装内径为 25 mm 的进排气阀。另外,在干、支管末端和管道最低位置处应安装排水阀。

(6)施肥装置。一般将施肥装置安装在微灌系统首都。

(7)控制设备。微灌系统首部还应包括控制设备,主要控制系统工作状态,自动灌溉系统中的轮灌、过滤器的反冲洗、施肥和压力、流量调节等。

11.3.3.6　微灌管道系统结构

微灌管道系统结构设计内容与喷灌工程相同,这里不再赘述。

必须指出的是,微灌管道系统也必须设置镇墩,以承受管中由于水流方向改变等原因引起的推力,以及直管中由于自重和温度变形产生的推力、应力。三通、弯头、变径接头、堵头、阀门等管件处也需要设置镇墩,镇墩设置要考虑传递力的大小和方向,并使之安全地传递给地基。镇墩的推力和传压面积等有关数据,应经计算确定。

11.3.4　排水系统

排水沟和灌溉渠道是相应布置。要求布置到农沟即可,农沟一般是相应一条农渠或两条农渠布置,它有两种形式:①单向集水。这种形式是布置在坡面上,与渠道相对应,分别布置在田地块的两侧,排水沟布置在地块的低侧。②双向集水。这种形式排水沟主要布置在双侧均为高处的凹部,灌溉渠分别布置在两侧的高地上,地表水由两侧的高处向凹处的排水沟汇集。

排水沟的布置是根据地形,尽量利用现有的可利用的天然河道、冲沟及现有排水沟,以减少工程量,做到排水自如。

11.3.5　田间道路

田间道路是农田基本建设的重要组成部分,关系到农业生产、交通运输、农民生活和实现农业机械化等各方面的需要。路、渠、沟的结合形式,应有利于灌排、机耕、运输和田间管理,且不影响田间作物光照条件,并能节约土地,减少平整土地和修建田间渠系建筑物的工程量。

常见的形式有“沟—渠—路”“路—沟—渠”“沟—路—渠”三种。

“沟—渠—路”是将道路布置在田块上端,位于灌溉渠道一侧,这对农机下田耕作有利,且有扩宽余地,可兼作管理道路,但道路跨过下级渠道需修建桥梁,路面起伏较大。

“路—沟—渠”是道路布置在田块下端,位于排水沟一侧,路面较平坦,便于农机下田和运输,但与下级排水沟相交需修建桥梁等交叉建筑物,如孔径不足,影响排水,且雨季田块和道路易积水或受淹。

“沟—路—渠”是将道路布置在灌水田块下端,介于渠道和排水沟之间,便于沟渠维修管理,但农机下田必须跨越沟渠,需修建较多桥梁,且今后扩宽道路也有困难。

根据灌区调查资料,多数灌区通常在斗渠、农渠及田间生产道路两侧或一侧植树 1~2 行。在田间道路两侧植树时,应对每个田块留 8~10 m 缺口,以便农机下田。若在道路一侧植树,当林带为南北向时,应在西侧植树;当林带为东西向时,应在南侧植树,这样可以减少对作物生长的影响。

第 12 章　排水工程

12.1　排水工程的意义

12.1.1　与农田排水有关的土壤退化问题

灌溉排水事业是农业发展的基石,与人类的生存、发展息息相关。我国是世界上最早发展灌溉排水技术的国家之一,步入近代以来,随着人口增长速度加快,中国的灌溉面积迅速增长,在 20 世纪 90 年代初达到了 0.48 亿 hm^2,时至今日,全国灌溉面积已经达到 0.74 亿 hm^2,位居世界第一。而排水和灌溉是相辅相成、互相依存的农田水利工程技术,共同担负着兴利除害、维持农田适宜含水量、保证农田产量的任务。在湿润、半湿润地区,雨季降水较多,涝、渍灾害普遍存在,多余的地面水和地下水需要排除;在干旱、半干旱地区,灌溉渠道渗水和田间深层渗漏水量会引起地下水位升高,在地面蒸腾作用下导致土壤盐碱化,需要控制地下水位,对盐碱地进行洗盐排水。联合国环境规划署在 20 世纪末开展的“全球土壤退化调查”中,将与排水有关的土地退化问题归结为水涝、盐渍化和水浸,并对三者分别做了界定:水涝是指由于人类对天然泄洪系统的干扰,使雨水或河水浸泡、淹没土地的现象;盐渍化是指由于灌溉不当或排水不良引起的土地积盐现象;水浸是指灌溉引起地下水位升高到土壤剖面的根系区,造成土壤缺氧,使植物生长受到影响的现象。水浸作为一种由灌溉引起的土地退化,应与天然排水不畅地区区分开来,也必须与洪涝区别开来。据统计,全世界水涝和盐渍化的面积已经达到了 1 050 万 hm^2 和 7 630 万 hm^2,形势相当严峻。

12.1.2　排水工程面临的形势与任务

农田排水是防止土地退化、改造盐碱地和涝渍中低产田的重要手段。在冲积平原、被开垦的三角洲及其沼泽边缘地带,发展农业生产的关键在于改善排水条件。在 1969 年,全世界有 1 亿 hm^2 以上的土地实行排水,其中很大部分是湿润地区,对这类地区而言,没有排水,就没有持续、稳定发展的农业。事实上,即使在世界上需要灌溉的半干旱和干旱地带,排水也不容忽视。因为由灌水产生的局部潮湿环境亦需要通过人工排水来改善,否则会造成不良影响。目前,世界上半干旱和干旱地区有 1.0 亿~1.1 亿 hm^2 灌溉土地的排水问题严重,估计有 200 万~300 万 hm^2 灌溉土地因盐分聚集而受到严重危害,每年有 25 万~50 万 hm^2 将不能再生产。另外值得注意的是,易涝易渍农田的排水问题,全世界在雨水充足的低地种稻 3 700 万 hm^2,在多涝地种稻 1 000 万 hm^2 以上,搞好排水管理是保收、稳产的关键。在易涝易渍地区,尽管采取了一定的排水工程措施,但由于工程老化失修及超标准暴雨径流的产生,每年仍有 1 000 万 hm^2 以上的农田遭遇水涝而减产,甚至绝收。显然,从世界范围来看,农田排水尚不能适应农业的发展,在除涝防渍和盐碱土改良方面仍任重道远。

我国是世界上涝渍灾害频繁而严重的国家之一。1997 年全国有易涝耕地 2 458.2 万

hm^2,渍害田 770 万 hm^2,已不同程度地治理易涝耕地 2 052.6 万 hm^2、渍害田 333 万 hm^2 以上。1950~1990 年,易涝易渍耕地多年平均成灾面积 373 万 hm^2,年均损失粮食 62.3 亿 kg,年均经济损失(1990 年价格)46.7 亿元。我国还是盐碱化危害严重的国家,全国约有盐碱土 2 700 万 hm^2,其中有 770 万 hm^2 以上分布于农田之中,占耕地面积的 7%左右,占全国中低产田面积(5 633 万 hm^2)的 13.7%。在土地盐碱化防治方面,全国 772.5 万 hm^2 盐碱耕地目前已有 561.2 万 hm^2 得到初步治理,还有 200 万 hm^2 以上未得到治理。此外,在发展灌溉的同时,灌区的次生盐碱化面积也在发展,占灌溉土地面积的 11%~15%。综上,尽管我国在涝渍农田和盐碱化耕地治理方面取得了很大成绩,但排水改良涝渍农田和盐碱化耕地的治理任务依然十分艰巨。

从国内外与排水有关的土地退化及危害来看,农田排水面临着过湿地排水和盐碱地排水两大任务。过湿地排水的任务是排除农田中多余的水分,要求在一定时间内排除过多的地表水、降低过高的地下水位,使土壤具有适宜的水气比例,满足作物的正常生长和获取较高的收获量。过湿地排水的目标是除涝、防渍,改善分布于低洼地、沼泽地等地貌部位的易涝易渍农田的水土环境。盐碱地排水的任务有两个方面:一是控制地下水位,及时排除过多的地表水和地下水,防止盐分在土壤表面聚积,使盐碱地得到改良;另一方面是通过工程手段使淋溶冲洗水量得以有效排除,实现耕层土壤脱盐。农田排水的另一重大任务是改善生态环境,包括净化农田周边水环境、消灭或抑制危害人畜健康的病虫害,从而提高人类赖以生存的水土环境质量。

综上所述,为作物正常生长创造良好的水土环境、防灾减灾和改善生态环境是农田排水的根本任务。无论是近期还是长远、国内还是国际,农田排水工程都是一项重要的农田基础工程,做好该类工程的设计经验总结具有十分重要的意义。

12.2　排水工程设计

排水工程设计与渠道设计有诸多相通之处,故本章叙述遵循简明扼要的原则,内容与渠道重复部分不再赘述。

12.2.1　设计标准

排水设计标准包括排涝标准、排渍标准和防治盐碱化排水标准。

12.2.1.1　设计排涝标准

设计排涝标准一般有三种表达方式:

(1)以排水区发生一定重现期的暴雨,农作物不受涝作为设计排涝标准。当实际发生的暴雨不超过设计暴雨时,农田的淹水深度和淹水历时不应超过农作物正常生长所允许的耐淹水深和耐淹历时。这种表达方式在概念上能较全面地反映出排水区设计排涝标准的有关因素。

(2)以排水区农作物不受涝的保证率作为设计排涝标准。农作物不受涝的保证率亦称经验保证率,是指排涝工程实施后农作物能正常生长的年数与全系列总年数之比。实际应用时,先假定不同的排水工程规模,分别进行全系列的排涝演算,求出相应条件下农作物能正常生长的经验保证率,然后选择经验保证率与排涝设计保证率相一致的排涝工程规模,作为设计采用值。

(3)以某一定大暴雨或涝灾严重的典型年作为排涝设计标准。选择定批暴雨或典型年时需进行频率分析。

目前,我国对设计排涝标准没有统一规定,普遍采用的是第一种表达方式。暴雨重现期一般采用5~10年,在经济发达的地区采用较长的重现期,例如10~20年;否则,采用较短的重现期,或者分期达到较长的重现期。暴雨重现期的计算应选择30年以上的资料进行,采用每年暴雨历时内的最大雨量进行排频和配线,按照理论频率曲线上对应暴雨作为设计雨量。暴雨历时和排水时间根据排涝面积、地面坡度、植被条件、暴雨特性和暴雨量、河网和水库(湖泊)调蓄情况,以及作物耐淹水深和耐淹历时等条件,经技术经济论证确定。设计排涝标准定得过高,则工程规模过大,投资增多,工程设施利用率降低,造成经济上的浪费,而且经济效益未必明显增加;反之,设计排涝标准定得过低,则工程规模过小,投资减少,又未必能取得应有的经济效益。根据各地区的排涝经验,设计暴雨重现期可采用5~10年是符合我国大部分地区的自然条件和生产发展水平的。

设计排涝标准除应规定一定重现期的设计暴雨外,还应规定暴雨历时和排除时间,在我国,暴雨历时一般采用1~3 d是适宜的。涝水排除时间应根据农作物的种类及耐淹水深和耐淹历时确定,并应因地制宜,综合分析后慎重确定。农作物的耐淹没时长因种类、生长阶段,地质土壤条件、气候条件等不同而变化,是一个动态指数。不同农作物的耐淹能力是不同的,如小麦、棉花的耐淹能力较差,通常在地面积水10 cm的情况下,受淹1 d就会减产,受淹5~7 d以上就会死亡;而玉米、春谷、高粱的耐淹能力则相对较强。同一种农作物的不同生育阶段,其耐淹能力也是不同的。在一般情况下,幼苗期的耐淹能力总是比成熟期差。此外,生长在黏性土壤中和在气温较高时,耐淹历时较短;生长在砂性土壤中和在气温较低时,耐淹历时较长。鉴于我国目前还没有系统的农作物耐淹试验资料可供应用,因此各种农作物的耐淹水深和耐淹历时应根据各地实际调查和科学试验资料分析确定,若缺乏相关资料,可以根据《灌溉与排水工程设计标准》中的规定,采用旱作区涝水排除时间一般可采用从作物受淹起1~3 d排至田面无积水,水稻区涝水排除时间一般可采用3~5 d排至耐淹水深。

设计排涝模数应根据当地或邻近地区的实测资料分析确定。无实测资料时,可根据排水区的自然经济条件和生产发展水平等,选用《灌溉与排水工程设计标准》附录A所列公式进行计算。

12.2.1.2　设计排渍标准

排渍标准包括作物生长期内防治渍害和土壤盐碱化所要求的地下水位控制深度标准、暴雨形成的地面水排除后地下水位降落速度标准、稻田适宜渗漏量标准和满足机械耕作的地下水位控制深度标准。当农田排水为实现上述两个或以上的标准时,应采用同时能满足各种标准的工程方案。为避免过度排水引起农田水分及养分不必要的流失,应采取控制排水措施。由于作物生长期内有降雨和灌溉,地下水位不可能保持在同一深度。因此,排水工程要求在降雨形成的地面水排除后,在作物耐渍时间内将地下水位降到作物的耐渍深度以下。农作物设计排渍深度是指控制农作物不受渍害的农田地下水排降深度。农作物的耐渍深度是指农作物在不同生育阶段要求保持一定的地下水适宜埋藏深度,当地下水位经常维持在农作物的耐渍深度时,则农作物不受渍害。设计排渍深度、耐渍深度、耐渍时间和水稻田适宜日渗漏量,应根据当地或邻近地区农作物试验资料,或种植经验调查资料分析确定。

无试验资料或调查资料时,旱田设计排渍深度可取0.8~1.3 m,水稻田设计排渍深度可取0.4~0.6 m;旱作物耐渍深度可取0.3~0.6 m,耐渍时长可取3~4 d。水稻田适宜日渗漏值可取2 ~8 mm/d,黏性土宜取较小值,沙性土宜取较大值。有渍害的旱作区,农作物生长期地下水位应以设计排渍深度作为控制标准,但在设计暴雨形成的地面水排除后,应在旱作物耐渍时间内将地下水位降至耐渍深度。水稻区应能在晒田期内3~5 d将地下水位降至设计排渍深度。土壤渗漏量过小的水稻田,应采取地下水排水措施,当农田水稻淹灌期间,为改善土壤的通气性,及时排除土壤中的有害物质,适宜的渗漏量为2~8 mm/d(黏土取小值,砂土取大值),在农业机械耕作或收割期间,要求将地下水位控制在0.6~0.8 m以下。水稻收割期间,通常要求在地面水排除后10 d左右将地下水位控制在0.6~0.8 m以下。

12.2.1.3 防治盐碱化排水标准

在有盐碱化威胁的地区,通常以地下水临界深度作为排水工程设计标准。防治盐碱化的排水时间一般可采用8~15 d内将地下水位降到临界深度,并达到以下要求:

(1)在预防盐碱化地区,应保证农作物各生育期的根层土壤含盐量不超过其耐盐能力。

(2)在冲洗改良盐碱土地区,应满足设计土层深度内达到脱盐要求。

地下水临界深度与地下水矿化度、土壤类型有关,一般通过调查和试验资料确定。

12.2.2 排水形式及布置

12.2.2.1 排水形式

排水形式应根据灌区的排水任务与目标、地形与水文地质条件,并应综合考虑投资、占地等因素,通过技术经济比较确定,可选择明沟、暗管、井排水或其他组合排水形式。

明沟既可排涝,也可用于排渍和改良盐碱地或防治土壤盐碱化,是常用的排水形式。明沟可迅速、有效地排除地面涝水,因此排涝更适宜采用明沟排水。明沟施工简单,运行维护方便,工程投资及运行成本低,是比较简便、适用的排水形式。因此,有排涝、排渍和改良盐碱地或防治土壤盐碱化任务的灌区通常采用明沟排水。明沟的缺点是占地多,需建桥涵多,不利于机耕机收,易淤积,易生杂草,同时在塌坡地区或地段,其塌坡不易处理,会造成排水沟淤积,影响排水效果。因此,在选择明沟时,应重点考虑明沟的占地和断面结构稳定因素。

暗管具有占地少、交叉工程少、不妨碍机耕机收、埋深比明沟深度大、密度不受限制的优势,同时可解决在塌坡地区或地段采用明沟塌坡不易处理的难题。因此,在耕地紧缺地区及明沟塌坡地区或地段,用于治渍、改良盐碱地时,宜采用暗管排水。但采用暗管排水工程投资及运行成本增加,运行维护不方便,采用暗管时应综合考虑这些因素。

井排系统只有在水文地质条件满足抽水要求时才能达到排水效果,同时井排系统运行需要动力,消耗能源,运行费增加。因此,常在排水水质满足灌溉要求地区结合灌溉采用"以灌代排"井实现排水目的,在地形及水文地质特殊地区采用井排形式时,应综合考虑其工程占地、工程投资和运行动力费等因素,经技术经济比较论证确定。

12.2.2.2 排水布置

各级排水沟应该尽量布置在低洼地带,使之能快速通畅地自流排水,同时也为合理布置田间排水工程和选取良好的排水出路创造条件。排水面积较大的排水区,利用天然河道及原有沟道作为骨干排水沟,可使工程量大大减少。

排水沟之间及其与承泄河道连接处宜为30°~60°交角,以利排水和避免出现冲淤情况,排水沟线路应避免穿过淤泥、流沙及其他地质条件不良地段。

末级固定排水沟的深度和间距有一定的优化组合关系。为了满足排涝、排渍或防治土壤次生盐碱化的需要,在一定的时间内要求排除一定量的地面涝水,以及控制地下水在一定的深度以下。排水沟的间距越大,则所需开挖的排水沟深度也越大,排水沟的开挖土方量可能越小;反之,间距越小,深度越小,开挖土方量则可能越大。因此,对于末级固定排水沟是采用深沟大间距,还是采用浅沟小间距,需经技术经济比较确定。

单纯排涝的末级固定排水沟(多数是在地下水位较低的地区,没有降低地下水位的要求),应根据当地农业机耕或其他要求先确定间距,然后再按排捞要求计算确定断面尺寸。排涝、排渍两用的末级固定排水沟(在地下水位较高的地区,且有降低地下水位的要求),则应根据农作物对地下水位的控制要求先初定沟深,然后再按排涝、排渍要求计算确定其断面和间距。但应指出,排涝、排渍两用沟道的深度一般不宜定得太深,否则可能会造成严重的边坡坍塌。

排渍和防治土壤次生盐碱化的末级固定排水沟沟深和间距,因为对地下水位的控制要求高,而且影响因素复杂,故宜通过试验确定,也可参照计算成果综合分析确定。

12.2.3　排水流量计算

排水流量是确定各级排水沟道断面、沟道上建筑物规模及分析现有排水设施排水能力的主要依据。设计排水流量分设计排涝流量和设计排渍流量两种。前者用以确定排水沟道的断面尺寸,后者作为满足控制地下水位要求的地下水排水流量,又称日常排水流量,以此确定排水沟的沟底高程和排渍水位。

12.2.3.1　排涝设计流量

以排水面积上的设计净雨在规定的排水时间内排除的排涝流量或排涝模数作为设计排涝流量或排涝模数,国内计算排水设计流量或排涝模数常用的方法如下所述。

1. 平原区排涝模数

1) 经验公式法

黄淮海流域的旱作区,采用较为普遍的公式为:

$$q = KR^m F^n \tag{12-1}$$

式中:q 为排涝模数,$m^3/(s \cdot km^2)$;F 为排水面积,km^2;R 为设计暴雨所产生的径流深,mm;K 为综合系数,反映河网配套程度、河道坡度、净雨历时及流域形状等因素;m 为峰量指数(反映洪峰与洪量的关系);n 为递减指数(反映排涝模数与面积的关系)。

K、m、n 为待定参数,随流域情况与治理程度而异,根据本地区已治理且程度相当的河道实测峰量资料求出。

2) 平均排除法

扬水站及汇水面积较小的排水沟,可以不按最大流量设计,可按设计暴雨所产生的径流量在作物容许的耐淹历时内平均排出进行设计。

(1) 旱地排涝模数按下式计算:

$$q_{旱} = \frac{R_{旱}}{3.6T_t} \tag{12-2}$$

式中:$q_{旱}$为旱地排涝模数,$m^3/(s \cdot km^2)$;$R_{旱}$为历时为 T 的设计径流深,mm;T 为排涝历时,

d，一般取旱作物的耐淹历时为排涝历时，通常采用 1~2 d，作物不同生长周期的耐淹水深及历时可参考《灌溉与排水工程设计规范》；t 为每天排水时数，自流排水 $t=24$ h，抽排按每天运转时数计，一般为 20~22 h。

（2）水田排涝模数按下式计算：

$$q_{水} = \frac{R_{水田}}{3.6T't} \tag{12-3}$$

式中：$q_{水}$ 为水田的排涝模数，$m^3/(s \cdot km^2)$；T' 为排涝历时，d，一般采用水稻的耐淹历时为排涝历时，通常采用 3 d；t 为每天排水时数，自流排水 $t=24$ h，抽排按每天运转时数计，一般为 20~22 h；$R_{水田}$ 为历时为 T' 的设计净雨深，mm。

设计净雨深按下式计算：

$$R_{水田} = P - h_1 - E - f \tag{12-4}$$

式中：P 为历时为 T' 的设计雨量，mm；h_1 为水田滞蓄水深，mm，其滞蓄量大小与暴雨发生时间、品种、生长期及耐淹历时有关，根据当地试验及调查资料确定；E 为历时为 T' 的田间腾发量，mm；f 为历时为 T' 的水回渗漏量，mm。

（3）综合排涝模数（涝区内既有旱田又有水田时）按下式计算：

$$q = \frac{q_{旱}F_{旱} + q_{水}F_{水田}}{F_{旱} + F_{水田}} \tag{12-5}$$

式中：q 为综合排涝模数，$m^3/(s \cdot km^2)$；$F_{旱}$、$F_{水田}$ 为旱地、水田面积，km^2；其他符号意义同前。

（4）地表水汇流量可根据中国水利科学院水文研究所提出的小汇水面积设计流量公式计算，公式如下：

$$Q_p = 0.278\Phi SF/T^n \tag{12-6}$$

式中：Q_p 为设计频率地表水汇流量，m^3/s；Φ 为径流系数；S 为设计降雨强度，mm/h；F 为汇水面积，km^2；T 为流域汇流时间，h；n 为降雨强度衰减系统。

汇水面积 F 由等高线确定。对于已治理过的滑坡或崩塌，必须考虑以前治理方法对汇水面积的影响。径流系数 Φ 为净流量与总降水量的比值，当汇水范围内多个地表种类时，应按各个地表种类的面积加权平均径流系数取值。

2. 圩区排涝模数

圩区设计排涝流量的确定，较好的方法是采用水量平衡概念，即在设计暴雨时段内，考虑圩区由暴雨变为净雨的特点，圩区沟塘湖泊对净雨的滞蓄作用以及河网的预降抽排等因素，得出逐日净雨深，再由单位线得出排涝流量过程线。对于中小圩区，一般采用在作物耐淹历时内平均排出涝水的方法，这种方法分两种情况进行计算。

（1）圩区内没有较大湖泊洼地作为调蓄区。涝水必须在作物规定的耐淹历时内由排水站向外河提排，机排模数 $q_{机}$ 用下式计算：

$$q_{机} = \frac{F_{水田}R_{水田} + F_{旱}R_{旱} + F_{水面}R_{水面} + \dfrac{W_{渗} + W_{船}}{1\,000}}{3.6T_tF} \tag{12-7}$$

$$R_{水面} = P - E - h_2$$

式中：F 为涝区总面积，km^2；$F_{水面}$ 为沟塘等水面面积，km^2；h_2 为沟塘滞蓄水深，mm，采用调查或所在地区经验数值并考虑深度后确定，若 $h_2>P$ 值，则表示沟塘尚能滞蓄部分田地的径流量；$W_{渗}$为涵闸圩堤的渗漏量，m^3；$W_{船}$为船闸通航入圩水量，m^3，根据圩口船闸数，每天开闸次数及每次过闸水量计算而得；其他符号意义同前。

$W_{渗}$用下式计算：

$$W_{渗} = 86\ 400T(q_1L + q_2B) \tag{12-8}$$

当堤基渗流可略去不计时，q_1 用下式计算：

$$q_1 = K\frac{H^2 - h^2}{2l} \tag{12-9}$$

式中：q_1 为 1 m 堤长的圩堤渗漏流量，m^3/m；H、h 为堤上、下游的水深，m；l 为堤内浸润线的渗透系数，m；K 为堤身土壤的渗透系数，m/s；L 为圩堤长度，m；q_2 为每米宽涵闸的渗透流量，可按 0.005~0.01 m^3/s 估算；B 为圩口闸涵的总净宽，m。

在初步计算式，如排涝天数较短，$W_{渗}$、$W_{船}$ 等入圩水量和水面蒸发、作物蒸腾、水田渗漏等出圩水量均较小，且互相抵消，可忽略不计。式(12-7)可简化为：

$$q_{机} = \frac{F_{水田}(P - h_1) + F_{旱}R_{旱} + F_{水面}(P - h_2)}{3.6T_tF} \tag{12-10}$$

(2)圩内有较大湖泊洼地作为调蓄区，其各种排涝模数的计算方法如下：

自排区与抢排区的排涝模数。$q_{自}$和 $q_{抢}$均可按照圩区内没有较大湖泊洼地作为调蓄区的情况计算，公式中的 F 应该为 $F_{自}$(自排区面积)或 $F_{抢}$(抢排区面积)。

机排的设计排涝模数，向外河抢排(排田)与排湖的机排设计排涝模数用下式计算：

$$q_{机} = \frac{M_{抢}F_{抢}}{F} + \frac{W - V}{3\ 600T_tF} \tag{12-11}$$

式中：W 为自排区在排涝历时 T 天内的产水量，m^3；V 为内湖的调蓄容量，m^3，可由湖水位—容积曲线中查得，或用设计蓄水位与设计低水位之间的平均水面面积乘以两水位间的水深；F 为圩区排涝总面积，km^2，$F=F_{自}+F_{抢}$。“$W-V$”项表示 T 天内的排湖总水量。若 $W \leqslant V$，表示不需要排湖，该项数字应取为零。

12.2.3.2 排渍流量计算

地下水排水流量，自降雨开始至雨后同样也有一个变化过程和一个流量高峰。当地下水位达到一定控制要求时的地下水排水流量称为日常流量，它不是流量高峰，而是一个比较稳定的较小的数值。单位面积上的排渍流量称为设计地下水排水模数或排渍模数[$m^3/(s \cdot km^2)$]，其大小决定于地区气象特点(降雨、蒸发条件)、土质条件、水文地质条件和排水系统的密度等因素。对于排渍模数，一般难于进行理论分析，给出计算公式，而是根据实测资料分析确定。一般在降雨持续时间长、土壤透水性强和排水沟系密度较大的地区，设计排渍模数具有较大的数值。根据部分地区资料，由于降雨而产生的排渍模数可参考表 12-1。

表 12-1 渠系建筑物设计洪水标准

土质	设计排渍模数[$m^3/(s \cdot km^2)$]
轻砂壤土	0.03~0.04
中壤土	0.02~0.03
重壤土、黏土	0.01~0.02

在盐碱土改良地区，由于冲洗而产生的设计排渍模数常大于表 12-1 所列数值。如山东

省打渔张灌区在洗盐的情况下,实测的排渍模数为 0.02~0.1 $m^3/(s \cdot km^2)$。而防止土壤次生盐碱化地区,在强烈返盐季节,其地下水控制在临界深度时的设计排渍模数一般较小。例如河南省引黄人民胜利渠灌区,其排涝模数在 0.002~0.005 $m^3/(s \cdot km^2)$以下。

12.2.4　设计水位及断面设计

12.2.4.1　设计水位推算

设计排水沟,一方面要使沟道能通过排涝设计流量,使涝水顺利排入外河;另一方面还要满足控制地下水位等要求。排水沟的设计水位可以分为排渍水位和排涝水位两种,确定设计水位是设计排水沟的重要内容和依据,需要在确定沟道断面尺寸(沟深与底宽)之前,加以分析拟定。

1. 排渍水位

排渍水位(又称日常水位)是排水沟经常需要维持的水位,在平原地区主要由控制地下水位的要求(防渍或防止土壤盐碱化)所决定。为了控制农田地下水位,排水农沟(末级固定排水沟)的排渍水位应当低于农田要求的地下水埋藏深度,离地面一般不小于 1.0~1.5 m;有盐碱化威胁的地区,轻质土不小于 2.2~2.6 m,而干、支、斗沟的排渍水位,要求比农沟排渍水位更低,因为需要考虑各级沟道的水面比降和局部水头损失,例如排水干沟,为了满足最远处低洼农田降低地下水位的要求,其沟口排渍水位可由最远处农田平均田面高程 A_0,考虑降低地下水位的深度和干、支、斗各级沟道的比降及其局部水头损失等因素逐级推算而得,即

$$Z_{排渍} = A_0 - D_{农} - \sum Li - \sum \Delta z \tag{12-12}$$

式中:$Z_{排渍}$为排水干沟沟口的排渍水位,m;A_0 为最远处低洼地的地面高程,m;$D_{农}$为农沟排渍水位离地面距离,m;i 为干、支、斗各级沟道的水面比降,如果为均匀流,则为沟底比降;Δz 为各级沟道沿程局部水头损失,如果过闸水头损失取 0.05~0.1 m,上下级沟道在排地下水时的水位衔接落差一般取 0.1~0.2 m。

对于排渍期间承泄区(又称外河)水位较低的平原地区,如干沟有可能自流排除排渍流量时,按式(12-12)推得的干沟沟口处的排渍水位 $z_{排渍}$,应不低于承泄区的排渍水位或与之相平;否则,应适当减小各级沟道的比降,争取自排。而对于经常受外水位顶托的平原水网圩区,则应利用抽水站在地面涝水排完以后,再将沟道或河网中蓄积的涝水排至承泄区,使各级沟道经常维持排涝水位,以便控制农田地下水位和预留沟网容积,准备下次暴雨后滞蓄涝水。

2. 排涝水位

排涝水位(又称最高水位)是排水沟宣泄排涝设计流量(或满足滞涝要求)时的水位。由于各地承泄区水位条件不同,确定排涝水位的方法也不同,但基本上分为下述两种情况:

(1)当承泄区水位一般较低,如汛期干沟出口处排涝设计水位始终高于承泄区水位,此时干沟排涝水位可排涝设计流量确定,其余支、斗沟的排涝水位亦可按排涝设计流量确定,其余支、斗沟的排涝水位亦可由干沟排涝水位按比降逐级推得;但有时干沟出口处排涝水位比承泄区水位稍低,此时如果仍须争取自排,势必产生壅水现象,于是干沟(甚至包括支沟)的最高水位就应按壅水水位线设计,其两岸常需筑堤束水,形成半填半挖断面。

(2)在承泄区水位很高、长期顶托无法自流外排的情况。此时沟道最高水位分两种情

况考虑,一种是没有内排站的情况,这时最高水位一般不超出地面,以离地面 0.2~0.3 m 为宜,最高可与地面齐平,以利排涝和防止漫溢,最高水位以下的沟道断面应能承泄除涝设计流量和满足蓄涝要求;另一种情况是有内排站的情况,则沟道最高水位可以超出地面一定高度,相应沟道两岸亦需筑堤。

12.2.4.2　**断面设计**

排水沟沟底设计比降可取与沟道设计水位线相同的比降,且尽可能与沟道沿线地面坡度相接近,以节省沟道的开挖工程量,根据沿途地质情况,尽量避免出现高填方、深挖方,在陡比降小断面与缓比降少挖方之间找到一个平衡点,并满足不冲不淤流速的要求。对于连通内湖与排水闸的排水沟道,其沟底比降还应考虑内湖与外河水位的情况;对于连通排水泵站的排水沟道,其沟底设计比降应考虑水泵安装高程的要求。平原地区排水沟沟底设计比降一般可在下列范围内选取:干沟为 1/10 000~1/30 000,支沟为 1/5 000~1/10 000,斗沟为 1/2 000~1/5 000,农沟为 1/1 000~1/2 000。

梯形断面广泛适用于各级土质排水沟,施工方便;当土质排水沟开挖深度大于 5 m 时,为满足边坡稳定的需要,常采用复式断面。矩形断面仅适用于石质或人工护砌的排水沟,可节省开挖工作量和减少占地。在实际设计中,如果是在现有排水系统基础上进行改造,还应考虑与现状排水沟的衔接问题,尽量选用同样的断面形式,降低施工难度。

当排水沟的设计流量和设计水位确定后,便可确定沟道的断面尺寸,包括水深与底宽等。设计时,一般根据设计排涝流量计算沟道的断面尺寸,如有通航、养殖、蓄涝和灌溉等要求,则应采用各种要求都能满足的断面。

1. 根据设计排涝流量确定沟道的过水断面

排水沟一般按恒定均匀流公式设计断面,但在承泄区水位顶托发生壅水现象的情况下,往往需要按恒定非均匀流公式推算沟道水面线,从而确定沟道的断面以及两岸堤顶高程等。排水沟道的断面因素如底坡 i、边坡系数 m、糙率 n 等应结合排水沟特点进行分析拟定。排水沟的糙率 n,对于新挖沟道,其糙率与灌溉渠道相同,为 0.020~0.025;而对于容易长草的沟道,一般采用较大的数值,取 0.025~0.030。

2. 根据滞涝要求校核排水沟的底宽

平原水网圩区的一个特点,就是汛期(5~10 月)外江(河)水位高涨、关闭期间圩内降雨径流无法自流外排,只能依靠水泵及时提水抢排一部分,大部分涝水需要暂时蓄在田间及圩区内部的湖泊洼地和排水沟内,以便由水泵逐渐提排出去。除田间和湖泊蓄水外,需要由排水沟容蓄的水量(因蒸发和渗漏量很小,故不计)为:

$$h_{沟蓄} = P - h_{田蓄} - h_{湖蓄} - h_{抽排} \tag{12-13}$$

式中:P 为设计暴雨量(1 d 暴雨或 3 d 暴雨),mm,按除涝标准选定;$h_{田蓄}$ 为田间蓄水量,mm,水田地区按水道耐淹深度确定,一般取 30~50 mm,旱田则视土壤蓄水能力而定;$h_{沟蓄}$ 为沟道蓄水量,mm;$h_{抽排}$ 为水泵抢排水量,mm;$h_{湖蓄}$ 为湖泊洼地蓄水量,mm,根据各地圩垸内部现有的或规划的湖泊蓄水面积及蓄水深度确定;$h_{沟蓄}$、$h_{抽排}$、$h_{湖蓄}$ 为折算到全部排水面积上的平均水层,mm。

由式(12-13)可见,只要研究确定了 P、$h_{田蓄}$、$h_{湖蓄}$、$h_{抽排}$ 等值,便可求得需要排水沟蓄在各级沟道(干、支、斗)的滞涝容积 $V_{滞}$ 内的容蓄涝水量。沟道滞涝水深 h 一般为 0.8~1.0 m,排水沟的滞涝总容积 $V_{滞}$ 可用下式计算:

$$V_{滞} = \sum bhl \tag{12-14}$$

式中：b 为各级滞涝河网或沟道的平均滞涝水面宽度，m；l 为各级滞涝沟道的长度，m；$\sum bhl$ 为各级滞涝沟道的 bhl 之和，m^3。

校核计算可采用试算法，即先按由排涝或航运等要求确定的沟道断面计算其滞涝容积 $V_{滞}$，如果这一容积小于需要沟道容蓄的涝水量，除可增加抽排水量外，还须适当增加有关各级沟道的底宽（或改为复式断面）或沟深（甚至增加沟道密度），直至沟道蓄水容积能够容蓄涝水量。

3. 根据灌溉引水要求校核排水沟道底宽

当利用排水沟引水灌溉时，水位往往形成倒坡或平坡，这就需要按非均匀流公式推算排水沟引水灌溉时的水面曲线，以此校核排水沟在输水距离和流速等方面能否符合灌溉引水的要求，如不符合，则应调整排水沟的水力要素。

在一般工程设计中，对斗、农沟常常采用规定的标准断面（根据典型沟道计算而得），不必逐一计算，而只是对较大的主要排水沟道，才需要进行具体设计。设计时，通常选择以下断面进行水力计算：①沟道汇流处的上、下断面（汇流以前和汇流以后的断面）；②沟道汇入外河处的断面；③河底比降改变处的断面等（对于较短的沟道，若其底坡和土质都基本一致，则在沟道的出口处选择一个断面进行设计即可）。

排水沟在多数情况下是全挖方断面，只有通过洼地或受承泄区水位顶托发生壅水时，为防止漫溢才在两岸筑堤，形成又挖又填的沟道。

防止排水沟的塌坡现象是设计沟道横断面的重要问题，特别是在砂质土地带，更需重视。沟道塌坡不但使排水不畅，而且增加清淤负担。针对边坡破坏的主要原因，在结构设计中，应采用瑞典圆弧等方法计算边坡安全系数，采取必要的工程措施加固边坡。

4. 排水沟纵断面图的绘制

首先，通常根据沟道的平面布置图，按干沟沿线各桩号的地面高程依次绘出地面高程线；其次，根据干沟对控制地下水位的要求以及选定的干沟比降等，逐段绘出日常水位线；然后，在日常水位线以下，根据宣泄日常流量或通航、养殖等要求所确定的干沟各段水深，定出沟底高程线；最后，再由沟底向上，根据设计排涝流量或蓄涝要求的水深，绘制干沟的最高水位线。排水沟纵断面图的形式和灌溉渠道相似，应在图上应注明桩号、地面离程、最高水位、日常水位、沟底高程、挖方深度及沟底比降等各项数据，以便计算沟道的挖方量。

5. 排水沟边坡设计

土质排水沟边坡系数主要与沟道开挖深度、沟槽土质及地下水情况有关。排水沟道开挖深度越大，沟槽土质越松软，或地下水位越高，取用的边坡系数应越大；反之，则取用的边坡系数应越小。由于沟坡经常受到地下水渗出时的渗透压力作用和地面径流的冲刷作用，加之沟内滞涝时还受到波浪的冲刷作用等，沟道边坡容易坍塌，故排水沟道的边坡系数一般比灌溉渠道的边坡系数大。在具体设计中，应结合相关规范选取合适的边坡系数，并进行边坡稳定计算。

轻质土地区及淤泥、流沙地段的排水沟边坡极易坍塌，使排水沟堵塞，排水不畅，严重影响排水效果。边坡坍塌的内因是土质，外部因素主要是地下水渗入排水沟时对边坡产生的渗透压力，其次还包括盐碱化降低边坡土体力学指标、降雨冲刷边坡、冻融破坏土体结构及管理不善等人为因素。防治排水沟边坡坍塌，应在分析引起边坡坍塌内外因素的基础上，选用块石护脚砂砾料护坡等经济可行的防治措施，以保证排水系统的长期运行。

12.2.4.3　水力计算

1.糙率

排水沟糙率应根据沟槽材料、地质条件、施工质量、管理维修情况等确定。根据《灌溉与排水工程设计规范》（GB 50288—2018），新挖排水沟可取0.020~0.025；有杂草的排水沟可取0.025~0.030；对金属模板浇筑，衬砌面平整顺直，表面光滑的渠道，其糙率可计算设计水深及设计水面线，取0.012~0.014；对刨光木模板浇筑，表面一般的渠道，其糙率可取0.015。

2.断面宽深比的拟定

从水力角度考虑，在流量、纵比降、糙率一定时过水断面面积最小的断面是水力最佳断面。熊启钧的明渠均匀流电算软件提供了一种实用经济断面的计算方式，在设计中可作为参考。

3.水力计算

根据排水沟各段流量、纵比降、边坡系数、糙率及断面宽深比，按明渠均匀流公式计算，公式如下：

$$Q = AC\sqrt{Ri} \tag{12-15}$$

$$C = \frac{1}{n}R^{\frac{1}{6}} \tag{12-16}$$

式中：Q为排水沟设计流量，m^3/s；A为排水沟过水断面面积，m^2；C为谢才系数，R为排水沟过水断面水力半径，m；i为排水沟纵比降；n为排水沟过水断面糙率。

4.排水沟岸顶超高

根据《灌溉与排水工程设计规范》（GB 50288—2018），为满足排水沟安全输水要求，排水沟岸顶超高按下式计算：

$$F_b = \frac{1}{4}h_b + 0.2 \tag{12-17}$$

式中：F_b为排水沟岸顶超高，m；h_b为排水沟设计水深，m。

5.排水沟不淤、不冲流速

为防止因流速过大造成排水沟道冲刷，或因流速过小使沟底产生泥沙淤积，要求排水沟的设计平均流速应小于允许的不冲流速，同时应大于不淤流速。排水沟最小流速不宜小于0.3 m/s，这是为了防止沟槽过水时易长杂草而引起阻水，但符合这一规定时，应验算满足排水沟道不淤流速条件的要求。

第 13 章　三维 BIM 应用

13.1　传统建筑行业存在的问题

建筑业是专门从事土木工程房屋建设和设备安装以及工程勘察设计工作的生产部门，肩负着创造固定物质财富的任务，对世界各国的经济发展做出了巨大的贡献。从上海中心、迪拜塔、纽约帝国大厦，到慕尼黑体育场、鸟巢体育场、悉尼歌剧院，再到三峡大坝、杭州湾跨海大桥、英法海底隧道，建筑业已取得举世瞩目的成就，然而这些成就是建立在巨大的消耗和浪费之上。一方面，建筑业消耗着世界 40% 的能源和原材料；另一方面，与其他行业相比，建筑业的效率十分低下。美国劳工部的统计数字显示，1964~2003 年，工业与服务业的生产效率提高了 230%，而建筑业的劳动生产效率反而下降了 19.2%。另据美国建设科技研究院的统计，建筑业存在着 57%的浪费，而制造业的浪费为 26%，两者相差高达 31%。造成建筑业当前困局的根本原因是建筑业割裂的行业结构、信息流失严重、注重建造成本而忽视其生命周期的价值。要改变建筑业当前低下的效率和严重的浪费现象，就必须从问题的根源入手，采用先进的理念指导建设生产。近年来，建筑业从制造业、航空航天业等先进行业引进和吸收先进的理念和技术——产品生命周期管理 PLM(Product Lifecycle Management)，构建建筑业的产品生命周期管理理论——建筑生命周期管理 BLM(Building Lifecycle Management)，而建筑信息模型 BIM(Building Information Modeling) 技术作为实现 BLM 理念的核心技术而受到业内人士的广泛关注与研究。

BIM(Building Information Modeling)建筑信息模型是以建筑工程项目的各项相关信息数据作为基础，建立起三维的建筑模型，通过数字信息仿真模拟建筑物所具有的真实信息。BIM 技术具有信息完备性、信息关联性、信息一致性、可视化、协调性、模拟性、优化性和可出图性等特点，不仅在设计阶段可以大幅提高设计质量，还可以降低施工阶段风险以及运维成本。

工程领域常见的 BIM 解决方案，国外工程软件主要有美国欧特克软件(Autodesk)、美国奔特力工程软件(Bentley)和法国达索公司软件(Catia)。以上三家软件商各有优缺点，法国达索公司的核心软件产品 Catia 是针对工业设计与制造的主流软件，最初为航空业所开发，广泛应用于飞机、汽车的复杂机械结构设计，优势为局部精细化建模，适合复杂模型建模，例如可以用于大桥的复杂局部建模。美国欧特克公司的核心软件 Revit 主要是针对建筑工程设计与建模的软件产品，在建筑行业中的应用比较广泛；旗下 Civil 3D 软件定位为基础设施设计和施工文档编制的 BIM 软件，能够较为方便地处理地形数据，适用于铁路、公路、河道等线性工程的设计。美国奔特力(Bentley)软件公司针对公路行业开发了包括 ORD (Open Roads Designer)、OBM(Open Bridge Modeler) 在内的一系列交通三维设计软件，它们提供了基础的道路与桥梁建模功能。

国内现阶段的道路设计软件(比如纬地、鸿业、EICAD 等)经过多年的市场应用与发展优化，在软件使用模式与用户交互上，已经比较符合国内设计师的设计习惯。但是，这些二维道路设计软件仍存在一定缺陷,比如设计深度无法达到三维设计要求,设计成果无法直接与三维平台进行数据交换等。国内自主发展的三维设计软件很少,比如鸿业公司市政方向的路立得、同豪土木公路 BIM 设计软件,还有一些提供三维建模功能的二维道路/桥梁设计软件,如纬地与方案设计师等。这些软件虽可从二维设计方案快速生成三维模型,但是并不能直接在三维空间中进行设计,而且生成三维模型多为面片组合,无法进行编辑交互以满足后期阶段的应用。

在我国目前 BIM 技术主要应用在项目场地分析、项目策划、方案研究、协同设计、性能分析、管线碰撞检测、场地布置、工程算量、模拟施工、物资跟踪、空间管理、灾害应对模拟、竣工交付、后期维护等,涵盖了项目全寿命周期的各种方面,有助提高建筑行业的工作效率。虽然 BIM 技术有如此多优势,但是在我国,传统的建设模式是 DB 模式,即设计—招标—施工,DB 模式中设计施工单位是分开招标的,采购单位往往是建设单位担任,BIM 在实际应用中会存在许多问题:

(1)BIM 模型中信息的涵盖范围——在设计单位、采购单位和施工单位之间存在建筑信息无法交互的问题。在设计阶段,设计院在构建 BIM 模型时,施工单位还没有进行招标,无法将采购单位、施工单位的思想加入其中,会忽视在采购、施工阶段的细节,这样 BIM 在设计阶段的优势就被弱化了。

(2)BIM 模型的共享问题。由于设计单位与施工单位相互独立,就会出现设计单位采用 BIM 技术设计,但是由于行业发展现状以及工地现场条件的制约,施工单位仍然需要 2D 图纸来指导施工,于是就面临着 BIM 模型二维出图表达的问题,当在施工中出现设计变更时,这一套流程还需要反复进行,如此一来带来许多调整麻烦。即使是施工单位采用了 BIM 技术,但是如果两者采用了不同的 BIM 软件进行建模,同样会出现模型信息的共享问题。

(3)BIM 的建模成果具有版权效应,存在各参建方的 BIM 模型所有权与责任划分的问题,在项目的建设过程中容易出现纠纷。

综上所述,BIM 技术在建设领域具有一定的先进性,有利于提高建筑业的生产效率,但是传统的建设模式,即 DB 模式不利于 BIM 技术优势发挥和进一步推广。

13.2　BIM 技术的优势

BIM 技术能够在全过程设计中发挥作用,总承包商委派项目多专业——工程结构设计师、机电设备设计师、电气工程师、造价工程师、施工单位、采购单位的设计团队基于 BIM 技术中 Revit 软件开展该项目全周期的设计管理工作,即合作编制项目的总体规划方案、建筑方案、初步设计、施工图设计和施工过程中设计变更等。

13.2.1　平台搭建

BIM 技术中 Revit 软件提供了一个可以进行多专业拆分的协同平台,让不同专业的设计师和工程师运用同一平台充分交流并利用该平台分别构建自己的模型进行整合,然后运用 BIM 的三维碰撞技术,可以对土建、机电设备、管线等进行管线综合碰撞检查,各专业根据出现的问题进行协调、修改,减少在施工过程中由于管线碰撞问题的设计变更。

选取 BIM 技术中 Revit 软件建立项目的 BIM 模型,实现业主、设计单位、施工单位协同实时管理，运用 BIM 数据整合平台达到软件数据之间的双向实时无缝对接，数据共享互动。基于 BIM 的信息平台，建立三维模型，可以直观地看到建筑的立体效果，实现业主、设计、采购、施工等不同专业之间的信息准确传递，实现项目各参与方之间数据访问与共享，方便采购工作、施工工作在设计阶段提前开展工作，有利于设计深度优化、工期进度优化等。

13.2.2　施工图出图

施工阶段是完全按照设计和图纸施工的，设计质量有问题，工程质量必然无法得到保证。同样，设计进度无法满足计划运营要求，则会影响设备、材料的采集购买进度和施工进度，给工程品质造成不利影响。

利用 Revit 软件可以即时生成应对不同需要的二维图形，任何时候需要都可以及时打印。相对于 CAD 呈现的 2D 图形，三维模型更加准确、直观。以水闸结构为例，首先由 BIM 建筑工程师建立水闸各结构的族模型，然后拼装成完整的水闸项目，利用 Revit 的出图模块可以生成任意部位的纵、横以及平面图。

渠道布置流程：工程师利用协同平台随时可以看到土建专业的 BIM 模型，首先要理清渠道线路与渠道附属建筑物的关系，再在具体设计情况的工程中调整好细节，确保各专业之间没有较大碰撞之后，在 Revit 中进行定位，并且标记好渠道的尺寸与标高。然后导出渠道平面图与剖面图，再按出图标准对不同专业的附属建筑物进行标注的修改。利用这样的方式，不同专业设计避免了碰撞。

施工图出图前，由总承包单位牵头组织各专业进行图纸校核，多单位进行讨论并将图纸中出现的错、缺、碰、漏等问题提前解决，减少传统设计模式下后期烦琐会审、沟通，有利于节约成本、缩短工期。

12.2.3　设计信息自动调整变更

水工设计的环节复杂，各个环节与施工环节环环相扣、联系紧密，一旦某一个环节出现变更情况，则可能会出现重点调整甚至重新设计的情况。基于 BIM 技术的设计流程中，二维图纸信息将以三维模型的方式呈现，各个专业的设计师通过平台可以快速发现问题，并在此平台基础上进行修改。由于 BIM 的协同平台中数据是共存状态，当某项设计信息发生改变时，其他相关数据会自动进行修正，无须对所有数据进行计算，避免了传统变更情况烦琐的重复操作。

13.2.4　建筑功能性分析

当代社会是大数据与云计算的信息化时代，可以将 BIM 数据系统与其他相关数据系统有机整合，实现不同功能的模拟试验与分析。将地理信息（GIS）系统和 3DS 数据导入 BIM 协同平台进行日照分析，调整光线与阴影的位置，不仅仅是一天中的某几个时间点，可以是一周甚至是一年中的任何时间段，让业主与施工方在任何时候都可以准确地了解不同光线对建筑的影响。同时导入 Google GIS 数据进行工具匹配后，日照分析变得更加强大。或者对项目的位置、空间机构进行研究判断其合理性；以建筑物室内空气状况进行研究，探索其流通效果情况；针对建筑物隔音隔热效果进行研究；针对供水供气等问题进行模拟研究，杜绝安全问题产生；针对建筑是否符合特殊要求的模拟研究等。通过多方面多角度模拟分析，将得出的数据进行整合,用来判断建设项目交付后的实际使用情况,对出现的问题进行及时优化,避免后期业主投诉等负面情况。

13.3　BIM 在项目全过程中的应用

13.3.1　设计过程

由于现有项目管理模式依旧以二维 CAD 技术为支撑,在流程设计上很大程度上参考传统的其他项目交付模式。随着数字化办公和互联网的高度发展,在流程设计上虽有所改进,但是效果有限。现有设计流程仍存在问题:其一,设计沟通不畅,在外部沟通上表现在与业主采用效果图进行沟通,经常出现设计工作与业主意图不符等问题;在内部表现为不同专业间沟通效率低下,易产生设计冲突,同时设计与施工的理解上容易出现差错。其二,设计工作各阶段和责任划分过于清晰,以往基于其 CAD 的设计工作都是按照分工理论分开进行,各司其职,当遇到不同专业冲突时需要所有相关工作都要重新修改,更改困难。其三,现有 CAD 技术信息传递质量差,未能实现数据集成,不能方便地将设备、材料等信息加入设计过程中,CAD 设计方式不利于设计与采购的结合,进而导致了设计工作最终只能粗略地与采购工作交接,不利于采购与设计融合。其四,设计阶段未能充分考虑到施工过程。为了使项目实施效率最大化,在设计阶段应该充分考虑设计的可施工性,然而,现有阶段由于技术条件的限制,目前大多数项目的设计阶段只是代表性的按以往经验对整体施工性和主要技术难点判断设计的可施工性,未能做到设计可施工性的详细全面诊断。BIM 建筑信息模型的出现很好地解决了上述问题,弥补了 CAD 的短板,使项目交付模式价值大大提高。

首先,BIM 技术在设计上采用三维形式,改变了以往的设计方式,模型中包含相应的各种信息,最后的设计过程及成果都可以以模型形式展示。在模型中可以方便获知各个构件的各种相关自然、物理等属性。其次,基于 BIM 数据平台,设计流程也发生了相应的改变,BIM 可以提供协同设计功能,能够使建筑、结构、水暖和电等多种设计基于 BIM 平台同时设计,改变了以往的先建筑设计后结构设计再配套水、暖、电设计的流程模式,在建筑图完成一定程度后,结构和水暖电设计便可做相应的设计,同时不同设计人员能够实时看到各方设计的进展情况。在 BIM 模型的设计过程中,由于 BIM 自带关联,在设计修改相应构件后,所有人的模型都将自动进行更改。另外,BIM 模型具有很好的互用性,通过 IFC 标准,各种软件能够很好地对接。如设计好的设计模型能够方便地与日照分析软件、4D 施工模拟软件、造价软件、能量分析软件进行对接,实施相应的任务模拟。

在施工图深化设计阶段,需要对招标图纸或原施工图的补充与完善,使之成为可以现场实施的施工图。深化设计具有工作复杂、涉及专业众多、需满足各专业技术和规范、了解材料及设备的知识特点,所以深化设计的工作极其烦琐,特别是在大型复杂的建筑工程项目中,设备管线由于系统繁多、布局复杂,常常会出现管线之间或管线与结构构件之间的冲突,还会影响建筑室内净高,造成返工,给施工带来麻烦。传统的施工流程中,通过深化设计时的二维管线综合设计来协调各专业的管线布置,但只是将各专业的平面管线布置图进行简单的叠加,按照一定的原则确定各种系统管线的相对位置,进而确定各管线的原则性标高,再针对关键部位绘制局部的剖面图,没有从根本上解决专业之间、管线之间的设计碰撞。相较于二维管线综合设计,采用BIM技术的三维管线综合则是将所有专业放在同一模型中,均按真实尺度建模,二维图纸表达的局限性得以解决,土建及设备全专业建模并协调优化,通过碰撞检查功能整合各专业模型并自动查找出模型中的碰撞点,重点检测专业之间的冲突、高度方向上的碰撞,并得出碰撞检查报告,及时发现模型中的所有碰撞问题,并反馈给各专业设计人员进行调整,极大提高了深化设计效率。

此外,BIM模型可以方便获得平面、立面和剖面CAD图,并且基于BIM的关联特性,在各个设计变更中,平面、立面和剖面CAD图能够自动进行变更。综合上述分析,将BIM上述特征及功能应用到设计管理流程中,对现有设计管理流程进行重新设计再造,能够充分发挥BIM功能的优势,实现项目效益的最大化。

BIM设计的第一步往往是建立模型,而采用不同的建模方式对于后期应用而言,会造成不同的影响。因此,需要在BIM设计之初确定BIM技术在本项目中的应用范围,以便于根据不同的需要确定BIM设计模型创建的方式方法,满足后期不同应用的需要。

从某种角度上讲,BIM设计的理念类似于搭积木。因此,在建立设计模型之前,必须对模型进行整体规划,建立合理的上下文关系和层级关系,同时,充分考虑模型的复用和参数化结构,便于后期对模型进行协同设计、装配设计以及产品展示。

13.3.1.1　模型层级的规划

通常来讲,不论是哪种设计软件,均需对模型的层级进行规划,以满足不同的模型构件对于分层级、分专业存储的需要。

一般来讲,模型的层级规划与其应用需求有关系,但通常来讲,对于一个水利工程,可以分为两类,一类为线形工程,一类为枢纽工程。这两类工程在模型层级划分时是有区别的。

对于线形工程来讲,一般由主线及支线工程、节点工程共同组成,对于这类工程来说,一般最多会分成9个级别,分别为项目(阶段)、项目总体方案(多方案)/全项目通用数据、项目节点/场地、项目节点/场地方案(多方案)/节点通用数据、建筑物/构筑物、专业、子专业、构件/组合、材料。

对于枢纽工程来讲,一般由较为集中的一组建筑物组成,因此对于这类工程来说,相对于线型工程将会减少一个层级,即一般最多会分成7个级别,分别为项目(阶段)、项目总体方案(多方案)/全项目通用数据、建筑物/构筑物、专业、子专业、构件/组合、材料。

实际上不论是线形工程还是枢纽工程,每一层级的节点与上一级别的节点应保持相对关系的一致性,以此来保证整个结构的可读写和可预测性。

13.3.1.2　模型的上下文关系

在模型的层级已经建立之后,如何将不同的模型按照需要的位置进行定位和设计则是BIM模型创建过程中的一个重点。

因此,在模型的创建过程中,根据需要创建一套上下文关系,来满足参数传递、位置参考或装配使用。在BIM模型创建时,只要严格按照特定的参数传递规则及定位关系进行模型建立(或通过装配将模型定位),就可以保障模型创建的关联性。

为保障上下文关系的一致性,需要在模型创建过程中引入骨架设计的概念。骨架设计方法就是利用一系列由参考几何元素及参数组成的逐级细化的树形结构来控制整个产品数据的方法。通过骨架设计可以实现自上至下的设计理念。

13.3.1.3 正向协同设计

在采用正向协同设计的过程中，将完全改变现有的设计校审流程，并对当前的设计流程进行优化提速。这主要体现在以下几点：

(1)平行作业。在采用正向协同设计过程中，由于各专业基于分层级和上下文进行设计，极大地解放了接口管理的灵活度，原来需要单一专业进行本专业设计后再释放相关接口成果的方式将会被更加灵活的设计流程接口所取代。即单专业无须全部完成本专业的工作才能开展下游专业工作，仅需要在整合的设计流程上，按照专业接口窗口提供完成本专业内容（阶段性成果接口），并在下游专业收到相关信息的同时开展平行作业以减少设计时间。

(2)即时同步。在采用正向协同设计过程中，所有参与的设计师都可以通过刷新的方式查看最新的接口发布及已完成的设计内容，实现透明设计。特别是可以通过预发布（空发布）接口，实现基于接口的设计，并在预发布接口更新后，通过更新的方式实现设计的同步更新，一定程度上实现超前设计。

(3)实时校审。在采用正向协同设计的工程上，由于所有的已保存内容是对设计团队实时可见的，因此设计师可以在任何时间借助碰撞检测及人机工程，实现设计成果的校核工作，并通过相关的沟通机制实现“实时校审”（Design Reviewat Anytime）的里面。这极大地提高了设计成果的质量，减少了后期修改工作。

此外，还可以将装配关系通过数据表的形式导出到数据文件，并将模板单独导出，以满足模型轻量化过程中，重复构件在其他软件中重构的需要。

13.3.2 施工组织过程

建筑工程项目施工组织阶段是对施工活动实行科学管理的重要阶段，具有战略部署和战术安排的双重作用。需要根据具体工程的特定条件，拟订施工方案，确定施工顺序、施工方法、技术组织措施，合理安排施工现场。BIM 技术以其三维可视化等特点在总场平面布置、施工方案、工艺模拟等方面具有显著优势。

13.3.2.1 施工总体布置

随着建筑业的发展，对项目的组织协调要求越来越高。这主要体现在以下影响因素上：施工现场作业面大，各个分区施工存在高低差；现场复杂多变，容易造成现场平面布置不断变化；项目周边环境的复杂往往会带来场地狭小、基坑深度大、周边建筑物距离近；绿色施工和安全文明施工要求高等。BIM 技术为现场平面布置提供了一个很好的平台，在创建好工程场地模型与建筑模型后，通过创建相应的设备、资源模型进行现场布置模拟，在施工组织设计阶段，在模型中，将不同的施工区域、材料加工区域、人员生活区域等按不同颜色进行划分，为施工组织设计编制、场地布置提供可视化方案。同时，还可以将工程周边及现场的实际环境以数据信息的方式挂接到模型中，建立三维的现场场地平面布置，并通过参照工程进度计划，可以形象直观地模拟各个阶段的现场情况，灵活地进行现场平面布置，实现现场平面布置合理、高效。

13.3.2.2 施工方案、工艺模拟

BIM 技术可以建立的建筑 3D 模型，从设计、施工到竣工不断更新完善，实现项目从开工准备到竣工验收的全周期模拟及分阶段模拟，为项目管理决策提供可视化帮助。采用 BIM 技术，对包括基坑围护、土方工程、混凝土工程、钢结构工程、临水临电施工等方案进行

模拟。在各工序施工前,利用 BIM 技术虚拟展示各施工工艺,尤其对新技术、新工艺及复杂节点进行全尺寸三维展示,有效减少因人为主观因素造成的错误理解,使技术交底更直观、更容易理解,使项目各部门之间的沟通更加高效。

13.3.2.3　生产阶段的进度、成本、质量管理

在建筑工程施工中,进度、成本、质量三者相辅相成、相互影响,相较于施工企业传统的管理模式,BIM 技术的引入将为解决进度验收不及时、成本把控困难、质量整改落实不到位等诸多问题带来帮助。施工过程会受到许多因素的影响,其中包括天气情况、技术力量、施工材料质量、进度计划安排、建筑材料运输、施工方案等,上述因素均可能对进度管理产生一定影响,而且在实际施工中,设计人员所制定的施工进度与实际施工会存在一定差异,随着施工的进行,这些差异还会逐渐累积,造成设计变更的增加,拖慢施工进度,并且在一定程度上影响到项目成本和质量的把控。采用 BIM 技术在建立工程 3D 模型时,根据工程图纸及招标文件,力求模型构件属性信息(材质、厂家、使用位置等)的完整、准确,并将模型中的作业面与 CAD 图纸相关联,为进度管理提供支持。并通过 3D 模型实现施工作业面精确定义,帮助施工管理人员对每日工人作业面的准确把握,达到工人任务分派、调整及时合理,缩短项目工期。通过移动端采集项目各关键节点形象进度照片,与按进度计划模拟的三维模型实时比对,随时校核进度偏差,为生产例会问题分析提供可视化解决方案,加强项目管控,提高项目履约能力。

13.3.2.4　施工成本管理

施工成本既包含消耗的原材料费用,又包含施工机械使用费、支付给生产工人的工资及进行施工组织与管理所发生的全部费用支出。通过应用 BIM 技术,可实现对施工成本的预测、计划、控制、核算、分析及考核的实时动态管理。根据施工区域,建立人材机成本管理数据库,实现材料、人工、机械设备成本清单提取,为项目商务部门进行工程量提取、成本分析及预算调整提供模型支持,提高项目每月工程量认定、过程结算(分包、分供付款)的效率。生产过程中,土建工长、机电工长可通过模型,按单元工程提取材料清单,编制材料采购计划、进场计划,材料员可通过建立现场物资二维码数据库,与 BIM 模型关联,实时更新材料出入库信息,对现场材料实现信息化管理。

13.3.2.5　施工质量管理

影响施工质量的主要因素有"人、材料、机械、方法及环境"等五大方面,通过 BIM 技术在移动终端的应用,可以使项目经理及其他生产管理人员及时、高效地对影响施工质量的关键点进行科学把控。土建、机电等专业施工管理人员,可以通过移动设备端(手机、ipad) 实现模型的浏览与信息录入,相关规范及技术标准、施工方案的查询,并运用分布式云平台技术,使模型经过修改变更后,每个用户打开移动端后都能收到更新模型的提示,提高管理效率。工长、质量员、安全员在现场检查中发现问题,便可利用移动设备现场取证,无须返回项目部,通过手机对质量安全问题进行拍照、录音和文字记录,并关联到模型,下发整改通知单至相应分包,提高现场管理效率。

13.3.3　项目管理过程

近年来,设计、采购一体化的管理方式在很多项目中得到了实践,采购工作在项目中发挥着重要作用,在设计和施工之间逻辑关系中居于承上启下的地位,将采购纳入到设计阶段

能够提高项目的资源利用效率,减少项目风险,显著提高项目效益。

总承包项目管理改进了交付模式理论,在一定程度上比传统的项目采购有所发展,将采购工作在一定程度上扩大到设计阶段,同时在人员配置上由于工作量的增大,管理规模也有所增加。但是,由于以往传统项目交付模式很多都是甲方供材,总包单位对于大规模材料采购在管理经验上还是比较欠缺。与此同时,由于现有项目信息依旧以二维 CAD 图纸为媒介,采购部门与设计部门、施工部门甚至供货商间的信息传递质量差,未能做到实时准确的动态管理,采购工作时间长,效率低下。比如现有总承包项目中将采购纳入到设计阶段,但是由于现阶段设计以 CAD 技术进行设计,信息整理、搜集、传递质量差,这样不能与 ERP(企业资源计划 Enterprise Resource Planning)等系统进行有效对接,同时不利于采购经验的积累,进而不能很好地支持设计,最终形成恶性循环。再比如,由于一直倡导的限额领料管理很难在项目上得以真正实施,其主要原因是仓库管理人员不能轻易得到实时实物数据,最终采用先用再说,事后补单等问题,仓库发料的混乱必然殃及采购工作。建筑信息模型 BIM 的出现,以其良好的信息传递质量在一定程度上改变了这种现状。首先是采购与设计之间变化,BIM 技术在模型中保存了各种设备及构件的所有属性,这样一来能够大大减少设备材料采购在理解上的错误。同时,由于 BIM 良好的可算量性,在对于材料尤其设备采购统计工作上,大大减小了时间消耗,增强了采购工作的时效性,从而可以将招标—采购工作真正地提前到设计阶段,在设计时完成相应的初期招标—采购工作,初步确定招标方案。其次是采购与施工间的变化,包括采购与成本、进度、质量三大目标的变化。首当其冲的是将采购工作与基于 BIM 的成本管理进行实时对比,实现采购工作的动态管理,这样可以大大减少仓储成本,同时为项目资金流减压。关于采购与进度关系也变化明显,采购工作可以根据进度实时采购,保证项目进度按计划进行。关于质量的变化主要体现在采购物资质量的提高。最后,基于 BIM 技术,招标采购部门在宏观上可以把现有的物流技术、ERP 技术等应用到项目中,实现项目和企业的真正意义的信息化管理;在微观上,由于 BIM 技术在模型中保存了各种设备及构件的所有属性,不仅可以实现采购的动态管理,同时能够很好地实现限额领料等材料的发放工作,保证采购后期的管理工作。因而,通过 BIM 技术将采购工作流程适当向设计阶段延伸,能够强化采购的时效性和准确性,在施工阶段做好材料的管理,保证施工阶段顺利进行。

13.3.3.1 质量管理流程设计分析

质量管理占据工程项目管理的核心内容,在项目实践中,业主可能并非设计方面的专家,建筑师与业主在设计需求上由于采用二维 CAD 为媒介,即使现在采用 3D 渲染等技术也很难做得十分满意;同时,设计师的设计意图在施工阶段也经常由于理解的不同而出现差错,这些理解的差错最终以设计变更的形式解决,也导致了工程质量的下降。其次,采购阶段也会因不能充分理解图纸而出现采购物品与设计意图出现问题,在工程原材料上影响工程质量。再者,基于 CAD 的项目管理流程也存在不足,虽然现有总承包项目中已经将施工的相关工作延伸到了设计阶段,但是由于现有设计依旧采用 CAD 进行,设计的可施工性评价主要针对核心施工技术,对一般或者细部施工性考虑不足,致使在施工中才发现有些部位施工困难,最终通过局部变更加以弥补,影响整体工程质量。建筑信息模型 BIM 依据强大数据支撑和协同作用能够有效提高项目质量。首先在信息表达上,BIM 采用三维设计,能够直观地展示出项目信息,比如在项目规划设计及初步设计阶段,通过三维图形能够很好地与业主进行交流,使业主清楚设计是否符合自己的需求,实现设计意图与业主需求动态沟通,避免设计意图与业主需求不统一的问题,进而在宏观层面保证业主意图的实现,也就保证了项目整体质量的目标的实现。其次,建筑信息模型 BIM 采用三维设计,工程实体细节能够实现清晰显示,改变了以往因图纸读取错误导致工程细节施工的质量问题,加上采用碰撞检查功能清晰地显示了相关细节,保证了施工的准确,大大避免了以往出现施工错误后进行剔凿的过程,从而大大提高工程质量。与此同时,BIM 还含有大量的物理信息,促使采购的构件及设备能够保证符合设计意图,从而在材料设备等方面保证了工程质量。另外,建筑信息模型 BIM 能够通过与其他软件的结合实现动态模拟,预先对要施工部分进行模拟演示,从中找到工序等相关问题,发掘质量控制要点,做到质量的事先控制,尤其对于"四新"技术的应用效果明显。这样,通过施工过程的模拟,做到标准化施工,保证工程质量。

通过以上分析,由于技术的改变,现有工程质量管理流程也应该做相应调整,即把质量管理确确实实地延伸到设计阶段,将工作重心前置到质量前期防范中,从而促进技术的应用并发挥其应有的价值。

13.3.3.2　进度管理流程设计分析

项目进度直接影响项目质量和成本,影响合同的顺利完成。在总承包项目中,由于采用固定价合同,项目进度风险除因业主原因引起的情况下,项目全部进度风险都由总承包商负责,同时,由于总承包项目周期长,合理安排好进度对项目管理十分重要。然而,由于传统项目交付模式及现有总承包项目交付模式中关于进度管理十分粗糙,很多时候对进度管理都是依据以往项目经验确定。在项目进度设置时,由于时间仓促,工程量及其他信息很难及时获得或者得到较准确的成果,致使在项目节点设置时往往依靠以往项目经验。在项目进度控制时,往往依靠传统的三费对比等手段,或者前锋线等,致使进度控制时效性差,效果不显著,虽然一些大项目采用 P6 等软件进行项目管理,但是依旧没有达到实时控制的效果。在项目进度控制中,当出现问题时,再经过抢工等手段弥补,最终导致成本增加,在一定程度上影响工程质量。建筑信息模型 BIM 在进度管理中有无法比拟的优势:通过三维设计可以把设计结果与进度软件进行对接,通过施工三维虚拟,进行施工方案设计,确定并优化施工,与此同时确定项目进度,同时能够通过模拟与成本、采购进行分析,确保项目进度能够按预订方案进行。同时,在进度模拟过程中对施工方案进行优化,对设计可施工性进行分析,反馈给设计人员。在项目施工阶段进行项目进度模拟,很容易得到现有进度和预期进度的比较,从而迅速做出调整,同时及时有效的进度管理也有益于项目采购和成本控制,促进整个项目实施。在项目结束后,由于采用 BIM 技术,项目资料处理十分方便,有益于项目经验的积累,为以后项目进行指导。基于 BIM 的项目进度管理流程将重心前移到进度制定与优化阶段,从而脱离以往项目赶工的恶性循环,同时增强其进度比较的实效性,及时准确对进度进行调整。

13.3.3.3　成本管理流程设计分析

作为项目各参建方的企业是营利组织,参与项目建设依旧以营利为目的。成本管理是营利的最主要手段之一,如何确实有效地做好成本管理是项目成功的一个重要指标。在现有项目管理中,成本管理依旧多采用传统成本管理方法,这种传统成本管理方法在传统小项目中尚问题不断,对于总承包这种规格庞大、时间长、投资大的项目更是左支右绌。首先,由于总承包项目在投标时没有详细完整的图纸,时间仓促,导致投标报价阶段问题严重,而且又采用固定总价合同,总承包商只能以粗算为基础并增加报价来规避风险,但这样一来,过高的报价又降低了中标率,所以承包商在投标阶段成本管理问题棘手。其次,总承包项目交付模式优点在于设计、施工和采购的集成,然而由于现有总承包项目依旧以二维 CAD 为基础,在算量处理时间效率低下,即使现在采用鲁班、广联达等软件算量,但是要把现有 CAD 图纸导入到相关算量软件仍需大量时间,而且经常由于理解偏差和操作失误致使导入图纸过程中出现错误,影响算量的准确性。最终导致采购工作效率低下,不能很好地进行实时动态管理,在限额领料等问题上,由于领料员发料库管不能准确得知用料数量,致使经常出现先发料后补单等问题,限额领料形同虚设,进一步为避免材料不足囤积大量物资,资金成本占用较大不能充分实现资金时间价值。这些问题应用 BIM 能给予很好的解决,如前文所述,BIM 模型含有成本管理所需各种属性信息,通过相关算量软件实现直接对接或通过 IFC 标准进行转换对接,解决各种计算问题,提供实时统计数据,保证成本规划和采购等工作顺利进行。在施工过程中能够与施工进度软件良好对接,保证材料的合理库存管理,减少资金占用。如此,项目成本管理流程将大大缩短和简化。

13.3.3.4　安全管理流程设计分析

安全关乎项目的始终,做好项目安全管理工作实时不能放松,在传统项目交付模式中,安全管理主要集中在事中控制。在项目前期,项目事前管理主要依靠经验,根据国家相关安全规定对项目进行项目安全事前管理布置,而这种结果导致事中控制工作增大,而且效果很差,经常花很大成本得不到预期效果,而事后控制不论怎么努力也只是亡羊补牢,不具有根本性意义。基于 BIM 的项目管理方式将改变传统安全管理模式。因为 BIM 的良好模拟性可以把项目安全管理重心前移,能够很好地做到事前控制,从而从根本上解决安全管理中经常出现的问题。通过三维模拟可以发现项目施工过程中安全事故多发区域,进而经过筛选分析最终得出相关信息,从而在项目管理中做好事中控制,避免了事中控制的盲目性。

综上所述,建筑信息模型 BIM 的优势在于信息的良好传递性和可模拟性,在基于 BIM 的项目管理总流程中充分发挥这一性能,在施工和试车前加入模拟流程,这样可以提早发现错误,将问题在事前解决掉,降低成本,提高质量,最终提高项目效益。同时采购环节将向前延伸,与设计和施工并行,这样将提高采购的准确性和时效性,降低采购成本,提高工程进度和质量,保证项目顺利实施。

13.4　灌区项目 BIM 应用实例

灌区工程建筑物多为渠道、隧洞、管道等,属于典型的线形工程,由主线及支线工程、节点工程共同组成。对于这类工程来说,建模时要注意模型的通用性,同时充分考虑模型的复用和参数化结构,便于后期对模型进行协同设计、装配设计及产品展示。以某水库灌区工程为例,灌区总面积为 37.81 万亩,共分两个片区,面积分别为 31.54 万亩和 6.27 万亩。灌区共布置干渠及主要干支管总长 170.83 km,其中明渠长 92.82 km,管道长 26.16 km,建筑物长 51.85 km。布置生态放水洞 1 条,总长为 0.90 km。骨干支渠 15 条,其中有 2 条为利用现状渠道,13 条新建支渠长 30.41 km。灌区布置取水塔架 1 座,干渠及主要干支管共布置各类渠系建筑物和管道附属构筑物 385 座,其中隧洞 33 条、渡槽 32 座、倒虹吸 30 座、排洪渡槽 12 座、排洪涵洞 44 座、泵站 12 座、节制闸 22 座、分水闸 49 座、退水闸 2 座、泄水闸 15

座、溢流侧堰 7 座、涵洞 1 座、管道阀井 119 座、水池 7 座。支渠共布置各类建筑物 84 座，其中斗口 34 座、渡槽 5 座、排洪渡槽 10 座、排洪涵洞 21 座、管道阀井 4 座、水池 10 座。

该项目构筑物种类全、数量多，基于 BIM 技术工程的全生命周期管理涉及设计、施工及运维全阶段。设计阶段，逐步对灌区主要建构筑物实现三维数字化，形成 3D BIM 模型；对施工阶段占关键工期的主要建筑物融合施工进度信息，形成 4D BIM（3D BIM 融合时间维度）模型；运维期 BIM 模型融合了建构筑物信息、设备信息、设计信息及施工信息等，以数字化成果移交给业主，为业主的运营维护提供科学依据。

参考《建筑工程设计信息模型分类和编码标准》（GB/T 51269—2017），不同阶段各专业 BIM 模型细节层级（LOD）可参照表 13-1 和表 13-2 要求建立。非主要建筑物按照 LOD100 建立。

表 13-1 几何信息深度表

精细度等级	设计阶段	详细要求
LOD100	前期阶段	工程对象概念体量、符号模型建模，包含基本占位轮廓、粗略尺寸、方位、总体高度或线条、面积、体积区域
LOD200	初步设计	工程对象单元近似形状建模，具有关键轮廓控制尺寸，包含其最大尺寸和最大活动范围
LOD300	施工图设计及竣工移交	工程对象单元基本组成部件形状建模，具有确定的尺寸，可识别的通用类型形状特征，包含专业接口（或连接件）、尺寸、位置和色彩

表 13-2 非几何信息深度表

精细度等级	设计阶段	详细要求
LOD 100	前期阶段	包含系统设计方案的关键设计指标数据，如面积、容积和其他用于成本估算的关键经济技术指标
LOD 200	初步设计	包含 100 等级信息，增加工程对象单元类型信息、分类编码和主要技术经济数据
LOD 300	施工图设计	包含 200 等级信息，增加工程对象单元类型主要技术参数和设计信息
LOD 350	施工深化设计	更新 300 等级信息，增加工程对象单元型号、单价、生产厂家、供货商、安装单位等产品信息和安装信息
LOD 400	竣工移交	包含 300 等级信息，增加工程对象单元保修日期、保修年限、保修单位、随机资料等相关施工安装验收信息和运维管理基本信息

基于主流 BIM 建模软件平台，建立三维数字地形和主要建构筑物的 3D BIM 模型辅助设计，提高设计质量。模型实现设计信息显性化，全视角展示建筑结构，支持多角度剖切。随着项目设计阶段逐步推进，3D BIM 模型建模精度逐步提高。设计阶段 BIM 模型为施工阶段的 4D BIM 应用以及运维阶段的数字化移交打下基础。

13.4.1 应用范围

不同专业主要建筑物的模型随着设计深度不断细化，考虑本项目工程实际情况及施工阶段、运维阶段 BIM 应用范围，综合分析确定本工程在设计阶段实现数字化的主要建筑物包括:施工期控制性工程长隧洞,运维期流量控制主要建筑物干渠上49座分水闸、一级取水泵站和沿线水池、取水塔。

13.4.2　设计流程

3D BIM模型的创建主要按照以下设计流程进行,以确保项目设计及BIM工作实施质量:

(1)BIM模型设计环境搭建。在服务器上分别创建项目协同设计环境并共享(包括建模软件内部文件的框架建立);为满足工程设计及适应建模软件实际,土建、金结及安全监测模型与建筑物采用1∶1 000比例建模,机电专业采用1∶1比例建模;工程坐标系统一采用一个坐标转换基准值。

(2)BIM模型设计。土建、机电等各专业设计人员通过用户名和密码访问服务器,在本专业设计目录下创建设计模型;模型命名要求规范、可识别度高、唯一;文件结构逻辑清楚、无多余元素。设计过程中,对开挖回填设计,可按照挖填平衡原则,优化工程布置;通过建模软件的碰撞检测功能,实时检查不同专业或专业内部不同元素之间的碰撞、打架等问题。

(3)BIM模型的可视化校审。重点对模型的完整性、规范性、正确性等进行检查,确保模型质量。对模型参数的命名规则统一性进行检查,为后期修改模型提供便利。通过碰撞检查功能整合各专业模型并自动查找出模型中的碰撞点,重点检测专业之间的冲突、高度方向上的碰撞,并得出碰撞检查报告,及时发现模型中的所有碰撞问题,并反馈给各专业设计人员进行调整。

(4)BIM模型应用。满足设计需要的情况下,提交轻量化处理后的模型。根据模型可获取建筑物任意剖面图、建筑物各项工程量,结合工程单价计算出各方案的总费用,实现设计方案的可视化模拟,确定出满足工程要求、投资合理的工程布置。通过拓展应用,BIM模型在施工图阶段可具备三维配筋功能。

(5)BIM信息附加。通过二次开发出基于B/S架构的3D BIM模型平台,集成全专业的三维模型,在主要建筑物模型中附加各设计阶段的图纸、报告、设校审人员信息、咨询审查会议的纪要和照片等信息。

13.4.3　技术功能

(1)提高设计质量。BIM模型的建立,准确地展示项目的地形地貌,工程建筑物的分布位置等具体信息。BIM模型的三维可视化,可有效地表达设计意图,方便进行沟通、讨论与决策,进行多方案比选。BIM的协同设计让不同专业的配合更加紧密精细,分工协作提高工作效率,使技术人员脱离繁杂的图纸,增加思考时间,提高设计质量。

(2)设计信息显性化。在3D BIM模型展示平台上,点击某建筑物可以显示其相关信息,也可以定制固定视图;在工程设计、方案比选和汇报审查等工作中发挥其实用价值。

(3)3D BIM模型是4D BIM以及运维期BIM的基础。3D BIM模型的价值不应仅局限于设计阶段,BIM模型在施工及运维阶段可发挥更大价值,是施工信息和运维信息的可视化载体。为保证BIM模型在施工及运维平台中运行流畅,要求模型在保证各建筑物外形轮廓准确、完整的前提下,应按细节层级表达。

13.4.4　部分 BIM 成果展示

BIM 成果展示如图 13-1～图 13-2 所示。

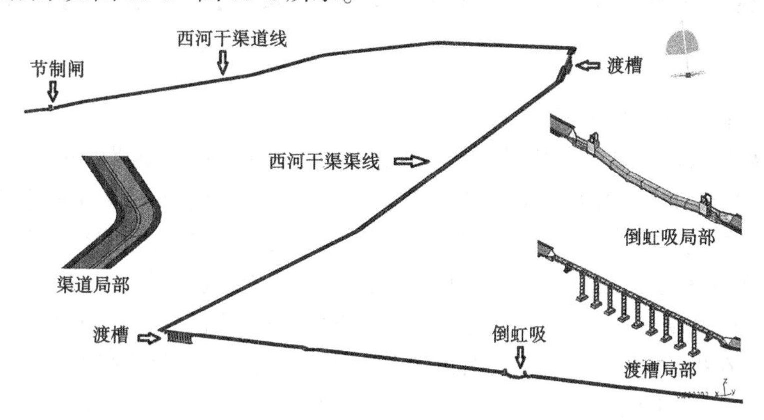

图 13-1　西干渠部分 BIM 模型

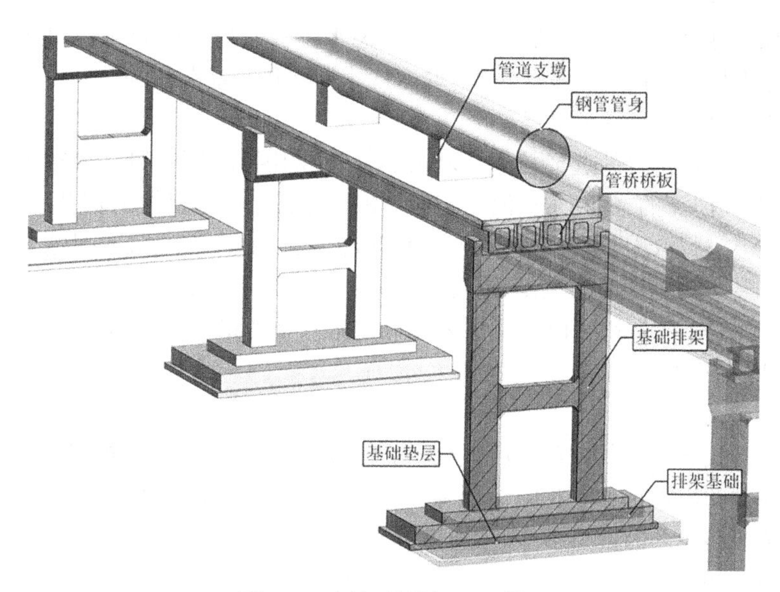

图 13-2　倒虹吸局部 BIM 模型

第 14 章　灌区工程设计注意事项

1. 改扩建灌区原水库工程生态流量问题

随着国家对水资源高效利用及节水要求的提高，2017 年，国家发展改革委以发改农经〔2017〕889 号出台了《全国大中型灌区续建配套节水改造实施方案（2016—2020 年）》，要求各有关省（自治区、直辖市）、计划单列市、新疆生产建设兵团发展改革委、水利（水务）厅（局）按照实施方案要求对大中型灌区进行续建配套节水改造工作。

在续建的配套节水改造工作中，很多灌区水库水源工程已建设完成，但配套灌区工程建设并未完成。在进行配套灌区工程建设的过程中，原水库工程设计存在未考虑下游生态流量的问题。因此，根据国家环保相关要求，需要在配套设施建设的同时，满足下游河道生态流量成为配套工程建设不可缺少的内容。在灌区工程建设时应综合考虑取水口建筑物规模为灌溉流量和生态流量的叠加。

2. 考虑水温对作物灌溉的影响

灌区工程设计时，要结合种植结构，充分考虑水温对农作物的影响。因此，取水口建筑物设计时应考虑根据水库水位变化情况，取库区表层水进行灌溉。

3. 灌溉工程取水口位置的选择

灌溉工程取水口位置的选择是非常复杂的，涉及的因素很多，如取水枢纽的形式、用水对象的地理位置、河流的平面形态、河床与河岸的稳定性、交通运输、通信及施工场地等。尤其在多沙河流上进行取水，不仅要考虑到取水问题，而且要考虑到防沙问题。另外，取水口位置选择还与经济投资密切相关，如是否选择有坝取水口，是永久性取水口还是临时性取水口等，要进行多种方案的综合比较，最后才能确定取水口的最优形式和最优位置。工程设计中，需要注意以下几方面。

1）取水枢纽的形式

取水枢纽形式分为两种：有坝取水枢纽和无坝取水枢纽。不同的枢纽形式，取水口位置选择时所考虑到的因素也不尽相同。两者所涉及的因素有相同也有不同，但无坝取水枢纽的取水口位置所涉及的因素要多些。

2）用水对象的地理位置

灌溉工程从河流上取水，其目的是给农业提供用水。那么，取水口位置与灌片同位可以减少跨河建筑物及输水管（渠）道的工程投资，同时，也可以缩短工期。当然，在特殊情况下，如受到地形条件限制（需要开挖输水隧洞等）或河流的平面形态限制（河湾的凸岸），取水口位置也可以布置在另一侧。

3）河流的平面形态

河流的平面形态，主要指冲积性平原河流的平面形态，如顺直微弯性河段、蜿蜒性河段、分汊性河段和游荡性河段。不同河段上取水口位置选择是不同的。选择时应与该河段的水流泥沙特性及河道的演变特点结合起来考虑。

（1）在顺直微弯性河段上。该河段上有犬牙交错的边滩和丰富的潜洲。水流的动力轴线沿程是弯弯曲曲的，且洪、中、枯水的主流线位置不稳定，但摆动幅度不大。取水口位置可选择在紧靠主流线且无边滩的地段。如果上游边滩活动频繁，且有向下游移动的趋势，可采取一定的工程措施，进行整治固滩。如果主流的顶冲位置上下摆动，也可以在取水对岸上游修筑丁坝群（如顺挑丁坝），固定主流的走向。

（2）在蜿蜒性河段上。该河段具有凹岸含沙量小且不断冲刷后移，而凸岸含沙量大且不断淤积伸长的特点。为了保证引取含沙量小的水流，同时保证取水口不会发生淤塞，应将取水口的位置选择在凹岸一侧，且布置在弯顶稍偏下游，此处是洪中流量的顶冲部位，进流条件好，含沙量低。但应防止取水口附近河岸的冲刷，做好护岸工程，确保取水口的运行安全。

（3）在分汊性河段上。分汊性河段主要包括常见的四种形式：顺直分汊河段、弯曲分汊河段、弓形分汊河段及复杂分汊河段。无论是哪一种分汊河段，在一段时期内，总是存在主汊道和次汊道之分。取水口位置从原则上讲应选择在主汊道上。其优点是：主汊道是发展的，取水保证率高；主汊道的进水流量大、含沙量小，可保证取水的数量和质量。又因为大多数主汊道也是一个弯道，取水口的位置应尽量布置在凹岸一侧，以避免取水口口门的淤塞。但是，要注意一个取水比的问题。在分汊河道上进行取水，其取水比不宜太大，一旦过大，会造成取水口下游河道因流量减小而含沙量相对增大的泥沙淤积，而泥沙淤积势必抬高河床，造成壅水，降低整个汊道的水面比降，将会引起该汊道全面淤积，最终会导致该汊道的衰亡。取水比究竟选择多大合适，目前尚无一个确定的数值。根据泥沙模型试验资料分析，要保证主汊道不会衰退，取水流量应小于或等于主次两汊道的进流量之差，其限制的目的在于保证取水口下游河道的水流挟沙力不小于汊道的水流挟沙力。对一些比较重要的汊道，不仅布置了取水口，还有重要的港口码头，不要因取水比过大造成诸多工程的报废。此时，应根据模型试验来确定。

（4）在游荡性河段上。由于游荡性河段具有"宽、浅、乱"和主流摆动不定、河床逐年抬高的特点，在其上选择取水口位置要十分慎重，不要因主流的"脱溜"或取水口口门淤塞造成工程的报废。当确定在游荡性河段上布置取水口时，首先要做到以下两点：①稳定河势，对所选定的河段，采取必要的整治工程，稳定主流位置；②塞支强干，将一些纵横交错的细小支汊进行封堵，把水流集中到主汊道上，然后可在主汊道上布置合理的取水口位置。

4）河床与河岸的稳定性

对河床与河岸易动性较强的河段，不宜选择取水口。不稳定的河床随着上游来水来沙条件的变化会产生潜洲和边滩，潜洲和边滩的存在和变化会导致主流位置的改变，也会引起主流的"脱溜"；对稳定性较差的河岸，随着进入取水口的水流产生的环流作用，会将取水口下唇河岸不断冲刷，势必使河岸不断崩退，危及取水口的安全。因此，应将取水口位置选择在河床与河岸的稳定性较强的河段。

4.渠道断面形式问题

在灌区工程设计时，前期阶段各主管部门对项目各阶段成果进行审查时，坚持项目方案经济合理的原则。而在灌区工程设计时，根据灌区灌片情况，输水渠道沿线分水口设置较多，从输水线路起点到终点，由于需水量的逐渐减小，渠道断面从前向后是越来越小的。傍山渠道沿等高线布置，有的地方陡，有的地方缓，为了节省投资，缓坡渠段按梯形断面设计，陡坡渠段按矩形断面设计，从投资方面讲，工程直接投资是节省了。但断面形式变化较多，给施工带来极大的困难。因此,设计时不能过分强调投资而忽视施工困难,建议傍山渠道尽量采用一种断面形式。在渠顶沿线设置检修道路的明渠,渠顶检修道路尽量布置在非傍山侧。

5. 渠道糙率的选择

渠道糙率选择在本书的渠道章节已有较详细的介绍,但都是根据不同衬砌材料及不砌护渠道的地质情况选取糙率。本节主要针对山区灌区,傍山渠道布置弯道特别多的情况下,在水力学计算时考虑每个弯道的水头损失会导致水力学计算工作量巨大,最终水力学计算结果也并不理想。因此,蜿蜒性渠道建议在根据材料规定糙率的条件下,可考虑稍微加大糙率,不再对每个弯道的水头损失进行计算。

6. 渠道衬砌分缝问题

对于长距离灌溉输水渠道,采用梯形实用经济断面时,一般为素混凝土衬砌,沿线渠基地质条件变化较大,衬砌结构的分缝设计对渠道的运行安全和工程投资的影响较大。

1)衬砌分缝设计影响因素分析

渠道混凝土衬砌往往会因温度变化、混凝土干缩、荷载变化、地基不均匀沉陷等引起变形,这些变形可能导致衬砌结构产生裂缝,进而影响渠道正常运行。为消除或减少裂缝的形成,确保渠道正常运行,通常在渠道衬砌中设置结构缝,并在缝中嵌入密封材料防止渗水。通常情况下,衬砌板结构缝包括伸缩缝和沉降缝两种。伸缩缝主要解决温度变化带来的热胀冷缩问题及混凝土干缩变形的问题,与气候条件和混凝土的性能等因素有关。沉降缝主要解决地基不均匀沉陷问题,与衬砌板下地质条件及荷载大小等相关。为使渠道衬砌分缝设计既安全又经济合理,衬砌分缝间距不能太大,也不能过小。太大不能适应混凝土衬砌本身的温度变形,容易导致衬砌板开裂;太小则整体性差,且增加糙率。同样,预留缝宽不能太宽,也不能太窄。缝太宽,嵌缝材料造价大,可能造成浪费;缝宽太小,则可能满足不了伸缩变形要求,还可能导致施工困难。

分缝间距主要与以下因素有关:

一是渠道沿线的气象条件。主要指冬、夏两季的气温变幅及昼夜温差变化。气温变化大,混凝土收缩变形大,混凝土衬砌板中产生的温度应力相应较大,为满足抗裂要求,需较小分缝间距。

二是渠道沿线地质条件。主要指渠基图的性质和衬砌板下地基的不均一性。对软土地基,由于地基压缩模量小,在同样荷载下,衬砌板变形较大,抗裂安全系数较小,需较小的分缝间距;反之,则可适当增加分缝间距。地基不均一时,衬砌板内可能因不均匀沉降导致内力增加,抗裂安全系数减小,这时需较小的分缝间距;反之,则可适当增加分缝间距。

三是混凝土衬砌板承受的荷载。衬砌板承受荷载越大,所需分缝间距越小。

四是混凝土衬砌板本身的强度特性。混凝土强度高,其抗裂能力相应较强,分缝间距可适当加大;反之,为满足抗裂要求,其分缝间距需适当减小。

五是混凝土衬砌板的厚度。当衬砌板的厚度较厚时,衬砌板的径向刚度较大,衬砌板抗裂能力较强,分缝间距可加大;反之,则需减小分缝间距。

缝宽大小主要与衬砌板运行期的伸缩变形量、分缝间距、温度变幅、混凝土的干缩系数和热膨胀系数、填料的伸缩性和黏结力及施工要求等有关。分缝间距、温度变幅和混凝土的热膨胀系数越大,混凝土伸缩变形量越大,则预留的缝宽越大。在分缝间距、温度变化和混凝土的干缩系数、热膨胀系数一定的情况下，分缝宽度则取决于嵌缝材料的特性，嵌缝材料的拉伸性能越好，黏结能力越强，则预留的缝宽可越小。

2）规程规范的规定及分析

关于渠道衬砌分缝设计，目前国内可参考以下几个规范，分别为《灌溉与排水工程设计标准》（GB 50288—2018）、《渠道防渗工程技术规范》（SL 18—2004）、《水工建筑物抗冰冻设计规范》（SL 211—98）和《聚硫、聚氨酯密封胶给水排水工程应用技术规程》（CECS 217—2006）。各规程规范中关于缝间距和缝宽的规定汇总见表 14-1。

表 14-1　规程规范中渠道衬砌分缝间距和缝宽规定汇总

规范名称	衬砌材料	分缝间距（m）	缝宽规定
《灌溉与排水工程设计标准》（GB 50288—2018）	现浇混凝土	横 5~8 纵 5~8	不小于 1.5 cm
《渠道防渗工程技术规范》（SL18—2004）	现浇混凝土	横 3~5 纵 3~5	2~3 cm
	预制混凝土	横 6~8 纵 4~8	2~3 cm
《水工建筑物抗冰冻设计规范》（SL 211—2006）	刚性材料	横 3~5 纵 1~4	2~3 cm
《聚硫、聚氨酯密封胶给水排水工程应用技术规程》（CECS 217—2006）			缝宽不小于 1 cm

上述规范中，《灌溉与排水工程设计标准》（GB 50288—2018）主要适应于新建、扩建和改建的灌溉与排水工程设计。《渠道防渗工程技术规范》（SL18—2004）主要适应于农田灌溉、发电引水、供水等渠道的防渗工程设计、施工和管理，主要从防渗角度进行考虑。《水工建筑物抗冰冻设计规范》（SL 211—2006）主要适用于受冻和冻融、冻胀作用的新建或改建的水工建筑物设计，主要从防冰冻角度进行考虑。《聚硫、聚氨酯密封胶给水排水工程应用技术规程》（CECS 217—2006）主要针对衬砌材料已选定密封胶的情况下从施工方面提出的技术要求，而没考虑衬砌板的受力特性和变形特性。

3）工程实例及分析

国内目前已有的规模较大的渠道中，大多数为已建的大型灌区的骨干渠道，这些渠道建设年代都比较久远，标准都比较低。近年来，国家投资对这些渠道衬砌结构进行了改造，标准有所提高。国内其他引调水工程渠道的衬砌分缝设计汇总如表 14-2 所列。

上述实例中，衬砌分缝设计大致可分为两类：一类是衬砌材料采用预制混凝土板，分缝间距按 6~8 m 控制，缝宽采用 2 cm 或 2.5 cm。另一类是衬砌材料采用现浇混凝土，分缝间距采用 3~5 m，缝宽采用 1~2 cm。不难看出，这些渠道的衬砌分缝设计基本与现有规范一致。经投资敏感性分析，缝间距和缝宽的选取对工程投资影响较大。从节省工程投资角度出发，设计宜采用较大的分缝间距和较小的缝宽。

表 14-2　部分引调水工程渠道衬砌分缝设计

序号	工程名称	渠道级别	设计流量(m^3/s)	渠道水深(m)	衬砌结构形式	分缝间距(m)	缝宽(cm)
1	南水北调中线一期引江济汉工程	1	350	6	现浇混凝土	4	2
2	南水北调东线一期工程济平干渠工程	1	50		现浇混凝土	3	1
3	南水北调东线一期济南—引黄济青段输水明渠段工程	1	50	3~3.2	现浇混凝土	横 3~3.5 纵 3~4.5	1
4	南水北调东线一期工程鲁北段小运河输水渠	1	50	3.4~5.4	现浇混凝土	渠坡 3 渠底 4	2
5	吉林省松原灌区引水总干渠工程	2	175	3.66~5	现浇混凝土	2	1
6	北疆供水工程某干渠	2			预制混凝土	6.33	2.5
7	新疆伊犁河北干渠	3	60	5	预制混凝土	6.55	2
8	新疆恰甫其海二期南岸干渠	2	74	6	预制混凝土	6.55	2
9	山东省引黄济青工程	1	23~38.5	2.1~5	预制混凝土	横 8	3

7. 沿线分水口设置问题

灌溉渠道沿线分水口较多，但每个分水口管多大灌溉面积或者多远设置一个分水口，相关规范及手册均无明确的规定。因此，不同的设计人员会有不同的设置结果。分水口布置时，为便于运行管理，尽量按行政村考虑，一个行政村一个分水口，当分水流量较大时，也可以一个行政村设置多个分水口。同时，尽量避免分水口后的非骨干支渠存在跨沟穿路的渡槽、倒虹吸、顶管等建筑物。

8. 傍山渠道的防洪问题

傍山渠道往往兼顾灌溉和防洪双重任务，一般是沿山麓冲（洪）积扇边缘与等高线成较小角度布置的干渠、支渠，切断或改变了坡面径流的去路，渠道与山洪沟相交，暴雨期渠道常被山洪威胁。

1）傍山渠道的特点

（1）傍山渠道的前沿性。作为城市防汛设施来讲，傍山渠道所处的位置总是在最前沿，很多段落都直接应对着山洪，发挥着防汛第一道屏障的作用。作为灌溉渠道来讲，随着农业开发和移民搬迁等工作的开展，渠道周边的耕地面积不断攀升，渠道所承担的灌溉任务越来越重，大水位运行的时间增长，灌溉周期延长，防汛矛盾越来越突出。

（2）地理位置比较高。傍山渠道一般与城乡建筑物的高程差较大，就防汛而言，高程差越大存在的风险就越大，一旦发生决口，造成的损失就越严重。就灌溉而言，高程差大有利于自流灌溉，与提水灌溉相比较节约了电能，降低了取水建筑物的造价，管理方便。

（3）傍山渠道防洪的主要任务。傍山渠道由于渠首取水是由进水闸控制的，防洪的主要任务是防止坡面汇流及山洪对渠堤的冲刷，预防洪水与渠水的叠加或泥沙淤积造成溢流和决口。因此，要预防大量洪水入渠，及时做好调度和疏散水的工作。

（4）傍山渠道防洪与城市防汛的关系。傍山渠道的防洪往往与地区性防洪或城市防汛息息相关。渠道防洪是地区区域性防洪的重要组成部分，应严格服从整体防汛的需要。但傍山渠道往往长度较长,要跨越不同的区域,防汛标准存在着较大的差异,还有大型工程顾及不到的直接入渠山洪沟的存在,仍需要采取一些独立的工程措施。

2)傍山渠道的工程要求

(1)处理好山洪沟与渠道相交的洪水是关键。

大型工程顾及不到的那些山洪沟,是傍山渠道防洪工程针对的主要部位。其中处理好坡面及山洪沟与渠道相交的洪水才是关键,一般采用上截、立交、下排的办法。上截是在渠道傍山的一侧修建导水堤或截流沟,将坡面汇集的径流输送到拦洪库或与渠道交叉的泄洪建筑物。立交是在渠道与山洪沟相遇时,设置渠道与排洪建筑物高低不同的立体交叉建筑物。一般采用渠道与排洪建筑物在同一高程上的平交(汇流),不将洪水纳入渠道,以免加重渠道下游的防洪任务或造成泥沙淤积在渠中。下排是在泄洪建筑物的下游,做好排洪沟的规划,有条件的地区要充分利用灌排系统中的排水沟,要保证排洪畅通。

(2)与傍山渠道配套的工程措施。

与傍山渠道配套的工程设施的防洪标准应符合《水利水电工程等级划分及洪水标准》(SL 252—2017)的要求。

导水堤和截流沟的修建要根据冲(洪)积扇坡面比降与主要山洪沟(输水到拦洪库的山洪沟)距离远近等客观因素而定,位置和长度均要有利于水流的流动。可单独修建输水渠道,也可利用现有山洪沟输水,但一定要保证输水渠道良好的疏导能力,如果不畅通容易使洪水改道带来突发灾害,主要山洪沟要进行拓宽加固处理,以确保洪水顺利导入拦洪库或滞洪区。

渠道与山洪沟的相交部位,要根据两者的高程不同分别修建立交建筑物。①小径流可在沉沙后纳入渠道。对高程不大、小面积的坡面径流,洪水泥沙较少时可经过沉沙后,将其纳入渠道,但山洪沟入渠处的渠道断面设计要考虑纳入的坡地径流量,必要时可在渠道纳入坡面径流的下游附近设溢洪堰或退水闸,以便将超过渠道负荷的流量排掉。②洪水水位低于渠底高程时,可修建渠下排洪涵洞。渠道与较大的山洪沟相交,沟底及沟中的洪水水位远低于渠底的较小山洪沟,可采用渠底修建排洪涵洞排泄洪水,但涵洞的断面要能保证安全泄洪,汛期来临以前一定要注意清理、检修,确保其畅通。

③山洪沟底高于渠道加大流量的水位时,可修建跨渠排洪渡槽。当渠道挖方较深,山洪沟底高于渠道加大流量的水位时,可修建排洪渡槽,将洪水从渠道上部排过。这种排洪渡槽也称泄洪桥,有洪水时可排洪,平时可作为跨过渠道的桥梁。

9. 渠道边坡设计尽量避免高边坡

山区灌溉渠道多、渠线长、位置分散,因此渠系工程维护加固是一项面大量广、经常性的艰巨工作。渠道边坡稳定仍是渠道工程破坏性大、次生灾害大且较常见的问题。

在地质条件差的土渠地段,渠道永久边坡尽量采用土体自然稳定边坡,由于征地等条件限制而达不到自然稳定边坡时,往往要通过支护措施让边坡达到稳定,但是支护措施的工程费用较高。

对于会形成永久高边坡的岩石特别是顺向岩坡,尽量考虑隧洞方案或者绕线避开方案。

10. 渠道防冻胀设计问题

在寒冷地区,负温下冻土区地表层存在冬冻春融的冻结融化层,土体发生的物理力学性质的挤压和减压变化,直接影响着上部建筑物的稳定性,如地表冻胀隆起、融化沉陷,导致基土上建筑物受到不同程度的破坏，其中混凝土渠道最易受到冻胀的破坏，有些冻胀危害发生在建成后运行初期的 1~2 年内，而有些却发生在工程建成未运行之时。因此，在渠道设计中必须研究防治冻害问题。

1）渠道冻害机制

渠道防冻胀处理方案研究已有多年的历史，渠道冻胀破坏是渠基土受冻体积膨胀顶托衬砌而形成的，渠基土受冻体积膨胀必须具备以下条件：一是寒冷气候区持续的负温条件；二是土壤中自由水和毛细水的存在，并且有通畅的水分补给通道；三是土壤本身的物理力学性质，包括土的颗粒组成、矿物质成分等。

在以上三个条件中，土壤中自由水和毛细水的存在是冻胀发生的先决条件，也是必备条件。在整个冻胀破坏过程中，水是最活跃的因素。

从上述导致土体冻胀的三个基本因素中，只有三个因素同时具备，才发生冻胀破坏，只要消除其中一个因素，就能防止和减轻冻胀危害。从寒冷地区的气候条件来看，外部温度不达负温是不可能的，因此只有采取保温措施达到内部不负温。切断冻土地基在冻结前后的水分补给是过去防冻胀处理常用的方法，此外，改变渠基土体的基本结构也是保证土体非冻胀性的一种方法。

2）防冻胀设计中的几个问题

（1）采取置换措施的特殊考虑。例如，某渠道计算得到地基土的冻胀量为 2.04~2.12 cm，根据地基土的冻胀级别判定，该渠道渠基土冻胀级别为Ⅱ级。根据规范，当渠基土冻胀级别为Ⅱ级，可结合渠道防渗要求采取整体式混凝土 U 形槽、弧形断面或弧形底梯形断面的板模复合衬砌、架空梁板式、预制空心板和浆砌石等渠道断面及衬砌结构。当渠基土冻胀级别为Ⅲ级及以上时，可采用置换措施防止渠道衬砌板冻胀破坏。

（2）设计冻深计算控制因素。设计冻深值与渠道走向、渠床土质、地下水位埋深、日光照晒遮阴程度等有关，其中同一计算点不同部位的计算值也有所区别。因此，渠道设计冻深计算应根据以上控制要素分段进行计算。

渠道断面各点的冻胀程度取决于土中含水量的高低，而土中含水量的来源，一是由渠顶向下渗透，二是渠道防渗层的漏水，三是地下水位高低影响。

（3）置换材料的确定。防冻垫层置换材料常见的有三种：当地材料、砂砾石及保温苯板。

当地材料主要为风积砂、含细粒土砂等满足非冻胀土料要求的土料，另外，部分渠道采用风积砂或细粒土砂作为置换材料，土料中细粒土含量虽然满足非冻胀性土要求，但颗粒偏细，细粒土含量接近于非冻胀性土的极限值，在取料、填筑时，一旦有少量细粒土混入（如渠道填筑土料），就有可能成为冻胀性土。因此，在采用风积砂等材料时，应对其可靠性进行充分论证。

（4）置换厚度的确定。渠道防冻材料置换厚度应根据不同渠段渠床土质、地下水埋深及渠道不同部分选取置换比，然后根据相应渠段设计冻深计算。通常在确定置换厚度时，需参考当地已有实践经验，结合计算值进行综合确定。

在渠道工程设计中采取置换措施防止冻胀破坏是较为常见的方法，在设计中难以把握的问题主要是渠床土中水的来源、材料的质量（尤其是选用当地材料）和防冻垫层的厚度。因此，要求设计人员既要对当地较为成熟的防冻经验进行了解，还要对渠道沿线地下水位有充分调查，尤其是冻结期的地下水位埋深及影响地下水位埋深的因素要做详细周密的分析论证;另外,当地材料选样是否详实、具有代表性,施工取料是否影响质量等都要慎重考虑,避免出现质量问题。

11. 南方岩溶山区渠道防渗问题

岩溶发育地区渠道沿线地质复杂,漏斗、溶洞、阴河、山溪、泉眼等较多,这些地区的渠道防渗设计尤为重要。

1)防渗材料选择

当前应用于渠道防渗的材料品种较多,如细石混凝土、沥青混凝土、膜料、浆砌石、水泥土、三合土、黏土等。对于岩溶山区来说,选择防渗材料时应着重考虑下面一些因素:

(1)因渠线长,应选取防渗效果较好的材料,最大限度地降低渠道渗漏损失量。

(2)渠线上工程地质和水文地质情况复杂,易受山洪冲刷,易被植物穿透,易受牲畜损坏,应选用耐冲刷、强度高的材料。

(3)渠线上下山体坡度较陡,渠道断面与边坡系数的大小对其开挖工程量影响较大,应选取表面光洁度好、糙率低、边坡稳定性好的材料。另外,选择防渗材料时,还应考虑尽量就地取材,便于施工,有利维护管理。因此,首选材料为细石混凝土,其次为浆砌块、条石。

2)地下水减压导渗

岩溶山区地下水丰富、山泉较多,并且多呈间歇性出流,下雨时泉水流量大,天旱时泉水便干枯。许多渠道往往因地下水的渗透压力作用,将防渗体破坏甚至造成渠堤垮塌。可以采用两种方式导排地下水:一是在防渗体下面设暗沟或透水管,将地下水排向渠外坡,对不允许在自流条件下排出渠外的,可以汇集到集水井,进行抽排;二是对不便于排向渠外坡或考虑接引利用地下水,则安装逆止排水装置,将地下水排入渠道,同时防止渠内水向外渗漏。

12. 节水灌溉中混凝土U形渠道的有效应用

随着水资源短缺的加剧和全球人口的增长,农业水资源利用不仅要实现节水目标,更重要的是在节水的前提下实现产出的高效益。但是,目前我国水资源短缺对农业和农村经济发展的制约已经越来越严重了,已经成为限制农业和农村经济可持续发展的重要因素。建立节水型社会对我国经济、社会可持续的发展有着重要意义。为解决北方用水的紧张局面,各级地方政府加大农业节水灌溉工程投资,推广先进节水灌溉技术。

混凝土U形渠道是目前公认的具有防渗效果好、输水能力强、抗冻胀、节省渠道占地等优点的一种节水灌溉设施,但其施工质量要求较高。

混凝土U形渠道的结构特点:混凝土U形渠道是反拱结构,抗冻能力强,不易破坏。U形渠道渠底圆弧夹角以152~156°为宜,两侧外倾12~14°,渠深与圆弧直径1∶1,混凝土厚度4~10 cm。特殊地区外倾角度可适当调整,如新疆戈壁滩开发灌区,混凝土U形渠道外倾角以18 ℃为宜;青海省海西高寒地区,则需适当增加混凝土衬砌厚度,以增加抗冻胀能力。

13. 管道倒虹吸钢管及防腐问题

在灌区工程设计中,遇山沟或河流时,可考虑倒虹吸或渡槽穿越。当选用钢管倒虹吸穿越山沟河流时,普通钢管通过一般防腐设计虽然能满足相关规程规范的要求,且投资也相对较低,但根据现在钢管管材加工及防腐工艺的发展,普通钢管一般防腐工艺技术落后,一般厂家很少采用,因此,管道倒虹吸管材考虑采用钢管时,尽量考虑工艺成熟的涂塑钢管,同时,管道设计尽量多了解生产厂家的新产品及新工艺。

14. 穿越设计问题

灌区工程为线形工程，存在与公路、铁路、国防光缆、通信线路等交叉的情况。前期设计阶段要认真识别，并取得公路、铁路、国防光缆、通信线路等单位或其主管部门的许可，可研阶段除考虑穿越实际工程费用外，最好再考虑一定的影响费用。初设阶段根据不同单位的要求，需要进行专项委托设计，最好在初设阶段进行委托，以便于施工图阶段的顺利实施。

15. 骨干与田间工程标准划分问题

经调查，骨干与田间工程划分在不同地区也不尽相同，以下是不同地区及不同工程实例的骨干田间工程划分标准，供大家参考。

(1)新疆：控制面积1万亩以上的划为骨干工程。

(2)四川：流量大于1 m^3/s 的为骨干工程。

(3)甘肃：控制面积3 000亩以上的划为骨干工程。

(4)云南省昆明市柴石滩水库灌区工程：支渠分水流量大于0.5 m^3/s 或控制灌溉面积大于5 000亩时为骨干工程。

(5)大理州洱海灌区工程：流量大于0.3 m^3/s 或灌溉面积大于3 000亩的为骨干工程。

16. 隧洞设计注意事项

本书中主要涉及灌区工程中的水工隧洞，灌区工程设计流量一般较小，再加上近来都发展高效节水灌溉，设计流量就更小了。因此，隧洞断面设计时在满足水力学的前提下，还要考虑施工断面需要。一般情况下，灌区工程隧洞多数以施工断面作为断面尺寸大小的控制条件。

在各阶段地质查勘的基础上，隧洞选线尽量避开不良地质洞段，如地下溶洞。在地下水较丰富的土洞或者是软岩洞段，一定要加强临时支护设计，设置钢拱架时，配合系统锚杆布置锁脚锚杆和拱架支座或垫块，以免施工期隧洞变形，出现安全问题。

地下水位以下洞段，在设计时应充分考虑施工期渗水问题对施工的影响，地下水特别丰富的洞段应加强施工期排水的相关规定。对于Ⅳ、Ⅴ类围岩隧洞临时支护钢拱架两侧底脚部应做施工期的规定，要求施工期做好保护，避免机械扰动和水流淘刷，必要时设置垫块。

17. 渡槽设计注意事项

灌区工程中地形高差起伏较大，地质条件较为复杂。渡槽设计时应注意以下几项内容：

(1)明确槽身施工工艺。这不仅涉及槽身混凝土的施工方式，还涉及槽身间止水形式及安装方法。槽身预制时，需要考虑吊环预埋位置、尺寸等吊装有关的参数；槽身现浇时，需要考虑满堂红支架的安装及拆除，现场有无泵送混凝土场地，渡槽的止水形式是采用压板止水还是普通橡胶止水。若是预应力混凝土，还要考虑不同施工方式下的预应力张拉工艺。因此，设计时应结合工程现场施工道路条件及场地布置情况，明确槽身是预制还是现浇，以便采取不同的应对措施。

(2)明确渡槽下部基础的开挖支护措施及降排水设施。设计时应根据地质条件及地下水位情况，明确提出基坑开挖边坡及临时支护措施。地下水位较浅时，应明确施工降排水措施。这样，在施工过程中可以在一定程度上减少因施工单位开挖支护及降排水不到位产生的边坡不稳、降排水措施薄弱而导致基坑泡水等现象。

(3)做好靠山侧的边坡防护设计。渡槽基础位于靠山侧时，应做好边坡防护设计，避免降水对边坡产生冲刷，进而影响渡槽的基础稳定。渡槽槽身投影范围内的地面也应做好硬化防护工作。

(4)设置靠山侧贴坡排水措施。渡槽靠山侧开挖出来的边坡应做好排水措施,避免洪水漫流造成冲刷。

(5)渡槽基础避免处于软硬不同的地层上。

18. 灌区排水问题

灌区排水排的是灌区内部的涝水,要与灌区防洪区分开,两者的设计标准不同。排水标准一般以排水区发生一定重现期的暴雨,农作物不受涝作为设计排涝标准。而防洪标准是为维护水工建筑物自身安全所需要防御的洪水大小,一般以某一频率或重现期的洪水表示。在灌区设计中,切莫混淆两个概念,计算时取各自相应的设计标准。